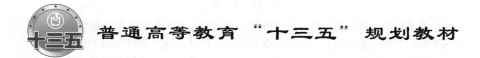

普通高等教育"十三五"规划教材

矿山岩石力学

（第 2 版）

主　编　李俊平

副主编　陈江川　关士良　柳财旺

　　　　王天雄　刘建党　李旭东

主　审　周创兵

U0342721

北　京

冶金工业出版社

2024

内 容 提 要

　　本书主要论述岩石及岩体的力学特性、围岩应力和变形规律及稳定性分析方法等从事采矿工程（含金属、非金属和煤炭开采）设计、施工和研究的工程技术人员必须掌握的基础知识。书中还结合采矿工程实例阐述了地压控制理论及方法，凸显深部开采时硬岩与煤矿软岩的变形等地压显现规律趋同化等特点。书中各章均附有习题，便于读者学习。

　　本书为采矿工程专业本科生或研究生的教材，前 5 章也可用于岩土工程类专业本科生的专业基础课教学，还可供采矿工程、岩土工程专业技术人员参考，便于实现采矿、采煤双专业的拓展教育。

图书在版编目（CIP）数据

　　矿山岩石力学/李俊平主编 . —2 版. —北京：冶金工业出版社，2017. 1（2024. 8 重印）
　　普通高等教育"十三五"规划教材
　　ISBN 978-7-5024-7225-2

　　Ⅰ. ①矿… 　Ⅱ. ①李… 　Ⅲ. ①矿山—岩石力学—高等学校—教材
Ⅳ. ①TD31

　　中国版本图书馆 CIP 数据核字（2016）第 135877 号

矿山岩石力学 （第 2 版）

出版发行	冶金工业出版社	电　话	(010)64027926
地　址	北京市东城区嵩祝院北巷 39 号	邮　编	100009
网　址	www. mip1953. com	电子信箱	service@ mip1953. com

责任编辑　张耀辉　宋　良　高　娜　美术编辑　吕欣童
版式设计　孙跃红　责任校对　王永欣　责任印制　窦　唯
北京富资园科技发展有限公司印刷
2011 年 9 月第 1 版，2017 年 1 月第 2 版，2024 年 8 月第 4 次印刷
787mm×1092mm　1/16；27.25 印张；662 千字；422 页
定价 58.00 元

投稿电话　(010)64027932　投稿信箱　tougao@cnmip. com. cn
营销中心电话　(010)64044283
冶金工业出版社天猫旗舰店　yjgycbs. tmall. com
（本书如有印装质量问题，本社营销中心负责退换）

第 2 版前言

"矿山岩石力学"是采矿工程学科露天开采、地下开采（含煤炭开采）的理论基础。本书涵盖"矿山岩石力学"和"矿山应用岩石力学"两门课程的教学内容，前 6 章为"矿山岩石力学"，是采矿（采煤）专业的必修专业基础课程，建议学时数为 56（含 8 学时实验）；后 3 章为"矿山应用岩石力学"，是采矿（采煤）专业的选修专业课程，建议学时数为 24。

本书第 1 版自 2011 年 9 月由冶金工业出版社出版后，得到各高校相关专业师生及企业技术人员的认可，不少高校师生、企业技术人员纷纷来函来电，索要教学课件及习题答案，编者对各方的支持与鼓励深表感谢。为了更好地适应学科发展，突出教学特点，紧密结合工程实践，修正教学过程及读者使用中发现的问题，特迎请矿山、地质等现场工作经验丰富的博士、高级工程师担任副主编，全面修订本教材。

本次修订，除了更正第 1 版的错误和不完善之处外，特别增加了"自然崩落法的地压变化规律"、"有限差分法计算简介及岩质边坡稳定性分析的新特点"、"岩石、岩体参数转化经验"等内容。通过增补，明确了自然崩落法的地压控制规律，突现了露天矿山岩质边坡稳定性分析不同于一般土质边坡的特点，明确了岩体参数转化的有关特点。

为了便于教学和读者自学，本书特意配备了教学课件及前 5 章的习题答案，有需求者可通过冶金工业出版社网站下载。

本书由李俊平担任主编，周创兵担任主审，陈江川、关士良、柳财旺、王天雄、刘建党、李旭东担任副主编。第 1 章由李俊平负责修订；第 2 章由李旭东（2.1~2.2 节）、李俊平（2.3~2.5 节及习题）、柳财旺（2.6~2.7 节）负责修订；第 3 章由李俊平（3.1~3.2 节及习题）、关士良（3.3~3.5 节）、王天雄（3.6~3.7 节）负责修订；第 4 章由李俊平（4.1、4.6 节及习题）、陈江川（4.2~4.3 节）、刘建党（4.4~4.5 节）负责修订；第 5 章由李俊平（5.1~5.2、5.7 节及习题）、刘建党（5.3~5.4 节）、陈江川（5.5~5.6 节）

负责修订；第 6 章由李俊平（6.1～6.3 节）、柳财旺（6.4 节及习题）负责修订；第 7 章由李俊平（7.1～7.2、7.5 节）、关士良（7.3 节及习题）、陈江川（7.4 节）负责修订；第 8 章由王天雄（8.1 节）、李俊平（8.2～8.3 节及习题）、李旭东（8.4 节）负责修订；第 9 章由柳财旺（9.1、9.5 节）、关士良（9.2～9.3 节）、李俊平（9.4 节及习题）负责修订。全书由李俊平负责 PPT 制作、解答基础部分习题及统稿，周创兵负责审稿。全书吸收了编者尤其是主编近 20 年在矿山岩石力学领域的创新性成果。

在修订过程中，参阅了相关文献，在此特向文献作者表示感谢。

感谢西安建筑科技大学教材建设资金对本书编写、出版工作的资助。

由于编者水平有限，书中不妥之处在所难免，诚请读者批评指正。

编　者

2016 年 1 月 15 日于西安

第 1 版前言

岩石力学的研究历史已近一个世纪，但早期多为零星研究。1934 年，苏联秦巴列维奇（П. М. Цимбаревич）出版了第一部以岩石力学命名的专著。1956 年，美国科罗拉多矿业学院（Colorado School of Mines）首次为采矿专业本科生讲授岩石力学课程，标志着"矿山岩石力学"课程的诞生。

"矿山岩石力学"是采矿工程露天开采、地下开采（含煤炭开采）的理论基础，是矿物资源工程专业的必修技术基础课程，是一门应用性、实践性很强的应用基础学科。它要求应用、研究人员除了掌握岩石力学的基础理论和方法外，还必须通晓采矿工程和工程地质知识。

20 世纪末期，随着能源和原材料工业的振兴，采矿业迎来了科学的春天。各高校都相继恢复了采矿专业招生，或者重建、新建采矿、采煤专业，大量扩招本、专科生。为了拓宽学生就业能力，许多高校都开设了采矿、采煤双专业或实施这两个专业的拓展教育。

随着国民经济发展对金属矿产资源需求的不断加大，大规模深部金属矿产资源开发已成为我国采矿工业发展的必然趋势。在今后 10 ~ 20 年内，我国金属矿山几乎都将进入 1000 ~ 2000m 的深部开采。另外，我国铁矿等金属矿产资源的探矿深度将达到 2000 ~ 4000m，目前已标明的金属储量仅为其预测资源总量的 1/4 ~ 1/5，埋深大于 1000m 的未查明的非煤矿产远景资源有 1000 亿吨以上。可以预见，在不远的将来，我国金属矿山资源的开采深度将远超过 1000m，成为世界上开采深度最大的少数国家之一。深部工程涉及深部岩石力学特殊问题。试验研究表明，岩石在不同围压条件下表现出不同的峰后特性，由此，最终破坏时应变值也不相同。在浅部低围压开采中，岩石破坏以脆性为主，通常没有或仅有少量的永久变形或塑性变形；而进入深部开采以后，岩石表现出的实际就是它的峰后强度特性，在高围压作用下，岩石可能转化为延性，破坏时其永久变形量通常较大。因此，随着开采深度的增加，岩石已由浅部的脆性力学响应转化为深部潜在的延性力学响应行为，届时金属矿山等硬岩的变形特征也可能与煤矿软岩趋同而出现大变形、难支护现象，出现分区破裂化效应等。

采（非煤）矿和采煤除了有无瓦斯外，其他几乎无差异。总之，防治深部工程灾害将成为采矿工程建设的重大需求。

　　为了适应上述培养需求及专业特征的转化，本书特以岩石的基本物理力学性质、岩石的强度理论、结构面的力学性质、岩体的力学性质及岩体分类、岩体的初始应力及其测量、地下硐室围岩稳定性分析与控制、矿山地压显现规律、岩石力学试验方法等为基础知识，并增加采场地压与控制、露天开采边坡稳定性分析与控制和现场地压观测与分析等应用性知识。本书主要指导思想和定位是：强调理论与实践相结合，着重基本理论、基本知识和基本方法（三基）的教育，构建学生终身学习的学科基础知识，培养创新思维能力、实践动手能力和工程分析素养。

　　本书的教学目的旨在使学生熟练掌握岩石的基本物理力学性质，岩石的强度理论；掌握结构面的力学特性和岩体的力学性质；掌握竖井、巷道、采场等采矿工程围岩地压分布规律和稳定性分析方法，岩石力学试验方法等基本知识；理解原岩应力分布规律，了解其测定方法；了解现场地压观测和控制方法，熟悉其应用；具有利用岩石力学知识建立矿山岩体工程问题的力学模型，分析和解决矿山岩体工程实际问题的能力。

　　本书既可作为高等院校固体矿床开采（含金属、非金属、煤炭开采）专业本（专）科生、研究生的教科书，也可作为岩土工程类专业本科生的专业基础课教科书，还可供采矿工程（含金属、非金属和煤炭开采）、岩土工程领域工程技术人员参考。各学校可以根据培养需求，选择应用性知识进行教学。针对专科生教学，可以删减理论推导、略去岩石的扩容、岩石的流变性、岩石的各向异性；根据教学学时安排，选择性地教授岩石物理力学性质测定方法、岩体力学性质测定方法、地应力测试方法和地压现场观测方法。针对研究生教学，可以在本书的基础上，适当强调有关理论、方法的新进展和可能的发展趋势。为了便于教学和学生自学未教学部分，本书特意配有教学课件（除第 9 章外）。

　　本书可以分为《矿山岩石力学基础》（前 6 章，必修）和《应用矿山岩石力学》（后 3 章，选修）两门课程教学。通过本书的教学，学生应达到如下要求：（1）了解岩石和岩体的区别与联系，理解不同类型的岩体或处于不同地质构造环境的岩体，其力学行为是不相同的；（2）掌握岩石的基本物理力学性质及其测试方法，掌握岩体力学特性；（3）熟练掌握岩石的强度理论，正确分析岩石的变形和破坏，正确运用强度理论进行工程岩体稳定性分析；(4) 深入理解结构面的力学效应，掌握结构面对岩体强度和变形的影响；(5) 能正确进行岩体结构分类和岩体工程分类；(6) 了解岩体的流变、扩容特性，岩体的各向异性；(7) 理解原岩应力分布规律，了解其测定方法；(8) 掌握竖井、巷道、采场等采矿工程围岩应力分布规律和稳定性分析方法；(9) 掌握露天开采边坡稳定性分析与控制方法；(10) 了解现场地压观测和控制方法，熟悉其应用。

学习本书的先修课程为"材料力学"或"工程力学"、"弹性力学"、"工程地质学"、"采矿方法"或"采煤方法"。教学方法应以课堂讲授为主，建议采用 PowerPoint 演示文稿做成多媒体课件，使教学过程更生动高效。

评价本书的学习效果，采用结构评分制，期末书面笔试占60%，实验占20%，平时成绩（课堂听课效果和作业完成情况）占20%。书面笔试，重点部分占70%~80%，其他占20%~30%。

全书由李俊平、连民杰主编，范才兵、武宏岐、肖光富、郭进平、陈益峰副主编；周创兵主审。第1章由李俊平独立编写；第2章由连民杰、范才兵（2.1节、2.3节）、李俊平（2.2节）负责编写；第3章由李俊平、陈益峰（3.4节、3.5节）、范才兵（3.7节）负责编写；第4章由郭进平负责编写，李占科、李俊平、武宏岐、范才兵、肖光富编写扁千斤顶法、水压致裂法、声发射法、孔底应力解除法、孔径变形法、孔壁应变法和空心包体应变法；第5章由李俊平、陈益峰（5.2节~5.4节）负责编写；第6章由连民杰、肖光富（6.3节）、李俊平（6.4节）负责编写，武宏岐、范才兵参与了地压规律的总结；第7章由李俊平、肖光富（7.3节）、连民杰（7.4节）负责编写；第8章由范才兵、李俊平（8.3节）、李占科（8.4节）负责编写；第9章由武宏岐、郭进平（9.2节）、连民杰（9.3节）、李俊平（9.4节）、肖光富（9.5节）负责编写。全书由李俊平、李占科负责 PPT 制作，李俊平负责统稿，连民杰负责审校。全书吸收了编者尤其是第一主编近20年在矿山岩石力学领域的创新成果。

由于编者水平有限，书中的错误和不妥在所难免，恳请读者批评指正。

编　者
2011 年 5 月 15 日于西安

目　　录

1 绪 论

【本章基本知识点（重点▼，难点◆）】：岩石、岩体、矿压、矿压显现、矿压控制、矿山岩石力学基本概念；岩石与岩体的界定◆；矿山岩石力学的研究任务与内容▼；岩石力学的研究方法▼；岩石力学在其他学科中的地位；岩石力学的发展简史。

岩石力学是近代发展起来的一门新兴学科和边缘学科，是一门应用性和实践性很强的应用基础学科。它的应用范围涉及采矿、土木建筑、水利水电、交通、地质、地震、石油开采、地下工程、海洋工程、核废料储存等众多与岩体工程相关的工程领域。

我国是世界上采矿最早的国家之一，有文字可考的采矿历史始于商代，而实际的采矿活动还要早很多。春秋至南北朝时期（公元前 770 年～公元前 200 年），我国采矿技术已具一定水准。采矿业的发展与人类社会的进步密切相关。随着采矿规模日益扩大，经常出现矿井内顶板冒落、巷道堵塞或地表塌陷等问题，迫使人们重视和研究矿山地压问题，在此基础上产生了一个新的学科分支——矿山岩石力学。

岩石力学最初产生于采矿工程，其主要服务对象也是采矿工程，但其研究方法和理论并非为采矿工程所独有。尤其是二战后，各国水电、交通、建筑、国防等工程的大规模开发和建设，促进了岩石力学的形成和发展。1950 年，苏联的里涅耐特编写了《岩石力学导论》，书中利用弹性理论求解岩体工程问题。1952 年，成立了世界采矿大会国际岩石力学局。1956 年，美国科罗拉多矿业学院（Colorado School of Mines）首次为采矿专业本科生开设了岩石力学课程，历经五十年完成了岩石力学作为一门独立学科的创立过程。法国塔罗布尔（J. Talobre）将地质学和力学结合，1957 年、1958 年先后编著出版《岩石力学》和《岩石力学在土木工程中应用》，较系统地介绍了岩石力学研究的理论、方法和重要意义。1962 年 10 月在奥地利的萨尔茨堡（Salzburg）举行的第十三届地质力学讨论会上，成立了"国际岩石力学学会"（International Society of Rock Mechanics，ISRM），米勒（L. Müller）当选为第一任国际岩石力学学会主席。1966 年在里斯本举行了第一次国际岩石力学大会，以后每四年一届。从此，岩石力学学科进入了迅速发展时期，形成了很多学术观点甚至学派，如以重视节理裂隙为主的奥地利学派和注重理论分析的法国学派等。

2005 年 5 月 17 日，我国首次获得国际岩石力学大会承办权。2009 年 5 月，我国学者冯夏庭教授首次当选国际岩石力学学会主席。2011 年 10 月 18～21 日，在中国北京举办了第十二届国际岩石力学大会，会议期间宣布冯夏庭教授就任第十二届（2011～2015）国际岩石力学学会主席。

1.1 岩石力学的发展简史

岩石力学按其发展进程可划分如下四个阶段。

1.1.1 初始阶段（19 世纪末～20 世纪初）

这是岩石力学的萌芽时期，产生了初步理论以解决岩体开挖的力学计算问题。例如，海姆（A. Heim）1912 年提出了静水压力理论。他认为地下岩石处于一种静水压力状态，作用在地下岩体工程上的垂直压力和水平压力相等，均等于单位面积上覆岩层的重力 γH。

朗金（W. J. M. Rankine）和金尼克（A. H. Динник）也提出了相似的理论。但他们认为只有垂直压力等于 γH，而水平压力应为 γH 乘一个侧压系数，即 $\lambda \gamma H$。朗金根据松散理论认为 $\lambda = \arctan^2 \left(\dfrac{\pi}{4} - \dfrac{\varphi}{2} \right)$；而金尼克根据弹性理论的泊松效应认为 $\lambda = \dfrac{\mu}{1 - \mu}$。其中，$\gamma$、$\mu$、$\varphi$ 分别为上覆岩层容重、泊松比和内摩擦角；H 为地下岩体工程所在深度。由于当时地下岩体工程埋藏深度不大，因而人们曾一度认为这些理论是正确的。但随着开挖深度的增加，越来越多的人认识到上述理论是不准确的。

1.1.2 经验理论阶段（20 世纪初～20 世纪 30 年代）

在经验理论阶段，出现了根据生产经验提出的地压理论，并开始用材料力学和结构力学的方法分析地下工程的支护问题。最有代表性的理论就是普罗托吉雅柯诺夫（М. М. Протодьяконов）提出的自然平衡拱学说，即普氏理论。该理论认为，围岩开挖后自然塌落成抛物线拱形，作用在支架上的压力等于冒落拱内岩石的重力，仅是上覆岩石重力的一部分。于是，确定支护结构上的荷载大小和分布方式成了地下岩体工程支护设计的前提条件。太沙基（K. Terzahi）也提出相同的理论，只是他认为塌落拱的形状是矩形，而不是抛物线形。普氏理论是在当时的支护形式和施工水平上发展起来的。由于当时的掘进和支护所需的时间较长，支护和围岩不能及时紧密相贴，致使围岩往往有一部分最终会破坏、塌落。但事实上，围岩的塌落并不是形成围岩压力的唯一来源，也不是所有地下空间都存在塌落拱。进一步地说，围岩和支护之间并不完全是荷载和结构的关系问题，在很多情况下围岩和支护形成一个共同承载系统，而且要维持岩体工程的稳定，最根本的还是要发挥围岩的作用。因此，靠假定的松散地层压力进行支护设计是不合实际的。尽管如此，上述理论在一定历史时期和条件下还是发挥了一定的作用。

普氏提出以岩石坚固性系数 f（普氏系数）作为定量分类指标的岩体分类方法，被广泛应用至今。

1.1.3 经典理论阶段（20 世纪 30 年代～20 世纪 60 年代）

这是岩石力学学科形成的重要阶段，弹性力学和塑性力学被引入岩石力学，确立了一些经典计算公式，形成围岩和支护共同作用的理论。结构面对岩体力学性质的影响受到重视，岩石力学文献的出版发表，实验方法的完善，岩体工程技术问题的解决，这些都说明岩石力学发展到该阶段已经成为一门独立的学科。

在经典理论发展阶段，形成了"连续介质理论"和"地质力学理论"两大学派。

1.1.3.1 连续介质理论

连续介质理论以固体力学作为基础，从材料的基本力学性质出发，认识岩体工程的稳定性问题。这是认识方法上的重要进展，抓住了岩体工程计算的本质性问题。早在 20 世纪 30 年代，萨文（P. H. Chbhh）就用无限大平板孔附近应力集中的弹性解析解来计算分析岩体工程的围岩应力分布问题。20 世纪 50 年代，鲁滨涅特运用连续介质理论写出了求解岩石力学领域问题的系统著作。同期，有人开始用弹塑性理论研究围岩的稳定问题，导出著名的芬纳（R. Fenner）-塔罗勃（J. Talobre）公式和卡斯特纳（H. Kastner）公式。塞拉塔（S. Serata）用流变模型进行了隧道围岩的黏弹性分析。但是，上述连续介质理论的计算方法只适用于圆形巷道等个别情况，而对普通的开挖空间却无能为力，因为没有现成的弹性或弹塑性理论解析解可供应用。

早期连续介质理论忽视了原岩应力和开挖因素对岩体稳定性的影响。1966 年，美国科学院岩石力学委员会对岩石力学给予以下定义："岩石力学是研究岩石的力学性状的一门理论和应用科学，它是力学的一个分支，是探讨岩石对其周围物理环境中力场的反应。"这一定义是从"材料"的概念出发的，带有材料力学或固体力学深深的烙印。随着岩石力学理论研究和工程实践的不断深入和发展，人们对"岩石"的认识有了突破。首先，不能把"岩石"看成固体力学中的一种材料，所有岩体工程中的"岩石"是一种天然地质体，或者称为岩体，它具有复杂的地质结构和赋存条件，是一种典型的"不连续介质"。其次，岩体中存在地应力，是由于地质构造和重力作用等形成的内应力。由于岩体工程的开挖引起地应力以变形能的形式释放，正是这种"释放荷载"引起了岩体工程变形和破坏的作用力。而传统连续介质理论采用固体力学或结构力学的外边界加载方式，往往得出远离开挖体处的位移大，而开挖体内边缘位移小的计算结果，这显然与事实不符。多数的岩体工程不是一次开挖完成的，而是多次开挖完成的。由于岩石材料的非线性，其受力后的应力状态具有加载途径性，因此前面的每次开挖都会对后面的开挖产生影响。开挖顺序不同、步骤不同，都有各自不同的最终力学效应，亦即不同的岩体工程稳定性状态。因此，忽视施工过程的计算结果，将很难用于指导工程实践。

20 世纪 60 年代，运用早期的有限差分和有限元等数值分析方法，出现了考虑实际开挖空间和岩体节理、裂隙的围岩和支护共同作用的弹性或弹塑性计算解，使运用围岩和支护共同作用原理进行实际岩体工程的计算分析和设计变得普遍起来。同时人们还认识到，运用共同作用理论解决实际问题，必须以地应力（即原岩应力）作为前提条件进行理论分析，才能把围岩和支护的共同变形与支护的作用力、支护设置时间、支护刚度等关系正确地联系起来。否则，使用假设的外荷载条件计算，就失去了岩体工程的真实性和计算的实际应用价值。这一认识促进了早期的地应力测量工作的开展。

此外，传统连续介质理论过分注重对岩石"材料"的研究，追求准而又准的"本构关系"。由于岩体组成和结构的复杂性和多变性，要想把岩体的材料性质和本构关系完全弄准确是不可能的。事实上，在岩体工程的计算中存在大量不确定性因素，如岩石的结构、性质、节理、裂隙分布、工程地质条件等均存在大量的不确定性，所以传统连续介质理论作为一种确定性研究方法是不适合于解决岩体工程问题的。

在进行理论研究的同时，研究矿压的实验手段也获得了发展，其中较为有用的是利用相似材料进行的相似模型研究方法和利用光敏感材料进行的光弹性模拟方法。

1.1.3.2 地质力学理论

地质力学理论注重研究地层结构和力学性质与岩体工程稳定性的关系，它是 20 世纪 20 年代由德国人克罗斯（H. Cloos）创立起来的。该理论反对把岩体当做连续介质，简单地利用固体力学的原理进行岩石力学特性的分析；强调要重视对岩体节理、裂隙的研究，重视岩体结构面对岩体工程稳定性的影响和控制作用。1951 年 6 月，在奥地利成立了以斯梯尼（J. Sith）和米勒（L. Müller）为首的"地质力学研究组"，在萨尔茨堡（Salzburg）举行了第一届地质力学讨论会，形成了重视节理、裂隙为主的"奥地利学派"。

"奥地利学派"的代表人物是米勒（L. Müller），其主要观点有三个：（1）就大多数工程问题而言，岩体工程性质取决于岩体内部地质断裂系统的强度要比取决于岩石本身强度的可能性大得多，所以岩石力学是一种不连续体力学，即裂隙介质力学；（2）岩体强度是一种残余强度，其受到岩体中所含弱面强度的制约；（3）岩体的变形和它的各向异性主要由弱面位移所产生。上述这三个观点为岩石力学的发展起到了引导和促进作用，尤其在工程地质、水电、冶金等岩石力学研究中受到格外重视，而煤炭行业因煤田成因及研究的特殊性，没有充分重视和发展上述观点。我国埋深超过 1000 米的煤炭资源为 2.95 万亿吨，占煤炭资源总量的 53%。随着煤炭逐步进入千米以下的深部开采，必将重视上述岩石力学研究的一般准则。

该理论对岩体工程的最重要贡献，就是提出了"岩石力学是一种不连续体力学，即裂隙介质力学"，"研究工程围岩的稳定性必须了解原岩应力和开挖后岩体的力学强度"，以及"节理、裂隙对岩体工程稳定性的影响"等观点。该理论同时重视岩体工程施工过程中应力、位移和稳定性状态的监测，这是现代信息岩石力学的雏形。"奥地利学派"重视支护与围岩的共同作用，特别重视利用围岩自身的强度维持岩体工程的稳定性。他们在岩体工程施工方面提出的"新奥法"，特别符合现代岩石力学工程实际，至今仍被国内外广泛应用。

该理论的缺陷是过分强调节理、裂隙的作用，过分依赖经验，而忽视理论的指导作用。该理论完全反对把岩体作为连续介质看待。这也是不正确的或有害的。因为这种认识阻碍了现代数学力学理论在岩体工程中的应用，譬如早期的有限元应用就受到这种理论的干扰。

1.1.4 近代发展阶段（20 世纪 60 年代至今）

此阶段是岩石力学理论和实践的新进展阶段，其主要特点是，用更为复杂的多种多样的力学模型来分析岩石力学问题，把力学、物理学、系统工程、现代数理科学、现代信息技术的最新成果引入岩石力学。电子计算机的广泛应用使流变学、断裂力学、非连续介质力学、数值方法、灰色理论、人工智能、非线性理论等在岩石力学与工程中的应用成为可能。

从总体上来讲，近代岩石力学理论认为：由于岩石和岩体结构及其赋存状态、赋存条件的复杂性和多变性，岩石力学既不能完全套用传统的连续介质理论，也不能完全依靠以节理、裂隙和结构面分析为特征的传统地质力学理论，而必须把岩体工程看成是一个"人-地"系统，用系统论的方法进行岩石力学与工程的研究。因为，虽然岩体中存在着各种各样的节理、裂隙，但从大范围、大尺度看，仍可将其作为连续介质对待。对节理、裂隙的作用，对连续性和不连续性的划分，均需视具体工程问题和要求而定。例如，当今水利工程设计、分析中选取岩体力学参数时，引入岩体表征单元体积 REV (representative elementary volume) $\geqslant \dfrac{N}{J_\nu}\left(\dfrac{C_V}{\varepsilon}U_{\alpha/2}\right)^2$，就充分考虑了岩体的尺寸效应。

20 世纪 60 年代和 70 年代，原位岩体与岩块的巨大工程差异被揭示出来，岩体的地质结构和赋存状况受到重视，"不连续性"成为岩石力学研究的重点。从"材料"概念到"不连续介质"概念，是岩石力学在理论上的飞跃。

随着计算机科学的进步，20 世纪 60 年代和 70 年代开始出现用于岩体工程稳定性计算的数值计算方法，主要是有限元法。20 世纪 80 年代，数值计算方法发展很快，有限元、边界元及其混合模型得到广泛应用，成为岩石力学分析计算的主要手段。20 世纪 90 年代，数值分析终于在岩石力学和工程学科中扎根，岩石力学专家和数学家合作创造出一系列新的计算原理和方法。如损伤力学和离散元法的进步，DDA 法和流形元方法的发展，非线性大变形问题的三维有限差分法 FLAC (fast lagrangian analysis of continue) 等的成功应用，标志着岩石力学专家建立了自己独到的分析原理和计算方法。

由于岩体结构及赋存状态和条件的复杂性和多变性，致使岩石力学所研究的目标和对象都存在着大量不确定性，因而有人在 20 世纪 80 年代提出不确定性理论。随着现代计算机科学技术的进步，带动了现代信息技术的发展，目前，不确定性理论已经被越来越多的人所认识和接受。现代科学技术手段，如模糊数学、人工智能、灰色理论、神经网络、专家系统、工程决策支持系统等，为不确定性分析方法和理论体系的建立提供了必要的技术支持。

20 世纪 90 年代，现代数理科学的渗透使得非线性科学在岩石力学中得到了广泛应用。本质上讲，非线性和线性是互为依存的。耗散结构论、协同论、分叉和混沌理论正在被试图用于认识和解释岩体力学的各种复杂过程。岩石力学和相邻的工程地质学都因为受到研究对象"复杂性"的挑战，而对非线性理论倍加青睐。

系统科学虽然早已受到岩石力学界的注意，但直到 20 世纪 80~90 年代才达成共识，并进入岩石力学理论和工程应用。用系统概念来表征"岩体"，可使岩体的"复杂性"得到全面的、科学的表述。从系统论来讲，岩体的组成、结构、性能、赋存状态及边界条件构成其力学行为和工程功能的基础，岩石力学研究的目的是认识和控制岩石系统的力学行为和工程功能。系统论强调复杂事物的层次性、多因素性、相互关联性和相互作用性等特征，并认为人类认识是多源的，是多源知识的综合集成，这为岩石力学理论和岩体工程实践的结合提供了依据。时至今日，岩体工程力学问题才被当作一种系统工程来解决。

可以说，从"材料"概念到"不连续介质概念"，是现代岩石力学的第一步突破；进入计算力学阶段，是第二步突破；而非线性理论、不确定性理论和系统科学理论进入实用阶段，则是岩石力学理论研究及工程应用的第三步突破，是意义更为重大的突破。

随着理论研究的进展，地压控制技术、测试技术也得到了飞速发展。刚性压力机的出现为测试岩石应力-应变全过程曲线提供了保障。目前，应力解除法可测试深部岩体应力。热-水-力三场耦合真三轴伺服岩石试验机、大型模拟试验台、先进的多点数据采集仪器的出现，为更深刻地揭示岩石的力学特性奠定了坚实基础。随着计算机技术和井下钻孔电视的应用，岩体工程三维信息系统也得到了重视和普遍应用。大断面、大缩量和高支撑力的可缩性金属支架、锚杆和锚索网支护得到广泛应用，注浆加固不稳定围岩，回采工作面使用自移式液压支架及其架型增多、适用范围扩大等，进一步改善了支护技术。发明了切槽放顶法、硐室与深孔爆破法、急倾斜采空区处理与卸压开采法等，有效控制了采空区大面积冒落和采场地压显现。声发射、红外、电磁等预测技术进入到地压监测的实用阶段。

综上所述，岩石力学相对其他固体力学具有 5 大力学特点，即：（1）研究对象——岩体内部蕴藏有地应力，即原岩应力；（2）岩石力学是一种不连续体力学，即裂隙介质力学，节理、裂隙将影响岩体工程的稳定性；（3）岩体强度是一种残余强度；（4）开挖施工因素将影响岩体工程的稳定性；（5）在岩体工程的计算中存在大量不确定性因素，必须把岩体工程看成是一个"人-地"系统而用系统论的方法进行研究。

1.2 矿山岩石力学的基础知识

1.2.1 基本概念

我们所说的采矿工程，通常是指固体矿床开采，包括地下开采和露天开采。在煤矿行业，地下开采又常称为"井工开采"或标准采矿等。由于露天开采对地表破坏和环境污染均较严重，也称为非标准采矿。采矿工程的分类见图 1.1。

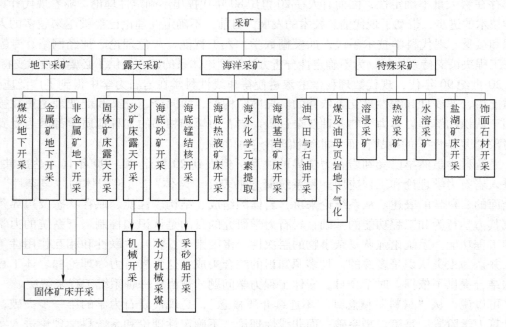

图 1.1　采矿工程的分类

无论是地下开采还是露天开采，都可抽象为对原有地壳的一种人为破坏活动，或称是一种人为的有目的在地壳岩体中的大规模开挖活动。这种开挖活动破坏了岩体原有应力平衡状态，引起了岩体内部应力重新分布，其结果表现为开掘的井、巷、硐、工作面、露天矿采场边坡等的周围岩体变形、移动甚至破坏，直到岩体内部重新形成一个新的应力平衡状态为止，见图 1.2 和图 1.3。

严格地讲，地压（即矿山压力）应包括地下开采和露天开采两部分内容，但由于传统的观念和习惯，矿山压力通常指与地下开采有关的内容。

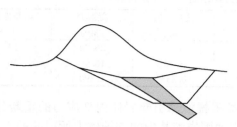

图 1.2　露天开采示意图

图 1.3　地下开采示意图

　　显然，岩石是指由矿物组成的、构成地壳的主要物质。它可以是尺寸很小的矿物颗粒，也可以是相当大的岩块。广义地讲，土、沙粒都是特殊的岩石，只是为了与土力学相区别，岩石力学不将它们称为岩石。岩石从岩体中取出后，原岩应力得到了解除，因此岩石中没有原岩应力。但是岩石声发射（AE）特征试验表明，某些岩石具有记忆其赋存环境原岩应力的特性（AE 凯瑟效应）。尽管岩石中可能含有不贯通或微小的裂纹、空隙或胶结强度较高的层理，但是不包含贯通弱面，是完整的岩块，故岩石的强度比岩体的强度大很多。

　　岩体是指赋存在一定地质环境（应力场、渗流场和地温场）中的经受过变形，遭受过破坏，由一定岩石成分组成，含有一定结构的地质体。岩体要有足够大的体积，且受不确定的节理、裂隙、断层或层理等结构面（或称弱面，裂隙系统）削弱，因此，岩体是非均质、非连续的各向异性的不确定性的裂隙体。岩体内存在初始地应力，即原岩应力。一般以室内岩石试件的力学性质表示岩石力学性质；以现场原位试验的大型试块的力学性质表示岩体力学性质。

　　岩石力学中所以分成岩石和岩体，是为了将未受损伤的完整岩石和受弱面损伤的"岩石"（岩体）二者在力学性质上的差异区别开来，并且要研究不同性质和分布的弱面对岩石强度的影响。岩石和岩体是既有区别又互相联系的两个概念。岩石是岩体的组成物质，岩体是岩石和结构面的统一体。工程中所设计的是岩体，在设计前必须取得一定数量的岩体力学性质指标，然而做大量现场原位试验等岩体力学性质试验是很不经济的。既然同种类的岩石与岩体的区别只是体积大小和有无弱面存在，那么它们之间必然存在一定内在联系。因此，目前还是以岩石的性质通过一定的折减规律而找到岩体的力学性质，这样既节约费用又节省时间，见表 1.1 和表 1.2。

表 1.1　东桐峪金矿岩石物理力学性质（室内岩石力学试验结果）

样 品	平均容重/kN·m⁻³			抗压强度 /MPa	抗拉强度 /MPa	内摩擦角 φ/(°)	凝聚力 /MPa	弹性模量 /GPa	声波速度 /m·s⁻¹	泊松比 μ
	天然	干	湿							
石英岩	29.9	29.8	29.9	$\dfrac{127.79 \sim 167.68}{158.3}$	$\dfrac{4.51 \sim 6.69}{5.60}$	$\dfrac{35 \sim 45}{39}$	$\dfrac{30.0 \sim 54.5}{40.0}$	$\dfrac{91.8 \sim 96.2}{93.5}$	$\dfrac{5661 \sim 5909}{5768}$	0.18
片 岩	26.5	26.5	26.5	$\dfrac{120.8 \sim 150.7}{130.5}$	$\dfrac{2.86 \sim 7.45}{5.30}$	$\dfrac{19 \sim 40}{35}$	$\dfrac{18.9 \sim 27.6}{25.30}$	$\dfrac{41.3 \sim 44.7}{42.5}$	$\dfrac{4322 \sim 4676}{4406}$	0.25

　　注：分子为范围值，分母为平均值。

　　力学试验所得到的力学性质往往很离散，通过折减规律或原位试验而找到的岩体力学性质，很难满足重要工程百年、千年一遇的安全需要。如三峡工程，为了精确获得岩体力学参数，常借助现场实测的岩体变形和原位试验的可靠结果，通过数值反演而得到精确的岩体力学参数，甚至将类比法、折减法与岩体计算参数的移动最小二乘法反演相结合而得到精确的岩体力学参数。

表 1.2　东桐峪金矿岩体物理力学性质（按规律折减）

介　质	容重 /kN·m⁻³	弹性模量 /GPa	泊松比 μ	抗拉强度 /MPa	凝聚力 /MPa	内摩擦角 φ/(°)
含矿石英岩	29.9	23.375	0.18	3.73	26.70	33
构造片岩	26.5	14.166	0.25	3.53	16.90	30
放顶松散体	17.0	0.2	0.25	0.353	1.690	5

矿山压力（即矿压、地压、岩压）是指人类采掘活动引起岩体内部应力的重新分布，或者是指人类采掘活动在井巷、硐室及回采工作面围岩和其中的支护体上所引起的力。在矿山压力的作用下，开掘的井、巷、硐、工作面等岩体工程的围岩体或支护体发生变形、破坏的现象，通称为矿山压力显现（即矿压显现、地压显现）。

矿山压力的产生是由于地下开采（开挖空洞）。地下开采常见的开挖有：

(1) 井
(2) 硐室
(3) 巷道
(4) 采场

} 主要研究对象 ⇒ {

(1) 巷道变形，断面缩小
(2) 巷道冒顶、破坏
(3) 采场冒顶
(4) 支架压坏、支护破坏
(5) 采场大面积来压
(6) 冲击矿压
(7) 突水

常见的地压显现有：顶板下沉、底臌、帮臌、片帮、冒顶、岩体大面积冒落、岩体突然抛出（金属矿山称为岩爆，煤矿称为煤与瓦斯突出）、支护体变形或损坏、大面积岩层移动、地表开裂、地表塌陷、采场顶底板闭合、井筒开裂等等。部分地压显现见图 1.4。

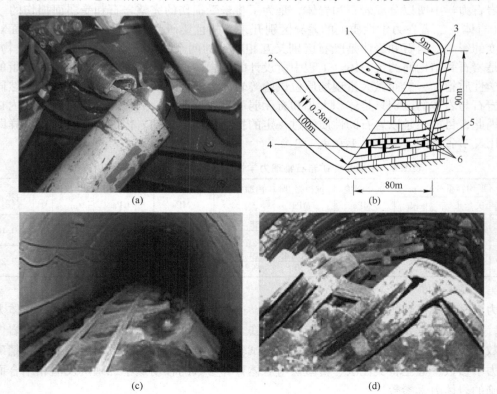

(a)　　　　　　　　　　　　　　　　(b)

(c)　　　　　　　　　　　　　　　　(d)

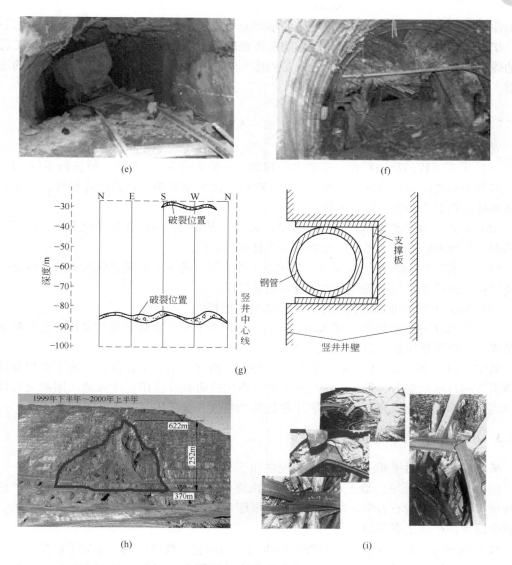

图 1.4 部分地压显现

(a) 液压支架立柱爆裂；(b) 宜昌桃坪河磷矿采矿引起山体开裂；(c) U 形钢不封底时巷道底臌；
(d) U 形钢封底时巷道底臌；(e) 全断面喷锚网巷道底臌；(f) 翻修巷道的破坏形态；(g) 竖井破裂与修复示意图；
(h) 南芬露天矿非工作帮 250 万立方米滑坡；(i) 支架损坏与巷道断面变形
1—危险山体；2—滑动方向；3—裂缝；4—崩矿柱方向；5—矿柱；6—AE 监测孔

矿压显现可能影响采矿工作的正常进行，也可能引起采空区闭合、垮塌而释放地压，从而减小采矿工作面的集中应力。为了确保安全生产，必须采取各种工程技术措施把矿压显现控制在安全生产许可的范围内，合理利用有利于安全生产的地压显现。所有改变和利用矿压而采取的工程技术措施，均属于矿山压力控制。

矿山压力、矿山压力显现、矿山压力控制是矿山岩石力学研究的主要内容。随着大规模开采活动及矿压显现给工作面带来的严重危害，人们迫切需要一种理论来解释和研究有关的矿压现象，并用以指导工程设计和安全生产，这就在土力学、材料力学、工程力学、弹塑性力学、断裂损伤力学和工程地质的基础上形成了一门新的学科分支——矿山岩石力学。**矿山岩石力学是研究自然和采动影响所造成的矿山应力场中，有关矿山岩体和工程结构的强度、变形和稳定性的科学**。它既是固体力学的一个应用分支，也是采矿工程的理论基础。

1.2.2　岩体工程的力学特点

岩体工程有 5 个力学特点：

（1）采矿工程的移动特性。采矿空间移动，一般寿命为 3~5 年，最长也不过 30~50 年，多种采动空间相互影响与叠加。因此，存在多次采动影响，且其计算精度、安全系数及加固要求均低于国防、水利工程。

（2）采矿工程受矿床赋存条件的限制。采矿工程结构物的位置选择性不大，同时，由于采掘工作面不断变化，采矿工程岩石力学具有复杂性。

（3）岩体工程的岩体结构本质。与地面工程不同，地下工程围岩既是载荷，也是一种承载结构，施载体系与承载体系之间没有明显界限。

（4）岩体工程中围岩的大变形和支护体的可缩特性。

（5）岩体工程中的能量原理和动力现象，如冲击矿压、顶板大面积来压、煤与瓦斯突出是煤、岩中聚集能量的突然、猛烈释放。

其中，（1）和（2）是采矿工程特有的特点。因此，采矿工程设计与施工中更要注重发挥围岩的自承载能力，重视支护与围岩相互作用的研究及应用，重视施工因素对岩体工程稳定性的影响研究，充分考虑采矿工程的移动特性和受矿体赋存条件制约的特性。

1.2.3　矿山岩石力学对采矿工程的作用

矿山岩石力学对采矿工程的作用表现在如下 5 个方面：

（1）保护生态环境。地下水破坏、地表沉降、废石排放占地等，都将严重影响矿区生态环境。借助矿山岩石力学，研究保水开采措施，控制地表沉降，实施废石就地充填，将能较好地保护矿区生态环境。

（2）保证安全和正常生产。掌握矿山压力活动的基本规律，用以指导采矿生产的设计和生产组织，控制顶板事故、巷道稳定性和边坡稳定性等，保障设备正常运行，促进安全生产。

（3）减少地下资源损失。通过研究和实测矿压活动规律，减少顶板等事故，选择合理矿柱尺寸，甚至取消矿柱而实现无矿柱的连续开采，将最大限度地减少矿石资源损失。

（4）改进地下开采工艺和技术。地下开采工艺、技术的进步与对矿压显现规律的深刻认识和矿压控制手段的改善有密切关系。例如，自移式液压支架的使用促成了采煤综合机械化的实现，矿压规律的认识促成了露天高台阶开采和地下大分段及高中段开采；反之，开采工艺、施工技术的变革，提高了地压控制技能，如平行深孔直眼掘进技术使得超前探放水、爆破震动超前卸压控制岩爆和防突成为可能。开采深度增加将使矿压显现更为剧烈，将带来一系列新的矿压控制问题，只有不断解决这些问题，才能使未来复杂条件下的开采工作得以顺利进行。

（5）提高开采经济效果。为了维护巷道和管理顶板，每年都要消耗大量人力、物力和财力，购买坑木、金属支护材料、水泥及其他材料，实施巷道和顶板支护，甚至留下大量贵重矿柱支护顶板，或者充填采空区、人工砌筑矿柱而置换天然矿柱，这些都会明显地增加开采成本。矿压显现预测、支护质量与顶板动态监测、信息反馈、确定优化的矿压控制措施与开采施工方案、工艺，将大幅度提高开采效益。

综上所述，掌握矿压显现规律，研究矿压控制的有效方法，对采矿安全生产、经济开采具有十分重要的意义。

1.3 矿山岩石力学的研究内容与方法

1.3.1 岩石力学的研究领域及问题

岩石力学是伴随采矿、土木、水利、交通、建筑、国防等岩体工程的建设和数学、力学、工程地质等学科的进步而逐步发展形成的一门应用学科。目前岩石力学研究主要涉及的领域和问题有：

（1）采矿工程。1）露天采矿边坡设计及稳定加固技术；2）井下开采中巷道和采场围岩稳定性问题，特别是软岩巷道和深部开采地压控制问题；3）采场稳定性及开采优化（采场结构、开采顺序、开挖步骤等）设计问题；4）矿井突水预测、预报及预处理理论和技术；5）岩爆、煤与瓦斯突出预测及预处理理论和技术；6）采空区处理及地面沉降控制技术；7）岩石破碎问题。

（2）水利水电工程。1）坝基及坝肩稳定性、防渗加固理论和技术；2）有压和无压引水隧道设计、施工及加固理论技术；3）大跨度高边墙地下厂房的围岩稳定及加固技术；4）高速水流冲刷的岩石力学问题；5）水库诱发地震的预报问题；6）库岸稳定及加固方法。

（3）铁道和公路建设工程。1）线路边坡稳定性分析；2）隧道设计和施工技术；3）隧道施工中的地质超前预报及处理技术；4）高地应力区的岩爆控制理论及处理技术；5）隧道入口施工技术及硐脸边坡角的确定和加固措施；6）地铁施工技术。

（4）土木建筑工程。1）高层建筑地基处理与加固技术；2）大型地下硐室、地下建筑空间设计、施工与加固理论技术；3）地面建筑物沉降、倾斜控制和纠偏技术；4）山城或山坡及临坡建筑物基础滑坡监测预报与防治技术。

（5）石油工程。1）岩石应力与岩石渗透性；2）岩石力学与地球物理勘探综合研究；3）钻探技术与井壁稳定性；4）岩石力学与采油技术（水压致裂、水平钻孔）；5）油层压缩及地表沉陷；6）石油、天然气运输、储存工程及环境影响。

（6）国土滑坡防治工程。1）岩石力学与滑坡勘察综合技术研究；2）滑坡监测与稳定性评价技术；3）滑坡治理技术。

（7）海洋勘探与开发工程。

（8）核电站建设中核废料处理技术。

（9）地层热能资源开发技术问题。

（10）地震预报中的岩石力学问题。

随着岩体工程建设的发展，还会有新问题不断提出。

1.3.2　矿山岩石力学的研究内容

由于矿产资源勘探开发、能源开发和人类向地下空间发展的需要，工程的规模越来越大，所涉及的岩石力学问题也越来越复杂。我国的很多煤层都集中在 1200～1500m 深度，山东一些煤层的深度甚至超过了 2000m。我国煤矿开采深度以每年 8～12m 的速度增加，东部矿井正以每 10 年 100～250m 的速度发展。近年已有一批矿井进入 1000m 以下的深部开采。如 2007 年沈阳采屯矿开采深度已经达到 1197m，红透山铜矿开采已进入 900～1100m，冬瓜山铜矿已建成 2 条超过 1000m 的竖井。在今后 10～20 年内，我国金属和有色金属矿山将进入 1000～2000m 深度开采。新西兰某露天矿边坡垂高达到 1000m。南非地下黄金矿山的最大开采深度已超过 4000m。

我国学者的研究也表明：花岗岩和大理岩在室温下即使围压达到 1000MPa 甚至更高时，仍表现为脆性，而花岗闪长岩这种极坚硬的岩石在长期地质力作用下也会发生很大延性变形；有的矿区从深度小于 600m 变化到 800～1000m 时，强度为 21～40MPa 岩石所占比重从 30% 减少到 24%，而强度为 81～100MPa 岩石的比重则从 5.5% 增加到 24.5%，并且岩石更脆，更易发生岩爆；地温梯度一般为 30～50℃/km，断层附近或热导率高的异常局部地区地温梯度有时高达 200℃/km；随着地应力及地温的升高，同时会伴随岩溶水压的升高，在采深大于 1000m 时，其岩溶水压将高达 7MPa，甚至更高。因此，进入深部采矿后，有许多矿山岩石力学问题将表现出差异性、未知性，有待继续深入研究。

矿山岩石力学的服务对象是采矿工程，这个服务对象决定了矿山岩石力学的研究内容要以自然和采动影响所造成的矿区应力场为核心，探索矿山岩体和工程结构的强度、稳定性和变形。学习和研究矿山岩石力学，要借鉴水电、石油和核废料处理等岩体工程研究中已经遇到的高地应力、高渗透压力、高地温问题和软岩（单轴抗压强度在 0.5～25MPa 之间的岩石）大变形问题等的研究成果与经验，面对深部开采可能面临的硬岩矿井向软岩大变形矿井转变、非突矿井向突出矿井转变、非冲击矿井向冲击矿井转变、煤矿的低瓦斯矿井向高瓦斯矿井转变、低温矿井向高温矿井转变等 5 类转变和挑战，以探索采矿工程岩体的力学特性、连续性问题、本构关系及参数确定方法、强度确定方法、强度破坏准则、岩体结构的唯一性问题、非线性力学设计方法、大变形问题、巷道荷载计算方法和稳定性与灾害控制对策 10 类理论问题为学习目标。

因此，矿山岩石力学研究和学习的基本内容包括（▼表示重点，◆表示难点）：

（1）绪论：岩石、岩体、矿压、矿压显现、矿压控制、矿山岩石力学基本概念；岩石与岩体的界定◆；矿山岩石力学的研究任务与内容▼；岩石力学的研究方法▼；岩石力学在其他学科中的地位；岩石力学的发展简史。

（2）岩石的基本物理力学性质：岩石物理性质（岩石的密度与容重▼；岩石的孔隙性；岩石的水理性，包括吸水性、透水性、软化性和抗冻性）；岩石的力学性质▼；岩石的变形特性▼；岩石的扩容；岩石的流变性◆；岩石的各向异性；岩石的强度理论▼。

（3）岩体的力学性质及其分类：岩体结构▼；结构面类型及特征；结构面的变形特性▼；结构面的剪切强度▼；结构面的力学效应▼◆；岩体的强度特性▼；岩体强度测定（原位试验简介）；岩体的破坏机理和破坏判据▼；岩体的变形特性▼；岩体的水力学性质；工程岩体分类▼。

（4）原岩应力及其测量：岩体初始应力状态的概念与意义；岩体自重应力▼；岩体构造应力▼；岩体初始应力状态的主要分布规律▼◆；影响原岩应力分布的因素；岩体初始应力的几种测定方法。

（5）地下硐室围岩稳定性分析与控制：地下硐室围岩压力计算与稳定性分析▼◆（弹性力学分析方法；弹塑性力学分析方法；块体平衡理论分析法；松散体力学分析法，如普氏平衡拱理论、太沙基理论；巷道支护，包括变形地压的特点与计算，围岩与支护共同作用原理；竖井围岩压力计算与稳定性分析，如圆形竖井围岩应力，竖井围岩稳定性分析与控制）；软岩工程与深部开采特性；井巷维护原则及支护设计原理。

（6）矿山地压显现规律：圆形巷道围岩应力分布规律▼（双向不等压圆形巷道围岩的应力状态◆、相邻圆形巷道围岩的应力状态、支承压力分布）；采准巷道矿压显现规律▼（水平巷道矿压显现规律、倾斜巷道矿压显现规律）；采矿工作面矿压显现规律（工作面支承压力分布特点▼、相邻采场对支承压力的影响▼、顶板岩层中的应力分布规律▼、覆岩变形和破坏规律▼、影响工作面矿压显现的主要因素▼、分层开采时矿压显现特点、采场地压控制的原则▼）；冲击地压及其控制。

（7）采场地压与控制：采矿方法的特点与分类；空场法地压控制与评价（矿柱设计方法◆；采空区处理新方法▼、采空区安全评价方法▼）；充填法地压（充填体类型；充填体受力计算；充填体地压控制原理▼）；崩落法地压（无底柱、有底柱、自然崩落法采矿的地压规律▼；崩落控制）；长壁式开采的地压规律▼。

（8）露天开采边坡稳定性分析与控制：边坡破坏形式的分类▼；影响边坡稳定性的主要因素；边坡稳定性分析方法◆；露天矿边坡加固措施▼。

（9）现场地压观测与分析：了解常规的位移、荷载、应力和地球物理探测方法，熟悉其在地压观测中的应用▼。

1.3.3 矿山岩石力学的研究方法

由于矿山岩石力学是一门边缘交叉科学，研究的内容广泛，对象复杂，这就决定了矿山岩石力学研究方法的多样性。根据所采用的研究手段或所依据的基础理论所属学科领域的不同，研究方法可大致归纳为以下四种。在进行研究方法论述的时候，也涉及一些研究内容，可作为上述研究内容的补充。

（1）工程地质研究方法。着重于研究与岩石和岩体的力学性质有关的岩石和岩体地质特征。如用岩矿鉴定方法，了解岩体的岩石类型、矿物组成及结构构造特征；用地层学方法、构造地质学方法及工程勘察方法等，了解岩体的成因、空间分布及岩体中各种结构面的发育情况，初步判定岩体工程破坏的原因及应力方向等；用投影几何学方法（赤平极射投影与赤平等积投影）确定优势结构面，确定结构面和开挖面切割成的块体的空间形态与大小等；用水文地质学方法了解赋存于岩体中地下水的形成与运移规律、渗透特性等等。

（2）科学实验方法。科学实验是岩石力学发展的基础，包括实验室岩石力学参数的测定，模型试验，现场岩体的原位试验及监测技术，地应力的测定和岩体构造的测定等。试验结果可为岩体变形和稳定性分析计算提供必要的物理力学参数。同时，还可以用某些试验结果（如模拟试验及原位应力、位移、声发射监测结果，岩石和岩体的变形、破坏特征试验等）直接评价岩体的变形和稳定性，以及探讨某些岩石力学理论问题。随着岩石力学的不断发展，其涉及的实验范围也越来越宽，如地质构造的勘测、大地层的力学测定等，可为岩石力学提供必要的研究资料。另外，室内岩石的微观测定也是岩石力学研究的重要手段。近代发展起来的新的实验技术不断地应用于岩石力学领域，如遥感技术、激光散斑和切层扫描技术、三维地震勘测成像、三维地震 CT 成像技术和微震技术等等，都已逐渐为岩体工程服务。

（3）数学力学分析方法。数学力学分析是岩石力学研究中的一个重要环节。它是通过建立工程岩体的力学模型和利用适当的分析方法，预测工程岩体在各种力场作用下的变形与稳定性，为岩体工程设计和施工提供定量依据，其中建立符合实际的力学模型和选择适当的分析方法是数学力学分析中的关键。目前常用的力学模型有：刚体力学模型、弹性及弹塑性力学模型、流变模型、断裂力学模型、损伤力学模型、渗透网络模型、拓扑模型等等。常用的分析方法有：1）数值分析方法，包括：有限差分法、有限元法、边界元法、离散元法、无界元法、流形元法、不连续变形分析法、块体力学和反演分析法等；2）模糊聚类和概率分析，包括：随机分析、可靠度分析、灵敏度分析、趋势分析、时间序列分析和灰色系统理论等；3）模拟分析，包括：光弹应力分析、相似材料模型试验、离心模型试验等；4）参数或稳定性预测与确定，包括：遗传算法、神经网络、支持向量机。在边坡稳定性研究中，过去还普遍采用极限平衡法。

（4）整体综合分析方法，是就整个工程进行多种方法分析并以系统工程为基础的综合分析方法，这是岩石力学与岩体工程研究中极其重要的一套工作方法。由于岩石力学与工程研究中每一环节都是多因素的，且信息量大，因此必须采用多种方法并考虑多种因素（包括工程的、地质的及施工的等）进行综合分析和综合评价，特别注重理论和经验相结合，才能得出符合实际情况的正确结论。就岩体工程而言，整体综合分析方法又必须以不确定性分析方法为指导，因为在岩体工程问题中，存在着工程的、地质的及施工的多方面的不确定性因素，只有采用不确定性研究方法，才能彻底摆脱传统的固体力学、结构力学的确定性分析方法的影响，使研究和分析的结果更符合实际，更可靠和实用。现代非线性科学理论、信息科学理论、系统科学理论、模糊数学、人工智能、灰色理论和计算机科学技术的发展等为不确定性分析方法奠定了必要的技术基础。

1.3.4 矿山岩石力学的教学目的与学习方法

本书的教学目的旨在使学生熟练掌握岩石的基本物理力学性质，岩石的强度理论；掌握结构面的力学特性和岩体的力学性质；掌握竖井、采场、巷道等采矿工程围岩地压分布规律和稳定性分析方法，岩石力学试验方法等基本知识；了解原岩应力分布规律及其测定方法；了解现场地压观测和控制方法；具有利用岩石力学知识建立矿山岩体工程问题的力学模型，分析和解决矿山岩体工程实际问题的能力。

矿山岩石力学是一门应用性、实践性很强的应用基础学科，它要求应用、研究人员除了掌握岩石力学的基础理论和方法外，还必须通晓采矿工程和工程地质知识。工程地质是岩石力学研究的基础，岩石力学是工程地质定量化研究的手段，采矿工程是岩石力学研究的服务对象。所以，工程地质、岩石力学、采矿工程研究必须三位一体，否则，必将导致岩石力学理论脱离实际，不是搞不清，就是搞不好。

岩石力学的学习方法，除与学习其他力学有共同之处外，也有其特点。学习矿山岩石力学应该了解采矿工程和工程地质知识的复杂性及岩石力学本身尚不十分成熟的现实，着重掌握基本概念和理论，注意积累采矿工程施工经验，要尽可能多地了解、掌握采矿工程和其相关、相似工程的设计、计算、分析方法和现场压力控制方法及其适用条件。因此，在矿山岩石力学的研究和应用中，必须系统扎实地采集、调查、分析和研究工程的基础资料，全方位、多手段地现场监测岩体工程施工和运行过程，只有这样，才能正确运用岩石力学原理，密切结合工程实践，对所进行的分析、设计和研究做出科学的分析和判断，并做出技术可行、经济合理、简便适用的针对性很强的结论和采矿工程问题的解决办法，才能创造性地发展矿山岩石力学的理论和方法。

矿山岩石力学将面临许多前所未有的问题和挑战，某些方面理论还落后于实践，急需发展和提高岩石力学理论和方法的研究水平。将岩体视为一个不确定系统，用系统思维、反馈思维、全方位思维（包括逆向思维、非逻辑思维、发散思维甚至直觉思维）对工程岩体的行为进行综合方法研究，才能在复杂的矿山岩石力学问题的解决过程中，从提高理论和数值分析结果的可靠性和实用性方面取得新的突破。思维方法的变革是岩石力学与工程研究取得突破的关键。

习　题

1. 选择题

（1）岩石与岩体的关系是（　　　）。

　　A. 岩石就是岩体　　　　　　　B. 岩体是由岩石和结构面组成的

　　C. 岩体代表的范围大于岩石　　D. 岩石是岩体的主要组成部分

（2）大部分岩体属于（　　　）。

　　A. 均质连续材料　　　　　　　B. 非均质材料

　　C. 非连续材料　　　　　　　　D. 非均质、非连续、各向异性、不确定性的裂隙体

2. 简答题

（1）简述矿山岩石力学的基本研究内容。

（2）岩石与岩体的关系是什么？

（3）岩石与岩体的地质特征的区别与联系。

（4）岩体的力学特征是什么？

（5）简述矿山压力（矿压、地压、岩压）、矿山压力（矿压、地压）显现、矿山压力（矿压、地压）控制、矿山岩石力学等概念。

（6）岩石力学的五大特点是什么？

（7）简述矿山岩石力学对采矿工程的作用。

（8）采矿工程的力学特点有哪些？

（9）矿山岩石力学与其他学科的关系是什么？

（10）矿山岩石力学的研究方法有哪些？

参 考 文 献

[1] 谢和平. 深部高应力下的资源开采基础科学问题与展望［C］. 科学前沿与未来（第六集）. 香山科学会议主编. 北京：中国环境科学出版社，2002，179～191.

[2] 李俊平，周创兵，冯长根. 矿山岩石力学——缓倾斜采空区处理的理论与实践［M］. 哈尔滨：黑龙

江教育出版社，2005.

［3］余志雄，周创兵，陈益峰，李俊平. 基于 v-SVR 和 GA 的初始地应力场位移反分析方法研究［J］. 岩土力学，2007，28（1）：151～156，162.

［4］姜耀东，赵毅鑫，刘文岗，李琦. 深部开采中巷道底鼓问题的研究［J］. 岩石力学与工程学报，2004，23（14）：2396～2401.

［5］钱建兵. 小茅山铜铅锌矿竖井井壁破裂治理方法［J］. 江苏冶金，2006，34（3）：65～67.

［6］李俊平，陈慧明. 灵宝县豫灵镇万米平硐岩爆控制试验［J］. 科技导报，2010，28（18）：57～59.

［7］王恭先. 滑坡防治中的关键技术及其处理方法［J］. 岩石力学与工程学报，2005，24（21）：3818～3827.

［8］何满潮，谢和平，彭苏萍，姜耀东. 深部开采岩体力学及工程灾害控制研究［J］. 煤矿支护，2007，（3）：1～14.

［9］John A Hudson. Engineering Rock Mechanics［M］. Redwood Books Press，1997.

［10］陆文. 岩石力学（课件）. 西南科技大学环境资源学院，2006.

［11］王家臣. 矿山压力及其控制（教案第二版）. 中国矿业大学（北京）资源与安全工程学院，2006.

［12］丁德馨. 岩体力学（讲义）. 南华大学，2006.

［13］高磊. 矿山岩石力学［M］. 北京：机械工业出版社，1987.

［14］孙广忠. 岩体结构力学［M］. 北京：科学出版社，1988.

［15］蔡美峰，何满潮，刘东燕. 岩石力学与工程［M］. 北京：科学出版社，2002.

［16］沈明荣. 岩体力学［M］. 上海：同济大学出版社，1999.

［17］郑永学. 矿山岩体力学［M］. 北京：冶金工业出版社，1988.

［18］王文星. 岩体力学［M］. 长沙：中南大学出版社，2004.

［19］钱鸣高，石平五. 矿山压力与岩层控制［M］. 徐州：中国矿业大学出版社，2003.

2　岩石的基本物理力学性质

岩石是构成地壳表层岩石圈的主体。采矿工程是在地壳表层进行开挖的一种工程，它以安全并最大限度地采出有用矿体为目标。就我国采矿工程而言，20 世纪开采深度一般不超过 1000 米，最大不超过 1500 米；21 世纪我国将开采 2000 ~ 4000 米深层矿体。2010年 11 月 9 日，由山东黄金集团设计并在莱州三山岛开钻的钻深达 4000 米的"中国岩金勘查第一深钻"，开创了我国固体矿床勘探新纪录。在向地下开挖过程中，人类将前所未有地接触和改造岩体。

采矿所开挖的空间，是一个由巷道、硐室和采场等构成的系统。为了保证在这个系统中高效、安全、连续地作业，它要维护已经被开挖出来的空间。通常在岩石不好的地段，必须给予适当支护，以防止开挖空间发生垮塌和毁坏。部分矿体被采出后，专门为它服务的巷道和采场就失去了存在的意义，但是这部分被废弃的开挖空间仍然可能影响邻近作业区域甚至整个开挖系统的安全，因此在原则上仍须予以处理和控制。

矿山岩石力学工作者处理和控制开挖空间最为关心的就是岩石或岩体在受力情况下的变形、屈服、破坏以及破坏后的力学效应等现象，而这些现象的发生与发展并不像金属等均质材料那样有较明确的规律可循。因为岩石或岩体是赋存于自然界中十分复杂的介质，受地应力变化、各种构造地质作用、各种风化作用、地下水、地温以及人类各种应力等的作用，因此，各种岩石甚至是同种岩石的受荷历史、成分和结构特征都各有差异，从而使岩石或岩体呈现明显的非线性、不连续性、不均质性和各向异性等复杂特性。

由于岩石或岩体的上述特性，矿山岩石力学具有一个很重要的特点就是以试验为重要基础。随着力学、数学的蓬勃发展，特别是计算机的出现，岩石力学工作者可以进行复杂的大量计算。如果对地质因素和开挖因素缺乏必要的正确认识，在没有搞清或搞不清模型边界条件的基础上就进行大量计算，其结果只能是游戏式的演算，经不起实际工程的检验。对原型岩石和岩体及工程的研究程度和对模型力学参数取值的可靠性，归根结底取决于对岩石或岩体的认知能力。矿山岩石力学工作者必须具备这种能力，必须认清所研究的对象——岩石或岩体的基本构成和基本分类，了解岩石和岩体的主要物理、力学性质。由于"矿山地质学"等基础课程专门学习了岩石或岩体的基本构成，本章将介绍岩石的物理、力学性质和影响岩石物理、力学性质的主要因素。关于岩体的基本认识将在第 3 章中介绍。

2.1　岩石的物理性质

岩石的物理性质（physical properties of rock）主要包括岩石的密度、岩石的孔隙性、岩石的水理性、岩石的透水性和岩石的碎胀性等基本属性。

2.1.1　密度与容重

岩石的密度，指单位体积岩石的质量。计算岩体中的重力载荷时，质量是不可缺少的数据。岩石质量中包含了水分的质量，因含水率的不同岩石密度分天然密度 ρ、干密度 ρ_d 和饱和密度 ρ_b。一般未说明含水状况时，即指干密度 ρ_d。

岩石密度的测定，根据岩石类型和试样形态，可以分别采用量体积法和蜡封法。

（1）量体积法。试样可以制备成圆柱体、立方体和方柱体。在试样两端和中间三个断面处量测其互相垂直的两个直径或边长，计算平均值；量测试样中心和四周的五个高度，计算平均值。

将试样置于烘箱中，在 105~110℃ 温度下烘干 24h，然后放入干燥器内冷却至室温，称干质量。试样的干密度按下式计算：

$$\rho_d = M_d / (AH) \tag{2.1}$$

式中，ρ_d 为干密度，kg/m^3；M_d 为试样干质量，kg；A 为平均面积，m^2；H 为平均高度，m。

（2）蜡封法。蜡封法适用于一切软、硬岩石。选取边长为 4~6cm 的近似立方体的岩石试样，置于烘箱中于 105~110℃ 温度下烘干 24h，然后放入干燥器内冷却至室温后称干质量。用丝线系住试样，置于刚过熔点的石蜡中 1~2s，使试样表面均匀涂上一层蜡膜。将蜡封的试样置于水中称质量，然后擦干表面水分在空气中称质量。试样干密度为：

$$\rho_d = M_d / \left[(M_1 - M_2)/\rho_w - (M_1 - M_d)/\rho_n \right] \tag{2.2}$$

式中，ρ_d 为干密度，kg/m^3；M_d 为试样干质量，kg；M_1 为蜡封试样在空气中的质量，kg；M_2 为蜡封试样在水中的质量，kg；ρ_n 为石蜡的密度，kg/m^3；ρ_w 为水的密度，kg/m^3。

用上述方法同样可以测出天然岩石的密度 ρ 和吸水饱和状态的岩石密度 ρ_b。

岩石的容重指单位体积岩石的重量，单位为 kN/m^3。对应上述密度，也分天然容重（γ）、干容重（γ_d）和饱和容重（γ_b），分别为相应密度与重力加速度 g 的乘积。

岩石容重取决于组成岩石的矿物成分、孔隙发育程度及其含水量。岩石容重的大小，在一定程度上反映出岩石力学性质的优劣。一般地，岩石容重愈大，其力学性质也愈好，反之，则愈差。部分岩石的容重见表 2.1。

表 2.1　部分岩石的容重

岩石名称	天然容重 /kN·m⁻³	岩石名称	天然容重 /kN·m⁻³	岩石名称	天然容重 /kN·m⁻³
花岗岩	23.0~28.0	斑　岩	27.0~27.4	粗面岩	23.0~26.7
闪长岩	25.2~29.6	玢　岩	24.0~28.6	安山石	23.0~27.0
辉长岩	25.5~29.8	辉绿石	25.3~29.7	玄武岩	25.0~31.0

续表2.1

岩石名称	天然容重 /kN·m⁻³	岩石名称	天然容重 /kN·m⁻³	岩石名称	天然容重 /kN·m⁻³
凝灰岩	22.9~25.0	页 岩	23.0~26.2	片麻岩	23.0~30.0
凝灰角砾岩	22.0~29.0	硅质灰岩	28.1~29.0	片 岩	29.0~29.2
砾 岩	24.0~26.6	白云质灰岩	28.0	特别坚硬石英岩	30.0~33.0
石英砂岩	26.1~27.0	泥质灰岩	23.0	片状石英岩	28.0~29.0
硅质胶结砂岩	25.0	灰 岩	23.0~27.7	大理岩	26.0~27.0
砂 岩	22.0~27.1	新鲜花岗片麻岩	29.0~33.0	白云岩	21.0~27.0
坚固的页岩	28.0	角闪片麻岩	27.0~30.5	板 岩	23.1~27.5
砂质页岩	26.0	混合片麻岩	24.0~26.3	蛇纹岩	26.0

岩石的比重是干燥岩石的重量和4℃时同体积纯水重量的比值，即

$$G_d = W_d/(V_d\gamma_w) = \gamma_d/\gamma_w = \rho_d/\rho_w \tag{2.3}$$

式中，G_d 为岩石的比重；W_d 为干燥岩石的重量，kN；V_d 为岩石的体积，m³；γ_w 为 4℃ 时水的容重，kN/m³。在式 (2.3) 中，ρ_d/ρ_w 称为岩石的相对密度 δ。可见，岩石的相对密度 δ 与岩石的比重 G_d 数值相等，都是无量纲的量。只是老教科书中对 G_d 表述不规范，甚至有时与密度混淆。

岩石的比重，可采用岩石电子比重计进行测定，见图 2.1。用岩石电子比重计测得的是岩石的体积比重，也叫涨比重。用岩石的比重（相对密度 δ）可以方便地换算出岩石的干容重，即 $\gamma_d = G_d\gamma_w$，或干密度。岩石的比重一般为 2.5~3.3，见表 2.2。

图 2.1 岩石电子比重计

表 2.2 某些岩石的相对密度（比重）

岩石名称	比 重	岩石名称	比 重	岩石名称	比 重
花岗岩	2.50~3.40	石灰岩	2.40~3.20	玄武岩	2.70~3.30
闪长岩	2.85~3.00	白云岩	2.78	凝灰岩	1.80~2.60
正长岩	2.60~2.90	大理岩	2.50~2.90	辉绿石	2.70~3.20
辉长石	2.90~3.20	致密砂岩	2.40~2.70	辉绿凝灰岩	2.60~2.90
闪绿岩	2.70~3.00	砂岩（第三期）	1.20~2.60	片麻岩	2.50~2.90
石英粗面岩	2.40~2.80	蛇纹岩	2.80~3.10	结晶片麻岩	2.60~3.00
安山石	2.20~2.90	粘板岩	2.30~2.90	角闪岩	2.90~3.10

2.1.2 岩石的孔隙性

天然岩石中包含着数量不等、成因各异的孔隙和裂隙，是岩石的重要结构特征之一。它们对岩石力学性质的影响基本相同，在工程实践中很难将两者分开，因此通称为岩石的孔隙性。岩石的孔隙性常用孔隙率 n 表示。

岩石的孔隙率 n，指岩石孔隙的体积 V_{kx} 与岩石总体积 V 的比值，以百分数表示。

$$n = V_{kx}/V = (\gamma_b - \gamma_d)/\gamma_w = (\rho_b - \rho_d)/\rho_w \tag{2.4}$$

　　孔隙率是衡量岩石工程质量的重要物理性质指标之一。岩石的孔隙率反映了孔隙和裂隙在岩石中所占的百分率。孔隙率愈大，岩石的孔隙和裂隙就愈多，岩石的力学性能则愈差。表2.3列出了部分岩石的孔隙率。

表 2.3　部分岩石的孔隙率

岩石名称	孔隙率/%	岩石名称	孔隙率/%	岩石名称	孔隙率/%
花岗岩	0.04~4.0	砾岩	0.8~10.0	石英片岩及角闪岩	0.7~3.0
闪长岩	0.18~5.0	砂岩	1.6~28.0	云母片岩及绿泥石片岩	0.8~2.1
辉长岩	0.29~4.0	泥岩	3.0~7.0	千枚岩	0.4~3.6
辉绿石	0.29~5.0	页岩	0.4~10.0	板岩	0.1~0.45
玢岩	1.88~5.0	石灰岩	0.5~27.0	大理岩	0.1~6.0
安山石	1.1~4.5	泥灰岩	1.0~10.0	石英岩	0.1~8.7
玄武岩	0.5~7.2	白云岩	0.3~25.0	蛇纹岩	0.1~2.5
火山集块石	2.2~7.0	片麻岩	0.7~2.2	正长岩	1.38
火山角砾岩	4.4~11.2	花岗片麻岩	0.3~2.4		
凝灰岩	1.5~25	斑岩	0.29~2.75		

2.1.3　岩石的水理性

　　岩石与水相互作用时所表现的性质称为岩石的水理性，包括岩石的吸水性、透水性、软化性和抗冻性。

　　（1）岩石的天然含水率 ω。天然状态下岩石中水的质量 M_w 与岩石的烘干质量 M_d 的比值，称为岩石的天然含水率，以百分率表示，即

$$\omega = M_w/M_d = (\rho - \rho_d)/\rho_d \tag{2.5}$$

　　（2）岩石的吸水性。岩石在一定条件下吸收水分的性能称为岩石的吸水性。它取决于岩石孔隙的数量、大小、开闭程度和分布情况。表征岩石吸水性的指标有吸水率、饱和吸水率和饱水系数。

　　1）岩石吸水率 ω_a。是岩石在常温常压下吸入水的质量与其烘干质量 M_d 的比值，以百分率表示，即

$$\omega_a = (M_a - M_d)/M_d \tag{2.6}$$

式中，M_a 为烘干岩样浸水48h后的总质量；其余符号意义同前。

　　岩石的吸水率愈大，表明岩石中的孔隙大，数量多，并且连通性好，岩石的力学性质差。表2.4列出了部分岩石的吸水率。

表 2.4　部分岩石的吸水率

岩石名称	吸水率/%	岩石名称	吸水率/%	岩石名称	吸水率/%
花岗岩	0.1~4.0	凝灰岩	0.5~7.5	花岗片麻岩	0.1~0.85
闪长岩	0.3~5.0	砾岩	0.3~2.4	千枚岩	0.5~1.8
辉长岩	0.5~4.0	砂岩	0.2~9.0	石英片岩及角闪岩	0.1~0.3
玢岩	0.4~1.7	泥岩	0.7~3.0	云母片岩及绿泥石片岩	0.1~0.6
辉绿石	0.8~5.0	页岩	0.5~3.2	板岩	0.1~0.3
安山石	0.3~4.5	石灰岩	0.1~4.5	大理岩	0.1~1.0
玄武岩	0.3~2.8	泥灰岩	0.5~3.0	石英岩	0.1~1.5
火山集块石	0.5~1.7	白云岩	0.1~3.0	蛇纹岩	0.2~2.5
火山角砾岩	0.2~5.0	片麻岩	0.1~0.7		

2）岩石的饱和吸水率（亦称饱水率）ω_{sa}。是岩石在强制状态（高压、真空或煮沸）下，岩石吸入水的质量与岩样烘干质量的比值，以百分率表示，即

$$\omega_{sa} = (M_{sa} - M_d)/M_d \qquad (2.7)$$

式中，M_{sa} 为真空抽气饱和或煮沸后试件的质量，kg。

在高压条件下，通常认为水能进入岩石中所有张开的孔隙和裂隙中。国外采用高压设备，测定岩石的饱和吸水率；国内常用真空抽气法或煮沸法测定饱和吸水率。饱水率反映岩石中总的张开型孔隙和裂隙的发育程度，对岩石的抗冻性和抗风化能力具有较大影响。

3）岩石饱水系数 k_{ω}。是指岩石吸水率与饱水率的比值，以小数表示

$$k_{\omega} = \omega_a / \omega_{sa} \qquad (2.8)$$

表 2.5 列出了几种岩石的吸水性指标。

表 2.5　几种岩石的吸水性指标

岩石名称	吸水率 ω_a/%	饱水率 ω_{sa}/%	饱水系数 k_{ω}
花岗岩	0.46	0.84	0.55
石英闪长岩	0.32	0.54	0.59
玄武岩	0.27	0.39	0.69
基性斑岩	0.35	0.43	0.83
云母片岩	0.13	1.31	0.10
砂　岩	7.01	11.99	0.58
石灰岩	0.09	0.25	0.36
白云质灰岩	0.74	0.92	0.80

吸水性较大的岩石，如软岩，尤其含黏土量高的岩石，在吸水后往往体积膨胀、松动或崩解。这个性质称为岩石的耐水性。它会给衬砌十分巨大的压力，这是目前矿井建设中难以解决的问题之一。

（3）耐水指数。表示岩石耐水性的指标有膨胀压力指标、膨胀变形指标和耐崩解性指数。

1）膨胀压力指标。指岩石试样浸没于水中保持原状和体积不变时所需要的压力。膨胀压力指标的测定用土工试验设备——固结仪（测线膨胀仪）进行，见图 2.2。

试样的几何形状是正圆柱体时，其直径不小于厚度的 2.5 倍。将具有天然含水量的或人工控制含水量的试样置于金属环内，试样和环紧密配合。用水浸没试样，随时调节所施加的压力，使试样的膨胀保持为零，连续记录膨胀力直至达到常数或超过峰值。膨胀压力指标 =

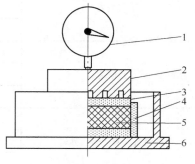

图 2.2　测线膨胀仪
1—千分表；2—上压板；3—透水石；
4—套环；5—试件；6—容器

F/A，单位为 Pa。其中 F 为轴向膨胀力，N；A 为试样断面积，m^2。

2）膨胀变形指标。指径向受约束的岩石试样浸没于水中时，在固定轴向压力下所发生的膨胀变形。测定膨胀变形指标所使用的设备和方法与测定膨胀压力指标基本相同，区别之处在于：① 试样的直径不小于其厚度的 4 倍；② 在试验过程中对试样施加 30kPa 的持续压力；③ 浸水后连续记录膨胀位移直至达到常数或超过峰值。膨胀变形指标等于 d/L。其中 d 为试验记录的最大膨胀位移，mm；L 为试样的初始厚度，mm。

3）耐崩解性指数。指用来估计在经受干燥及湿润两个标准循环之后岩石样品对软化及崩解作用所表现出的抵抗能力。耐崩解性指数要通过试验确定。设备的基本组成（见图 2.3）包括如下 3 部分：① 试验圆筒，包括一个净长 100mm，直径 140mm，标准筛孔 2.0mm 的圆柱体和固定筛筒的刚性基盘。圆筒必须耐温 105℃，圆筒有一个可以移动的盖子，圆筒应有足

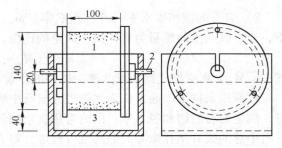

图 2.3　耐崩解性试验设备
1—圆筒；2—轴；3—水槽

够的强度，保证在工作时不变形。② 水槽。水槽装有由水平轴支撑并能自动旋转的试验圆筒。③ 马达。马达传动能使圆筒按 20r/min 的速度旋转。

（4）岩石的透水性。是指岩石能被水透过的性能。水只能沿连通孔隙渗透。岩石的渗透系数是表征岩石透水能力强弱的指标，也叫渗透率。它主要决定于岩石孔隙的大小、方向及其相互连通情况。某些岩石的渗透性系数见表 2.6。

表 2.6　某些岩石的渗透性系数

岩 石 名 称	孔隙情况	渗透系数 $K/\mathrm{cm \cdot s^{-1}}$
花岗岩	较致密、微裂隙	$1.1 \times 10^{-12} \sim 9.5 \times 10^{-11}$
	含微裂隙	$1.1 \times 10^{-12} \sim 2.5 \times 10^{-11}$
	微裂隙及部分粗裂隙	$2.8 \times 10^{-9} \sim 7 \times 10^{-8}$
石灰岩	致密	$3 \times 10^{-12} \sim 6 \times 10^{-10}$
	微裂隙、孔隙	$2 \times 10^{-9} \sim 3 \times 10^{-6}$
	空间较发育	$9 \times 10^{-5} \sim 3 \times 10^{-4}$
片麻岩	致 密	$< 10^{-13}$
	微裂隙	$9 \times 10^{-8} \sim 4 \times 10^{-7}$
	微裂隙发育	$2 \times 10^{-6} \sim 3 \times 10^{-5}$
辉绿石、玄武岩、砂岩	致 密	$< 10^{-13}$
	较致密	$10^{-13} \sim 2.5 \times 10^{-12}$
	孔隙较发育	5.5×10^{-6}

按照达西定律，岩石的渗透系数 K 定义为：

$$K = \frac{Q}{FI} \qquad (2.9)$$

式中，Q 为渗透量，$\mathrm{m^3/s}$；F 为过水断面积，$\mathrm{m^2}$；I 为水头梯度，为水头差与渗流渗透过的距离的比值；Q/F 或 $\mathrm{d}Q/\mathrm{d}F$ 表示渗透（流）速度，$\mathrm{m/s}$。

当岩石的渗透性系数 K 值小于 $10^{-7}\mathrm{cm/s}$ 时，可认为该岩石实际上是不透水的。岩石含有节理和裂隙，其渗透性可能相当高，K 值须通过野外试验确定。

（5）岩石的软化性。岩石浸水后强度降低的性能称为岩石的软化性。软化性常用软化

系数 η_c 衡量，是指岩样饱水状态的抗压强度与自然状态抗压强度的比值，用小数表示，即

$$\eta_c = \sigma_{cb}/\sigma_c \qquad (2.10)$$

式中，η_c 为岩石的软化系数；σ_{cb} 为饱水岩样的抗压强度，MPa；σ_c 为自然风干岩样的抗压强度，MPa。通常岩石的软化系数总是小于1。表2.7列出了几种岩石软化系数的试验值。

表 2.7　几种岩石软化系数的试验值

岩石种类	η_c	岩石种类	η_c	岩石种类	η_c
花岗岩	0.80 ~ 0.98	凝灰岩	0.65 ~ 0.88	页　岩	0.55 ~ 0.70
闪长岩	0.70 ~ 0.90	白云岩	0.83	片麻岩	0.70 ~ 0.96
辉长岩	0.65 ~ 0.92	石灰岩	0.68 ~ 0.94	片　岩	0.50 ~ 0.95
辉绿石	0.92	砂　岩	0.60 ~ 0.97	石英岩	0.80 ~ 0.98
玄武岩	0.70 ~ 0.95	泥　岩	0.10 ~ 0.50	千枚岩	0.76 ~ 0.95

（6）岩石的抗冻性。是指岩石抵抗冻融破坏的性能。通常用抗冻系数 c_f 表示，是指岩样在 $\pm 25℃$ 的温度区间内，反复降温、冻结、升温、融解，其抗压强度有所下降。岩样抗压强度的下降值与冻融前的抗压强度的比值，即为抗冻系数，用百分率表示，即

$$c_f = (\sigma_c - \sigma_{cf})/\sigma_c \qquad (2.11)$$

式中，c_f 为岩石的抗冻系数；σ_c 为岩样冻融前的抗压强度，MPa；σ_{cf} 为岩样冻融后的抗压强度，MPa。

岩石在反复冻融后其强度降低的主要原因是：1）构成岩石的各种矿物的膨胀系数不同，当温度变化时，由于矿物的胀、缩不均而导致岩石结构的破坏；2）当温度降到0℃以下时，岩石孔隙中的水将结冰，其体积增大约9%，会产生很大的膨胀压力，使岩石的结构发生改变，直至破坏。

2.1.4　岩石的其他特性

（1）硬度。硬度是一种物料性态的概念，而不是物料的基本性质。岩石硬度的量度数值取决于所用试验的类型和仪器的型号。用回弹仪测定的硬度称为施密特硬度，用回弹仪中的冲击锤通过弹击杆冲击被测面的回弹高度刻度表示。天津建筑仪器厂生产的 HT-225 型回弹仪可以用来进行这种硬度测定。

测定施密特硬度应遵循下列要求：1）在每次试验之前，回弹仪要用仪器制造厂提供的标定砧子进行校正。须在试验砧子上测10个读数，取平均值。2）若在实验室测定，要尽量用尺寸较大的岩石作试验，可用直径54mm岩芯试样或者边长最小为60mm的试样。试样必须牢固地夹持在质量至少为20kg的钢座上。3）试样表面应光滑平整，没有裂纹或局部结构面。4）所获得的施密特硬度值受回弹仪方向的影响。回弹仪的使用方向最好是下述三个方向中的一个：垂直向上、水平或垂直向下。若因条件限制，试验要以一定角度进行时，就要将试验结果修正为水平或垂直方向的结果。修正要利用制造厂家提供的修正曲线。

对任何一个岩石试样至少要进行20个单独试验，各次试验的位置间的距离要大于或等于弹击杆直径。测得的试验数据要按梯降序列排列起来，并舍弃后一半数据，由前一半的数据求平均值。此平均值乘以修正系数即得施密特硬度。

修正系数 = 砧子的规定标准值/在标定砧子上测 10 个数据的平均值。在岩石的施密特硬度和单轴抗压强度之间有某种统计关系。建立这种关系曲线，可以通过测量不连续面壁的施密特硬度来换算它的单轴抗压强度，这对于研究不连续面的力学性能是一种方便的途径。

（2）弹性波传播速度。岩石传播弹性波的速度与其致密度有关。邹银辉等从理论和实际中进一步证明了弹性波（声发射信号）传播的衰减特征。他们推断 AE 波在传播过程中振幅 U 变化服从规律：

$$U = \exp\left(\frac{-\pi f d}{vQ}\right) \tag{2.12}$$

式中，U 为 AE 波形的振幅变化率，%；f 为 AE 频率，Hz；d 为 AE 波形传播的距离，m；v 为 AE 波传播的速度，m/s；Q 为材料品质因子。

在实验室岩石试验中测定弹性波传播速度可采用超声脉冲法（频率范围 100 ~ 2000kHz）、声脉冲法（频率范围 12 ~ 20kHz）和共振法（频率范围 1 ~ 100kHz）。测定岩石弹性波所用的仪器包括下列基本部件：脉冲发生器、换能器——发射换能器和接收换能器、放大器（包括滤波及时钟电路）、示波器。

（3）松散系数 k。岩石破碎后体积比原来体积膨大的性质，也叫碎胀性。岩石体积碎胀后，在其重力作用下又逐渐压实，直到不能再压密时的碎胀系数称为永久碎胀系数，或永久松散系数。在崩顶处理采空区，或者研究坑下冒落高度时，都要用到永久松散系数。

2.2　岩石的力学性质

岩石的力学性质包括两个方面：岩石的强度特性和岩石的变形特性。

岩石的强度是岩石抵抗外力作用的一种能力。当外力增加时，岩石的应力也相应增大，直至岩石破坏。从受力观点看，岩石的破坏形式有两种：脆性断裂和塑性流动。

$$\text{岩石破坏形式}\begin{cases}\text{脆性断裂}\begin{cases}\text{拉伸断裂（拉应力），见图 2.4（a）}\\ \text{剪切断裂（剪应力），见图 2.4（b）}\end{cases}\\ \text{塑性流动（剪应力），见图 2.4（c）}\end{cases}$$

岩石的强度不仅取决于岩石的性质，还取决于外力的性质（静荷载和动荷载）及加载方式的变化，如：拉伸、压缩和剪切强度相差甚远，单向压缩、双向压缩和三向压缩强度也相差很大。因此，岩石有抗压、抗拉、抗剪等强度。岩石的基本破坏形式见图 2.4。

大多数造岩矿物都是线弹性体，由于岩石是由一种或多种矿物组成，有些晶体发育不完全。此外，由于构造上的缺陷，如晶粒排列不紧密、存在细微的裂隙或弱面，因此其变形性质与矿物不同，表现出各种复杂的特性。岩石在荷载作用下的变形可表现为弹性变形、塑性变形和流动变形。然而岩石的变形性质并非岩石的绝对属性，它与受力状态、所处的环境有关。同种岩石在不同的受力状态下可以有完全不同的变形特性。

2.2.1　岩石的强度

2.2.1.1　岩石强度试验的基本要求

岩石在各种荷载作用下达到破坏时所能承受的最大应力称为岩石的强度（strength of

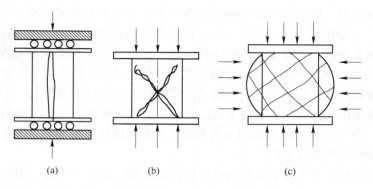

图 2.4 岩石的基本破坏形式

rock）。例如，在单轴压缩荷载作用下所能承受的最大压应力称为单轴抗压强度，或非限制性抗压强度；在单轴拉伸荷载作用下所能承受的最大拉应力称为单轴抗拉强度；在纯剪力作用下所能承受的最大剪应力称为非限制性剪切强度，等等。进行岩石强度试验所选用的试件必须是完整岩块，而不应包含节理、裂隙。因为在一个小试样中的节理、裂隙是随机的，不具有代表性。要做含有节理、裂隙的试件的强度试验，需做现场大型原位试验，试验所获得的强度值是岩体的强度值。如图 2.5 所示，试件（a）不含节理、裂隙，因而可以代表完整岩石；试件（b）、（c）、（d）分别包括一组、两组和几组节理、裂隙，它们不具代表性。因为从岩体中不同部位取同样大小的试件，它们所包含的节理、裂隙的数量和方位可能很不一样；试件（e）为大型原位试件，其中的节理、裂隙为遍布状态，因而具有代表性，它可以代表岩体。

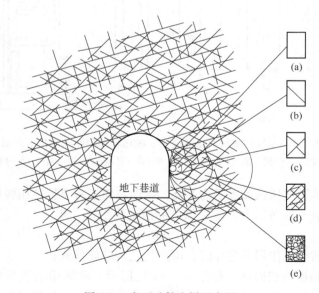

图 2.5 岩石试件取样示意图

各种强度都不是岩石的固有性质，而是一种指标值。什么是岩石的固有性质？凡是不受试件的形状、尺寸、采集地、采集人等影响而保持不变的特征，如岩石的颜色、密度等都是岩石的固有性质。而通过试验所确定的各种岩石强度指标值却要受下列因素的影响：
（1）试件尺寸。一般情况下，试件尺寸大，试验所获得的岩石强度值也高。（2）试件形状。例如，使用正方体、长方体、圆柱体试件进行试验所获得的强度指标值是不相同的。（3）试件三维尺寸比例。例如，进行单轴压缩和拉伸试验时，使用宽度与高度之比大的试件所测得的强度指标值比使用宽高比小的试件所测得的强度指标值要高。（4）加载速率。例如，岩石的单轴抗压强度与加载速率成正比，即加载速率越大，所测得的强度指标值越高。（5）湿度。例如，使用水饱和的页岩和某些沉积岩试件所测得的单轴抗压强度仅为使用同种岩石干试件所测强度值的一半。

为了保证不同的岩石强度试验所获得的岩石强度指标具有可比性，国际岩石力学学会（ISRM）对岩石强度试验所使用的试件的形状、尺寸、加载速率和湿度等先后制定了标准，对不符合标准试件及标准试验条件所获得的强度指标值，必须根据国际标准作相应的修正。

2.2.1.2　单轴抗压强度

岩石在单轴压缩荷载作用下达到破坏前所能承受的最大压应力称为岩石的单轴抗压强度（uniaxial compressive strength），或称为非限制性抗压强度（unconfined compressive strength）。因为试件只受到轴向压力作用，侧向没有压力，因此试件变形没有受到限制，如图 2.6（a）所示。

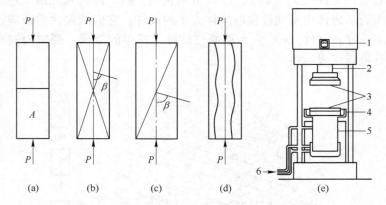

图 2.6　单轴压缩试验试件受力、破坏状态和加载设备示意图
1—调节按钮；2—调节螺丝；3—加压板；4—碎片托盘；5—液压油缸；6—液压入口

国际上通常把单轴抗压强度表示为 UCS，我国习惯于将单轴抗压强度表示为 σ_c，其值等于达到破坏时的最大轴向压力 P 除以试件的横截面积 A，即

$$\sigma_\mathrm{c} = P/A \tag{2.13}$$

试件在单轴压缩荷载作用下破坏时，可产生三种破坏形式：

（1）X 状共轭斜面剪切破坏，如图 2.6（b）所示。破坏面法线与荷载轴线（即试件轴线）的夹角 $\beta = \pi/4 + \varphi/2$。式中，$\varphi$ 为岩石的内摩擦角。这种破坏形式是最常见的破坏形式。

（2）单斜面剪切破坏，如图 2.6（c）所示。β 角定义与图 2.6（b）相同。这两种破坏都是由于破坏面上的剪应力超过极限引起的，因而被视为剪切破坏。但破坏前破坏面所须承受的最大剪应力也与破坏面上的正应力有关，因而也可称该类破坏为压-剪破坏。详细内容将在2.7.2节的"库仑准则"中进一步介绍。

（3）拉伸破坏，如图2.6（d）所示。在轴向压应力作用下，沿横向将产生拉应力，这是泊松效应的结果。这种类型的破坏就是横向拉应力超过岩石抗拉极限所引起的。

试件形状可以是立方体（50mm×50mm×50mm 或 70mm×70mm×70mm），也可以是方柱体或圆柱体，使用最广泛的是圆柱体。圆柱体试件直径一般不小于50mm，长度与直径之比（L/D）对试验结果有很大影响。以 σ_c 表示实际的岩石单轴抗压强度，以 σ_c' 表示试验所测得的岩石单轴抗压强度，则 σ_c 和 σ_c' 之间的关系可由下式表示

$$\sigma_c = \sigma_c' / (0.778 + 0.222D/L) \tag{2.14}$$

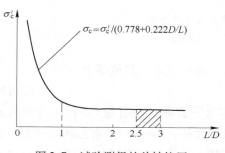

图2.7　试验测得的单轴抗压强度值 σ_c' 与试件 L/D 的关系图

由图2.7可见，当 $L/D \geqslant 2.5 \sim 3$ 时，σ_c 曲线趋于稳定，试验结果 σ_c' 值不随 L/D 的变化而明显变化。因此国际岩石力学学会（ISRM）建议进行岩石单轴抗压强度试验时所使用的试件长度（L）与直径或边长（D）之比为 $2.5 \sim 3$。

进行压缩试验时，必须注意试件的端部效应。当试件由上、下两个铁板加压时，铁板与试件端面之间存在摩擦力，因此在试件端部存在剪应力，并阻止试件端部的侧向变形，所以试件端部的应力状态是限制性的、不均匀的。只有在离开端面一定距离的部位，才会出现均匀应力状态。为了减少"端部效应"，必须在试件和铁板之间加润滑剂等防摩擦措施，以充分减少铁板与试件端面之间的摩擦力。同时必须使试件长度达到规定要求，以保证在试件中部出现均匀应力状态。

2.2.1.3　点荷载强度指标

点荷载强度指标（point load strength index）试验是布鲁克（E. Broch）和弗兰克林（J. A. Franklin）于1972年发明的，这是一种最简单的岩石强度试验，其试验所获得的强度指标值可用做岩石分级的一个指标，有时也可代替单轴抗压强度。点荷载强度试验的设备比较简单，小型点荷载试验装置由一个手动液压泵、一个液压千斤顶和一对圆锥形加压头组成。压力 P 由液压千斤顶提供，见图2.8。

点荷载试验装置能被便携到岩土工程现场去做试验，这是点荷载试验能够广泛采用的重

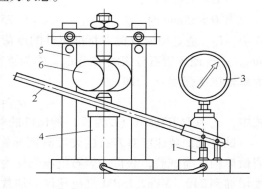

图2.8　点载荷仪示意图
1—油泵；2—手柄；3—压力表；4—千斤顶；
5—框架；6—试件

要原因。点荷载试验的另一个重要优点是对试件要求不严格，不需要像做抗压强度试验那样精心准备试件。最好的试件是直径为 $25 \sim 100$mm 的岩芯。没有岩芯时，也可以随机选取石块。对试件尺寸的要求见图2.9。若岩芯中包含节理、裂隙，在加载时要合理布置加载部位和方向，使强度指标值能均匀地考虑到节理、裂隙的影响。

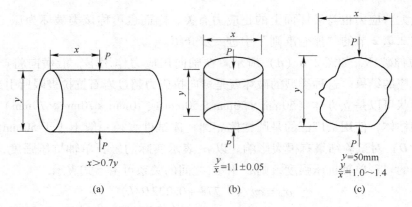

图 2.9　点荷载试验对试样形状和尺寸的要求
(a) 径向试验；(b) 轴向试验；(c) 不规则岩块试验

点荷载试验所获得的强度指标用 I_s（index of strength）表示，其值等于

$$I_s = P/D_e^2 \tag{2.15}$$

式中，I_s 为点荷载强度，MPa；P 为试样在点荷载作用下破坏时的荷载，N；D_e 为等效直径，mm。对于岩芯径向试验，$D_e^2 = D^2$，这里 D 是岩芯直径，mm；对于岩芯轴向试验、方块体试验或不规则块体试验，$D_e^2 = 4A/\pi$，其中 $A = HB$，H 为作用在试样两加载断点之间的距离，mm；B 为通过两加载点的试样最小截面上垂直于加载轴的平均宽度，mm。

ISRM 将直径为 50mm 的圆柱体试件径向加载点荷载试验的强度指标值 $I_{s(50)}$ 确定为标准试验值，其他尺寸试件的试验结果需要根据公式（2.16～2.17）进行修正。

$$I_{s(50)} = kI_{s(D)} \tag{2.16}$$

当 $D \leqslant 55\text{mm}$ 时，　　　　$k = 0.2717 + 0.01457D$
当 $D > 55\text{mm}$ 时，　　　　$k = 0.7540 + 0.0058D$ $\left.\right\}$ $\tag{2.17}$

式中，$I_{s(D)}$ 是直径为 D 的非标准试件的点荷载强度，MPa；k 为修正系数；D 为试件直径，mm。进行现场岩石分级时需用 $I_{s(50)}$ 作为点荷载强度标准值。$I_{s(50)}$ 也可由式（2.18）转换为单轴抗压强度 σ_c，即

$$\sigma_c = 24I_{s(50)} \tag{2.18}$$

式中，σ_c 为 $L : D = 2 : 1$（L 为长）的试件的单轴抗压强度，MPa。

试验机加载速度对岩石的强度有明显影响。例如，以 1.862MPa/s 的加载速度对花岗岩做单轴压缩试验，获得的岩石抗压强度为 151.3MPa，若加载速度增加到 5.2MPa/s 则强度增加到 240.1MPa。ISRM 规范建议的加载速度为 0.5～1.0MPa/s。

双轴抗压强度比单轴抗压强度有明显增加。岩石愈软，强度增加得愈多。硬煤在双轴压缩下强度增加 18%，软煤增加 108%。

2.2.1.4　三轴抗压强度

岩石在三向压力作用下，尤其在三向高压力作用下，岩石的性质将表现出巨大的差异性。学习三轴抗压强度及其试验方法，将为探索深部开采的三向高压力状态打下坚实基础。

岩石的三轴抗压强度是指岩石在三向压缩荷载作用下，达到破坏时所能承受的最

大压应力。与单轴压缩试验相比，试件除受轴向压力外，还受侧向压力。侧向压力限制试件的横向变形，因而三轴试验是限制性抗压强度（confined compressive strength）试验。

三轴压缩试验的加载方式有两种。一种是真三轴加载，试件为立方体，加载方式如图2.10（a）所示，其中 σ_1 为主压应力，σ_2 和 σ_3 为侧向压应力。这种加载方式试验装置繁杂，六个面均可受到由加压铁板所引起的摩擦力，对试验结果有很大影响，因而实用意义不大。常见的三轴试验是伪三轴试验，试件为圆柱体，试件直径为 25～150mm，长度与直径之比为 2:1 或 3:1，加载方式如图2.10（b）所示，轴向压力 σ_1 的加载方式与单轴压缩试验时相同。但由于有侧向压力，其加载时的端部效应比单轴加载时要轻微得多。侧向压力（$\sigma_2 = \sigma_3$）由圆柱形液压油缸施加。由于试件侧表面已被加压油缸的橡皮套包住，液压油不会在试件表面造成摩擦力，因而侧向压力可以均匀施加到试件中。其试验装置见图2.11。在上述两种试验条件下，三轴抗压强度均为试件达到破坏时所能承受的最大σ_1值。

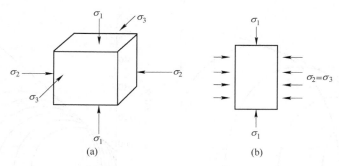

图 2.10　三轴试验加载示意图

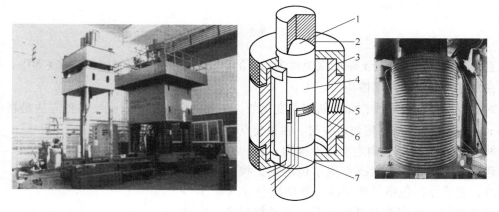

图 2.11　20MN 伺服控制高温高压岩体三轴试验机及常规、高温高压三轴压力室

1—球形钢座；2—清扫缝；3—三轴压力腔壳体；4—岩石试件；5—高压油入口；6—应变计；7—橡皮密封套

第一个经典的三轴压缩试验是由意大利人冯·卡门（von Karman）于 1911 年完成的。试验使用的是白色圆柱体大理石试件，该大理石具有很细的颗粒并且是非常均质的。试验发现，在围压为零或较低时，大理石试件以脆性方式沿一组倾斜的裂隙破坏。随着围压的

增加，试件的延性变形和强度都不断增加，直至出现完全延性或塑性流动变形，并伴随工件硬化，试件也变成粗腰桶形的。在试验开始阶段，试件体积减小，当 σ_1 达到抗压强度一半时，出现扩容，泊松比迅速增大。

三轴压缩试验最重要的成果就是对于同一种岩石的不同试件或不同的试验条件给出几乎恒定的强度指标值，这一强度指标值以莫尔强度包络线（Mohr's strength envelop）的形式给出。为了获得某种岩石的莫尔强度包络线，须对该岩石的 5~6 个试件做三轴压缩试验，每次试验的围压值不等，由小到大，得出每次试件破坏时的应力莫尔圆。通常也将单轴压缩试验和拉伸破坏试验时的应力莫尔圆用于绘制应力莫尔强度包络线。各莫尔圆的包络线就是莫尔强度曲线，如图 2.12（a）所示。这是绘制莫尔强度曲线的一种方法。如岩石中一点的应力组合（正应力和剪应力）落在莫尔强度包络线以下，则岩石不会破坏，若应力组合落在莫尔强度包络线之上，则岩石将出现破坏。

莫尔强度包络线的形状一般是抛物线形的，但也有试验得出某些岩石的莫尔强度包络线是直线形的，如图 2.12（b）所示。与此相对应的强度准则被称为莫尔—库仑强度准则。

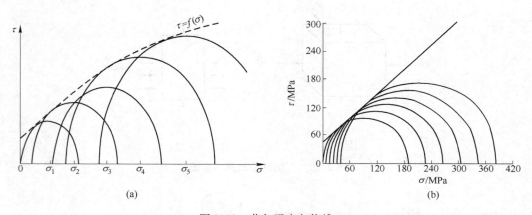

(a)　　　　　　　　　　　　　　　(b)

图 2.12　莫尔强度包络线

直线型强度包络线与 τ 轴的截距称为岩石的黏结力，或称内聚力，记为 c，MPa；与 σ 轴的夹角称为岩石的内摩擦角，记为 φ，(°)。

对曲线型强度包络线，曲线斜率是变化的，如何确定 c 和 φ 值呢？一种方法是将包络线和 τ 轴的截距定为 c，将包络线与 τ 轴相交点的包络线外切线与 σ 轴夹角定为内摩擦角；另一种方法建议根据实际应力状态在莫尔包络线上找到相应点，在该点作包络线外切线，外切线与 σ 夹角为内摩擦角，外切线及其延长线与 τ 轴相交之截距即为 c。实践中采用第一种方法的人较多（曲线拟合）。图 2.13 是采用曲线拟合求 c、φ 值。

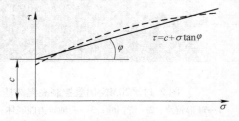

图 2.13　莫尔强度包络线上 c、φ 取值

岩石三轴抗压强度比单轴及双轴强度更高。岩石三轴与单轴抗压强度有如下关系

$$\sigma_c' = \sigma_c + (1 + \sin\varphi)\sigma_a / (1 - \sin\varphi) \tag{2.19}$$

式中，σ'_c为岩石三轴抗压强度，MPa；σ_c为岩石单轴抗压强度，MPa；σ_a为试验施加的围压，MPa；φ为岩石的内摩擦角。三轴应力试验标准的岩石试件为圆柱体，直径9cm，高20cm。

卡门型三轴岩石应力试验机的缺点是围压相等，即$\sigma_2 = \sigma_3$，不能根据实际情况调整σ_2及σ_3，为了克服这一缺点，国内外都研制了不等压的真三轴应力试验机。三轴应力关系应该是$\sigma_1 > \sigma_2 > \sigma_3$，通过刚性加载方式实现上述条件。

2.2.1.5　抗拉强度

岩石在单轴拉伸荷载作用下达到破坏时所能承受的最大拉应力称为岩石的单轴抗拉强度（tensile strength），简称抗拉强度。理想化的试验受力状态如图2.14（a）所示。通常以σ_t表示抗拉强度，其值等于达到破坏时的最大轴向拉伸荷载P_t除以试件的横截面积A，即

$$\sigma_t = P_t/A \tag{2.20}$$

试件在拉伸荷载作用下的破坏通常是沿其横截面的断裂破坏，岩石的拉伸破坏试验分直接试验和间接试验两类。

A　直接试验

要直接进行如图2.14（a）所示的拉伸试验是很困难的，因为不可能像压缩试验那样将拉伸荷载直接施加到试件的两个端面上，而只能将两端固定在材料机的拉伸夹具内，如图2.14（b）所示。由于夹具内所产生的应力过于集中，往往引起试件两端破裂，造成试验失效。若夹具施加夹持力不够大，试件就会从夹具中拉出，这也是不行的。通常直接试验所用的岩石试件其两端胶结在水泥或环氧树脂等黏结剂中，如图2.14（b）、（c）所示。拉伸荷载是施加在强度较高的水泥、环氧树脂或金属连接端上。这样就保证在试件拉伸断裂前，它的其他部位不会先行破坏而导致试验失效。

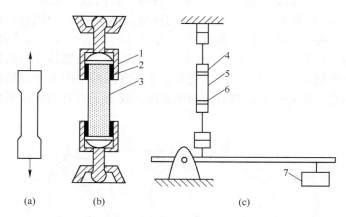

图2.14　直接拉伸试验加载装置和试件示意图

1—夹持器；2—里德特剂；3，5—试件；4—钢绳夹持器；6—环氧树脂；7—荷载

另一种直接拉伸试验的装置如图2.15所示。该试验使用"狗骨头"形状的岩石试件。在液压p的作用下，由于试件两端和中间部位截面积的差距，在试件中引起拉伸应力σ_3，其值等于：

$$\sigma_3 = p(d_2^2 - d_1^2)/d_1^2 \tag{2.21}$$

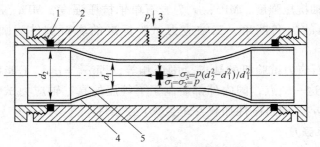

图 2.15 限制性直接拉伸装置示意图

1—橡皮密封套；2—清扫缝；3—液压 P；4—橡皮套；5—岩石试件

在这种情况下，试件断裂时的 σ_3 值就是岩石的抗拉强度。但这是一种限制性的抗拉强度，因为在此试验条件下，试件除受到轴向拉伸应力外，还受到 $\sigma_1 = \sigma_2 = p$ 的侧向压应力。

由于进行直接拉伸试验在准备试件方面要花费大量的人力、物力和时间，因此取而代之的一些间接拉伸试验方法涌现出来。在间接试验方法中，最著名的是巴西试验法（Brazilian test），俗称劈裂试验法。

B 间接试验

（1）劈裂试验：试件为一岩石圆盘，加载方式如图 2.16 所示。在实际试验中，荷载 P 并不是如图所示沿着平行于轴线的一条线加到试件上的，那样会造成沿线加载不均匀。因为由于加压精度所限，压板和圆盘间不可能保持全线紧密接触，并且荷载还会造成圆盘表面破坏。实际上荷载是沿着一条弧线加上去的，但弧高不能超过圆盘直径的 1/20。通常在试件与上、下压板的接触面处各垫 1 根钢丝垫条，见图 2.16（b）。图 2.16（c）显示的是在压应力的作用下，沿圆盘直径 $y-y$ 的应力分布。在圆盘边缘处，沿 $y-y$ 方向（σ_y）和垂直 $y-y$ 方向（σ_x）均为压应力，而离开边缘后，沿 $y-y$ 方向仍为压应力，但应力值比边缘处显著减小，并趋于均匀化；垂直 $y-y$ 方向（σ_x）变成拉应力，并在沿 $y-y$ 的很长一段距离上呈均匀分布状态。从图 2.16（c）可以看出，虽然拉应力的值比压应力值低很多，但由于岩石的抗拉强度很低，所以还是由于 x 方向的拉应力而导致试件沿直径的劈裂破坏。破坏是从直径中心开始，然后向两端发展，反映了岩石的抗拉强度比抗压强度要低得多的事实。

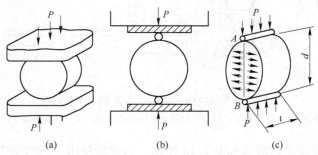

图 2.16 劈裂试验加载和应力分布示意图

目前普遍采用劈裂试验法。劈裂法的试件为圆盘状，见图 2.16（c），直径 d 为 50mm，厚度 t 为 25mm 左右。

根据弹性力学，在对径压缩条件下，二维状态圆盘内任意一点（见图2.17）的应力为：

$$\sigma_x = \frac{2P}{\pi t}\left(\frac{\sin^2\theta_1\cos\theta_1}{r_1} + \frac{\sin^2\theta_2\cos\theta_2}{r_2}\right) - \frac{2P}{\pi dt}$$

$$\sigma_y = \frac{2P}{\pi t}\left(\frac{\cos^3\theta_1}{r_1} + \frac{\cos^3\theta_2}{r_2}\right) - \frac{2P}{\pi dt} \qquad (2.22)$$

$$\tau_x = \frac{2P}{\pi t}\left(\frac{\cos^2\theta_1\sin\theta_1}{r_1} + \frac{\cos^2\theta_2\sin\theta_2}{r_2}\right)$$

观察圆盘中心线平面内（y轴）的应力状态，见图2.17（a），可以发现沿中心线的各点 $\theta_1 = \theta_2 = 0$，$r_1 + r_2 = d$，故圆盘中心 O 点的应力为：$\sigma_x = -2P/(\pi dt)$，$\sigma_y = 6P/(\pi dt)$，$\tau_{xy} = 0$，应力分布见图2.17（b）。因此，由劈裂试验求得岩石抗拉强度的公式为：

$$\sigma_t = 2P/(\pi dt) \qquad (2.23)$$

式中，P 为试件劈裂破坏发生时的最大压力值，N；d 为岩石圆盘试件的直径，m；t 为岩石圆盘试件的厚度，m。

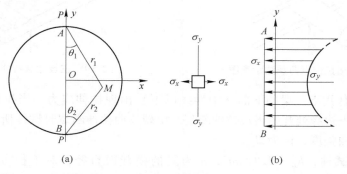

图2.17　圆盘试样中心线平面 y 轴应力状态及中心点 O 应力分布

公式（2.23）适用的条件是：厚径比非常小，圆盘满足平面应力状态或者厚径比非常大，圆盘满足平面应变状态。但是太大或者太小的厚径比都不便于劈裂试验。试验规范规定的厚径比为 0.5 ~ 1.0。显然，按巴西圆盘劈裂试验所得的岩石抗拉强度不准确。文献[9] 研究表明，巴西圆盘劈裂试验未考虑影响其试验结果的两个重要因素：厚（高）径比和泊松比。文献给出了一个考虑厚（高）径比 k 和泊松比 μ 的修正系数 y，认为

$$\sigma_t = 2Py/(\pi dt) \qquad (2.24)$$

式中，y 适用 $0.4 \leqslant k \leqslant 1$，$0.1 \leqslant \mu \leqslant 0.4$。部分 y 值可以查表2.8取值。

$$y = (-13.58k^3 + 32.01k^2 - 24.92k + 5.13)\mu^2 + (-1.57k^2 + 4.05k - 0.94)\mu + 1 \qquad (2.25)$$

表2.8　巴西圆盘劈裂试验所得岩石抗拉强度的修正系数（y）

高径比	泊　松　比							
	0	0.10	0.15	0.20	0.25	0.30	0.35	0.40
0.2	1	0.96	1.01	1.00	1.00	1.00	0.98	0.96
0.4	1	1.03	1.05	1.06	1.07	1.08	1.08	1.07
0.5	1	1.05	1.08	1.09	1.11	1.12	1.12	1.11
0.8	1	1.11	1.16	1.21	1.25	1.28	1.30	1.31
1.0	1	1.14	1.20	1.25	1.30	1.34	1.38	1.40

三维有限元分析表明，巴西圆盘试样端面的中心处拉应力最大。但是，由于加载点处应力集中的存在，巴西圆盘试验不可能满足试样从端面中心点开始起裂的试验条件，必然从端面上的加载点处起裂。试验观察也表明，巴西圆盘试验往往从端面上的加载点处起裂。因此，巴西圆盘劈裂试验得到的经过修正的岩石抗拉强度也不准确。

也可以用如图 2.18 所示的点荷载试验测试岩石的抗拉强度，$\sigma_t = 0.96P/D^2$。其中，P 为破坏时的点荷载，N；D 为试件直径，cm。试件直径一般为 1.27 ~ 3.05cm。

（2）梁的弯曲试验：试件可以是圆柱梁，也可以是长方形截面棱柱梁。图 2.19 为试验加载示意图。

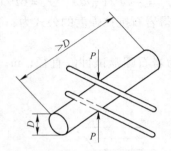 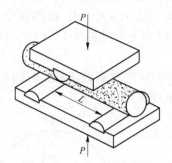

图 2.18　间接拉伸点荷载法示意图　　　　图 2.19　三点加载弯曲试验示意图

在压力 P 的作用下，梁的下部（中性线以下）出现拉伸应力。当拉伸应力超过极限后，从梁的中部下边缘处开始出现拉伸断裂。出现弯曲拉伸断裂时试件所能承受的最大应力称为岩石的弯曲强度，记为 R_0。

对于圆柱梁试件，$R_0 = 8PL/\pi d^3$，d 为梁的横截面直径；对于长方形截面棱柱梁，$R_0 = 3PL/2ba^2$，其中 a、b 分别为梁的横截面高度和宽度。R_0 一般为直接拉伸试验所获得的抗拉强度的 2 ~ 3 倍。

岩石的抗拉强度一般为抗压强度的 1/8 ~ 1/25，甚至为 1/50。由于岩石的抗拉强度很低，所以在重大工程设计中应尽可能避免出现拉应力。

2.2.1.6　抗剪强度

岩石在剪切荷载作用下达到破坏时所能承受的最大剪应力称为岩石的抗剪强度（shear strength）。剪切强度试验分为非限制性剪切强度试验（unconfined shear strength test）和限制性剪切强度试验（confined shear strength test）。非限制性剪切试验在剪切面上只有剪应力存在，没有正应力存在；限制性剪切试验在剪切面上除了存在应力外，还存在正应力。

A　非限制性剪切强度试验

典型的非限制性剪切强度试验有四种：单面剪切试验、双面剪切试验、冲击剪切试验和扭转剪切试验，分别见图 2.20（a）、（b）、（c）、（d）。

非限制性剪切强度记为 S_o，图 2.20（a）、（b）、（c）、（d）的强度值分别按下列公式计算：

（1）单面剪切强度　　　　　　　　$S_o = F_c/A$　　　　　　　　　　　（2.26）

式中，F_c 为试件被剪断前达到的最大剪力，N；A 为试件沿剪切方向的截面积，m^2。

（2）双面剪切强度　　　　　　　　$S_o = F_c/(2A)$　　　　　　　　　　（2.27）

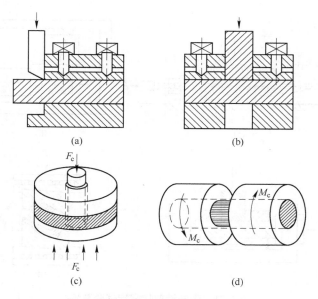

图 2.20 非限制性剪切试验

（a）单面剪切；（b）双面剪切；（c）冲击剪切；（d）扭转剪切

（3）冲击剪切强度　　　　　　　　$S_o = F_c / (2\pi r a)$　　　　　　　　　　　　（2.28）

式中，a 为试件厚度，m；r 为冲击孔半径，m。

（4）扭转剪切强度　　　　　　　　$S_o = 16 M_c / (\pi d^3)$　　　　　　　　　　（2.29）

式中，M_c 为试件被剪断前达到的最大扭矩，N·m；d 为试件直径，m。

　　B　限制性剪切强度试验

　　几种典型的限制性剪切强度试验见图 2.21。图中，F_c 为剪切力，P 为正压力。在图 2.21 的四种限制性剪切强度试验中，图 2.21（a）所示的直剪仪压剪试验是典型标准的限制性剪切试验，试验装置功能多、精度高。图 2.22 是一种便携式的直剪仪（剪切盒）装置示意图。岩石试件是事先浇注在水泥或石膏等材料中的，剪切面位于试件中部。这种方法对进行弱面剪切试验是极为有用和方便的。因为若要对某弱面作剪切试验，只要事先把弱面置于被剪切位置就行了。剪切面所受剪切力和正压力分别由两个油压千斤顶施加。

　　（1）直剪试验：改变正压力 P_i，相应施加剪切力 F_{ci} 使岩石剪坏。计算正应力 $\sigma_i = P_i / A$ 和相应的剪应力 $S_{oi} = F_{ci} / A$，得到 $\sigma - \tau$ 应力平面上一系列的坐标点（σ_i、S_{oi}），连点成线，可得到岩石剪切试验的莫尔强度包络线，见图 2.23（a）。这是除三轴抗压强度试验外，获得莫尔强度包络线的另一途径。通常将此包络线拟合为一条直线，就得到了岩石的抗剪强度曲线，见图 2.23（b）。

$$S_\tau = c + \sigma \tan\varphi \qquad (2.30)$$

　　从式（2.30）可见，当 $\sigma = 0$ 时，$S_\tau = c$，表示无正应力时岩石的抗剪强度，此时剪应力只要克服岩石的内聚力（或称凝聚力），岩石将被剪裂。每种岩石都有自身的凝聚力，它是常数，c 值愈大，岩石的抗剪强度愈大。当 $\sigma \neq 0$ 时，欲剪断岩石，所施加的剪应力首先要克服岩石的凝聚力 c，然后还需克服正应力在剪切面产生的摩擦力 $F = \sigma \tan\varphi$。φ 称为内摩擦角，φ 愈大，岩石的抗剪强度也愈大。当某种岩石的 $c = 0$ 时，即此种岩石颗粒

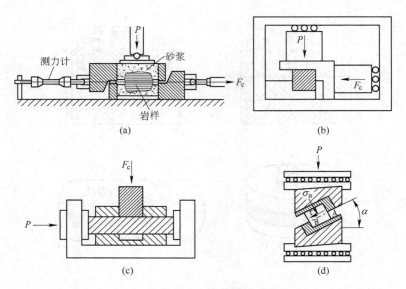

图 2.21　限制性剪切强度试验装置

（a）直剪仪（剪切盒）压剪试验（单面剪）；（b）立方体试件单面剪试验；
（c）端部受力双面剪试验；（d）角模压剪试验

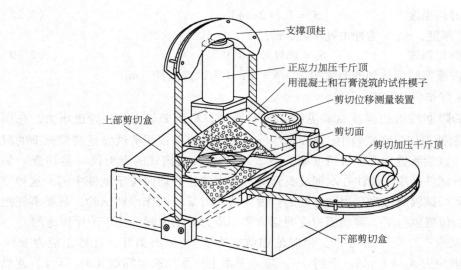

图 2.22　Hoek 直剪仪（剪切盒）

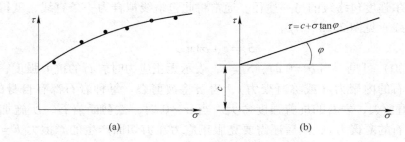

图 2.23　岩石的抗剪强度曲线

间无凝聚力，是完全松散体，松散岩石的剪切强度全部靠内摩擦角提供。c、φ 是反映岩石强度的两个重要参数，测定岩石抗剪强度的任务就是要确定 c、φ 这两个数据。

（2）c、φ 值的简便求解法：应用单轴拉伸和单轴压缩试验所绘制的极限莫尔圆包络线能求出岩石凝聚力 c 和内摩擦角 φ。如图 2.24 所示，已知单轴抗压强度 σ_c 和单轴抗拉强度 σ_t 后，可以通过几何关系求得 c、φ 值，见式（2.31）、式（2.32）。这是一种比较简便的近似方法。

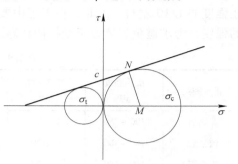

$$\tan\varphi = (\sigma_c - \sigma_t)/[2(\sigma_c\sigma_t)^{1/2}] \quad (2.31)$$
$$c = (\sigma_c\sigma_t)^{1/2}/2 \quad (2.32)$$

（3）角模压剪试验，也叫变角剪切试验，见图 2.21（d），它是一种最简单的限制性剪切强度试验。在压力 P 的作用下，剪切面上可分解为

图 2.24　单轴拉伸及单轴压缩试验绘制的岩石强度曲线

沿剪切面的剪应力 $P\sin\alpha/A$ 和垂直剪切面的正应力 $P\cos\alpha/A$，见图 2.25。

试验表明，剪切面上所受的正应力越大，试件被剪破坏时剪切面上所能承受的剪应力也越大。将角模压剪试验中试件剪破坏的剪应力和正应力标注到 $\sigma - \tau$ 应力平面上就是一个点，变换不同角度施加压力得到剪切破坏的不同正应力 $P_i\cos\alpha_i/A$、剪应力 $P_i\sin\alpha_i/A$ 组合，也就得到了不同的 $\sigma - \tau$ 应力平面上的点。将所有点连接起来就获得了莫尔强度包络线，如图 2.26 所示。这是又一条获得莫尔强度包络线的途径。

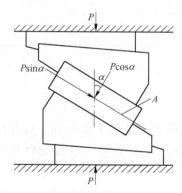

图 2.25　角模压剪试验试件受力示意图

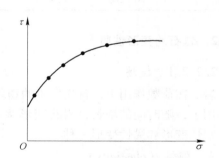

图 2.26　角模压剪试验所得莫尔强度包络线

（4）残余剪切强度：当剪切面上的剪应力超过了峰值剪切强度后，剪切破坏发生，然后在较小的剪切力作用下就可使岩石沿剪切面滑动。能使破坏面保持滑动所需的较小剪应力就是破坏面的残余剪切强度。正应力越大，残余剪切强度越高，如图 2.27 所示。图中 $\sigma_a > \sigma_b > \sigma_c$，所以只要有正应力存在，岩石剪切破坏面仍具有抗剪切的能力。

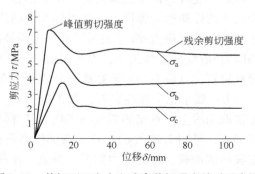

图 2.27　剪切面正应力和残余剪切强度关系示意图

总之，岩石强度因受力状态变化而异，其强度相差甚远，见表 2.9。岩石强度的大小关系为：三轴抗压 > 双轴抗压 > 单轴抗压 > 抗剪 > 抗拉。岩石的单轴抗拉强度只为单轴抗压强度的 1/10 左右。因此，在工程中要尽量使岩体处于有利的受力状态，充分发挥岩体的强度，力求避免岩体处于受拉伸状态。

表 2.9 几种岩石的强度值

岩石种类	抗压强度 /MPa	抗拉强度 /MPa	弹性模量 /MPa	泊松比	内摩擦角 /(°)	内聚力 /MPa
花岗岩	100 ~ 250	7 ~ 25	5 ~ 10	0.2 ~ 0.3	45 ~ 60	14 ~ 50
流纹岩	180 ~ 300	15 ~ 30	5 ~ 10	0.1 ~ 0.25	45 ~ 60	10 ~ 50
安山石	100 ~ 250	10 ~ 20	5 ~ 12	0.2 ~ 0.3	45 ~ 50	10 ~ 40
辉长岩	180 ~ 300	15 ~ 35	7 ~ 15	0.1 ~ 0.2	50 ~ 55	10 ~ 55
玄武岩	150 ~ 300	10 ~ 30	6 ~ 12	0.1 ~ 0.35	48 ~ 55	20 ~ 60
砂 岩	20 ~ 200	4 ~ 25	1 ~ 10	0.2 ~ 0.3	35 ~ 50	8 ~ 40
页 岩	10 ~ 100	2 ~ 10	2 ~ 8	0.2 ~ 0.4	15 ~ 30	3 ~ 20
石灰岩	50 ~ 200	5 ~ 20	1 ~ 10	0.2 ~ 0.35	35 ~ 50	10 ~ 50
白云岩	80 ~ 250	15 ~ 25	4 ~ 8	0.2 ~ 0.35	35 ~ 50	20 ~ 50
片麻岩	50 ~ 200	5 ~ 20	1 ~ 10	0.2 ~ 0.35	30 ~ 50	3 ~ 5
大理岩	100 ~ 250	7 ~ 20	1 ~ 9	0.2 ~ 0.35	35 ~ 50	15 ~ 30
石英岩	150 ~ 350	10 ~ 30	6 ~ 20	0.1 ~ 0.25	50 ~ 60	20 ~ 60
板 岩	60 ~ 200	7 ~ 15	2 ~ 8	0.2 ~ 0.3	45 ~ 60	2 ~ 20

2.2.2 岩石的变形性质

2.2.2.1 概述

岩石在荷载作用下，首先发生的物理变化是变形。随着荷载的不断增加，或在恒定荷载作用下，随时间的增长，岩石变形逐渐增大，最终导致岩石破坏。岩石变形有弹性变形、塑性变形和黏性变形三种。

A 弹性（elasticity）

岩石在受外力作用的瞬间即产生变形，而去除外力（卸载）后又能立即恢复其原有形状和尺寸的性质称为弹性。具有弹性性质的岩石称为弹性岩石。弹性岩石产生的变形称为弹性变形。按其应力-应变关系又可分为两种类型：线弹性岩石（或称理想弹性岩石），对应的应力-应变呈直线关系，如图 2.28（a）所示，其应力-应变关系服从胡克定律；非线性弹性岩石，其应力-应变关系呈非直线，如图 2.28（b）、（c）所示。其中，图 2.28（a）、（b）属于完全弹性岩石；图 2.28（a）中取直线的斜率为其弹性模量；图 2.28（b）中通常取曲线上任意点的割线斜率代表其弹性模量。加载和卸载变形路径不相同的非线性弹性岩石，见图 2.28（c），称为滞弹性岩石；通常取加载或卸载曲线上 P 点的切线斜率，对应表示该加载、卸载应力的弹性模量。在滞弹性岩石中，加载所做的功大于卸载所做的功，多余的功在岩石中耗散。

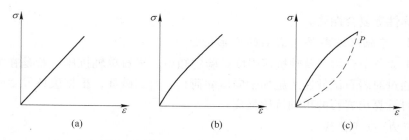

图 2.28　弹性体应力-应变曲线

（a）线性弹性；（b）非线性弹性；（c）滞弹性

B　塑性（plasticity）

岩石受力后产生变形，在外力去除（卸载）后变形不能完全恢复的性质，称为塑性。不能恢复的那部分变形 ε_d 称为塑性变形或永久变形、残余变形；能恢复的那部分变形 $\varepsilon_r + \varepsilon_e$ 为弹性变形，见图 2.29（a）。其中 ε_e 能立即恢复，称为瞬时弹性变形；ε_r 需要经过一段时间才能恢复，称 ε_r 为弹性后效变形。这类既有弹性变形，也有塑性变形的岩石，称为弹塑性岩石。这种岩石的瞬时弹性模量 $E_e = \sigma / \varepsilon_e$，包括弹性后效的弹性模量 $E = \sigma / (\varepsilon_e + \varepsilon_r)$ 和变形模量 $E_s = \sigma / (\varepsilon_d + \varepsilon_e + \varepsilon_r) = \sigma / \varepsilon$。

在外力作用下只发生塑性变形的物体，称为理想塑性体。理想塑性体的应力-应变关系如图 2.29（b）所示。当应力低于屈服极限 σ_0 时，材料没有变形；达到 σ_0 后，变形不断增大而应力不变，应力-应变曲线呈水平直线。这种应力不变时变形随时间增加的现象，称为蠕变。

C　黏性（viscosity）

所谓黏性，指流体内部阻止其相对流动（变形）的一种特性，即液体内部妨碍其流动的一种摩擦力，所以也称内摩擦力。黏性的大小，用黏滞系数表示。岩石虽不是流体，但也具有黏性性质。或者说，岩石受力后变形不能在瞬时完成，其应变速率随应力增加而增加的性质，称为黏性。应力-应变速率关系为过坐标原点的直线的岩石称为理想黏性岩石（牛顿流体），见图 2.29（c）。

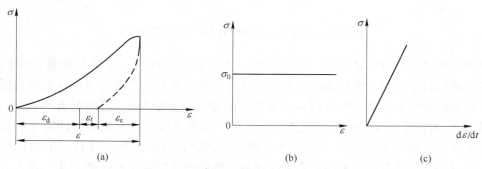

图 2.29　材料的变形性状示意图

岩石是矿物的集合体，具有复杂的组成成分和结构，因此其力学属性也是很复杂的。同时，岩石的力学属性还与受力条件、温度等环境因素有关。在常温、常压下，岩石既不是理想的弹性体，也不是简单的塑性体和黏性体，而往往表现出弹-塑性，塑-弹性，弹-

黏-塑或黏-弹性等复合性质。

　　2.2.2.2　单轴压缩条件下岩石的变形特性

　　在2.2.1.2节中介绍了单轴抗压强度试验的知识。岩石单轴抗压试验是在材料试验机上进行的。通过对岩石试件连续施加轴向压缩荷载，直到破坏，根据破坏发生时达到的最大荷载，即可计算出岩石的单轴抗压强度。

　　A　全应力-应变曲线

　　在普通材料试验机（或称柔性试验机）上试验时，由于材料试验机的刚度小，而硬岩试件的刚度大，达到峰值强度前试件的变形是逐步、缓慢的，当达到峰值强度后，试件破坏，它对试验机的反作用突然降低，材料试验机中积蓄的弹性能瞬时释放，冲击岩石试件，使试件瞬间崩裂，岩石碎块向四面飞射，并伴随很大的声响，这就是岩石的脆性破坏，应力-应变曲线见图2.30（a）。这好像意味着岩石超过其峰值强度后就完全破坏了，没有任何承载能力，其实与实际情况不相符。事实上，岩石超过其峰值强度后，发生了破坏，内部出现了破裂，其承载能力因而下降，但并没有降到零，而是仍然具有一定的承载力（残余承载力），尤其是在具有限制应力的条件下，残余承载力更大。地下岩石在漫长地质年代中经受过各种力场的作用，经历过多次破坏，内部出现了各种类型弱面，采矿工程等岩体工程都是在受损伤的岩石工程中进行的，面对的就是已经发生过破坏的岩石（岩体），开挖所引起的力学效应就是对破坏后的岩体继续加载或卸载，而普通试验机不能反映岩石破坏后的变性特征，因此普通试验机不能满足采矿工程等岩体工程开挖研究的需要。

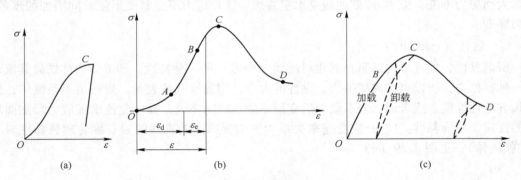

图2.30　单轴压缩试验的岩石应力-应变曲线

　　如果使用另一类材料试验机，其刚性大于岩石试件的刚性，试验机积蓄的弹性能很少，试件破坏时不受很大弹性能的冲击，其破坏的形式则发生了很大变化，表现为缓慢的破坏。利用配有伺服系统的刚性试验机做岩石的应力-应变试验，可绘制出图2.30（b）、（c）所示的全应力-应变曲线。这就能满足采矿工程等岩体工程开挖研究的需要。从应力峰值右侧图形可以看出，曲线与水平轴不相交，表明岩石即使在破裂且变形很大的情况下，也具有一定的承载能力，峰值右侧的加载与卸载曲线较真实地反映了各工程点岩体的力学特性，利用它能比较精确地计算各点的应力、应变和位移。岩体开挖工程的围岩一般都处在周围岩石的限制中，因而破坏时不可能发生突然崩解现象，总具有一定承载能力。事实上，在矿井中所看到的岩体都有不同程度的破裂，但仍具有很高的强度。设计充填体中的矿柱强度时，考虑岩体破裂后仍然有很大强度，使安全系数取值降低到0.8～1.0，充分发挥矿柱的作用，减少开采损失，就是充分利用岩体残余承载力的例子。

　　伺服系统是一个由电脑控制的自动加载控制装置，它能精确控制加荷系统的给油量。当试件破裂后，试验机仍需保持一定的荷载才能使岩石进一步破裂，但加载过大试件会很快破坏，所以荷载应控制在一定范围之内，当超过应力-应变曲线的峰值之后，荷载应逐渐减小。由电脑根据试件破裂程度反馈的信息，调节荷载的大小，使岩石逐渐破裂直到完全破坏。

　　全应力-应变曲线是在测试技术不断发展的基础上，由刚性试验机得到的试验结果，它的出现揭示了岩石力学性质的本来面貌。对比两种应力-应变曲线可以看到，普通试验机得到的应力-应变曲线只是全应力-应变曲线的一半，即应力峰值左边的那一部分，而峰值右边这一部分缺少是由于试验机的缺陷被掩盖。然而正是应力峰值右边这一部分曲线才真正有重要的工程意义。1966 年，库克（Cook）教授用自制的热膨胀式刚性试验机获得第一条大理岩的完整应力-应变曲线（全应力-应变曲线）。

　　全应力-应变曲线可将岩石的变形分为下列四个阶段（见图 2.30b）：（1）孔隙压密阶段（OA 段）：即试件中原有张开性结构面或微裂隙逐渐闭合，岩石被压密，形成早期的非线性变形，$\sigma\text{-}\varepsilon$ 曲线呈上凹型。在此阶段试件横向膨胀较小，试件体积随荷载增大而减小。该曲线接近弹性，稍有一点弹性后效，一般不产生不可恢复的变形。本阶段变形对裂隙化岩石来说较明显，而对坚硬少裂隙的岩石则不明显，甚至不显现（见图 2.30c）。（2）弹性变形阶段（AB 段）：该段曲线很接近直线。（3）塑性强化阶段（BC 段）：该阶段呈现弹塑性或塑性变形。B 点是岩石从弹性变为弹塑性或塑性的转折点，其值约为峰值强度的三分之二，称为屈服点，该点的应力称为屈服应力、屈服极限或弹性极限。该段曲线的斜率随着应力的增加逐渐减少到零。进入本阶段后，试件由体积压缩转为扩容，轴向应变和体积应变速率迅速增大。本阶段的上界 C 点的应力称为峰值强度、强度极限，用 R_c 或 σ_c 表示。在本阶段循环卸载、加载，有塑性变形 ε_d 产生。（4）残余承载阶段（CD 段）：岩块承载力达到峰值强度后，其内部结构虽遭到破坏，但试件基本保持整体状。从 C 点开始，曲线斜率为负。在本阶段循环卸载、加载，不仅有塑性变形产生，而且加载可能达到的最大应力总小于其之前的卸载应力（见图 2.30c）。CD 段曲线反映出承载能力随变形的增加而减小的性质，这种性质称为脆性。岩石在 CD 段的发展过程称为破坏过程，破裂逐步发展直至完全失去承载能力时岩石才算破坏。破坏过程起始于 C 点，直到 D 点才完全破坏。由于普通柔性试验机不稳定，岩石试件常常在 CD 段上某点突然破坏，破坏多发生在靠近 C 点处，见图 2.30（a）。

　　B　岩石变形的分类

　　岩石的应力-应变曲线随着岩石性质的不同有各种不同的类型。米勒采用 28 种岩石进行大量的单轴试验后，根据峰值前的应力-应变曲线将岩石分成六种类型，见图 2.31。

　　类型Ⅰ：应力与应变关系是一直线或者近似直线，直到试件发生突然破坏为止。具有这种变形性质的岩石有玄武岩、石英岩、白云岩以及极坚固的石灰岩。由于塑性阶段不明显，这些材料被称为弹性体。

　　类型Ⅱ：应力较低时，应力-应变曲线近似于直线，当应力增加到一定数值后，应力-应变曲线向下弯曲，随着应力逐渐增加而曲线斜率也就越变越小，直至破坏。具有这种变形性质的岩石有泥灰质石灰岩、泥岩以及凝灰岩等，这些材料被称为弹-塑性体。

　　类型Ⅲ：在应力较低时，应力-应变曲线略向上弯曲。当应力增加到一定数值后，应力-应变曲线逐渐变为直线，直至发生破坏。具有这种变形性质的岩石有砂岩、花岗岩、片理平行于压力方向的片岩以及某些辉绿石等。这些材料被称为塑-弹性体。

类型Ⅳ：应力较低时，应力-应变曲线向上弯曲，当应力增加到一定值后，变形曲线成为直线，最后，曲线向下弯曲，曲线似 S 形。具有这种变形特性的岩石大多数为变质岩，如大理岩、片麻岩等。这些材料被称为塑-弹-塑性体。

类型Ⅴ：基本上与类型Ⅳ相同，也呈 S 形，不过曲线斜率较平缓。一般发生在压缩性较高的岩石中。应力垂直于片理的片岩具有这种性质。

类型Ⅵ：应力-应变曲线开始先有很小一段直线部分，然后有非弹性的曲线部分，并继续不断地蠕变。这是岩盐的应力-应变特征曲线，某些软弱岩石也具有类似特性。这类材料被称为弹-黏性体。

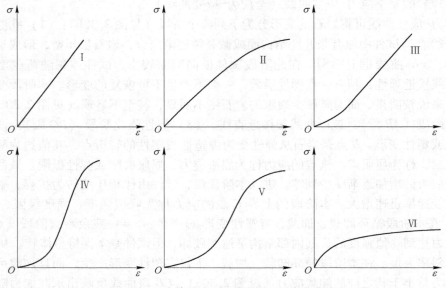

图 2.31   峰值前岩石的典型应力-应变曲线

C   反复加载与卸载（循环荷载）条件下岩石的变形特征

在岩体工程中常会遇到循环荷载，岩石在其作用下破坏时的应力往往低于其静力强度。

岩石在循环荷载下的<u>应力-应变关系</u>，随加、卸荷方式及卸荷应力大小而异。当在同一荷载下对岩石加、卸荷时，如果卸载点 P 的应力低于弹性极限，则卸载路径基本沿加载路径回到原点，表现为弹性恢复。但应注意，大部分岩石的弹性变形在卸荷后能很快恢复，而少部分（10%～20%）须经过一段时间才能恢复，表现出弹性后效 ε_r。如果卸载点 P 的应力超过屈服点（弹性极限），则卸载曲线偏离原加载曲线，不再回到原点，变形除了弹性变形 ε_e 及弹性后效 ε_r 外，还出现塑性变形 ε_d（见图 2.29a）。

在反复加、卸荷条件下，当卸载点 P 的应力超过屈服点（弹性极限），每次加荷曲线与卸荷曲线都不重合，围成一环形面积，称为回滞环，见图 2.32（a）。根据经验，卸载曲线的平均斜率一般与加载曲线直线段的斜率相同，或者和原点切线斜率相同。如果多次反复加载与卸载，且每次施加的最大荷载与第一次施加的最大荷载一样，有的岩石每次加、卸载曲线都形成塑性回滞环（见图 2.32a），随着加、卸载的次数增加，回滞环愈来愈窄，塑性变形 ε_d 愈来愈小，岩石愈来愈接近弹性变形，一直到某次循环没有塑性变形为止。如图 2.32 中的 HH' 环，当循环应力小于某一数值时，循环次数即使很多，也不会导致试件破坏，而超过这一数值，岩石某次循环的应力-应变曲线将最终和岩石全应力-应变曲线的峰后段相交，并导致岩石破坏。此临界应力低于岩石全应力-应变曲线的峰值强度，称为疲劳强度。

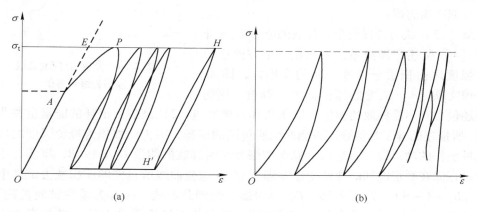

图 2.32　等荷载循环加、卸载时的应力-应变曲线

如果多次反复加、卸载循环，每次施加的最大荷载比前一次循环的最大荷载加大，则可得图 2.33 所示的曲线。随着循环次数的增加，塑性滞回环的面积也有所扩大，卸载曲线的斜率（代表着岩石的弹性模量）也逐次略有增加，表明卸载应力下的岩石材料弹性有所增强。每次卸载后再加载，在荷载超过上一次循环的最大荷载以后，变形曲线仍沿着原来的单调加载曲线上升（见图 2.33 中的 OC 线），好像不曾受到反复加载的影响似的，这种现象称为岩石的变形记忆。岩石随着塑性变形的增大，能承担更大的荷载，这种现象称为塑性强化。当然，塑性强化是有限度的。当应力达到峰值强度后，随着塑性变形的增大，承载能力将逐渐下降。

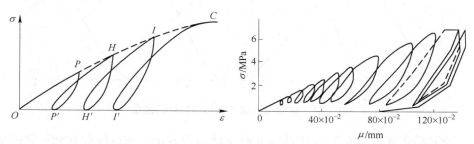

图 2.33　不断增大荷载循环加、卸荷载时的应力-应变曲线

D　全应力-应变曲线的工程意义

全应力-应变曲线除能全面显示岩石在受压破坏过程中的应力、变形特征，特别是破坏后的强度与力学性质变化规律外，还有以下三个工程用途。

（1）预测岩爆。从图 2.34 可以看出，全应力-应变曲线所围面积以峰值强度点 C 为界，可以分为左右两个部分。左半部分 OCE 面积 A 代表达到峰值强度时，积累在试件内

部的应变能；右半部 *CED* 面积 *B* 代表试件从破裂到
破坏整个过程所消耗的能量。文献［4］等观点认
为：若 *B* < *A*，说明岩石破坏后尚剩余一部分能量，
这部分能量突然释放可能会产生岩爆。若 *B* > *A*，说
明应变能在变形破坏过程中已完全消耗掉，故此类
岩石不可能产生岩爆。

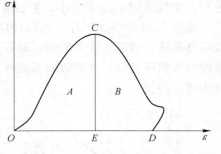

图 2.34   全应力-应变曲线
预测岩爆示意图

　　文献［13］认为岩爆发生时释放的能量 U_e 并非
如文献［4］所述那样简单，表现在三个方面：1）
在峰值强度之前积蓄于试件内部的变形能，即 *A*，
并不是像文献［4］认为的那样都可以释放，因为
其内部还包含有不能释放的塑性变形能和其他耗散能；2）破裂所消耗的能量也并非如文
献［4］所描述的等于峰值强度右侧曲线所包围的面积，因为此面积为峰值强度之后试验
机对试件所作的功；3）文献［4］认为岩爆发生时释放的能量 $U_e = A - B$，事实并不是如
此，而是存储在系统内部的弹性变形能即全应力-应变曲线所包围的面积减去试件中的耗
散能 U_s（$U_s = A + B$）。见图 2.35，*PQ* 为岩爆点的卸载曲线，$\tan\alpha$ 为柔性试验机的刚度。
因此，文献［13］认为：在单轴压缩试验中，试验机对试件压力 *P* 降低的速度小于岩石
强度降低的速度时将发生岩爆，柔性试验机上岩石试件岩爆所释放的能量是贮存在整个试
验系统中的弹性变形能 U_e，即试验机中弹性变形能 U_{e2} 与试件中弹性变形能 U_{e1} 之和；采
用刚性试验机进行单轴压缩试验，可以避免岩爆的发生，并能获得岩石的全应力-应变曲线，
但是，改变加载速率，使加载压力的降低速度小于岩石强度的降低速度，可以造成岩爆的发
生，岩爆发生时所释放的能量是贮存在试件中的弹性变形能 U_{e1}；在试验机上进行单轴压缩
试验时，岩爆的发生取决于岩石性质和加载速率，与峰值前后曲线下面积差（*A* - *B*）无关。

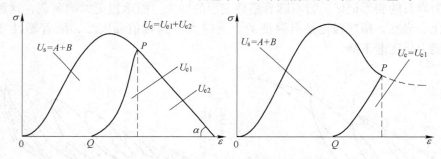

图 2.35   试验机上试件岩爆时释放的能量

　　（2）预测蠕变破坏。图 2.36 中的蠕变终止轨迹线表示，在试件加载到一定的应力水
平后，保持应力恒定，试件将发生蠕变。在适当的应力水平下，蠕变发展到一定程度，即
应变达到某一值时，蠕变就停止了，岩石试件处于稳定状态。蠕变终止轨迹就是在不同应
力水平下蠕变终止点的连线，这是事先通过大量试验获得的。当应力水平在 *H* 点以下时保
持应力恒定，岩石试件不会发生蠕变。当应力水平达到 *E* 点时保持应力恒定，则蠕变应变
发展到 *F* 点与蠕变终止轨迹相交，蠕变就停止了。*G* 点是临界点，应力水平在 *G* 点以下保
持恒定，蠕变应变发展到最后还会和蠕变终止轨迹相交，蠕变将停止，岩石试件不会破
坏。若应力水平在 *G* 点保持恒定，则蠕变应变发展到最后就和全应力-应变曲线的右半部，

即破坏后的曲线相交了，此时试件将发生破坏，这时该岩石所能产生的蠕变应变值最大。应力水平在G点之上保持恒定而发生蠕变，最终都将导致破坏，因为最后都要和全应力-应变曲线破坏后段相交。应力水平越高，从蠕变发生到破坏的时间越短。如从C点开始蠕变，到D点破坏；从A点开始蠕变，到B点就破坏了。

（3）预测循环加载条件下岩石的破坏。在岩体工程中经常遇到循环加载的情况，如反复的爆破作业就是对围岩施加的循环荷载，而且是动荷载。由于岩石的非线性，其加载和卸载路径不重合，因此每次加-卸载都形成一个回滞环，留下一段永久变形。图2.37表示在高应力水平下循环加载，岩石在很短时间内就会破坏。如从A点施加循环荷载，永久变形发展到B点，岩石就破坏了。因为B点已和破坏后的曲线段相交。这表明，当岩体工程本身处于较高受力状态，若再出现循环荷载作用，则岩体工程将非常容易发生破坏。若在C点的应力水平下遭受循环荷载作用，则可以经历相对较长一段时间，岩体工程才会发生破坏。所以根据岩石本身已有的受力水平，循环荷载的大小、周期，可依据全应力-应变曲线来预测循环加载条件下岩石发生破坏的时间。

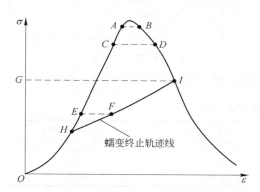

图2.36　全应力-应变曲线预测蠕变破坏　　　图2.37　全应力-应变曲线预测循环加载条件下的破坏

2.2.2.3　三轴压缩条件下岩石的变形特征

A　等围压（卡曼型）三轴试验结果

采矿工程所遇到的岩体，大多处于三向应力或二向应力状态，因此，仅仅研究单轴应力状态下岩石的变形性质是不够的，必须充分认识复杂应力状态下岩石的变形性质才能正确地解决开采过程中的岩石力学问题。三轴应力-应变试验是在三轴岩石试验机上进行的。试验时将直径9cm、高20cm的岩石试件套以橡胶或乳胶套（防止高压油渗入试件内）放入压力室，然后先加侧压至预定值，稳压后再加轴压至试件破坏，同时用百分表观测试件的轴向变形，亦可用电阻应变片测轴向及横向变形。试验装置已在2.2.1.4节作了介绍。

常规三轴试验条件的试验研究结果表明：有围压作用时，岩石的变形性质与单轴压缩时不尽相同。图2.38和图2.39为大理石和花岗岩在不同围压下的$\sigma_1 - \sigma_3 - \varepsilon$曲线。由图可见：（1）破坏前岩石的应变随围压增大而增加；（2）随围压增大，岩石的塑性也不断增大，且由脆性逐渐转化为延性。如图2.38所示的大理石，在围压为零或较低的情况下，岩石呈脆性状态；当围压增大至49.04MPa时，岩石显示出由脆性到塑性转化的过渡状态，围压增加到67.18MPa时，呈现出塑性流动状态；围压增至161.82MPa时，试件承载力$\sigma_1 - \sigma_3$则随围压稳定增长，出现所谓应变硬化现象。这说明围压是影响岩石力学属性的主要因素之一，通常把岩石由脆性转化为塑性的临界围压称为转化压力。图 2.39 所示的花岗岩也有类似特征，所不同的是其转化压力比大理石大得多，且破坏前的应变随围压增加更为明显。几种岩石的转化压力见表 2.10，由表可见：岩石越坚硬，转化压力越大，反之亦然。

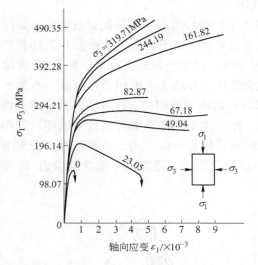

图 2.38　不同围压下大理石应力-应变曲线　　　　图 2.39　不同围压下花岗岩应力-应变曲线

表 2.10　几种岩石的转化压力（室温）

岩石类型	转化压力/MPa	岩石类型	转化压力/MPa
岩　盐	0	石灰石	20 ~ 100
白　垩	<10	砂　岩	>100
密实页岩	0 ~ 20	花岗岩	≥100

从图 2.38 和图 2.39 的分析，可得出围压对岩石变形的影响，有如下结论：

（1）随着围压（$\sigma_2 = \sigma_3$）的增大，岩石的抗压强度显著增加；

（2）随着围压（$\sigma_2 = \sigma_3$）的增大，岩石的变形显著增大，产生明显塑性变形；

（3）随着围压（$\sigma_2 = \sigma_3$）的增大，岩石的弹性极限显著增大；

（4）随着围压（$\sigma_2 = \sigma_3$）的增大，岩石的应力-应变曲线形态发生明显改变，岩石的性质发生了变化：由弹脆性→弹塑性→应变硬化；

（5）随着围压（$\sigma_2 = \sigma_3$）的增大，弹性模量的变化无一定规律。如图 2.40 所示，砂岩较软，弹性模量明显增大；辉长岩致密坚硬，弹性模量几乎不变。图 2.38 中大理石、图 2.39 中花岗岩也是如此。

B　真三轴条件下岩石的变形

图 2.41（a）、（c）表明：σ_3 恒定时，极限应力 σ_1 随着中间主应力 σ_2 的增大而提高，岩石从延性向脆性转变。图 2.41（b）表明，中间主应力 σ_2 恒定时，极限应力 σ_1 随 σ_3 增大而增大，破坏前的塑性变形量增大，但屈服极限基本未变，破坏形式从脆性向延性变化。因此，岩石破坏不仅取决于应力差 $\sigma_1 - \sigma_3$，而且与中间主应力关系密切。将等围压三轴试验结果直接用来解决实际问题时应该注意，它只不过是三轴应力的一种特殊情况，不能任意推广使用。表 2.11 为图 2.41（c）中的应力组合。

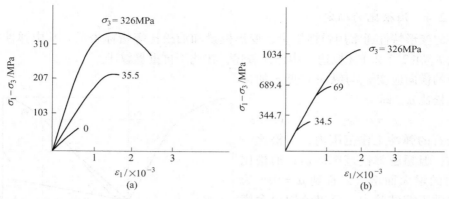

图 2.40 常规三轴应力-应变曲线
（a）砂岩；（b）辉长岩

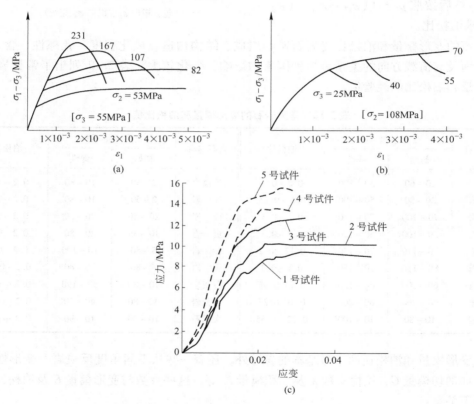

图 2.41 岩石在真三轴压缩下的应力-应变曲线

表 2.11 三向应力组合 MPa

试件编号	σ_3	σ_2	σ_1
1	1	1	9.42
2	1	2	10.26
3	1	3	12.79
4	1	4	13.49
5	1	5	15.62

2.2.2.4　泊松比的确定

岩石的变形特性通常用弹性模量、变形模量和泊松比等指标表示。其中弹性模量 E、变形模量 E_s 在 2.2.2.1（概述）中已经叙述，在此不再重复叙述。

岩石的横向应变 ε_x 与纵向应变 ε_y 的比值称为泊松比 μ，即

$$\mu = \varepsilon_x / \varepsilon_y \qquad (2.33)$$

在岩石的弹性工作范围内，泊松比一般为常数，但超越弹性范围以后，泊松比将随应力的增大而增大，直到 $\mu = 0.5$ 为止。在单轴压缩试验中，可以绘制包含横向应变和纵向应变的应力-应变图（见图 2.42），然后按照 $\mu = |(\varepsilon_{c2} - \varepsilon_{c1})/(\varepsilon_{a2} - \varepsilon_{a1})|$ 求泊松比。

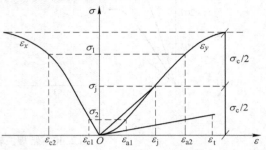

图 2.42　单轴压缩下岩石应力-应变曲线
（包含横向 ε_x、纵向 ε_y 应变）

岩石的变形模量和泊松比受岩石矿物组成、结构构造、风化程度、孔隙性、含水率、微结构面及与荷载方向的关系等多种因素的影响，变化较大。表 2.12 列出了常见岩石的变形模量和泊松比的经验值。

表 2.12　常见岩石的变形模量和泊松比值

岩石名称	变形模量/GPa		泊松比	岩石名称	变形模量/GPa		泊松比
	初始	弹性			初始	弹性	
花岗岩	20~60	50~100	0.2~0.3	千枚岩	2~50	10~80	0.2~0.4
流纹岩	20~80	50~100	0.1~0.25	片　岩	2~50	10~80	0.2~0.4
闪长岩	70~100	70~150	0.1~0.3	板　岩	20~50	20~80	0.2~0.3
安山石	50~100	50~120	0.2~0.3	页　岩	10~35	20~80	0.2~0.4
辉长岩	70~110	70~150	0.12~0.2	砂　岩	5~80	10~100	0.2~0.3
辉绿石	80~110	80~150	0.1~0.3	砾　岩	5~80	20~80	0.2~0.35
玄武岩	60~100	60~120	0.1~0.35	石灰岩	10~80	50~190	0.2~0.35
石英岩	60~200	60~200	0.1~0.25	白云岩	40~80	40~80	0.2~0.35
片麻岩	10~80	10~100	0.22~0.35	大理石	10~90	10~90	0.2~0.35

除变形模量和泊松比两个最基本的参数外，还有一些从不同角度反映岩石变形性质的参数，如剪切模量 G、拉梅常数 λ 及体积模量 K_V 等。这些参数与变形模量 E 及泊松比 μ 之间有如下关系：

$$G = E / [2(1 + \mu)] \qquad (2.34)$$

$$\lambda = E\mu / [(1 + \mu)(1 - 2\mu)] \qquad (2.35)$$

$$K_V = E / [3(1 - 2\mu)] \qquad (2.36)$$

2.3　岩石的扩容

岩石的扩容现象是岩石具有的一种普遍性质，是岩石在荷载作用下，在其破坏之前产

生的一种明显的非弹性体积变形，这一现象早已被人们熟知。早期的研究侧重在土壤方面，真正把岩石的扩容和破坏联系起来研究是在 20 世纪 60 年代中期。

研究岩石的扩容不仅可以深入地了解岩石的性质，同时还可以预测岩石的破坏。因此，近年来国内外的岩石力学研究人员加强了对岩石扩容现象的研究。取一微小的矩形岩石试件，设各边长为 dx、dy、dz，其体积为 $dV = dxdydz$。受载后各边的长度为

$$dx + \varepsilon_x dx = (1 + \varepsilon_x)dx; dy + \varepsilon_y dy = (1 + \varepsilon_y)dy; dz + \varepsilon_z dz = (1 + \varepsilon_z)dz$$

变形后的体积为

$$dV + \Delta dV = (1 + \varepsilon_x)dx(1 + \varepsilon_y)dy(1 + \varepsilon_z)dz$$

变形后的体积增量为 ΔdV

$$\Delta dV = \left[(1 + \varepsilon_x)(1 + \varepsilon_y)(1 + \varepsilon_z) - 1 \right]dV$$

展开上式，略去其中的高阶微量，得

$$\Delta dV = (\varepsilon_x + \varepsilon_y + \varepsilon_z)dV$$

于是，岩石试件的体积应变为 $\varepsilon_V = \varepsilon_x + \varepsilon_y + \varepsilon_z$，其中

$$\varepsilon_x = \left[\sigma_x - \mu(\sigma_y + \sigma_z) \right]/E$$

$$\varepsilon_y = \left[\sigma_y - \mu(\sigma_z + \sigma_x) \right]/E$$

$$\varepsilon_z = \left[\sigma_z - \mu(\sigma_x + \sigma_y) \right]/E$$

将上面三式相加，得

$$\varepsilon_x + \varepsilon_y + \varepsilon_z = \varepsilon_V = (1 - 2\mu)(\sigma_x + \sigma_y + \sigma_z)/E = (1 - 2\mu)(\sigma_1 + \sigma_2 + \sigma_3)/E = \varepsilon_1 + \varepsilon_2 + \varepsilon_3$$

上式可简化为

$$\varepsilon_V = (1 - 2\mu)I_1/E \tag{2.37}$$

式中，ε_x、ε_y、ε_z 分别为 x 方向、y 方向、z 方向的线应变；ε_1、ε_2、ε_3 分别为最大、中间和最小主应变；σ_x、σ_y、σ_z 分别为 x 方向、y 方向、z 方向的正应力，Pa；σ_1、σ_2、σ_3 分别为最大、中间和最小主应力，Pa；E 为弹性模量；μ 为泊松比；$I_1 = \sigma_x + \sigma_y + \sigma_z = \sigma_1 + \sigma_2 + \sigma_3$ 为应力第一不变量，也称体积应力，Pa。

由于岩石在弹性范围内符合上述关系，故岩石试件的体积变形可用式（2.37）表示。

实验表明，对于弹性模量和泊松比为常数的岩石，其体积应变曲线可以分为三个阶段，如图 2.43 所示。

（1）体积减少阶段。体积应变在弹性阶段内随应力增加而呈线性变化，体积减小，即 $\varepsilon_1 > |\varepsilon_2 + \varepsilon_3|$。$\varepsilon_1$ 为轴向压缩应变，$\varepsilon_2 + \varepsilon_3$ 为向两侧膨胀应变之和。

在此阶段后期，随应力增加，岩石

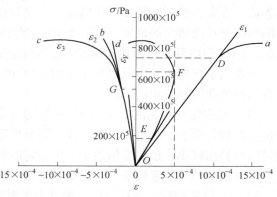

图 2.43　岩石的体积变形

的体积变形曲线向左转弯，开始偏离直线段，出现扩容现象。在一般情况下，岩石开始出现扩容时的应力约为其抗压强度的 $1/3 \sim 1/2$ 左右。

（2）体积不变阶段。在这一阶段内，随着应力的增加，岩石体积虽有变形，但体积应变增量等于零，即岩石体积大小几乎没有变化。在此阶段内可认为 $\varepsilon_1 = |\varepsilon_2 + \varepsilon_3|$，因此称

为体积不变阶段。

（3）扩容阶段。当外力继续增加，岩石试件的体积不是减小，而是大幅度增加，且增长速率越来越大，最终将导致岩石试件的破坏，这种体积明显扩大的现象称为扩容，此阶段称为扩容阶段。在此阶段内，当试件临近破坏时，两侧向膨胀变形之和超过最大主应力方向的压缩变形值，即 $|\varepsilon_2 + \varepsilon_3| > \varepsilon_1$。这时，岩石试件的泊松比已经不是一个常量。

图 2.43 中 Oa 为 ε_1 曲线，Ob 为 ε_2 曲线，Oc 为 ε_3 曲线，Od 为 ε_V 曲线。从图中可以看出，D 点为屈服点，OD 段为直线，这点的应力约为抗压强度的 86.51%，其他试件屈服点的应力约为抗压强度的 71.91%~86.44%。

试件两个横向方向的变形曲线，自 G 点以下是重合的，说明在此点以下两个方向是协调变形的。但过了 G 点以后，一个横向变形较慢，一个较快，说明岩石存在各向异性。

从 ε_V 曲线看，E 点开始偏离直线，即图中 OE 段呈线性变化，E 点以后曲线开始向左弯，E 点的应力称为初始扩容应力，它表示岩石开始出现初裂。F 点为体积应变曲线上的拐点，此点的斜率为 $\partial \varepsilon_V / \partial \sigma = 0$，$F$ 点的应力称为临界应力。过了 F 点后两个横向变形的速率明显增大，试件内的微裂隙逐渐发展为连续裂纹，达到两个横向变形之和大于纵向变形，即 $|\varepsilon_2 + \varepsilon_3| > \varepsilon_1$，试件进入体积膨胀，预示岩石即将破裂。因此，临界应力 σ_F 可以作为预报岩石破坏的重要数据。如果能正确掌握临界应力 σ_F，就可以有效地进行岩体破坏的监测预报。

2.4 岩石的流变

2.4.1 概述

岩石的变形不仅表现出弹性和塑性，而且还具有流变性。所谓岩石的流变性质，就是指岩石的应力应变关系随时间变化而变化的性质。岩石变形过程中具有时间效应的现象，称为流变现象。岩石的流变包括蠕变、松弛和弹性后效。（1）蠕变：指当应力不变时，应变随时间增长而增大的现象。（2）松弛：指当应变保持一定时，应力随时间延长而减小的现象。（3）弹性后效：加载或卸载时，弹性应变滞后于应力的现象。

通常用蠕变曲线（$\varepsilon - t$ 曲线）表示岩石的蠕变特性，见图 2.44。在不同应力条件下岩石的蠕变曲线并不相同：

（1）稳定蠕变。见图 2.44（a）中应力 $\sigma \leqslant 12.5$MPa 的两条曲线。当岩石在某一较小的恒定荷载作用下，应力较小时，其变形虽然随时间延长有所增加，但蠕变变形的速率则随时间增长而减小，最后变形趋于一个稳定的极限值。作用的荷载不同，这个稳定值也不同，这种蠕变称为稳定蠕变。稳定蠕变一般不会导致岩体整体失稳。

（2）非稳定蠕变。非稳定蠕变细分为典型的蠕变和加速蠕变。岩石承受的恒定荷载较大，当岩石应力超过某一临界值时，变形随时间增加而增大，其变形速率逐渐增大，最终导致岩体整体失稳破坏。图 2.44（b）及图 2.44（a）中 $\sigma = 15$MPa、18.1MPa 两条曲线为典型蠕变曲线。蠕变过程可以分为四个阶段：1）瞬时弹性变形阶段（OA）；2）过渡蠕变阶段（AB），其中 A 点应变速率最大，随时间延长，达到 B 点时为最小；3）等速蠕变阶段（BC），应变速率保持不变，直到 C 点；4）加速蠕变阶段（CD），应变速率迅速增

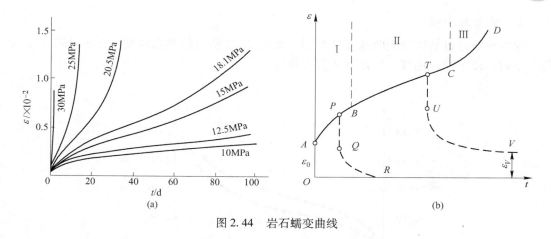

图 2.44　岩石蠕变曲线

加，直到岩石破坏。图 2.44（a）中应力 $\sigma \geq 20.5\text{MPa}$ 的三条曲线，属于加速蠕变，曲线几乎无稳定蠕变阶段。

（3）岩石的长期强度：一种岩石既可以发生稳定蠕变，也可以发生非稳定蠕变，这取决于岩石应力的大小。超过某一临界应力时岩石按非稳定蠕变发展；小于此临界应力时岩石按稳定蠕变发展。通常称此临界应力为岩石的长期强度。后面将要专门介绍试验确定长期强度的方法。

在流变学中，流变性主要研究材料流变过程中的应力、应变和时间的关系，用应力、应变和时间组成的流变方程来表达。流变方程主要包括蠕变方程、松弛方程和卸载方程。

岩石是一种力学性质十分复杂的介质，它可能出现弹性、塑性的变形特征，也可能出现流变的变形特征，然而这些变形特征并非某一种岩石固有的特征，而是与岩石受力状态和赋存条件有关。为了研究岩石的流变性质，可将介质理想化，归纳成各种模型，模型可用理想化的基本模型（或称元件）组合而成。组合的方式为元件的串联、并联、串并联或并串联等。建立流变模型后，再用应力、应变和时间建立模型的微分方程，也称本构方程。流变学中，本构方程主要包括蠕变方程、松弛方程和卸载方程。

塑性力学和流体力学中，介质的应力-应变关系是非线性的，这种非线性关系的数学表达式称为本构方程或状态方程。在弹性力学中，介质的应力-应变关系是线弹性的，用胡克定律描述这种关系，通常称之为物理方程。大家都已熟知物理方程在解弹性力学问题时的重要性，在解塑性力学问题或流变问题时，本构方程也具有同样的意义。为了建立描述岩石流变性质的本构方程，首先应建立岩石的流变模型，它是在一系列的流变试验基础上建立的。因此，在流变试验的基础上，出现了用数理统计的回归拟合方法建立方程的经验方法，也称经验方程。为了克服经验方法的不准确性，也如上述应用基本元件建立流变模型，再借助微分方程建立应力、应变和时间关系的微分方程。

2.4.1.1　经验方程法

根据岩石典型蠕变试验结果（见图 2.44b），由数理统计学的回归拟合方法建立经验方程。岩石蠕变经验方程的通常形式为

$$\varepsilon(t) = \varepsilon_0 + \varepsilon_1(t) + \varepsilon_2(t) + \varepsilon_3(t) \tag{2.38}$$

式中，$\varepsilon(t)$ 为 t 时间的应变；ε_0 为瞬时应变；$\varepsilon_1(t)$ 为初始阶段应变；$\varepsilon_2(t)$ 为等速阶段应变；$\varepsilon_3(t)$ 为加速阶段应变。通常有三种拟合方法。

A 幂函数方程

对大理石进行轴向和侧向蠕变试验得出如图 2.45 所示的典型应变（ε）-时间（t，单位为小时，以下同）曲线，可用幂函数方程表达。

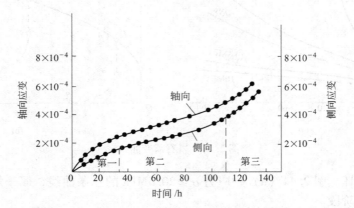

图 2.45 在 87.8MPa 恒压下大理石的轴向、侧向蠕变

第一、二阶段的轴向蠕变方程为

$$\varepsilon = 0.4205t^{0.5044} \times 10^{-4} \tag{2.39}$$

第一、二阶段的侧向蠕变方程为

$$\varepsilon = 1.1610t^{0.5690} \times 10^{-4} \tag{2.40}$$

B 指数方程

对闪长玢岩试件进行弹簧式单轴压缩蠕变试验，加载到 5t 后产生加速蠕变，其蠕变曲线为指数方程

$$\varepsilon = 0.01968481 \times e^{0.2617857t} \tag{2.41}$$

C 幂函数、指数函数、对数函数混合方程

在室温（20 ± 4）℃和大气压（0.102 ± 0.005）MPa 的条件下，在实验室对几种岩石进行单轴蠕变实验，并用计算机进行拟合分析，得到了各种岩石的蠕变方程：

（1）干燥的钙质石灰岩

$$\varepsilon = (2822 + 5\lg t + 48t^{0.651}) \times 10^{-6}$$

（2）干燥的白云质石灰岩

$$\varepsilon = (648 + 56t^{0.489} + 0.7e^{0.49t}) \times 10^{-6}$$

（3）干燥的砂岩

$$\varepsilon = (1858 + 410t^{0.687} - 58e^{0.01t}) \times 10^{-6}$$

2.4.1.2 微分方程法

此法在研究岩石的流变性质时，将介质理想化，归纳成各种模型，模型可用理想化的具有基本性能（包括弹性、塑性和黏性）的元件组合而成，通过这些不同形式的元件串联、并联、并串联或串并联等，得到一些典型的流变模型，相应地推导出它们的微分方程，即建立模型的本构方程和有关的特性曲线微分模型，故也称流变模型理论法。这既是数学模型，又是物理模型，比较形象，容易掌握，是大学本科生必须努力掌握的岩石力学基本理论之一。

为此，首先要弄清基本模型（元件）的概念和数学表达方式。

2.4.2　三种基本元件的力学模型

在流变学中，所有的流变模型均可由三个基本元件组合而成。这三个基本元件为弹性元件（H）、黏性元件（N）和塑性元件（C）。现分述如下。

2.4.2.1　弹性元件

如果材料在荷载作用下，其变形性质完全符合胡克定律，则称此种材料为胡克体（Hokean solid），是一种理想的弹性体；该体的力学模型用一个弹簧元件表示，见图2.46，以符号 H 代表。

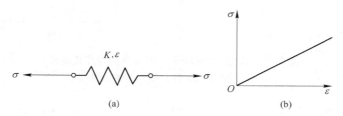

图2.46　胡克体力学模型及其动态
（a）力学模型；（b）应力-应变曲线

胡克体的应力-应变关系是线弹性的，其本构方程为

$$\sigma = k\varepsilon \tag{2.42}$$

式中，k 为弹性系数。分析式（2.42）可知胡克体的性能：（1）具有瞬时弹性变形性质，无论荷载大小，只要 σ 不为零，就有相应的应变 ε 出现；（2）应力保持恒定，应变也保持不变，故无蠕变性质；（3）应变为恒定时，应力也保持不变，应力不因时间增长而减小，故无应力松弛性质；（4）当 σ 变为零（卸载）时，ε 也为零，说明没有弹性后效，即变形与时间无关。

因此，胡克体与时间无关，不是流变模型。

2.4.2.2　塑性元件（库仑体）

物体所受的应力达到屈服极限时便开始产生塑性变形，即使应力不再增加，变形仍不断增长，具有这一性质的物体称为理想的塑性体，其力学模型用一个摩擦片（或滑块）表示，并以符号 C 代表，如图2.47所示。理想塑性体服从库仑摩擦定律，本构方程为：当 $\sigma < \sigma_s$ 时，$\varepsilon = 0$；当 $\sigma \geq \sigma_s$ 时，$\varepsilon \rightarrow \infty$，其中 σ_s 为材料的屈服极限。即当 $\sigma < \sigma_s$ 时，不滑动，无任何变形；若 $\sigma \geq \sigma_s$ 时，变形无限增长。由于方程中未体现时间效应，因此，库仑体无瞬变、蠕变、松弛和弹性后效，也非流变模型。

2.4.2.3　黏性元件（牛顿体）

牛顿（Newton）体是一种理想黏性体，符合牛顿流动定义，即应力与应变速率成正比，见图2.48（c），图中斜直线通过坐标原点。牛顿流体的力学模型可用一个带孔活塞组成的阻尼器表示，简化的模型如图2.48（a）所示，并用符号 N 表示，通常称为黏性元件。

根据定义，元件的本构关系为

$$\sigma = \eta \mathrm{d}\varepsilon / \mathrm{d}t \tag{2.43}$$

即
$$\sigma = \eta \varepsilon'$$

式中，η 为牛顿黏性系数。

将式（2.43）积分，得

$$\varepsilon = \sigma t / \eta + C$$

式中，C 为积分常数。当 $t = 0$ 时，$\varepsilon = 0$，则 $C = 0$，有

$$\varepsilon = \sigma t / \eta \tag{2.44}$$

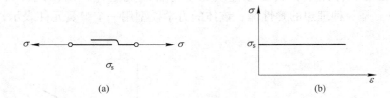

图 2.47　库仑（Coulomb）体力学模型及其动态
（a）力学模型；（b）应力-应变曲线

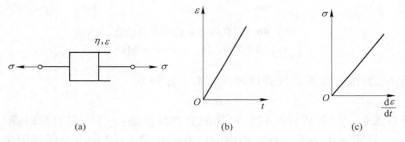

图 2.48　牛顿体力学模型及其动态
（a）力学模型；（b）应变-时间曲线；（c）应力-应变速率曲线

分析牛顿体的本构关系，可以得出牛顿体具有如下性质：

（1）当 $\sigma = \sigma_0$ 时，$\varepsilon = \sigma_0 t / \eta$。说明受应力 σ_0 作用，要产生相应的变形必须经过时间 t。$t = 0$ 时，$\varepsilon = 0$，表明无瞬时变形。从元件的物理概念也可知，当活塞受拉力时，活塞发生位移，但由于黏性液体的阻力，活塞的位移逐渐增大，位移随时间增长，黏性元件具有蠕变性质。所以，牛顿体与胡克体不同，它无瞬时变形，但是有蠕变性质。

（2）$\varepsilon = $ 常数，由式（2.43）可知 $\sigma = 0$，说明当应变保持某一恒定值后，应力为零，无应力松弛性质。

（3）$\sigma = 0$（卸载），$\eta \varepsilon' = 0$，积分后得 $\varepsilon = $ 常数，活塞的位移立即停止，不再恢复，只有再受到相应的压力时，活塞才回到原位，所以牛顿体无弹性后效，有永久变形。

因此，牛顿体无瞬变，有蠕变，无松弛和弹性后效，是流变模型。

综上所述，可了解牛顿体具有黏性流动的特点。此外，塑性变形也称塑性流动，它与黏性流动有明显的区别，塑性流动只有当应力 σ 达到或超过屈服应力 σ_0 时才发生。当 σ 小于屈服应力 σ_0 时，完全塑性体表现刚体的特点，而黏性流动则不需要应力超过某一定值，只要有微小的应力，牛顿体就会发生流动。实际上，塑性流动、黏性流动经常和弹性

变形联系在一起，因此，常常出现黏弹性体和黏弹塑性体。前者研究应力小于屈服极限时的应力、应变与时间的关系，后者研究应力大于屈服极限时应力、应变与时间的关系。

2.4.3 组合模型

上述基本元件的任何一种元件单独表示岩石的性质时，只能描述弹性、塑性或黏性三种性质中的一种性质，而客观存在的岩石性质都不是单一的，通常都表现出复杂的特性。为此，必须对上述三种元件进行组合，才能准确地描述岩石的特性。已经提出了几十种流变体的组合模型，它们大多数是利用提出者的名字命名的。组合的方式为串联、并联、串并联和并串联。串联以符号"—"表示，并联以符号"｜"表示。下面讨论并联和串联的性质。

串联　应力：组合体总应力等于串联中任何元件的应力（$\sigma = \sigma_1 = \sigma_2$）

　　　　应变：组合体总应变等于串联中所有元件应变之和（$\varepsilon = \varepsilon_1 + \varepsilon_2$）

并联　应力：组合体总应力等于并联中所有元件应力之和（$\sigma = \sigma_1 + \sigma_2$）

　　　　应变：组合体总应变等于并联中任何元件的应变（$\varepsilon = \varepsilon_1 = \varepsilon_2$）

2.4.3.1 圣维南体（St. Venant）

圣维南体由一个弹簧和一个摩擦片串联组成，代表理想弹塑性体，力学模型见图2.49；通常表示为 St. V = H—C。

A　本构方程

当应力 σ 小于摩擦片的摩擦阻力 σ_s 时，弹簧产生瞬时弹性变形 σ/k，而摩擦片没有变形，即 $\varepsilon_2 = 0$；当 $\sigma \geq \sigma_s$ 时，即克服了摩擦片的摩擦阻力后，摩擦片将在 σ 作用下无限制滑动。所以，圣维南体的本构方程为

$\sigma < \sigma_s$ 时，$\varepsilon_1 = \sigma/k$，$\varepsilon_2 = 0$，　则 $\varepsilon = \varepsilon_1 + \varepsilon_2 = \sigma/k$；

$\sigma \geq \sigma_s$ 时，$\varepsilon_1 = \sigma/k$，$\varepsilon_2 = \infty$，　则 $\varepsilon = \varepsilon_1 + \varepsilon_2 = \sigma/k + \infty = \infty$。

上式用图形表示如图2.50所示。

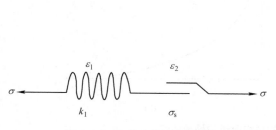

图2.49　圣维南体力学模型

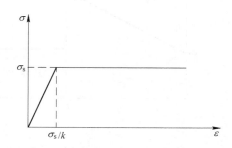

图2.50　圣维南体动态

B　卸载特性

如在某时刻卸载，使 $\sigma_s = 0$，则弹性变形全部恢复，塑性变形停止，但已发生的塑性变形永久保留。圣维南体代表理想弹塑性体，有瞬变，无蠕变，无松弛，无弹性后效，故不属于流变模型，但它是复合体中常见的一个组成部分。

2.4.3.2 马克斯威尔体（Maxwell）

马克斯威尔体是一种弹-黏性体，它由一个弹簧和一个阻尼器串联组成，其力学模型

如图 2.51 所示；用符号的等式表示为：M = H—N。

A　本构方程

由串联可得 $\sigma = \sigma_1 = \sigma_2$，$\varepsilon = \varepsilon_1 + \varepsilon_2$　　　（a）

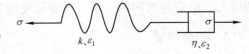

图 2.51　马克斯威尔体力学模型

则　　　　　　　$\varepsilon' = \varepsilon'_1 + \varepsilon'_2$　　　　　　　（b）

而　　　　$\varepsilon'_1 = \mathrm{d}(\sigma/k)/\mathrm{d}t = (\mathrm{d}\sigma/\mathrm{d}t)/k = \sigma'/k , \varepsilon'_2 = \sigma/\eta$　　　　　（c）

将式（c）代入式（b），则有

$$\varepsilon' = \varepsilon'_1 + \varepsilon'_2 = \sigma'/k + \sigma/\eta \tag{2.45}$$

式（2.45）为马克斯威尔体的本构方程。

B　蠕变方程

在恒定荷载 $\sigma = \sigma_0$ 条件下，$\varepsilon'_1 = \sigma'/k = 0$，本构方程简化为：$\varepsilon' = \sigma_0/\eta$

解此微分方程，得

$$\varepsilon = \sigma_0 t/\eta + c$$

式中，c 为积分常数。当 $t = 0$ 时，在瞬时恒定应力 σ_0 的作用下，因为牛顿体无瞬时变形，而胡克体有瞬时变形，因此 $\varepsilon = \varepsilon_1 + \varepsilon_2 = \varepsilon_1 = \sigma_0/k$。由此可知，$c = \sigma_0/k$，代入上式，可得马克斯威尔体的蠕变方程为

$$\varepsilon = \sigma_0 t/\eta + \sigma_0/k \tag{2.46}$$

由式（2.46）可知，模型有瞬时应变，并随着时间增长应变逐渐增大，这种模型反映的是等速蠕变，见图 2.52（a）。对简单曲线，可以根据瞬时应变 ε_0、应力 σ_0 及蠕变曲线上任一点应变求 k 和 η：

$$k = \sigma_0/\varepsilon_0 , \quad \eta = \sigma_0 t/(\varepsilon - \varepsilon_0)$$

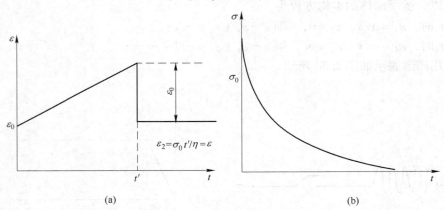

图 2.52　马克斯威尔体的蠕变曲线和松弛曲线

C　松弛方程

保持 ε 不变，则有 $\varepsilon' = 0$，本构方程（2.45）变为

$$\sigma'/k + \sigma/\eta = 0$$

解此方程得　　　　　　　　$-kt/\eta = \ln\sigma + c$

式中，c 为积分常数，利用初始条件求 c。当 $t = 0$ 时，$\sigma = \sigma_0$（σ_0 为瞬时应力），得 $c = -\ln\sigma_0$，因此有

$$-kt/\eta = \ln(\sigma/\sigma_0)$$

即
$$\sigma = \sigma_0 e^{-kt/\eta} \tag{2.47}$$

由式（2.47）可见，当 t 增加时，σ 将逐渐减少，也就是当应变恒定时，应力随时间的增长而逐渐减少，这种力学现象称为松弛，见图 2.52（b）。

D 卸载曲线

在 t_1 时刻卸载，弹簧应变瞬间恢复，黏性元件的变形 $\varepsilon = \sigma_0 t_1 / \eta$ 将永久保留。因此，无弹性后效，见图 2.52（a）。

从模型的物理概念来理解松弛现象，当 $t = 0$ 时，黏性元件来不及变形，只有弹性元件产生变形。但是，随着时间的增长，黏性元件在弹簧的作用下逐渐变形，随着阻尼器的伸长，弹簧逐渐收缩，即弹簧中的应力逐渐减小，这就是松弛。根据上述分析，马克斯威尔体具有瞬时变形、等速蠕变和松弛的性质，无弹性后效，是流变模型。

2.4.3.3 开尔文体（Kelvin）

开尔文体是一种黏弹性体，它由胡克体与牛顿体，即一个弹簧与一个阻尼器并联而成，力学模型见图 2.53；符号表示为：$K = H \mid N$。

A 本构方程

由于二元件并联，故 $\sigma = \sigma_1 + \sigma_2$，$\varepsilon = \varepsilon_1 = \varepsilon_2$

而 $\sigma_1 = k\varepsilon_1$，$\sigma_2 = \eta\varepsilon_2' = \eta\varepsilon'$

由上式可得开尔文体的本构方程为

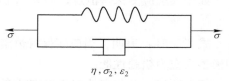

$$\sigma = k\varepsilon + \eta\varepsilon' \tag{2.48}$$

图 2.53 开尔文体力学模型

B 蠕变方程

如果在 $t = 0$ 时，施加一个不变的应力 σ_0，本构方程变为

$$\sigma_0 = k\varepsilon + \eta\varepsilon'$$

则 $\varepsilon' + k\varepsilon/\eta = \sigma_0/\eta$

解此微分方程，得

$$\varepsilon = \sigma_0/k + A e^{-kt/\eta}$$

式中，A 为积分常数，可由初始条件求出。

当 $t = 0$ 时，$\varepsilon = 0$，因为施加瞬时应力 σ_0 后，由于阻尼器的惰性，阻止弹簧产生瞬时变形，整个模型在 $t = 0$ 时不产生变形，应变为零。由此可求得

$$A = -\sigma_0/k$$

将 A 代入上式得

$$\varepsilon = \sigma_0/k - \sigma_0 e^{-kt/\eta}/k = (1 - e^{-kt/\eta})\sigma_0/k$$

即，蠕变方程为

$$\varepsilon = (1 - e^{-kt/\eta})\sigma_0/k \tag{2.49}$$

用式（2.49）作图，得指数曲线形式的蠕变曲线，从公式和曲线可知，当 $t \to \infty$，$\varepsilon = \sigma_0/k$，趋向于常数，相当于只有弹簧的应变，见图 2.54，所以这种模型的蠕变属于稳定蠕变。

C 卸载方程

在 $t = t_1$ 时卸载，$\sigma = 0$ 代入本构方程，有

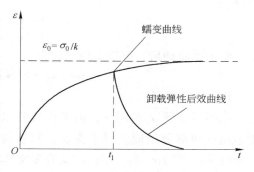

图 2.54 开尔文体蠕变曲线和弹性后效曲线

$$k\varepsilon + \eta\varepsilon' = 0$$

其通解为 $\ln\varepsilon = -kt/\eta + c$，其中 c 为积分常数，即

$$\varepsilon = A_1 e^{-kt/\eta}, \quad A_1 = e^c$$

这里，初始条件 $t = t_1$，$\varepsilon = \varepsilon_1$，即

$$A_1 = \varepsilon_1 e^{kt_1/\eta}$$

因此，可以得到卸载方程为

$$\varepsilon = \varepsilon_1 e^{k(t_1-t)/\eta} \tag{2.50}$$

由式（2.50）可知，当 $t = t_1$ 时，应力虽已减为零，此瞬时应变 $\varepsilon = \varepsilon_1$。但随时间 t 的增长，应变逐渐减小。当 $t \to \infty$ 时，应变 $\varepsilon = 0$，这表明阻尼器在弹簧收缩时，也随之逐渐恢复变形。当 $t \to \infty$ 时，弹性元件与黏性元件完全恢复变形。这种现象就是前面讲的弹性后效，见图 2.54。

D　松弛方程

如令模型应变保持恒定，即 $\varepsilon = \varepsilon_1 = \varepsilon_2 = $ 常数，此时本构方程为

$$\sigma = k\varepsilon \tag{2.51}$$

式（2.51）表明，当应变保持恒定时，应力 σ 也保持恒定，并不随时间增长而减小，即模型无应力松弛性能。

综上所述，开尔文体属于稳定蠕变模型，有弹性后效，没有松弛。

2.4.3.4　广义开尔文体

广义开尔文体由一个开尔文元件和一个弹簧串联组成，其力学模型如图 2.55 所示；符号表示为：GK = H—K = H—(H∣N)。

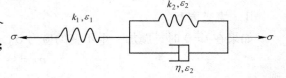

图 2.55　广义开尔文体力学模型

A　本构方程

由于串联，有

$$\sigma = \sigma_1 = \sigma_2, \quad \varepsilon = \varepsilon_1 + \varepsilon_2, \quad \varepsilon' = \varepsilon'_1 + \varepsilon'_2$$

对于弹簧，有

$$\sigma = k_1\varepsilon_1, \quad \sigma' = k_1\varepsilon'_1$$

对于开尔文体，有

$$\sigma = k_2\varepsilon_2 + \eta\varepsilon'_2$$

所以

$$\begin{aligned}
\sigma &= k_2(\varepsilon - \varepsilon_1) + \eta(\varepsilon' - \varepsilon'_1) \\
&= k_2(\varepsilon - \sigma/k_1) + \eta(\varepsilon' - \sigma'/k_1)
\end{aligned}$$

将上式整理后，可得本构方程为

$$\eta\sigma'/k_1 + (1 + k_2/k_1)\sigma = \eta\varepsilon' + k_2\varepsilon \tag{2.52}$$

B　蠕变方程

在恒定荷载 σ_0 作用下，由于广义开尔文体由弹簧和开尔文体两部分组成，其蠕变变形也由这两部分组成。对于弹簧，只有瞬时变形 σ_0/k_1，对于开尔文体，其蠕变方程为 $\varepsilon_2 = (1 - e^{-k_2 t/\eta})\sigma_0/k_2$，所以广义开尔文体在恒定应力 σ_0 作用下所产生的应变总值为

$$\varepsilon = \sigma_0/k_1 + (1 - e^{-k_2 t/\eta})\sigma_0/k_2 \tag{2.53}$$

式（2.53）即为广义开尔文体的蠕变方程，其蠕变曲线如图 2.56 所示。

C 弹性后效（卸载效应）

如在 t_1 时刻卸载，胡克体产生的弹性变形立即恢复，开尔文的变形则要经过很长时间才能恢复到零，恢复曲线如图 2.56 所示，与开尔文体完全类似，也有弹性后效。

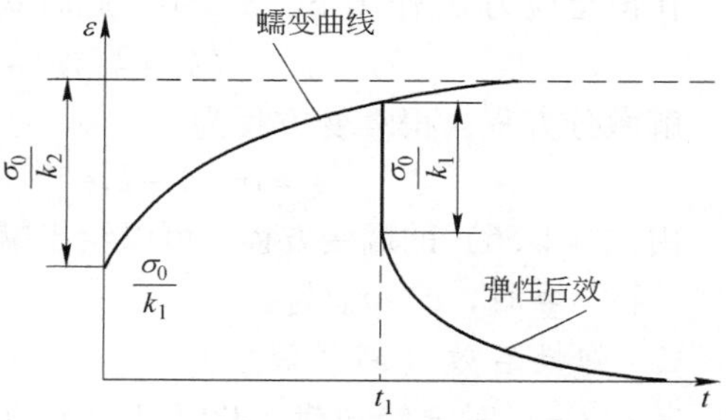

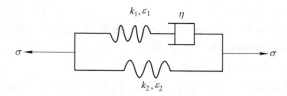

图 2.56 广义开尔文体蠕变曲线

D 松弛方程

当 ε 保持恒定，即 $\varepsilon = \varepsilon_1 + \varepsilon_2 = C$（常数），$\varepsilon' = 0$，由式（2.52），有

$$\eta\sigma'/k_1 + (1 + k_2/k_1)\sigma = k_2\varepsilon$$

将 $\varepsilon = \varepsilon_2 + \varepsilon_1 = C$ 代入，并整理，得

$$\sigma' + (k_1 + k_2)\sigma/\eta = k_1 k_2 C/\eta$$

解微分方程，得到

$$\sigma = k_1 k_2 C/(k_1 + k_2) + A e^{-(k_1 + k_2)t/\eta}$$

当 $t = 0$ 时在瞬时应力 σ_0 的作用下，积分常数 $A = \sigma_0 - k_1 k_2 C/(k_1 + k_2)$，因此松弛方程为

$$\sigma = k_1 k_2 C/(k_1 + k_2) + [\sigma_0 - k_1 k_2 C/(k_1 + k_2)] e^{-(k_1 + k_2)t/\eta} \tag{2.54}$$

分析式（2.54）：$t = 0$ 时，$\sigma_{t=0} = \sigma_0$；当 $t \to \infty$，$\sigma = \sigma_{t\to\infty} = k_1 k_2 C/(k_1 + k_2)$。根据两根弹簧串联，有 $\sigma_0 = k_1 k_2 C/(k_1 + k_2)$。代入并比较 $t = 0$ 和 $t \to \infty$ 时刻的应力大小，有

$$\sigma_{t=0} - \sigma_{t\to\infty} = \sigma_0 - k_1 k_2 C/(k_1 + k_2) = 0$$

显然，在应变恒为常数 C 时，随着时间的延长，应力逐渐减小。因此，广义开尔文体有松弛效应，但要经过很长时间才恢复到 0。

2.4.3.5 鲍埃丁–汤姆逊体（Poyting-Thomson）

鲍埃丁–汤姆逊由一个马克斯威尔体和一个弹簧并联组成，其力学模型如图 2.57 所示；符号等式为 PTh = H｜M = H｜(H—N)。

A 本构方程

由于鲍埃丁–汤姆逊体由马克斯威尔体和弹簧（胡克体）并联而成，所以

$$\sigma = \sigma_M + \sigma_2, \quad \varepsilon = \varepsilon_M = \varepsilon_2$$

则

$$\sigma' = \sigma'_M + \sigma'_2, \quad \varepsilon' = \varepsilon'_M = \varepsilon'_2$$

由马克斯威尔体，可得

$$\varepsilon'_M = \sigma'_M/k_1 + \sigma_M/\eta = \varepsilon'$$

图 2.57 鲍埃丁–汤姆逊体力学模型

所以

$$\sigma_M = \eta\varepsilon' - \eta\sigma'_M/k_1$$

由胡克体，可得

$$\sigma_2 = k_2\varepsilon, \quad \sigma'_2 = k_2\varepsilon'$$

两部分并联并整理，得鲍埃丁–汤姆逊体本构方程为

$$\sigma' + k_1\sigma/\eta = (k_1 + k_2)\varepsilon' + k_1 k_2 \varepsilon/\eta \tag{2.55}$$

鲍埃丁–汤姆逊体的本构方程的形式与广义开尔文体类似。

B 蠕变方程

在恒定应力 σ_0 作用下，$\sigma' = 0$，此时式（2.55）变为

$$(k_1 + k_2)\varepsilon' + k_1 k_2 \varepsilon/\eta = k_1 \sigma_0/\eta$$

解微分方程，得蠕变方程为

$$\varepsilon = \sigma_0 \left[1 - k_1 \mathrm{e}^{-k_1 k_2 t/[(k_1 + k_2)\eta]}/(k_1 + k_2) \right]/k_2 \qquad (2.56)$$

由式（2.56）的蠕变方程，可以绘出蠕变曲线，见图2.58。当 $t = 0$ 时，$\varepsilon_0 = \sigma_0/(k_1 + k_2)$。当 $t \to \infty$ 时，$\varepsilon \to \sigma_0/k_2$。

C 弹性后效（卸载效应）

若在 $t = t_1$ 时突然卸载，此时已产生的蠕变应变为

$$\varepsilon_1 = \sigma_0 \left[1 - k_1 \mathrm{e}^{-k_1 k_2 t_1/[(k_1 + k_2)\eta]}/(k_1 + k_2) \right]/k_2$$

若将此 $t = t_1$ 时刻重新定义为零时刻（$t' = 0$），并有 $\sigma = \sigma' = 0$，由式（2.55）有

$$(k_1 + k_2)\varepsilon' + k_1 k_2 \varepsilon/\eta = 0$$

解此微分方程，可得

$$\varepsilon = \varepsilon_1 \mathrm{e}^{-k_1 k_2 t'/(k_1 + k_2)} \qquad (2.57)$$

当 $t' = 0$ 时，$\varepsilon = \varepsilon_1$。当 $t \to \infty$ 时，$\varepsilon \to 0$。因此，式（2.57）描述的就是一种弹性后效。所以，鲍埃丁-汤姆逊体属于稳定蠕变模型，有弹性后效，见图2.58。

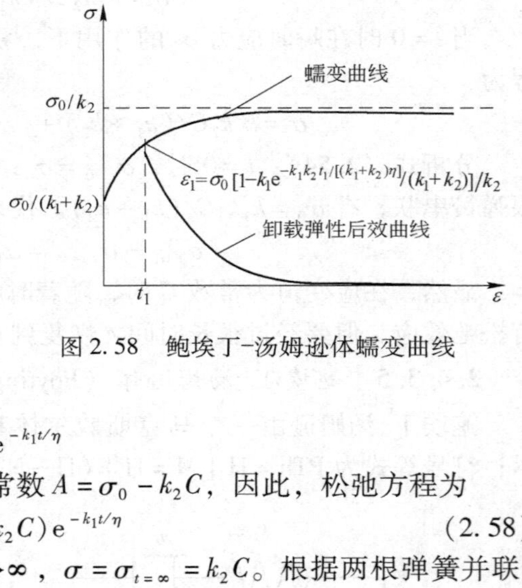

D 松弛方程

当 $\varepsilon = C$（常数）时，由初始条件有 $\varepsilon = \varepsilon_M = \varepsilon_2 = C$，$\varepsilon' = \varepsilon'_M = \varepsilon'_2 = 0$。因此，本构方程可变为

$$\sigma' + k_1 \sigma/\eta = k_1 k_2 C/\eta$$

解微分方程，得

$$\sigma = k_2 C + A\mathrm{e}^{-k_1 t/\eta}$$

当 $t = 0$ 时，在瞬时应力 σ_0 的作用下，积分常数 $A = \sigma_0 - k_2 C$，因此，松弛方程为

$$\sigma = k_2 C + (\sigma_0 - k_2 C)\mathrm{e}^{-k_1 t/\eta} \qquad (2.58)$$

分析式（2.58）：$t = 0$ 时，$\sigma_{t=0} = \sigma_0$；当 $t \to \infty$，$\sigma = \sigma_{t \to \infty} = k_2 C$。根据两根弹簧并联，有 $\sigma_0 = (k_1 + k_2)C$。代入并比较 $t = 0$ 和 $t \to \infty$ 时刻的应力大小，有

$$\sigma_{t=0} - \sigma_{t \to \infty} = \sigma_0 - k_2 C = k_1 C > 0$$

显然，在应变恒为常数 C 时，随着时间的延长，应力逐渐减小。因此，鲍埃丁-汤姆逊体有松弛效应，但是，应力不会松弛而减弱到 0，而是最终趋近 $k_2 C$。

2.4.3.6 理想黏塑性体

理想黏塑性体是由一副摩擦片和一个阻尼器并联而成，其力学模型如图2.59所示。符号等式为 $\mathrm{NC} = \mathrm{C} \mid \mathrm{N}$。

A 本构方程

根据并联性质，有

$$\sigma = \sigma_1 + \sigma_2, \quad \varepsilon = \varepsilon_1 = \varepsilon_2$$

又知各元件的本构关系为

图2.58 鲍埃丁-汤姆逊体蠕变曲线

$$
\begin{cases}
\sigma_2 = \eta \varepsilon' \\
\sigma_1 < \sigma_s, \ \varepsilon = 0 \\
\sigma_1 = \sigma_s, \ \varepsilon \to \infty
\end{cases}
$$

由此可知，当 $\sigma < \sigma_s$，$\varepsilon = 0$，这时模型为刚体。

当 $\sigma \geqslant \sigma_s$，$\sigma = \sigma_s + \eta \varepsilon'$，即 $\varepsilon' = (\sigma - \sigma_s)/\eta$。因此，理想黏塑性体的本构方程为

$$
\begin{array}{ll}
\text{当 } \sigma < \sigma_s & \varepsilon = 0 \\
\text{当 } \sigma \geqslant \sigma_s & \varepsilon' = (\sigma - \sigma_s)/\eta
\end{array} \Bigg\} \tag{2.59}
$$

以 σ、ε 为坐标轴作图得应力-应变速率曲线为斜直线，如图 2.60 所示。

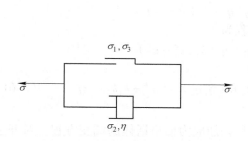

图 2.59　理想黏塑性体力学模型

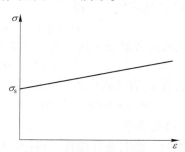

图 2.60　理想黏塑性体应力-应变速率关系

B　蠕变方程

只研究 $\sigma \geqslant \sigma_s$ 的情况，将 $\sigma = \sigma_0 \geqslant \sigma_s$ 代入式（2.59），有

$$
\varepsilon' = (\sigma_0 - \sigma_s)/\eta
$$

积分，得到

$$
\varepsilon = (\sigma_0 - \sigma_s)t/\eta + A
$$

由初始条件决定 A，当 $t = 0$ 时，$\varepsilon = 0$，代入上式，$A = 0$。因此，蠕变方程为

$$
\varepsilon = (\sigma_0 - \sigma_s)t/\eta \tag{2.60}
$$

可见，蠕变曲线为过坐标原点的斜直线，斜率为 $(\sigma_0 - \sigma_s)/\eta$，这是一种等速蠕变。

C　卸载方程

在 $t = t_1$ 卸载，根据模型各元件的特性，卸载后模型停留在当时位置上，即已发生应变值为 $\varepsilon = (\sigma_1 - \sigma_s)t_1/\eta$，全部变形将永久保留，不能恢复。这种模型没有弹性和弹性后效，属不稳定蠕变。

2.4.3.7　伯格斯体（Burgers）

伯格斯体是一种弹黏性体，它由马克斯威尔体与开尔文体串联而成，力学模型见图 2.61；符号等式为 B = M—K = (H | N)—H—N。

A　本构方程

建立伯格斯体本构方程的方法是将开尔文体的应力 σ_1、应变 ε_1 与马克斯威尔体的应力 σ_2、应变 ε_2 分别作为一个元件的应力、应变，然后按串联的原则，即可求出整个模型的本构方程。

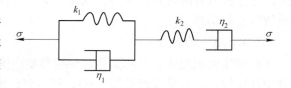

图 2.61　伯格斯体力学模型

对于开尔文体，有

$$\sigma = k_1\varepsilon_1 + \eta_1\varepsilon_1'$$

对于马克斯威尔体，有

$$\varepsilon_2' = \sigma_2'/k_2 + \sigma_2/\eta_2$$

因串联，故

$$\sigma = \sigma_1 = \sigma_2 , \quad \varepsilon = \varepsilon_1 + \varepsilon_2 , \quad \varepsilon' = \varepsilon_1' + \varepsilon_2'$$

故，可得

$$\sigma = \eta_1(\varepsilon' - \varepsilon_2') + k_1(\varepsilon - \varepsilon_2)$$

将 ε_2' 表达式代入，得

$$\sigma = \eta_1\varepsilon' - (\sigma'/k_2 + \sigma/\eta_2)\eta_1 + k_1(\varepsilon - \varepsilon_2)$$

等式两边各微分一次，得伯格斯体的本构方程为

$$\sigma' = \eta_1\varepsilon'' - [\sigma''/k_2 + \sigma'/\eta_2]\eta_1 + k_1(\varepsilon' - \varepsilon_2')$$

再次将 ε_2' 表达式代入，化简得

$$\sigma'' + (k_2/\eta_1 + k_2/\eta_2 + k_1/\eta_1)\sigma' + k_1k_2\sigma/(\eta_1\eta_2) = k_2\varepsilon'' + k_1k_2\varepsilon'/\eta_1 \qquad (2.61)$$

B 蠕变方程

利用同一瞬时叠加原理，可把两体的蠕变方程叠加成为伯格斯体的蠕变方程。对开尔文体有 $\varepsilon_1 = (1 - \mathrm{e}^{-k_1t/\eta_1})\sigma_0/k_1$，对马克斯威尔体有 $\varepsilon_2 = \sigma_0t/\eta_2 + \sigma_0/k_2$。

因为

$$\varepsilon = \varepsilon_1 + \varepsilon_2$$

所以，有

$$\varepsilon = \sigma_0/k_2 + \sigma_0t/\eta_2 + (1 - \mathrm{e}^{-k_1t/\eta_1})\sigma_0/k_1 \qquad (2.62)$$

由分析得出 $t = 0$ 时，$\varepsilon = \sigma_0/k_2$。

可见，此模型有瞬时弹性变形。$t = 0$ 时，只有弹簧元件 k_2 有变形，其他元件无变形，随着时间的增长，应变逐渐加大，黏性元件按等速流动，见图 2.62。

C 卸载方程

如在某一时刻 t_1 突然卸载，其卸载曲线如图 2.62 所示。由图 2.62 可知，卸载时有一瞬时回弹，回弹变形为 σ_0/k_2，即弹簧 2 在 $t = 0$ 时的瞬时应变量；随时间增长，变形继续恢复，直到弹

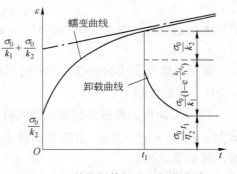

图 2.62 伯格斯体蠕变和卸载曲线

簧 1 的变形全部恢复为止，其变形值为 $(1 - \mathrm{e}^{-k_1t_1/\eta_1})\sigma_0/k_1$，若 t_1 足够大，则可将该段恢复的变形视为 σ_0/k_1，这一段就是弹性后效，最后仍保留一残余变形，变形值为 σ_0t_1/η_2，所以这种模型有瞬时弹性变形、减速蠕变、等速蠕变及松弛的性质，这种模型对软岩（如泥质岩）较适用。

2.4.3.8 西原体

西原体由胡克体、开尔文体和理想黏塑性体串联而成，能最全面反映岩石的弹-黏弹-黏塑性特性，其力学模型见图 2.63；符号表达式为 XY = H—K—NC。

这种模型，当 $\sigma < \sigma_s$ 时，摩擦片为刚体，因此模型与广义开尔文体完全相同，其流变

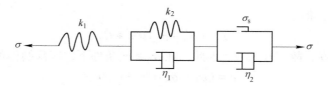

图 2.63 西原体力学模型

特性具有蠕变和松弛性能。在 $\sigma \geqslant \sigma_s$ 条件下，其性能类似伯格斯（Burger）模型，所不同的仅是模型中的应力应扣去克服摩擦片阻力 σ_s 的部分。因此，不必详细推导，可直接在伯格斯体的流变方程（2.61）中用 $\sigma - \sigma_s$ 取代 σ，而得到西原体的流变方程。

A 本构方程

当 $\sigma < \sigma_s$ 　　$\eta_1 \sigma'/k_1 + (1 + k_2/k_1)\sigma = \eta_1 \varepsilon' + k_2 \varepsilon$

当 $\sigma \geqslant \sigma_s$ 　　$\sigma'' + (k_2/\eta_1 + k_2/\eta_2 + k_1/\eta_1)\sigma' + k_1 k_2 (\sigma - \sigma_s)/(\eta_1 \eta_2)$

$$= k_2 \varepsilon'' + k_1 k_2 \varepsilon'/\eta_1 \tag{2.63}$$

B 蠕变方程

当 $\sigma < \sigma_s$ 　　$\varepsilon = \sigma_0/k_1 + \sigma_0 (1 - \mathrm{e}^{-k_2 t/\eta_1})/k_2$

当 $\sigma \geqslant \sigma_s$ 　　$\varepsilon = \sigma_0/k_1 + \sigma_0 (1 - \mathrm{e}^{-k_2 t/\eta})/k_2 + (\sigma_0 - \sigma_s)t/\eta_2 \tag{2.64}$

西原体模型反映：当应力水平较低时，开始变形较快，一段时间后逐渐趋于稳定成为稳定蠕变；当应力水平等于或超过岩石某一临界应力值（如 σ_s）后，逐渐转化为不稳定蠕变。它能反映许多岩石蠕变的这两种状态，故此模型在岩石流变学中应用广泛，它特别适用于反映软岩的流变特征。

2.4.3.9 宾汉姆体（Bingham）

宾汉姆体由一个胡克体和一个理想黏塑性体串联而成，其力学模型见图 2.64；符号表达式为 Bh = H | NC。

A 本构方程

对于胡克体，有

$$\varepsilon_1 = \sigma/k, \quad \varepsilon_1' = \sigma'/k$$

对于理想黏塑性体，有

当 $\sigma < \sigma_s$ 　　$\varepsilon_2 = 0, \varepsilon_2' = 0$

当 $\sigma \geqslant \sigma_s$ 　　$\varepsilon_2' = (\sigma - \sigma_s)/\eta$

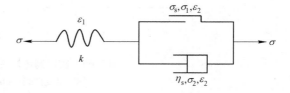

图 2.64 宾汉姆体力学模型

因此宾汉姆体的本构方程为

当 $\sigma < \sigma_s$ 　　　　$\varepsilon = \sigma/k, \varepsilon' = \sigma'/k$

当 $\sigma \geqslant \sigma_s$ 　　　　$\varepsilon' = \sigma'/k + (\sigma - \sigma_s)/\eta \tag{2.65}$

B 蠕变方程

在恒定应力 σ_0 作用下，$\sigma' = 0$。若 $\sigma_0 < \sigma_s$，则理想黏塑性体没有变形，只有弹簧有变形，但没有蠕变。

当 $\sigma_0 \geqslant \sigma_s$ 时，才有蠕变发生，此时，式（2.65）的第二式变为

$$\varepsilon' = (\sigma_0 - \sigma_s)/\eta$$

解此微分方程，得

$$\varepsilon = (\sigma_0 - \sigma_s)t/\eta + C$$

当 $t = 0$ 时，$\varepsilon = \sigma_0/k$，故 $C = \sigma_0/k$。因此，在 $\sigma_0 \geqslant \sigma_s$ 条件下，宾汉姆体的蠕变方程为

$$\varepsilon = (\sigma_0 - \sigma_s)t/\eta + \sigma_0/k \tag{2.66}$$

由式（2.66）表示的蠕变曲线，见图2.65（a）。

C　松弛方程

若保持应变值 ε_0 恒定，则有 $\varepsilon' = 0$。若此时的应力值 $\sigma < \sigma_s$，则理想黏塑性体仍为刚体，没有变形，此时的宾汉姆体相当于一个弹簧，没有松弛。

在 $\sigma \geqslant \sigma_s$ 的条件下，式（2.65）变为

$$\sigma'/k + (\sigma - \sigma_s)/\eta = 0$$

解此微分方程，可得

$$\sigma = \sigma_s + C_1 \mathrm{e}^{-kt/\eta}$$

当 $t = 0$ 时，瞬时应力 $\sigma = \sigma_0$，所以 $C_1 = \sigma_0 - \sigma_s$。

因此，在 $\sigma \geqslant \sigma_s$ 的条件下，宾汉姆体的松弛方程为

$$\sigma = \sigma_s + (\sigma_0 - \sigma_s)\mathrm{e}^{-kt/\eta} \tag{2.67}$$

当 $t = 0$ 时，$\sigma = \sigma_0$；当 $t \to \infty$ 时，$\sigma = \sigma_s$。

由此可见，宾汉姆体保持应变恒定条件下发生的应力松弛，不像马克斯韦尔体那样，应力降至零，而是降至 σ_s，见图2.65（b）。

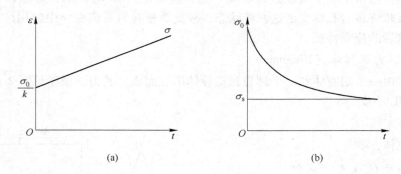

图2.65　宾汉姆体蠕变曲线和松弛曲线

（a）蠕变曲线；（b）松弛曲线

综上所述，各复合体力学模型的性能见表2.13。模型识别，即根据流变试验曲线确定用何种组合流变模型来模拟这种岩石的流变特征。模型识别的一般原则为：

（1）蠕变曲线有瞬时弹性应变段——模型中应有弹性元件；

（2）蠕变曲线在瞬时弹性变形之后应变随时间发展——模型中应有黏性元件；

（3）如果随时间发展的应变能够恢复——模型中应有弹性元件与黏性元件并联组合；

（4）如果岩石具有应力松弛特征——模型中应有弹性元件与黏性元件串联组合；

（5）如果松弛是不完全松弛——模型中应有塑性元件。

表 2.13 复合体流变模型特性

名　称	符号表达	瞬　变	蠕　变	松　弛	弹性后效	黏性流动
St.	H—C	+	-	-	-	-
Maxwell	H—N	+	+	+	-	+
Kelvin	H | N	-	+	-	+	-
GK.	H—K	+	+	+	+	+
PTh	H | M	+	+	+	+	+
NC	C | N	-	+	-	-	-
Burgers	M—K	+	+	+	+	+
XY	H—K—NC	+	+	+	+	+
Bingham	H | NC	+	+	-	-	-

注："+"表示有此特性，"-"表示无此特性。

　　学习流变模型这个难点问题，只是为今后进一步学习打下基础，只要求学会选择流变模型的基本知识。分析流变模型，应该从力学模型建立开始，依次建立本构方程、蠕变方程（应力不变）、卸载方程、松弛方程（应变不变），分别分析是否具有瞬变、蠕变、弹性后效、松弛和黏性流动特性。要求理解流变、蠕变、松弛、弹性后效等概念和基本元件的特性，了解简单流变模型的性能及组成。

2.4.4　岩石的长期强度

　　长期强度是指一种岩石发生稳定蠕变和非稳定蠕变的临界应力；或者说是指岩石蠕变作用时间 $t \to \infty$ 的强度，常用 σ_∞ 表示，长期强度的确定方法有两种。

　　第一种方法：长期强度曲线，即流变破坏应力随时间降低的曲线，可以通过各种应力水平长期恒载试验得出。设在荷载 $\tau_1 > \tau_2 > \tau_3 > \tau_4 > \cdots$ 的基础上，绘制非衰减蠕变的曲线簇，并确定每条曲线加速蠕变达到破坏前的应力 τ，及荷载作用所经历的时间，如图 2.66（a）所示，以纵坐标表示应力 τ_1、τ_2、τ_3、$\cdots$，横坐标表示对应破坏应力破坏前经历的时间 t_1、t_2、t_3、$\cdots$，作破坏应力和破坏前经历时间的关系曲线，称为长期强度曲线 $\tau(t)$，如图 2.66（b）所示。所得曲线的水平渐近线在纵轴上的截距，即为所求长期强度极限 σ_∞。

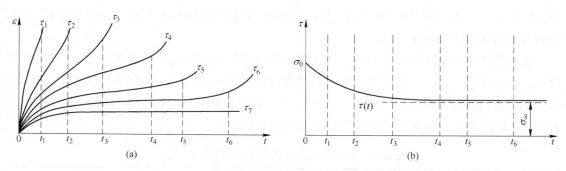

图 2.66　岩石蠕变曲线和长期强度曲线

　　第二种方法：通过不同应力水平恒载蠕变试验，得到一簇蠕变曲线图（τ 为恒量下

$\varepsilon - t$ 曲线），在图上作 $t \neq 0$ 时 t_1、t_2、$\cdots$、t_∞ 与纵轴平行的直线，且与各蠕变曲线相交，各交点包含 τ、ε、t 三个参数，如图 2.67（a）所示。应用这三个参数，作等时的 $\tau - \varepsilon$ 曲线簇，得到相应的等时 $\tau - \varepsilon$ 曲线。对应于 t_∞ 的等时 $\tau - \varepsilon$ 曲线的水平渐近线在纵轴上的截距，即为所求的长期强度极限 σ_∞ 或 t_∞，见图 2.67（b）。

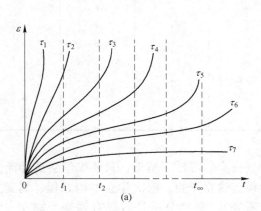 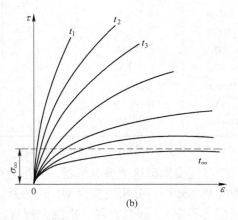

图 2.67　应用蠕变曲线确定长期强度

长期强度曲线如图 2.68 所示，可以用指数型经验方程表示为

$$\sigma_t = A + Be^{-\alpha t} \qquad (2.68)$$

由 $t = 0$ 时，$\sigma_t = \sigma_0$，得到 $\sigma_0 = A + B$；$t \to \infty$ 时，$\sigma_t \to \sigma_\infty$，得到 $\sigma_\infty = A$。故有，$B = \sigma_0 - \sigma_\infty$。则方程（2.68）可写为

$$\sigma_t = \sigma_\infty + (\sigma_0 - \sigma_\infty)e^{-\alpha t} \qquad (2.69)$$

式中，α 为由试验确定的另一经验常数。由方程（2.69）可以确定任意时间 t 时的强度。

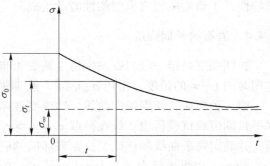

图 2.68　长期恒载破坏试验确定长期强度

岩石长期强度是一种极有意义的时间效应指标。当衡量永久性及使用期长的岩石工程的稳定性时，不应以瞬时强度而应以长期强度作为岩石强度的计算指标，可惜至今国内外在这方面所做的工作还很有限。

在恒定荷载长期作用下，岩石会在比瞬时强度小得多的情况下被破坏。根据目前试验资料，对于大多数岩石，长期强度与瞬时强度的比值为 0.4 ~ 0.8，软的岩石和中等坚固岩石长期强度与瞬时强度的比值为 0.4 ~ 0.6，坚固岩石长期强度与瞬时强度的比值为 0.7 ~ 0.8，表 2.14 中列出某些岩石长期强度与瞬时强度的比值。

表 2.14　某些岩石的长期强度与瞬时强度比值

岩石名称	黏　土	石灰石	岩　盐	砂　岩	白　垩	黏质页岩
σ_∞ / σ_0	0.74	0.73	0.70	0.65	0.62	0.50

2.5 岩石的各向异性

前述的内容都将岩石作为连续、均质和各向同性介质来看待。事实上，许多岩石具有不连续性、不均质性和各向异性。岩石的全部或部分物理、力学性质随方向不同而表现出差异的现象称为岩石的各向异性。由于岩石的各向异性，在不同方向加载时，岩石可表现出不同的变形特性，其应力-应变曲线、弹性模量和泊松比也不相同。这里介绍岩石的各向异性对变形特征的影响。

假定岩石是线弹性的。在具有线弹性变形性质的物体中，其中任意点沿任何两个不同的方向的弹性性质互不相同，具有这种性质的物体，称为极端各向异性体。在这种介质中，六个应力分量中的每个应力都是六个应变分量的函数，反之亦然。由弹性力学可知，岩石在三向应力状态下，其应力-应变关系如式（2.70）所示。

$$\left. \begin{aligned}
\sigma_x &= c_{11}\varepsilon_x + c_{12}\varepsilon_y + c_{13}\varepsilon_z + c_{14}\gamma_{xy} + c_{15}\gamma_{yz} + c_{16}\gamma_{zx} \\
\sigma_y &= c_{21}\varepsilon_x + c_{22}\varepsilon_y + c_{23}\varepsilon_z + c_{24}\gamma_{xy} + c_{25}\gamma_{yz} + c_{26}\gamma_{zx} \\
\sigma_z &= c_{31}\varepsilon_x + c_{32}\varepsilon_y + c_{33}\varepsilon_z + c_{34}\gamma_{xy} + c_{35}\gamma_{yz} + c_{36}\gamma_{zx} \\
\tau_{xy} &= c_{41}\varepsilon_x + c_{42}\varepsilon_y + c_{43}\varepsilon_z + c_{44}\gamma_{xy} + c_{45}\gamma_{yz} + c_{46}\gamma_{zx} \\
\tau_{yz} &= c_{51}\varepsilon_x + c_{52}\varepsilon_y + c_{53}\varepsilon_z + c_{54}\gamma_{xy} + c_{55}\gamma_{yz} + c_{56}\gamma_{zx} \\
\tau_{zx} &= c_{61}\varepsilon_x + c_{62}\varepsilon_y + c_{63}\varepsilon_z + c_{64}\gamma_{xy} + c_{65}\gamma_{yz} + c_{66}\gamma_{zx}
\end{aligned} \right\} \tag{2.70}$$

如用矩阵式可写成

$$\{\boldsymbol{\sigma}\} = [\boldsymbol{D}]\{\boldsymbol{\varepsilon}\}$$

$$\{\boldsymbol{\sigma}\} = [\sigma_x,\ \sigma_y,\ \sigma_z,\ \tau_{xy},\ \tau_{yz},\ \tau_{zx}]^{\mathrm{T}} \quad \text{称为应力列阵}$$

$$\{\boldsymbol{\varepsilon}\} = [\varepsilon_x,\ \varepsilon_y,\ \varepsilon_z,\ \gamma_{xy},\ \gamma_{yz},\ \gamma_{zx}]^{\mathrm{T}} \quad \text{称为应变列阵}$$

式中，$[\boldsymbol{D}]$ 为弹性矩阵，它由式（2.70）中的系数组成，是含有 36 个弹性常数的 6×6 阶矩阵。矩阵的各个元素都是参数，它们的数值由材料的弹性性质决定。现分析研究矩阵中 36 个常数在各种岩体（各向异性体，各向同性体等）情况下的大小和相互关系。

$$[\boldsymbol{D}] = \begin{pmatrix}
c_{11} & c_{12} & c_{13} & c_{14} & c_{15} & c_{16} \\
c_{21} & c_{22} & c_{23} & c_{24} & c_{25} & c_{26} \\
c_{31} & & & & & c_{36} \\
\vdots & & & \ddots & & \vdots \\
c_{61} & c_{62} & c_{63} & c_{64} & c_{65} & c_{66}
\end{pmatrix}$$

2.5.1 极端各向异性体的应力-应变关系

在物体内的任一点沿任何两个不同方向的弹性性质都互不相同，这样的物体称为极端各向异性体。在实际工程材料中虽很少见到，但是这 36 个弹性常数之间也有一定的内在联系。

极端各向异性体的特点是：任何一个应力分量都会引起 6 个应变分量，也就是说正应力不仅能引起线应变，也能引起剪应变；剪应力不仅能引起剪应变，也能引起线（正）应变。其本构关系如果用矩阵的形式可写为

$$\{\boldsymbol{\varepsilon}\} = [\boldsymbol{A}]\{\boldsymbol{\sigma}\} \tag{2.71}$$

式中，$[\boldsymbol{A}] = [\boldsymbol{D}]^{\mathrm{T}}$。

式（2.71）是用应力表示应变，式（2.70）是用应变表示应力，为了方便说明问题，把 6 个应力分量编号为

σ_x	σ_y	σ_z	τ_{xy}	τ_{yz}	τ_{zx}
1	2	3	4	5	6

产生的位置也编号为

x 轴	y 轴	z 轴	$x-y$ 面	$y-z$ 面	$z-x$ 面
1	2	3	4	5	6

$[\boldsymbol{A}]$ 矩阵中 a_{ij} 则表示第 j 个应力分量等于一个单位时在 i 方向所引起的应变分量。如 a_{12} 表示 σ_y 等于一个单位时在 x 轴方向上所引起的应变分量；a_{56} 表示剪应力 τ_{zx} 等于一个单位时在 $y-z$ 面内所引起的应变分量。

由弹性力学理论可以证明，36 个弹性常数之间存在以下关系，即 $c_{ij} = c_{ji}$，$a_{ij} = a_{ji}$，即 $[\boldsymbol{A}]$ 矩阵和 $[\boldsymbol{D}]$ 矩阵均为对称矩阵，其中的 36 个弹性常数只有 21 个是独立的。

2.5.2 正交各向异性体的应力-应变关系

假设在弹性体构造中存在着这样一个平面，在任意两个与此面对称的方向上，材料的弹性相同，或者说弹性常数相同，那么，这个平面就是弹性对称面。如图 2.69 中的平面为弹性对称面，在其两边的对应点的弹性相同。垂直于对称面的方向称为弹性主向。

如果在弹性体中存在着三个互相正交的弹性对称面，在各个面两边的对称方向上，弹性相同，但在这三个弹性主向上弹性并不相同，这种物体称为正交各向异性体，见图 2.70。

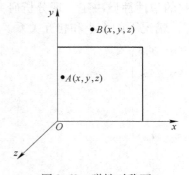

图 2.69 弹性对称面

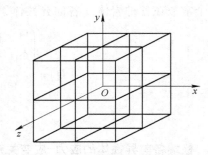

图 2.70 正交各向异性体示意图

现以三个正交的弹性对称面为坐标面，x、y、z 轴分别假设在三个弹性主向上，如图 2.70 所示。由于对称的关系，作用在正交各向异性体上的正应力分量只能引起线应变，不会引起剪应变。于是 $[\boldsymbol{A}]$ 中 $a_{14} = a_{15} = a_{16} = 0$，$a_{24} = a_{25} = a_{26} = 0$，$a_{34} = a_{35} = a_{36} = 0$。同样，作用在正交各向异性体上的剪应力，不会引起线应变的变化，即相应于 ε_x、ε_y、ε_x 的弹性常数为零，并且剪应力只能引起与其相应的剪应变分量的改变，不会影响其他方向上

的剪应变，即 τ_{xy} 只能引起 γ_{yz} 的变化，不会引起 γ_{zy} 及 γ_{zx} 的变化，而 τ_{yz} 也只能引起 γ_{yz} 的变化，τ_{zx} 只能引起 γ_{zx} 的变化。因此，在 $[A]$ 中 $a_{41}=a_{42}=a_{43}=a_{45}=a_{46}=0$，$a_{51}=a_{52}=a_{53}=a_{54}=a_{56}=0$，$a_{61}=a_{62}=a_{63}=a_{64}=a_{65}=0$。于是，正交各向异性体的应力-应变关系为

$$
\left\{\begin{array}{c}\varepsilon_x\\ \varepsilon_y\\ \varepsilon_z\\ \gamma_{xy}\\ \gamma_{yz}\\ \gamma_{zx}\end{array}\right\}=\left(\begin{array}{cccccc}a_{11}&a_{12}&a_{13}&0&0&0\\ a_{21}&a_{22}&a_{23}&0&0&0\\ a_{31}&a_{32}&a_{33}&0&0&0\\ 0&0&0&a_{44}&0&0\\ 0&0&0&0&a_{55}&0\\ 0&0&0&0&0&a_{66}\end{array}\right)\left\{\begin{array}{c}\sigma_x\\ \sigma_y\\ \sigma_z\\ \tau_{xy}\\ \tau_{yz}\\ \tau_{zx}\end{array}\right\}
\tag{2.72}
$$

因此，正交各向异性体只有 9 个独立的弹性常数，即 a_{11}，a_{12}，a_{13}，a_{22}，a_{23}，a_{33}，a_{44}，a_{55}，a_{66}。式（2.72）中，$a_{21}=a_{12}$，$a_{31}=a_{13}$，$a_{23}=a_{32}$。

2.5.3　横观各向同性体的应力-应变关系

横观各向同性体是各向异性体的特殊情况。在岩石某一平面内的各方向弹性性质相同，这个面称为各向同性面，而垂直此面方向的力学性质是不同的，具有这种性质的物体称为横观各向同性体。如图 2.71 所示，x-z 平面为各向同性面。横观各向同性体的特点是在平行于各向同性面的平面内（即横向）都具有相同的弹性。成层的岩石就属于这一类。

根据横观各向同性体的特点，z 方向和 x 方向的弹性性质是相同的。因此，可以得知：

（1）单位 σ_x 所引起的 ε_x 等于单位 σ_z 所引起的 ε_z。而单位 σ_z 在 z 轴所引起的线应变为 a_{33}，单位 σ_x 在 x 轴方向所引起的线应变为 a_{11}，所以 $a_{33}=a_{11}$。

（2）单位 σ_z 所引起的 ε_y 应等于单位 σ_x 所引起的 ε_y，即 $a_{23}=a_{21}$。

（3）单位 τ_{xy} 所引起的 γ_{xy} 应等于单位 τ_{yz} 所引起的 γ_{yz}，即 $a_{44}=a_{55}$。

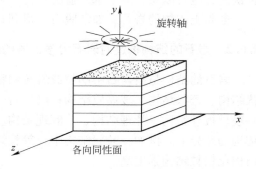

图 2.71　横观各向同性体结构

因此，对于横观各向同性体，在 $[A]$ 矩阵中只剩下 a_{11}、a_{12}、a_{13}、a_{22}、a_{44}、a_{66} 6 个常数项，并且由弹性力学公式有

$a_{11}=1/E_1$（单位 σ_x 在 x 轴上产生的变形，压缩为正）

$a_{12}=-\mu_2/E_2$（单位 σ_y 在 x 轴上产生的变形，伸长为负）

$a_{13}=-\mu_1/E_1$（单位 σ_z 在 x 轴上产生的变形，伸长为负）

$a_{22}=1/E_2$（单位 σ_y 在 y 轴上产生的变形，压缩为正）

$a_{44}=1/G_2$（单位 τ_{xy} 在 x-y 面上产生的剪应变）

$a_{66}=1/G_1$（单位 τ_{zx} 在 z-x 面上产生的剪应变）

式中，E_1、μ_1 分别为各向同性面（横向）内岩石的弹性模量和泊松比，E_2、μ_2 分别为垂直

于各向同性面（纵向）方向的弹性模量和泊松比。

因为在横观各向同性体横向内 $G_1 = E_1/[2(1+\mu_1)]$，所以横观各向同性体只有 5 个独立的常数，即 E_1、E_2、μ_1、μ_2 和 G_2。

2.5.4　各向同性体

若物体内的任一点沿任何方向的弹性都相同，则这样的物体称为各向同性体，如钢材、水泥等。各向同性体的弹性参数中只有两个是独立的，即弹性模量 E 和泊松比 μ。

2.6　影响岩石力学性质的主要因素

影响岩石力学性质的因素很多，如矿物成分、岩石结构、水、温度、风化程度、加荷速率、围压的大小、各向异性等，这些因素对岩石的力学性质都有影响。

2.6.1　矿物成分对岩石力学性质的影响

矿物硬度越大，岩石的弹性越明显，强度越高，如岩浆岩随橄榄石等矿物含量的增多，弹性越明显，强度越高；沉积岩中砂岩的弹性及强度随石英含量的增加而增高，石灰岩的弹性和强度随硅质物含量的增加而增高；变质岩中，含硬度低的矿物（如云母、滑石、蒙脱石、伊利石、高岭石等）越多，强度越低。

含有不稳定矿物的岩石，其力学性质随时间的变化不稳定，如化学性质不稳定的矿物黄铁矿、霞石以及易溶于水的盐类石膏、滑石、钾盐等，岩石性质具有易变性。

含黏土矿物的岩石，如蒙脱石、伊利石等，遇水时发生膨胀和软化，强度降低很大。

2.6.2　岩石的结构构造对岩石力学性质的影响

岩石的结构是指岩石中晶粒或岩石颗粒的大小、形状以及结合方式。岩浆岩一般呈粒状结构、斑状结构、玻璃质结构；沉积岩一般呈粒状结构、片架结构、斑基结构；变质岩一般呈板理结构、片理结构、片麻理结构。岩石的结构对岩石力学性质的影响主要表现在结构的差异上。例如：粒状结构中，等粒结构比非等粒结构强度高；在等粒结构中，细粒结构比粗粒结构强度高。

岩石的构造是指岩石中不同矿物集合体之间或矿物集合体与其他组成部分之间的排列方式及充填方式。岩浆岩一般颗粒排列无一定的方向，形成块状构造；沉积岩一般呈层理构造、页片状构造；变质岩一般呈板状构造、片理构造、片麻理构造。层理、片理、板理和流面构造等统称为层状构造。宏观上，块状构造的岩石多具有各向同性特征，而层状构造岩石具有各向异性特征。

2.6.3　水对岩石力学性质的影响

岩石中的水通常以两种方式赋存，一种称为结合水或束缚水，另一种称为重力水或自由水，它们对岩石力学性质的影响，主要体现在以下五个方面，即联结作用、润滑作用、水楔作用、空隙压力作用、溶蚀或潜蚀作用等。前三种作用为结合水产生的，后两种作用是重力水造成的。结合水是由于矿物对水分子的吸附力超过了重力而被束缚在矿物表面的水，水分子运动主要受矿物表面势能的控制，这种水在矿物表面形成一层水膜，这种水膜产生前述的三种作用。

联结作用。束缚在矿物表面的水分子通过其吸引力作用将矿物颗粒拉近、拉紧，起联结作用，这种作用在松散土中是明显的，但对于岩石，由于矿物颗粒间的联结强度远远高于这种联结作用，因此，它们对岩石力学性质的影响是微弱的，但对于被土充填的结构面的力学性质的影响则很明显。

润滑作用：由可溶盐、胶体矿物联结的岩石，当有水浸入时，可溶盐溶解，胶体水解，使原有的联结变成水胶联结，导致矿物颗粒间联结力减弱，摩擦力减低，水起到润滑剂作用。

水楔作用。如图 2.72 所示，当两个矿物颗粒靠得很近，有水分子补充到矿物表面时，矿物颗粒利用其表面吸着力将水分子拉到自己周围，在两个颗粒接触处由于吸着力作用使水分子向两个矿物颗粒之间的缝隙内挤入。这种现象称水楔作用。

当岩石受压时，如压应力大于吸着力，水分子就被压力从接触点中挤出。反之如压应力减小至低于吸

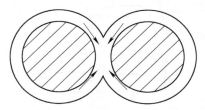

图 2.72　水分子水楔作用示意图

着力，水分子就又挤入两颗粒之间，使两颗粒间距增大，这样便产生两种结果：一是岩石体积膨胀，如岩石处于不可变形的条件，便产生膨胀压力；二是水胶联结代替胶体及可溶盐联结，产生润滑作用，岩石强度降低。

以上几种作用都是与岩石中结合水有关，而岩石含结合水的多少主要和矿物的亲水性有关。岩石中亲水性最大的是黏土矿物，故含黏土矿物多的岩石受水的影响最大。如黏土岩在浸湿后其强度降低可达 90%，而含亲水矿物少（或不含）的岩石如花岗岩、石英岩等，浸水后强度变化则小得多。

自由水。它不受矿物表面吸着力控制，其运动主要受重力作用控制，它对岩石力学性质的影响主要表现在空隙水压力作用和溶蚀、潜蚀作用。

空隙压力作用。对于孔隙和微裂隙中含有重力水的岩石，当其突然受载而水来不及排出时，岩石孔隙或裂隙中将产生很高的空隙压力。这种空隙压力，减小了颗粒之间的压应力，从而降低了岩石的抗剪强度，甚至使岩石的微裂隙端部处于受拉状态从而破坏岩石的联结。

溶蚀或潜蚀作用。岩石中渗透水在其流动过程中可将岩石中可溶物质溶解带走，有时将岩石中小颗粒冲走，从而使岩石强度大为降低，变形加大，前者称为溶蚀作用，后者称为潜蚀作用。在岩体中有酸性或碱性水流时，极易出现溶蚀作用，当水力梯度很大时，对于空隙度大，联结差的岩石易产生潜蚀作用。

除了上述五种作用外，孔隙、微裂隙中的水在冻融时的胀缩作用对岩石力学强度破坏很大。岩石试件的湿度，即含水量大小也显著影响岩石的抗压强度指标值，含水量越大，强度指标值越低。水对岩石强度的影响通常以软化系数表示，2.1.3 节已叙述，见表 2.7。

2.6.4　温度对岩石力学性质的影响

从工程建筑角度来看，除了一些特殊项目，一般不需要研究温度对岩石力学性质的影

响。因为按一般地热增温看，每增加 100m 深度，温度升高 3℃，这样在目前工程活动的最大深度 3000m 内，岩石的温度约为 90℃，这一温度对岩石不可能产生显著的影响。但是，在核废料贮存等领域，不可忽视温度对岩石力学特性的影响。

一般来说，随着温度的增高，岩石的延性加大，屈服点降低，强度也降低。图 2.73 即为三种不同岩石在围压为 500MPa，温度由 25℃升高到 800℃时的应力-应变特征。

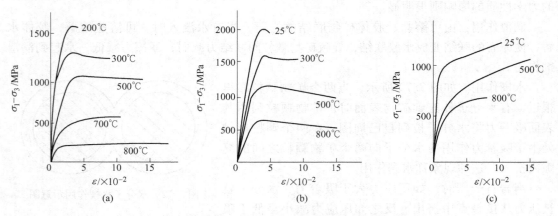

图 2.73   温度对高围压下岩石力学特性的影响
（a）玄武岩；（b）花岗岩；（c）白云岩

2.6.5 加载速度对岩石力学性质的影响

做单轴压缩试验时施加荷载的速度对岩石的变形性质和强度指标有明显影响。加载速率愈大，测得的弹性模量愈大；加载速率愈小，弹性模量愈小。加载速率越大，获得的强度指标值越高。国际岩石力学学会（ISRM）建议的加载速率为 0.5~1MPa/s，一般从开始试验直至试件破坏的时间为 5~10min。

2.6.6 受力状态对岩石力学性能的影响

岩石的脆性和塑性并非岩石固有的性质，它与其受力状态有关，随着受力状态的改变，其脆性和塑性是可以相互转化的。例如欧洲阿尔卑斯山的山岭隧道穿过很坚硬的花岗岩，由于山势陡峭，花岗岩处于很高的三维地应力状态下，表现出明显的塑性变形。可见试验结论与实际是相符的。在三轴压缩条件下，岩石的变形、强度和弹性极限都有显著增大。前面讲述过，岩石三轴抗压 > 双轴抗压 > 单轴抗压 > 抗剪 > 抗拉。

2.6.7 风化对岩石力学性质的影响

新鲜岩石的力学性质和风化岩石的力学性质有着较大的区别，特别是当岩石风化程度很深时，岩石的力学性质会明显降低，而在实际工程中又常常将风化岩石作为工程的基础，因此，研究和认识风化岩石的力学特性是有必要的。

风化作用是自然应力和人类作用的共同产物，是一种很复杂的地质作用，涉及气温、大气、水分、生物、原岩的成因、原岩的矿物成分、原岩的结构和构造等诸因素的综合作用。这里将不讨论风化作用的机理，只阐明风化作用使岩石强度降低的评价方法。风化程度的不同对岩石强度的影响程度是不同的，所谓风化程度是指岩体的风化现状。研究岩体的风化现状对确定建筑物的地基、边坡或围岩的施工开挖深度以及采取防护措施等均具有重要的意义。事实上并不是所有的风化岩石都不能满足设计的要求，而只是那些风化比较强烈、物理力学性质较差的部分，在不能满足设计要求的情况下需要挖除，而那些风化比较轻微、物理力学性质还不太差且能够保证建筑物稳定的，就可以充分利用。基于此，就必须了解岩石风化程度的评价方法。

岩石风化的结果主要从以下几个方面来降低岩体的性质：

（1）降低岩体结构面的粗糙程度并产生新的裂隙，使岩体被再次分裂成更小的碎块，进一步破坏了岩体的完整性。随着岩石原有结构联结被削弱以至丧失，坚硬岩石可转变为半坚硬岩石，甚至成为疏松土。

（2）岩石在化学风化过程中，矿物成分发生变化，原生矿物经受水解、水化、氧化等作用后，逐渐为次生矿物所代替，特别是产生黏土矿物（如蒙脱石、高岭石等），并随着风化程度的加深，这类矿物逐渐增加。

（3）由于岩石和岩体的成分结构和构造的变化，岩体的物理力学性质也随之改变。一般是抗水性降低、亲水性增高（如膨胀性、崩解性、软化性增强）；力学强度降低，压缩性加大（如抗压强度可由原来的几百兆帕降低到几十兆帕）；空隙性增加，透水性增强。但当风化剧烈、黏土矿物较多时，渗透性又趋于降低。总之，岩体在风化营力的作用下，其优良的性质削弱了，而不良性质加剧了，从而使岩石的力学性质大大恶化。

风化对岩石力学性质的影响可以通过岩石风化程度的评价来进行，岩石的风化程度可以通过室内岩石物理力学性质指标评定的方法，也可以用声波及超声波的方法，这里只介绍利用室内岩石物理力学性质指标评定岩石风化程度的方法。1964 年以来，水电部成都勘察设计研究院科研所提出用岩石风化程度系数（K_y）来评定岩石的风化程度。

$$K_y = K_n + K_R + K_W \tag{2.73}$$

式中，孔隙率系数 $K_n = n_1/n_2$；强度系数 $K_R = R_1/R_2$；吸水率系数 $K_W = \omega_1/\omega_2$；n_1、R_1、ω_1 分别为风化岩石的孔隙率、抗压强度、吸水率；n_2、R_2、ω_2 分别为新鲜岩石的孔隙率、抗压强度、吸水率。

利用 K_y 分级如下：$K_y \leqslant 0.1$ 剧烈风化；$K_y = 0.1 \sim 0.35$ 强风化；$K_y = 0.35 \sim 0.65$ 弱风化；$K_y = 0.65 \sim 0.90$ 微风化；$K_y = 0.90 \sim 1.00$ 新鲜岩石。用此分级法与地质上肉眼判断等级进行对比，大多数是吻合的，所以采用以地质定性评价为基础，再用定量分级加以补充，可以消除人为的误差。应当说明的是，上述岩石风化程度 K_y 的概念，仅是表示岩石风化程度深浅的一个相对指标，而不是绝对值。

2.7　岩石的强度理论

岩石强度理论是研究岩石在各种应力状态下的破坏原因和破坏条件的理论。强度准则又称破坏判据，它表征岩石在极限应力状态下（破坏条件）的应力状态和岩石强度参数之间的关系，一般可以表示为极限应力状态下的主应力间的关系方程，即 $\sigma_1 = f(\sigma_2, \sigma_3)$。或者表示为处于极限平衡状态截面上的剪应力 τ 和正应力 σ 间的关系方程：$\tau = f(\sigma)$。

在上述方程中包含岩石的强度参数。

2.7.1 最大伸长线应变理论

这一理论的根据是，当作用在物体上的外力过大时，材料就会沿最大线应变的方向发生断裂。所以这一理论认为，不论物体处于什么样的应力状态，最大伸长线应变 ε_3 是引起材料断裂破坏的主要原因，只要它达到简单拉伸时破坏的线应变 ε_t，材料就发生断裂破坏。相应的破坏条件是

$$\varepsilon_3 \geqslant \varepsilon_t \tag{2.74}$$

由胡克定律可知：$\varepsilon_t = \sigma_t / E$，其中 σ_t 为破坏时的拉应力。$\varepsilon_3 = [\sigma_3 - \mu(\sigma_1 + \sigma_2)]/E$，其中 μ、E 分别为泊松比、弹性模量。所以，用应力来表示破坏的条件（2.74）时，可得到下式：

$$\sigma_3 - \mu(\sigma_1 + \sigma_2) \geqslant \sigma_t \tag{2.75}$$

上述理论称为古典的第二强度理论，曾广泛采用，至今在岩体力学中有时还用到它。对于三向受压状态，最大拉伸应变发生在与最大压应力相垂直的方向，由于是纵向压缩应力产生横向的伸长应变，故必然在最小主应力 σ_3 的方向产生最大线应变 ε_3。

2.7.2 库仑准则（Coulomb）

2.7.2.1 $\sigma - \tau$ 坐标平面库仑准则的表达

最简单和最重要的准则乃是由库仑（C. A. Coulomb）于 1773 年提出的"摩擦"准则。库仑认为，岩石的破坏主要是剪切破坏；岩石的强度，即抗摩擦强度等于岩石本身抗剪切摩擦的黏结力和剪切面上法向力产生的摩擦力，即平面中的剪切强度准则（见图 2.74）为：

$$\tau \geqslant St = \sigma \tan\varphi + c \tag{2.76}$$

式中，τ 为剪切面上的剪应力，MPa；St 为岩石的抗剪强度，MPa；σ 为剪切面上的正应力，MPa；c 为凝聚力（或内聚力），MPa；φ 为内摩擦角，（°）。

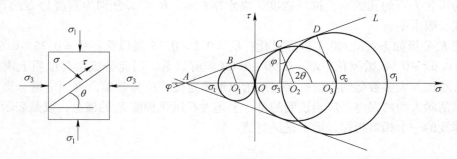

图 2.74 $\sigma - \tau$ 坐标下库仑准则

库仑准则可以用莫尔极限应力直观地图解表示，如图 2.74 所示。式（2.76）确定的准则由直线 AL（通常称之为强度曲线）表示，其斜率为 $k = \tan\varphi$；且在 τ 轴上的截距为 c。在图 2.74 所示应力状态下，平面上的应力 σ 和 τ 由主应力 σ_1 和 σ_3 确定的应力圆所决定。

莫尔（O. Mohr）发展了库仑准则，提出强度包络线不仅有斜直线形，还有二次抛物线形、双曲线形、摆线形等等，并用新的理论解释了各种曲线准则。因此，常称库仑准则

为库仑-莫尔准则。本节仅研究斜直线准则，其他的将在莫尔准则中专门研究。

式（2.76）表达了岩石在任何剪切面上剪坏的强度条件，也就是说，直线上每点的坐标值，都代表岩石沿某一剪切面剪坏时所需的剪应力和正应力，通常称为强度曲线。岩石内任意剪切面上的剪应力和正应力都满足此函数时，岩石必然沿此面发生破裂。

岩石内任意点的应力状态，都可以用莫尔圆表示。如果应力圆上的点落在强度曲线 AL 之下，则说明该点表示的应力还没有达到材料的强度值，故材料不发生破坏；如果应力图上的点超出了上述区域，则说明该点表示的应力已超过了材料的强度并发生破坏；如果应力圆上的点正好与强度曲线 AL 相切（图2.74中 D 点），则说明材料处于极限平衡状态，岩石所产生的剪切破坏将可能在该点所对应的平面（剪切面）上发生。

莫尔认为：（1）使岩石发生剪切破坏的剪应力并不是最大剪应力，而是剪切面上的剪应力和正应力满足了强度条件促使岩石破坏的。因为剪应力最大时，正应力所产生的摩擦力可能更大。（2）正剪应力能使岩石破坏，负剪应力也能使岩石破坏，因此，在 $\tau - \sigma$ 坐标平面有一对关于 σ 轴对称的强度曲线。

从图2.74可以看出：（1）曲线在受拉区闭合，且与 σ 轴交于一点，此时 σ 为负，$\tau = 0$，说明岩石在三向等拉时会破坏；（2）岩石抗剪强度曲线不与 σ 轴平行，说明岩石抗剪能力不是个常量，而是与正应力有关，能比较真实地反映岩石的抗剪特征；（3）曲线在受压区开放，即曲线在受压区不可能与 σ 轴相交，当岩石处于三向等压时，无剪应力存在，莫尔圆缩小为 σ 轴上的一点，此点不可能落到强度曲线上，说明岩石在三向等压时是不会破坏的。

根据极限莫尔圆与强度曲线相切的关系，可以找出用主应力来表达库仑准则的方程式。从图2.74中可得

$$(\sigma_1 - \sigma_3)/2 = \left[c\cot\varphi + (\sigma_1 + \sigma_3)/2 \right] \sin\varphi$$

化简可得，用主应力表达的库仑准则为

$$\sigma_1 = (1 + \sin\varphi)\sigma_3/(1 - \sin\varphi) + 2c\cos\varphi/(1 - \sin\varphi) \tag{2.77}$$

若取 $\sigma_3 = 0$，则极限应力 σ_1 为岩石单轴抗压强度 σ_c，即有

$$\sigma_c = 2c\cos\varphi/(1 - \sin\varphi) \tag{2.78}$$

若用平均主应力 $\sigma_m = (\sigma_1 + \sigma_3)/2$ 和最大剪应力 $\tau_m = (\sigma_1 - \sigma_3)/2$ 表示，可得 $\sigma - \tau$ 坐标系中由平均主应力和最大剪应力给出的库仑准则

$$\tau_m = \sigma_m \sin\varphi + c\cos\varphi \tag{2.79}$$

2.7.2.2 $\sigma_1 - \sigma_3$ 坐标平面库仑准则的表达

若规定最大主应力方向与剪切面（指其法线方向）间的夹角为 θ（称为岩石破断角），则由图2.74可得：$2\theta = \pi/2 + \varphi$。所以，$\theta = \pi/4 + \varphi/2$。

利用三角恒等式 $(1 + \sin\varphi)/(1 - \sin\varphi) = \cot^2(\pi/4 - \varphi/2) = \tan^2(\pi/4 + \varphi/2)$ 和剪切破断角关系式，有

$$(1 + \sin\varphi)/(1 - \sin\varphi) = \tan^2\theta \tag{2.80}$$

将方程式（2.78）和方程式（2.80）代入方程式（2.77）得

$$\sigma_1 = \sigma_3 \tan^2\theta + \sigma_c \tag{2.81}$$

方程式（2.81）是由主应力、岩石破断角和单轴抗压强度给出的在 $\sigma_1 - \sigma_3$ 坐标系中的库仑准则表达式（见图2.75a）。还要指出的是，在式（2.81）和图2.75（a）中，不

能令 $\sigma_1 = 0$ 直接确定岩石单轴抗拉强度和内聚力或内摩擦角。在以下讨论中可以看到这一点。

下面讨论 $\sigma_1 - \sigma_3$ 坐标系中库仑准则的完整强度曲线。如图2.75（b）所示，极限应力条件下剪切面上正应力 σ 和剪应力 τ 用主应力 σ_1、σ_3 表示为

$$\left.\begin{array}{l} \sigma = (\sigma_1 + \sigma_3)/2 + (\sigma_1 - \sigma_3)\cos 2\theta/2 \\ \tau = (\sigma_1 - \sigma_3)\sin 2\theta/2 \end{array}\right\} \tag{2.82}$$

由方程式（2.82）并取 $f = \tan\varphi$，得

$$\tau - f\sigma = (\sigma_1 - \sigma_3)(\sin 2\theta - f\cos 2\theta)/2 - (\sigma_1 + \sigma_3)f/2 \tag{2.83}$$

方程式（2.83）对 θ 求导可以得到极值 $\tan 2\theta = -1/f$，分析可知，2θ 值在 $\pi/2$ 和 π 之间，并且有 $\sin 2\theta = (f^2 + 1)^{-1/2}$，$\cos 2\theta = -f(f^2 + 1)^{-1/2}$，由此给出 $\tau - f\sigma$ 的最大值，即

$$(\tau - f\sigma)_{\max} = (f^2 + 1)^{1/2}(\sigma_1 - \sigma_3)/2 - (\sigma_1 + \sigma_3)f/2 \tag{2.84}$$

根据方程式（2.76），如果方程式（2.84）小于 c，破坏不会发生；如果它等于或大于 c，则发生破坏。此时令 $\tau - f\sigma = c$，则式（2.84）变为

$$2c = \sigma_1[(f^2 + 1)^{1/2} - f] - \sigma_3[(f^2 + 1)^{1/2} + f] \tag{2.85}$$

式（2.85）表示 $\sigma_1 - \sigma_3$ 坐标系内的一条直线（见图2.75（a）），这条直线交 σ_1 于 σ_c，且单轴抗压强度 σ_c 为

$$\sigma_c = 2c[(f^2 + 1)^{1/2} + f] \tag{2.86}$$

现在确定岩石发生破裂（或处于极限平衡）时 σ_1 取值的下限。考虑到剪切面（图2.74）上的正应力 $\sigma > 0$ 的条件，这样在 θ 值的条件下，由方程式（2.82）得

$$2\sigma = \sigma_1(1 + \cos 2\theta) + \sigma_3(1 - \cos 2\theta)$$

代入 $\cos 2\theta = -f(f^2 + 1)^{-1/2}$，有

$$2\sigma = \sigma_1[(f^2 + 1)^{1/2} - f]/(f^2 + 1)^{1/2} + \sigma_3[(f^2 + 1)^{1/2} + f]/(f^2 + 1)^{1/2}$$

由于 $\sigma > 0$，因此

$$\sigma_1[(f^2 + 1)^{1/2} - f] + \sigma_3[(f^2 + 1)^{1/2} + f] > 0 \tag{2.87}$$

联立方程式（2.85）和式（2.87），求解可得

$$\sigma_1[(f^2 + 1)^{1/2} - f] > c$$

即

$$\sigma_1 > c[(f^2 + 1)^{1/2} + f] \tag{2.88}$$

将式（2.86）代入方程式（2.88），有 $\sigma_1 > \sigma_c/2$。由此可见，图2.75（b）中仅直线的 AP 部分代表有效取值范围。上述库仑准则的适用条件是 $\sigma_1 > \sigma_c/2$。

对于 σ_3 为负值（拉应力），由实验可知，可能会在垂直于 σ_3 平面内发生张性破裂，特别是单轴拉伸中，当拉应力值达到岩石抗拉强度 σ_t 时，岩石发生张性断裂。但是，这种破裂行为完全不同于剪切破裂。

基于库仑准则和试验结果分析，由图2.75（b）给出完整的库仑准则，可用方程表示为

$$\left.\begin{array}{l} 当\ \sigma_1 > \sigma_c/2,\ 2c = \sigma_1[(f^2 + 1)^{1/2} - f] - \sigma_3[(f^2 + 1)^{1/2} + f] \\ 当\ \sigma_1 \leqslant \sigma_c/2,\ \sigma_3 = -\sigma_t \end{array}\right\} \tag{2.89}$$

从图2.75（b）所示的强度曲线可以看到，在方程式（2.89）给出库仑准则的条件下，岩石可能发生以下四种方式的破断：

（1）当 $0 < \sigma_1 \leqslant \sigma_c/2$ 时，$\sigma_3 = -\sigma_t$，岩石属单轴拉伸破断；

（2）当 $\sigma_c/2 < \sigma_1 < \sigma_c$ 时，$-\sigma_t < \sigma_3 < 0$，岩石属双单轴拉伸破断，即 σ_3 本身的拉伸和因 σ_1 压缩变形而在 σ_3 方向引起的拉伸；

（3）当 $\sigma_1 = \sigma_c$ 时，$\sigma_3 = 0$，岩石属单轴压缩破断；

（4）当 $\sigma_1 > \sigma_c$ 时，$\sigma_3 > 0$，岩石属双轴压缩剪切破断，即在 σ_1 和 σ_3 方向均为压缩状态。

另外，由图 2.75（b）中强度曲线上 A 点坐标（$\sigma_c/2$，$-\sigma_t$）可以得到，直线 AP 倾角 β 为：$\beta = \arctan(2\sigma_t/\sigma_c)$。由此看来，在主应力 $\sigma_1 - \sigma_3$ 坐标平面内的库仑准则可以利用单轴抗压强度和抗拉强度来确定。

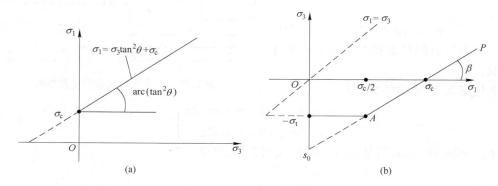

图 2.75　$\sigma_1 - \sigma_3$ 坐标系的库仑准则

（a）不完整强度曲线；（b）完整强度曲线

2.7.3　莫尔强度准则

莫尔（Mohr，1900 年）把库仑准则推广到考虑三向应力状态，但是，认为只有最大主应力和最小主应力对材料破坏有影响，也没有反映岩石受结构面影响的特征。莫尔强度曲线在 $\tau - \sigma$ 坐标系中为对称于 σ 轴的曲线（见图 2.74），它可通过试验方法求得，即为各种应力状态（单轴拉伸、单轴压缩及三轴压缩、变角剪切）下的破坏莫尔应力圆包络线 $\tau = f(\sigma)$，即各破坏莫尔圆的外公切线（σ 轴上半部分，见图 2.76），也称莫尔强度包络线。利用这条曲线判断岩石中一点是否会发生剪切破坏时，可在事先给出的莫尔包络线（见图 2.76）上叠加反映实际试件应力状态的莫尔应力圆。如果应力圆与包络线相切或相

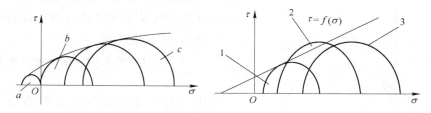

图 2.76　完整岩石的莫尔强度曲线

a—单轴抗拉；b—单轴抗压；c—三轴抗压；

1—相切；2—相割；3—在包络线下方

割，则研究点将产生破坏；如果应力圆位于包络线下方，则不会产生破坏。莫尔包络线的具体表达式，可根据试验结果用拟合法求得。目前，已提出的包络线形式有：斜直线型、二次抛物线型、双曲线型、摆线型等等。其中斜直线型与库仑准则基本一致，其包络线方程如式（2.76）所示。因此可以说，库仑准则是莫尔准则的一个特例，故常称库仑准则为库仑-莫尔准则。下面主要介绍二次抛物线型和双曲线型的判据表达式。

2.7.3.1 二次抛物线型

岩性从较坚硬至较弱的岩石，如泥灰岩、砂岩、泥页岩等岩石的强度包络线近似于二次抛物线，如图2.77所示，其表达式为

$$\tau^2 = n(\sigma + \sigma_t) \qquad (2.90)$$

式中，σ_t 为岩石的单轴抗拉强度；n 为待定系数。

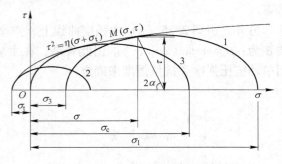

图 2.77　二次抛物线型强度包络线

利用图2.77中的关系，有

$$\left.\begin{array}{l}(\sigma_1 + \sigma_3)/2 = \sigma + \tau\cot2\alpha \\ (\sigma_1 - \sigma_3)/2 = \tau/\sin2\alpha\end{array}\right\} \qquad (2.91)$$

其中 τ、$\cot2\alpha$ 和 $\sin2\alpha$ 可从式（2.90）及图2.77求得，为

$$\left.\begin{array}{l}\tau = \left[n(\sigma + \sigma_t)\right]^{1/2} \\ \mathrm{d}\tau/\mathrm{d}\sigma = \cot2\alpha = n/\{2\left[n(\sigma + \sigma_t)\right]\}^{1/2} \\ 1/\sin2\alpha = \csc2\alpha = \{1 + n/\left[4(\sigma + \sigma_t)\right]\}^{1/2}\end{array}\right\} \qquad (2.92)$$

将式（2.92）的有关项代入式（2.91），并消去式中的 σ，得二次抛物线型包络线的主应力表达式为

$$(\sigma_1 - \sigma_3)^2 = 2n(\sigma_1 + \sigma_3) + 4n\sigma_t - n^2 \qquad (2.93)$$

在单轴压缩条件下，有 $\sigma_3 = 0$，$\sigma_1 = \sigma_c$，则式（2.93）变为

$$n^2 - 2(\sigma_c + 2\sigma_t)n + \sigma_c^2 = 0 \qquad (2.94)$$

由式（2.94），可解得

$$n = \sigma_c + 2\sigma_t \pm 2\left[\sigma_t(\sigma_c + \sigma_t)\right]^{1/2} \qquad (2.95)$$

利用式（2.90）、式（2.93）和式（2.95）可判断岩石试件是否破坏。

2.7.3.2 双曲线型

据研究，砂岩、灰岩、花岗岩等坚硬、较坚硬岩石的强度包络线近似于双曲线（见图2.78），其表达式为

$$\tau^2 = (\sigma + \sigma_t)^2\tan^2\varphi_0 + (\sigma + \sigma_t)\sigma_t \qquad (2.96)$$

式中，φ_0 为包络线渐近线的倾角，$\tan\varphi_0 = (\sigma_c/\sigma_t - 3)^{1/2}/2$。

利用式（2.96）可判断岩石中一点是否破坏。

图 2.78　双曲线形强度包络线

莫尔强度理论实质上是一种剪应力强度理论。一般认为，该理论比较全面地反映了岩石的强度特征，它既适用于塑性岩石也适用于脆性岩石的剪切破坏。同时也反映了岩石抗拉强度远小于抗压强度这一特性，并能解释岩石在三向等拉时会破坏，而在三向等压时不会破坏（曲线在受压区不闭合）的特点，这一点已为试验所证实。因此，目前莫尔理论被广泛应用于岩石工程实践。莫尔判据的缺点是忽略了中间主应力 σ_2 的影响，与试验结果有一定的出入，另外，该判据只适用于剪破坏，受拉区的适用性还值得进一步探讨，并且不适用于膨胀或蠕变破坏。

2.7.4 格里菲斯强度理论

1920 年，格里菲斯（Griffith）认为诸如钢和玻璃之类的脆性材料，其断裂的起因是分布在材料中的微小裂纹尖端有拉应力集中（这种裂纹现在称为 Griffith 裂纹）所致。格里菲斯还建立了确定断裂扩展的能量不稳定原理。该原理认为：当作用力的势能始终保持不变时，裂纹扩展准则可写为

$$\frac{\partial}{\partial C}(W_{d} - W_{e}) \leqslant 0 \qquad (2.97)$$

式中，C 为裂纹长度参数；W_d 为裂纹表面的表面能；W_e 为储存在裂纹周围的弹性应变能。

1921 年，格里菲斯把该理论用于初始长度为 $2C$ 的椭圆形裂纹的扩展研究中，并设裂纹垂直于作用在单位厚板上的均匀单轴拉伸应力 σ 的加载方向。他发现，当裂纹扩展时满足下列条件：

$$\sigma \geqslant [2Ea/(\pi C)]^{1/2} \qquad (2.98)$$

式中，a 为裂纹表面单位面积的表面能；E 为非破裂材料的弹性模量。

1924 年，格里菲斯把他的理论推广到用于压缩试验的情况。在不考虑摩擦对压缩下闭合裂纹的影响和假定椭圆裂纹将从最大拉应力集中点开始扩展的情况下（图 2.79 中的 P 点），获得了双向压缩下裂纹扩展准则，即所谓的 Griffith 强度准则：

$$\left.\begin{array}{l}(\sigma_1 - \sigma_3)^2/(\sigma_1 + \sigma_3) = -8\sigma_t,(\sigma_1 + 3\sigma_3 > 0) \\ \sigma_3 = \sigma_t,(\sigma_1 + 3\sigma_3 \leqslant 0)\end{array}\right\} \qquad (2.99)$$

式中，σ_t 为单轴抗拉强度。

由方程式（2.99）确定的 Griffith 强度准则在 $\sigma_1 - \sigma_3$ 坐标中的强度曲线如图 2.80 所示。

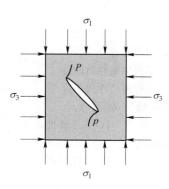

图 2.79　Griffith 裂纹

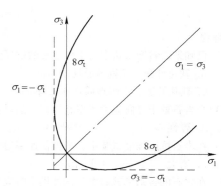

图 2.80　Griffith 强度曲线

分析方程式（2.99）或从图 2.80 中的强度曲线可以得到结论：

（1）材料的单轴抗压强度是抗拉强度的 8 倍，其反映了脆性材料的基本力学特征。这个由理论上严格给出的结果，其在数量级上是合理的，但在细节上还是有出入的。实际资料证明，有时比值远远大于 8，这是由于岩石材料的抗拉强度受岩石结构和实验技术的影响，因而离散性较大。

（2）材料发生断裂时，可能处于各种应力状态。这一结果验证了 Griffith 准则所认为的"不论何种应力状态，材料都是因裂纹尖端附近达到极限抗拉强度而扩展断裂"的基本观点，即材料的破坏机理是拉伸破坏。在准则的理论解中还可以证明，新裂纹与最大主应力方向斜交，而且扩展方向会最终趋于与最大主应力平行。

Griffith 强度准则是针对玻璃和钢等脆性材料提出来，因而只适用于研究脆性岩石破坏。而对一般的岩石材料，库仑-莫尔强度准则的适用性要远远大于 Griffith 强度准则。

2.7.5　德鲁克-普拉格准则（Drucker-Prager）

库仑准则和莫尔准则机理有相同之处，可以统称为库仑-莫尔（C-M）准则。C-M 准则体现了岩土材料压剪破坏的实质，所以获得广泛的应用。但这类准则没有反映中间主应力的影响，不能解释岩土材料在静水压力下也能屈服或破坏的现象。

Drucker-Prager 准则，即 D-P 准则是在 C-M 准则和塑性力学中著名的 Mises 准则的基础上扩展和推广而得

$$f = \alpha I_1 + (J_2)^{1/2} - K = 0 \tag{2.100}$$

式中，I_1 为应力偏量第一不变量，$I_1 = \sigma_{ii} = \sigma_1 + \sigma_2 + \sigma_3 = \sigma_x + \sigma_y + \sigma_z$；$J_2$ 为应力偏量第二不变量，$J_2 = [(\sigma_1 - \sigma_2)^2 + (\sigma_2 - \sigma_3)^2 + (\sigma_3 - \sigma_1)^2]/6 = [(\sigma_x - \sigma_y)^2 + (\sigma_y - \sigma_z)^2 + (\sigma_z - \sigma_x)^2 + 6(\tau_{xy} + \tau_{yz} + \tau_{zx})]/6$；$\alpha$、$K$ 为仅与岩石内摩擦角 φ 和黏结力 c 有关的实验常数，即

$$\alpha = 2\sin\varphi / [3^{1/2}(3 - \sin\varphi)]$$
$$K = 6c\cos\varphi / [3^{1/2}(3 - \sin\varphi)]$$

Drucker-Prager 准则不仅考虑了中间主应力的影响，还考虑了静水压力的作用，克服了库仑-莫尔准则的主要弱点，已在国内外岩土力学与工程的数值计算分析中获得广泛应用。

$$\boxed{习　　题}$$

1. 选择题

（1）已知某岩石饱水状态与干燥状态的抗压强度之比为 0.82，则该岩石（　　）。

　　A. 软化性强，工程地质性质不良　　　　B. 软化性强，工程地质性质较好

　　C. 软化性弱，工程地质性质较好　　　　D. 软化性弱，工程地质性质不良

（2）当岩石处于三向应力状态且比较大的时候，一般应将岩石考虑为（　　）。

　　A. 弹性体　　　　　B. 塑性体　　　　　C. 弹塑性体　　　　D. 完全弹性体

（3）在岩石抗压强度试验中，若加荷速率增大，则岩石的抗压强度（　　）。

　　A. 增大　　　　　B. 减小　　　　　C. 不变　　　　　D. 无法判断

（4）在岩石的含水率试验中，试件烘干时应将温度控制在（　　）。

　　A. 95～105℃　　　B. 100～105℃　　　C. 100～110℃　　　D. 105～110℃

（5）在缺乏试验资料时，一般取岩石抗拉强度为抗压强度的（　　）。

　　A. 1/2 ~ 1/5　　　　B. 1/10 ~ 1/50　　　　C. 2 ~ 5 倍　　　　D. 10 ~ 50 倍

（6）岩石的弹性模量一般指（　　）。

　　A. 弹性变形曲线的斜率　　　　　　　　B. 割线模量　　　　　　C. 切线模量

　　D. 割线模量、切线模量及平均模量中的任一种

（7）某岩石试件相对密度 $\delta = 2.60$，孔隙率 $n = 0.05$，则该岩石的干密度 ρ_d、饱和密度 ρ_b 分别为（　　）。

　　A. 2.45、2.65　　　　B. 2.60、2.65　　　　C. 2.65、2.60　　　　D. 2.60、2.48

（8）下列研究岩石弹性、塑性和黏性等力学性质的理想力学模型中，哪一种被称为开尔文模型？（　　）

　　A. 弹簧模型　　　　　　　　　　　　B. 缓冲模型

　　C. 弹簧与缓冲器并联　　　　　　　　D. 弹簧与缓冲器串联

（9）Griffith 准则认为岩石的破坏是由于（　　）。

　　A. 拉应力引起的拉裂破坏　　　　　　B. 压应力引起的剪切破坏

　　C. 压应力引起的拉裂破坏　　　　　　D. 剪应力引起的剪切破坏

（10）Griffith 强度准则不能作为岩石的宏观破坏准则的原因是（　　）。

　　A. 它不是针对岩石材料的破坏准则　　B. 它认为材料的破坏是由于拉应力所致

　　C. 它没有考虑岩石非均质性　　　　　D. 它没有考虑岩石中大量裂隙及其相互作用

（11）按照库仑-莫尔强度理论，若岩石强度曲线是一条直线，则岩石破坏时破裂面与最大主应力作用方向的夹角为（　　）。

　　A. 45°　　　　　　B. 45° + $\varphi/2$　　　　C. 45° − $\varphi/2$　　　　D. 60°

2. 简答题

（1）岩石有几种破坏形式，岩石受压破坏时，是由于破坏面上压应力达到极限值的原因吗，为什么？

（2）影响岩石力学性质的主要因素有哪些，如何影响的？

（3）什么是全应力-应变曲线？简述岩石在单轴压缩条件下的变形特征。全应力-应变曲线有什么工程意义，为什么普通材料试验机得不出全应力-应变曲线？

（4）在三轴压缩试验条件下，岩石的力学性质会发生哪些变化？

（5）线弹性体、完全弹性体、弹性体三者的应力-应变关系有什么区别？

（6）什么是莫尔强度包络线，如何根据实验结果绘制莫尔强度包络线，用实验方法绘制能出现强度曲线与莫尔圆相割的情况吗，为什么？

（7）叙述表示岩石物理性质的主要指标及其表示方式。

（8）泊松比有什么意义，其值在理论上的范围是多少，$\mu \geq 0.5$ 能否成立？

（9）劈裂法实验时，岩石受对称压缩，为什么在破坏面上出现拉应力？绘制试件受力图说明劈裂法实验的基本原理。

（10）二向应力状态一定是二向应力状态吗？

（11）什么是岩石的扩容？简述岩石扩容的发生过程。

（12）证明 $\sigma'_c = \sigma_c + (1 + \sin\varphi)\sigma_a/(1 - \sin\varphi)$，$\sigma_c = 2c \cdot \cos\varphi/(1 - \sin\varphi)$。

（13）什么叫岩体的本构关系，岩体的本构关系一般有几种类型？

（14）试用莫尔应力圆画出：（1）单向拉伸破坏；（2）纯剪切破坏；（3）单向压缩破坏；（4）三向压缩破坏；（5）三向等拉伸或压缩破坏。

（15）什么叫蠕变、松弛、弹性后效和流变？

（16）简述岩石流变性质的流变方程主要有几种？

（17）流变模型的基本元件有哪几种？

（18）何为岩石强度准则，为什么要提出强度准则？

(19) 论述 Coulamb，Mohr，Griffith 三准则的基本原理及其主要区别与它们之间的关系。

(20) 极端各向异性、正交各向异性、横观各向同性及各向同性有什么区别？

3. 计算题

(1) 有一组共三块试件，每块边长为 5cm×5cm，高度为 12cm。试验测得试件的破坏受压荷载分别为 $P_1 = 6000\text{kg}$，$P_2 = 6200\text{kg}$，$P_3 = 6500\text{kg}$。试求该岩石试件的抗压强度。

(2) 三块几何尺寸（5cm×5cm×5cm）相同的花岗岩试件，在自然状态下称得质量分别为 315g、337.5g 和 325g，经过烘干后得恒质量分别为 209.4g、332.1g 和 311.25g。将烘干试件放入水中后测得孔隙的体积为 0.75cm^3、0.5cm^3 和 0.625cm^3。求该花岗岩的容重 γ，比重 Δ，孔隙度 n，吸水率 ω_a。

(3) 玄武岩试件，有 3 块几何尺寸是 5cm×5cm×5cm 的立方体试件，破坏时施加最大受压载荷分别为 $P_1 = 40\text{t}$，$P_2 = 37\text{t}$，$P_3 = 35\text{t}$，另外 3 块试件，由于加工不准，几何尺寸变为 7cm×7cm×10cm，破坏时施加最大受压载荷分别为 $P_1 = 70\text{t}$，$P_2 = 67\text{t}$，$P_3 = 58\text{t}$，试求玄武岩的单向抗压强度。

(4) 推导马克斯威尔蠕变方程，松弛方程。其力学模型如习题 2.1 图所示。

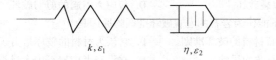

k, ε_1　　　　η, ε_2

习题 2.1 图

(5) 绘制开尔文体的力学模型，并推导其蠕变方程、松弛方程和弹性后效方程。

(6) 某均质岩体的强度曲线为 $\tau = \sigma\tan\varphi + c$，其中 $c = 400\text{kPa}$，$\varphi = 30°$。试求此岩体在侧向围岩压力 $\sigma_\text{a} = 200\text{kPa}$ 条件下的极限抗压强度 σ_c，并求出破坏面的方位。

(7) 均质岩石试件受力状态为：$\sigma_1 = 25\text{MPa}$、$\sigma_2 = 15\text{MPa}$、$\sigma_3 = 8\text{MPa}$，岩石内摩擦角为 $\varphi = \pi/4$，试按莫尔-库仑理论判断岩石是否会发生破坏？

(8) 将马克斯威尔体与圣维南体并联，绘出其力学模型，推导其本构方程，并分析其蠕变、松弛和弹性后效等特性，判断它属于什么性质的物体（黏弹还是黏弹塑）？

(9) 岩石试件的凝聚力 $c = 9.5\text{MPa}$，其内摩擦角 $\varphi = 38°$，试用库仑准则和格里菲斯理论求其单向抗压强度。

参 考 文 献

［1］徐小荷. 采矿手册（第二卷）［M］. 北京：冶金工业出版社，1990.

［2］http：//www. sd. xinhuanet. com/news/2010-11/10/content _21356069. htm（中国岩金勘查第一深钻）.

［3］http：//www. qianyan. biz/sshow-36524211. html（岩石电子密度计）.

［4］高磊. 矿山岩石力学［M］. 北京：机械工业出版社，1987.

［5］邹银辉，文光才，胡千庭，等. 岩体声发射传播衰减理论分析与试验研究. 煤炭学报，2004，29（6）：663～667.

［6］王泳嘉，邢纪波. 离散单元法及其在岩石力学中的应用［M］. 沈阳：东北工学院出版社，1991.

［7］王泳嘉，邢纪波. 离散单元法同拉格朗日元法及其在岩土力学中的应用［J］. 岩土力学，1995，16（2）：10～15.

［8］赵阳升，万志军，张渊，等. 20MN 伺服控制高温高压岩体三轴试验机的研制. 岩石力学与工程学报，2008，27（1）：1～8.

［9］喻勇. 质疑岩石巴西圆盘拉伸强度试验［J］. 岩石力学与工程学报，2005，24（7）：1150～1157.

［10］尚岳全，王清，蒋军，等. 地质工程学［M］. 北京：清华大学出版社，2006.

[11] 王家臣. 矿山压力及其控制（教案第二版） [M]. 中国矿业大学（北京）资源与安全工程学院，2006.

[12] 丁德馨. 岩体力学（讲义）[M]. 南华大学，2006.

[13] 李长洪，蔡美峰，乔兰，等. 岩石全应力-应变曲线及其与岩爆关系 [J]. 北京科技大学学报，1999，26(6)：513～515.

[14] 刘汉东，曹杰. 中间主应力对岩体力学特性影响的试验研究 [J]. 人民黄河，2008，30(1)：59～61.

[15] 汪斌，朱杰兵，邬爱清，等. 锦屏大理岩加、卸载应力路径下力学性质实验研究 [J]. 岩石力学与工程学报，2008，27(10)：2138～2145.

[16] 陆文. 岩石力学（课件）. 西南科技大学环境资源学院，2006.

[17] 孙钧. 岩石流变力学及其工程应用研究的若干进展 [J]. 岩石力学与工程学报，2007，26 (7)：1081～1106.

[18] 郑颖人，朱合华，方正昌，等. 地下工程围岩稳定分析与设计理论 [M]. 北京：人民交通出版社，2012：86～93.

[19] 曹朔. 基于D-P屈服准则的圆形隧道流变特性研究 [D]. 成都：西南交通大学，2021.

[20] 陈仲杰，杨金维. 金川矿区深部高应力碎胀蠕变岩体支护对策 [J]. 金属矿山，2005，(1)：17～22.

[21] 陈占清，李顺才，浦海，等. 采动岩体蠕变与渗流耦合动力学 [M]. 北京：科学出版社，2010.

[22] 蔡美峰，何满潮，刘东燕. 岩石力学与工程 [M]. 北京：科学出版社，2002.

[23] 沈明荣. 岩体力学 [M]. 上海：同济大学出版社，1999.

[24] 郑永学. 矿山岩体力学 [M]. 北京：冶金工业出版社，1988.

[25] 王文星. 岩体力学 [M]. 长沙：中南大学出版社，2004.

[26] 俞茂宏，昝月稳，范文，等. 20世纪岩石强度理论的发展 [J]. 岩石力学与工程学报，2000，19(5)：545～550.

[27] 杨健辉. 广义八面体理论体系的初步研究 [D]. 武汉大学博士后研究工作报告，2007.

<table>
<tr><td>**3**</td><td># 岩体的力学性质及其分类</td></tr>
</table>

【本章基本知识点（重点▼，难点◆）】：岩体结构▼；结构面的类型及特征；结构面的变形特性▼；结构面的剪切强度▼；结构面的力学效应▼◆；岩体的强度特性▼；岩体强度测定（原位试验简介）；岩体的破坏机理和破坏判据▼；岩体的变形特性▼；岩体的水力学性质；工程岩体分类▼。

3.1 概　述

岩体力学具有三个特色。首先，它是工程地质的分支学科；其次，岩体结构是研究岩体力学性质的基础；第三，岩体力学研究的综合性很强。这项研究工作不仅要考虑地质因素，而且要考虑工程施工因素；不仅要考虑静的作用，而且要考虑动的作用；不仅要考虑第一环境因素，而且要考虑第二环境的反馈作用；不仅要考虑今天的现状，而且要考虑这些因素的变化和可能引起的岩石力学性质的变化等。下面的略图可以帮助我们理解这个特色，见图3.1。因此，岩体力学性质与岩体中的结构面、结构体及其赋存环境密切相关。

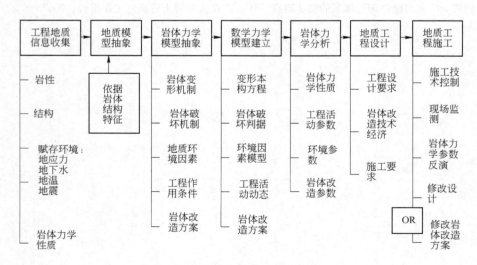

图 3.1　岩体力学性质工作程序略图

在岩体内存在各种地质界面，它包括物质分异面和不连续面，如假整合、不整合、褶皱、断层、层理、节理和片理。这些不同成因、不同特性的地质界面统称为结构面（弱面）。结构面是具有一定方向、延展较大而厚度较小的二维面状地质界面，常充填有一定物质，如节理和裂隙是由两个面及面间的水或气组成；断层及层间错动面是由上下盘两个面及面间充填的断层泥和水构成的实体组成的，其变形机理是两盘闭合或滑移。它在岩体中的变化非常复杂。结构面的存在，使岩体显示构造上的不连续性和不均质性，岩体力学性质与结构面的特性密切相关。

　　岩体内结构面的成因类型有三种：（1）原生结构面，主要指在岩体形成过程中形成的结构面和构造面。如岩浆岩冷却收缩时形成的原生节理面、流动构造面、与早期岩体接触的各种接触面；沉积岩体内的层理面、不整合面；变质岩体内的片理、片麻理构造面等。（2）构造结构面，指在各种构造应力作用下所产生的结构面，如节理、断裂、劈理以及由层间错动引起的破碎带。（3）次生结构面，指在外营力作用下形成的结构面，如风化裂隙、冰冻裂隙、重力卸载裂隙等。按照坚硬和干净程度，结构面可统分为坚硬结构面（干净的）和软弱结构面（夹泥，夹层）两种类型。

　　结构面依其本身的产状、分布和彼此组合将岩体切割成形态不一、大小不等以及成分各异的岩石块体。被各种结构面切割而成的岩石块体称为结构体。结构体是岩体的基本组成成分。按照结构体形态，原生结构体可分为块状结构体和层（板）状结构体两种类型。结构体有块状、柱状、板状及菱形、楔形和锥形体等，如果风化强烈或挤压破碎严重，也可形成碎屑状、颗粒状和鳞片状等。

　　岩体结构由结构面和结构体这两个基本单元组成。岩体结构单元可划分为两类四种，即：

$$
岩体结构
\begin{cases}
结构面
\begin{cases}
坚硬结构面（干净的）\\
软弱结构面（夹泥，夹层）
\end{cases}\\
结构体
\begin{cases}
块状结构体（短轴的）\\
板（层）状结构体（长厚比大于15）
\end{cases}
\end{cases}
$$

这四种结构单元在岩体内组合、排列形式不同，构成不同的岩体结构。

　　结构体与结构面的依存性表现在如下三个方面：（1）结构体形状与切割的结构面的组数密切相关；（2）结构体块度或尺寸与结构面间距密切相关；（3）结构体级序与结构面级序亦相互依存。结构体分级主要依据于切割成结构体的结构面类型或级序及结构体块度。对工程岩体来说，与切割成结构体的结构面类型相对应，结构体可分为两级，即：Ⅰ级结构体，被软弱结构面（如断层、层间错动）切割成的大型岩块；Ⅱ级结构体，被坚硬结构面（如节理、层理、片理、劈理）切割成的小型岩块。

　　正确认识岩体结构，是正确建立计算模型的关键。滑坡防治的关键技术之一就是正确划分条块、级、层，岩体稳定性分析的关键技术之一就是确定岩体的结构类型。自然界的岩体结构是互相包容的，如软弱结构面切割成的结构体内包容着坚硬结构面切割成的次一级的结构体，它们之间存在着级序性关系，如此，可将软弱结构面切割成的岩体结构定义为Ⅰ级结构，坚硬结构面切割成的岩体结构定义为Ⅱ级结构。在相同级序之内又可按结构体地质特征再划分为不同结构类型，如软弱结构面切割成的Ⅰ级岩体结构，又可划分为块裂结构及板裂结构。具体地说，岩体结构划分的第一个依据是结构面类型；第二个依据是结构面切割程度或结构体类型，这两个依据规定着岩体结构的基本类型。在此基础上，又可按原生结构体划分为若干亚类。岩体结构分类方案见表3.1。

表 3.1　岩体结构分类方案

级	序	结构类型	划分依据	亚　类	划分依据
I	I$_{-1}$	块裂结构	多组软弱结构面切割，块状结构体	块状块裂结构	原生岩体结构呈块状
				层状块裂结构	原生岩体结构呈层状
	I$_{-2}$	板裂结构	一组软弱结构面切割，板状结构体	块状板裂结构	原生岩体结构呈块状
				层状板裂结构	原生岩体结构呈层状
II	II$_{-1}$	完整结构	无显结构面切割	块状完整结构	原生岩体结构呈块状
				层状完整结构	原生岩体结构呈层状
	II$_{-2}$	断续结构	显结构面断续切割	块状断续结构	原生岩体结构呈块状
				层状断续结构	原生岩体结构呈层状
	II$_{-3}$	碎裂结构	坚硬结构面贯通切割，结构体为块状	块状碎裂结构	原生岩体结构呈块状
				层状碎裂结构	原生岩体结构呈层状
过渡型		散体结构	软、硬结构面混杂，结构面无序分布，原生岩体结构特征已消失	碎屑状散体结构	结构体为角砾
				糜棱化散体结构	结构体为糜棱质

绪论中讲述过，岩体是地质体，它经历过多次反复地质作用，经受过变形，遭受过破坏，具有一定的岩石成分，含有一定结构，赋存于一定的地质环境中。岩体抵抗外力作用的能力称为岩体力学性质，它包括岩体的稳定性特征、强度特征和变形特征。岩体力学性质是由组成岩体的岩石、结构面和赋存条件决定的。岩体力学性质不是固定不变的。由于岩体结构的原因，它可以随着试件尺寸增大而降低；而且工程开挖方向与岩体内结构面产状间的关系不同，其变形和破坏特征也不一样，同时，它随着环境因素的变化而变化。因此，影响岩体力学性质的基本因素有：结构体力学性质、结构面力学性质、岩体结构力学效应和环境因素，如水、地应力、地温。

结构体是岩体的基本组成部分。岩石对岩体力学性质的影响，通过结构体的力学性质来表征。在某种情况下，结构体对岩体力学性质和力学作用具有控制作用。在结构体强度很高时，主要是结构面的力学性质决定了岩体的力学性质。岩体结构的力学效应主要表现在岩体的爬坡角效应、尺寸效应及各向异性效应三方面。

岩体的赋存环境对岩体的力学性质有重要的影响。其赋存环境包括地应力、地下水和地温三部分。地温、化学因素对岩体力学性质的影响虽然不像地应力、地下水那样引人注意，但是，它们对岩体力学性质的影响是不可忽视的，目前在核废料贮存、文物保护等领域正在研究温度和化学腐蚀对岩体力学性质的影响。

地应力具有双重性，一方面它是岩体赋存的条件，另一方面又赋存于岩体之内，与岩体组成成分一样左右着岩体的特性，是岩体力学特性的组成成分。地应力对岩体力学性质的影响主要体现在：（1）地应力影响岩体的承载能力。对赋存于一定地应力环境中的岩体来说，地应力对岩体形成的围压越大，其承载能力越大。矿山岩柱及井巷间的夹壁破坏的原因往往如此。（2）地应力影响岩体的变形和破坏机制。岩体力学试验表明，许多低围压下呈脆性破坏的岩石在高围压下呈剪塑性变形，这种变形和破坏机制的变化说明岩体赋存的条件不同，岩体本构关系也不同。（3）地应力影响岩体中的应力传播法则。严格来说，岩体是非连续介质，但由于岩块间存在摩擦作用，赋存于高应力地区的岩体，在地应力围压的作用下则变为具有连续介质特征的岩体，即地应力可以使不连续变形的岩体转化为连续变形的岩体。第 4 章将专门介绍岩体的初始应力及其测量。

　　地下水作为岩体的赋存环境因素之一，影响岩体的变形和破坏，影响岩体工程的稳定性。据统计，大约 90% 的自然边坡和人工边坡的破坏与地下水活动有关；膨胀性软岩是地下岩体工程的灾难，其力学变形机制与水的活动密切相关。2.1.3 节已论述了岩石的水理性。

　　在考虑深部采矿中的岩石力学问题时，岩石除了受到高应力场的作用，还受到一个变化的温度场的影响。一方面温度场对岩石材料的物理力学性质有影响以及温度场的变化导致的热应力问题；另一方面是与岩石材料变形有关的热力学参数变化以及内部能量耗散过程对温度场的影响，通常认为岩石的强度随着温度的升高而有所下降，而下降的趋势与岩石的种类又是密切相关的。温度对岩石强度的影响，主要是由于温度的增加促进了岩石矿物晶体的塑性、增加了矿物晶间胶结物的活化性能等导致强度的降低。因此，在一定的温度和压力作用下，岩石的主要破坏形式会由脆性破裂转变为塑性流动的现象。岩石的屈服破坏过程是个能量释放和能量耗散的过程，也是耗散结构形成的过程，当能量耗散到某一临界值时，岩石就会破坏失稳。谢和平等基于热力学定理和最小耗能原理导出了深部岩石在温度和压力耦合作用下的屈服破坏准则，该强度准则具有明确的物理意义：当岩石材料的塑性耗散能及温度梯度引起的耗散能累积耗散到一定程度时，岩石就会发生破坏。对于双向等压过程，岩石的屈服主要与应力差、温度梯度及热流量等因素相关；对于等温过程，该屈服准则可退化为经典的 Mises 准则。

　　因此，研究岩体力学性质，必须从岩性、结构面、结构体、地应力及地下水等对岩体结构的影响入手。

3.2　岩　体　结　构

3.2.1　岩体分类

　　按岩体被结构面分割程度及结构体体态特征，可将岩体结构划分为以下六种基本类型：

　　(1) 块裂结构岩体，多组或至少有一组软弱结构面切割及坚硬结构面参与切割成块状结构体的高级序岩体结构。其结构体有的是由岩浆岩、变质岩及厚层大理岩、灰岩、砂岩等块状原生结构岩体构成，有的为薄至中厚层沉积岩、层状浅变质岩及岩浆喷出岩等层状原生结构岩体组成。其软弱结构面主要为断层，层间错动也是重要的软弱结构面之一。参与切割的坚硬结构面一般延展较长，亦多数为错动过的坚硬结构面。见图 3.2 中 3。

　　(2) 板裂结构岩体，主要发育于经过褶皱作用的层状岩体内，受一组软弱结构面切割，结构体呈板状。软弱结构面主要为层间错动面或块状原生结构岩体内的似层间错动面。结构体多数为组合板状结构体，有的亦为完整板状结构体。见图 3.2 中 2。

　　(3) 碎裂结构岩体，尽管可以划分为块状碎裂结构岩体及层状碎裂结构岩体两种亚类，但它们的共同点是切割岩体的结构面是有规律的，即主要为原生结构面及构造结构面。块状碎裂结构主要形成于岩浆岩侵入体、深变质的片麻岩、混合岩、大理岩、石英岩

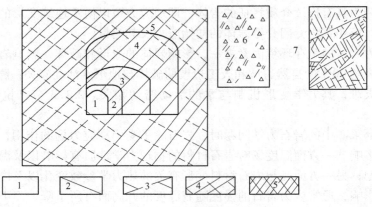

图 3.2 岩体结构示意图

1—完整结构；2—板裂结构；3—块裂结构；4—断续结构；

5—碎裂结构；6—碎屑状散体结构；7—糜棱化散体结构

及层理不明显的巨厚层灰岩、砂岩等岩体内。其特点是结构体块度大，大多为 1 ~ 2m，但块度较均匀。层状碎裂结构的特点是块度小，其块度与岩层厚度有关。浅海相及海陆交互相沉积岩多数为这种结构。有时还可分为一种镶嵌状碎裂结构，大多发育于强烈构造作用区内的硬脆性岩体内，结构面组数多，结构面组数多于 5 组时可形成这种结构。见图 3.2 中 5。

（4）断续结构岩体，其特点是显结构面不连续，对岩体切而不断，个别部分亦有连续贯通结构，但这种部位很少，多数为不连续切割，形不成结构体。从力学上来说，宏观上具有连续介质特点；微观上多数不连续，应力集中现象明显，这种应力集中对岩体破坏具有特殊意义，断裂力学判据对这种岩体也具有特殊意义。见图 3.2 中 4。

（5）完整结构岩体。完整结构岩体多半是碎裂结构岩体中结构面被后生作用愈合而成。后生愈合有两种，其一为压力愈合；其二为胶结愈合。具有黏性成分的物质，如黏土岩、长石质、石灰质矿物成分组成的岩体，在高围压作用下，其结构面可以重新黏结到一起，形成完整结构。黏土岩、页岩、石灰岩及富含长石的岩浆岩中可以见到这种结构岩体。胶结愈合的岩体亦极为常见，其胶结物有硅质、铁质、钙质及后期侵入的岩浆等。在胶结愈合作用下碎裂结构岩体可以转化为完整结构，但后期愈合面的强度仍低于原岩强度，故在后期振动、热力胀缩作用下又可开裂，开裂程度高者可恢复为碎裂结构岩体，低者可转化为断续结构岩体。如图 3.2 中 1。在自然界中，这种情况极为常见。

（6）散体结构。散体结构岩体有两种亚类：1）碎屑状散体结构岩体；2）糜棱化散体结构岩体。碎屑状散体结构岩体的特点是结构面无序分布，结构面中有软弱的，也有坚硬的。结构体主要为角砾，角砾中常充填夹杂有泥质成分。一般来说，以角砾成分为主，即所谓"块夹泥"。也有的泥质成分局部集中，但角砾仍起主导作用。其成因有两种类型，其一为构造型，其二为风化型。结构体块度不等，形状不一，"杂乱无序"可以用来描述这类岩体的结构特征。见图 3.2 中 6。

糜棱化散体结构岩体主要指断层泥而言。断层泥主要是由糜棱岩风化而成，而糜棱岩主要为压力愈合联结。当压力卸去后，又转化为糜棱岩粉，糜棱岩体风化后便转化为断层泥，这种现象在岩浆岩体剖面内极为常见。还有一种断层泥是泥质沉积岩在构造错动下直接形成的，如黏土岩中的断层泥便属于此类。这种岩体中次生错动面常极度发育，见图3.2中7，易被误视为均质体，其实不然。在次生错动作用下形成的擦痕面对其力学性质仍具有一定的控制作用，但这种控制作用由于结构面强度与断层泥强度相差不大，并不十分显著。

岩体结构分类的最终目的在于为岩体工程的建设服务。对于工程岩体而言，由于工程规模和尺寸的变化，岩体结构也发生相对变化。图3.2所示为一工程岩体，其中发育着近于正交的两组节理。对于该工程岩体，其岩体结构类型随工程尺寸的变化而不同。图中1、2、3、4、5为待建的规模不同的硐室。由图可以明显地看出，相对于1号硐室，未切割任何结构面的岩体可以视为完整结构；而对于2号硐室，仅切割1个结构面，可视为板裂结构；而相对于3、4、5号硐室，岩体结构应分别视为块裂结构、断续结构和碎裂结构。因此，岩体结构是相对的，只有在确定的地质条件和工程尺寸条件下，工程岩体结构才是唯一确定的。

3.2.2 岩体力学机制分析方法简介

工程岩体结构不同，岩体的力学机制和工程的稳定性分析方法是不一样的。

在下面三种情况下岩体具有连续介质特性：（1）结构面不连续延展，不能切割成分离的结构体，具有完整结构岩体的特征；（2）碎裂结构岩体在较高的围岩压力下结构面闭合，在摩擦作用下使之在传递应力、变形或破坏过程中结构面不起主导作用；（3）在人工改造作用下，如化学灌浆、注浆等，使其结构面人工愈合，碎裂结构岩体变为完整结构岩体。由此可见，把岩体作为连续介质进行力学研究之前，首先必须鉴别它是不是具有连续介质条件。这是连续介质岩石力学与一般连续介质力学的不同之处。连续介质岩体力学分析的力学基础是材料力学、弹性力学和弹塑性力学。

碎裂结构岩体在无围压和低围压的条件下传递应力、应变呈现不连续特征，具有明显结构效应，见图3.3。这些特征早已被工程地质和岩石力学工作者所重视，并进行了许多室内外试验研究。碎裂结构岩体力学的理论基础是太沙基理论等，目前通常借助离散元模拟其应力传播的特征。

块裂结构岩体的破坏往往是造成工程破坏的重要因素之一。块裂体力学分析实际上是立体几何问题，包括两部分内容：（1）分析块体表面积和体

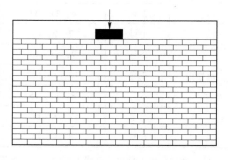

图3.3 错缝式碎裂结构岩体

积，见图3.4、图3.5和表3.2；（2）分析作用于块裂体上的力，实施作用力合成或分解。解决这类问题的方法较多，如立体几何法、立体解析几何法、坐标投影法和赤平极射投影法等。其中，赤平极射投影法简单方便、应用较广，孙玉科和古迅对这一方法在工程地质中的应用做过详细阐述，石根华在此基础上开发了块体理论（DDA）计算软件和数值流形元（NMM）方法。

板裂结构岩体遵守梁板结构的变形和破坏规律，可以进一步抽象为梁板柱合成的结构，其力学模型可以进一步简化为梁或柱，见图3.6。显然，这是典型的结构力学问题，

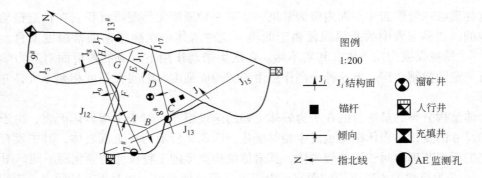

图 3.4　鸡笼山金矿 410 号采场顶板结构面实测图

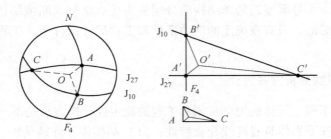

图 3.5　武山铜矿 2 号块体实体比例投影

表 3.2　采场顶板块体情况统计

矿山名称	块体编号	切割面编号	块体厚度/m	块体体积/m³	稳固系数
武山铜矿	1 号	1, 3, 4	1.20	0.514	0.102
	2 号	4, 10, 27	0.75	0.506	0.325
	3 号	4, 31, 33	1.12	0.635	0.558
鸡笼山金矿	1 号	7, 9, 13	3.265	57.530	<1
	2 号	7, 15, 17	0.785	0.657	>1
	3 号	13, 15, 17	5.412	1.515	>1
	4 号	8, 12, 15	0.510	0.580	>1
	5 号	7, 8, 11	3.199	13.216	>1
	6 号	8, 9, 15	1.312	4.023	>1

注: 武山铜矿 1 号块体已用木支柱支撑; 鸡笼山金矿 1 号块体由 2 号～6 号块体切割成关键块体 $ABCDEF$, 而 2 号～6 号块体受锚杆、矿柱支撑或相互咬合因而不会冒落; $V_{ABCDEF} = V_1 - V_2 - V_3 - V_4 - V_5 - V_6$。

可以用静力法或能量平衡法来分析。下列四种地质体都可构成板裂结构岩体。（1）被层间错动切割成的板裂结构岩体, 当其骨架层岩层长度与厚度之比大于 15～18 时, 具有板裂结构岩体力学机能;（2）岩浆岩及深变质岩在构造作用下沿一组节理面发育成错动面, 将岩体切割成似板裂结构岩体;（3）碎裂结构岩体在人工或天然地应力场作用下使其一组结构面开裂、一组结构面闭合而形成似板裂结构岩体;（4）完整结构岩体由人工开挖或劈裂成板状结构体而构成似板裂结构岩体。

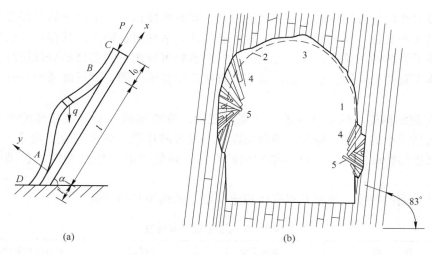

图 3.6　板裂结构岩体边坡力学模型

（a）层状边坡表层岩石后屈曲模型；（b）走向平行洞轴的薄层状围岩弯折臌胀破坏

1—设计断面；2—破坏区；3—崩塌；4—滑动；5—弯曲、张裂及折断

3.3　结　构　面

3.3.1　结构面的分级

结构面的发育程度、规模大小、组合形式等是决定结构体的形状、方位和大小，控制岩体稳定性的重要因素，尤其结构面的规模是最重要的控制因素。结构面发育程度和规模可以划分为如下五级。

（1）Ⅰ级结构面。一般泛指对区域构造起控制作用的断裂带，它包括大小构造单元接壤的深大断裂带，是地壳或区域内巨型的构造断裂面，不仅走向上延展甚远（一般数十公里以上），而且破碎带的宽度至少也在数米以上。Ⅰ级结构面沿纵深方向至少可以切穿一个构造层，它的存在直接关系到工程区域的稳定性。

（2）Ⅱ级结构面。一般指延展性强而宽度有限的地质界面，如不整合面、假整合面、原生软弱夹层以及延展数百米至数千米的断层、层间错动带、接触破碎带、风化夹层等，它们的宽度一般是几厘米至数米。Ⅱ级结构面主要是在一个构造层中分布，可能切穿几个地质时代的地层，它与其他结构面组合，会形成较大规模的块体破坏。

（3）Ⅲ级结构面。一般为局部性的断裂构造，主要指的是小断层，延展十或数十米，宽度半米左右，除此以外，还包括宽度在数厘米的，走向和纵深延伸断续的原生软弱夹层、层间错动等。这种断层，由于它的延展有限，往往仅在一个地质时代的地层中分布，有时仅仅在某一种岩性中分布。它与Ⅱ级结构面组合，会形成较大的块体滑动，如果它自身组合，仅能形成局部的或小规模的破坏。

（4）Ⅳ级结构面。一般延展性较差，无明显的宽度，主要指的是节理面，仅在小范围内分布，但在岩体中很普遍。这种结构面往往受上述各级结构面控制，其分布是比较有规律的。这种结构面的分布特点，除受上述各级结构面控制外，还严格地受岩性控制。它们仅在某一种岩性内呈有规律的、等密度的分布；有时岩性相同，但由于岩层厚度不同，其密度会有显著的变化。在沉积岩中，一般岩层越薄，节理面越密集，其存在使岩体切割成岩块，破坏了岩体的完整性，并且与其他结构面组合可形成不同类型的岩体破坏方式，大大降低岩体工程的稳定性。这种结构面不能直接反映在地质图上，只能通过统计了解其分布规律。

（5）Ⅴ级结构面。延展性甚差，无宽度之别，分布随机，是为数甚多的细小的结构面，主要包括微小的节理、劈理、隐微裂隙、不发育的片理、线理、微层理等。它们的发育受上述诸级结构面所限制。这些结构面的存在，降低了由Ⅴ级结构面所包围的岩块的强度。

各级结构面的规模、类型及对岩体稳定性所起的作用归纳于表3.3。

表 3.3　结构面分级及其特性

级序	分级依据	地质类型	力学属性	对岩体稳定性的作用
Ⅰ	延伸数十公里，深度可切穿一个构造层，破碎带宽度数米以上	主要指区域性深大断裂或大断裂	属软弱结构面，构成独立力学介质单元	影响区域稳定性、山体稳定性。如果通过工程区，是岩体变形或破坏的控制条件，形成岩体力学作用边界
Ⅱ	延伸数百米至数公里，破碎带宽度几厘米至数米	主要包括不整合面、假整合面、原生软弱夹层、层间错动带、断层侵入接触带、风化夹层等	属软弱结构面，形成块裂边界	控制山体稳定性，与Ⅰ级结构面可形成大规模的块体破坏，即控制岩体变形和破坏方式
Ⅲ	延伸十米或数十米，无破碎带，面内不含泥，有的有泥膜，仅在一个地质时代的地层中分布，有时仅在某一岩性中分布	各种类型的断层、原生软弱夹层、层间错动带等	多数属于坚硬结构面，少数属于软弱结构面	控制岩体的稳定性，与Ⅰ、Ⅱ级结构面组合可形成不同规模的块体破坏，是划分Ⅱ类岩体结构的重要依据
Ⅳ	延展数米，未错动，不夹泥，有的呈弱结合状态，属统计结构面	节理、劈理、片理、层理、卸荷裂隙、风化裂隙等	坚硬结构面	划分Ⅱ类岩体结构的基本依据，是岩体力学性质、结构效应的基础，破坏岩体的完整性，与其他结构面结合形成不同类型的边坡破坏方式
Ⅴ	连续性极差，刚性接触的细小或隐微裂隙面，是统计结构面	微小节理、隐微裂隙和线理等	硬性结构面	分布随机，降低岩块强度，是岩石力学性质效应的基础。若十分密集，又因风化，可形成松散介质

综上所述，划分的五个等级的结构面，从工程地质测绘观点来看，可分为实测结构面和统计结构面两大类。实测结构面是经过野外地质测绘工作，按其结构面的产状及其具体位置，直接表示在不同比例尺的工程地质图上；而统计结构面，只能在野外有明显岩层露

头的地点进行统计，经过室内作结构面密度统计图，认识其统计规律，它们不能直接反映在工程地质图上，但可转化为结构面的组合模型反映在岩体结构图上。

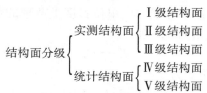

按照结构面内有无充填物质，可以分为软弱结构面和坚硬结构面。结构面内夹有软弱物质的，属于软弱结构面；结构面内无充填物质的，则属于坚硬结构面。

3.3.2 结构面的状态

结构面的存在，显示岩体构造上的不连续和不均质性，并在很大程度上决定着岩体的力学性质。实践证明，结构面的产状、形态、延展尺度、发育程度（或密集程度）、充填物等是影响岩体强度和工程稳定性的重要因素。分述如下：

（1）结构面的产状。结构面的产状对岩体是否沿某一结构面滑动起控制作用。

（2）结构面的形态。它决定着结构体沿结构面滑动时的抗滑力的大小。当结构面的起伏程度大，粗糙度高时，其抗滑力就大。

（3）结构面的延展尺度。在工程岩体范围内，延展尺度大的结构面，完全控制了岩体的强度。按结构面延展的绝对尺度，可将结构面分为细小的（其延展尺度小于1m）、中等的（1～10m）和巨大的（大于10m）三种结构面。但是这种划分不能确切地表明结构面对不同的岩体工程结构的影响，因此，应对照工程的类型和大小具体分析其影响程度。

工程实践涉及的岩体是有一定范围的，其内发育着各种结构面。在工程岩体范围内，结构面按贯通情况可分为非贯通性、半贯通性和贯通性三种类型。

1）非贯通性结构面：即结构面较短，不能贯通岩体或岩块，但它的存在使岩体或岩块强度降低，变形增大，如图3.7(a)所示。

2）半贯通性结构面：结构面有一定长度，但尚不能贯通整个岩体或岩块，如图3.7(b)所示。

3）贯通性结构面：结构面连续，长度贯通整个岩体，是构成岩体、岩块的边界，它对岩体有较大的影响，破坏常受这种结构面控制，如图3.7(c)所示。

 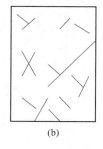 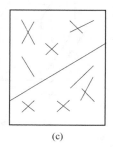

（a） （b） （c）

图3.7 岩体内结构面贯通类型

（a）非贯通；（b）半贯通；（c）贯通

（4）结构面的密集程度。以岩体裂隙度 K 和切割度 X_e 表征岩体结构面的密集程度，或岩体破碎程度。

1）岩体裂隙度 K：是指沿取样线方向单位长度上节理的数量。设取样直线的长度为 L，沿 L 长度内出现的节理数量为 n，则

$$K = n/L \tag{3.1}$$

沿取样线方向节理的平均间距 d 为

$$d = 1/K = L/n \tag{3.2}$$

当取样线垂直节理面时，则 d 即为节理的垂直间距。当节理的垂直间距 $d > 180\text{cm}$ 时，则视岩体具有整体结构性质；$d = 30 \sim 180\text{cm}$ 时，视为块状结构；$d < 30\text{cm}$ 时，视为碎裂状结构；当 $d < 6.5\text{cm}$ 时，则为极碎裂结构。

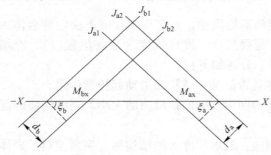

图 3.8　两组节理的裂隙计算图

若岩体中有几组不同方向的节理时，如图 3.8 所示的两组节理 J_a 和 J_b，则沿取样线 X—X 方向上节理的平均间距

$$M_{ax} = d_a/\cos\xi_a, \quad M_{bx} = d_b/\cos\xi_b$$

故第 n 组时 $M_{nx} = d_n/\cos\xi_n$。

该取样线上的裂隙度 K 即为各组节理裂隙度之和，即

$$K = K_a + K_b + \cdots + K_n \tag{3.3}$$

式中，K_a，K_b，$\cdots$，K_n 为各组节理的裂隙度，即

$$K_a = 1/M_{ax}, \quad K_b = 1/M_{bx}, \quad \cdots, \quad K_n = 1/M_{nx}$$

按裂隙度 K 的大小，可将节理分为疏节理（$K = 0 \sim 1\text{m}^{-1}$）、密节理（$K = 1 \sim 10\text{m}^{-1}$）、非常密集节理（$K = 10 \sim 100\text{m}^{-1}$）及压碎或糜棱化（$K = 100 \sim 1000\text{m}^{-1}$）。

2）切割度 X_e：是指岩体被节理割裂分离的程度。有些节理可以将岩体完全切割，而有些节理由于其延展尺寸不大，只能切割岩体的一部分，见图 3.9。当岩体中仅含一个节理时，可沿着节理面在岩体中取一个贯通整体的假想平直断面，则节理面积 a 与该断面面积 A 之比即称为该岩体的切割度 X_e。

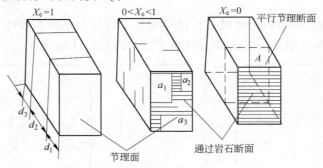

图 3.9　结构面的两向分布

如果沿岩体某断面上同时存在面积为 a_1，a_2，$\cdots$，a_n 的几个节理面，则岩体沿该断面的切割度为

$$X_e = (a_1 + a_2 + \cdots + a_n)/A \tag{3.4}$$

可见，当 $0 < X_e < 1$ 时，说明岩体是部分地被切割；当 $X_e = 1$ 时，说明岩体在该断面被整个地切割；当 $X_e = 0$ 时，则该岩体为完整的连续体。

按切割度的大小，可以将岩体分为以下各类，见表 3.4。

表 3.4 岩体按切割度 X_e 分类

名　称	切割度 X_e	名　称	切割度 X_e
完整岩体	0.1 ~ 0.2	强节理化岩体	0.6 ~ 0.8
弱节理化岩体	0.2 ~ 0.4	完全节理化岩体	0.8 ~ 1.0
中等节理化岩体	0.4 ~ 0.6		

上述的切割度只能说明岩体沿某一平面被割裂的程度，有时为了研究岩体内部某组节理切割的程度，可用指标 X_v 来表示

$$X_v = X_e K \tag{3.5}$$

式中，X_v 表示岩体内由一个节理组所产生的实际切割度，单位为 m^2/m^3。

以上说明，结构面密集程度决定着结构体的尺寸和形状，能表征岩体的完整程度。当结构面发育组数越多，密度越大时，则结构体块度越小，岩体的完整程度越差，其强度也越低。

（5）结构面的充填物。对于软弱结构面，其充填物质和含水量不同，力学性质差别很大，如泥质矿物，在低湿度压密状态下的断层泥凝聚力（黏着力）c 值可达 0.5 ~ 0.1MPa，摩擦角 φ 可达 $17° ~ 20°$；而浸水后，c 值一般低至 0.005 ~ 0.02MPa，φ 随矿物成分变化很大，如蚀变矿物在含水情况下可低至 $3° ~ 5°$，黏土矿物可低至 $8° ~ 12°$；当含水量达 80% 时，以蒙脱石为主的洞穴黏土的 φ 值低到接近于零。对于坚硬结构面，硅质胶结的强度最高，铁质次之但不稳定，钙质胶结的强度较差，泥质胶结的强度最差。

3.3.3 结构面的力学性质

结构面的力学性质包括三个方面：变形、剪切刚度、抗剪强度。

3.3.3.1 结构面的变形

A 法向变形

a 节理弹性变形

在法向荷载作用下，节理面光滑时受压力后成面接触，节理面粗糙时受压力后则成点接触。每一接触面会产生压缩变形，其压缩量 δ 可按弹性理论中的布辛涅斯克解求得

$$\delta = \frac{mQ(1-\mu^2)}{E\sqrt{A}} = \frac{m\sigma d^2(1-\mu^2)}{nhE} \tag{3.6}$$

节理闭合弹性变形值 $\delta_0 = 2\delta$，则

$$\delta_0 = \frac{2m\sigma d^2(1-\mu^2)}{nhE} \tag{3.7}$$

式中，m 为与荷载面积、形状有关的系数；d 为块体的边长，m；E 为弹性模量，MPa；n 为接触面的个数；h 为每个接触面的面积，m^2；σd^2 为作用于节理上的压缩荷载，N；μ 为泊松比。

b 节理闭合变形

在法向荷载作用下，岩石粗糙结构面的接触面积和接触点数随荷载增大而增加，结构面间隙呈非线性减小，应力与法向变形之间呈指数关系（见图3.10b），这种非线性力学行为归结于接触微凸体弹性变形、压碎和间接拉裂，以及新的接触点、接触面积的增加。当荷载去除时，将引起明显的后滞和非弹性效应。Goodman于1974年通过试验，得出法向应力σ与结构面闭合量ΔV有如下关系

$$\frac{\sigma - \xi}{\xi} = A\left(\frac{\Delta V}{V_{max} - \Delta V}\right)^t \qquad (3.8)$$

式中，ξ为原位压力，由测量法向变形的初始条件决定；V_{max}为最大可能的闭合量；A、t是与结构面几何特征、岩石力学性质有关的参数。

当$A = 1$，$t = 1$时，式（3.8）则为

$$\Delta V = V_{max} - \xi V_{max} \frac{1}{\sigma} \qquad (3.9)$$

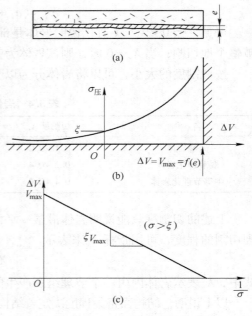

图3.10 节理的压缩

ΔV与$1/\sigma$的关系曲线见图3.10（c）。

若A与t不为1，可由试验确定曲线方程。其方法为：（1）取完整岩石试件，测其轴向σ-ΔV曲线（图3.11a中的A线）；（2）将试件沿横向切开，使切缝成一条平行于试件底面且成波状起伏的裂缝，以模拟节理；（3）将切缝上下两块试块重合装上，即"配称切缝试件"（啮合结构面），加载测其轴向σ-ΔV曲线（图3.11a中的B线）；（4）将切缝上下两块试块旋转某一角度装上，即"非配称切缝试件"（非啮合结构面），加载测其轴向σ-ΔV曲线（图3.11a中的C线）；（5）利用曲线的差值求切缝的压缩量，见图3.11（b）、（c）。

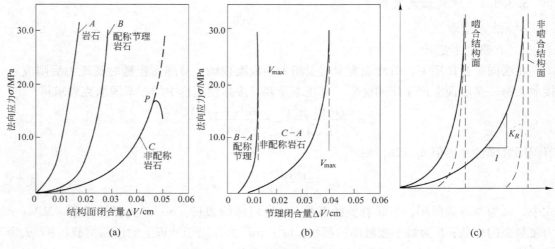

图3.11 一条张开裂缝的压缩变形试验

B　切向变形（剪切变形）

在一定的法向应力作用下，结构面在剪切作用下产生切向变形（见图 3.12a），其变形特征用试验时施加的剪应力 τ 与相应的剪切位移 δ 的关系来描述，通常有两种基本形式，见图 3.12。τ-δ 曲线特征取决于结构面的基本特征（粗糙度、起伏度、充填物性质与厚度等）。

a　结构面粗糙无充填物（见图 3.12b 中 A 曲线）

随着剪切变形的发生，剪应力相对上升较快，当达到剪应力峰值后，结构面抗剪能力出现较大的下降，并产生不规则的峰后变形或滞滑现象。

b　平坦的结构面或结构面有充填物（见图 3.12b 中 B 曲线）

初始阶段的剪切变形曲线呈下凹形，随着剪切变形的发展，剪切应力逐渐升高但无明显的峰值出现，最终达到恒定值。

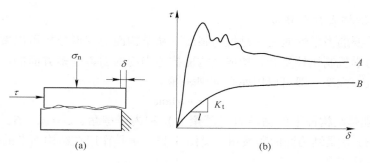

图 3.12　结构面剪切变形曲线

剪切变形曲线从形式上可划分成"弹性区"（峰值前应力上升区）、剪应力峰值区和"塑性区"（峰值后应力降低区或恒应力区）。在结构面剪切过程中，伴随有微凸体的弹性变形、劈裂、磨粒的产生与迁移、结构面的相对错动等多种现象。

3.3.3.2　结构面剪切刚度

通常将"弹性区"单位变形内的应力梯度称为剪切刚度 K_t

$$K_t = \frac{\partial \tau}{\partial \delta_t} \tag{3.10}$$

根据 Goodman 于 1974 年所做的研究，剪切刚度 K_t 可以表示为

$$K_t = K_{t0}\left(1 - \frac{\tau}{\tau_s}\right) \tag{3.11}$$

式中，K_{t0} 是初始剪切刚度；τ_s 是产生较大剪切位移时的剪应力渐近值。试验表明，对于较坚硬的结构面，剪切刚度一般是常数；对于松软结构面，剪切刚度随法向应力的大小而改变。

对于凹凸不平的结构面，可简化成图 3.13（a）所示的力学模型，受剪切结构面上有凸台，凸台角（爬坡角）为 β，模型上半部作用有剪切力 T 和法向力 N，模型下半部固定不动。在剪应力作用下，模型上半部沿凸台斜面滑动，除有切向运动外，还产生向上的移动。这种剪切过程中产生的法向移动分量称之为剪胀。在剪切变形过程中，剪力与法向力的复合作用，可能使凸台剪断或拉破坏，此时剪胀现象消失（见图 3.13b）；当法向应力

较大，或结构面强度较小时，T 持续增加，使凸台沿根部剪断或拉破坏，结构面剪切过程中没有明显的剪胀（见图3.13c）。从这个模型可看出，结构面的剪切变形与岩石强度、结构面粗糙度和法向力有关。

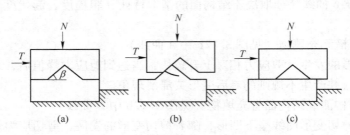

图3.13 结构面剪切力学模型

3.3.3.3 结构面抗剪强度

结构面最重要的力学性质之一是抗剪强度。从结构面的变形分析可以看出，结构面在剪切过程中的力学机制比较复杂，构成结构面抗剪强度的因素是多方面的。大量试验结果表明，结构面抗剪强度一般可以用库仑准则表述

$$\tau = c + \sigma \tan\varphi \tag{3.12}$$

式中，c、φ 分别是结构面上的黏结力（凝聚力）和内摩擦角，$\varphi = \varphi_b + \beta$；$\varphi_b$ 是岩石平坦表面基本摩擦角；β 是结构面的爬坡角，见图3.13；σ 是作用在结构面上的法向正应力。

A 平直结构面的抗剪强度

结构面呈平直状，没有波状起伏。

a 平直结构面的剪切变形曲线（见图3.14b）

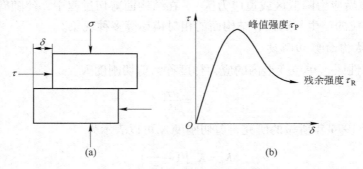

图3.14 平直结构面抗剪强度测定
（a）抗剪试验模型；（b）剪切变形曲线

（1）τ 很小时，τ-δ 曲线呈线性，显现弹性状态；（2）τ 很大，大到足以克服移动摩擦阻力之后，τ-δ 曲线呈非线性；（3）τ 达到峰值 τ_P 后，δ 突然增大，表面试件已沿结构面破坏，此后 τ 迅速下降，并趋于一常量（残余强度）。

b 平直结构面的抗剪强度曲线（见图3.15）

c_P 为结构面的黏结力；φ_P、φ_R 分别是结构面的峰值摩擦角、残余摩擦角，一般 $\varphi_P > \varphi_R$。

B 粗糙结构面的抗剪强度

a 理想化粗糙结构面模型

锯齿状结构面（见图 3.13），爬坡角为 β，有剪胀现象。作用在斜面上的力为

$$\left.\begin{array}{l} N' = N\cos\beta + T\sin\beta \\ T' = -N\sin\beta + T\cos\beta \end{array}\right\} \tag{3.13}$$

由静力平衡得

$$T' = N'\tan\varphi_b \tag{3.14}$$

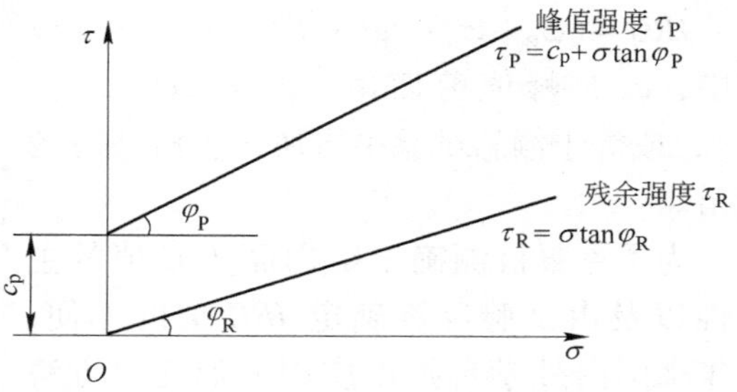

将式（3.13）代入式（3.14），化简得到

$$T = N\tan(\varphi_b + \beta) \longrightarrow \tau = \sigma\tan(\varphi_b + \beta) \tag{3.15}$$

式中，σ、τ 为结构面上的正应力和剪应力，φ_b 为结构面上的摩擦角。

从式（3.15）可以看出，由于剪切面参差不齐，使剪断面上保持有一定的咬合力，从而使内摩擦角提高到 $\varphi = \varphi_b + \beta$。因此，$\beta$ 也称结构面的剪胀角。图 3.16 为结构面有凸台的模型的剪应力与法向应力的关系曲线，它近似呈双直线的特征。结构面受剪初期，剪切力上升较快；随着剪力和剪切变形增加，结构面上部分凸台被剪断，此后剪切力上升，梯度变小，直至达到峰值抗剪强度。σ 较小时，抗剪强度 $\tau = \sigma\tan(\varphi_b + \beta)$；$\sigma$ 较大时，抗剪强度 $\tau = c + \sigma\tan\varphi_b$，其中 c 为内聚力（凝聚力）。

图 3.15 平直结构面抗剪强度曲线

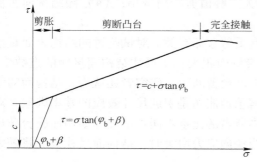

图 3.16 结构面有凸台的模型剪应力与法向应力关系曲线

试验表面，低法向应力的剪切，结构面有剪切位移和剪胀；高法向应力的剪切，凸台剪断，结构面抗剪强度最终变成残余抗剪强度。在剪切过程中，凸台起伏形成的粗糙度以及岩石强度对结构面抗剪强度起着重要作用。实际应用中应注意：（1）对结构面进行直剪试验时，法向应力应与实际工程中的一致。一般认为 $\varphi_b = \varphi_R$（残余摩擦角）；（2）β 是各向不同的，因此，测量时应使所测 β 角与所讨论的方向一致。

b 不规则粗糙结构面的抗剪强度

粗糙度以及岩石强度对结构面的抗剪强度起着重要作用。考虑上述三个因素（法向力 σ_n、粗糙度 JRC、结构面强度 JCS）的影响，Barton 和 Choubey 于 1977 年提出结构面的抗剪强度公式为

$$\tau = \sigma_n\tan\left[JRC\lg(JCS/\sigma_n) + \varphi_b\right] \tag{3.16}$$

式中，JCS 是结构面抗压强度，MPa；φ_b 是岩石表面基本摩擦角或结构面上的摩擦角，（°）；JRC 为结构面粗糙性系数。图 3.17 是 Barton 和 Choubey 于 1976 年给出的 10 种典型剖面，JRC 值根据结构面粗糙性在 0~20 之间变化。平坦近平滑结构面为 5，平坦起伏结构面为 10，粗糙起伏结构面为 20。

对于具体结构面，可以对照 JRC 典型剖面目测确定 JRC 值，也可以通过直剪试验或简单倾斜拉滑试验得出的峰值剪切强度 τ_p 和基本摩擦角 φ_b 来反算 JRC 值

$$JRC = (\varphi_P - \varphi_b)/\lg(JCS/\sigma_n) \qquad (3.17)$$

式中，φ_P 是峰值剪切角，$\varphi_P = \arctan(\tau_p/\sigma_n)$，或等于倾斜试验中岩块产生滑移时的倾角。

为了克服目测确定结构面 JRC 值的主观性以及由试验反算确定 JRC 值的不便，近年来国内外学者提出应用分形几何方法描述结构面的粗糙程度。

c　结构面力学性质的尺寸效应

结构面的力学性质具有尺寸效应。Barton 和 Bhands 用不同尺寸的结构从 5～6cm 增加到 36～40cm 时，平均峰值摩擦角降低约 8°～12°；随着试块面积的增加，平均峰值剪切应力呈减少趋势。结构面的尺寸效应，还体现在以下几个方面：（1）随着结构面尺寸的增大，达到峰值强度时的位移量增大；（2）由于尺寸的增加，剪切破坏

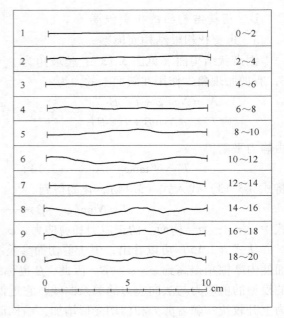

图 3.17　典型 JRC 剖面

形式由脆性破坏向延性破坏转化；（3）尺寸加大，峰值剪胀角减小；（4）随结构面粗糙度减小，尺寸效应也在减小。

结构面的尺寸效应在一定程度上与表面凸台受剪破坏有关。对试验过的结构表面观察发现，大尺寸结构面真正接触的点数很少，但接触面积大；小尺寸结构面接触的点数多，而每个点的接触面积都较小；前者只是将最大的凸台剪断了。研究者还认为，结构面的强度 JCS 与试件的尺寸成反比，结构面的强度与峰值剪胀角是引起尺寸效应的基本因素。对于不同尺寸的结构面，这两种因素在抗剪阻力中所占的比重不同：小尺寸结构面凸台破坏和峰值剪胀角所占比重均高于大尺寸结构面。当法向应力增大时，结构面尺寸效应将随之减小。

d　充填结构面剪切强度的影响因素

自然界中结构面在形成过程中和形成以后，大多经历过位移。变形结构面的抗剪强度与变形历史有密切关系，即新鲜结构面的抗剪强度明显高于受过剪切作用的结构面的抗剪强度。Jaeger 的试验表明，当第一次进行新鲜结构面剪切试验时，试样具有很高的抗剪强度；沿同一方向重复进行到第 7 次剪切试验时，试样还保留峰值与残余值的区别；当进行到第 15 次时，已看不出峰值与残余值的区别。说明在重复剪切过程中结构面上凸台被剪断、磨损，岩粒、碎屑的产生与迁移，使结构面的抗剪力学行为逐渐由凸台粗糙度和起伏度控制转化为由结构面碎岩屑的力学性质所控制。结构面在长期地质环境中，由于风化或分解，被水带入的泥沙，以及构造运动时产生的碎屑和岩溶产物充填，当结构面内充填物的厚度小于主力凸台高度时，结构面的抗剪性能与非充填时的力学特性相类似；当充填厚度大于主力凸台高度时，结构面的抗剪强度取决于充填物的厚度、颗粒大小与级配，矿物组分和含水程度都会对充填结构面的力学性质有不同程度的影响。

（1）夹层厚度的影响。实验结果表明，结构面抗剪强度随夹层厚度增加迅速降低，并

且与法向应力的大小有关。

（2）矿物颗粒的影响。充填材料的颗粒直径为 2 ~ 30m 时，抗剪强度随颗粒直径的增大而增加，但颗粒直径超过 30m 后，抗剪强度变化不大。

（3）含水量的影响。由于水对泥夹层的软化作用，含水量的增加使泥质矿物内聚力和结构面摩擦系数急剧下降，使结构面的法向刚度和剪切刚度大幅度下降。暴雨引发岩体滑坡事故，正是由于结构面含水量剧增的缘故，因此，水对岩体稳定性的影响不可忽视。

（4）岩性、矿物成分的影响。在岩土工程中经常遇到岩体软弱夹层和断层破碎带，它的存在常导致岩体滑坡和隧道坍塌。软弱夹层力学性质与其岩性、矿物成分密切相关，其中以泥化物对软弱结构面的弱化程度最为显著。同时，矿物粒度的大小与分布也是控制变形与强度的主要因素。

已有研究表明，泥化物中有大量的亲水性黏土矿物，一般水稳性都比较差，对岩体的力学性质有显著影响。一般来说，主要黏土矿物影响岩体力学性质的大小顺序是：蒙脱石 < 伊利石 < 高岭石。表 3.5 汇总了不同类型软夹层的力学性质，从表中可以看出，软弱结构面抗剪强度随碎屑（碎岩块）成分与颗粒尺寸的增大而提高；随黏土含量的增加而降低。

表 3.5　夹层物质成分对结构面抗剪强度的影响

软弱夹层物质成分	摩擦系数	黏结力/MPa
泥化夹层和夹泥层	0.15 ~ 0.25	0.005 ~ 0.02
破碎夹泥层	0.3 ~ 0.4	0.02 ~ 0.04
破碎夹层	0.5 ~ 0.6	0 ~ 0.1
含铁锰质角砾破碎夹层	0.65 ~ 0.85	0.03 ~ 0.15

另外，泥化夹层具有时效性，在恒定荷载下会产生蠕变变形。一般认为，充填结构面长期抗剪强度比瞬时强度低 15% ~ 20%，泥化夹层的瞬间抗剪强度与长期强度之比约为 0.67 ~ 0.81，此比值随黏粒含量的降低和砾粒含量的增多而增大。在抗剪参数中，泥化夹层的时效作用主要表现在 c 值的降低，对摩擦角的影响较小。因为软弱夹层的存在表现出时效性，必须注意岩体长期强度的变化和预测，确保岩体工程的长期稳定性。

3.3.3.4　结构面的力学效应

A　单节理面的力学效应

当岩体中含有一个节理面，且受到外力作用时，节理上将出现正应力 σ 及剪应力 τ，σ 和 τ 值的大小随主应力最大主平面与节理面的夹角 β 而变化，如图 3.18 所示。岩体受主应力 σ_1 和 σ_3 的作用，由莫尔圆可知节理面上的正应力和剪应力为

$$\left.\begin{aligned} \sigma &= \frac{\sigma_1 + \sigma_3}{2} + \frac{\sigma_1 - \sigma_3}{2}\cos2\beta \\ \tau &= \frac{\sigma_1 - \sigma_3}{2}\sin2\beta \end{aligned}\right\} \tag{3.18}$$

c_j，φ_j 为结构面黏结力和内摩擦角。如果节理面强度符合库仑准则，其强度 τ_j 方程为

$$\tau_j = c_j + \sigma\tan\varphi_j \tag{3.19}$$

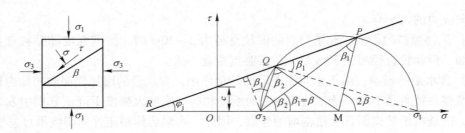

图 3.18   单节理面的力学效应

a   节理面破坏的条件

节理面正好处于极限平衡状态时，岩体将开始沿节理面产生滑移。当 β 减小时，表示节理应力状态的 P 点将降至节理面强度曲线 RQP 之下，此时节理面上出现的剪应力将小于节理的抗剪强度，因此，岩体不沿节理面产生滑移。当 β 增大时，P 点落在强度曲线 RQP 之上，此时节理面上出现的剪应力 τ 将大于节理的抗剪强度，因而使岩体沿节理面产生滑移；但是，当 $\beta > \beta_2$ 时，P 点又位于强度曲线 RQP 之下，因而不会引起岩体节理面产生滑移。故，单节理岩体沿节理面发生移动破坏的条件是：$\beta_1 \leqslant \beta \leqslant \beta_2$；当 $\beta < \beta_1$ 或 $\beta > \beta_2$ 时，即使岩体发生破坏，也只能是在与节理相交的其他断面上破坏，与节理面无关。

将式（3.18）代入式（3.19），可得到极限平衡条件下主应力与节理强度相互关系的表达式

$$\sigma_1 - \sigma_3 = \frac{2c_j \cos\varphi_j + 2\sigma_3 \sin\varphi_j}{\sin(2\beta - \varphi_j) - \sin\varphi_j} \quad \text{或} \quad \sigma_1 - \sigma_3 = \frac{2c_j + 2\sigma_3 \tan\varphi_j}{(1 - \tan\varphi_j \cot\beta)\sin 2\beta} \quad (3.20)$$

式（3.20）是式（3.18）和式（3.19）的综合表达式，其物理意义是：当作用在节理岩体上的主应力值满足本方程时，则该主应力值也能同时满足式（3.18）和式（3.19），即节理面上的应力处于极限平衡状态。

由式（3.20）可见，即使节理面的力学特性（c_j，φ_j）和 β 保持不变，也可有无数的主应力组合能满足式（3.20），即有无数个莫尔圆能与该节理面的强度曲线相交（或相切），且满足其交点（或切点）与莫尔圆的连线和 σ 轴的交角等于 2β。还可以看出，节理面上的应力和强度均是 β 的函数，因此，岩体强度与岩石的强度不同，除与应力状态有关外，还与节理面的方位有关。

b   节理面破坏

β 必须满足的条件：从式（3.20）可见，（1）当 $\beta \to \varphi_j$ 或 $\pi/2$，$\sigma_1 - \sigma_3 \to \infty$，要使方程有意义，必须 $\varphi_j < \beta < \pi/2$；（2）由图 3.18 可见，当 $\beta_1 \leqslant \beta \leqslant \beta_2$ 时，岩体才会沿节理面产生滑移破坏。故，节理面破坏的充分必要条件为：① $\varphi_j < \beta < \pi/2$；② $\beta_1 \leqslant \beta \leqslant \beta_2$。

c   节理最不利的位置

由极限平衡方程可以看出，应力圆直径（$\sigma_1 - \sigma_3$）是 β 的函数。当 β 等于某一个值时，其直径最小，与强度曲线相切。此时，应力圆直径（$\sigma_1 - \sigma_3$）对 β 的一阶导数为 0，即

$$\frac{\mathrm{d}(\sigma_1 - \sigma_3)}{\mathrm{d}\beta} = 0$$

代入式（3.20），可得

$$\tan 2\beta = -\frac{1}{\tan\varphi_j} = \tan(90° + \varphi_j)$$

即

$$\beta = 45° + \varphi_j/2 \tag{3.21}$$

也就是说，当 $\beta = 45° + \varphi_j/2$ 时，节理的强度最低，最容易产生破坏。说明岩体最容易沿此节理面产生滑移。此时的最小莫尔圆直径 $(\sigma_1 - \sigma_3)_{\min}$ 为

$$(\sigma_1 - \sigma_3)_{\min} = 2(c_j + \sigma_3\tan\varphi_j)/[(1 + \tan^2\varphi_j)^{1/2} - \tan\varphi_j] \tag{3.22}$$

d 求 β_1、β_2

见图 3.18，在 $\triangle RPM$ 中，有

$$RM = RO + OM = c_j\cot\varphi_j + \frac{\sigma_1 + \sigma_3}{2} = c_j\cot\varphi_j + \sigma_m$$

$$\angle RPM = 2\beta_1 - \varphi_j$$

$$PM = \frac{\sigma_1 - \sigma_3}{2} = \tau_m$$

由正弦定律，得

$$\frac{RM}{\sin(2\beta_1 - \varphi_j)} = \frac{PM}{\sin\varphi_j}$$

代入 RM、PM，整理得到

$$\frac{c_j\cot\varphi_j + \sigma_m}{\sin(2\beta_1 - \varphi_j)} = \frac{\tau_m}{\sin\varphi_j} \rightarrow \sin(2\beta_1 - \varphi_j) = \frac{\sin\varphi_j}{\tau_m}(c_j\cot\varphi_j + \sigma_m)$$

因此，有

$$2\beta_1 = \varphi_j + \arcsin\left[\frac{\sin\varphi_j}{\tau_m}(c_j\cot\varphi_j + \sigma_m)\right] \tag{3.23}$$

由几何关系，得到

$$2\beta_2 = \pi + 2\varphi_j - 2\beta_1 \tag{3.24}$$

e σ_3 为常数时 σ_1 与 β 的关系

当 σ_3 为定值时，岩体的承载强度 σ_1 与 β 的关系，如图 3.19（b）所示。从图 3.19（b）中可以看出，水平线与结构面破坏线相交于 a、b 两点，此两点相对于 β_1 与 β_2，此两点间的曲线表示沿结构面破坏时 $\beta - (\sigma_1 - \sigma_3)$ 关系。在两点之外，即 $\beta < \beta_1$ 或 $\beta > \beta_2$ 时，表示岩体不会沿结构面破坏，此时岩体的强度取决于岩石强度，而与结构面无关。

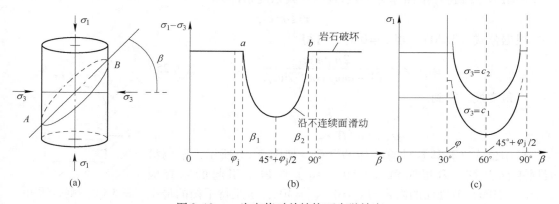

图 3.19 σ_3 为定值时单结构面力学效应

从图 3.19（c）中可以看出，随着 $\sigma_3 =$ 定值的增加，岩体的强度随之增大。

f　节理对岩体强度的影响

根据上述单结构面效应的分析，如果岩体只含一种岩石，但有一组发育较弱的结构面时，可得出如下结论：

（1）当最大主应力垂直弱面时，属于 $\beta < \beta_1$ 的情况，岩体强度与弱面无关，岩体强度就是岩石的强度。（2）当最大主应力与弱面的夹角 β 满足 $\beta_1 \leqslant \beta \leqslant \beta_2$，且 $\varphi_j < \beta < \pi/2$ 时，节理才会对岩体产生影响，岩体将沿结构面破坏，岩体强度就是结构面的强度。这时，当 $\beta = 45° + \varphi_j/2$ 时，岩体强度最低，其莫尔圆直径最小，最小莫尔圆直径按公式（3.22）求解。（3）当最大主应力平行弱面时，属于 $\beta > \beta_2$ 的情况，岩体将因弱面横向扩张而破坏，此时，岩体的强度将介于岩石强度和结构面强度两者之间。

B　多节理面的力学效应

a　岩体有两组相交的节理

其力学效应可根据单节理求解，一般有三种情况：（1）两组中只有一组节理面倾角 β 满足 $\beta_1 \leqslant \beta \leqslant \beta_2$，显然岩体强度取决于该组节理的强度，岩体若发生破坏，必沿该节理面发生。（2）两组节理均满足 $\beta_1 \leqslant \beta \leqslant \beta_2$，则岩体强度取决于节理的临界应力圆大小。显然，岩体破坏必沿临界应力圆直径较小的节理面发生，岩体强度取决于该组节理的强度。（3）两组节理均不满足 $\beta_1 \leqslant \beta \leqslant \beta_2$，则岩体强度取决于岩石本身的强度而不受节理的影响。由此可见，当岩体中有两组节理时，仅其中一组具有决定意义。可按公式（3.20）计算确定。

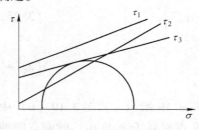

图 3.20　多组相交节理面

b　岩体有多组相交的节理

两组以上节理同样处理，不过岩体总是沿一组最有利破坏的节理首先破坏。见图 3.20，显然岩体首先沿强度曲线为 τ_2 的节理面破坏。莫尔圆始终在强度曲线为 τ_1 的节理面下面，因此，不可能沿强度曲线为 τ_1 的节理面发生破坏。

C　当 $c_j = 0$ 时结构面的力学效应

岩体中的节理往往不具有黏结力，呈现 $c_j = 0$，这时节理面的抗剪强度只靠节理面间的摩擦阻力来维持。按照库仑-莫尔判据，其强度条件为

$$\tau \leqslant \sigma \tan\varphi$$

根据公式（3.20），当 $c_j = 0$ 时，可得

$$\sigma_1 - \sigma_3 = \frac{2\sigma_3 \tan\varphi_j}{(1 - \tan\varphi_j \cot\beta)\sin 2\beta} \tag{3.25}$$

三角变换，得到

$$\frac{\sigma_1}{\sigma_3} = \frac{\tan\beta}{\tan(\beta - \varphi_j)}$$

可用公式（3.25）计算块体的平衡。如图 3.21 所示，平硐沿岩层走向开挖，岩层倾角 $\beta = 50°$，由上覆岩层引起的垂直应力 $\sigma_1 = 2\text{MPa}$，节理面的内聚力 $c_j = 0$，$\varphi_j = 40°$，求维持平衡的最小水平推力 σ_3。

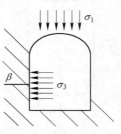

图 3.21　倾斜岩层中平硐的稳定性

由公式（3.25）得，$\sigma_3 = \sigma_1 \tan(\beta - \varphi_j)/\tan\beta = \sigma_1 \tan10°/\tan50° \approx 0.30\text{MPa}$。

3.4 岩体的强度特性

岩体强度是指岩体抵抗外力破坏的能力。它有抗压强度、抗拉强度和抗剪强度之分，但对于裂隙岩体来说，其抗拉强度很小，加上岩体抗拉强度测试技术难度大，所以目前对岩体抗拉强度研究很少，本节主要讨论岩体的抗压强度和抗剪强度。

岩体是由岩块和结构面组成的地质体，因此其强度必然受到岩块和结构面强度及其组合方式（岩体结构）的控制。一般情况下，岩体强度不同于岩石强度，也不同于结构面的强度。如果岩体中结构面不发育，呈完整结构，则岩体强度大致等于岩块强度；如果岩体将沿某一结构面滑动，则岩体强度完全受该结构面强度的控制；这两种情况，比较好处理。本节着重讨论被各种节理、裂隙切割的裂隙（节理化）岩体强度的确定问题。研究表明，裂隙岩体的强度介于岩石强度和结构面强度之间（见图 3.22），它一方面受岩石材料性质的影响，另一方面受结构面特征（数量、方向、间距、性质等）和赋存条件（地应力、水、温度等）的控制。

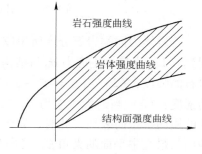

图 3.22 岩体强度特征

岩体无论是单向受压或三向受压，其强度受加载方向与结构面交角 θ 的控制，表现出岩体强度的各向异性。图 3.23 中（a）、（b）两图分别为结晶片岩单轴抗压强度、石墨片岩三轴抗压强度随加载方向与片理交角 θ 的变化情况。从图中看出，当 θ 在 30°左右，即 $\theta = 45° - \varphi_j/2$ 时，其抗压强度最低，这是由于破坏面与结构面重合所致。当 θ 偏离该值时，无论 θ 角增大或减小，其强度都将逐渐增大。当 θ 增至 ≤90°的某一极限值后，其强度将增至最大，与无结构面影响时的岩石强度值相等。可见，岩体中有结构面存在时，其强度在某些方向上有所降低，尤以单向受压时降低更甚。

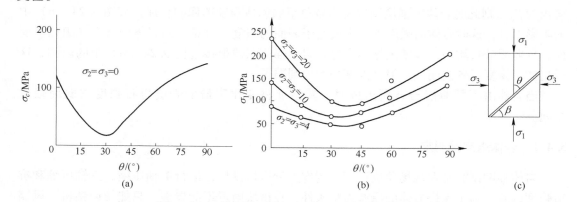

图 3.23 强度随加载方向与片理交角 θ 的变化曲线

（a）结晶片岩单轴抗压强度；（b）石墨片岩三轴抗压强度；（c）加载方向与片理交角 θ 示意图

结构弱面对岩体强度的影响可用图 3.24 作概要说明。

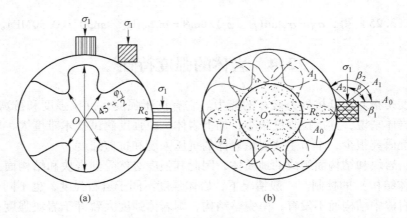

图 3.24　岩体强度的各向异性及其与岩石强度的关系

若岩体为同类岩石分层所组成，或岩体只含有一种岩石，但有一组发育的弱面（如层理）。（1）当最大主应力 σ_1 与结构面垂直时，岩体强度与结构面无关，此时岩体强度就是岩石的强度；（2）当 $\beta = 45° + \varphi_j/2$ 时，岩体将沿结构面破坏，此时岩体强度就是结构面的强度；（3）当最大主应力 σ_1 与结构面平行时，由于结构面抗拉强度小，岩体将因结构面的横向扩张而破坏。此时，岩体的强度将介于前述两者之间。如果以极坐标辐角表示结构面与最大主平面的夹角 β，径向长度表示岩体的强度，则岩体强度随 β 角的变化情况如图 3.24（a）所示，即

$$
\left.
\begin{array}{l}
(1)\,当\,\beta = n\pi\,时，岩体强度\,S_c = 2c\cos\varphi/(1-\sin\varphi) \\
(2)\,当\,\beta = n\pi + (45°\pm\varphi_j/2)\,时，S_c = 2c_j\cos\varphi_j/(1-\sin\varphi_j) \\
(3)\,当\,\beta = (n\pm1/2)\pi\,时，2c_j\cos\varphi_j/(1-\sin\varphi_j) < S_c < 2c\cos\varphi/(1-\sin\varphi)
\end{array}
\right\}
\qquad (3.26)
$$

式中，φ、φ_j 分别为岩石及弱面的内摩擦角，c、c_j 分别为岩石及弱面的凝聚力。

显然，没有弱面时岩体的强度就是图 3.24（a）中的外圆半径。

当岩体中有多组弱面，例如有 A_0、A_1、A_2 三组弱面。A_0 与 A_1 的交角为 β_1，A_0 与 A_2 的交角为 β_2，则此时岩体的强度图像将为各单组弱面体强度图像的叠加，如图 3.24（b）中的阴影部分，这时岩体的强度则基本决定于弱面的强度。可见，当岩体中含有三组以上弱面，且弱面分布均匀，强度大体相当时，岩体强度图像很接近图 3.24（b）中的内圈，这时岩体又恢复了各向同性，但是强度却大大削弱了。

当岩体由不同薄层岩石所组成时，其强度将变化于最弱岩层岩石强度与弱面强度之间。

3.4.1　岩体强度的测定

岩体强度试验是在现场原位切割、制作大型岩体试块，进行单轴压缩、三轴压缩和抗剪强度试验。为了保持岩体的原有力学条件，在试块附近不能爆破，只能使用钻机、风镐等机械破岩，根据设计的尺寸，凿出所需规格的试体。加载设备用千斤顶和液压枕（扁千斤顶）。

随着试件尺寸增大，岩体单向抗压强度将有所降低，这是由于试件中所包含的细小裂

隙增多所致。岩体试件尺寸远大于岩石试件尺寸，因此对岩体的单向抗压强度影响甚为明显。一般试件为边长 0.5 ~ 1.5m 的立方体，因为大部分岩石在 $A^{1/2} > 0.5 ~ 1.0m$ 时（A 为试件横截面面积）性状即稳定。

3.4.1.1 岩体单轴抗压强度

切割成的试件如图 3.25 所示，在拟加压的试件表面（在图 3.25 中为试件的上端）抹一层水泥砂浆，将表面抹平，并在其上放置方木和工字钢组成垫层，以便把千斤顶施加的荷载经垫层均匀传给试件。根据试件破坏时千斤顶施加的最大荷载及试件受载截面积，计算岩体的单轴抗压强度 σ_c。

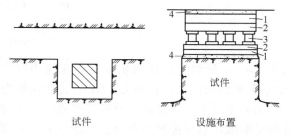

图 3.25 岩体单轴抗压强度测定
1—方木；2—工字钢；3—千斤顶；4—水泥砂浆

$$\sigma_c = P/A \tag{3.27}$$

式中，P 为试件破坏时的作用力，N；A 为试件横截面面积，m^2。

3.4.1.2 岩体抗剪强度的现场测定

在现场进行抗剪强度测定时，加载方向对岩体强度有较大影响。岩体的破裂多由其中的结构面发生剪切位移所引起，仅当加载方向垂直于结构面时，岩块本身强度才能发挥作用。许多的边坡失稳及工程失事都证实了这一点。因此，近年来国内外都加强了岩体中结构面的现场抗剪强度试验。试验可采用双千斤顶或单千斤顶法。

A 双千斤顶法

以一个千斤顶施加正压力，另一个施加横推力，见图 3.26。推力千斤顶可以水平布置（平行于剪断面）。但有人认为，这种布置可能在剪断面上出现力矩效应，使得正应力分布不均匀。故主张用倾斜布置，使合力通过剪切面中心，但是倾角 α 不宜过大，否则效果不佳，一般取 $\alpha = 15°$。

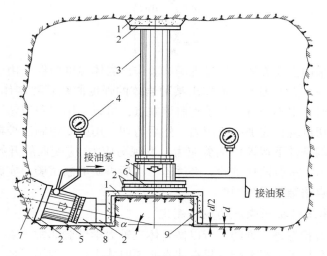

图 3.26 现场抗剪试验
1—砂浆顶板；2—钢板；3—传力柱；4—压力表；5—液压千斤顶；6—滚轴排；
7—混凝土后座；8—斜垫板；9—钢筋混凝土保护罩

试验时，每组试件应不少于四块。剪断面上的应力按下式计算，然后根据 σ、τ 绘制岩体强度曲线。

$$\left.\begin{array}{l} \sigma = \dfrac{P}{F} + \dfrac{Q}{F}\sin\alpha \\[3mm] \tau = \dfrac{Q}{F}\cos\alpha \end{array}\right\} \tag{3.28}$$

式中，σ、τ 分别为试件剪切面上的正应力和剪应力，MPa；F 为试件剪切面面积，m^2；P、Q 分别为法向力和斜向力，N；α 为横向推力与剪切面的夹角，(°)。

当剪切面上存在裂隙、节理等弱面时，抗剪面积将分为剪断破坏与滑动破坏两部分，其中剪断破坏部分被视为有效抗剪面积 F_a，设滑动破坏部分的面积为 F_b，则有

$$\left.\begin{array}{l} F = F_a + F_b \\[3mm] \sigma = \dfrac{P}{F} + \dfrac{Q}{F}\sin\alpha \\[3mm] \tau = \dfrac{Q}{F_a}\cos\alpha \end{array}\right\} \tag{3.29}$$

用双千斤顶进行岩体剪切试验时，由于设备的重力、试件重力及滚轴的滚动摩擦等影响，在计算时应考虑以下两点：（1）施加于试件剪切面上的压力应包括千斤顶等设备的重力及试件重力；（2）计算剪应力时，要扣除滚轴的滚动摩擦阻力。

B　单千斤顶法

现场无法施加垂直荷载时采用单千斤顶法。如图 3.27 所示，在预定的剪切面上作成与推力 Q 成不同交角 α 的试件，然后用千斤顶加载试验。试件破坏面上正应力 σ 和剪应力 τ 为

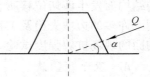

图 3.27　单千斤顶剪切试验

$$\left.\begin{array}{l} \sigma = \dfrac{Q}{F}\sin\alpha \\[3mm] \tau = \dfrac{Q}{F}\cos\alpha \end{array}\right\} \tag{3.30}$$

不难理解，要采用上述方法，通过现场试验作出岩体强度曲线，由于每一个试件只能作出强度曲线上的一个点，因此，要作出某种岩体的强度曲线就要制作足够数量的试块。这样既费工，又费时，很不经济。为了克服该缺点，可以采用"单点法"进行试验，即用一个试件做多次剪切试验，先加一正应力，然后剪切。用应变控制法控制每单位时间内的变形，在变形相等的条件下逐渐增加剪应力，发现剪应力-应变曲线开始偏离直线时立刻卸载，再改变正应力，进行同样试验。经过若干次后再做剪断试验。实践证明，该试验方法与每次剪断的多点法结果是相同的。

3.4.1.3　岩体三轴抗压强度的现场测定

地下工程的受力状态是三维的，所以做岩体三轴力学试验非常重要。但是，由于现场原位三轴力学试验在技术上很复杂，只在非常必要时才进行。现场岩体三轴试验装置见图 3.28（a），用千斤顶施加轴向荷载，用压力枕施加围压荷载。试件尺寸一般为：2.8m × 1.4m × 2.8m，$h > 2a$，矩形截面，见图 3.28（b）。

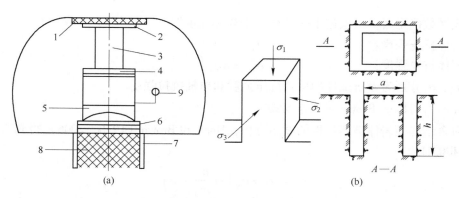

图 3.28 三轴试验装置（a）及现场试验力学模型（b）
1—混凝土顶座；2，4，6—垫板；3—顶柱；5—球面垫；7—压力枕（液压）；
8—岩体试件；9—液压表（千斤顶）

根据围压情况，可分为等围压三轴试验和真三轴试验。近期研究表明，中间主应力在岩体强度中起重要作用，在多节理的岩体中尤其重要，因此，真三轴试验越来越受重视，而等围压三轴试验的实用性更强。

3.4.2 岩体强度的估算

岩体强度是岩体工程设计的重要参数，而在现场测定岩体强度工程费用昂贵，需要时间长，很不经济，难以大量进行。因此，如何利用地质资料及小试块室内试验资料，从理论上研究岩石和岩体的力学参数之间的关系，对岩体强度作出合理估算，是岩石力学中的重要研究课题。

3.4.2.1 准岩体强度

近年来通过试验研究证明，小尺寸试件的强度与岩体强度之间有一定联系。可用室内测定的岩石强度间接确定岩体强度，用"准岩体强度"的概念表示。

节理、裂隙是影响岩体强度的主要因素，如果通过某种方法查明岩体中裂隙的分布，便可根据岩石强度间接确定岩体强度。

试验得知，弹性波穿过岩体时，遇到裂隙便发生绕射或被吸收，传播速度将有所降低或为零。裂隙存在越多，弹性波传播速度降低越大。小尺寸试件含裂隙少，甚至不含裂隙，传播速度大。因此，根据弹性波在试件和岩体中的传播速度比，可判断岩体中裂隙发育程度，称此比值的平方为龟裂系数，以 K 表示

$$K = (V/v)^2 \tag{3.31}$$

式中，V 为岩体中弹性波传播速度，m/s；v 为岩石中弹性波传播速度，m/s。

各种岩体的龟裂系数见表 3.6。

表 3.6 龟裂系数

岩 体 种 类	龟 裂 系 数	岩 体 种 类	龟 裂 系 数
完 整	>0.75	破 碎	0.15 ~ 0.35
较完整	0.55 ~ 0.75	极破碎	<0.15
较破碎	0.35 ~ 0.55		

龟裂系数确定后，可根据下式计算"准岩体强度"。

准岩体抗压强度：
$$\left.\begin{array}{l} \sigma_{mb} = K\sigma_c \\ \sigma_{mc} = K\sigma_t \end{array}\right\} \tag{3.32}$$
准岩体抗拉强度：

式中，σ_c、σ_t分别为岩石试件的单轴抗压强度和单轴抗拉强度。

3.4.2.2　Hoek-Brown 等经验方程

经对含结构面岩体破坏特性的试验分析，Hoek 和 Brown（1978，2006）得到节理岩体通用破坏准则

$$\sigma_1 = \sigma_3 + \sigma_{ci}\left(m\frac{\sigma_3}{\sigma_{ci}} + ks\right)^a \tag{3.33a}$$

式中，σ_1 和 σ_3 分别为岩石破坏时的最大和最小有效应力，MPa；σ_{ci} 为岩石试样的单轴抗压强度，MPa，在静态时试验，σ_{ci} 取静态单轴抗压强度 σ_c；在动态时试验，σ_{ci} 取动态单轴抗压强度 σ_{cd}。赵坚和李海波（2003）确定 $\sigma_{cd} = m\lg(\dot{\varepsilon}_{cd}/\dot{\varepsilon}_c) + \sigma_c$，其中 $\dot{\varepsilon}_{cd}$、$\dot{\varepsilon}_c$ 分别为动态、准静态加载速率，MPa/s；$\dot{\varepsilon}_c$ 一般约为 5×10^{-2} MPa/s；m 为材料常数，可由三轴试验得出，也可用 Barton 等人及 Bieniawski 的岩体分类法来获得，见表 3.7。对岩块或岩石，简化后 ks 取 1，a 取 0.5。

令 $\sigma_3 = 0$，由式（3.33a）可得到岩体的单轴抗压强度 σ_{cm} 为

$$\sigma_{cm} = \sigma_c \cdot k \cdot s^a \tag{3.33b}$$

式中，岩体的特性参数 k 可根据现场情况确定，其值一般为 $k = 1.2 \sim 2.0$；$s = 2\mathrm{e}^{(GSI-100)/9}$；$a = 0.5 - \dfrac{\mathrm{e}^{-GSI/15}}{6} + \dfrac{\mathrm{e}^{-20/3}}{6}$；GSI 为 Hoek 岩体质量分级指标，可以按 3.7 节中的 Q、CSIR 分类结果取值；σ_c 意义同式（3.33a）。

与法向应力和切向应力有关的岩土工程中常用的莫尔包络线，可由 Hoek-Brown 提出的方法确定。为了模拟大尺寸的现场岩体试验，由式（3.33）生成一系列三轴试验值，经统计分析与曲线拟合，导出等效莫尔包络线方程为

$$\tau = A\sigma_{ci}\left(\frac{\sigma_n - \sigma_{tm}}{\sigma_{ci}}\right)^B \tag{3.34}$$

式中，A 和 B 为材料常数，取值见表 3.7；σ_n 为法向有效应力，MPa；σ_{tm} 为岩体单轴抗拉强度，MPa；τ 为岩体剪切强度，MPa；σ_{ci} 意义同式（3.33）。σ_{tm}/σ_{ci} 可用 T 表示，T 取值见表 3.7。

Hoek 和 Brown 根据岩体性质与实践经验，还得到

$$\left.\begin{array}{l} \sigma_{tm} = 0.5\sigma_c(m - \sqrt{m^2 + 4s}) \\ E = 10^{(GSI-10)/40} \cdot \sigma_c \geqslant 100\mathrm{MPa} \\ E = \sqrt{\sigma_c/100}\ 10^{(GSI-10)/40} \cdot \sigma_c < 100\mathrm{MPa} \end{array}\right\} \tag{3.35}$$

式中，σ_{tm} 为岩体单轴抗拉强度，MPa；E 为岩体变形模量，GPa；其他符号意义同式（3.33）。

在低围压及较坚硬完整的岩体条件下，式（3.33）～式（3.35）估算的强度偏低，但对受构造扰动或结构面较发育的岩体，Hoek（1987）认为用此方法估算是合理的。为了简化上述公式，Vutukuri 和 Hossaini（1995）等不少学者仍在继续研究。国内学者孙广忠

表 3.7　岩体质量和经验常数之间关系表（据 Hoek 和 Brown，1980）

岩体状况	具有很好结晶解理的碳酸盐类岩石，如白云岩、灰岩、大理岩	成岩的黏土质岩石，如泥岩、粉砂岩、页岩、板岩（垂直层理）	强烈结晶、结晶解理不发育的砂质岩石，如砂岩、石英岩	细粒多矿物结晶岩浆岩，如安山岩、辉绿石、玄武岩、流纹石	粗粒多矿物结晶岩浆岩和变质岩，如角闪岩、辉长岩、片麻岩、花岗岩、石英闪长岩等
完整岩块试件、实验室试件，无节理，$RMR=100$，$Q=500$	$m=7.0$，$s=1.0$，$A=0.816$，$B=0.658$，$T=-0.140$	$m=10.0$，$s=1.0$，$A=0.918$，$B=0.677$，$T=-0.099$	$m=15.0$，$s=1.0$，$A=1.044$，$B=0.692$，$T=-0.067$	$m=17.0$，$s=1.0$，$A=1.086$，$B=0.883$，$T=-0.059$	$m=25.0$，$s=1.0$，$A=1.220$，$B=0.998$，$T=-0.040$
非常好质量岩体，紧密互锁，未扰动，未风化岩体，节理间距 3m 左右，$RMR=85$，$Q=100$	$m=3.5$，$s=0.1$，$A=0.651$，$B=0.679$，$T=-0.028$	$m=5.0$，$s=0.1$，$A=0.739$，$B=0.692$，$T=-0.020$	$m=7.5$，$s=0.1$，$A=0.848$，$B=0.702$，$T=-0.013$	$m=8.5$，$s=0.1$，$A=0.651$，$B=0.705$，$T=-0.012$	$m=12.5$，$s=0.1$，$A=0.651$，$B=0.712$，$T=-0.008$
好质量岩体，新鲜至微风化，轻微构造变化岩体，节理间距 1~3m 左右，$RMR=65$，$Q=10$	$m=0.7$，$s=0.004$，$A=0.369$，$B=0.669$，$T=-0.006$	$m=1.0$，$s=0.004$，$A=0.427$，$B=0.683$，$T=-0.004$	$m=1.5$，$s=0.004$，$A=0.501$，$B=0.695$，$T=-0.003$	$m=1.7$，$s=0.004$，$A=0.525$，$B=0.698$，$T=-0.002$	$m=2.5$，$s=0.004$，$A=0.603$，$B=0.707$，$T=-0.002$
中等质量岩体，中等风化，岩体中发育有几组间距为 0.3~1m 左右节理，$RMR=44$，$Q=1.0$	$m=0.14$，$s=0.0001$，$A=0.198$，$B=0.662$，$T=-0.0007$	$m=0.20$，$s=0.0001$，$A=0.234$，$B=0.675$，$T=-0.0005$	$m=0.30$，$s=0.0001$，$A=0.280$，$B=0.688$，$T=-0.0003$	$m=0.34$，$s=0.0001$，$A=0.295$，$B=0.691$，$T=-0.0003$	$m=0.50$，$s=0.0001$，$A=0.346$，$B=0.700$，$T=-0.0002$
坏质量岩体，大量风化节理，间距 300~500mm，并含夹泥，$RMR=23$，$Q=0.1$	$m=0.04$，$s=0.00001$，$A=0.115$，$B=0.646$，$T=-0.0002$	$m=0.05$，$s=0.00001$，$A=0.129$，$B=0.655$，$T=-0.0002$	$m=0.08$，$s=0.00001$，$A=0.162$，$B=0.672$，$T=-0.0001$	$m=0.09$，$s=0.00001$，$A=0.172$，$B=0.676$，$T=-0.0001$	$m=0.13$，$s=0.00001$，$A=0.203$，$B=0.686$，$T=-0.0001$
非常坏质量岩体，具有大量严重风化节理，间距小于 50mm，充填夹泥，$RMR=3$，$Q=0.01$	$m=0.007$，$s=0$，$A=0.042$，$B=0.534$，$T=0$	$m=0.010$，$s=0$，$A=0.050$，$B=0.539$，$T=0$	$m=0.015$，$s=0$，$A=0.061$，$B=0.546$，$T=0$	$m=0.017$，$s=0$，$A=0.065$，$B=0.548$，$T=0$	$m=0.025$，$s=0$，$A=0.078$，$B=0.556$，$T=0$

（1988）也提出了如下反映岩体结构效应的强度判据：

$$\sigma = \sigma_m + AN^{-\beta} \tag{3.36}$$

式中，σ、σ_m 分别表示岩体强度、原位试件的最小强度，MPa；A、β 是岩体常数；N 是试样所含的结构体数。无节理完整岩体的 $\sigma_m/\sigma = 0.7$。林伟平和罗淦堂（1979）测出，节理间距为 30cm 左右的宜昌白垩系砂岩的 $\sigma_m/\sigma \approx 0.32$。孙广忠、周瑞光和郭志（1980）测出，节理间距为 $2\sim3cm$ 的浙江富阳板岩的 $\sigma_m/\sigma \approx 0.088$。

工程实际中，从岩石参数转化为岩体参数时，密度、泊松比一般不折减；按《水利水电工程岩石试验规程》（DL/T 5368—2007），一般凝聚力 C 取饱和岩石三轴剪切试验值的 1/10 左右；抗拉、抗压、变形模量、内摩擦角折减系数一般取 $1/3\sim2/3$。折减系数具体取值可用数值模拟方法结合工程开挖实际进行验算。

3.4.3　岩体破坏机理及破坏判据

3.4.3.1　岩体破坏的概念

岩体在一定的应力条件下丧失其结构联结，或丧失承载力和稳定性，称为岩体破坏。岩体在结构丧失之后的运动称为岩体工程结构的破坏，常影响工程使用，甚至报废。

工程岩体破坏可分为两个阶段：（1）岩体结构联结的丧失，包括结构面开裂、错动或滑移，结构体拉伸破坏或剪切破坏；（2）结构体运动，如边坡滑动、倾倒、滚石、采场冒顶等。

3.4.3.2　岩体破坏机理

A　拉伸破坏

拉伸破坏分三种，即垂直结构面方向的拉伸破坏、沿结构面方向的拉伸破坏和完整岩体的拉伸破坏，见图 3.29。

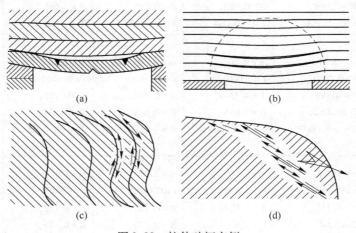

图 3.29　拉伸破坏实例

（a）挠曲破坏；（b）离层现象；（c），（d）拉伸破坏

B　剪切破坏

剪切破坏分两种，即取决于结构面强度的沿结构面的剪切破坏和取决于岩石强度的切穿结构面的剪切破坏，见图 3.30。

3.4.3.3　岩体破坏判据

A　耶格尔判据

耶格尔提出岩体沿结构面剪切破坏的条件，即节理面极限应力平衡方程（3.20）

$$\sigma_1 - \sigma_3 = \frac{2c_j\cos\varphi_j + 2\sigma_3\sin\varphi_j}{\sin(2\beta - \varphi_j) - \sin\varphi_j}$$

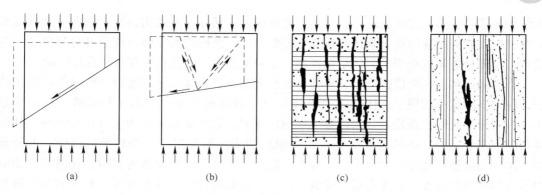

图 3.30　剪切破坏实例

（a）沿着结构面滑动；（b）既沿着结构面滑动又切穿岩石材料；（c）同时切穿结构面
及岩石材料而产生新结构面；（d）使原结构面进一步张开

当节理面倾角 β 满足 $\beta_1 \leqslant \beta \leqslant \beta_2$，且 $\varphi_j < \beta < \pi/2$ 时，节理才会对岩体产生影响，这时岩体的强度取决于节理的强度；当 $\beta = 45° + \varphi_j/2$ 时，岩体强度最低，其莫尔圆直径最小；当 $\beta < \beta_1$ 或 $\beta > \beta_2$ 时，岩体强度与节理无关，取决于岩石的强度，见图 3.31。随围压 $\sigma_3 = c$ 的增加，即 $c_2 > c_1$ 时，岩体的强度 $\sigma_{1(c2)} > \sigma_{1(c1)}$，见图 3.19（c）。

B　霍克-布朗经验判据

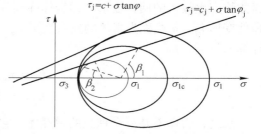

图 3.31　岩体沿结构面破坏判断

$$\sigma_1 = \sigma_3 + \sigma_c \left(m \frac{\sigma_3}{\sigma_c} + s \right)^{\alpha} \qquad (3.37)$$

式中，σ_c 为完整岩石单轴抗压强度；m 为霍克-布朗常数；s、α 为取决于岩体特征的常数，对于完整岩石，$s=1$、$\alpha=0.5$；σ_1、σ_3 分别为岩石破坏时三轴抗压强度的最大、最小主应力，MPa。

3.5　岩体的变形特性

3.5.1　岩体的单轴和三轴压缩变形特征

现场岩体单轴和三轴压缩试验的应力-应变全过程曲线如图 3.32 所示。岩体在加载过程中，由于岩体内部的结构调整、结构面压缩与闭合，应力-应变曲线呈上凹形。中途卸载回弹变形有滞后现象，并出现不可恢复的残余变形，这是由于结构面在受压过程中产生闭合、滑移与错动造成的。每一级加载与卸载循环，曲线都是开环型的，伴随外荷载增加，残余变形量的增长速度变小，累积残余变形增大，而且岩体

图 3.32　现场岩体循环压缩应力-应变全过程曲线

内结构面数量越多，岩体越破碎，岩体的弹性越差，回弹变形能力越弱，因此，卸载变形曲线有较大的滞后变形量。岩体弹性变形差的原因，是结构面非弹性变形部分消耗了一定能量，这部分能量完全用于岩体结构调整、结构面压密，或结构体相对滑移与错动。

当加载达到岩体峰值强度后，岩体开始出现破坏。岩体的破坏过程一般呈柔性破坏特征，应力下降比较缓慢。岩体的应力下降取决于岩体的完整性，岩体越破碎，应力降越小，表现出的脆性也越低。从岩体整个变形过程看，岩体受载后应力上升比较缓慢。从破坏后曲线来看，岩石破坏后并非完全失去承载能力，而是保持一个较小的数值。也就是说，试件完全破坏经过较大变形后，应力下降到一定值之后便保持为常数，此时对应的应力为岩体的残余强度。岩体在循环荷载作用下，卸载时荷载下降至零时，相应的变形过程将出现闭环形式；随着外荷载加大或循环次数的增多，闭环曲线逐级向后移动（图3.32），这是岩体裂隙结构面逐级被压密与啮合所导致的。重复加、卸载次数越多，结构体与结构面压密程度越高，闭环曲线上的滞后变形量越小，甚至把闭环曲线演变成一条线，岩体变形由结构控制转变为结构效应的消失。当外荷载降至零并且持续一定时间后，岩体将产生较大的回弹变形，即岩体弹性变形能释放。图3.33（a）中的 b 段称为岩体的弹性变形 ε_b，a 段称为岩体的残余变形 ε_a。岩体的弹性模量 E_e、变形模量 E_p 可通过下式计算

$$\left.\begin{array}{l} E_e = \sigma_0 / \varepsilon_b \\ E_p = \sigma_0 / (\varepsilon_a + \varepsilon_b) \end{array}\right\} \tag{3.38}$$

总之，岩体不是一个理想的弹性体，它同时具有弹性、塑性和黏性特征，是一种多裂隙的非连续介质。因此，岩体受力后的变形特征主要取决于岩体中的结构面和结构体的性质。岩体典型的全应力-应变曲线，即破坏全过程曲线，如图3.33（b）所示。

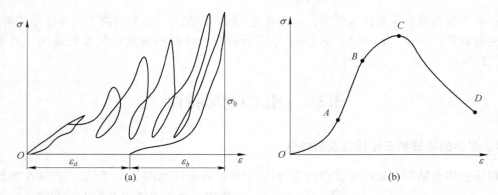

图3.33 现场岩体变形模量测量过程曲线（a）及岩体典型的全应力-应变曲线（b）

岩体典型的全应力-应变曲线大体上可以分为如下四个阶段。（1）裂隙压密阶段（$O-A$）：岩体中裂隙受压闭合后，充填物被压密实，出现不可回复的残余变形。形成非线性上凹形压缩变形曲线，压缩变形的大小，决定于裂隙（结构面）的形态。在这一阶段表现出弹性、塑性并存的特点。（2）弹性变形阶段（$A-B$）：经过压密阶段后，岩体由不连续状态进入连续状态，呈现弹性变形。（3）塑性变形阶段（$B-C$）：当应力超过屈服极限时，岩体即进入塑性变形阶段，在这个阶段内，即使荷载增加不大，也会产生较大的变

形。于是，应力-应变曲线形成向下弯曲的下凹形。（4）破坏阶段（$C-D$）：当应力达到岩体的极限强度时，岩体进入破坏阶段，出现岩体应力释放过程。岩体在破裂时应力并不突然下降，在破裂面上尚存在一定摩擦力，使岩体仍具有承载能力，直至最终达到岩体残余强度。

上面分析的是岩体变形的一般规律，对于不同结构类型的岩体，其变形特征则有所不同。根据变形曲线的形状，可将岩体变形曲线划分为：直线形、下凹形、上凹形、S形等形式，见图3.34。其中最常见的是上凹形、下凹形和直线形，其他形式可看成是这三种形式的组合。

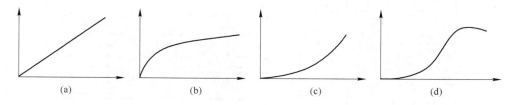

图3.34 岩石三种基本应力-应变曲线

（a）直线形；（b）下凹形；（c）上凹形；（d）S形（组合形）

（1）直线形：这主要是坚硬、完整无裂隙岩体的变形曲线。此外，当岩体裂隙分布较均匀时，其变形曲线也常呈直线。如图3.34（a）所示。

（2）下凹形：这种变形曲线常出现在以下几种岩体，即节理裂隙发育，且有泥质充填的情况；岩石性质软弱（如泥岩、风化岩）的岩体；岩体埋藏较深且有软弱夹层的情况。见图3.34（b）。

（3）上凹形：这种变形曲线多为岩性较坚硬，但裂隙发育，且裂隙多呈张开而无充填物的岩体。随着压力的增加，曲线斜率逐渐增大，这反映了裂隙逐渐闭合或岩体因镶嵌作用挤紧的过程。岩体的变形曲线如图3.34（c）所示。

3.5.2 岩体的剪切变形特征

岩体的剪切变形是许多岩体工程特别是边坡工程中最常见的变形模式，如坝基底部剪滑、巷道拱肩失稳、边坡滑坡等实际岩体变形，有可能是单因素的，如沿某一组结构面剪切滑移或追踪岩体内部薄弱部位剪断；也可以是几种变形兼而有之。图3.35展示了岩体剪切变形的特征。在屈服点以下，变形曲线与压缩变形相似。屈服点以后，岩体内某个结构面和结构体可能首先被剪坏，随之出现一次应力降，峰值前可能

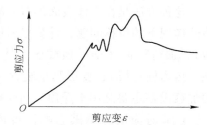

图3.35 岩体原位抗剪试验曲线

出现多次应力降。当应力增加到一定程度，沿被剪坏部位以瞬间破坏的方式出现，并伴有一次大的应力降，然后可能产生稳定滑移。

3.5.3 岩体各向异性变形特征

岩体变形的另一个主要特征是各向异性。垂直层面方向岩体变形模量 $E_\perp$ 明显大于平

行层面方向岩体的变形模量 $E_{/\!/}$，这种区别主要是由于变形机制的不同。见图 3.36，垂直层面的压缩变形量主要是由岩块和结构面（软弱夹层）压密汇集构成，而平行层面方向的压缩变形量主要是岩块和少量结构面错动构成。层状岩体中，不仅开裂层面压缩变形量大，而且成岩过程中由于沉积韵律的变化，层面出现在矿物联结力弱、致密度又低的部位，它是层面方向压缩变形量大的另一个原因。因此，构成岩体变形的各向异性的两个基本要素是：（1）物质成分和物质结构的方向性；（2）节理、裂隙和层面等结构面的方向性，节理岩体各方向力学性质的差异均由此而产生。

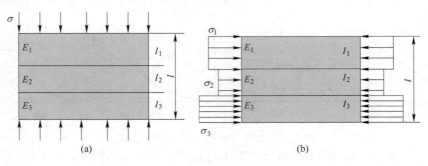

图 3.36　平行节理面岩体受力模型

（a）垂直层面加力；（b）平行层面加力

3.5.4　原位岩体变形参数测定

通常用原位试验绘制 $\sigma - \varepsilon$ 曲线，据此测定岩体的变形指标 E、μ。岩体现场变形试验方法有静力法、动力法（弹性波测量法）。动力法是以动力荷载，如人工地震引起的动荷载，向岩体加载。常用的静力法有：承压板法（千斤顶荷载试验）、径向荷载法、水压法、狭缝法等。两种方法产生的变形效应有所不同。通常用动力法测出的岩体变形模量和弹性模量较静力法测得的大，详见表 3.8。

3.5.4.1　表面承压板法（静力法）

这种方法是在岩体表面加载并测量其表面变形，然后根据弹性力学中半无限体在垂直荷载作用下的位移问题，计算出岩体的弹性模量。试验装置由四部分组成，即垫板（承压板）、加荷装置（千斤顶或压力枕）、传力装置（传力支柱、传力柱垫板）、变形测量装置（测微计），见图 3.37。因加载设备主要是用千斤顶，因此也称千斤顶法。

试验时应清除爆破影响深度内的破碎岩石，整平平面，然后按图 3.37 安设加载设备及测量设备。承压板一般为方形或圆形，面积大小视岩体裂隙情况和加载设备而定，一般 $0.5 \sim 1.2 \mathrm{m}^2$ 为宜。垫板材料可用柔性板也可用刚性板。加载设备一般用 $500 \sim 3000 \mathrm{kN}$ 千斤顶。但是，如果要进行大面积的高压试验，可采用压力枕。

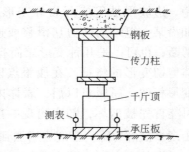

图 3.37　刚性承压板试验装置图

施加荷载的方法，一般根据岩体结构和工程要求而定。当岩体比较完整时，可采用大循环法，见图 3.38（c），每级荷载作一次加、卸载过程，用以确定岩体在不同荷载条件下的变形特征。当岩体裂隙较多或有软弱夹层时，可采用图 3.38（a）、（b）的小循环法，即逐级多循环加载，在每次荷载条件下作多次加、卸载过程，以了解各种结构面对岩体变形的影响。

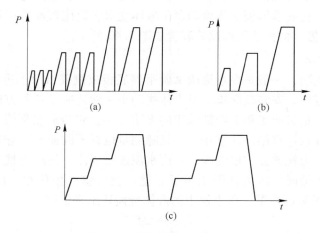

图 3.38　分级加载及逐级加载
（a）多循环法；（b）单循环法；（c）大循环法

　　试验时，岩体的变形可在垫板下测定，也可在通过垫板中心的轴线上或距垫板一定距离处测定。设垫板总变形（位移）量为 W_0，m；其中弹性变形量为 W_e，m；塑性变形量为 W_p，m。不同加载方式的 $p-W$ 曲线见图 3.39。

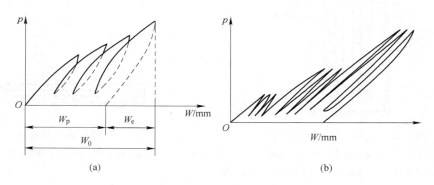

图 3.39　不同加载方式的 $p-W$ 曲线

岩体变形模量 E_0 为

岩体弹性模量 E_e 为

$$\left.\begin{array}{l} E_0 = \dfrac{pb(1-\mu^2)\omega}{W_0} \\[3mm] E_e = \dfrac{pb(1-\mu^2)\omega}{W_e} \end{array}\right\} \tag{3.39}$$

式中，p 为受荷面单位面积上的压力，MPa；b 为承压板直径或边长，m。ω 为与承压板形状和刚度有关的系数，刚性方形板为 0.88，刚性圆形板为 0.79；柔性圆板若按中心位移计算取 1，按板边缘计算取 $2/\pi$；柔性环形板若按中心位移计算，取 2 倍的内外直径之差。μ 为岩体泊松比。

3.5.4.2 孔底承压板法（静力法）

表面承压板法测得的岩体变形模量偏低，这是由于工程岩体表面附近岩体大多发生了不同程度的松动。为了排除松动的影响，开始采用孔底承压板法测定岩体的变形模量。

测定结果表明：孔底承压板法测得的原位岩体变形参数比表面承压板试验测定值高很多，甚至高达 10 余倍。钻孔承压板试验装置如图 3.40 所示。

3.5.4.3 狭缝法

狭缝法又称刻槽法，一般是在巷道或试验平硐底板或侧壁岩面上进行（图 3.41）。狭缝法的优点是设备轻便、安装较简单，对岩体扰动小，能适应于各种方向加压，且适合于各类坚硬完整岩体，是目前工程上经常采用的方法之一。它的缺点是假定条件与实际岩体有一定的出入，将导致计算结果误差较大，且随测量位置不同而异。它需在测试岩体中切割出一条槽缝，将压力枕放置在槽缝内，并用水泥砂浆浇注，使压力枕与槽缝之间紧密接触。当向压力枕内供液时，压力枕即施压于岩壁，使岩壁产生位移，压力值由压力表读出，岩壁的平均位移 V_s 可由泵入压力枕中的液体量换算出来，即

$$V_s = fh/2F \tag{3.40}$$

式中，V_s 为岩体的平均变形，m；h 为贮液筒下降水位，m；f 为贮液筒的截面积，m^2；F 为压力枕的受压面积，m^2。

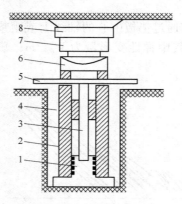

图 3.40 孔底承压板法试验装置

1—刚性承压板；2—刚性传力柱；3—变形传递杆；4—垫块；

5—变形测量杆；6—球配座；7—千斤顶；8—反力架

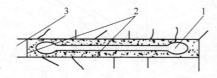

图 3.41 狭缝法

1—压力枕；2—水泥砂浆；3—刻槽

当测出平均变形值 V_s 后，即可用下式求得岩体变形模量 E 为

$$E = 0.5P(1 - \mu^2)/(V_s a) \tag{3.41}$$

式中，P 为岩石受到的总荷载，N；a 为圆形加载表面的半径，m。

3.5.4.4 环形加荷法（静力法）

环形加荷法是一种适用于测定岩体处于压、拉两种应力状态下的变形特性的试验方法。为了进行这种试验，必须先选择与构筑物地质条件相近的、有代表性的地段，开凿一条试验洞，洞径大小一般是 2~3m，洞长不小于 3 倍的洞径。然后对洞壁岩石加压，并测量洞壁变形。对洞壁加压，可以采用各种不同的方法，目前较常用的有水压法、径向千斤顶法和钻孔膨胀计法。

A 水压法

水压法就是利用高压水对洞壁加压的一种方法。在试验进行之前，须要在试验洞内选定几个测量断面，并安装测量洞径变形的仪器（如钢弦测微计、电阻测微计等），再封闭试验洞端。在试验时向洞中充灌高压水，对洞壁进行加压。与此同时，测定相应的径向变形值，根据实际测定的资料，可以绘出压力与变形关系曲线。试验装置如图 3.42 所示。

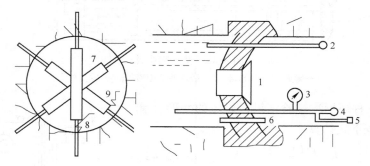

图 3.42 水压法试验装置示意图

1—出入孔；2—排气孔；3—压力表；4—水量计；5—放水孔；
6—电缆管；7—钢钢测杆；8—钢弦应力计；9—电缆

水压法的特点是岩石的受荷面积大，压力分布均匀，能测得各个方向上的变形。另外，它的受力条件与压力隧洞的受力条件完全一样，所以它是研究压力隧洞岩体变形的较好的方法。水压法还用来确定岩体的弹性抗力系数，为隧洞设计提供依据。不过这种试验方法在破碎岩石中或透水性大的地段不宜采用，而且比起其他方法来，费用大，时间长，所以一般只是在重要工程的设计阶段进行。

B 径向千斤顶法（奥地利法）

这个方法的加压原理与水压法完全相同，只是其径向施压方式不是通过高压水来实现，而是通过埋置于混凝土和圆形钢、木支撑圈之间的 12 ~ 16 个扁千斤顶（压力枕）来进行。图 3.43 所示即为隧洞施压断面处径向压力枕的放置情况，当压力枕向洞壁施加径向压力后，同样须要量测洞壁的径向变形量，并由此计算岩体的变形模量。

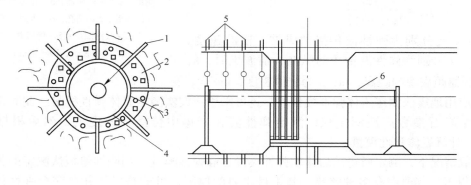

图 3.43 径向千斤顶测试装置示意图

1—锚定点；2—混凝土衬阀；3—压力枕；4—钢支撑圈；5—钢测杆；6—钢圆管

C 钻孔膨胀计法

这种方法又叫钻孔变形计法。在进行试验时，先在岩体中打钻孔，并将孔壁修整光滑，然后将膨胀计（图 3.44）放入孔内，其装置见图 3.45。膨胀计实质上是一种圆筒形千斤顶，用它对孔壁加压，并通过线性差动传感器测出孔壁的变形，从而计算岩体的变形模量。

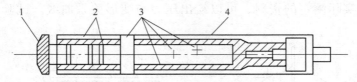

图 3.44 钻孔膨胀计
1—堵头；2—O 形环；3—线性差动传感器；4—橡皮外套

根据上述三种环形法试验结果，岩体的变形（弹性）模量均可按下式计算

$$E = \frac{pr(1+\mu)}{y} \qquad (3.42)$$

式中，p 为作用在围岩岩面上的压力，MPa；y 为岩石的径向变形值（水压法可取直径伸长量的一半），m；r 为试验洞（或钻孔）的半径，m；μ 为岩石的泊松比，常用假定值。

3.5.4.5 岩体动弹性模量 E_d 的测定（动力法）

采用小量药包爆炸激发地震波，在距震源一定距离设置检波器，检测弹性波。根据弹性波波速算出动弹性模量 E_d 和动泊松比 μ_d。

$$\left. \begin{array}{l} v_p = d/t_p, v_s = d/t_s \\[2mm] E_d = 2\rho v_s^2 (1+\mu_d) \\[2mm] \text{或} \quad E_d = \rho v_p^2 \dfrac{(1+\mu_d)(1-2\mu_d)}{1-\mu_d} \\[2mm] \mu_d = \dfrac{v_p^2 - 2v_s^2}{2(v_p^2 - v_s^2)} \end{array} \right\} \qquad (3.43)$$

式中，v_p、v_s 分别为弹性波传播的纵波、横波速度，m/s；t_p、t_s 分别为弹性波传播的纵波、横波走时，s；d 为拾振器距震源的距离，m；ρ 为岩体密度，kg/m³。

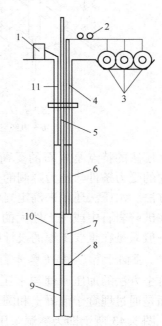

图 3.45 岩石钻孔膨胀计法试验装置
1—测量站；2—调压器；3—压缩空气瓶；
4—高压管；5—钻孔；6—混凝土管；
7—薄壁钢圈筒；8—传感器；
9—胶结用管子；10—压盖；
11—电缆

除应用地震法测定岩体弹性模量外，还可采用声波法测定岩体弹性模量。此时可采用 SYC-2 型岩石参数声波测定仪，测定弹性波在岩体中传播的速度 v_p，然后根据公式（3.43）计算岩体弹性模量。

一般情况下，测定所得的岩体动弹性模量比静弹性模量（用刚性垫板法测定的弹性模量）大得多。其原因有多种解释，其中最主要的原因，可能是岩体并非完全弹性体，因此，采用的计算公式会带来相当大的误差。表 3.8 给出了几种岩体的动、静弹性模量和泊松比。

表 3.8 几种岩体的动、静弹性模量和泊松比

岩石种类	弹性模量 $E \times 10^4 / \text{MPa}$		泊 松 比	
	动 态	静 态	动 态	静 态
石英岩	9.0	6.0	0.083	0.17
砾 岩	8.0	7.0	0.024	0.13
片 岩	9.0	6.0	0.180	0.27
砂 岩	2.7	2.5	0.133	0.28

3.6 岩体的水力学性质概述

岩体的水力学性质指岩体的渗透特性及在渗流作用下所表现出的力学性质。

3.6.1 岩体与土体渗流的区别

土体的结构疏松，其渗流以孔隙渗流为主（除黄土具有孔隙与裂隙双重介质特征外）。孔隙的大小取决于岩性和土的颗粒堆积方式。一般来说，黏土的孔隙度最大，但孔径小，透水能力差，一般作为弱透水层或隔水层；砂土随颗粒增大，孔隙度大，渗透性好。因此，土体渗流的特点是：（1）土体渗透性大小取决于岩性，土体中颗粒愈细，渗透性愈差；（2）土体可看作多孔连续介质；（3）土体的渗透性一般具有均质（或非均质）各向同性（黄土为各向异性）的特点；（4）土体渗流符合达西渗流定律。

岩体与土体不同，其渗流以裂隙渗流为主。其渗流特点为：（1）岩体渗透性的大小取决于岩体中结构面的性质及岩块的岩性；（2）岩体渗流以裂隙导水，微裂隙和岩石孔隙储水为其特点；（3）岩体裂隙网络渗流具有定向性；（4）岩体一般看作非连续介质（对密集裂隙可看作等效连续介质）；（5）岩体的渗流具有高度的非均质性和各向异性；（6）一般岩体中的渗流符合达西渗流定律，但岩溶管道流一般属紊流，不符合达西定律；（7）岩体渗流受应力场影响明显。复杂裂隙系统中的渗流，在裂隙交叉处，具有"偏流效应"，即裂隙水流经大小不等的裂隙交叉处时，水流偏向宽大裂隙一侧流动。

3.6.2 岩体空隙的结构类型

岩体的空隙是地下水赋存场所和运移通道，岩体空隙的分布形状、大小、连通性以及空隙的类型等，影响着岩体的力学性质和渗流特性。

多孔介质质点与多孔连续介质：把包含在多孔介质的表征性体积单元（简称表征体元 RVE）内的所有流体质点与固体颗粒的总和称为多孔介质质点。由连续分布的多孔介质质点组成的介质称为多孔连续介质。在研究岩体水力学时，若表征体元 RVE 内有充分多的孔隙（或裂隙）和流体质点，而这个表征体元 RVE 相对所研究的工程区域而言，则充分小，此时可按连续介质方法研究工程岩体的力学及水力学问题，否则，用非连续介质方法研究。

裂隙网络介质：由裂隙（如节理、断层等）个体在空间上相互交叉形成的网络状空隙结构，这种含水介质称为裂隙网络介质。由相互贯通的裂隙中的水流（为连续分布的裂

隙）构成的网络，称为连通裂隙网络；由互不连通或存在阻水裂隙的裂隙中的水流（为断续分布的裂隙）构成的网络，称为非连通裂隙网络。

狭义双重介质：由裂隙（如节理、断层等）和其间的孔隙岩块构成的空隙结构，裂隙导水（渗流具有定向性），孔隙岩块储水（渗流具有均质各向同性），这种含水介质称为狭义双重介质，即 Barenblatt（1960）提出的双重介质。

广义双重介质：由稀疏大裂隙（如断层）和其间的密集裂隙岩块构成的空隙结构，裂隙导水（渗流具有定向性，控制区域渗流），密集裂隙岩块储水及导水（渗流具有非均质各向异性，控制局部渗流），这种含水介质称为广义双重介质。

岩溶管道网络介质：由岩溶溶蚀管道个体在空间上相互交叉形成的网络状空隙结构，这个含水介质称为岩溶管道网络介质。在此介质中的水流基本上符合层流条件。

溶隙-管道介质：由稀疏大岩溶管道（或暗河）和溶蚀网络构成的空隙结构，岩溶管道（或暗河）中水流为紊流（具有定向性，控制区域流），溶隙网络中水流符合层流条件（渗流具有非均质各向异性，控制局部渗流），这种含水介质称为溶隙-管道介质。

按岩体空隙形成的机理，把岩体的空隙结构划分为原生空隙结构和次生空隙结构；根据岩体空隙的表现形式把岩体空隙结构划分为准孔隙结构、裂隙网络结构、孔隙-裂隙双重结构、溶隙-管道（或暗河）双重结构等；根据岩体结构面的连续性，可将岩体划分为连续介质、等效连续介质及非连续介质（包括双重介质和裂隙网络介质）。

3.6.3　岩体的渗流问题

岩体的渗透性是指岩体允许透过流体（气体和液体）的能力，其定量指标可用渗透率、渗透系数、渗透率张量和渗透系数张量描述。岩体的渗透率是表征岩体介质特征的函数，它描述了岩体介质的一种平均性质，表示岩体介质传导流体的能力。对于均质各向同性多孔介质而言，其渗透率为

$$k(\sigma) = cd^2 \exp(-\alpha\sigma) \tag{3.44}$$

式中，$k(\sigma)$ 为岩体（多孔介质）在应力为 σ 时的渗透率；α 为待定系数；d 为岩体颗粒的有效粒径；c 为比例常数，其值为 $45 \sim 140$，下线适于黏质砂土，上线适于纯砂土，常取平均值 100。

单裂隙介质的渗透率为：

$$k_f(\sigma) = b^2 \exp(-\alpha\sigma) \tag{3.45}$$

式中，$k_f(\sigma)$ 为岩体（单裂隙介质）在应力为 σ 时的渗透率；b 是与岩体裂隙粗糙度有关的参数，当裂隙平直光滑无充填物时，初始应力状态单裂隙宽度为 b。

对裂隙系统而言，岩体的等效渗透率为

$$k_f(\sigma_a) = b^3 \lambda S \exp(-\alpha\sigma_a) \tag{3.46}$$

式中，S 为岩体中裂隙的平均间距；σ_a 为岩体的等效法向应力；λ、α 为待定系数，b 同前式。

岩体的渗透系数也称为水力传导系数（率），是岩体介质特征和流体特性的函数，它描述了岩体介质和流体的一种平均性质。在岩体水流系统中，渗透系数可表征地下水流经空间内任一点上的介质的渗透性，也可表征某一区域内介质的平均渗透性，还可表征某一裂隙段上介质的渗透性。对岩体裂隙介质而言，渗透系数可用张量表示为

$$K_f(\boldsymbol{\sigma}) = k_f(\boldsymbol{\sigma})\rho g/\mu \tag{3.47}$$

式中，$K_f(\boldsymbol{\sigma})$ 为岩体在应力为 σ 时的渗透张量。

当同时考虑异常温度时，则

$$K_f(\boldsymbol{\sigma}, \boldsymbol{T}) = k_f(\boldsymbol{\sigma})\rho(T)g/\mu(T) \tag{3.48}$$

式中，$K_f(\boldsymbol{\sigma}, \boldsymbol{T})$ 为异常温、压作用下岩体的渗透张量；$\rho(T)$ 为 T 条件下流体的密度；$\mu(T)$ 为 T 条件下流体的动力黏滞系数；g 为重力加速度。

岩体的渗透率张量和渗透张量场：在岩体系统内，由于岩体介质具有非均质各向异性，反映岩体各向异性的渗透性能，不能用一个标量来表示，而要用张量来描述岩体介质各个方向的不同渗透性能，这个量就称为岩体介质的渗透率张量。岩体的空间内不同点上渗透率张量构成了岩体系统内介质的渗透率张量场。当岩体由多组裂隙组成，且其间岩块不透水，裂隙组在裂隙网络中二向连通，一方向上裂隙组的裂隙水流丝毫不受另一方向裂隙组的裂隙水流的干扰，则岩体裂隙的等效渗透率张量为：

$$\boldsymbol{k} = \begin{pmatrix} \sum\limits_{i=1}^{M} b_i^3 \lambda S_i (1-\alpha_{xi}^2) & \sum\limits_{i=1}^{M} b_i^3 \lambda S_i \alpha_{xi}\alpha_{yi} & \sum\limits_{i=1}^{M} b_i^3 \lambda S_i \alpha_{xi}\alpha_{zi} \\ \sum\limits_{i=1}^{M} b_i^3 \lambda S_i \alpha_{yi}\alpha_{xi} & \sum\limits_{i=1}^{M} b_i^3 \lambda S_i (1-\alpha_{yi}^2) & \sum\limits_{i=1}^{M} b_i^3 \lambda S_i \alpha_{yi}\alpha_{zi} \\ \sum\limits_{i=1}^{M} b_i^3 \lambda S_i \alpha_{zi}\alpha_{xi} & \sum\limits_{i=1}^{M} b_i^3 \lambda S_i \alpha_{zi}\alpha_{yi} & \sum\limits_{i=1}^{M} b_i^3 \lambda S_i (1-\alpha_{zi}^2) \end{pmatrix} \tag{3.49}$$

式中，$\alpha_{xi} = \cos\beta_i \sin\alpha_i$，$\alpha_{yi} = \sin\beta_i \sin\alpha_i$，$\alpha_{zi} = \cos\alpha_i$；$\alpha_i$ 为第 i 组裂隙的倾角（$0 \le \alpha_i \le 90$）；λ 为第 i 组裂隙的倾向（$0 < \beta_i < 360$）；M 为岩体中裂隙的组数。

当裂隙为陡倾角，即 $\alpha \approx 90°$ 时，$\alpha_{xi} = \cos\beta_i$，$\alpha_{yi} = \sin\beta_i$，$\alpha_{zi} = 0$，则

$$\boldsymbol{k} = \begin{pmatrix} \sum\limits_{i=1}^{M} b_i^3 \lambda S_i \sin^2\beta_i & \sum\limits_{i=1}^{M} b_i^3 \lambda S_i \cos\beta_i \sin\beta_i & 0 \\ \sum\limits_{i=1}^{M} b_i^3 \lambda S_i \cos\beta_i \sin\beta & \sum\limits_{i=1}^{M} b_i^3 \lambda S_i \cos^2\beta_i & 0 \\ 0 & 0 & 0 \end{pmatrix} \tag{3.50}$$

当裂隙的隙宽和密度十分整齐和规则，但方位杂乱无章，没有一个较其他方向突出的主渗透方向时，则岩体的渗透率张量可表述为

$$\boldsymbol{k} = b^3 \lambda S \begin{pmatrix} k_{11} & 0 & 0 \\ 0 & k_{22} & 0 \\ 0 & 0 & k_{33} \end{pmatrix} = \mathrm{diag}(k_{11}, k_{22}, k_{33}) \tag{3.51}$$

当岩体中只发育唯一的一个方向裂隙组，且裂隙隙宽 b 为常数，隙间距 S 为常数，而 z 轴与隙面法向一致，x、y 轴在裂隙面上，则岩体的渗透率张量可表述为

$$\boldsymbol{k} = b^3 \lambda S \begin{pmatrix} 1 & 0 & 0 \\ 0 & 1 & 0 \\ 0 & 0 & 0 \end{pmatrix} \tag{3.52}$$

当岩体中发育有两个相交方向的裂隙组，其裂隙隙宽 b 为常数，隙间距 S 为常数，

且 z 轴与不同方位裂隙面的交线一致，x、y 轴在裂隙面上，则岩体的渗透率张量可表述为

$$\boldsymbol{k} = b^3 \lambda S \begin{pmatrix} 1 & 0 & 0 \\ 0 & 1 & 0 \\ 0 & 0 & 2 \end{pmatrix} \tag{3.53}$$

　　岩体的渗透系数张量场是指岩体空间上不同点或不同小区域上平均渗透系数张量的集合。渗透率张量和渗透系数张量都是对称、二秩张量，前者仅与裂隙几何形状（包括裂隙隙宽、间距或密度、粗糙度等）有关；后者不仅与裂隙几何形状有关，而且与流体的性质（容重和黏滞性等）有关。

3.6.4　地下水渗流对岩体性质的影响

　　地下水是一种重要的地质营力，它与岩体之间的相互作用，一方面改变着岩体的物理、化学及力学性质，另一方面也改变着地下水自身的物理、力学性质及化学组分。运动着的地下水对岩体产生三种作用，即物理的、化学的和力学的作用。

　　3.6.4.1　地下水对岩体的物理作用

　　（1）润滑作用。处于岩体中的地下水，在岩体的不连续面边界，如坚硬岩石中的裂隙面、节理面和断层面等结构面，使不连续面的摩擦阻力减小，使作用在不连续面上的剪应力效应增强，结果沿不连续面诱发岩体的剪切运动，这个过程在斜坡受降水入渗使得地下水位上升到滑动面以上时尤其显著。地下水对岩体产生的润滑作用反映在力学上，就是使岩体的摩擦角减小。

　　（2）软化和泥化作用。地下水对岩体的软化和泥化作用主要表现在对岩体结构面中充填物的物理性状的改变上。岩体结构面中充填物随含水量的变化，发生由固态向塑态直至液态的弱化效应，一般在断层带易发生泥化现象。软化和泥化作用使岩体的力学性能降低，内聚力和摩擦角减小。

　　（3）结合水的强化作用。处于非饱和带的岩体，其中的地下水处于负压状态，此时的地下水不是重力水，而是结合水。按照有效应力原理，非饱和岩体中的有效应力大于岩体的总应力，地下水的作用是强化了岩体的力学性能，即增加了岩体的强度；当岩土体中无水时（沙漠区表面沙），包气带的沙土孔隙全被空气充填，空气的压力为正，此时沙土的有效应力小于其总应力，因而是一盘散沙，当加入适量水后沙土的强度迅速提高；当包气带土体中出现重力水时，水的作用就变成了弱化土体（润滑土粒和软化土体）的作用，这就是在工程中我们为什么要寻找土的最佳含水量的原因。

　　3.6.4.2　地下水对岩体的化学作用

　　地下水对岩体的化学作用，主要是指地下水与岩体间的离子交换、溶解作用（黄土湿陷及岩溶）、水化作用（膨胀岩的膨胀）、水解作用、溶蚀作用、氧化还原作用、沉淀作用以及超渗透作用等。

　　（1）地下水与岩体之间的离子交换。它是由物理力和化学力吸附到岩土体颗粒上的离子和分子与地下水的一种交换过程。能够进行离子交换的物质是黏土矿物，如高岭土、蒙脱土、伊利石、绿泥石、瘦石、沸石、氧化铁以及有机物等，主要是因为这些矿物中大的

比表面上存在着胶体物质。地下水与岩土体之间的离子交换经常是：富含 Ca 或 Mg 离子的地下淡水在流经富含钠离子的土体时，使得地下水中的 Ca 或 Mg 置换了土体内的 Na，一方面由水中 Na 的富集使天然地下水软化，另一方面新形成的富含 Ca 和 Mg 离子的黏土增加了孔隙度及渗透性能。地下水与岩土体的离子交换使得岩土体的结构改变，从而影响岩土体的力学性质。

（2）溶解作用和溶蚀作用，它们在地下水水化学的演化中起着重要作用。地下水中的各种离子，大多是由溶解和溶蚀作用产生的，经过天然的大气降水渗入土壤带、包气带或渗滤带时，溶解了大量的气体，如 N_2、Ar、O_2、H_2、He、CO、NH_3 等，弥补了地下水的弱酸性，增加了地下水的侵蚀性。这些具有侵蚀性的地下水对可溶性岩石如石灰岩（$CaCO_3$）、白云岩（$CaMgCO_3$）、石膏（$CaSO_4$）、岩盐（$NaCl$）以及钾盐（KCl）等产生溶蚀作用，溶蚀作用的结果使岩体产生溶蚀裂隙、溶蚀空隙及溶洞等，增大了岩体的空隙率及渗透性。对于湿陷性黄土来说，随着含水量的增大，水溶解了黄土颗粒的胶结物——碳酸盐（$CaCO_3$），破坏了其大空隙结构，使黄土发生大的变形，这就是众所周知的黄土湿陷问题。黄土湿陷量的大小取决于其空隙结构的大小、地下水的活动状况（水量及水溶液的饱和程度）及温度条件等。

（3）水化作用，它是水渗透到岩土体的矿物结晶格架中或水分子附着到可溶性岩石的离子上，使岩石的结构发生微观、细观及宏观的改变，减小了岩土体的内聚力。自然中的岩石风化作用就是由地下水与岩土体之间的水化作用引起的，还有膨胀土与水作用发生水化作用，使其发生大的体应变。

（4）水解作用，它是地下水与岩土体（实质上是其中的离子）之间发生的一种反应。若岩土物质中的阳离子与地下水发生水解作用，则地下水中的氢离子（H^+）浓度增加，增大了水的酸度，即：$M^+ + H_2O = MOH + H^+$。若岩土物质中的阴离子与地下水发生水解作用，则地下水中的氢氧根离子（OH^-）浓度增加，增大了水的碱度，即：$X^- + H_2O = HX + OH^-$。水解作用一方面改变着地下水的 pH 值，另一方面也使岩土体物质发生改变，从而影响其力学性质。

（5）氧化还原作用，这是一种电子从一个原子转移到另一个原子的化学反应。氧化过程是被氧化的物质丢失自由电子的过程，而还原过程则是被还原的物质获得电子的过程。氧化和还原过程必须一起出现，并相互弥补。氧化作用发生在潜水面以上的包气带，氧气可从空气和 CO_2 中源源不断地获得。在潜水面以下的饱水带，氧气耗尽，因氧气在水中的溶解度比在空气中的溶解度小得多，氧化作用随着深度而逐渐减弱，而还原作用随深度而逐渐增强。地下水与岩土体之间常发生的氧化过程有：硫化物的氧化过程产生 Fe_2O_3 和 H_2SO_4，碳酸盐岩的溶蚀产生 CO_2。地下水与岩土体之间发生的氧化还原作用，既改变着岩土体中的矿物组成，又改变着地下水的化学组分及侵蚀性，从而影响岩土体的力学特性。

以上地下水对岩土体产生的各种化学作用大多是同时进行的，一般来说，化学作用进行的速度很慢。地下水对岩土体产生的化学作用主要是改变岩土体的矿物组成，改变其结构性而影响岩土体的力学性能。

3.6.4.3 地下水对岩体产生的力学作用

地下水对岩体产生的力学作用主要通过空隙静水压力和空隙动水压力作用对岩土体的力学性质施加影响。前者减小岩土体的有效应力而降低岩土体的强度，在裂隙岩体中的空隙静水压力可使裂隙产生扩容变形；后者对岩土体产生切向的推力以降低岩土体的抗剪强度，地下水在松散岩体、松散破碎岩体及软弱夹层中运动时对颗粒施加一体积力，在空隙动水压力的作用下可使岩土体中的细颗粒物质产生移动，甚至被携出岩土体之外，产生潜蚀而使岩土体破坏，这就是管涌现象。

在岩体裂隙或断层中的地下水对裂隙壁施加两种力，一是垂直于裂隙壁的空隙静水压力（体积力），该力使裂隙产生垂向变形；二是平行于裂隙壁的空隙动水压力（体积力），该力使裂隙产生切向变形。当多孔连续介质岩土体中存在空隙地下水时，未充满空隙的地下水对多孔连续介质骨架施加一空隙静水压力，该力为面力，结果使岩土体的有效应力增加；当地下水充满多孔连续介质岩土体时，地下水对多孔连续介质骨架施加一空隙静水压力，该力为面力，结果使岩土体的有效应力减小；当多孔连续介质岩土体中充满流动的地下水时，地下水对多孔连续介质骨架施加一空隙静水压力和动水压力，动水压力为体积力；当裂隙岩体中充满流动的地下水时，地下水对岩体裂隙壁施加一垂直于裂隙壁面的静水压力和平行于裂隙壁面的动水压力，动水压力为面力。

3.7 岩体质量评价及其分类

由于组成岩体的岩石性质、结构不同，以及岩体中结构面发育情况差异，致使岩体力学性质相当复杂。为了在工程设计与施工中能区分出岩体质量的好坏和表现在稳定性上的差别，需要对岩体做出合理分类，作为选择工程结构参数、科学管理生产以及评价经济效益的依据之一，这也是岩石力学与工程应用方面的基础性工作。

在我国现行的设计手册和工程标准定额及概预算中，大多数仍沿用以普氏系数表示的岩体分类，该分类法以岩块单轴抗压强度为分类依据，曾经起到一定的历史作用，但是由于该法依据小尺寸岩块的单轴抗压强度，不能反映岩体强度，不能作为客观评价岩体质量和岩体稳定性的依据，需要寻找更科学的方法来分类。因此，自20世纪50年代以来，这一课题深受国内外学者的重视，国内外出现了数十种岩体分类方法。按分类的目的，可分为综合性和专题性两种；按其所涉及的因素多少，可分单因素分类法和多因素分类法两种。本书仅介绍比较有影响的几种岩体质量评价的分类方法。

3.7.1 按岩石（芯）质量指标（RQD）分类

按岩石质量指标分类是笛尔（Deer）于1964年提出的，它是根据钻探时的岩芯完好程度来判断岩体的质量，对岩体进行分类，即，将长度在10cm（含10cm）以上的岩芯累计长度占总长度的百分比，称为岩石（芯）质量指标 RQD（rock quality designation）。

$$RQD = \frac{10 \text{cm 以上（含 10cm）岩芯累计长度}}{\text{钻孔长度}} \times 100\% \qquad (3.54)$$

根据岩芯质量指标大小，将岩体分为5类，详见表3.9。

表 3.9　岩石（芯）质量指标

分　类	很　差	差	一　般	好	很　好
RQD/%	<25	25~50	50~75	75~90	>90

这种分类方法简单易行，是一种快速、经济而实用的岩体质量评价方法，在一些国家得到广泛应用，但它没有反映出节理的方位、充填物的影响等，因此在更完善的岩体分类中，仅把 RQD 作为一个参数加以使用。

当没有钻孔资料时，可以按下式确定 RQD 值：

较长或板状岩体：
$$\left. \begin{array}{l} RQD = 115 - 3.3J_v \\ RQD = 110 - 2.5J_v \end{array} \right\} \tag{3.55}$$
立方体状岩体：

式中，J_v 为单位体积结构面的数量。

3.7.2　按岩体结构类型分类

中国科学院地质研究所谷德振教授等根据岩体结构划分岩体类型。这种分类法的特点是，考虑了各类结构的地质成因，突出了岩体的工程地质特性。这种分类法把岩体结构分为四类，即整体块状结构、层状结构、碎裂结构和散体结构，在前三类中每类又分 2~3 个亚类，详见表 3.10。按岩体结构类型的岩体分类方法，对重大的岩体工程地质评价来说，是一种较好的分类方法，颇受国内外重视。

表 3.10　中国科学院地质研究所岩体分类

岩体结构类型				岩体完整性		主要结构面及其抗剪特性			岩块湿抗压强度/Pa
类		亚类		结构面间距/cm	完整性系数 I	级　别	类　型	主要结构面摩擦系数 f	
代号	名称	代号	名称						
I	整体块状结构	I₁	整体结构	>100	>0.75	存在 IV，V 级	刚性结构面	>0.60	>6000
		I₂	块状结构	100~50	0.75~0.35	以 IV、V 级为主	刚性结构面局部为破碎结构面	0.4~0.6	>3000，一般大于6000
II	层状结构	II₁	层状结构	50~30	0.6~0.3	以 III，IV 级为主	刚性结构面、柔性结构面	0.3~0.5	>3000
		II₂	薄层状结构	<30	<0.40	以 III，IV 级显著	柔软结构面	0.30~0.40	3000~1000
III	碎裂结构	III₁	镶嵌结构	<50	<0.36	IV，V 级密集	刚性结构面破碎结构面	0.40~0.60	>6000
		III₂	层状碎裂结构	<50（骨架岩层中较大）	<0.40	II，III，IV 级均发育	泥化结构面	0.20~0.40	<3000，骨架岩层在3000上下
		III₃	碎裂结构	<50	<0.30		破碎结构面	0.16~0.40	<3000
IV	散体结构				<0.20		节理密集呈无序状分布，表现为泥包块或块夹泥	<0.20	无实际意义

注：I 为岩体完整性系数，$I = (V/v)^2$，V 为岩体中弹性波传播速度（m/s），v 为岩石中弹性波传播速度（m/s）；岩体中起控制作用的结构面的摩擦系数 $f = \tan\varphi$，φ 为该结构面内摩擦角；结构级别分类见表 3.3。

3.7.3 岩体质量分级

国家标准《工程岩体分级标准》（GB 50218—1994）提出两步分级法：第一步，按岩体的基本质量指标 BQ 进行初步分级；第二步，针对各类工程岩体的特点，考虑其他影响。

岩体的基本质量指标 BQ 为

$$BQ = 100 + 3\sigma_{cw} + 250K \qquad (3.56)$$

式中，K 为岩体完整性指数值（龟裂系数），见表 3.6，可以通过岩石、岩体弹性波波速测定而计算确定，也可以对照有代表性露头或开挖面的工程地质岩组的节理裂隙统计值来定性确定 K 值，K 与节理裂隙统计值的对照见表 3.11；σ_{cw} 为岩石单轴饱和抗压强度，MPa，σ_{cw} 与定性划分的岩石坚硬程度的对应关系见表 3.12；当 $\sigma_{cw} > 90K + 30$ 时，以 $\sigma_{cw} = 90K + 30$ 代入求 BQ 值；当 $K > 0.04\sigma_{cw} + 0.4$ 时，以 $K = 0.04\sigma_{cw} + 0.4$ 代入求 BQ 值。

表 3.11　龟裂系数（K）与节理裂隙统计值（J_v）对照表

J_v/条·m^{-3}	<3	3～10	10～20	20～35	>35
K	>0.75	0.75～0.55	0.55～0.35	0.35～0.15	<0.15

表 3.12　σ_{cw} 与定性划分的岩石坚硬程度的对应关系

σ_{cw}/MPa	>60	60～30	30～15	15～5	<5
坚硬程度	坚硬岩	较坚硬岩	较软岩	软　岩	极软岩

（1）按 BQ 值和岩体质量的定性特征初步分级。

按公式（3.56）计算 BQ 值，结合岩体质量的定性特征，可将岩体初步划分为 5 级，见表 3.13。

岩体体积节理数 J_v（条/m^3）为：

$$J_v = S_1 + S_2 + \cdots + S_n + S_k \qquad (3.57)$$

式中，S_n 为第 n 组节理每米长测线上节理的条数；S_k 为每立方米岩体非成组节理条数。

表 3.13　岩体质量分级

基本质量级别	岩体质量的定性特征	岩体基本质量指标 BQ
Ⅰ	坚硬岩，岩体完整	>550
Ⅱ	坚硬岩，岩体较完整；较坚硬岩，岩体完整	550～451
Ⅲ	坚硬岩，岩体较破碎；较坚硬岩，岩体较完整；较软岩，岩体完整	450～351
Ⅳ	坚硬岩，岩体破碎；较坚硬岩，岩体较破碎～破碎；较软岩，岩体较完整～较破碎；软岩，岩体完整～较完整	359～251
Ⅴ	较软岩，岩体破碎；软岩，岩体较破碎或破碎；全部极软岩及全部极破碎岩	≤250

（2）工程岩体的稳定性分级。

工程岩体也叫围岩，其分级除与岩体基本质量的好坏有关外，还受地下水、主要软弱结构面、天然应力的影响。应结合工程特点，考虑各影响因素，修正岩体基本质量指标，作为不同工程岩体分级的定量依据。主要软弱结构面产状影响修正系数 K_1 按表 3.14 确定，地下水影响修正系数 K_2 按表 3.15 确定，天然应力影响修正系数 K_3 按表 3.16 确定。

表 3.14 主要软弱结构面产状影响修正系数 $（K_1）$ 表

结构面产状及其与洞轴线的组合关系	结构面走向与洞轴线夹角 $\alpha \leqslant 30°$，倾角 $\beta = 30° \sim 75°$	结构面走向与洞轴线夹角 $\alpha > 60°$，倾角 $\beta > 75°$	其他组合
K_1	$0.4 \sim 0.6$	$0 \sim 0.2$	$0.2 \sim 0.4$

表 3.15 地下水影响修正系数 $（K_2）$ 表

地下水状态 ⟍ K_2 ⟍ BQ	>550	550~451	450~351	350~250	≤250
潮湿或点滴状出水，水压≤0.1MPa 或 10m 洞长出水量≤25L/min	0	0	$0 \sim 0.1$	$0.2 \sim 0.3$	$0.4 \sim 0.6$
淋雨状或线流状出水，0.1MPa<水压≤0.5MPa 或 25L/min<10m 洞长出水量≤125L/min	$0 \sim 0.1$	$0.1 \sim 0.2$	$0.2 \sim 0.3$	$0.4 \sim 0.6$	$0.7 \sim 0.9$
涌流状出水，水压>0.5MPa 或 10m 洞长出水量>125L/min	$0.1 \sim 0.2$	$0.2 \sim 0.3$	$0.4 \sim 0.6$	$0.7 \sim 0.9$	1.0

表 3.16 天然应力影响修正系数 $（K_3）$ 表

围岩强度与应力比 $（\sigma_{cw}/\sigma_{max}）$	>550	550~451	450~351	350~251	≤250
<4	1.0	1.0	$1.0 \sim 1.5$	$1.0 \sim 1.5$	1.0
4~7	0.5	0.5	0.5	$0.5 \sim 1.0$	$0.5 \sim 1.0$

对地下工程，按下式修正 $[BQ]$ 值

$$[BQ] = BQ - 100(K_1 + K_2 + K_3) \tag{3.58}$$

式中，K_1、K_2、K_3 值分别按表 3.14、表 3.15、表 3.16 确定，无表中所列情况时修正系数取零。$[BQ]$ 出现负值时应按特殊问题处理。

（3）工程岩体分级标准的应用。

工程岩体基本级别一旦确定以后，可按表 3.17 选用岩体的物理力学参数，判定跨度等于或小于 20m 的地下工程的自稳性。当实际自稳能力与表中相应级别的自稳能力不相符时，应对岩体级别作相应调整。

表 3.17 各级岩体物理力学参数和围岩自稳能力

级 别	容重 γ /g·cm^{-3}	抗剪强度		变形模量 E/GPa	泊松比 μ	围岩自稳能力
		$\varphi/(°)$	c/MPa			
Ⅰ	>2.65	>60	>2.1	>33	<0.2	跨度≤20m，可长期稳定，偶有掉块，无塌方
Ⅱ	>2.65	60~50	$2.1 \sim 1.5$	33~16	$0.2 \sim 0.25$	跨度 10~20m，可基本稳定，局部可掉块或小塌方；跨度<10m，可长期稳定，偶有掉块

续表 3.17

级　别	容重 γ /kN·m^{-3}	抗剪强度		变形模量 E/GPa	泊松比 μ	围岩自稳能力
		φ/(°)	c/MPa			
Ⅲ	2.65~2.45	50~39	1.5~0.7	16~6	0.25~0.3	跨度 10~20m，可稳定数日至 1 个月，可发生小至中塌方； 跨度 5~10m，可稳定数月，可发生局部块体移动及小至中塌方； 跨度 <5m，可基本稳定
Ⅳ	2.45~2.25	39~27	0.7~0.2	6~1.3	0.3~0.35	跨度 >5m，一般无自稳能力，数日至数月内可发生松动变形、小塌方，进而发展为中至大塌方，埋深小时，以拱部松动破坏为主，埋深大时，有明显塑性流动变形和挤压破坏； 跨度 ≤5m，可稳定数日至 1 月
Ⅴ	<2.25	<27	<0.2	<1.3	>0.35	无自稳能力

注：小塌方，指塌方高度 <3m，或塌方体积 <30m^3；中塌方，指塌方高度 3~6m，或塌方体积 30~100m^3；大塌方，指塌方高度 >6m，或塌方体积 >100m^3。

　　工程岩体基本级别一旦确定以后，还可按表 3.18 选用岩体结构面抗剪断峰值强度参数。

表 3.18　岩体结构面抗剪断峰值强度

质量级别	两侧岩体坚硬程度及结构面结合程度	内摩擦角 φ/(°)	凝聚力 c/MPa
Ⅰ	坚硬岩，结合好	>37	>0.22
Ⅱ	坚硬，较坚硬岩，结合一般；较软岩，结合好	37~29	0.22~0.12
Ⅲ	坚硬~较坚硬岩，结合差；较软岩~软岩，结合一般	29~19	0.12~0.08
Ⅳ	较坚硬岩~较软岩，结合差~结合很差；软岩，结合差；软质岩的泥化面	19~13	0.08~0.05
Ⅴ	较坚硬岩及全部软质岩，结合很差；软质岩泥化层本身	<13	<0.05

　　对于边坡岩体和地基岩体的分级，目前研究较少，如何修正，标准未作严格规定。

3.7.4　岩体地质力学（CSIR）分类

　　由南非科学和工业研究委员会提出的 CSIR 分类指标值 RMR（rock ma. rating）由岩块强度指标 R_1、岩芯质量指标 R_2、节理间距指标 R_3、节理条件指标 R_4 及地下水指标 R_5 组成。分类时，各种指标的数值按表 3.19 的标准评分，求和得总分 RMR 值，然后按表 3.20 及表 3.21 的规定 R_6 对总分作适当修正，即：$RMR = R_1 + R_2 + R_3 + R_4 + R_5 + R_6$，最后用总分对照表 3.22 求所研究岩体的类别及相应的无支护地下工程的自稳时间和岩体强度指标（c，φ）值。

　　CSIR 分类是从解决坚硬节理岩体中浅埋隧道工程而发展起来的。从现场应用看，使用较简便，大多数场合岩体评分值（*RMR*）都有用，但在处理那些造成挤压、膨胀和涌水的极其软弱的岩体问题时，此分类法难以使用。

表 3.19　岩体地质力学（CSIR）分类（*RMR*）评分表

分类参数			数　值　范　围						
1	完整岩石强度/MPa	点荷载强度指标	>10	4~10	2~4	1~2	对强度较低的岩石宜用单轴抗压强度		
		单轴抗压强度	>250	100~250	50~100	25~50	5~25	1~5	<1
	评分值		15	12	7	4	2	1	0
2	岩芯质量指标 *RQD*/%		90~100	75~90	50~75	25~60	<25		
	评分值		20	17	13	8	3		
3	节理间距/cm		>200	60~200	20~60	6~20	<6		
	评分值		20	15	10	8	5		
4	节理条件		节理面很粗糙，节理不连续，节理宽度为零，节理面岩石坚硬	节理面稍粗糙，宽度<1mm，节理面岩石坚硬	节理面稍粗糙，宽度<1mm，节理面岩石较弱	节理面光滑或含厚度<5mm的软弱夹层，张开度1~5mm，节理连续	含厚度>5mm的软弱夹层，张开度>5mm，节理连续		
	评分值		30	25	20	10	0		
5	地下水条件	每10m长的隧道涌水量/L·min⁻¹	0	<10	10~25	25~125	>125		
		节理水压力最大主应力比值	0	0.1	0.1~0.2	0.2~0.5	>0.5		
		一般条件	完全干燥	潮湿	只有湿气（有裂隙水）	中等水压	水的问题严重		
	评分值		15	10	7	4	0		

表 3.20　节理走向和倾向对岩体开挖的影响

走向与隧道轴垂直				走向与隧道轴平行		与走向无关
沿倾向掘进		反倾向掘进		倾角20°~45°	倾角45°~90°	倾角0°~20°
倾角45°~90°	倾角20°~45°	倾角45°~90°	倾角20°~45°			
非常有利	有利	一般	不利	一般	非常不利	不利

表 3.21　按节理方向修正 *RMR* 总评分

节理走向或倾向		非常有利	有利	一般	不利	非常不利
评分值	隧道	0	−2	−5	−10	−12
	地基	0	−2	−7	−15	−25
	边坡	0	−5	−25	−50	−60

表 3.22 *RMR* 总评分值及其确定的岩体稳定性级别与参数

评分值	100～81	80～61	60～41	40～21	＜20
分级	I	II	III	IV	V
质量描述	非常好的岩体	好岩体	一般岩体	差岩体	非常差岩体
平均稳定时间	（15m 跨度）20a	（10m 跨度）1a	（5m 跨度）7d	（2.5m 跨度）10h	（1m 跨度）30min
岩体内聚力/kPa	＞400	300～400	200～300	100～200	＜100
岩体内摩擦角/(°)	＞45	35～45	25～35	15～25	＜15

3.7.5 巴顿岩体质量（*Q*）分类

挪威岩土工程研究所（Norwegian Geotechnical Institute）巴顿（Barton）等人于 1974 年提出了 NGI 岩体的隧道开挖质量分类法，其分类指标值 *Q* 为

$$Q = \frac{RQD}{J_n} \times \frac{J_r}{J_a} \times \frac{J_w}{SRF} \tag{3.59}$$

式中，*RQD* 为岩石质量指标；J_n 为节理组数；J_r 为节理粗糙系数；J_a 为节理蚀变系数；J_w 为节理水折减系数；*SRF* 为应力折减系数。式（3.59）中 6 个参数的组合，反映了岩体三个方面的特征，即岩体的完整性、结构面的形态、充填物特征及其变化程度、水和其他应力存在对岩体质量的影响。分类时，根据这 6 个参数的实测资料，分别查表 3.9、表 3.23～表 3.27 确定各自的数值，然后代入式（3.59）求岩体的 *Q* 值。以 *Q* 值为依据，将岩体分为 9 类，各类岩体与地下开挖当量尺寸（D_r）间的关系，如图 3.46 所示。

表 3.23 节理发育组数及取值

节理发育组数	J_n
①整体结构，无或很少有节理	0.5～1
②一组节理	2
③一组节理加随机节理	3
④二组节理	4
⑤二组节理加随机节理	6
⑥三组节理	9
⑦三组节理加随机节理	12
⑧四组以上节理，不规则，极发育，将岩体切割成小方块体	15
⑨岩体破碎，类似土状	20

表 3.24 节理粗糙度及取值

节理粗糙度		J_r
a. 岩壁接触，或者剪切不超过 10cm 时，岩壁仍接触	①不连续节理	4
	②粗糙、不规则的波浪状节理	3
	③平滑的波浪状节理（smooth）	2
	④光滑的波浪状节理（slickensided）	1.5
	⑤粗糙或者不规则的平面状节理	1.5
	⑥平滑的平面状节理（smooth）	1.0
	⑦光滑的平面状节理（slickensided）	0.5

续表 3.24

节理粗糙度		J_r
b. 剪切时，岩壁不接触	⑧含有黏土充填物，其厚度足以使两壁不接触	1.0
	⑨含有砂状、砾状或压碎带，其厚度足以使两壁不接触	1.0

表 3.25 节理含水状况描述及取值

节理含水状况描述	估计水压/MPa	J_w
开挖面干燥或少量渗水	<0.1	1.0
中度渗水或有一定水压，偶尔有节理充填物被冲洗出	1.0~2.5	0.66
坚硬岩体的未充填节理有大量渗水或高压	2.5~10.0	0.5
有大量渗水或高压，大量节理充填物被冲洗出	2.5~10.0	0.33
爆破时有极大的渗水或极高水压，但随后逐渐减小	>10	0.2~0.1
极大的渗水或极高水压	>10	0.1~0.05

表 3.26 节理面蚀变及取值

节理蚀变程度		J_a	φ（近似值）
a. 节理直接接触	A. 坚硬的，半软弱的经过处理而紧密且不具透水充填物的节理（如石英或绿帘石充填）	0.75	
	B. 节理面未产生蚀变，仅少数表面稍有变化	1.0	25°~30°
	C. 轻微蚀变的节理，表面为半软弱矿物所覆盖，具砂质微粒，风化岩土等	2.0	25°~30°
	D. 节理为粉质黏土或砂质黏土覆盖，少量黏土，半软弱岩覆盖	3.0	20°~35°
	E. 有软弱的或低摩擦角的黏土矿物覆盖在节理面（如高岭石、云母、绿泥石、滑石、石膏等）或含少量膨胀性黏土（不连续覆盖，厚度约1~2m或更薄）的节理面	4.0	8°~16°
b. 当剪切变形<10cm 时，节理面直接接触	F. 砂质微粒，岩石风化物充填	4	25°~30°
	G. 紧密固结的半软弱黏土矿物充填（连续的或厚度小于5mm）	6	16°~34°
	H. 中等或轻微固结的黏土矿物充填（连续的或厚度小于5mm）	8	12°~16°
	J. 膨胀性黏土充填，如连续分布的厚度小于5mm的蒙脱石充填时，J_a值取决于膨胀性颗粒所占百分比，以及水的渗透情况	8~12	6°~12°
c. 剪切后，节理面不再直接接触	K、L、M，破碎带夹层或挤压破碎带岩石和黏土（对各种黏土状态的说明见 G 或 H、J）	6~8 或 8~12	6°~24°
	N，粉质或砂质黏土及少量黏土（半软弱）	5	
	Q、P、R、B，厚的连续分布的黏土带或夹层（黏土状态说明见 G、H、J）	10、13 或 13~20	6°~24°

表 3.27   岩体应力状态描述及应力折减因子 SRF 取值

岩体应力状态描述			SRF
a. 软弱带与开挖线相交，隧洞开挖使岩体松动	（1）有多条含有黏土或化学分解岩石的软弱带，围岩非常松动（任何深度）		10
	（2）有一条含有黏土或化学分解岩石的软弱带（开挖深度 <50m）		5
	（3）有一条含有黏土或化学分解岩石的软弱带（开挖深度 >50m）		2.5
	（4）硬岩含有多条剪裂带（无黏土），围岩松动（任何深度）		7.5
	（5）硬岩，含有一条剪裂带（无黏土），开挖深度 <50m		5
	（6）硬岩，含有一条剪裂带（无黏土），开挖深度 >50m		2.5
	（7）松动张开节理，节理极发育或者岩石呈小方块状等（任何深度）		5
b. 优良岩体，存在初始地应力的问题		σ_c/σ_1	
	（8）低地应力，近地表	>200	2.5
	（9）中等地应力	200~10	1.0
	（10）高地应力，极紧密结构，对稳定有利，可能对侧壁不利	10~5	0.5~2
	（11）轻度岩爆（整体状岩体）	5~2.5	5~10
	（12）强烈岩爆（整体状岩体）	<2.5	10~20
c. 挤压性岩体：软岩在高压影响下塑性流动	（13）中等挤压		5~10
	（14）强烈挤压		10~20
d. 膨胀岩体：因水存在而引起岩体膨胀	（15）中等膨胀压力		5~10
	（16）强烈膨胀压力		10~15

注：σ_c 为岩体抗压强度，σ_1 为岩体所受最大主应力。

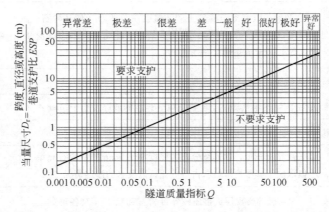

图 3.46   无支护地下硐室最大当量尺寸 D_r 与质量指标 Q 间的关系

    通过调查研究，巴顿等建议采用下列经验计算公式来确定工程跨度：

$$W = 2 \cdot ESR \cdot Q^{0.4} \tag{3.60}$$

式中，W 为无支护巷道的最大安全跨度，m；Q 为巴顿岩体质量指标；ESR 为巷道支护比，对于永久性矿山工程 $ESR = 1.6 \sim 2.0$；对于临时性矿山巷道或工程（如滞后对采空区进行处理的采场）可取 $ESR = 2 \sim 4$。根据当量尺寸的意义，有当量尺寸 $D_r = 2 \cdot ESR \cdot Q^{0.4}/ESR = 2Q^{0.4}$。无支护跨距 W 与 Q 值的关系见图 3.47。

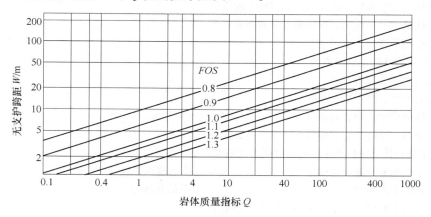

图 3.47　无支护跨距 W 与 Q 值关系图
（FOS 为安全系数）

Q 分类法考虑的地质因素较全面，而且把定性分析和定量评价结合起来了，因此，Q 分类法是目前比较好的岩体分类方法，且软、硬岩体均适用，在处理极其软弱的岩层问题时推荐采用此分类法。另外，Bieniawski（1976）在大量实测统计的基础上，发现 Q 值与 RMR 值间具有如下统计关系：

$$RMR = 9 \lg Q + 44 \tag{3.61}$$

除上述几种分类法外，国家标准《锚杆喷射混凝土支护技术规范》（GB 86—65）及铁道、建设部等部门制定的围岩分类，在国内应用也很广泛，可根据岩体条件和工程类型选用。

为了全面地考虑各种影响因素，又使分类形式简单、使用方便，岩体质量评价及其分类将向以下方向发展：（1）采用多因素综合指标的岩体分类，在分类中力求充分考虑各种因素的影响和相互关系，重视岩体的不连续性，把岩体的结构和岩石强度作为影响岩体质量的主要因素和指标。（2）向定性和定量相结合的方向发展。（3）利用岩体简易力学测试（如钻孔岩芯，波速测试，点荷载试验等）特性，初步判别岩类，减少费用昂贵的大型试验，使岩体分类简单易行。（4）重视新理论、新方法在岩体分类中的应用。电子计算机等先进技术的发展，使一些新理论、新方法（如专家系统、模糊评价等）相继应用于岩体分类。（5）强调岩体工程分类与工程岩体处理方法、施工方法相结合，建立岩体工程分类与岩体力学参数估算的定量关系。

习　题

1. 选择题

（1）岩体的强度小于岩石的强度主要是由于（　　　）。

　　A. 岩体中含有大量的不连续面　　　　B. 岩体中含有水

    C. 岩体为非均质材料　　　　　　　　D. 岩石的弹性模量比岩体的大

（2）岩体的尺寸效应是指（　　　）。

    A. 岩体的力学参数与试件的尺寸没有什么关系

    B. 岩体的力学参数随试件的增大而增大的现象

    C. 岩体的力学参数随试件的增大而减小的现象

    D. 岩体的强度比岩石的小

（3）影响岩体质量的主要因素为（　　　）。

    A. 岩石类型、埋深

    B. 岩石类型、含水量、温度

    C. 岩体的完整性和岩石的强度

    D. 岩体的完整性、岩石强度、裂隙密度、埋深

（4）我国工程岩体分级标准中岩石的坚硬程度的确定是按照（　　　）。

    A. 岩石的饱和单轴抗压强度　　　　　B. 岩石的抗拉强度

    C. 岩石的变形模量　　　　　　　　　D. 岩石的黏结力

（5）沉积岩中的沉积断面属于哪一种类型的结构面？（　　　）

    A. 原生结构面　　　　　B. 构造结构面　　　　　C. 次生结构面

（6）岩体的变形和破坏主要发生在（　　　）。

    A. 劈理面　　　　　　B. 节理面　　　　　　C. 结构面　　　　　　D. 晶面

（7）岩体结构体是指由不同产状的结构面组合起来，将岩体分割成相对完整坚硬的单个块体，其结构类型的划分取决于（　　　）。

    A. 结构面的性质　　　　B. 结构体形式　　　　C. 岩石建造的组合　　　D. 三者都应考虑

（8）在我国工程岩体分级标准中，软岩表示岩石的饱和单轴抗压强度为（　　　）。

    A. 15 ~ 30MPa　　　　B. < 5MPa　　　　　C. 5 ~ 15MPa　　　　D. < 2MPa

（9）我国工程岩体分级标准中岩体完整性的确定是依据（　　　）。

    A. RQD　　　　　　　　　　　　　　B. 节理间距

    C. 节理密度　　　　　　　　　　　　D. 岩体完整性指数或岩体体积节理数

（10）在我国工程岩体分级标准中，较完整岩体表示岩体的完整性指数为（　　　）。

    A. 0. 55 ~ 0. 35　　　　B. 0. 35 ~ 0. 15　　　　C. > 0. 55　　　　D. 0. 75 ~ 0. 55

（11）在我国工程岩体分级标准中，岩体基本质量指标是由哪两个指标确定的？（　　　）

    A. RQD 和节理密度

    B. 岩石单轴饱和抗压强度和岩体的完整性指数

    C. 地下水和 RQD

    D. 节理密度和地下水

（12）我国工程岩体分级标准是根据哪些因素对岩石基本质量进行修正的？（　　　）

    ①地应力大小；②地下水；③结构面方位；④结构面粗糙度。

    A. ①、④　　　　　　B. ①、②　　　　　　C. ③　　　　　　　D. ①、②、③

（13）某岩石、实测单轴饱和抗压强度 $R_c = 55$MPa，完整性指数 $K_V = 0. 8$，外鉴别为原层状结构，结构面结合良好，锤击清脆有轻微回弹，按工程岩体分级标准确定该岩石的基本质量等级为（　　　）。

    A. Ⅰ级　　　　　　　B. Ⅱ级　　　　　　　C. Ⅲ级　　　　　　　D. Ⅳ级

2. 简答题

（1）岩体赋存环境包括哪几部分？

（2）岩体结构划分的主要依据是什么（结构面，结构体，岩体结构）？

（3）按结构面成因，结构面通常分为几种类型？

（4）结构面力学性质的尺寸效应体现在哪几个方面？

（5）试述结构面的强度特点？

（6）试述结构面剪切破坏的判断方法？

（7）岩石试件与岩体原位试验的应力-应变全过程曲线有无区别？

（8）对岩石试件平行层理与垂直层理加压时，其弹性模量有无区别，强度是否相同？

（9）为什么节理面往往不是单一的，而是成组成对出现在岩体中？

（10）试述节理面对岩体强度的影响，如果节理面倾角不同岩体强度要发生什么变化？

（11）为什么多节理岩体其力学性质反而近似各向同性？

（12）什么是弹性模量，变形模量，它们之间的区别是什么？

（13）岩体质量分类有什么意义？

（14）CSIR 分类法和 Q 分类法各考虑的是岩体的哪些因素？

（15）岩体中水渗流与土体中水渗流有什么区别？

（16）地下水对岩体的物理、化学作用体现在哪几个方面？

（17）推导下列公式：

$$\sin\varphi = \frac{\sigma_1 - \sigma_3}{\sigma_1 + \sigma_3 + 2c\cot\varphi}$$

3. 计算题

（1）大理岩单轴抗压强度 $\sigma_c = 80\text{MPa}$，内摩擦角 $\varphi = 25°$，试计算侧压为 $\sigma_3 = 40\text{MPa}$ 时，其三轴抗压强度为多少？

（2）若岩体结构单元 $\sigma_x = 50\text{MPa}$，$\sigma_y = 100\text{MPa}$，$\tau_{xy} = 0$，$\theta = 30°$，求斜面上的法向应力 σ_n 及剪应力 τ_n。作出相应的莫尔应力圆，并写出莫尔应力圆的方程式。

（3）花岗岩岩柱抗剪强度指标：凝聚力 $c = 20\text{MPa}$，$\varphi = 30°$。岩柱的横截面积 $A = 5000\text{cm}^2$。柱顶承受荷载 $P = 3000\text{t}$，自重忽略不计，试问：是否会发生剪切破坏？若岩柱中有一软弱结构面，其法线与轴线成 $75°$ 角，试问：是否会发生破坏？

（4）有一层状岩体，测得其结构面凝聚力 $c_j = 2\text{MPa}$，内摩擦角 $\varphi_j = 30°$，岩体应力 $\sigma_1 = 15\text{MPa}$，$\sigma_3 = 6\text{MPa}$，结构面与最大主应力方向的夹角为 $30°$，试计算岩体是否会沿结构面破坏？

（5）某地下工程岩体在勘探后得到如下资料：单轴饱和抗压强度 $R_c = 42.5\text{MPa}$；岩石较坚硬，但岩体较破碎，岩石的弹性纵波速度 $v = 4500\text{m/s}$、岩体的弹性纵波速度 $V = 3500\text{m/s}$；工作面潮湿，有的地方出现点滴出水状态；有一组结构面，其走向与巷道轴线夹角大约为 $25°$、倾角为 $33°$；没有发现极高应力现象。假设勘察点埋深为 500m，岩体的平均容重为 26kN/m^3。按我国工程岩体分级标准（GB 50218—94），判断该岩体基本质量级别和考虑工程基本情况后的级别。

（6）在岩体试件等围压三轴试验中，节理与 σ_3 的夹角为 $33°$，已知结构面凝聚力 $c_j = 2.5\text{MPa}$、内摩擦角 $\varphi_j = 35°$，结构体凝聚力 $c = 10\text{MPa}$、内摩擦角 $\varphi = 45°$、$\sigma_3 = 6\text{MPa}$，求岩体的三轴抗压强度、破裂面的位置和方向。

（7）在一岩层上打钻，钻孔深 1.5m，取出各段岩芯的长度（自上而下）为 2.5、5、7.5、10、15、10、5、12.5、3.5、4.5、8、2、1、5、7、4、15、7.5、12.5（单位为 cm），试计算岩芯质量 RQD，并核定岩石属于哪一类？

参 考 文 献

[1] 丁德馨. 岩体力学（讲义）[M]. 南华大学，2006.

[2] 高磊. 矿山岩石力学 [M]. 北京：机械工业出版社，1987.

[3] 孙广忠. 岩体结构力学 [M]. 北京：科学出版社，1988.

[4] http://www. cumtb. edu. cn/frameset/zdxm/groupweb/file/zuixinjinzhan/2. htm（谢和平创新群体论据）.

[5] 王恭先. 滑坡防治中的关键技术及其处理方法 [J]. 岩石力学与工程学报，2005，24（21）：3818~3827.

[6] 王建秀，冯波，张兴胜，等. 岩溶隧道围岩水力破坏机理研究 [J]. 岩石力学与工程学报，2010，29（7）：1363~1370.

[7] 韩勇，吴永清，陆孝如. 离散元模拟碎裂结构岩体应力传播特征 [J]. 企业之窗，2008，8（4）：42~44.

[8] 李俊平，周创兵，冯长根. 矿山岩石力学——缓倾斜采空区处理的理论与实践 [M]. 哈尔滨：黑龙江教育出版社，2005.

[9] 孙玉科，古迅. 赤平极射投影在岩体工程地质力学中的应用 [M]. 北京：科学出版社，1980.

[10] 石根华. 数值流形方法与非连续变形分析 [M]. 裴觉民，译. 北京：清华大学出版社，1997.

[11] 张慧梅. 板裂介质岩体边坡的后屈曲性态 [J]. 湖南科技大学学报（自然科学版），2007，22（4）：73~76.

[12] 段君奇，张建斌. 陡倾角层状岩体中小夹角洞室围岩变形破坏机理分析 [C]. 中国水力发电工程学会第四届地质及勘探专业委员会第一次学术交流会论文集，2008：95~102.

[13] 高明中，赵光明. 矿山岩石力学（课件）. 安徽理工大学能源与安全学院，2007.

[14] http://developer.hanluninfo.com/2005/rock/level/all/inside_03_09_01_m.htm（工程岩石力学课件）.

[15] 陆文. 岩石力学（课件）. 西南科技大学环境资源学院，2006.

[16] 蔡美峰，何满潮，刘东燕. 岩石力学与工程 [M]. 北京：科学出版社，2002.

[17] Brown E T, Hoek E. Trends in relationships between measured in-situ stresses and depth [J]. International Journal of Rock Mechanics and Mining Sciences & Geomechanics Abstracts, 1978, 15（4）：211~215.

[18] Hoek E, Brown E T. Practical estimates of rock mass strength [J]. International Journal of Rock Mechanics and Mining Sciences, 1997, 34（8）：1165~1186.

[19] Hoek E, Diederichs M S. Empirical estimation of rock mass modulus [J]. International Journal of Rock Mechanics and Mining Sciences, 2006, 43（2）：203~215.

[20] 赵坚，李海波. 莫尔-库仑和霍克-布朗强度准则用于评估脆性岩石动态强度的适用性 [J]. 岩石力学与工程学报，2003，22（2）：171~176.

[21] 中华人民共和国国家发展和改革委员会. 水利水电工程岩石试验规程（DL/T 5368—2007）[S]. 北京：中国电力出版社，2007.

[22] 中华人民共和国水利部. 工程岩体分级标准 [S]. 北京：中国计划出版社，2014.

4 原岩应力及其测量

【基本知识点（重点▼，难点◆）】：岩体初始应力状态的概念与意义；岩体自重应力▼；岩体构造应力▼；岩体初始应力状态的主要分布规律▼◆；影响原岩应力分布的因素；岩体初始应力的几种测定方法。

4.1 概　　述

未受采动（工程扰动）影响而又处于自然平衡状态的岩体，被称为原岩。存在于原岩中的天然应力，被称为原岩应力，也称岩体初始应力、绝对应力或地应力，它是引起采矿、水利水电、土木建筑、铁道、公路、军事和其他各种地下或露天岩石开挖工程变形和破坏的根本作用力；是确定工程岩体力学属性，进行围岩稳定性分析，实现岩石工程开挖设计和科学决策的必要前提条件。原岩应力在岩体空间中的分布状态，被称为原岩应力场。

人类在岩体中进行工程活动，扰动了原岩的自然平衡状态，使一定范围内的原岩应力重新分布，变化后的应力被称为次生应力，也称地压、岩压或矿山压力。次生应力直接影响岩体工程的稳定性。为了控制岩体工程的稳定性，必须明了次生应力，然而，次生应力是在原岩应力的基础上产生的，为此，必须首先认识原岩应力场。原岩应力≈自重应力+构造应力。

4.1.1 认识地应力的工程意义

传统的岩石工程的开挖设计和施工是根据经验来进行的。当开挖活动是在小规模范围内和接近地表的深度上进行的时候，经验类比的方法往往是有效的。但是随着开挖规模的不断扩大和不断向深部发展，特别是数百万吨级的大型地下矿山、大型地下电站、大坝、大断面地下隧道、地下大型硐室以及高陡边坡的出现，经验类比法已越来越失去其作用，根据经验进行开挖施工往往造成各种露天或地下工程的失稳、坍塌或破坏，使开挖作业无法进行，并经常导致严重的工程事故，造成人员伤亡和财产的巨大损失。

为了对各种岩石工程进行科学合理的开挖设计和施工，就必须对影响工程稳定性的各种因素进行充分调查。只有详细了解这些工程影响因素，并通过定量计算和分析，才能做出既经济又安全实用的工程设计。在诸多的影响岩石开挖工程稳定性的因素中，地应力状态是最重要、最根本的因素之一。对矿山设计来说，只有掌握了具体工程区域的地应力条件，才能合理确定矿山总体布置，确定巷道和采场的最佳断面形状、断面尺寸。根据弹性力学理论，巷道和采场的最佳形状主要由其断面内的两个主应力的比值来决定。为了减少巷道和采场周边的应力集中现象，它们最理想的断面形状是一个椭圆，而这个椭圆在水平和垂直方向的两个半轴的长度之比与该断面内水平主应力和垂直主应力之比相等。在此情况下，巷道和采场周边将处于均匀等压应力状态，这是一种最稳定的受力状态。同样，在确定巷道和采场走向时，也应考虑地应力的状态，最理想的走向是与最大主应力方向相平行。当然，实际工程中的采场、巷道走向和断面形状还要综合考虑工程需要、经济性和其他条件。

由于各种岩石开挖体的复杂性和形状多样性，利用理论解析的方法进行工程稳定性分析和计算是不可能的。但是，近20年来大型电子计算机的应用及有限元、边界元、离散元等数值方法的不断发展，使岩石工程迅速接近其他工程领域，成为一门可以进行定量设计计算和分析的工程科学。岩石工程的定量设计计算比其他工程要复杂得多和困难得多，其根本点在于工程地质条件、岩体性质的不确定性以及岩石材料受力后的应力状态具有加载途径性。岩石的开挖效应不仅取决于当时的应力状态，也取决于历史上的全部应力状态。由于许多岩石工程是一个多步骤的多次开挖过程，前面的每次开挖都对后期的开挖产生影响，施工步骤不同，开挖顺序不同，都有各自不同的最终力学效应，即最终不同的稳定性状态。所以只有采用系统工程、数理统计理论，通过大量的计算和分析，比较各种不同开挖和支护方法、过程、步骤、顺序下的应力和应变动态变化过程，采用优化设计的方法，才能确定经济合理的开挖设计方案。所有的计算和分析都必须在一定地应力的前提下进行。如果对工程区域的实际原始应力状态一无所知，那么任何计算和分析都将失去其应有的真实性和实用价值。

另外，地应力状态对地震预报、区域地壳稳定性评价、油田油井的稳定性、岩爆、煤和瓦斯突出的研究以及地球动力学的研究等也具有重要意义。

人们认识地应力还只是近百年的事。1912年瑞士地质学家海姆（A. Heim）在大型越岭隧道施工过程中通过观察和分析，首次提出了地应力的概念，并假定地应力是一种静水应力状态，即地壳中任意一点的应力在各个方向上均相等，且等于单位面积上覆岩层的重量，即

$$\sigma_h = \sigma_v = \gamma H \tag{4.1}$$

式中，σ_h 为水平应力；σ_v 为垂直应力；γ 为上覆岩层容重；H 为距地表的深度。

1926年，苏联学者金尼克（A. H. Динник）修正了海姆的静水压力假设，认为地壳中各点的垂直应力等于上覆岩层的重量，而侧向应力（水平应力）是泊松比效应的结果，其值应为 γH 乘以一个修正系数。他根据弹性力学理论，认为这个系数等于 $\mu/(1-\mu)$，即

$$\left.\begin{array}{l} \sigma_v = \gamma H \\ \sigma_h = \mu \gamma H/(1-\mu) \end{array}\right\} \tag{4.2}$$

式中，μ 为上覆岩层的泊松比。

同期其他一些人主要关心的也是如何用一些数学公式来定量地应力的大小，并且也都认为地应力只与重力有关，即以垂直应力为主，它们的不同在于侧压系数。20世纪20年代我国地质学家李四光就指出："在构造应力影响的地壳上层的一定厚度内，水平应力分量的重要性远远超过垂直应力分量"。20世纪50年代，哈斯特（N. Hast）首先在斯堪的纳维亚半岛进行了地应力的测量工作，发现存在于地壳上部的最大主应力几乎处处是水平或接近水平的，而且最大水平主应力一般为垂直应力的1～2倍，甚至更多，在某些地表

处测得的最大水平应力高达 7MPa，从根本上动摇了地应力是静水压力的理论和以垂直应力为主的观点。

后来的进一步研究表明，重力作用和构造运动是引起地应力的主要原因，其中尤以水平方向的构造运动对地应力的形成影响更大。当前的应力状态主要由最近一次的构造运动所控制，但也与历史上的构造运动有关。由于亿万年来，地球经历了无数次大大小小的构造运动，各次构造运动的应力场也经过多次的叠加、牵引和改造，另外，地应力场还受到其他多种因素的影响，因而造成了地应力状态的复杂性和多变性，即使在同一工程区域的不同地点地应力状态也可能很不相同，因此，地应力的大小和方向不可能通过数学计算或模型分析的方法来获得。要了解一个地区的地应力状态，唯一的方法就是进行地应力测量。

4.1.2 地应力的成因

产生地应力的原因是十分复杂的，也是至今尚不十分清楚的问题。实测和理论分析表明，地应力的形成主要与地球的各种动力运动过程有关，其中包括：板块边界受压、地幔热对流、地球内应力、地心引力、地球旋转、岩浆侵入和地壳非均匀扩容等。另外，温度不均、水压梯度、地表剥蚀或其他物理化学变化等也可引起相应的应力场。其中，构造应力场和重力应力场为现今地应力场的主要组成部分。

4.1.2.1 大陆板块边界受压引起的应力场

中国大陆板块受印度洋和太平洋两外部板块的推挤，推挤速度为每年数厘米，同时受西伯利亚板块和菲律宾板块的约束，在这样的边界条件下，板块发生变形，产生水平受压应力场，其主应力迹线如图 4.1 所示。印度洋板块和太平洋板块的移动促成了中国山脉的形成，控制了我国地震的分布。

4.1.2.2 地幔热对流引起的应力场

由硅镁质组成的地幔因温度很高，具有可塑性，并可以上下对流和蠕动。当地幔深处的上升流到达地幔顶部时，就分为两股方向相反的平流，经一定流程直到与另一对流圈的反向平流相遇，一起转为下降流，回到地幔深处，形成一个封闭的循

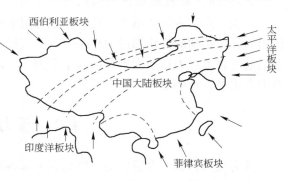

图 4.1 中国板块主应力迹线图

环体系。地幔热对流引起地壳下面的水平切向应力。在亚洲形成由孟加拉湾一直延伸到贝加尔湖的最低重力槽，它是一个有拉伸特点的带状区，我国从西昌、攀枝花到昆明的裂谷正位于这一地区，该裂谷区有一个以西藏中部为中心的上升流的大对流环，在华北-山西地堑有一个下降流。由于地幔物质的下降，引起很大的水平挤压应力。

1928 年英国地质学家 A. 霍姆斯认为地幔对流的上升流处地壳裂开，形成新的大洋底，对流的下降流处地壳挤压形成山脉。1939 年 D. T. 格里格斯提出，由于岩石热传导不良，放射热的聚集使地幔下层升温、膨胀、变轻而产生上升流，导致对流。20 世纪 60 年代后期板块构造学建立以后，地幔对流运动被普遍认为是板块运动的驱动力。

4.1.2.3　地心引力引起的应力场

重力应力场是各种应力场中唯一能够计算的应力场。地壳中任一点的自重应力等于单位面积的上覆岩层的重量，即

$$\sigma_G = \gamma H \tag{4.3}$$

式中，γ 为上覆岩层的容重；H 为埋藏深度。

重力应力为垂直方向的应力，它是地壳中所有各点垂直应力的主要组成部分，但是垂直应力一般并不完全等于自重应力，因为板块移动、岩浆对流和侵入、岩体非均匀扩容、温度不均和水压梯度均会引起垂直方向应力的变化。

4.1.2.4　岩浆侵入引起的应力场

岩浆侵入挤压、冷凝收缩和成岩，均在周围地层中产生相应的应力场，其过程也是相当复杂的。熔融状态的岩浆处于静水压力状态，对其周围施加的是各个方向相等的均匀压力，但是炽热的岩浆侵入后即逐渐冷凝收缩，并从接触界面处逐渐向内部发展。不同的线膨胀系数及热力学过程会使侵入岩浆自身及其周围的岩体应力产生复杂的变化过程。

与上述三种应力场不同，由岩浆侵入引起的应力场是一种局部应力场。

4.1.2.5　地温梯度引起的应力场

地层温度随着深度增加而升高，一般温度梯度为 $\alpha = 3\,\text{℃}/100\text{m}$。由于温度梯度引起地层中不同深度具有不相同的膨胀，从而引起地层中的压应力，其值可达相同深度自重应力的数分之一。另外，岩体局部寒热不均，产生收缩和膨胀，也会导致岩体内部产生局部应力场。

4.1.2.6　地表剥蚀产生的应力场

地壳上升部分岩体因为风化、侵蚀和雨水冲刷搬运而产生剥蚀作用。剥蚀后，由于岩体内的颗粒结构的变化和应力松弛赶不上这种变化，导致岩体内仍然存在着比由地层厚度所引起的自重应力还要大得多的水平应力值。因此，在某些地区，大的水平应力除与构造应力有关外，还和地表剥蚀有关。

4.2　重力应力场

重力应力，也叫自重应力，指地壳上部各种岩体由于受到地心引力的作用而产生的应力，它是由岩体自重引起的。由地心引力引起的应力场称为重力应力场。研究岩体的重力应力场，一般把岩体视为均匀、连续且各向同性的弹性体，因而可以引用连续介质力学的原理来探讨岩体的重力应力场问题。将岩体视为半无限体，即上部以地表为界，下部及水平方向均无界限。岩体中某点的应力仅由上覆岩体的重力产生，如图 4.2 所示，对埋藏深度为 z 的单元体，垂直应力可表示为

$$\sigma_z = \gamma z \tag{4.4}$$

式中，γ 为上覆岩层的容重；z 为埋藏深度。

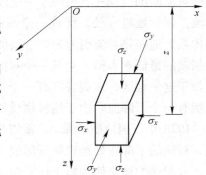

图 4.2　各向同性岩体自重应力计算

图 4.2 中单元体因受铅垂应力 σ_z 的作用而产生横向变形，因单元体受横向相邻单元体约束，不能产生横向变形，相应产生水平应力 σ_x、σ_y。因视岩体为各向同性的弹性体，故它的水平应力 σ_x、σ_y 相等，水平应变 ε_x、ε_y 也相等，即

$$\left.\begin{aligned} \sigma_x &= \sigma_y \\ \varepsilon_x &= \varepsilon_y = 0 \\ \tau_{xy} &= \tau_{yz} = \tau_{zx} = 0 \end{aligned}\right\} \tag{a}$$

根据广义胡克定律有

$$\left.\begin{aligned} \varepsilon_x &= \left[\sigma_x - \mu\left(\sigma_y + \sigma_z\right)\right]/E \\ \varepsilon_y &= \left[\sigma_y - \mu\left(\sigma_x + \sigma_z\right)\right]/E \end{aligned}\right\} \tag{b}$$

由式（a）、（b）可解得

$$\sigma_x = \sigma_y = \mu\sigma_z/(1-\mu) \tag{c}$$

式中，E、μ 为岩体的弹性常数。令 $\lambda = \mu/(1-\mu)$，称 λ 为侧压系数。式（c）可写为

$$\sigma_x = \sigma_y = \lambda\sigma_z = \lambda\gamma z \tag{4.5}$$

故，均匀岩体中，岩体的初始自重应力状态为

$$\left.\begin{aligned} \sigma_z &= \gamma z \\ \sigma_x &= \sigma_y = \lambda\sigma_z = \lambda\gamma z \\ \tau_{xy} &= \tau_{yz} = \tau_{zx} = 0 \end{aligned}\right\} \tag{4.6}$$

当深度 H 内有多层岩层，各层岩石容重不同时，见图 4.3，按式（4.6）计算，有

$$\left.\begin{aligned} \sigma_z &= \sum_{i=1}^{n} \gamma_i h_i \\ \sigma_x &= \sigma_y = \frac{\mu}{1-\mu}\sigma_z = \lambda\sigma_z \end{aligned}\right\} \tag{4.7}$$

式中，γ_i 为第 i 层岩体的容重，$i = 1,2,3,\cdots,n$；h_i 为第 i 层岩体的铅垂厚度。

对于各向异性体，例如薄层状沉积岩，当岩层水平时，见图 4.4（a），按式（4.7）计算有

$$\sigma_z = \sum_{i=1}^{n} \gamma_i h_i$$

按广义胡克定律，有

$$\varepsilon_x = \varepsilon_y = \frac{\sigma_x}{E_{/\!/}} - \mu_{/\!/}\frac{\sigma_y}{E_{/\!/}} - \mu_{\perp}\frac{\sigma_z}{E_{\perp}} = 0$$

而 $\sigma_x = \sigma_y$，因此有

$$\sigma_x = \sigma_y = \frac{\mu_{\perp}}{1-\mu_{/\!/}} \times \frac{E_{/\!/}}{E_{\perp}}\sigma_z$$

所以，各向异性水平岩层的初始自重应力状态为

$$\left.\begin{aligned} \sigma_z &= \sum_{i=1}^{n} \gamma_i h_i \\ \sigma_x &= \sigma_y = \frac{\mu_{\perp}}{1-\mu_{/\!/}} \times \frac{E_{/\!/}}{E_{\perp}}\sigma_z \end{aligned}\right\} \tag{4.8}$$

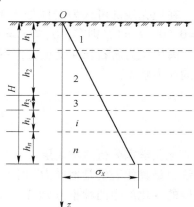

图 4.3 垂直自重应力分布

对于各向异性体，当岩层垂直时，见图 4.4（b），同样计算，可得初始自重应力状态为

$$
\left.
\begin{aligned}
\sigma_z &= \sum_{i=1}^{n} \gamma_i h_i \\
\sigma_x &= \frac{\mu_{//}(1+\mu_{//})E_{\perp}}{(1-\mu_{//}\mu_{\perp})E_{//}}\sigma_z \\
\sigma_y &= \frac{\mu_{//}(1+\mu_{\perp})}{1-\mu_{//}\mu_{\perp}}\sigma_z
\end{aligned}
\right\}
\tag{4.9}
$$

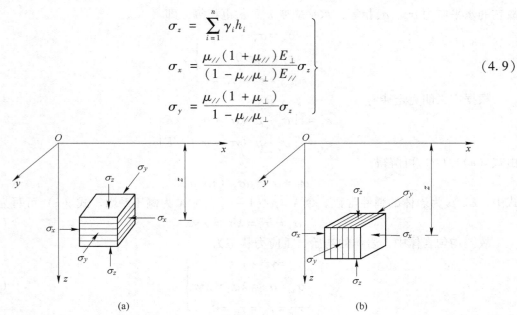

(a)   (b)

图 4.4   薄层层积岩中自重应力分析简图

原岩自重应力场的分布特点为：（1）水平应力 σ_x、σ_y 小于垂直应力 σ_z；（2）σ_x、σ_y、σ_z 均为压应力；（3）σ_z 只与岩体密度和深度有关，而 σ_x、σ_y 还同时与岩体弹性常数 E、μ 有关；（4）结构面影响岩体自重应力分布。

在地壳浅部可认为岩体处于弹性状态，$\mu = 0.20 \sim 0.30$；在深部岩体转入塑性状态，$\mu = 0.50$，$\lambda = 1$，则有：$\sigma_x = \sigma_y = \sigma_z = \gamma z$，这种各向等压的应力状态，又称为静水压力状态。海姆认为岩石长期受重力作用，产生塑性变形，甚至在深度不大时亦会发展成各向等压的应力状态。

4.3   构造应力场

地质学家分析地球表层（包括地壳和地幔）结构及其运动规律，提出了各种大地构造学说，最具代表的是地质力学学说和板块构造学说。（1）地质力学学说。他认为地球自转速度的变化产生两种推动地壳运动的力：一种是经向水平离心力；一种是纬向水平惯性力。这两种力是引起地壳岩体中出现构造应力的根本原因。大量的实测资料说明，岩体中水平应力大于垂直应力，说明构造应力以水平应力为主。（2）板块构造学说。他认为板块运动的核心是海底扩张，海底扩张是由于地幔对流引起的。他源于 1915 年德国魏根纳提出的大陆漂移学说，认为 1.5 亿年前地球表面有一个统一的大陆——联合古大陆，其周围全是海洋，从侏罗纪开始联合古大陆分裂成 6 大板块，它们覆盖在软流圈上各自漂移，最终形成现今大陆和海洋的分布。

在能对原岩应力进行测量之前，长时间里人们一直认为原岩应力仅仅是由重力应力引

起的。从重力应力场的分析中可知，重力应力场中最大主应力的方向是铅垂方向。然而大量的测量工作表明，原岩应力并不完全符合重力应力场的规律。例如，俄罗斯科拉半岛的基洛夫矿、拉斯乌姆尔矿在霓霞矿的磷霞岩中，测得100m深处的水平应力为55.9～76.4MPa，比自重应力场的垂直应力大19倍；我国江西铁山垄钨矿480m深处，测得垂直应力为10.6MPa，沿矿脉走向的水平应力为11.2MPa，垂直矿脉走向的水平应力为6.5MPa；金川镍矿矿区以水平应力为最大主应力，水平地应力为近北东30°～40°，是压应力，在200～300m深度最大主应力一般为20～30MPa，最高达50MPa，最大主应力与最小主应力的差值随深度增加，平均水平应力较垂直应力随深度增加的梯度更大，水平应力是自重应力的1.69～2.27倍。

构造应力指由地质构造作用产生的应力，或指地壳内长期存在的一种促使构造运动发生和发展的内在力量。构造应力场指构造应力在空间的分布状态。岩体构造应力是构造运动中积累或剩余的一种分布力，一般可分成下列三种情况：

（1）与构造行迹相联系的原始构造应力。

每一次构造运动都在地壳中留下构造行迹，如结构面，有的地点构造应力在这些行迹附近表现强烈，且密切关系。如顿巴斯煤田，在没有呈现构造行迹的矿区，原岩体内铅垂应力 $\sigma_v = \gamma H$；在构造行迹不多时，σ_v 超过 γH 大约20%；在构造复杂区内，σ_v 远远超过 γH。

原始构造应力场的方向可以应用地质力学的方法判断，如图4.5所示。因为构造行迹的走向与形成时的应力方向有一定关系，根据各构造的力学性质，可以判定原始构造应力的方向。

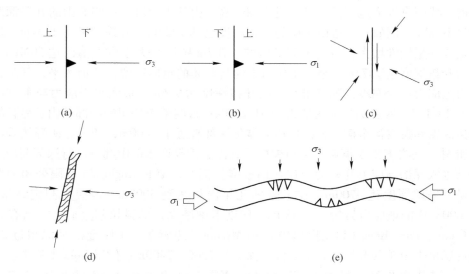

图4.5 由地质特征推断应力方向（（a）～（e）均为平面图）
（a）正断层；（b）逆断层；（c）平推断层；（d）岩脉；（e）褶皱

（2）残余构造应力。

有的地区虽有构造运动行迹，但是构造应力不明显或不存在，原岩应力基本属于重力应力。例如，俄罗斯乌拉尔的维索科戈尔和科奇卡尔矿床测定的原岩应力基本符合重力应力场的分布规律，沿矿体走向的水平应力比铅垂应力小10%~30%，有的水平应力竟比式（4.7）的计算值大3.9~4.9MPa，并未发现水平应力在某个方向占显著优势。其原因是，虽然远古时期的地质构造运动使岩体变形，以弹性能的方式储存于地层中，形成构造应力，但是经过漫长的地质年代，由于应力松弛，应力随之减少。而且每次新的构造运动对上次构造运动都将引起应力释放，地貌的变动也会引起应力释放，故使原始构造应力大大降低。这种经过显著降低的原始构造应力，称为残余构造应力。各地区的原始构造应力的松弛与释放程度很不相同，所以残余构造应力的差异很大。

（3）现代构造应力。

许多实测资料表明，有的地区的构造应力与构造行迹无关，但是与现代构造运动密切相关。如哈萨克斯坦杰兹卡甘矿床，原岩应力以水平应力为主，其方向不是垂直构造线走向，而是沿构造线走向。科拉半岛水平应力是垂直应力的19倍，且地表以每年5~50mm的速度上升。M. B. 格索夫斯基教授指出，现代构造运动强烈的地区，水平应力可达（98±49）MPa，而活动小的地区仅为（9.8±4.9）MPa。由此可见，在这些地区不能用古老的构造行迹来说明现代构造应力，必须注重研究现代构造应力场。

原岩的构造应力场分布特点为：（1）应力有压应力，亦可能有拉应力；（2）以水平应力为主时，一般水平应力比垂直应力大；（3）分布很不均匀，通常以地壳浅部为主；（4）褶皱、断层和节理等各种构造行迹相伴而生，共同形成一个构造体系。

4.4　地应力分布的一般规律

目前，我国有许多地下矿山已经进入深部高应力开采阶段，一些矿山的开采深度已接近或超过1000m。例如，红透山铜矿的开拓深度已达1337m、开采深度达1137m，最大主应力值随深度呈线性增大，目前采矿最深的－767m中段最大主应力值已达50MPa；冬瓜山铜矿的开拓深度达1074m，最大主应力方向与矿体的走向一致，近似水平，开采最低水平的最大主应力达38MPa；凡口铅锌矿的开拓深度达906m，最大水平应力与垂直应力的比值为1.2~1.7，实测的最大主应力为31.2MPa；云南驰宏公司的深部矿山、弓长岭地下铁矿开拓深度和夹皮沟金矿二道沟坑口矿体延深都超过了1000m；湘西金矿开拓垂深超过850m。此外，还有寿王坟铜矿、金川镍矿、乳山金矿等许多矿山都将进行深部高应力区开采。国外进入深部高应力开采的金属矿山较多。例如，南非Anglogold有限公司的西部深水平金矿，采矿深度达3700m，在未来的几年内将达到5000m，地应力测定结果表明，3500~5000m深的地应力为95~135MPa；印度卡纳塔克邦的科拉尔金矿区，已有Nundy-droog、Chain、Pion Reef（钱皮恩里夫）和Mysore（迈索尔）4座金矿采深超过2400m，其中钱皮恩里夫金矿共开拓112个阶段，深度为2200~3400m；位于Kola半岛中心的俄罗斯Khibiny磷灰岩矿区，目前有Ki-rovsky，Yukspor，Rasvumehorr3个地下矿和Saami、Tsentralny2个露天矿，采矿深度为600~700m，矿区的应力测试表明，单轴抗压强度σ_c为100~200MPa，杨氏弹性模量E为30~90GPa，为高应力区，最大的水平应力是垂直应力的5~10倍之多；美国爱达荷州北部克达伦矿区的幸运星期五矿，目前开采的5930水平距地表1808m；Galena银矿最深为5500水平，距地表约2000m；Sunshine矿开采的5600水平距地表2100m；澳大利亚的某矿山在－480m时，主应力为70MPa，为上覆岩层自重应力的 5 倍之多。这些矿山进一步开采时，地压的控制已成了亟待解决的问题。对于逐步进入深部开采的我国矿山而言，各种深部地质灾害的出现，在某种程度上会影响矿山的安全开采。为了实现矿山的安全、高产、高效开采，探索和研究地下矿山深部高应力区的地应力分布规律是十分必要的。

由于原岩的非均质性，以及地质、地形、构造和岩石物理力学性质等影响，使得概括原岩应力状态及其变化规律时遇到很大困难。不过从地质调查、大量地应力测量资料的分析和地应力反演等研究，已初步认识到浅部地壳应力分布的一些基本规律。

（1）地应力是一个具有相对稳定的非稳定应力场，它是时间和空间的函数。

地应力在绝大部分地区是以水平应力为主的三向不等压应力场，三个主应力的大小和方向是随着空间和时间而变化的，因而它是个非稳定的应力场。地应力在空间上的变化，从小范围来看，其变化是很明显的，从某一点到相距数十米外的另一点，地应力的大小和方向也可能是不同的；但就某个地区整体而言，地应力的变化是不大的，如我国的华北地区，地应力场的主导方向为北西到近于东西的主压应力。

在某些地震活动活跃的地区，地应力的大小和方向随时间的变化是很明显的。在地震前，处于应力积累阶段，应力值不断升高，而地震时使集中的应力得到释放，应力值突然大幅度下降。例如，1976 年 7 月 28 日唐山地区发生 7.8 级地震时，顺义县的吴雄寺测点在震前和震后的测量结果，说明了应力从积累到释放的过程：震前的 1971 年到 1973 年，$\tau_{\max}$ 由 0.64MPa 积累到 1.8MPa；震后的 1976 年到 1977 年，$\tau_{\max}$ 由 0.9MPa 下降到 0.3MPa。主应力方向在地震发生时会发生明显改变，在震后一段时间又会恢复到震前的状态。喀尔巴阡山、高加索等地区的测量结果表明，每隔 6～12 年应力轴方向有较大的变化；但是也有地区应力场极为稳定，如瑞典北部的梅尔贝格特矿区，现今应力场与 20 亿年前的应力方向完全相同。

（2）实测垂直应力（σ_v）基本等于上覆岩层的重量（γH）。

对全世界实测垂直应力 σ_v 的统计分析表明，在深度为 25～2700m 的范围内，σ_v 呈线性增长，大致相当于按平均容重 γ 等于 27kN/m³ 计算出来的重力。但在某些地区的测量结果有一定幅度的偏差，上述偏差除有一部分可能归结于测量误差外，板块移动、岩浆对流和侵入、扩容、不均匀膨胀等都可引起垂直应力的异常。图 4.6 是霍克（E. Hoek）和布朗（E. T. Brown）总结出的世界各地 σ_v 值随深度 H 变化的规律。

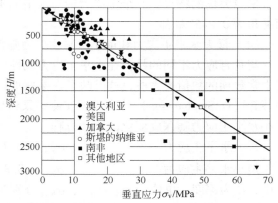

图 4.6　世界各地垂直应力 σ_v 随深度 H 变化的规律

（3）水平应力普遍大于垂直应力。

实测资料表明，在绝大多数地区均有两个主应力位于水平或接近水平的平面内，其与水平面的夹角一般不大于 30°，最大水平主应力 σ_{hmax} 普遍大于垂直应力 σ_v；σ_{hmax}/σ_v 值一般为 0.5～55，在很多情况下比值大于 2，见表 4.1。如果将最大水平主应力与最小水平主应力的平均值 $\sigma_{h,av} = (\sigma_{hmax} + \sigma_{hmin})/2$ 与 σ_v 相比，总结目前全世界地应力实测的结果，得

出 $\sigma_{h,av}/\sigma_v$ 值一般为 0.5～5.0，大多数为 0.8～1.5，见表 4.1。这说明在浅层地壳中平均水平应力普遍大于垂直应力，垂直应力在多数情况下为最小主应力，在少数情况下为中间主应力，只在个别情况下为最大主应力。这再次说明，水平方向的构造运动，如板块移动、碰撞，对地壳浅层地应力的形成起控制作用。

表 4.1　世界各国平均水平主应力与垂直主应力的关系

名　称	$(\sigma_{h,av}/\sigma_v)/\%$			$(\sigma_{h,av}/\sigma_v)_{max}$
	<0.8	0.8～1.2	>1.2	
中　国	32	40	28	2.09
澳大利亚	0	22	78	2.95
加拿大	0	0	100	2.56
美　国	18	41	41	3.29
挪　威	17	17	66	3.56
瑞　典	0	0	100	4.99
南　非	41	24	35	2.50
前苏联	51	29	20	4.30
其他地区	37.5	37.5	25	1.96

原岩应力的三个主应力轴一般与水平面有一定交角。根据这个关系，通常将原岩应力场分为水平应力场和非水平应力场两类。水平应力场的特点：两个主应力轴呈水平或与水平的夹角不大于 30°；另一个主应力轴接近于垂直水平面，或与水平面夹角不小于 60°。非水平应力场的特点：一个主应力轴与水平面夹角为 45°左右，另外两个主应力轴与水平面夹角为 0～45°左右。

（4）最大水平主应力和最小水平主应力随深度呈线性增长关系。

与垂直应力不同的是，在水平主应力线性回归方程中的常数项比垂直应力线性回归方程中常数项的数值要大些，这反映了在某些地区近地表处仍存在显著水平应力的事实。斯蒂芬森（O. Stephansson）等人根据实测结果给出了芬诺斯堪的亚古大陆最大水平主应力和最小水平主应力随深度变化的线性方程

$$
\left.
\begin{array}{ll}
最大水平主应力 & \sigma_{hmax} = 6.7 + 0.0444H \\
最小水平主应力 & \sigma_{hmin} = 0.8 + 0.0329H
\end{array}
\right\}
\tag{4.10}
$$

式中，H 为深度，单位为 m；σ_{hmax}、σ_{hmin} 分别为最大、最小水平主应力，MPa。按照通式 $\sigma = T + kH$，取最大主应力和最小主应力的系数 T、k 分别求平均值 T'、k'，不同地区的统计值见表 4.2。

表 4.2　不同地区 T'、k' 统计值

地　区	k'	T'	统　计　者
美　国	0.020	4.75	Haimson
英　国	0.040	11.25	Cooling
英　国	0.0195	11.00	Pine et al.

地 区	k'	T'	统 计 者
澳大利亚	0.0215	7.26	Worotinicki
芬 兰	0.049	9.31	Hast
加拿大	0.041	8.30	Herget
南部非洲	0.015	0.50	Orr
中亚地区	0.029	2.50	Aitrratov
中 国	0.020	5.44	王连捷
中国华北平原	0.021	-0.21	陈家庚
中国潜江	0.019	12.17	陈家庚
中国黄河三角洲	0.028	-17.12	丁健民
岩浆岩地区	0.031*	13.65*	朱焕春
沉积岩地区	0.022*	7.89*	朱焕春
变质岩地区	0.021*	12.00*	朱焕春

注：* 表示最大水平主应力的相对值 k'、T' 分别为最大、最小水平主应力平均值的统计结果。表中数据对应的应力单位为 MPa，深度单位为 m。

（5）平均水平应力与垂直应力的比值随深度增加而减小。

图4.7为世界不同地区地应力的实测结果。一般平均水平应力与垂直应力的比值 λ 随深度增加而减小，但在不同地区，变化的速度很不相同。

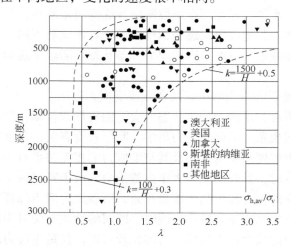

图4.7 世界各地平均水平主应力与垂直主应力的比值（λ）随深度（H）变化的规律

霍克和布朗根据图4.7回归出下列公式，用来表示 $\sigma_{h,av}/\sigma_v$ 随深度变化的取值范围，即

$$\frac{100}{H} + 0.3 \leqslant \frac{\sigma_{h,av}}{\sigma_v} \leqslant \frac{1500}{H} + 0.5 \qquad (4.11)$$

式中，H 为测点埋藏深度，单位为 m。

图 4.7 表明，在深度不大的情况下，λ 值相当分散。随着深度增加，λ 值的变化范围逐步缩小，并向 1 附近集中，这说明在地壳深部有可能出现海姆静水压力状态。

（6）最大水平主应力和最小水平主应力之值一般相差较大，显示出很强的方向性。

一般不论是在一个大的区域还是一个矿区范围内，σ_{hmax} 和 σ_{hmin} 的大小和方向都具有一定变化。一般地，$\sigma_{hmax}/\sigma_{hmin}$ 为 $0.2 \sim 0.8$，多数情况下为 $0.4 \sim 0.8$，见表 4.3。

表 4.3　世界部分国家和地区两个水平主应力的比值

实测地点	统计数目	$(\sigma_{hmin}/\sigma_{hmax})/\%$				
		$1.0 \sim 0.75$	$0.75 \sim 0.50$	$0.50 \sim 0.25$	$0.25 \sim 0$	合　计
斯堪的纳维亚	51	14	67	13	6	100
北美地区	222	22	46	23	9	100
中　国	25	12	56	24	8	100
中国华北地区	18	6	61	22	11	100

4.5　影响原岩应力分布的因素

地应力的上述分布规律还会受到地形、岩体结构、岩体力学性质、岩层历史（剥蚀）、温度、地下水等因素的影响。

（1）地形对原始地应力的影响是十分复杂的。

在具有负地形的峡谷或山区，地形的影响在侵蚀基准面以上及其以下一定范围内表现特别明显。一般来说，谷底是应力集中的部位，越靠近谷底应力集中越明显；最大主应力在谷底或河床中心近于水平，而在两岸岸坡则向谷底或河床倾斜，并大致与坡面平行；近地表或接近谷坡的岩体，其地应力状态和深部及周围岩体显著不同，并且没有明显的规律性；随着深度不断增加或远离谷坡，则地应力分布状态逐渐趋于规律化，并且显示出和区域应力场的一致性。

（2）岩体结构可能引起应力集中、削弱或改变应力方向。

在断层和结构面附近，地应力分布状态将会受到明显的扰动。断层端部、拐角处及交汇处将出现应力集中的现象。端部的应力集中与断层长度有关，长度越大，应力集中越强烈。拐角处的应力集中程度与拐角大小及其与地应力的相互关系有关。当最大主应力的方向和拐角的对称轴一致时，其外侧应力大于内侧应力。由于断层带中的岩体一般都比较软弱和破碎，不能承受高的应力和不利于能量积累，所以成为应力降低带，其最大主应力和最小主应力与周围岩体相比均显著减小。同时，断层的性质不同对周围岩体应力状态的影响也不同。压性断层中的应力状态与周围岩体比较接近，仅是主应力的大小比周围岩体有所下降，而张性断层中的地应力大小和方向与周围岩体相比均发生显著变化。

（3）岩体力学性质影响地应力累积。

坚固整体性好的弹性岩体，有利于应力积累为高应力。塑性岩体易于变形，不易积累应力。风化较深的岩体或第四纪侵蚀水平以上 $20 \sim 40m$ 都使应力释放，成为低应力区。

（4）古岩体应力比现有地层厚度所引起的重力应力要大。

对于一些古老地层，它的覆盖层被剥蚀后，由于岩体内颗粒结构的变化和应力松弛滞后于这种变化，故岩体应力比现有地层厚度所引起的重力应力要大，所以剥蚀可造成较大的水平应力。

4.6 地应力测量

地下工程开挖前，必须了解原岩应力状态，为岩体工程设计提供可靠的依据。在地下工程开挖后，也需要了解围岩的应力分布状态，以便提供维护工程结构稳定的合理措施。

岩体应力测量包括原岩应力测量和围岩应力测量。测点位于原岩中，测出的应力是原岩应力。测点位于围岩中，测出的应力是围岩应力。两者使用的方法和原理基本相同，但是，前者要钻深孔，后者钻浅孔或在岩体表面测量。

由于岩体具有初始应力，常用的测量方法是应力解除法，即卸去岩体的应力，使岩体恢复变形，通过某种手段测出恢复的变形（应变或位移），然后按弹性理论求出岩体应力的大小和方向。应力解除法不能直接度量和观测，只能通过应变和位移间接求得。

测量原始地应力就是确定存在于拟开挖岩体及其周围区域的未受扰动围岩的应力状态，这种测量通常是通过逐点量测来完成的。岩体中一点的三维应力状态可由选定坐标系中的六个分量来表示，如图 4.8 所示。这种坐标系是可以根据需要和方便任意选择的，但一般取地球坐标系作为测量坐标系，由六个应力分量可求得该点的三个主应力的大小和方向，这是唯一的。

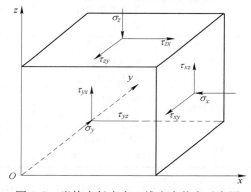

图 4.8 岩体中任意点三维应力状态示意图

在实际测量中，每一测点所涉及的岩石可能从几立方厘米到几千立方米，这取决于采用何种测量方法。但不管是几立方厘米还是几千立方米，对于整个岩体而言，仍可视为一点。虽然也有一些测定大范围岩体内的平均应力的方法，如超声波等地球物理方法，但这些方法很不准确，因而远没有"点"测量方法普及。由于地应力状态的复杂性和多变性，要比较准确地测定某一地区的地应力，就必须进行充足数量的"点"测量，在此基础上，才能借助数值分析和数理统计、灰色建模、人工智能等方法，进一步描绘出该地区的全部地应力场状态。

为了进行地应力测量，通常需要预先开挖一些硐室以便人和设备进入测点。然而，只要硐室一开，硐室周围岩体中的应力状态就受到了扰动。有一类方法，如早期的扁千斤顶法等，就是在硐室表面进行应力测量，然后在计算原始应力状态时，再把硐室开挖引起的扰动作用考虑进去。由于在通常情况下紧靠硐室表面岩体都会受到程度不同的破坏，使它们与未受扰动的岩体的物理力学性质大不相同；同时硐室开挖对原始应力场的扰动也是十分复杂的，不可能进行精确的分析和计算，所以这类方法得出的原岩应力状态往往是不准确的，甚至是完全错误的。为了克服这类方法的缺点，另一类方法是从硐室表面向岩体中打小孔，直至原岩应力区。地应力测量是在小孔中进行的。由于小孔对原岩应力状态的扰动是可以忽略不计的，这就保证了测量是在原岩应力区中进行。目前，普遍采用的应力解除法和水压致裂法均属此类方法。

近半个世纪来,特别是近40年来,随着地应力测量工作的不断开展,各种测量方法和测量仪器也不断发展起来。就世界范围而言,目前主要测量方法有数十种之多,而测量仪器则有数百种之多。

对测量方法的分类并没有统一的标准。有人根据测量手段的不同,将在实际测量中使用过的测量方法分为五大类,即:构造法、变形法、电磁法、地震法、放射性法。也有人根据测量原理的不同分为应力恢复法、应力解除法、应变恢复法、应变解除法、水压致裂法、声发射法、J射线法、重力法等八类,常用方法见表4.4。但根据国内外多数人的观点,依据测量基本原理的不同,可将测量方法分为直接测量法和间接测量法两大类。

表4.4 常用地应力测量方法及简评

测量原理	测量方法	解除方法	使用条件	可信度
测量变形	1. 钢环变形计	套孔解除	要求不严	较高
	2. 钢弦应力计	套孔解除	要求不严	较高
	3. 压磁应力计	套孔解除	岩石完整	较高
	4. 液压计	套孔解除	要求较高	参考
测量应变	5. 孔底应变丛	孔底解除	岩石完整	较低
	6. 光弹双向应变计	孔底解除	岩石完整	参考
	7. 孔壁轴应变丛	套孔解除	岩石完整	较低
包体变形	8. 光弹柱塞	套孔解除	适用于软岩	参考
	9. 罗恰光弹应力计	套孔解除	适用于软岩	参考
破裂	10. 水压致裂	不用解除	要求不高	较高
	11. 压裂声发射	不用解除	要求较高	较低

直接测量法是由测量仪器直接测量和记录各种应力值,如补偿应力、恢复应力、平衡应力,并由这些应力值和原岩应力的相互关系,通过计算获得原岩应力值。在计算过程中并不涉及不同物理量的换算,不需要知道岩石的物理力学性质和应力应变关系。扁千斤顶法、水压致裂法、刚性包体应力计法和声发射法均属直接测量法。其中,水压致裂法在目前的应用最为广泛,声发射法次之。

在间接测量法中,不是直接测量应力值,而是借助某些传感元件或某些介质,测量和记录岩体中某些与应力有关的间接物理量的变化,如岩体中的变形或应变,岩体的密度、渗透性、吸水性、电阻、电容的变化,弹性波传播速度的变化等,然后由测得的间接物理量的变化,通过已知的公式计算岩体中的应力值。因此,在间接测量法中,为了计算应力值,首先必须确定岩体的某些物理力学性质以及所测物理量和应力的相互关系。套孔应力解除法和其他的应力或应变解除方法以及地球物理方法等是间接法中较常用的,其中套孔应力解除法是目前国内外最普遍采用的发展较为成熟的一种地应力测量方法。

4.6.1 直接测量法

4.6.1.1 扁千斤顶法

A 测量原理

在与所测应力 σ_1 垂直的方向上开应力解除槽,槽上下附近围岩应力得到部分解除。

若把槽看作一条缝，根据 H. N. 穆斯海里什维理论，则槽中垂线 OA 上的应力状态为

$$\left.\begin{aligned}
\sigma_{1x} &= 2\sigma_1 \times \frac{\rho^4 - 4\rho^2 - 1}{(\rho^2 + 1)^3} + \sigma_2 \\
\sigma_{1y} &= \sigma_1 \times \frac{\rho^6 - 3\rho^4 + 3\rho^2 - 1}{(\rho^2 + 1)^3}
\end{aligned}\right\}$$　　　　（4.12）

式中，σ_{1x}、σ_{1y} 分别为 OA 线上某点 B 的应力分量，MPa；ρ 为 B 点离槽中心 O 距离的倒数。

如图 4.9 所示，通过槽中埋设的压力枕对槽加压，如施加压力为 p，则在 OA 直线上某点 B 的应力分量为

$$\left.\begin{aligned}
\sigma_{2x} &= -2p \times \frac{\rho^4 - 4\rho^2 - 1}{(\rho^2 + 1)^3} \\
\sigma_{2y} &= 2p \times \frac{3\rho^4 + 1}{(\rho^2 + 1)^3}
\end{aligned}\right\}$$　　　　（4.13）

当压力枕所施加的力 $p = \sigma_1$ 时，B 点的总应力分量为

$$\left.\begin{aligned}
\sigma_x &= \sigma_{1x} + \sigma_{2x} = \sigma_2 \\
\sigma_y &= \sigma_{1y} + \sigma_{2y} = \sigma_1
\end{aligned}\right\}$$　　　　（4.14）

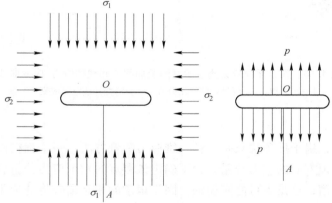

图 4.9　扁千斤顶法应力测量原理

B　测量步骤

（1）如图 4.10（a）所示，选定试验点，在预开解除槽（宽 B，深 $> B/2$）的中垂线上安装测量元件（$B/3$）。测量元件可以是千分表、钢弦应变计或电阻应变片等。

（2）记录量测元件——应变计的初始读数。

（3）开凿解除槽，记录应变计读数。一般槽的厚度为 5 ~ 10mm，由盘锯切割而成。

（4）埋设压力枕，并用水泥砂浆充填空隙。

（5）达到一定强度以后，连接油泵，施压。随着加压 p 的增加，岩体变形逐步恢复。逐点记录压力 p 与恢复变形（应变）的关系，见图 4.10（b）。ODE 为压力枕加荷曲线，压力枕加压到初始读数（D 点），即恢复了弹性变形 ε_{0e}；继续加压到 E 点，得到全应变 ε_1。再由压力枕逐步卸载，得卸荷曲线 EF，并得知 $\varepsilon_1 = OF + FG = \varepsilon_{1p} + \varepsilon_{1e}$，这样就可以

求得产生全应变 ε_1 所相应的弹性应变 ε_{1e} 与残余塑性应变 ε_{1p} 之值。为了求得产生 ε_{0e} 所相应的全应变量 ε_0，可以作一条水平线 KN 与压力枕的 OE 和 EF 线相交，并使 MN = ε_{0e}，则此时 KM 就为残余塑性应变 ε_{0p}，相应的全应变量 $\varepsilon_0 = \varepsilon_{0p} + \varepsilon_{0e}$。

（6）假设岩体为理想弹性体，当应变计恢复到初始读数 D 时，此时施加的压力 p 即为所求岩体的主应力。若岩体非弹性体，而有塑性，则由 $\varepsilon_0 = \varepsilon_{0p} + \varepsilon_{0e}$ 在 OE 线上求得 C 点，并求出与 C 点对应的 p 值，即所求的岩体的主应力 σ_1 值。

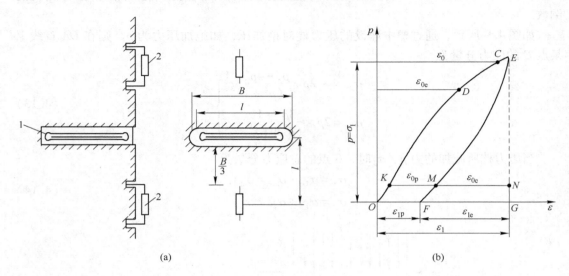

图 4.10　扁千斤顶应力测量示意图及加载与卸载的应力-应变曲线
1—压力枕；2—测量元件（千分表、钢弦应变计或电阻应变片）

C　应用评价

从原理上来讲，扁千斤顶法只是一种一维应力测量方法，一个扁槽的测量只能确定测点处垂直于扁千斤顶方向的应力分量。为了确定该测点的六个应力分量就必须在该点沿不同方向切割六个扁槽，这是不可能实现的，因为扁槽的相互重叠将造成不同方向测量结果的相互干扰，使之变得毫无意义。

扁千斤顶测量只能在巷道、硐室或其他开挖体表面附近的岩体中进行，因而其测量的是一种受开挖扰动的次生应力场，而非原岩应力场。当已知某岩体中的主应力方向时，采用本方法较为方便。由于扁千斤顶的测量原理是基于岩石为完全线弹性的假设，对于非线性岩体，其加载和卸载路径的应力应变关系是不同的，由扁千斤顶测得的平均应力并不等于扁槽开挖前岩体中的应力。此外，由于开挖的影响，各种开挖体表面的岩体将会受到不同程度的损坏，这些都会造成测量结果的误差。

20 世纪 50 年代继扁千斤顶法之后广泛应用刚性包体应力计测量岩体应力。刚性包体应力计具有很高的稳定性，但通常只能测量垂直于钻孔平面的单向或双向应力变化情况，不能用于测量原岩应力，因而常用于长期监测现场应力变化。除钢弦应力计外，其他各种刚性包体应力计的灵敏度均较低，故 20 世纪 80 年代之前已被逐步淘汰。钢弦应力计目前仍在一些国家特别是美国得到较为广泛的应用。

4.6.1.2 水压致裂法

A 测量原理

水压致裂法在 20 世纪 50 年代被广泛应用于油田，通过在钻井中制造人工的裂隙来提高石油的产量。哈伯特（M. K. Hubbert）和威利斯（D. G. Willis）在实践中发现了水压致裂裂隙和原岩应力之间的关系。这一发现又被费尔赫斯特（C. Fairhurst）和海姆森（B. C. Haimson）用于地应力测量，如图 4.11 所示。

从弹性力学理论可知，当一个位于无限体中的钻孔受到无穷远处二维应力场（σ_1，σ_2）作用时，离开钻孔端部一定距离的部位处于平面应变状态。在这些部位，钻孔周边的应力为：

$$\left.\begin{array}{l} \sigma_\theta = \sigma_1 + \sigma_3 - 2(\sigma_1 - \sigma_3)\cos 2\theta \\ \sigma_r = 0 \end{array}\right\} \tag{4.15}$$

式中，σ_θ 和 σ_r 分别为钻孔周边的切向应力和径向应力；θ 为周边一点与 σ_1 轴的夹角。

（1）只有一个关闭压力 P_s（见图 4.12（a））。

由式（4.14）可知，当 $\theta = 0°$ 时，P 取得极小值，此时 $\sigma_\theta = 3\sigma_3 - \sigma_1$。

如果采用图 4.11 所示的水压致裂系统，将钻孔某段封隔起来，并向该段钻孔注入高压水，当水压超过 $3\sigma_3 - \sigma_1$ 和岩石抗拉强度 T 之和后，在 $\theta = 0°$ 处，即 σ_1 所在方位将发生孔壁开裂。设钻孔壁发生初始开裂时的水压为 P_i，则有

$$P_i = 3\sigma_3 - \sigma_1 + T \tag{4.16}$$

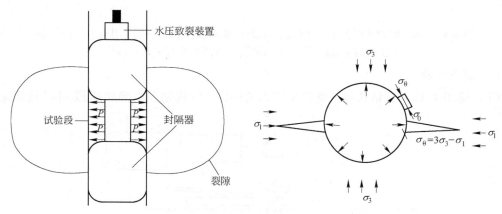

图 4.11 水压致裂应力测量原理

如果继续向封隔段注入高压水，使裂隙进一步扩展，当裂隙深度达到 3 倍钻孔直径时，此处已接近原岩应力状态，停止加压，保持压力恒定，将该恒定压力记为 P_s，则由图 4.11 可见，P_s 应和原岩应力 σ_3 相平衡，即

$$P_s = \sigma_3 \tag{4.17}$$

由式（4.16）和式（4.17）可知，只要测出岩石抗拉强度 T，即可由 P_i 和 P_s 求出 σ_1 和 σ_3。这样 σ_1 和 σ_3 的大小和方向就全部确定了。

在钻孔中存在裂隙水的情况下，如封隔段处的裂隙水压力为 P_o，则式（4.16）变为

$$P_i = 3\sigma_3 - \sigma_1 + T - P_o \tag{4.18}$$

根据式 (4.17) 和式 (4.18) 求 σ_1 和 σ_3，需要知道封隔段岩石的抗拉强度，这往往是很困难的。为了克服这一困难，在水压致裂试验中增加一个环节，即在初始裂隙产生后，将水压卸除，使裂隙闭合，然后再重新向封隔段加压，使裂隙重新打开，记录裂隙重开时的压力为 P_r，则有

$$P_r = 3\sigma_3 - \sigma_1 - P_o \tag{4.19}$$

这样，由式 (4.17) 和式 (4.18) 求 σ_1 和 σ_3 就无须知道岩石的抗拉强度。因此，由水压致裂法测量原岩应力将不涉及岩石的物理力学性质，而完全由测量和记录的压力值决定。中间主应力 σ_2 按岩体自重应力计算，即 $\sigma_2 = \sigma_v = \gamma H$。

由式 (4.18) 和式 (4.19) 求得 $T = P_i - P_r$，因此，$\sigma_1 = 3P_s - P_r - P_o = 3P_s - P_i - P_o + T$。

(2) 有两个关闭压力 P_s（见图 4.12b）。

最小水平应力：$\sigma_2 = \sigma_{hmin} = P_{s1}$，$\sigma_3 = \sigma_v = P_{s2}$，$\sigma_1 = \sigma_{hmax} = 3P_{s1} - P_{ic} - P_o + T$

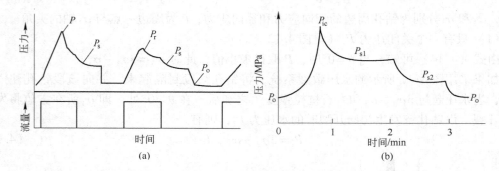

图 4.12 水压致裂法试验压力-时间、流量-时间曲线（只有一个关闭压力）(a) 及
水压致裂法试验压力-时间曲线（有两个关闭压力）(b)

B 测量步骤

(1) 见图 4.13，打钻孔到准备测量应力的部位，并将钻孔中待加压段用封隔器密封

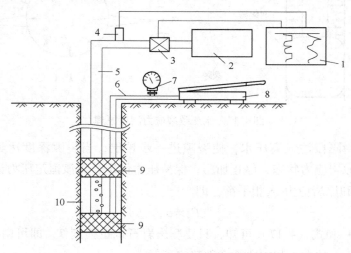

图 4.13 水压致裂应力测量系统示意图

1—记录仪；2—高压泵；3—流量计；4—压力计；5—高压钢管；6—高压胶管；7—压力表；
8—泵；9—封隔器；10—压裂段

起来。钻孔直径与所选用的封隔器的直径相一致，有 38mm、51mm、76mm、91mm、110mm、130mm 等几种。封隔器一般是充压膨胀式的，充压可用液体，也可用气体。

（2）向两个封隔器的隔离段注射高压水，不断加大水压，直至孔壁出现开裂，获得初始开裂压力 P_i；然后继续施加水压以扩张裂隙，当裂隙扩张至 3 倍直径深度时，关闭高水压系统，保持水压恒定，此时的应力称为关闭压力，记为 P_s；最后卸压，使裂隙闭合。给封隔器加压和给封闭段注射高压水可共用一个液压回路。一般情况下，利用钻杆作为液压通道，先给封隔器加压，然后关闭封隔器进口，经过转换开关，将管路接通至给钻孔密封段加压。也可采用双回路，即给封隔器加压和水压致裂的回路是相互独立的，水压致裂的液压通道是钻杆，而封隔器加压通道为高压软管。

在整个加压过程中，同时记录压力-时间曲线（如图 4.12 所示）和流量-时间曲线，使用适当的方法从压力-时间曲线图可以确定 P_i、P_s 值；从流量-时间曲线可以判断裂隙扩展的深度。

（3）重新向密封段注射高压水，使裂隙重新打开并记录裂隙重开时的压力 P_r 和随后的恒定关闭压力 P_s。这种卸压-重新加压的过程重复 2~3 次，以提高测试数据的准确性。P_r 和 P_i 同样由压力-时间曲线和流量-时间曲线确定。

（4）将封隔器完全卸压，连同加压管等全部设备从钻孔中取出。

（5）测量水压致裂裂隙和钻孔试验段天然节理、裂隙的位置、方向和大小，测量可以采用井下摄影机、井下电视、井下光学望远镜或印模器。前三种方法代价昂贵，操作复杂，使用印模器则比较简便。实用印模器的结构和形状与封隔器相似，在其外面包裹一层可塑性橡皮或类似材料，将印模器连同加压管路一起送入井下的水压致裂部位，然后将印模加压膨胀，以便使钻孔上的所有节理裂隙均印在印模器上。此印痕可保持足够时间，以便提至井上后记录下来。印模器装有定向系统，以确定裂隙的方位。在一般情况下，水压致裂裂隙为一组与径向相对的纵向裂隙，很容易辨认出来。

正确地确定 P_i、P_s 值，对于准确计算地应力的大小是极其重要的，但在某些情况下，由压力 P-时间 t 曲线却很难直接获得确定的 P_s 值，为此，可用文献［8］所介绍的五种方法来确定 P_s 值。

C　应用评价

水压致裂测量结果只能确定垂直于钻孔平面内的最大主应力和最小主应力的大小和方向，所以从原理上讲，它是一种二维应力测量方法。若要确定测点的三维应力状态，必须打互不平行的交汇于一点的三个钻孔，这是非常困难的。一般情况下，假定钻孔方向为一个主应力方向，例如将钻孔打在垂直方向，并认为垂直应力是一个主应力，其大小等于单位面积上覆岩层的重量，则由单孔水压致裂结果也就可以确定三维应力场了。但在某些情况下，垂直方向并不是一个主应力的方向，其大小也不等于上覆岩层的重量，如果钻孔方向和实际主应力的方向偏差 15°以上，那么上述假设就会对测量结果造成较为显著的误差。

水压致裂法认为初始开裂发生在钻孔壁切向应力最小的部位，亦即平行于最大主应力的方向，这是基于岩石为连续、均质和各向同性的假设。如果孔壁本来就有天然节理裂隙存在，那么初始裂痕很可能发生在这些部位，而并非切向应力最小的部位，因而，水压致裂法较为适用于完整的脆性岩石。

水压致裂法的突出优点是：能测量深部应力，已见报道的最大测深为 5000m，这是其他方法所不能做到的，因此，这种方法可用来测量深部地壳的构造应力场。同时，对于某些工程，如露天边坡工程，由于没有现成的地下井巷、硐室等可用来接近应力测量点，或者在地下工程的前期阶段，需要估计该工程区域的地应力场，也只有使用水压致裂法才最经济实用，否则，如果使用其他更精确的方法，如应力解除法，则需要首先打几百米深的导洞才能接近测点，经济上将十分昂贵。因此，对于一些重要的地下工程，在工程前期阶段使用水压致裂法估计应力场，在工程施工过程中或工程完成后，再使用应力解除法比较精确地测量某些测点的应力大小和方向，就能为工程设计、施工和维护提供比较准确可靠的地应力场数据。

4.6.1.3　声发射法

A　测试原理

岩体在受到扰动时，其内部贮存的应变能以弹性波的形式快速释放，并在岩体中传播，通过仪器接收到的这种传播的弹性波，称为岩体声发射。1950 年，德国人凯瑟（J. Kaiser）发现多晶金属的应力从其历史最高水平释放后，再重新加载，当应力未达到先前最大应力值时，很少有声发射产生，而当应力达到和超过历史最高水平后，则大量产生声发射，这一现象叫做凯瑟效应。从很少产生声发射到大量产生声发射的转折点称为凯瑟点，该点对应的应力即为材料先前受到的最大应力。后来，许多人通过试验证明，许多岩石如花岗岩、大理岩、石英岩、砂岩、安山岩、辉长岩、闪长岩、片麻岩、辉绿岩、灰岩、砾岩等也具有显著的凯瑟效应。

凯瑟效应为测量岩石应力提供了一条途径，即如果从原岩中取回定向的岩石试件，通过对加工的不同方向的岩石试件进行加载声发射试验，测定凯瑟点，即可找出每个试件以前所受的最大应力，并进而求出取样点的原始（历史）三维应力状态。

B　测试步骤

（1）试件制备。从现场钻孔提取岩石试样，试样在原环境状态下的方向必须确定。将试样加工成圆柱体试件，径高比为（1∶2）~（1∶3）。为了确定测点三维应力状态，必须在该点的岩样中沿六个不同方向制备试件。假如该点局部坐标系为 $oxyz$，则三个方向选为坐标轴方向，另三个方向选为 oxy、oyz、ozx 平面内的轴角平分线方向。为了获得测试数据的统计规律，每个方向取试件 15~25 块。

为了消除由于试件端部与压力机上、下压头之间摩擦所产生的噪声和试件端部应力集中，试件两端浇铸由环氧树脂或其他复合材料制成的端帽（见图 4.14）。

（2）声发射测试。将试件放在单轴试验机上加压，并同时监测加压过程中从试件中产生的声发射现象。图 4.14 是一组典型的监测系统框图。在该系统中，两个压电换能器（声发射接收探头）固定在试件上、下部，用以将岩石试件在受压过程中产生的弹性波转换成电信号。该信号经放大、鉴别之后送入定区检测单元。用定区检测两个探头之间的特定区域里的声发射信号，区域外的信号被认为是噪声而不被接收。定区检测单元输出的信号送入计数控制单元，计数控制单元将规定的采样时间间隔内的声发射模拟量和数字量（事件数和振铃数）分别送到记录仪或显示器绘图、显示或打印。

凯瑟效应一般发生在加载的初期，故加载系统应选用小吨位的应力控制系统，并保持加载速率恒定，尽可能避免用人工控制加载速率，如用手动加载。应采用声发射事件数或

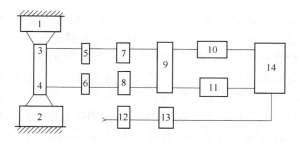

图 4.14　声发射监测系统框图

1，2—上、下压头；3，4—换能器 A、B；5，6—前置放大器 A、B；
7，8—输入鉴别单元 A、B；9—定区检测单元；10，11—计数控制单元 A、B；
12—试验机油路压力传感器；13—压力电信号转换仪器；14—三笔函数记录仪

振铃总数曲线判定凯瑟点，而不用声发射事件速率曲线判定凯瑟点。这是因为声发射速率和加载速率有关，在加载初期人工操作很难保证加载速率恒定，在声发射事件速率曲线上可能出现多个峰值，难于判定真正的凯瑟点。

（3）地应力计算。由声发射监测所获得的应力、声发射事件数-时间曲线（见图 4.15），即可确定每次试验的凯瑟点，并进而确定该试件轴线方向先前受到的最大应力值。15～25 个试件获得一个方向的统计结果，六个方向的应力值即可确定取样点的历史最大三维应力大小和方向。

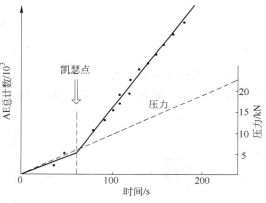

图 4.15　声发射事件数、应力-时间曲线

C　应用评价

根据凯瑟效应的定义，用声发射法测得的是取样点先前受到的最大应力，而非现今地应力。但是也有一些人对此持相反意见，并提出了"视凯瑟效应"的概念，认为声发射可获得两个凯瑟点，一个对应于引起岩石饱和残余应变的应力，它与现今应力场一致，比历史最高应力值低，因此称为视凯瑟点。在视凯瑟点之后，还可获得另一个真正的凯瑟点，它对应于历史最高应力。

由于声发射与弹性波传播有关，所以高强度的脆性岩石较明显地显现声发射凯瑟效应，而多孔隙低强度及塑性岩体的凯瑟效应不明显，所以不能用声发射法测定比较软弱疏松岩体中的应力。

4.6.2　间接测量法

根据测量的物理量和获得测量结果的方法的不同，间接测量法也有数十种。套孔应力解除法是发展时间最长，技术比较成熟的一种地应力测量方法。在测定原始应力（绝对应力）的适用性和可靠性方面，目前还没有哪种方法可以和这种应力全面解除法相比。下面将只介绍套孔应力解除法。有兴趣的读者，还可以借助文献［10］了解切槽解除法、平行钻孔法、中心钻孔法等局部应力解除法。

应力解除法，即是使测点岩体完全脱离地应力作用的方法。通常采用套钻的方法实现套孔岩芯的完全应力解除，因而也称套孔应力解除法。套孔应力解除法可分为孔径变形法、孔底应变法、孔壁应变法、空心包体应变法和实心包体变形法五种。

从理论上讲，不管套孔的形状和尺寸如何，套孔岩芯中的应力都将完全被解除。但是，若测量探头对应力解除过程中的小孔变形有限制或约束，它们就会对套孔岩芯中的应力释放产生影响，此时就必须考虑套孔的形状和大小。一般来说，探头的刚度越大，对小孔变形的约束越大，套孔的直径也就需要越大。对绝对刚性的探头，套孔的尺寸必须无穷大，才能实现完全的应力解除，这就是刚性探头为什么不能用于应力解除测量的缘故。对于孔径变形计、孔壁应变计和空心包体应变计等，由于它们对钻孔变形几乎没有约束，因此对套孔尺寸和形状的要求就不太严格，一般只要套孔直径超过小孔直径的 3 倍以上即可，而对实心包体应变计，套孔的直径就要适当大一些。

4.6.2.1 孔底应力解除法

A 基本原理

地下某点的岩体处于三向压缩状态，如用人为的方法解除其应力，必然发生弹性恢复，见图 4.16，测定其恢复的应变，利用弹性力学公式则可算出岩体初始应力。

$$\varepsilon_x = \frac{\Delta x}{x}, \quad \varepsilon_y = \frac{\Delta y}{y}, \quad \varepsilon_z = \frac{\Delta z}{z} \tag{4.20}$$

B 孔底应力解除法测定岩体应力的步骤

（1）打大孔至测点，磨平孔底；（2）在孔底粘贴电阻应变花探头；（3）解除应力，测量其应变；（4）取出岩芯，测其弹性参数；（5）计算岩体应力。见图 4.17。

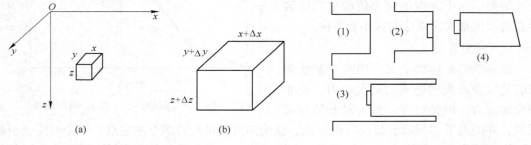

图 4.16   应力解除法的原理   图 4.17   测量步骤示意图
(a) 解除前；(b) 解除后

应变花分等角应变花和直角应变花两种，见图 4.18。

C 孔底应力解除法应力计算方法

对于等角应变花，孔底平面内的应力按下式计算

$$\left.\begin{aligned}
\sigma'_x &= \frac{E}{2}\left[\frac{\varepsilon_0 + \frac{1}{3}(2\varepsilon_{60} + 2\varepsilon_{120} - \varepsilon_0)}{1-\mu} + \frac{\varepsilon_0 - \frac{1}{3}(2\varepsilon_{60} + 2\varepsilon_{120} - \varepsilon_0)}{1+\mu}\right] \\
\sigma'_y &= \frac{E}{2}\left[\frac{\varepsilon_0 + \frac{1}{3}(2\varepsilon_{60} + 2\varepsilon_{120} - \varepsilon_0)}{1-\mu} - \frac{\varepsilon_0 - \frac{1}{3}(2\varepsilon_{60} + 2\varepsilon_{120} - \varepsilon_0)}{1+\mu}\right] \\
\tau'_{xy} &= \frac{E}{\sqrt{3}(1+\mu)}(\varepsilon_{60} - \varepsilon_{120})
\end{aligned}\right\} \tag{4.21}$$

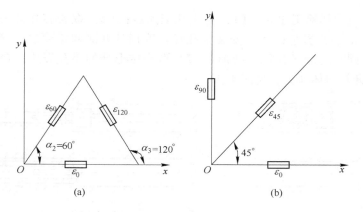

图 4.18 两种孔底应变花布置方式

（a）等角应变花；（b）直角应变花

对于直角应变花，孔底平面内的应力按下式计算

$$\left.\begin{array}{l}\sigma'_x = \dfrac{E}{2}\left(\dfrac{\varepsilon_0 + \varepsilon_{90}}{1 - \mu} + \dfrac{\varepsilon_0 - \varepsilon_{90}}{1 + \mu}\right) \\[3mm] \sigma'_y = \dfrac{E}{2}\left(\dfrac{\varepsilon_0 + \varepsilon_{90}}{1 - \mu} - \dfrac{\varepsilon_0 - \varepsilon_{90}}{1 + \mu}\right) \\[3mm] \tau'_{xy} = \dfrac{E}{2(1 + \mu)}\left[2\varepsilon_{45} - (\varepsilon_0 + \varepsilon_{90})\right] \end{array}\right\} \quad (4.22)$$

对于深孔，孔底平面位置处的原岩应力按平面应变问题处理，即

$$\left.\begin{array}{l}\sigma'_x = C_T\sigma_x + C_L\sigma_z \\[1mm] \sigma'_y = C_T\sigma_y + C_L\sigma_z \\[1mm] \tau'_{xy} = C_T\sigma_y \end{array}\right\} \quad (4.23)$$

式中，σ_x、σ_y、σ_z 为孔底的原岩应力，C_T、C_L 为孔底横向和轴向应力集中系数，大多采用 Van. Heerden 的结果，即 $C_T = 1.25$，$C_L = -0.75\,(0.645 + \mu)$。

对于浅孔，孔底平面位置处的原岩应力按平面应力问题处理，即

$$\left.\begin{array}{l}\sigma'_x = C_T\sigma_x \\[1mm] \sigma'_y = C_T\sigma_y \\[1mm] \sigma'_z = C_T\sigma_z \end{array}\right\} \quad (4.24)$$

采用孔底应力解除时，单孔不能确定岩体应力的六个分量，必须进行三孔测定，才能确定岩体的原岩应力。

根据上述原理，南非科学和工业研究委员会（CSIR）研制了 CSIR 门塞式孔底应变计，如图 4.19 所示。

4.6.2.2 孔径变形法

A 测量步骤

孔径变形法通过测定钻孔孔径变形求

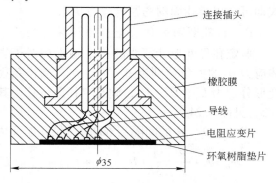

图 4.19 CSIR 门塞式应变计示意图

解岩体应力，其应力解除工序为：（1）打大孔至测点；（2）取岩芯并磨平孔底；（3）打同心小孔；（4）取小孔岩芯；（5）安装（孔径）变形计并测初始读数；（6）延伸大钻孔解除小孔应力，同时测量（孔径）变形；（7）取带变形计的小孔岩芯；（8）测其弹性参数 E、μ；（9）计算岩体应力，见图 4.20。

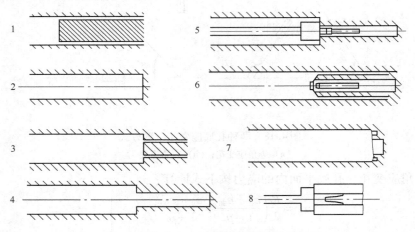

图 4.20　套孔应力解除法测量步骤示意图

大孔直径为下一步即将打的用于安装探头的小孔直径的 3 倍以上，小孔直径一般为 36 ~ 38mm，因此大孔直径一般为 130 ~ 150mm。大孔深度为巷道、隧道或已开挖硐室跨度的 2.5 倍以上，从而保证测点是未受岩体开挖扰动的原岩应力区。硐室的跨度越大，所需的大孔深度也就越大。为了节省人力、物力并保证试验的成功，测量应尽可能选择在跨度较小的开挖空间中进行，要避免将测点安排在叉道口或其他开挖扰动大的地点。为了便于下一步安装测试探头，大孔要保持一定的同心度，因此在钻进过程中需有导向装置。大孔钻完后需将孔底磨平，并打出锥形孔，以利下一步钻同心小孔，清洗钻孔并使探头顺利进入小孔。

小孔直径由所选用的探头直径决定，一般为 36 ~ 38mm。小孔深度一般为孔径的 10 倍左右，从而保证小孔中央部位处于平面应变状态。小孔打完后需放水冲洗小孔，保证小孔中没有钻屑和其他杂物，钻孔需上倾 1° ~ 3°。

由于应力解除引起小孔径变形，由包括测试探头在内的量测系统测定并通过记录仪器记录下来，根据测得的小孔径变形，通过有关公式即可求出小孔周围的原岩应力状态。

　　B　钻孔断面岩体次生应力计算方法

假定孔径变形计探头的三个触头相对于岩体应力 σ_1 的夹角分别为 θ_1、θ_2、θ_3，测得孔径变形分别为 U_1、U_2、U_3，则孔壁径向位移为其 $1/2$，见图 4.21。

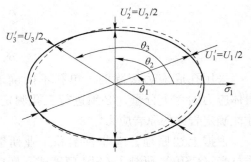

图 4.21　孔径变形示意图

当 θ_1、θ_2、θ_3 的间隔为 60° 时，钻孔断面内的岩体次主应力为

$$\sigma_1' = A + \frac{B}{2} = \frac{1}{3K}(U_1 + U_2 + U_3) + \frac{\sqrt{2}}{6K}\left[(U_1 - U_2)^2 + (U_2 - U_3)^2 + (U_3 - U_1)^2\right]^{1/2}$$

$$\text{(4.25a)}$$

$$\sigma_2' = A - \frac{B}{2} = \frac{1}{3K}(U_1 + U_2 + U_3) - \frac{\sqrt{2}}{6K}[(U_1 - U_2)^2 + (U_2 - U_3)^2 + (U_3 - U_1)^2]^{1/2}$$

$$(4.25\text{b})$$

$$\tan 2\theta_1 = \frac{-\sqrt{3}(U_2 - U_3)}{2U_1 - U_2 - U_3} \tag{4.25c}$$

$$\frac{\sin 2\theta_1}{U_2 - U_3} < 0 \tag{4.25d}$$

当 θ_1、θ_2、θ_3 的间隔为 45°时，钻孔断面内的岩体次主应力为

$$\sigma_1' = A + \frac{B}{2} = \frac{1}{2K}(U_1 + U_2) + \frac{\sqrt{2}}{4K}[(U_1 - U_2)^2 + (U_2 - U_3)^2]^{1/2} \tag{4.26a}$$

$$\sigma_2' = A - \frac{B}{2} = \frac{1}{2K}(U_1 + U_2) - \frac{\sqrt{2}}{4K}[(U_1 - U_2)^2 + (U_2 - U_3)^2]^{1/2} \tag{4.26b}$$

$$\tan 2\theta_1 = -\frac{2U_2 - (U_1 + U_3)}{U_1 - U_3} \tag{4.26c}$$

$$\frac{\cos 2\theta_1}{U_1 - U_3} > 0 \tag{4.26d}$$

如果式（4.25d）成立，则 θ_1 为 σ_1 与 U_1 的夹角，否则为 σ_2 与 U_1 的夹角。上式中的 K，对于浅孔可作平面应力问题处理，$K = d/E$；对于深孔，可作平面应变问题处理，$K = (1 - \mu_2)d/E$，其中 d 为钻孔直径，μ_2 为岩石的泊松比，E 为岩石的弹性模量。

按式（4.25）、式（4.26）计算得出的是钻孔断面内的次主应力 σ_1'、σ_2'。要确定一点的全应力，必须向测点打三个不同方向的钻孔，进行同样测定，然后再按最小二乘法求解。

4.6.2.3　孔壁应变法

测量步骤与孔径变形法相同。区别是，用孔壁应变计替代孔径变形（位移）计。

A　孔壁应变测量技术

在三维应力场作用下，一个无限体中的钻孔表面及周围的应力分布状态可以由线弹性理论给出精确解。通过应力解除测量钻孔表面的应变即可求出钻孔表面的应力并进而精确地计算出原岩应力的状态。南非 CSIR 三轴孔壁应变计就是根据这个原理研制出来的。

CSIR 三轴孔壁应变计的主体是三个测量活塞，直径约为 1.5cm 的活塞头是由橡胶类物质制造的，端部为圆弧状，其弧度和钻孔弧度相一致，以便和钻孔保持紧密接触。在端部表面粘贴 4 支电阻应变片，组成一个相互间隔 45°的圆周应变花。三个活塞也即三组应变花位于同一圆周上。最初的设计是不等间距分布，夹角分别为 $\pi/4$、$\pi/2$、$3\pi/4$，后来格雷（W. M. Gray）和托乌斯（N. A. Toews）分析了应变花分布对测量精度的影响，认为三组应变花等距离分布最好，故后来的设计改为三个活塞成 120°等间距分布。其外壳由前后两部分组成。在前外壳端部有一圆槽，上贴一支应变片。后外壳端部有连接 14 根电阻应变片导线的插头（见图 4.22）。使用时首先将一个直径约 1.2cm、厚 0.8cm 的岩石圆片胶结在前壳端部的应变片上，供温度补偿用；然后将三个活塞头涂上胶结剂，用专门工具将应变剂送入钻孔中测点部位；再启动风动压力，将活塞推出，使其端部和钻孔壁保持紧密接触，直到胶结固化为止；最后进行套孔应力解除。在应力解除前后各测一次应变读

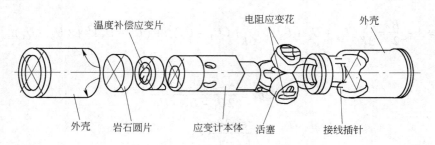

图 4.22　CSIR 三轴孔壁应变计

数，根据 12 支应变片的读数变化值来计算应力值。一个单孔应力测量即可确定测点的三维应力大小和方向。CSIR 孔壁应变计的适用孔径为 36 ~ 38mm。

B　孔壁应变计测量应力的计算原理

（1）钻孔围岩应力分布。

一个无限体中的钻孔，受到无穷远处的三维应力场（σ_x，σ_y，σ_z，τ_{xy}、τ_{yz}、τ_{zx}）的作用时，见图 4.23，孔边围岩应力分布公式为

$$\sigma_r = \frac{\sigma_x + \sigma_y}{2}\left(1 - \frac{a^2}{r^2}\right) + \frac{\sigma_x - \sigma_y}{2}\left(1 - \frac{4a^2}{r^2} + \frac{3a^4}{r^4}\right)\cos2\theta + \tau_{xy}\left(1 - \frac{4a^2}{r^2} + \frac{3a^4}{r^4}\right)\sin2\theta \tag{4.27a}$$

$$\sigma_\theta = \frac{\sigma_x + \sigma_y}{2}\left(1 + \frac{a^2}{r^2}\right) - \frac{\sigma_x - \sigma_y}{2}\left(1 + \frac{3a^4}{r^4}\right)\cos2\theta - \tau_{xy}\left(1 + \frac{3a^4}{r^4}\right)\sin2\theta \tag{4.27b}$$

$$\sigma'_z = -v\left[2(\sigma_x - \sigma_y)\frac{a^2}{r^2}\cos2\theta + 4\tau_{xy}\frac{a^2}{r^2}\sin2\theta\right] + \sigma_z \tag{4.27c}$$

$$\tau_{r\theta} = \frac{\sigma_x - \sigma_y}{2}\left(1 + \frac{2a^2}{r^2} - \frac{3a^4}{r^4}\right)\sin2\theta + \tau_{xy}\left(1 + \frac{2a^2}{r^2} - \frac{3a^4}{r^4}\right)\cos2\theta \tag{4.27d}$$

$$\tau_{\theta z} = (-\tau_{zx}\sin\theta + \tau_{yz}\cos\theta)\left(1 + \frac{a^2}{r^2}\right) \tag{4.27e}$$

$$\tau_{rz} = (\tau_{zx}\cos\theta + \tau_{yz}\sin\theta)\left(1 - \frac{a^2}{r^2}\right) \tag{4.27f}$$

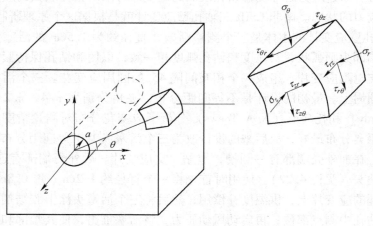

图 4.23　三维钻孔围岩应力分布

在上述公式中，原岩应力采用的是直角坐标系，孔边的围岩应力状态采用柱坐标系，柱坐标系的 z 轴和直角坐标系的 z 轴相一致，柱坐标系的 θ 角从 x 轴逆时针旋转计数为正。注意，在式（4.27）中，σ_z 为原岩应力分量，而 σ_z' 为受开挖影响的孔边围岩中任一点 z 轴方向的应力分量。当 $r \to \infty$ 时，$\sigma_z' = \sigma_z$。

（2）孔壁应变和三维应力分量之间的关系。

孔壁为平面应力状态，只有 σ_θ、σ_z'、$\tau_{\theta z}$ 三个应力分量，见图 4.24，每个电阻应变花的 4 只应变片所测应变值 ε_θ、ε_z、ε_{45}、ε_{-45}（即 ε_{135}）和它们的关系式为

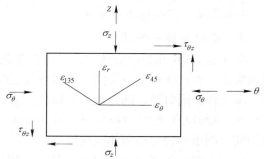

图 4.24　电阻应变花的受力状态

$$\left.\begin{array}{l} \varepsilon_\theta = \dfrac{1}{E}(\sigma_\theta - \mu\sigma_z') \\[2mm] \varepsilon_z = \dfrac{1}{E}(\sigma_z' - \mu\sigma_\theta) \\[2mm] \gamma_{\theta z} = 2\varepsilon_{45} - (\varepsilon_\theta + \varepsilon_z) = (\varepsilon_\theta + \varepsilon_z) - 2\varepsilon_{-45} = \dfrac{\tau_{\theta z}}{G} \end{array}\right\} \tag{4.28}$$

式中，ε_θ、ε_z、ε_{45}、ε_{-45} 分别是孔壁周向、轴向和与钻孔轴线成 $\pm45°$ 方向的应变值，$\gamma_{\theta z}$ 为剪切应变值。

利用式（4.27）将 σ_θ、σ_z'、$\tau_{\theta z}$ 转变成原岩应力分量 σ_x、σ_y、σ_z、τ_{xy}、τ_{yz}、τ_{zx} 的表达式，可得到下列方程

$$\left.\begin{array}{l} \varepsilon_\theta = \dfrac{1}{E}\{(\sigma_x + \sigma_y) + 2(1 - \mu^2)[(\sigma_x - \sigma_y)\cos2\theta - 2\tau_{xy}\sin2\theta] - \mu\sigma_z\} \\[2mm] \varepsilon_z = \dfrac{1}{E}[\sigma_z - \mu(\sigma_x + \sigma_y)] \\[2mm] \gamma_{\theta z} = \dfrac{4}{E}(1 + \mu)(\tau_{yz}\cos\theta - \tau_{zx}\sin\theta) \\[2mm] \varepsilon_{\pm45} = \dfrac{1}{2}(\varepsilon_\theta + \varepsilon_z \pm \gamma_{\theta z}) \end{array}\right\} \tag{4.29}$$

每组应变花的测量结果可得到 4 个方程，三组应变花共得到 12 个方程，其中至少有 6 个独立方程，因此可求解出原岩应力的 6 个分量。

（3）由孔壁应变计围压试验结果计算测点岩石弹性模量和泊松比。

应力解除完后取出套孔岩芯，此时孔壁应变计仍胶结在钻孔中，对套孔岩芯施加围压。根据围压试验结果，可由下式求得测点岩石的弹性模量 E 和泊松比 μ

$$\left.\begin{array}{l} E = \dfrac{P_0}{\varepsilon_0} \times \dfrac{2R^2}{R^2 - r^2} \\[2mm] \mu = \varepsilon_z / \varepsilon_\theta = \sigma_z / \sigma_\theta \end{array}\right\} \tag{4.30}$$

式中，P_0 为围压值；E、μ 分别为岩石的弹性模量和泊松比；ε_θ、ε_z 分别为围压引起的平均周向应变和平均轴向应变；$\varepsilon_0 = \varepsilon_\theta$。

4.6.2.4 空心包体应变法

A 空心包体应变测量技术

由于在 CSIR 孔壁应变计中，三组应变花直接粘贴在孔壁上，而应变花和孔壁之间接触面很小。若孔壁有裂隙缺陷，则很难保证胶结质量。如果胶结质量不好，应变计将不可能可靠工作，同时防水问题也很难解决。为了克服这些缺点，澳大利亚联邦科学和工业研究组织（CSIRO）的沃罗特尼基（G. Worotnicki）和沃尔顿（R. Walton）于 20 世纪 70 年代初期研制出一种空心包体应变计。

CSIRO 空心包体应变计的主体是一个用环氧树脂制成的壁厚 3mm 的空心圆筒，其外径为 37mm，内径为 31mm，在其中间部位，即直径 35mm 处沿同一圆周等间距（120°）嵌埋着三组电阻应变花，每组应变花由三只应变片组成，相互间隔 45°，见图 4.25。

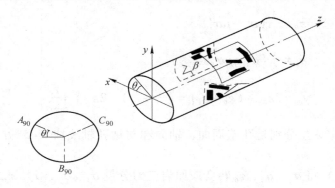

图 4.25 空心包体应变计

制作时，该空心圆筒是分两步浇注出来的，第一步浇注直径为 35mm 的空心圆筒，在规定位置贴好电阻应变花后，再浇注外面一层，使其外径达到 37mm。使用时，首先将其内腔注满胶结剂，并将一个带有锥形头的柱塞用铝销钉固定在其口部，防止胶结剂流出。使用专门工具将应变计推入安装小孔中，当锥形头碰到小孔底后，用力推应变计，剪断固定销，柱塞便慢慢进入内腔，胶结剂沿柱塞中心孔和靠近端部的六个径向小孔流入应变计和孔壁之间的环状槽内，两端的橡胶密封圈阻止胶结剂从该环状槽中流出。当柱塞完全被推入内腔后，胶结剂全部流入环形槽，并将环形槽充满。待胶结剂固化后，应变计即和孔壁牢固胶结在一起。在后来的使用过程中，又根据实际情况对 CSIRO 空心包体应变计原设计作了一些改进，现有两个改进型品种，一种是将应变片由 9 支增加到 12 支，在 A 应变花附近增加了一个 45°方向应变片，在 B、C 应变花附近各增加了一个轴向应变片。该改进型能获得较多数据，可用于各向异性岩体中的应力测量；另一改进型是将空心环氧树脂圆筒的厚度由 3mm 减为 1mm，增加了应变计的灵敏度，可用于软岩中的应力测量。

空心包体应变计的突出优点是应变计和孔壁在相当大的一个面积上胶结在一起，因此胶结质量较好，而且胶结剂还可注入应变计周围岩体中的裂隙、缺陷，使岩石整体化，因而较易得到完整的套孔岩芯，所以这种应变计可用于中等破碎和松软的岩体中，且有较好的防水性能。因此，目前空心包体应变计已成为世界上最广泛采用的一种地应力解除测量仪器。

B　空心包体应变计测量应力计算原理

（1）空心包体应变和三维应力分量之间的关系。

由空心包体应变计所测应力解除过程中的应变数据计算地应力的公式和孔壁应变计具有相同的形式，但由于在空心包体应变计中应变片不是直接粘贴在孔壁上，而是与孔壁有1.5mm左右的距离，因而其测出的应变值和孔壁应变计测出的应变值是有区别的，为了修正这一区别，沃罗特尼基和沃尔顿在式（4.28）中加了4个修正系数k_1、k_2、k_3、k_4（统称k系数），其形式如下

$$\left.\begin{aligned}
\varepsilon_\theta &= \frac{1}{E}\left\{(\sigma_x+\sigma_y)k_1 + 2(1-\mu^2)\left[(\sigma_y-\sigma_x)\cos2\theta - 2\tau_{xy}\sin2\theta\right]k_2 - \mu\sigma_z k_4\right\} \\
\varepsilon_z &= \frac{1}{E}\left[\sigma_z - \mu(\sigma_x+\sigma_y)\right] \\
\gamma_{\theta z} &= \frac{4}{E}(1+\mu)(\tau_{yz}\cos\theta - \tau_{zx}\sin\theta)k_3
\end{aligned}\right\} \tag{4.31}$$

式中，ε_θ、ε_z、$\gamma_{\theta z}$分别为空心包体应变计所测周向应变、轴向应变和剪切应变值。

（2）k系数计算。

邓肯·法马（M. E. Duncan Fama）、彭德（M. J. Pender）给出k系数的计算公式如下

$$\left.\begin{aligned}
k_1 &= d_1(1-\mu_1\mu_2)\left(1-2\mu_1+\frac{R_1^2}{\rho^2}\right) + \mu_1\mu_2 \\
k_2 &= (1-\mu_1)d_2\rho^2 + d_3 + \mu_1\frac{d_4}{\rho^2} + \frac{d_5}{\rho^4} \\
k_3 &= d_6\left(1+\frac{R_1^2}{\rho^2}\right) \\
k_4 &= (\mu_2-\mu_1)d_1\left(1-2\mu_1+\frac{R_1^2}{\rho^2}\right)\mu_2 + \frac{\mu_1}{\mu_2}
\end{aligned}\right\} \tag{4.32}$$

其中，$d_1 \sim d_6$分别为

$$d_1 = \frac{1}{1-2\mu_1+m^2+n(1-m^2)}$$

$$d_2 = \frac{12(1-n)m^2(1-m^2)}{R_2^2 D}$$

$$d_3 = \frac{1}{D}\left[m^4(4m^2-3)(1-n) + x_1 + n\right]$$

$$d_4 = \frac{-4R_1^2}{D}\left[m^6(1-n) + x_1 + n\right]$$

$$d_5 = \frac{3R_1^4}{D}\left[m^4(1-n) + x_1 + n\right]$$

$$d_6 = \frac{1}{1+m^2+n(1-m^2)}$$

$$n = \frac{G_1}{G_2}; m = \frac{R_1}{R_2}$$

$$D = (1 + x_2 n)[x_1 + n + (1 - n)(3m^2 - 6m^4 + 4m^6)] +$$
$$(x_1 - x_2 n)m^2[(1 - n)m^6 + (x_1 + n)]$$
$$x_1 = 3 - 4\mu_1 ; \quad x_2 = 3 - 4\mu_2$$

式中，R_1 为空心包体内半径；R_2 为安装小孔半径；G_1、G_2 分别为空心包体材料环氧树脂和岩石的剪切模量；μ_1、μ_2 分别为空心包体材料和岩石的泊松比；ρ 为电阻应变片在空心包体中的径向距离。

可见 k 系数是与岩石和空心包体材料的弹性模量、泊松比、空心包体的几何形状、钻孔半径等有关的变量，而不是对所有情况都适用的固定数。对于每一次应力解除试验，都必须具体计算该测点的 k 系数值。

（3）由空心包体围压试验结果计算测点岩石弹性模量和泊松比。

由内含空心包体应变计的套孔岩芯进行围压试验所得结果计算测点岩石弹性模量和泊松比的公式与式（4.30）具有相似的形式，即

$$\left.\begin{array}{l} E = k_1 \dfrac{P_0}{\varepsilon_\theta} \times \dfrac{2R^2}{R^2 - r^2} \\ \mu = \varepsilon_z/\varepsilon_\theta = \sigma_z/\sigma_\theta \end{array}\right\} \tag{4.33}$$

式（4.33）与式（4.30）的不同点在于，蔡美峰在式（4.33）中给 E 加了修正系数 k_1。

以上介绍了孔底应变法（孔底应力解除法）、孔径变形法、孔壁应变法、空心包体应变法，有兴趣的读者，还可以借助文献［10］等继续了解实心包体变形法，在此不一一叙述。

4.6.2.5　影响应力解除法测量精度的主要问题及其改进技术

A　环境温度的影响及其完全温度补偿技术

绝大多数用于应力解除的变形计和应变计均采用电阻应变片作为传感元件。用电阻应变片测量应变是基于应变片的长度变化和其电阻变化之间有定量关系的物理现象，即

$$\frac{\Delta R}{R} = K \frac{\Delta L}{L} = K\varepsilon \tag{4.34}$$

式中，L、R 分别为电阻应变片原始长度和电阻值；ΔL、ΔR 分别为长度变化及相应的电阻变化；K 为电阻应变片的应变系数，一般等于 2；ε 为相对长度变化，即应变值。

由式（4.34）可知，只要测出电阻变化，即可求出应变值，而电阻变化是可以通过惠特斯通电桥来测量的。惠特斯通电桥的测量原理见图 4.26。电桥的输出电压 V_{out} 和输入电压 V_{in} 之间存在如下关系

$$V_{out} = \frac{(R_1 R_3 - R_2 R_4)}{(R_1 + R_2)(R_3 + R_4)} V_{in} \tag{4.35}$$

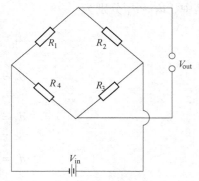

图 4.26　惠特斯通电桥测量原理图

式中，R_1、R_2、R_3、R_4 分别为 4 个桥臂的电阻值。

当 $R_1 R_3 = R_2 R_4$ 时，即 $R_1/R_2 = R_4/R_3 = r$ 时，$V_{out} = 0$，电桥处于平衡状态。当 4 个桥臂的电阻发生变化，分别产生 ΔR_1、ΔR_2、ΔR_3 和 ΔR_4 时，有

$$V_{out} = \frac{(R_1 + \Delta R_1)(R_3 + \Delta R_3) - (R_2 + \Delta R_2)(R_4 + \Delta R_4)}{(R_1 + \Delta R_1 + R_2 + \Delta R_2)(R_3 + \Delta R_3 + R_4 + \Delta R_4)} V_{in}$$

略去 $(\Delta R)^2$ 项，整理后可得

$$V_{\text{out}} = \frac{rV_{\text{in}}}{(1+r)^2}\left(\frac{\Delta R_1}{R_1} - \frac{\Delta R_2}{R_2} + \frac{\Delta R_3}{R_3} - \frac{\Delta R_4}{R_4}\right) \tag{4.36}$$

在地应力测量中，均采用 $R_1 = R_2 = R_3 = R_4$，因此，有

$$V_{\text{out}} = \frac{V_{\text{in}}}{4}\left(\frac{\Delta R_1 - \Delta R_2 + \Delta R_3 - \Delta R_4}{R}\right) \tag{4.37}$$

如应变片接入 4 个桥臂，称为全桥线路；只接入 2 个桥臂，如 R_1 和 R_2，称为半桥线路；如只接入一个桥臂，如 R_1，称为四分之一桥线路。

USBM 孔径变形计采用的是全桥线路，一个方向的孔径变形由 4 个应变片测量，R_1、R_2、R_3、R_4 分别贴在两个悬臂弹簧的正反面。当孔径变形，悬臂弹簧弯曲时，R_1 和 R_2 产生的变形相反，所以由式（4.37）可知，四臂的电阻变化相加，对测量结果起到放大作用，提高了测量灵敏度；而对温度变化而言，在相同的温度变化下，由温度效应引起的四臂电阻变化是相等的，故根据式（4.37），其结果互相抵消，不会在电桥中产生多余的输出电压，从而实现了温度效应的自动补偿。

CSIR 孔壁应变计，CSIRO 空心包体应变计和 UNSW 实心包体应变计均采用四分之一桥线路，因为每个方向的应变变化常由一个应变片测量，它只能在电桥中占据一个桥臂，电桥的另外三个桥臂由其他电阻元件组成，在应力测量过程中只有工作的电阻应变片的电阻会发生变化，其他三个桥臂的电阻是不发生变化的，故此时有

$$V_{\text{out}} = \frac{V_{\text{in}}}{4} \times \frac{\Delta R_1}{R_1} \tag{4.38}$$

将式（4.34）代入式（4.38）可得

$$\varepsilon = \frac{4}{K} \times \frac{V_{\text{out}}}{V_{\text{in}}} \tag{4.39}$$

由于 K 和 V_{in} 是已知的，那么由电桥的输出电压即可求出应变值 ε，这就是采用惠特通斯电桥测量应变的原理。

在实际测量中，若使 $V_{\text{in}} = 4/K$，则式（4.39）变为 $\varepsilon = V_{\text{out}}$，即电桥输出电压的读数就是应变的读数。

由于电阻应变片对温度变化是非常敏感的，温度变化时其电阻值必然发生变化。由 $\varepsilon = V_{\text{out}}$ 可知，这种电阻的变化会产生输出电压，并会根据式 $\varepsilon = V_{\text{out}}$ 变成应变值反映出来。这部分应变值并不是由于应力的变化引起的，而是由于温度变化引起的，所以是虚假的附加应变值。为了保证应力测量结果的准确性，必须除去这部分温度附加应变值，即采取温度影响的补偿或修正措施。传统的温度补偿方法是在电桥中与工作应变片（R_1）相邻桥臂中（R_2 或 R_4）接入另一个应变片，称为补偿片。该应变片是不能和钻孔接触的，不能感受由于应力解除造成的影响，但在温度变化时，它可以产生和工作应变片相同的变形，因而电阻变化也相同，根据式（4.37）二者相抵消，故不增加或减少输出电压，不会引起附加的温度应变值被测量出来，这一方法通常叫做补偿臂法。

必须注意，能使补偿臂法有效的前提条件是：工作应变片和补偿应变片在温度变化时产生的变形必须相等，然而在 CSIR 孔壁应变计中，补偿片是粘贴在置于应变计端部的一个直径为 12mm、厚度为 8mm 的岩石圆片上，如此小的岩片对应变片变形的限制作用和无

穷大的岩体对应变片变形的限制作用是绝对不同的，因此即使在同样的温度变化条件下，补偿片和工作片所产生的变形值也是绝对不同的。所以根据式（4.37），两者产生的变形值或电阻变化值不能互相抵消，起不到有效补偿作用。而 CSIRO 空心包体应变计和 UNSW 实心包体应变计本身并没有补偿片，它们是应用位于钻孔外的外部补偿片或电阻应变仪中的普通电阻起补偿作用的，由于外部补偿应变片或补偿电阻远离测点，它们不仅不能和岩石胶结在一起，而且也不能经历和工作应变片相同的温度变化，所以其补偿功能将更差。另外，现有应变计一般有 9～12 支应变片，它们位于应变计的不同部位和方向，当它们直接或间接与岩石粘贴后，由于岩石的不均质性、不连续性和各向异性，各应变片在相同的温度变化下产生的附加应变值也是不同的，如果采用补偿臂方法，每个工作应变片都必须有自身的补偿片，采用一个共同的补偿片也是不行的。同时，每支补偿片必须和相应的工作片处于同一位置和方向，并且也和岩石粘贴在一起，这样才能在温度变化时产生相同的变形，而一旦和岩石粘贴在一起，就必然要感受由于应力变化引起的变形，这是不允许的。所以从原理上讲，补偿臂方法是不适用于胶结式应变计的温度补偿的。为此，蔡美峰发明了一套新的温度补偿或温度影响修正技术，详细内容请见参考文献［10］。

　　B　岩石非线性、不连续性、不均质性和各向异性的影响及其修正方法

　　传统的地应力测量和计算理论是建立在岩石为线弹性、连续、均质和各向同性的理论假设基础之上的，而一般岩体都具有程度不同的非线性、不连续性、不均质性和各向异性。在由应力解除过程中获得的钻孔变形或应变值求地应力时，如忽视岩石的这些性质，必将导致计算出来的地应力与实际应力值有不同程度的差异，为了提高地应力测量结果的可靠性和准确性，在进行结果计算、分析时必须考虑岩石的这些性质。文献［10］提出了几种考虑和修正岩体非线性、不连续性、不均质性和各向异性的影响的方法，主要包括：

　　（1）岩石非线性的影响及其正确的岩石弹性模量、泊松比确定方法；

　　（2）建立岩体不连续性、不均质性和各向异性模型并用相应程序计算地应力；

　　（3）根据岩石力学试验确定现场岩体不连续性、不均质性和各向异性的实际状况，从而修正测量的应变值；

　　（4）用数值分析方法修正岩石不连续性、不均质性和各向异性和非线性弹性的影响。

习　题

1. 选择题

　　（1）初始地应力主要包括（　　）。

　　　　A. 自重应力　　　　　　　　　　　B. 构造应力

　　　　C. 自重应力和构造应力　　　　　　D. 残余应力

　　（2）初始地应力是指（　　）。

　　　　A. 未受开挖影响的原始地应力　　　B. 未支护时的围岩应力

　　　　C. 开挖后岩体中的应力　　　　　　D. 支护完成后围岩中的应力

　　（3）构造应力的作用方向为（　　）。

　　　　A. 铅垂方向　　　B. 近水平方向　　　C. 断层的走向方向　　　D. 倾斜方向

　　（4）下列关于岩石初始应力的描述中，哪个是正确的？（　　）

　　　　A. 垂直应力一定大于水平应力　　　B. 构造应力以水平应力为主

C. 自重应力以压应力为主　　　　　　　　D. 自重应力和构造应力分布范围基本一致

（5）如果不事先测量而想估计岩体的初始应力状态，则一般假设侧压力系数为下列哪一个值比较好？（　　　）

A. 0. 5　　　　　　B. 1. 0　　　　　　C. < 1　　　　　　D. > 1

（6）测定岩体的初始应力时，最普遍采用的方法是（　　　）。

A. 应力恢复　　　B. 应力解除法　　　C. 弹性波法　　　D. 模拟试验

（7）设某花岗岩埋深一公里，其上覆盖地层的平均容重为 $\gamma = 26 \text{kN/m}^3$，花岗岩处于弹性状态，泊松比 $\mu = 0.25$。该花岗岩在自重作用下的初始垂直应力和水平应力分别为（　　　）。

A. 2600kPa 和 867kPa　　　　　　　　　B. 26000kPa 和 8667kPa

C. 2600kPa 和 866MPa　　　　　　　　　D. 2600kPa 和 866.7kPa

2. 简答题

（1）简述地应力测量的重要性。

（2）地应力是如何形成的，控制某一工程区域地应力状态的主要因素是什么？

（3）简述地壳浅部地应力分布的基本规律。

（4）重力应力场与构造应力场的区别和特点是什么？

（5）地壳是静止不动的还是变动的，怎样理解岩体的自然平衡状态？

（6）何谓轴对称，原岩应力中只考虑重力时，应力状态为 $\sigma_x = \sigma_y = \lambda \sigma_z = \lambda \gamma H$，且 σ_x、σ_y、σ_z 都是主应力，为什么？

（7）$\lambda = \mu / (1 - \mu)$，试问 $\lambda = 1$ 时应力状态如何，有可能出现 $\lambda > 1$ 的情况吗？

（8）试判断正断层、逆断层、平移断层产生时，其最大主应力与最小主应力方向？

（9）地应力测量方法分哪两类，两类的主要区别在哪里，每类包括哪些主要测量技术？

（10）简述水压致裂法的基本测量原理及主要测量步骤，并对水压致裂法的主要优点做出评价。

（11）简述孔壁应变计的基本工作原理。

（12）简述空心包体应变计的基本工作原理。

（13）次主应力与主应力的区别是什么，岩体中一共有多少个次主应力和主应力，通过次主应力能求主应力吗？

参 考 文 献

[1] 丁德馨. 岩体力学（讲义）[M]. 南华大学，2006.

[2] 高磊. 矿山岩石力学 [M]. 北京：机械工业出版社，1987.

[3] 陆文. 岩石力学（课件）. 西南科技大学环境资源学院，2006.

[4] http：//baike. baidu. com/view/1022118. htm（地幔对流学说）.

[5] 陈仲杰，杨金维. 金川矿区深部高应力碎胀蠕变岩体支护对策 [J]. 金属矿山，2005，（1）：17 ~ 22.

[6] 蔡美峰，乔兰，于波，王双红. 金川二矿区深部地应力测量及其分布规律研究 [J]. 岩石力学与工程学报，1999，18（4）：414 ~ 418.

[7] http：//zzjdzg01. blog. 163. com/blog/static/80546967200842484611481（深部高应力区采矿问题概述）.

[8] 刘允芳，夏熙伦. 水压致裂法三维地应力测量 [M]. 武昌：武汉工业大学出版社，1998.

[9] 祁英男，李方全，毛吉震，等. 万家寨水利枢纽水压致裂应力测量结果和分析 [J]. 岩石力学与工程学报，1999，18（2）：188 ~ 191.

[10] 蔡美峰，何满潮，刘东燕. 岩石力学与工程 [M]. 北京：科学出版社，2002.

[11] 朱付广，王世杰，胡伟，等. 岩体初始地应力场的反演分析方法 [J]. 科技咨询导报，2007，（9）：213.

[12] 朱焕春，李浩. 论岩体构造应力 [J]. 水力学报，2001，（9）：8 ~ 85.

[13] 王渭明. 岩石力学（课件）. 山东科技大学，2004.

5 地下硐室围岩稳定性分析与控制

【本章基本知识点（重点▼，难点◆）】：1. 地下硐室围岩压力计算与稳定性分析▼◆：（1）弹性力学分析方法；（2）弹塑性力学分析方法；（3）块体平衡理论分析法；（4）松散体力学分析法（普氏平衡拱理论、太沙基理论）；（5）巷道支护（变形地压特点与计算，围岩与支护共同作用原理）；（6）竖井围岩压力计算与稳定性分析：a. 圆形竖井围岩应力；b. 竖井围岩稳定性分析与控制；2. 软岩工程与深部开采特性；3. 岩体地下工程维护原则及支护设计原理。

5.1 概　　述

　　地下硐室是指在地下岩土体中人工开挖或天然存在的作为各种用途的构筑物，按用途分为：矿山井巷（竖井、斜井、巷道）、交通隧道、水工隧道、地下厂房（仓库）、地下军事工程等。修建地下硐室，必然要进行岩土体开挖。开挖将使工程周围岩土体失去原有的平衡状态，使其在一个有限的范围内产生应力重新分布，这种新出现的不平衡应力没有超过围岩的承载能力，岩体就会自行平衡；否则，将导致岩体产生变形、位移甚至破坏。在这种情况下，就要求构筑承力结构或支护结构，如支架、锚喷、衬砌等，进行人工稳定。在岩石力学中，将受开挖影响而发生应力状态改变的周围岩体，称作围岩。从原始地应力场变化至新的平衡应力场的过程，称为应力重分布（redistributional stress）。经应力重分布形成的新的平衡应力，称为次生应力（secondary stresses）或诱发应力（induced stress），也叫围岩应力、二次应力、地压、岩压、矿压或矿山压力。由于次生应力是岩体变形、破坏的主要根源，故次生应力是岩石力学研究的重要内容之一。因此，实现地下岩体工程稳定的条件是

$$\left.\begin{array}{l} \sigma_{max} < S \\ u_{max} < U \end{array}\right\} \tag{5.1}$$

式中，σ_{max} 和 u_{max} 分别为围岩内或支护体内的最大或最危险的应力和位移；S 和 U 为围岩或支护体所允许的最大应力（极限强度）和最大位移（极限位移）。

　　有关这方面问题的研究，无论是否支护，都统称为稳定性（stability）问题。稳定性问题是岩体地下工程的一个重要研究内容，关系到工程施工的安全性及其运行期间是否满足工程截面大小和安全可靠性。有的地下工程不稳定，还将造成对周围环境的影响，如地面建筑物的损坏、边坡塌方以及工程地质条件的恶化等。

　　此处所讨论的稳定性问题，与压杆、薄壁、壳体等结构稳定性问题的概念有所不同，采用的理论分析方法也是不一样的。

岩体地下工程埋在地下的一定深度，如目前的交通隧道、矿山巷道，有的深到数百米甚至数千米。根据岩体地下工程埋入的深浅可以把它分为深埋和浅埋两种类型。浅埋地下工程的工程影响范围可达到地表，因而在力学处理上要考虑地表界面的影响。深埋地下工程可视为无限体问题，即在远离岩体地下工程的无穷远处的原岩体。

岩体地下工程施工是在地应力环境之中展开的，这一点和地面结构工程完全不同，正是这个区别，给岩体地下工程带来了许多不同的性质和特点。地下工程开挖前，地下岩层处于天然平衡状态，地下工程的开挖破坏了原有的应力平衡状态，引起围岩应力重分布，出现应力状态改变和高应力集中，产生向开挖空间的位移甚至破裂并在围岩与支护结构的接触过程中，形成对支护结构的荷载作用，所以，确定岩石地下工程结构的荷载是一个复杂的问题，它不仅涉及地下岩石条件，而且涉及地应力的确定问题，开挖影响问题，甚至还受到支护结构本身的刚度等性质的影响，这和作用在地面结构上的外荷载是不同的。

岩体地下工程，无论最终是平衡或者破坏，也不管有否构筑人工稳定的承载或维护结构，岩石内部的应力重分布行为都会发生，这一应力重分布行为是地下岩石自行组织稳定的过程，因此，充分发挥围岩的自稳能力是实现岩体地下工程稳定的最经济、最可靠的方法。实际上，地下岩体工程的稳定，同时包含了人工构筑结构物的稳定，以及围岩自身的稳定，两者往往是共存的。围岩稳定对于地下岩体工程的稳定是非常重要的，有时甚至是地下岩体工程稳定性好坏的决定性因素。

岩体地下工程稳定性研究及其在工程中的一系列成就，是 20 世纪中叶以来岩石力学的一个重要进展，如井巷（隧道）围岩的弹性和弹塑性（极限平衡）分析成果，用复变函数解围岩的弹性平面问题，用现代块体力学理论分析块状结构岩体的稳定性问题，软岩支护与新奥法理论技术，以及有关稳定问题的各种数值分析方法等。普氏压力拱理论或太沙基理论，这些成熟的古典力学方法，仍然是解决碎裂和松散结构岩体稳定性的可靠方法。

当然，由于地质条件的复杂性，以及岩体地下工程的一系列特点，在地下岩体工程的理论与实践中，还有许多未知的或难以控制和掌握的因素，地下岩体工程稳定问题还远不能说已经解决，例如：在深部岩体工程建设中，发现岩体表现出了一些与浅部不一样的特性，深部硬岩岩体从脆性向延性转化，无论硬岩还是软岩巷道在高应力集中的深部都呈现了分区破裂化效应，等等，更需要人们为之付出更多的辛劳和努力。

围岩应力状态与原岩应力状态及巷道断面形状有密切关系，因此，从这两个方面进行讲解，此外，讨论中仍假设岩体为均质各向同性体。

5.2 弹性理论计算巷道围岩与衬砌应力

解析方法是指采用数学力学的计算取得闭合解的方法。在采用数学力学方法解岩石力学问题时，必然要用到反映这些岩石力学基本性质的关系式，即本构方程，因此，在选择使用解析方法时，要特别注意这些物理关系式和岩体所处的物理状态相匹配，反映其真实的力学行为，例如，当地下工程围岩能够自稳时，围岩状态一般都处于全应力-应变曲线的峰前段，可以认为这时的岩体属于变形体范畴。采用变形体力学的方法研究岩体的应力不超过弹性范围，最适宜用弹性力学方法，否则，应用弹塑性力学或损伤力学方法。研究岩体的应力应变超过峰值应力，即围岩进入全应力-应变曲线的峰后段，岩体可能发生刚体滑移或者张裂状态，变形体力学的方法就往往不适宜，这时可以采用其他方法，例如块体力学，或者一些初等力学的方法。

解析方法可以解决的实际工程问题十分有限，但是，通过对解析方法及其结果的分析，可以获得一些规律性的认识，这是非常重要和有益的。

5.2.1　无内压巷道围岩应力分布

正如前述，弹性与黏弹性力学分析，适用于弹性或黏弹性材料，也就是说，围岩必为均质、各向同性、无蠕变性或黏性行为。弹性、黏弹性解析法仅能解析圆形、椭圆形断面问题。

5.2.1.1　轴对称圆形巷道围岩的弹性应力

A　基本假设

符合深埋条件，并且埋深 Z 大于或等于 20 倍的巷道半径 a（或其宽、高），即有

$$Z \geqslant 20a \tag{5.2}$$

研究表明，当埋深 $Z \geqslant 20a$ 时，忽略巷道影响范围（3~5 倍 a）内的岩石自重（见图 5.1a），与原问题的误差不超过 10%，于是，水平原岩应力可以简化为均布力。

假设巷道断面为圆形，在无限长的巷道长度里围岩的性质一致，于是可以采用平面应变问题的方法。这样，原问题就构成荷载与结构都是轴对称的平面应变圆孔问题（见图 5.1b）。轴对称应满足的两个条件是：（1）断面形状对称，即对称轴为通过圆心且垂直于圆形断面的一条直线；（2）荷载对称，即图 5.1（b）中 $p = q$，也就是说原岩应力为各向等压（静水压力）状态，即 $\tau_{r\theta} = 0$。

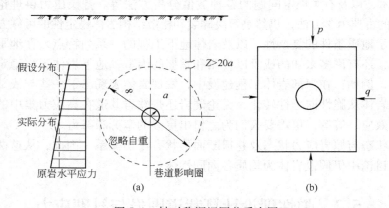

图 5.1　轴对称深埋圆巷受力图
（a）深埋巷道的力学特点；（b）轴对称圆形巷道受力

取巷道的任一截面，采用极坐标求解围岩应力 σ_r 和 σ_θ。

B　基本方程

平衡方程

$$\frac{\mathrm{d}\sigma_r}{\mathrm{d}r} + \frac{\sigma_r - \sigma_\theta}{r} = 0 \tag{5.3}$$

几何方程

$$\left.\begin{array}{l}\varepsilon_r = \dfrac{\mathrm{d}u}{\mathrm{d}r}\\[2mm]\varepsilon_\theta = \dfrac{u}{r}\end{array}\right\} \tag{5.4}$$

物理（本构）方程（平面应变）

$$\left.\begin{array}{l}\varepsilon_r = \dfrac{1-\mu^2}{E}\left(\sigma_r - \dfrac{\mu}{1-\mu}\sigma_\theta\right)\\[3mm]\varepsilon_\theta = \dfrac{1-\mu^2}{E}\left(\sigma_\theta - \dfrac{\mu}{1-\mu}\sigma_r\right)\end{array}\right\} \tag{5.5}$$

5 个未知数 σ_r、σ_θ、ε_r、ε_θ、μ，5 个方程，故可解。

C 边界条件

$$\left.\begin{array}{l}r=a \text{ 时，}\sigma_r = 0 \text{（不支护）}\\[2mm]r\rightarrow\infty，\sigma_\theta\rightarrow p\end{array}\right\} \tag{5.6}$$

式中，p 为原岩应力。根据边界条件，可确定上述方程组解集的两个积分常数。

D 求解

由式（5.3）~式（5.5）联立可解得方程组的通解为：

$$\left.\begin{array}{l}\sigma_\theta = A - \dfrac{B}{r^2}\\[3mm]\sigma_r = A + \dfrac{B}{r^2}\end{array}\right\} \tag{5.7}$$

根据边界条件式（5.6），确定式（5.7）积分常数，得

$$A = p，\quad B = -pa^2$$

将 A、B 代入式（5.7），得切向应力 σ_θ 与径向应力 σ_r 的解析表达式为

$$\left.\begin{array}{l}\sigma_\theta\\[2mm]\sigma_r\end{array}\right\} = p(1 \pm a^2/r^2) \tag{5.8}$$

E 讨论

（1）式（5.8）表示了开巷（孔）后的应力重分布结果，也即为次生应力场的应力分布式。

（2）σ_θ、σ_r 的分布和角度无关，皆为主应力，即径向与切向平面为主平面，说明次生应力场仍为轴对称。

（3）应力大小与弹性模量 E、泊松比 μ 无关。

（4）周边 $r=a$ 时，$\sigma_r = 0$，$\sigma_\theta = 2p$，即无衬砌时，巷道周边 $r=a$ 处切向应力为最大主应力，且与巷道半径无关；随着半径的增大，切向应力逐渐减小，最终在 $r\rightarrow\infty$，$\sigma_\theta\rightarrow p$；巷道周边 $r=a$ 处径向应力为 $\sigma_r = 0$；随着半径增大，径向应力逐渐增大，最终在 $r\rightarrow\infty$，$\sigma_r\rightarrow p$，见图 5.2。

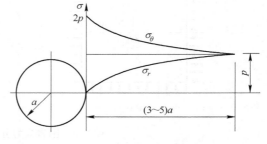

（5）巷道周边处 $\sigma_\theta - \sigma_r = 2p$，即在巷

图 5.2 轴对称条件下圆形巷道围岩应力分布示意图

道周边处主应力差最大，因而该处剪应力最大，故巷道总是从周边开始破坏。后续内容将证明，如果岩体受拉破坏，也是从周边开始破坏的，因为拉应力也是周边最大。

（6）定义应力集中系数 K

$$K = \frac{开巷后应力}{开巷前应力} = \frac{次生应力}{原岩应力} \tag{5.9}$$

巷道周边的应力集中系数 $K = 2p/p = 2$，为次生应力场的最大应力集中系数。

（7）从工程观点考虑，应力变化不超过 5% 便可以忽略其影响。按式（5.8）计算，当 $r \approx 5a$ 时，$\sigma_\theta \approx 1.04p$，与原岩应力相差小于 5%，故有限元计算常取 $5a$ 的范围作为计算域。同理，应力解除试验，以 $3a$ 作为影响边界（与原岩应力相差约 11%）就是其粗略的定量依据。

实际工程中，符合上述应力状态的仅有均质岩石条件下圆形截面的竖井井筒和侧压系数 $\lambda = 1$ 时的圆形截面水平巷道。一般岩体中在巷道周边都有个应力降低区，然后升高至上述最大集中应力状态，见表 5.4 和图 5.15。

5.2.1.2   一般圆形巷道围岩的弹性应力

假设深埋圆形巷道的水平荷载对称于竖轴，竖向荷载对称于横轴；竖向为 p，横向为 q，并设 $p \neq q$，即 $\lambda \neq 1$。由于结构本身对称，荷载不对称，如图 5.3 所示，则视为二向不等压有孔平板平面应变问题。圆形断面巷道半径为 a，在任一点 r 处取单元体 $A(r, \theta)$，θ 为 OA 与水平轴的夹角，忽略 p、q 影响范围内围岩自重，按弹性理论中平面问题吉尔希解，其应力为

$$\left.\begin{array}{l} \sigma_r = \dfrac{p+q}{2}\left(1 - \dfrac{a^2}{r^2}\right) + \dfrac{q-p}{2}\left(1 - \dfrac{4a^2}{r^2} + \dfrac{3a^4}{r^4}\right)\cos 2\theta \\[3mm] \sigma_\theta = \dfrac{p+q}{2}\left(1 + \dfrac{a^2}{r^2}\right) - \dfrac{q-p}{2}\left(1 + \dfrac{3a^4}{r^4}\right)\cos 2\theta \\[3mm] \tau_{r\theta} = \dfrac{q-p}{2}\left(1 + \dfrac{2a^2}{r^2} - \dfrac{3a^4}{r^4}\right)\sin 2\theta \end{array}\right\} \tag{5.10}$$

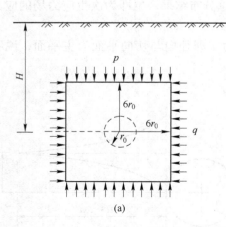
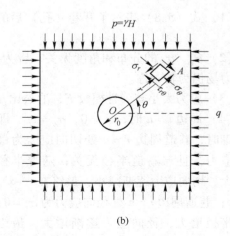

(a)   (b)

图 5.3   围岩应力分布范围及计算简图

（a）深埋硐室围岩应力的影响范围；（b）围岩应力计算简图

讨论如下：

（1）$\lambda = 1$ 时，即为图5.1（b）中 $p = q$ 的情况，式（5.10）变为

$$\left.\begin{array}{l} \sigma_\theta = p(1 + a^2/r^2) \\ \sigma_r = p(1 - a^2/r^2) \\ \tau_{r\theta} = 0 \end{array}\right\}$$

即为式（5.8），是岩体处在静水压力状态的情况。因此，轴对称情况为一般圆形巷道围岩应力分布的特例。

（2）$r = a$ 时，$\sigma_r = \tau_{r\theta} = 0$，代入 $q = \lambda p$ 有

$$\sigma_\theta = (1 + \lambda)p + 2(1 - \lambda)p\cos 2\theta \tag{5.11}$$

显然，$\lambda < 1$ 时，在巷道横轴位置（$\theta = 0°$）有最大压应力，而在竖轴位置（$\theta = 90°$）有最小压应力。

使竖轴（$\theta = 90°$）恰好不出现拉应力的条件为：$\sigma_\theta = 0$。由式（5.11）有

$$\sigma_\theta = (1 + \lambda)p - 2(1 - \lambda)p = 0$$

从而得，$\lambda = 1/3$。当 $\lambda = 1/3$ 时，$\theta = 0°$，$\sigma_\theta = 8p/3$；$\theta = 45°$，$\sigma_\theta = 4p/3$；$\theta = 90°$，$\sigma_\theta = 0$。

由上述可见，$\lambda > 1/3$ 时竖轴周边不出现拉应力，其中接近 $\lambda = 1$ 时为均匀受压的最有利于稳定的情况；$\lambda = 1/3$ 时竖轴周边恰好不出现拉应力；$\lambda < 1/3$ 时竖轴周边将出现拉应力，其中 $\lambda = 0$ 时拉应力最大，即垂直单向压缩为最不利情况。见图5.4（a）、（b）、（c）和表5.1。

（3）$r = a$ 时，$\sigma_r = \tau_{r\theta} = 0$，由式（5.11）可知，显然 $\lambda > 1$ 时，在巷道横轴位置（$\theta = 0°$）有最小压应力，而在竖轴位置（$\theta = 90°$）有最大压应力。

同样分析，使横轴（$\theta = 0°$）恰好不出现拉应力的条件为：$\sigma_\theta = 0$。由式（5.11）有

$$\sigma_\theta = (1 + \lambda)p + 2(1 - \lambda)p = 0$$

从而得，$\lambda = 3$。当 $\lambda = 3$ 时，$\theta = 0°$，$\sigma_\theta = 0$；$\theta = 45°$，$\sigma_\theta = 4p$；$\theta = 90°$，$\sigma_\theta = 8p$。

由上述可见，$\lambda > 3$ 时横轴周边出现拉应力，其中 λ 越大则横轴周边所受的拉应力越大；$\lambda \leqslant 3$ 时横轴周边不出现拉应力。见图5.4（d）、（e）和表5.1。

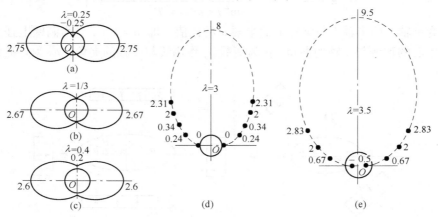

图5.4　几种不同的 λ 下圆形巷道周边切向应力 σ_θ 的分布

（数值为相对于原岩铅垂应力 p 的应力集中系数；（d）、（e）的虚线部分为示意性的，只表示了一半）

综合（2）、（3）得到，巷道周边不出现拉应力的条件为：$1/3 \leqslant \lambda \leqslant 3$。

表 5.1　不同的 λ 下圆形巷道周边切向应力 σ_θ 的分布

应力 σ_θ	λ						
	1/4	1/3	1/2	1	2	3	4
两帮中点 $\theta=0$，π	2.75p	2.67p	2.5p	2p	p	0	−p
顶底板中点 $\theta=\pi/2$，$3\pi/2$	−0.25p	0p	0.5p	2p	5p	8p	11p

（4）主应力情况。由式（5.10），$\tau_{r\theta}=0$ 时，即 $\sin2\theta=0$，得主应力平面为 $\theta=0°$、90°、180°、270°，即水平和铅垂面为主应力平面，主应力平面上只有正应力，没有剪应力；其余截面都有剪应力。

（5）当 $r\to\infty$ 时，式（5.10）则变为

$$
\left.
\begin{aligned}
\sigma_r &= \frac{p+q}{2} + \frac{q-p}{2}\cos2\theta \\
\sigma_\theta &= \frac{p+q}{2} - \frac{q-p}{2}\cos2\theta \\
\tau_{r\theta} &= \frac{q-p}{2}\sin2\theta
\end{aligned}
\right\}
\tag{5.12}
$$

式（5.12）即为极坐标中的原岩应力。

5.2.1.3　椭圆形巷道围岩的弹性应力

椭圆巷道实用不多，因为其施工不便，且断面利用率较低，但通过对椭圆巷道周边弹性应力的分析，对于如何维护好巷道很有启发。

在单向应力 p_0 作用下，见图 5.5，椭圆形巷道周边任一点的径向应力为 σ_r、切向应力为 σ_θ、剪应力为 $\tau_{r\theta}$，在主平面用极坐标表示，根据弹性力学计算公式为

$$
\left.
\begin{aligned}
\sigma_r &= \tau_{r\theta} = 0 \\
\sigma_\theta &= p_0\,\frac{(1+m)^2\sin^2(\theta+\beta)-\sin^2\beta-m^2\cos^2\beta}{\sin^2\theta+m^2\cos^2\theta}
\end{aligned}
\right\}
\tag{5.13}
$$

式中，m 为 y 轴上的半轴 b 与 x 轴上的半轴 a 的比值，即 $m=b/a$；θ 为洞壁上任意一点 M 与椭圆形中心的连线与 x 轴的夹角；β 为荷载 p_0 作用线与 x 轴的夹角；p_0 为外荷载。

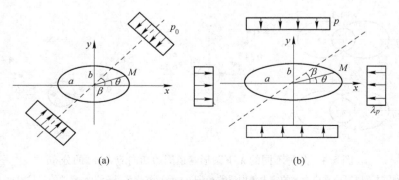

(a)　　　　　　　　　　　　(b)

图 5.5　深埋椭圆形巷道的受力状态

（a）椭圆形巷道单向受力状态；（b）椭圆形巷道双向受力状态

若 $\beta = 0°$，$p_0 = \lambda p$，则

$$\sigma_\theta = \lambda p \, \frac{(1+m)^2 \sin^2\theta - m^2}{\sin^2\theta + m^2\cos^2\theta} \tag{5.14}$$

若 $\beta = 90°$，$p_0 = p$，则

$$\sigma_\theta = p \, \frac{(1+m)^2 \cos^2\theta - 1}{\sin^2\theta + m^2\cos^2\theta} \tag{5.15}$$

在原岩应力 p、λp 作用下，由式（5.14）+式（5.15）得

$$\sigma_\theta = p \, \frac{(1+m)^2\cos^2\theta - 1 + \lambda\left[(1+m)^2\sin^2\theta - m^2\right]}{\sin^2\theta + m^2\cos^2\theta} \tag{5.16a}$$

式（5.16a）也可表示为

$$\sigma_\theta = \frac{p\left[m(m+2)\cos^2\theta - \sin^2\theta\right] + \lambda p\left[(2m+1)\sin^2\theta - m^2\cos^2\theta\right]}{\sin^2\theta + m^2\cos^2\theta} \tag{5.16b}$$

（1）等应力轴比状态。

巷道周边两帮中点处（$\theta = 0$，π）切向应力为

$$\sigma_{\theta 1} = p\left[\left(1+\frac{2}{m}\right) - \lambda\right] = p\left(1 + \frac{2a}{b} - \lambda\right) \tag{5.17a}$$

巷道周边顶底板中点处（$\theta = 3\pi/2$，$\pi/2$）切向应力为

$$\sigma_{\theta 2} = p\left[(1+2m)\lambda - 1\right] = p\left[\left(1 + 2\frac{b}{a}\right)\lambda - 1\right] \tag{5.17b}$$

若 $\sigma_{\theta 1} = \sigma_{\theta 2}$，则可得

$$\lambda = \frac{a}{b} = \frac{1}{m} = \frac{q}{p} \tag{5.18}$$

即，长轴/短轴 = 长轴方向原岩应力/短轴方向原岩应力。

满足式（5.18）的轴比称为等应力轴比，即是指椭圆形巷道的轴比等于其所在原岩应力场侧压系数的倒数。在等应力轴比的条件下，椭圆形巷道顶底板中点和两帮中点的切向应力相等，周边切向应力无极值，或者说周边应力是均匀相等的，见图5.6。

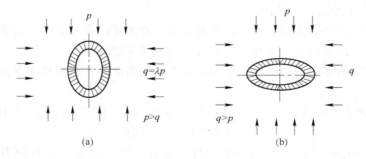

图5.6 等应力轴比条件（$m = b/a = 1/\lambda = p/q$）下巷道周边应力分布

等应力轴比与原岩应力的绝对值无关，只和 λ 值有关。由 λ 值，可决定最佳轴比，例如：$\lambda = 1$ 时，$m = 1$，$a = b$，最佳断面为圆形（圆是椭圆的特例）；$\lambda = 1/2$ 时，$m = 2$，$b = 2a$，最佳断面为 $b = 2a$ 的竖椭圆；$\lambda = 2$ 时，$m = 1/2$，$a = 2b$，最佳断面为 $a = 2b$ 的横（卧）椭圆。

将式（5.18）$\lambda = a/b = 1/m$ 变换为 $m = 1/\lambda$ 代入式（5.16），可以证明"等应力轴比

周边应力是均匀相等的"，即

$$\sigma_\theta = p \frac{\left[\dfrac{1}{\lambda}\left(\dfrac{1}{\lambda}+2\right)\cos^2\theta - \sin^2\theta\right] + \lambda\left[\left(\dfrac{2}{\lambda}+1\right)\sin^2\theta - \left(\dfrac{1}{\lambda}\right)^2\cos^2\theta\right]}{\sin^2\theta + \left(\dfrac{1}{\lambda}\right)^2\cos^2\theta}$$

$$= p\frac{\lambda^3\sin^2\theta + \lambda^2\sin^2\theta + \lambda\cos^2\theta + \cos^2\theta}{\lambda^2\sin^2\theta + \cos^2\theta}$$

$$= p(1+\lambda)$$

所以，在等应力轴比条件下，σ_θ 与 θ 无关，只与 p 和 λ 有关，周边切向应力为均匀分布状态。显然，等应力轴比对地下工程的稳定是最有利的，故又称之为最优（佳）轴比。

在原岩应力场（p，λp）一定的条件下，σ_θ 随轴比 m 而变化。为了获得合理的应力分布，可通过调整轴比 m 来实现，见表 5.2。当 $m \le 1$，顶底板中点的应力 σ_θ 出现拉应力；$m = 4$ 时，λ 正好等于 $1/m$，巷道两帮中点和顶底板中点应力 σ_θ 都为 $1.25p$，出现等应力轴比状态。

表 5.2　$\lambda = 1/4$ 时椭圆形巷道轴比 m 与 σ_θ 的关系

坑道形状										
轴比	水平轴:垂直轴	1:5	1:4	1:3	1:2	1	2:1	3:1	4:1	5:1
	m	5	4	3	2	1	$\dfrac{1}{2}$	$\dfrac{1}{3}$	$\dfrac{1}{4}$	$\dfrac{1}{5}$
σ	两帮中点	$1.15p$	$1.25p$	$1.42p$	$1.75p$	$2.75p$	$4.7p$	$6.75p$	$8.75p$	$10.75p$
	顶底板中点	$1.75p$	$1.25p$	$0.75p$	$0.25p$	$-0.25p$	$-0.5p$	$-0.5p$	$-0.63p$	$-0.65p$

（2）零应力（无拉力）轴比。

当不能满足等应力轴比时，可以退而求其次。岩体抗拉强度最弱，若能找出满足不出现拉应力的轴比，即零应力（无拉力）轴比，也是很不错的。

周边各点对应的零应力轴比各不相同，通常首先满足顶点和两帮中点这两要害处实现零应力轴比。

1）对于两帮中点有 $\theta = 0°$、π，$\sin\theta = 0$，$\cos\theta = \pm 1$，将其代入式（5.16），得

$$\sigma_\theta = 2p/m + (1-\lambda)p$$

当 $\lambda \le 1$ 时，$\sigma_\theta \ge 0$ 恒成立，故不会出现拉应力。当 $\lambda > 1$ 时，无拉应力条件为 $\sigma_\theta \ge 0$，即 $2p/m + (1-\lambda)p \ge 0$，则

$$m \le 2/(\lambda-1) \tag{5.19}$$

式（5.19）取等号时，称为 $\lambda > 1$ 时的零应力轴比，即：$m = 2/(\lambda-1)$。

2）对于顶底板中点，由 $\theta = \pi/2$、$3\pi/2$，$\sin\theta = \pm 1$，$\cos\theta = 0$，代入式（5.16）得

$$\sigma_\theta = p\lambda(1+2m) - p$$

当 $\lambda \le 0$ 时，即铅垂单向受压状态或铅垂受压同时水平受拉状态，顶底板中点应力

$\sigma_\theta = -p$ 或 $\sigma_\theta = p\lambda(1+2m)-p$，处于受拉状态；当 $\lambda \geq 1$ 时，$\sigma_\theta = p\lambda(1+2m)-p = p(\lambda-1)+2mp\lambda > 0$ 恒成立，故不会出现拉应力；当 $1 > \lambda > 0$ 时，无拉应力条件为 $\sigma_\theta \geq 0$，即有 $p\lambda(1+2m)-p \geq 0$，则

$$m \geq (1-\lambda)/(2\lambda) \tag{5.20}$$

因此，$1 > \lambda > 0$ 时，零应力轴比为：$m = (1-\lambda)/(2\lambda)$。

故，零应力（无拉力）轴比为：

$$\left.\begin{array}{ll} \text{当}\ 0 < \lambda < 1\ \text{时} & m = (1-\lambda)/(2\lambda) \\ \text{当}\ \lambda > 1\ \text{时} & m = 2/(\lambda-1) \end{array}\right\} \tag{5.21}$$

总之，要结合工程、地质条件选择巷道断面形状，避免出现拉应力。无论布置采场还是巷道，都应该遵循"椭圆的长轴与最大主应力方向一致"，且满足等应力轴比条件式 (5.18)。如果椭圆的长轴不能与最大主应力方向完全一致，可以退而求其次，按式 (5.21) 确定无拉力轴比。1960 年，于学馥教授在他的专著《轴变论》中首次提到椭圆轴比与应力分布的关系，并应用于地下工程的施工方案设计。查理兹（R. Richards）和比约克曼（G. G. Bjorkman）直到 1978 年才解决了这一问题。

5.2.1.4　矩形和其他形状巷道周边弹性应力

地下工程中经常遇到一些非圆形巷道，因此，掌握巷道形状对围岩应力状态影响是非常重要的。常见的非圆形巷道主要有矩形、梯形、直壁拱形断面、椭圆等。

A　基本解题方法

原则上，地下工程比较常用的单孔非圆形巷道围岩的平面弹性应力分布问题，都可用弹性力学的复变函数方法解决。

B　矩形断面巷道的应力分布规律

矩形断面巷道围岩应力的计算比较复杂，此处从略。由实验和理论分析可知，矩形巷道围岩应力的大小与矩形形状（高宽比）和原岩应力（λ）有关。现以断面高宽比 $= 1/3$，$\lambda < 1$ 的巷道为例，说明矩形断面巷道应力分布的一般规律，见图 5.7（a）。

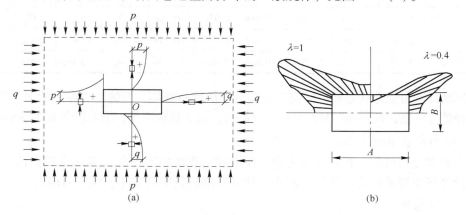

图 5.7　矩形断面巷道围岩应力分布的一般规律

（a）四周应力分布；（b）拐角点应力分布

（垂直原岩应力 $p = \gamma H$，水平原岩应力 $q = \lambda p$，容重 γ，埋深 H，侧压系数 $\lambda = \mu/(1-\mu)$，$A:B = 1.8:1$）

作为平面问题，围岩中任意一点都有两个主应力 σ_1 及 σ_3，$\sigma_1 = k_1 p = k_1 \gamma H$，$\sigma_3 =$

$k_3 q = k_3 \lambda \gamma H$，其中 k_1、k_3 为应力集中系数（$k =$ 次生应力/原岩应力）。在影响半径以外，$k = 1$。若忽略岩体自身的重力，则应力分布图形对称于 x 轴及 y 轴。为了视图方便，只绘出 σ_1 及 σ_3 的半边图形，表示 x 轴及 y 轴上各点的应力及拐角点应力。从图 5.7 中可以看出，矩形断面巷道围岩应力分布具有如下特征：

（1）顶底板中点水平应力在巷道周边出现拉应力，越往围岩内部，应力逐渐由拉应力转化为压应力，并趋于原岩应力 q；

（2）顶底板中点垂直应力在巷道周边为 0，越往围岩内部，应力越大，并趋于原岩应力 p；

（3）两帮中点水平应力在巷道周边为 0，越往围岩内部，应力越大，并趋于原岩应力 q；

（4）两帮中点垂直应力在巷道周边最大，越往围岩深部应力逐渐减小，并趋于原岩应力 p；

（5）巷道四角处应力集中最大，其大小与曲率半径有关。曲率半径越小，应力集中越大，在角隅处可达 6~8。

【例1】　在不同 λ 和不同轴比 m 下求矩形巷道周边顶、底板和两帮中点处的 σ_θ。计算结果（见表 5.3）表明：在矩形巷道的两帮中点，λ 很小时出现拉应力，且轴比越大拉应力越大；随 λ 增大，拉应力减小，压应力增大；等应力轴此时最好，巷道周边顶、底板及两帮中点处于等压状态。

表 5.3　矩形断面巷道周边切向应力 σ_θ 与 λ 和轴比的关系

轴比 ＼ 位置　　λ	0		0.25		0.5		0.75		1	
	顶底板中点	两帮中点	顶底板中点	两帮中点	顶底板中点	两帮中点	顶底板中点	两帮中点	顶底板中点	两帮中点
1:5	1.10p	$-0.71p$	0.96p	$-0.16p$	0.72p	0.44p	0.48p	1.04p	0.25p	1.65p
2:3	1.34p	$-0.71p$	1.09p	$-0.23p$	0.85p	0.31p	0.6p	0.84p	0.36p	1.38p
1	1.47p	$-0.8p$	1.27p	$-0.44p$	1.07p	$-0.06p$	0.87p	0.3p	0.67p	0.67p
3:2	2.15p	$-0.98p$	1.96p	$-0.62p$	1.76p	$-0.31p$	1.57p	0.07p	1.32p	0.36p
5:1	2.42p	$-0.94p$	2.23p	$-0.64p$	2.03p	$-0.36p$	1.84p	$-0.16p$	1.65p	0.25p

矩形断面巷道受力状态差，顶板受拉应力作用容易破坏，但施工方便，断面利用率高。为了改善受力状态，常用梯形断面巷道，这样可以减小顶板跨度，增大顶角的曲率半径。

C　拱形断面巷道的应力分布规律

由实验和分析可知，拱形巷道应力分布形式主要取决于 λ 值，其次是跨高比。λ 值较小时，顶底板出现拉应力。跨高比减小，硐顶及硐底拉应力减小，压应力增大。

D　一般结论

无论巷道断面形状如何，周边附近应力集中系数最大，远离周边，应力集中程度逐渐减小，在距巷道中心为 3~5 倍巷道半径处，围岩应力趋近于与原岩应力相等。

在弹性应力条件下，巷道断面围岩中的最大应力是周边的切向应力，且周边应力大小和弹性模量 E、泊松比 μ 等弹性参数无关，与断面的绝对尺寸无关，与原岩应力场大小无关，仅与巷道断面的轴比（竖向与横向的比值）和侧压系数 λ 有关系。一般来说，巷道断面长轴平行于原岩最大主应力方向时，能获得较好的围岩应力分布；而当巷道断面长轴与短轴之比等于长轴方向原岩最大主应力与短轴方向原岩应力之比时，巷道围岩应力分布最理想。这时在巷道顶底板中点和两帮中点处切向应力相等，并且不出现拉应力。

巷道断面形状影响围岩应力分布的均匀性。通常平直边容易出现拉应力，转角处产生较大剪应力集中，都不利于巷道的稳定。

巷道影响区随巷道半径的增大而增大，相应地应力集中区也随巷道半径的增大而增大。如果应力很高，在周边附近应力超过岩体承载能力时产生的破裂区半径也将较大。

上述特征都是在假定巷道周边围岩完整的情况下才具备的。在采用爆破方法开挖的巷道中，由于爆破的松动和破坏作用，巷道周边往往不是应力集中区，而是应力降低区，此区域又叫爆破松动区。该区域的范围一般在 0.5m 左右。

E 巷道稳定性判断

上面总结了岩体处于弹性状态时，各种断面巷道的应力分布状态。当围岩某点应力超过屈服极限时，则该点岩体就进入塑性状态。从围岩应力分布规律可知，在巷道周边上某些点的应力为极值，也就是说，只要对这些点的应力作弹性分析，就可以确定围岩是否处于弹性状态，从而避免大量计算工作。对圆形和椭圆形断面，巷道周边上的应力极值点为：$\theta = n\pi/2$ （$n = 0$，1，2，3，$\cdots$，n）。矩形断面的极值点则为顶板及两帮中点和巷道的四个角。

5.2.2 有内压巷道围岩与衬砌的应力计算

设一弹性厚壁筒，见图 5.8，内径为 r_i，外径为 R，内压为 p_i，外压为 p_a，由弹性理论拉密解，在距中心为 r 处的任一点的径向应力和切向应力为

$$\left.\begin{array}{l} \sigma_r = \dfrac{r_i^2(R^2 - r^2)}{r^2(R^2 - r_i^2)}p_i + \dfrac{R^2(r_i^2 - r^2)}{r^2(R^2 - r_i^2)}p_a \\[4mm] \sigma_\theta = \dfrac{r_i^2(R^2 + r^2)}{r^2(R^2 - r_i^2)}p_i - \dfrac{R^2(r_i^2 + r^2)}{r^2(R^2 - r_i^2)}p_a \\[4mm] \tau_{r\theta} = 0 \end{array}\right\} \tag{5.22}$$

5.2.2.1 内压引起的巷道围岩附加应力

将隧道围岩看成厚壁筒，见图 5.8，由拉密解可得由隧道充水后产生的内压 p_i 在围岩内距中心为 r 处的任一点所引起的附加应力为

$$\left.\begin{array}{l} \sigma_r = \dfrac{r_i^2(R^2 - r^2)}{r^2(R^2 - r_i^2)}p_i + \dfrac{R^2(r^2 - r_i^2)}{r^2(R^2 - r_i^2)}p_a \\[4mm] \sigma_\theta = -\dfrac{r_i^2(R^2 + r^2)}{r^2(R^2 - r_i^2)}p_i + \dfrac{R^2(r_i^2 + r^2)}{r^2(R^2 - r_i^2)}p_a \end{array}\right\} \tag{5.23}$$

因为内径为 $r_i = a$，外径为 $R = \infty$，外压为 $p_a = 0$，见图 5.9，化简式（5.23），得到内压 p_i 在围岩内距中心为 r 处的任一点所引起的附加应力为

$$\left.\begin{array}{l}\sigma_r = \dfrac{a^2}{r^2} p_i \\[2mm] \sigma_\theta = -\dfrac{a^2}{r^2} p_i \\[2mm] \tau_{r\theta} = 0\end{array}\right\} \tag{5.24}$$

所以，在硐周边 $r = a$ 处，p_i 所引起的附加应力为 $\sigma_r = p_i$，$\sigma_\theta = -p_i$，$\tau_{r\theta} = 0$。

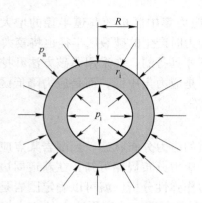

图 5.8　厚壁圆筒受力图

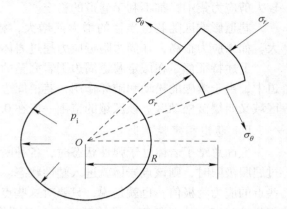

图 5.9　围岩内附加应力计算

原岩应力为 $p(\lambda = 1)$ 时，有内压 p_i 的水工隧道中围岩的应力为

$$\left.\begin{array}{l}\sigma_r = \dfrac{a^2}{r^2} p_i + p\left(1 - \dfrac{a^2}{r^2}\right) \\[2mm] \sigma_\theta = -\dfrac{a^2}{r^2} p_i + p\left(1 + \dfrac{a^2}{r^2}\right) \\[2mm] \tau_{r\theta} = 0\end{array}\right\} \tag{5.25}$$

5.2.2.2　内压引起无裂隙围岩与衬砌的附加应力计算

A　刚度系数法求衬砌的应力

a　衬砌外周边的径向位移

设混凝土衬砌的内径为 r_i，外径为 a，围岩对衬砌的压力为 p_a，内压为 p_i，见图 5.10，混凝土的弹性模量和泊松比分别为 E_c 和 μ_c，混凝土衬砌内距巷道中心为 r 处的径向位移为 u，由弹性理论有

$$\frac{u}{r} = \frac{1 + \mu_c}{E_c} [(1 - \mu_c)\sigma_\theta - \mu_c \sigma_r]$$

将式 (5.22) 代入，得到衬砌内距巷道中心 r 处的任一点的位移为

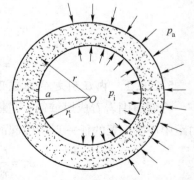

图 5.10　圆形有压巷道衬砌受力图

$$u = \frac{(1 + \mu_c)a}{E_c}\left[\frac{(1 - 2\mu_c)a^2 + r^2}{r^2(a^2 - r_i^2)} p_i r_i^2 - \frac{(1 - 2\mu_c)r^2 + r_i^2}{r^2(a^2 - r_i^2)} p_a a^2\right]$$

当 $r = a$ 时，即得到衬砌外周边的位移为

$$u_a = \frac{(1+\mu_c)a}{E_c}\left[\frac{2(1-\mu_c)p_i}{t^2-1} - \frac{(1-2\mu_c)t^2+1}{t^2-1}p_a\right] \tag{5.26}$$

式中，$t = a/r_i$。

b　巷道周边围岩的变形

设刚度系数为 k，巷道周边围岩在压力 p_a 作用下发生的变形为

$$u_a = p_a/k \tag{5.27}$$

c　变形协调

巷道周边围岩变形与衬砌变形相等，即式 (5.26) = 式 (5.27)，则有

$$p_a/k = \frac{(1+\mu_c)a}{E_c}\left[\frac{2(1-\mu_c)p_i}{t^2-1} - \frac{(1-2\mu_c)t^2+1}{t^2-1}p_a\right]$$

即

$$\frac{p_a}{p_i} = \frac{2a(1-\mu_c^2)k}{E_c(t^2-1) + ka(1+\mu_c)[(1-2\mu_c)t^2+1]} \tag{5.28}$$

令 $p_a/p_i = k_1$，则 $p_a = k_1 p_i$，将 p_a、p_i 代入由内压 p_i 所引起的附加应力公式 (5.23)，得到混凝土衬砌内距巷道中心为 r 处的任一点的附加应力为

$$\left. \begin{array}{l} \sigma_r = \left[\dfrac{r_i^2(a^2-r^2)}{r^2(a^2-r_i^2)} + \dfrac{a^2(r^2-r_i^2)}{r^2(a^2-r_i^2)}k_1\right]p_i \\[4mm] \sigma_\theta = \left[-\dfrac{r_i^2(a^2+r^2)}{r^2(a^2-r_i^2)} + \dfrac{a^2(r_i^2+r^2)}{r^2(a^2-r_i^2)}k_1\right]p_i \end{array} \right\} \tag{5.29}$$

由于是平面应变问题，故轴向应力为

$$\sigma_z = \mu_c(\sigma_\theta + \sigma_r) \tag{5.30}$$

B　内压分配法求围岩应力

设内压 p_i 通过衬砌传递到围岩上的压力为 p_a，$p_a = \lambda p_i$，λ 为内压分配系数。假设衬砌与围岩紧密接触。设围岩的弹性模量为 E，泊松比为 μ，由弹性力学得围岩内半径为 r 处的径向应变为

$$\varepsilon_r = \frac{1-\mu^2}{E}\left(\sigma_r - \frac{\mu}{1-\mu}\sigma_\theta\right) = \frac{du}{dr}$$

在 $r = a$ 处，即巷道壁面：$\sigma_r = p_a$，$\sigma_\theta = -p_a$，因此，有

$$\varepsilon_r = \frac{1-\mu^2}{E}\left(\sigma_r - \frac{\mu}{1-\mu}\sigma_\theta\right) = \frac{1+\mu}{E}p_a = \frac{du}{dr}$$

对 u 积分，并令 $r = a$ 得巷道壁面围岩位移为

$$u = \frac{(1+\mu)a}{E}p_a \tag{5.31}$$

由式 (5.26) 与式 (5.31) 相等，得

$$\lambda = \frac{p_a}{p_i} = \frac{2r_i^2(1-\mu_c^2)E}{E_c(1+\mu)(a^2-r_i^2) + E(1+\mu_c)[(1-2\mu_c)a^2+r_i^2]} \tag{5.32}$$

求出 λ 后，即可按式 (5.24) 的变换式

$$\sigma_\theta = -\frac{a^2}{r^2}p_a, \quad \sigma_r = \frac{a^2}{r^2}p_a$$

求出围岩内任一点由内压 p_i 所引起的附加应力

$$\sigma_\theta = -\frac{a^2}{r^2}\lambda p_i, \quad \sigma_r = \frac{a^2}{r^2}\lambda p_i$$

5.2.2.3　内压引起有裂隙围岩与衬砌的附加应力计算

设围岩有径向裂隙，见图 5.11，其深度为 d，沿岩石表面的径向压力可假定为

$$p_r = \frac{r_i}{r} p_i \qquad (5.33)$$

$$\left.\begin{array}{l} \sigma_{r(r=a)} = p_a = \dfrac{r_i}{a} p_i \\[2mm] \sigma_{\theta(r=a)} = 0 \end{array}\right\} \qquad (5.34)$$

在裂隙岩体任一深度处（$r < d$）

$$\sigma_r = \frac{r_i}{r} p_i \qquad (5.35)$$

在裂隙岩体外边界处（$r = d$），压力为

$$\left.\begin{array}{l} p_d = \dfrac{r_i}{d} p_i \\[2mm] \sigma_\theta = 0 \end{array}\right\} \qquad (5.36)$$

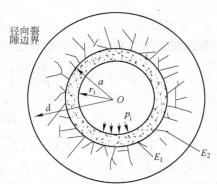

径向裂隙边界

图 5.11　有裂隙围岩中圆形有压衬砌巷道

由式（5.24）得围岩内任一点（$d < r < \infty$）应力为

$$\left.\begin{array}{l} \sigma_r = p_d \dfrac{d^2}{r^2} = \dfrac{r_i}{d} p_i \times \dfrac{d^2}{r^2} = \dfrac{r_i d}{r^2} p_i \\[3mm] \sigma_\theta = -p_d \dfrac{d^2}{r^2} = -\dfrac{r_i d}{r^2} p_i \end{array}\right\} \qquad (5.37)$$

5.3　巷道围岩应力分布的弹塑性力学分析法

巷道形成的瞬间，如果围岩应力小于岩体屈服极限，则围岩仍处于弹性状态，在这种状态下，巷道无须支护就处于稳定状态。若围岩应力超过岩体的屈服极限，围岩呈现塑性状态（包括破裂状态）。处于塑性状态的岩体范围称为塑性区。塑性区是从巷道周边开始的一个有限范围，深处的岩体仍处于弹性状态。处于弹性状态的岩体范围称为弹性区。

5.3.1　围岩的破坏方式

围岩破坏方式是计算作用在支护结构上的压力和支护设计的依据。围岩破坏方式分为：

$$\text{弹塑性}\left\{\begin{array}{l} \text{坚硬岩体：脆性破坏}\left\{\begin{array}{l}\text{剪切破坏}\\ \text{拉伸破坏}\end{array}\right.\\[2mm] \text{软弱岩体：塑性屈服}\end{array}\right.$$

以下主要讨论剪切破坏。巷道围岩的剪切破坏形式，见图 5.12。

以圆形巷道为例，讨论轴对称情况下的围岩破坏方式。根据库仑-莫尔准则，围岩破

坏条件为

$$\sigma_\theta = \frac{1 + \sin\varphi}{1 - \sin\varphi}\sigma_r + \frac{2c\cos\varphi}{1 - \sin\varphi}$$

因此，巷道周边围岩的破坏条件为

$$\sigma_\theta = \frac{2c\cos\varphi}{1 - \sin\varphi} = \sigma_c$$

破坏面与最大主平面夹角为：$\alpha = 45° + \varphi/2$。如图 5.12（a）所示，在 $\lambda = 1$ 的原岩应力状态下，圆形巷道周边各处破坏机会均等，形成环形剪切破坏区。

图 5.13 所示为在 $\lambda > 1$ 的原岩应力状态

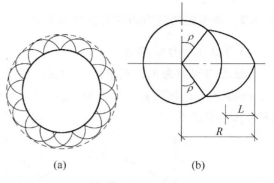

图 5.12 巷道围岩的剪切破坏形式

下剪切破坏面的发展趋势，破坏起始角为 ρ。由图 5.13（a）可得：$\tan\alpha dr = rd\theta$，即 $dr/r = d\theta\cot\alpha$。

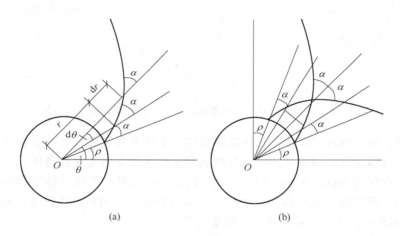

(a)   (b)

图 5.13 围岩剪切破坏面发展示意图
(a) 剪切破坏面发展路径；(b) 共轭剪切破坏

当极角由 ρ 变到 θ 时，极径由 a 变到 r，进行积分，得

$$r = ae^{(\theta - \rho)\cot\alpha} \tag{5.38}$$

式（5.38）为剪切破坏面的迹线方程。当 $\theta = 90°$ 时，剪切破坏迹线与巷道断面垂直轴相交，这时形成最大剪切体。

当周边围岩发生剪切破坏时，$\sigma_\theta = \sigma_c$，代入式（5.11），则有

$$\sigma_\theta = \sigma_c = p[(1 + \lambda) + 2(1 - \lambda)\cos2\theta]$$

于是得到

$$\cos2\theta = \frac{\sigma_c - p(1 + \lambda)}{2p(1 - \lambda)}$$

破坏起始角 $\rho = \theta$ 和 $\rho = \pi - \theta$ 时，最大剪切体水平长度为

$$L = R - a = a\left[e^{(90° - \rho)\cot\alpha} - 1\right] \tag{5.39}$$

根据式（5.39）计算最大剪切体长度，作为喷锚支护时确定锚杆长度的依据。

5.3.2 巷道围岩应力的弹塑性力学分析

5.3.2.1 力学模型

设原岩应力为 p_0，支架反力为 p_i，巷道半径 a，塑性区半径 R_0。（1）塑性区：内径 a，外径 R_0，内压为 p_i，外压为 σ_{R_0}；（2）弹性区：内径 R_0，外径无穷大，内压为 σ_{R_0}，外压为 p_0。见图 5.14。

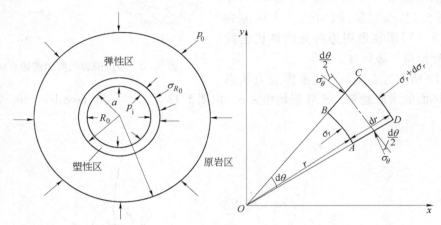

图 5.14　轴对称条件下圆形巷道的弹塑性区及单元体平衡分析

研究方法：弹塑性理论，即塑性区应符合应力平衡方程和塑性条件；弹性区应满足应力平衡方程和弹性条件；弹塑性区交界处既满足塑性条件又满足弹性条件。

目前，塑性区应力状态的解析解，只能解析 $\lambda = 1$ 的圆形巷道（轴对称问题）。R. 芬纳（R. Fenner）最早做出这个问题的解答，称为芬纳公式。但是，他在解此问题时，忽略了凝聚力。1975 年，郑颖人院士修正了芬纳公式。

5.3.2.2 平衡方程

圆形断面，$\lambda = 1$，采用极坐标。在塑性区内径向距离 r 处取一微分体 $ABCD$，见图 5.14，作用在微分体 $ABCD$ 上的应力有径向应力 σ_r 和 $\sigma_r + \mathrm{d}\sigma_r$、切向应力 σ_θ。由于轴对称，$\tau_{r\theta} = \tau_{\theta r} = 0$，切向应力 σ_θ 与 θ 无关，BC 与 AD 面上应力相等，因此，围岩中任一单元体在径向方向应满足平衡条件，即

$$\sigma_r r \mathrm{d}\theta + 2\sigma_\theta \sin\frac{\mathrm{d}\theta}{2}\mathrm{d}r - (\sigma_r + \mathrm{d}\sigma_r)(r + \mathrm{d}r)\mathrm{d}\theta = 0$$

略去高阶微量，整理得极坐标下的平衡微分方程

$$\frac{\mathrm{d}r}{r} = \frac{\mathrm{d}\sigma_r}{\sigma_\theta - \sigma_r} \tag{5.40}$$

5.3.2.3 围岩屈服条件

塑性区内岩体既应满足应力平衡方程，也应满足塑性条件。所谓塑性条件，就是岩体中应力满足此条件时，岩体便呈现塑性状态。塑性条件可以从强度理论得到。根据库仑-莫尔强度理论，当强度曲线与莫尔圆相切时，岩体进入塑性状态，故塑性条件就是库仑-莫尔强度理论中的强度条件，因此，有

$$\sigma_\theta = \frac{1 + \sin\varphi}{1 - \sin\varphi}\sigma_r + \frac{2c\cos\varphi}{1 - \sin\varphi}$$

改写为

$$\sigma_\theta - \sigma_r = (\sigma_r + c\cot\varphi)\frac{2\sin\varphi}{1 - \sin\varphi} \tag{5.41}$$

5.3.2.4 塑性区应力分析

将式（5.41）代入式（5.40），有

$$\frac{\mathrm{d}r}{r} = \frac{(1 - \sin\varphi)\mathrm{d}\sigma_r}{2\sin\varphi(\sigma_r + c\cot\varphi)}$$

改写为

$$\frac{2\sin\varphi}{1 - \sin\varphi} \times \frac{\mathrm{d}r}{r} = \frac{\mathrm{d}(\sigma_r + c\cot\varphi)}{(\sigma_r + c\cot\varphi)}$$

积分得

$$\ln(\sigma_r + c\cot\varphi) = \frac{2\sin\varphi}{1 - \sin\varphi}\ln r + C_1$$

在巷道周边有：$r = a$，$\sigma_r = p_i$，得积分常数 C_1 为

$$C_1 = \ln(p_i + c\cot\varphi) - \frac{2\sin\varphi}{1 - \sin\varphi}\ln a$$

因此，有

$$\ln\left(\frac{\sigma_r + c\cot\varphi}{p_i + c\cot\varphi}\right) = \frac{2\sin\varphi}{1 - \sin\varphi}\ln\frac{r}{a}$$

所以

$$\frac{\sigma_r + c\cot\varphi}{p_i + c\cot\varphi} = \left(\frac{r}{a}\right)^{\frac{2\sin\varphi}{1 - \sin\varphi}}$$

即

$$\sigma_r = (p_i + c\cot\varphi)\left(\frac{r}{a}\right)^{\frac{2\sin\varphi}{1 - \sin\varphi}} - c\cot\varphi \tag{5.42}$$

式（5.42）代入式（5.41），有

$$\sigma_\theta = (p_i + c\cot\varphi)\left(\frac{r}{a}\right)^{\frac{2\sin\varphi}{1 - \sin\varphi}}\frac{1 + \sin\varphi}{1 - \sin\varphi} - c\cot\varphi$$

于是，得到塑性区应力计算公式（修正的芬纳公式）

$$\left.\begin{array}{l} \sigma_r = (p_i + c\cot\varphi)\left(\frac{r}{a}\right)^{\frac{2\sin\varphi}{1 - \sin\varphi}} - c\cot\varphi \\[3mm] \sigma_\theta = (p_i + c\cot\varphi)\left(\frac{r}{a}\right)^{\frac{2\sin\varphi}{1 - \sin\varphi}}\frac{1 + \sin\varphi}{1 - \sin\varphi} - c\cot\varphi \\[3mm] \tau_{r\theta} = 0 \end{array}\right\} \tag{5.43}$$

可见，塑性区应力的大小只与围岩本身的力学特性（c，ϕ）及其距巷道中心的距离 r 和巷道半径 a 有关，而与原岩应力 p_0 无关。式（5.43）适用于 $a \leqslant r \leqslant R_0$。

5.3.2.5 弹性区应力分析

见图 5.14，根据厚壁圆筒公式，在内径为 R_0，外径为 ∞，内压力为 σ_{R_0}，外压力为 p_0 的情况下，弹性区内半径为 r 处的应力为

$$\left.\begin{array}{l} \sigma_{re} = p_0 \left(1 - \dfrac{R_0^2}{r^2} \right) + \sigma_{R_0} \dfrac{R_0^2}{r^2} \\[4mm] \sigma_{\theta e} = p_0 \left(1 + \dfrac{R_0^2}{r^2} \right) - \sigma_{R_0} \dfrac{R_0^2}{r^2} \\[4mm] \tau_{r\theta} = 0 \end{array}\right\} \tag{5.44}$$

当 $r = R_0$ 时，即在弹塑性区交界面上，弹性区应力为：$\sigma_{re} = \sigma_{R_0}$，$\sigma_{\theta e} = 2P_0 - \sigma_{R_0}$。于是，有

$$\sigma_{\theta e} - \sigma_{re} = 2p_0 - 2\sigma_{R_0} \tag{5.45}$$

当 $r = R_0$ 时，即在弹塑性区交界面上，由围岩屈服条件式（5.41），有

$$\sigma_{\theta} - \sigma_r = (\sigma_{R_0} + c\cot\varphi)\frac{2\sin\varphi}{1 - \sin\varphi} \tag{5.46}$$

根据在弹塑性区边界应力相等的条件，有式（5.45）＝式（5.46），即

$$2p_0 - 2\sigma_{R_0} = (\sigma_{R_0} + c\cot\varphi)\frac{2\sin\varphi}{1 - \sin\varphi}$$

解得

$$\sigma_{R_0} = p_0(1 - \sin\varphi) - c\cos\varphi \tag{5.47}$$

将式（5.47）代入式（5.44）得弹性区的应力为

$$\left.\begin{array}{l} \sigma_{re} = p_0 \left(1 - \dfrac{R_0^2}{r^2} \right) + \dfrac{R_0^2}{r^2} [p_0(1 - \sin\varphi) - c\cos\varphi] \\[4mm] \sigma_{\theta e} = p_0 \left(1 + \dfrac{R_0^2}{r^2} \right) - \dfrac{R_0^2}{r^2} [p_0(1 - \sin\varphi) - c\cos\varphi] \\[4mm] \tau_{r\theta} = 0 \end{array}\right\} \tag{5.48}$$

式（5.48）的适用范围是 $R_0 \leqslant r \leqslant \infty$。

5.3.2.6　塑性区半径 R_0

当 $r = R_0$ 时，由式（5.44）计算有 $\sigma_{\theta e} + \sigma_{re} = 2p_0$。而由塑性区应力计算公式（5.43）又有

$$\sigma_{\theta} + \sigma_r = \frac{2(p_i + c\cot\varphi)}{1 - \sin\varphi} \left(\frac{R_0}{a} \right)^{\frac{2\sin\varphi}{1 - \sin\varphi}} - 2c\cot\varphi$$

根据在弹塑性区边界应力相等，有 $\sigma_{\theta e} + \sigma_{re} = \sigma_{\theta} + \sigma_r$，因此有

$$2p_0 = \frac{2(p_i + c\cot\varphi)}{1 - \sin\varphi} \left(\frac{R_0}{a} \right)^{\frac{2\sin\varphi}{1 - \sin\varphi}} - 2c\cot\varphi$$

解得塑性区半径 R_0 为

$$R_0 = a \left[\frac{(p_0 + c\cot\varphi)(1 - \sin\varphi)}{p_i + c\cot\varphi} \right]^{\frac{1 - \sin\varphi}{2\sin\varphi}} \tag{5.49}$$

5.3.2.7　围岩应力的变化规律及其分布状态

根据围岩应力分布状态，可将巷道周围岩体分为 4 个区域，见图 5.15，见表 5.4。

（1）应力松弛区（Ⅰ），也称破裂区：区内岩体已经被裂隙切割，越靠近巷道周边越严重，岩体强度明显降低。因域内岩体应力低于原岩应力，故也称为应力降低区。其物理

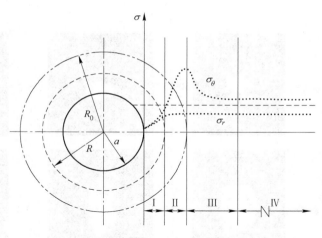

图 5.15 圆形巷道弹、塑性区围岩应力分布状态

表 5.4 巷道围岩分区

按岩体变形状态划分		按岩体应力状态划分
塑性区（Ⅰ＋Ⅱ）	应力松弛（破裂）区（Ⅰ）	应力降低区
	塑性强化区（Ⅱ）	应力升高区 （支承压力区）
弹性区（Ⅲ＋Ⅳ）	弹性变形区（Ⅲ）	
	原岩应力区（Ⅳ）	原岩应力区

现象是，凝聚力趋近于零，内摩擦角有所降低，但岩体尚保持完整，未发生冒落。

（2）塑性强化区（Ⅱ）：区内岩体呈塑性状态，但具有较高的承载能力，岩体处于塑性强化状态，故称为塑性强化区。

（3）弹性变形区（Ⅲ）：区内岩体在次生应力作用下仍处于弹性变形状态，各点的应力均超过原岩应力。

（4）原岩应力区（Ⅳ以外的区域）：未受开挖影响，岩体仍处于原岩状态。

5.3.2.8 松弛区半径 R

利用塑性区的切向应力小于或等于原岩应力 p_0，即 $\sigma_\theta \leqslant p_0$，可得松弛区的半径 R，即

$$\sigma_\theta = (p_i + c\cot\varphi)\left(\frac{r}{a}\right)^{\frac{2\sin\varphi}{1-\sin\varphi}}\frac{1+\sin\varphi}{1-\sin\varphi} - c\cot\varphi = p_0$$

解得，松弛区半径 R 为

$$R = a\left(\frac{p_0 + c\cot\varphi}{p_i + c\cot\varphi} \times \frac{1-\sin\varphi}{1+\sin\varphi}\right)^{\frac{1-\sin\varphi}{2\sin\varphi}} \tag{5.50}$$

$\lambda \neq 1$ 的塑性区边界或非圆形，确定塑性区边界线很困难，目前尚无理论解。通常采用近似计算方法确定塑性区边界。其原理为：首先按弹性理论求解某点的围岩应力，然后将此应力值代入塑性条件，满足塑性条件的区域则为塑性区。这种方法只有计算的点足够多时才能近似地绘出塑性区边界图，见图 5.16。该方法求不出塑性区的应力。

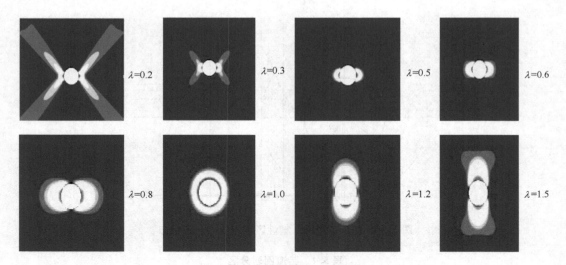

图 5.16   圆形巷道塑性区分布

翟所业和贺宪国应用德鲁克-普拉格准则推导出轴对称圆形巷道塑性区应力、半径为

$$\left.\begin{aligned}
\sigma_r^p &= -\frac{k}{3\alpha} + \left(p_1 + \frac{k}{3\alpha}\right)\left(\frac{r}{\alpha}\right)^{\frac{6\alpha}{1-3\alpha}} \\
\sigma_\theta^p &= -\frac{k}{3\alpha} + \frac{1+3\alpha}{1-3\alpha}\left(p_1 + \frac{k}{3\alpha}\right)\left(\frac{r}{\alpha}\right)^{\frac{6\alpha}{1-3\alpha}} \\
R_p &= \alpha\left[\frac{(\gamma H + k/3\alpha)(1-3\alpha)}{p_1 + k/3\alpha}\right]^{\frac{1-3\alpha}{6\alpha}}
\end{aligned}\right\} \tag{5.51}$$

使围岩塑性区为零所需要施加的支护阻力 p_1 为：

$$p_1 = (1-3\alpha)\gamma H - k \tag{5.52}$$

式中，原岩应力 $p_0 = \gamma H$，α、k 为德鲁克-普拉格准则系数。翟所业研究表明，按德鲁克-普拉格准则推出的巷道塑性区半径 R_p 与公式（5.49）随内摩擦角、黏聚力、原岩应力、支护阻力等变化的趋势基本一致，但由于德鲁克-普拉格准则考虑了中间主应力的影响，使得式（5.51）计算的塑性区半径均大于式（5.49）计算的结果。这表明中间主应力对塑性区具有一定影响，其影响程度与影响因素大小有关。

5.4   巷道围岩位移

前面讲述了弹、塑性区边界和应力的计算方法。下面在此基础上讲述围岩位移的计算方法。支架上的荷载与围岩位移密切相关，位移越大，支架的荷载越大。根据弹、塑性两种不同的变形形状，分别讲述围岩位移的计算方法。

5.4.1   无支反力作用下圆形巷道围岩弹性位移

5.4.1.1 $\lambda \neq 1$ 条件下圆形巷道围岩位移

根据弹性理论，在平面应变条件下，且 $\lambda \neq 1$，圆形巷道围岩内任一点的位移为：

$$
\left.
\begin{aligned}
u &= \frac{(1-\mu^2)p_0 r}{2E}\left[(1+\lambda)\left(1+\frac{a^2}{r^2}\right)+(\lambda-1)\left(1+\frac{4a^2}{r^2}-\frac{a^4}{r^4}\right)\cos2\theta\right]- \\
&\quad \frac{\mu(1+\mu)p_0 r}{2E}\left[(1+\lambda)\left(1-\frac{a^2}{r^2}\right)-(\lambda-1)\left(1-\frac{a^4}{r^4}\right)\cos2\theta\right] \\
v &= \frac{(1-\mu^2)p_0 r}{2E}\left[(1-\lambda)\left(1+\frac{2a^2}{r^2}+\frac{a^4}{r^4}\right)\sin2\theta\right]+ \\
&\quad \frac{\mu(1+\mu)p_0 r}{2E}\left[(1-\lambda)\left(1-\frac{2a^2}{r^2}+\frac{a^4}{r^4}\right)\sin2\theta\right]
\end{aligned}
\right\}
\tag{5.53}
$$

式中，u 为径向位移；v 为切向位移；λ 为侧压力系数；p_0 为原岩应力垂直分量；a 为巷道半径；r 为考察点的径向距离；θ 为考察点的径向与水平轴的夹角；E、μ 分别为围岩的弹性模量、泊松比。

若 $a=0$，由式（5.53）可得到表示在 $M(r,\theta)$ 处由原岩应力作用引起的径向位移 u_0 和切向位移 v_0

$$
\left.
\begin{aligned}
u_0 &= \frac{(1-\mu^2)p_0 r}{2E}\left[(1+\lambda)+(\lambda-1)\cos2\theta\right]-\frac{\mu(1+\mu)p_0 r}{2E}\left[(1+\lambda)-(\lambda-1)\cos2\theta\right] \\
v_0 &= \frac{(1-\mu^2)p_0 r}{2E}\left[(1-\lambda)\sin2\theta\right]+\frac{\mu(1+\mu)p_0 r}{2E}\left[(1-\lambda)\sin2\theta\right]
\end{aligned}
\right\}
\tag{5.54}
$$

令 $r=a$，由式（5.53）即可求出巷道周边围岩的弹性位移为：

$$
\left.
\begin{aligned}
u &= \frac{(1-\mu^2)p_0 a}{E}\left[(1+\lambda)-2(1-\lambda)\cos2\theta\right] \\
v &= \frac{2(1-\mu^2)(1-\lambda)p_0 a}{E}\sin2\theta
\end{aligned}
\right\}
\tag{5.55}
$$

应当指出，式（5.55）包括开挖前原岩在原岩应力作用下产生的位移 u_0 和 v_0，然而 u_0 和 v_0 对支架不产生任何作用，对支架荷载有影响的位移只是开挖后围岩在次生应力作用下产生的位移 u_a 和 v_a，因此，要将 u_0 和 v_0 扣除，扣除后的位移为

$$
\left.
\begin{aligned}
u_a &= u-u_0 \\
v_a &= v-v_0
\end{aligned}
\right\}
\tag{5.56}
$$

在式（5.54）中，取 $r=a$，化简可得原岩应力引起的巷道周边围岩位移为

$$
\left.
\begin{aligned}
u_0 &= \frac{(1+\mu)p_0 a}{2E}\left[(1-2\mu)(1+\lambda)+(\lambda-1)\cos2\theta\right] \\
v_0 &= \frac{(1+\mu)p_0 a}{2E}(1-\lambda)\sin2\theta
\end{aligned}
\right\}
\tag{5.57}
$$

将式（5.55）和式（5.57）代入式（5.56），得到 $\lambda\neq1$ 条件下圆形巷道周边围岩在开挖后产生的位移 u_a 和 v_a 为

$$
\left.
\begin{aligned}
u_a &= \frac{p_0 a}{4G}\left[(1+\lambda)-(1-\lambda)(3-4\mu)\cos2\theta\right] \\
v_a &= \frac{p_0 a}{4G}(1-\lambda)(3-4\mu)\sin2\theta
\end{aligned}
\right\}
\tag{5.58}
$$

式中，$G = E/[2(1+\mu)]$。

5.4.1.2 $\lambda = 1$ 条件下圆形巷道围岩位移

令式（5.58）中 $\lambda = 1$，得到轴对称条件下圆形巷道周边围岩在开挖后产生的位移为

$$u_{a对称} = p_0 a/(2G), \quad v_{a对称} = 0 \tag{5.59}$$

5.4.2   轴对称条件下有支反力作用的圆形巷道周边弹性位移

在轴对称条件下，有支反力 p_i 作用时，将 5.2.2.1 节中公式（5.25）代入物理方程，通过积分可得到围岩径向位移的一般公式为

$$u = \frac{(1+\mu)r}{E}\left[p_0\left(1+\frac{a^2}{r^2}\right) - 2\mu p_0 - p_i\frac{a^2}{r^2}\right] \tag{5.60}$$

令 $r = a$，由式（5.60）即可以求出有支反力 p_i 作用下圆形巷道围岩位移为

$$u = \frac{(1+\mu)a}{E}[2(1-\mu)p_0 - p_i] \tag{5.61}$$

同前述道理一样，式（5.61）包括开挖前围岩在原岩应力作用下产生的径向位移 u_0，然而，对支架荷载有影响的位移只是开挖后围岩在次生应力作用下产生的径向位移 u_a，因此，要将 u_0 扣除，扣除后的位移 u_a 为

$$u_a = u - u_0 \tag{5.62}$$

按式（5.60）取 $a = 0$，再取 $r = a$，同样可以求出原岩应力引起的巷道周边围岩位移 u_0 为

$$u_0 = (1+\mu)(1-2\mu)p_0 a/E \tag{5.63}$$

将式（5.61）和式（5.63）代入式（5.62），得轴对称条件下有支反力作用的圆形巷道周边围岩弹性位移为

$$\left.\begin{array}{l} u_a = (p_0 - p_i)a/(2G) \\ v_a = 0 \end{array}\right\} \tag{5.64}$$

应当指出，在一般情况下，$u_a = u - u_0 - \Delta u_0$，其中 Δu_0 是指巷道一开挖后到未支护前所产生的位移，而上面求解过程中未考虑 Δu_0，也就是说，上面求解假设开挖那一瞬间就有支架存在，因而不存在 Δu_0 的产生过程。显然这是理想情况下的解答，实际上做不到。因为理论计算中无法确定 Δu_0，这与式（5.56）不一样。式（5.56）所解出的 u_a 是最大的弹性位移，而式（5.62）可能只是其中的一部分，有可能在弹性位移未完全显现时就开始支护了。

5.4.3   轴对称条件下塑性区位移

5.4.3.1   弹塑性区交界处的位移 u_R

开挖后若有塑性区存在，塑性区半径 R_0 即为弹性区的内半径 a。由弹性区边界弹性位移公式（5.64）代入式（5.47），有

$$u_R = \frac{(p_0 - \sigma_{R_0})R_0}{2G} = \frac{1}{2G}[p_0 - p_0(1-\sin\varphi) + c\cos\varphi]R_0$$

$$= \frac{R_0}{2G}(p_0\sin\varphi + c\cos\varphi) \tag{5.65}$$

5.4.3.2　巷道周边位移 u_a

假设塑性区位移前和位移后体积不变。如图 5.17 所示，实线表示位移前体积，虚线表示位移后体积。u_R 为弹性界面的位移，u_a 为巷道周边的位移，则

$$\pi(R_0^2 - a^2) = \pi\left[(R_0 - u_R)^2 - (a - u_a)^2\right]$$

展开并略去高阶微量得

$$u_a = \frac{R_0}{a}u_R \qquad (5.66)$$

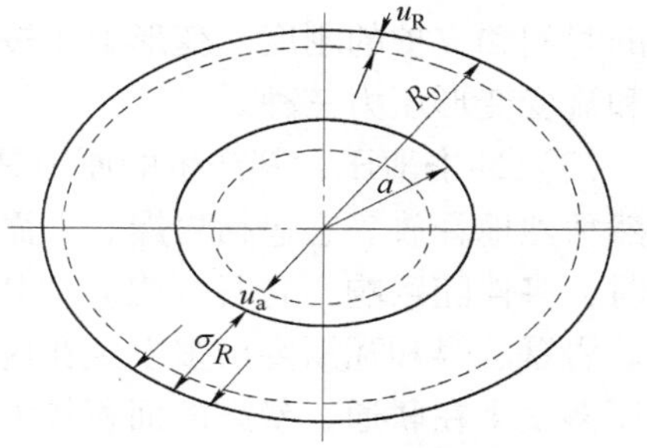

将式（5.65）代入式（5.66），有

$$u_a = \frac{R_0^2(p_0\sin\varphi + c\cos\varphi)}{2Ga} \qquad (5.67)$$

图 5.17　确定巷道周边位移的分析图

5.5　围岩压力计算

地下硐室围岩在二次应力作用下产生过量的塑性变形或松动破坏，进而引起施加于支护结构上的压力，称为围岩压力，是矿山压力（简称地压）的一部分。狭义的地压（ground pressure 或 rock pressure）定义，就是指围岩作用在支架上的压力，但是这一概念并不完整。地下岩体因开挖所引起的力学效应有多种形式，如巷道顶、底或两帮的移近（也称为收敛 convengence）、底臌（floor heaving）、围岩的微观或宏观破裂、岩层移动、片帮冒顶、支架破坏、采场垮落等，这些都是地压显现。

围岩压力是围岩与支护间的相互作用力，它与围岩应力不是同一个概念。围岩应力是岩体中的内力，是矿山压力的范畴。而围岩压力则是针对支护结构来说的，是作用于支护结构上的外力，围岩压力与支护抗力相等。

岩石地下工程一般埋深较大，穿越的地层复杂，地应力和地下结构的传力情况复杂，因此，围岩压力的计算仍是一个没有完全解决的问题。早期的古典地压理论可以通过非常简单的初等计算给出支护压力的大小，但是无法回答变形问题。20 世纪 50、60 年代，由弹塑性力学方法引出的共同作用理论曾一度在岩石力学界占据主导地位，但是实践证明，基于连续介质的小变形弹塑性理论，在解决岩石强度峰值后的性态问题上，至今还非常乏力，远达不到能进行支护设计的地步。另外，处在峰前区的岩石具有较好的自稳能力。因此，解决峰后情况的稳定问题，仍然是许多岩石力学工作者所关心的一个重要课题。

绪论中已经粗略论述过，按围岩压力的形成机理，可将其划分为散体地压（也叫松动地压）、变形地压、冲击地压和膨胀地压。

（1）散体地压（也叫松动地压），是指由于开挖，在一定范围内，滑移或塌落的岩体以重力形式直接作用在支架上的压力。造成散体地压的因素很多，如围岩地质条件、岩体破碎程度、开挖施工方法、爆破震动、支架设置时间、回填密实程度、巷道断面形状和支护形式等。若岩体破碎，其破碎面与自由面组合形成不稳定块体。巷道顶板平缓、爆破震动过大，或支护不及时、回填不密实，都容易造成散体地压。

（2）变形地压，是指大范围岩体位移受到支护结构的抑制而产生的地压。变形地压的

特点表现为围岩与支护相互作用。变形地压的大小既取决于岩体的应力状态，又决定于支护的时间和支护的刚度。变形地压按岩体的形态特征，又可分弹性变形压力、塑性变形压力和流变变形压力三种。

（3）冲击地压，其产生的原因是围岩应力超过其弹性极限，岩体内聚集的弹性变形能突然猛烈地释放。它包括岩爆、大面积顶板冲击地压、煤和瓦斯突出。岩爆等冲击地压发生时，多伴随巨响，岩石（煤）以镜片状或叶片状迸发而出，以极大的速度飞向巷道或采场。岩爆、煤和瓦斯突出多发生在应力集中程度较高的坚硬完整岩体中。大面积顶板冲击地压多发生在联通、暴露的面积较大的未处理采空区中。

（4）膨胀地压，指由于膨胀而产生的地压。膨胀地压产生的主要原因是高黏土、伊利石等岩石遇水膨胀。膨胀地压大小主要取决于岩体的物理力学性质和地下水的活动特征。

5.5.1 支架与围岩共同作用原理

围岩的变形分为弹性变形和塑性变形，其中，弹性变形不需支护就能保持稳定，围岩具有自支承能力；塑性变形需支护才能保持稳定，支护与围岩共同承担围岩压力。可见，岩体作为支护结构的组成部分，与支架构成共同存载体，它们之间互相依存，互相制约，协调变形，共同承担全部围岩压力，见图 5.18。

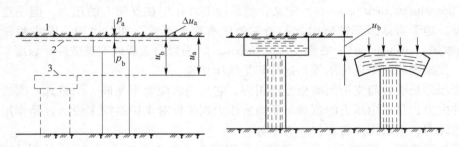

图 5.18　围岩与支护共同作用示意图
1—掘进时的围岩位移；2—支护时的围岩位移；3—支护一定期限后的围岩新位移

支架与围岩的相互作用，表现在如下五个方面：（1）围岩对支架的作用力 p_a 与支架抗力 p_i 大小相等，方向相反，即 $p_i = p_a$。（2）围岩与支架协调变形，即支架的位移量 u_{ac} 等于开挖后巷道周边的位移量 u_a 减去支护前巷道已产生的位移量 Δu_a，即 $u_{ac} = u_a - \Delta u_a$。（3）围岩对支架的压力与支架的刚度有关。支架刚度越大，阻止围岩变形的能力越大，巷道变形越小。也就是说，刚性支架变形小，承力大；柔性支架变形大，承力小。（4）在围岩稳定条件下，其自承能力为 $p_0 - p_i$，p_0 为原岩应力，p_i 为支护抗力。（5）围岩位移量 u_a 与支架刚度 k 成反比关系，即 k 越大，u_a 越小，反之；k 越小，u_a 越大。

支架特性（见图 5.19）表现在如下两个方面：（1）在支架变形一定的情况下，刚度大的支架比刚度小的支架所承受的压力大；（2）在压力一定的情况下，刚度大的支架比刚度小的支架所产生的变形小。

支架的主要作用是与围岩协调变形，充分发挥围岩的承载能力，控制围岩离层与脱落，图 5.20 是支护与围岩相互作用关系的解释。

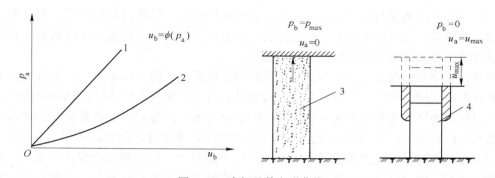

图 5.19 支架及其变形曲线

1—刚性支架；2—可缩支架；3—理想绝对刚性支架；4—理想可缩性支架

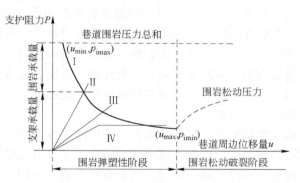

图 5.20 围岩与支护相互作用原理示意图

Ⅰ—巷道周边位移量与支护阻力的关系；Ⅱ—刚性支架及时架设时的特性曲线；

Ⅲ—刚性支架不及时架设时的特性曲线；Ⅳ—柔性恒阻支架特性曲线；

u_{max}—围岩连续体的最大变形量；u_{min}—巷道开挖后、支护之前的最小变形量

　　岩石地下工程的支护可能有两种极端情况：一种极端情况是，当岩体内应力达到峰值前，支护已经到位，岩体的进一步变形（包括其剪涨或扩容）受支护阻挡，构成围岩与支护共同体，形成相互间的共同作用。如果支护有足够的刚度和强度，则共同体是稳定的，并且，围岩和支护在双方力学特性的共同作用下形成岩体和支护内各自的应力、应变状态。否则，共同体将失稳。

　　另一种极端情况是，当岩体内应力达到峰值时，支护未及时架设，甚至在岩体充分破裂时支护仍未起作用，从而导致在隧（巷）道顶板或两帮形成冒落带，并出现危险部位的冒落或沿破裂面的滑落，此时的岩体工程将整体失稳。如果这时架设好支护，则它将承受冒落岩石传递来的压力，而且冒落的岩石还将承受其外部围岩传来的压力。

　　处在这两种极端情况之间的是，尽管岩体应力已到达强度峰值，但是岩体变形的发展未使岩体完全破裂，这时支护已经开始起作用，进入围岩与支护共同作用状态。由于支护受到的只是岩体完全破裂前的剩余部分的变形作用，因此，此时支护所受到的作用力要比第一种极端情况小。并非支护时间越晚越好，因为可能因支护作用过晚而转入第二种极端情况，甚至发生岩体垮落而失去支护的意义。

　　对于第一种极端情况，可以采用围岩与支架的共同作用原理进一步分析。对于第二种情况，将归结到古典力学（块体理论、压力拱理论或太沙基理论）和现代"地压学说"

上去。如果岩体在地压与支护作用下，尽管已经发生破裂，但是仍互相挤压，而且不发生破裂面间的滑动，这时仍采用第一种情况的分析方法，值得注意的是，这些破裂围岩的基本力学性质已经与原来的完整岩体有所区别了。

可见，充分利用围岩与支架的共同作用原理，发挥围岩的自承能力，对维持地下工程稳定和减少对支护的投入是十分有利的，这也是岩石力学在地下岩体工程稳定分析中的一个基本思想。最好的支架架设时间是使支架的承载力最小，最大限度地发挥围岩的承载能力，使围岩的连续变形量得到充分发挥，使支架特性曲线与围岩变形曲线在 u_{max} 左面一点相交。若相交点过早，使支架的受力过大；若相交点过晚，围岩的变形量大于 u_{max}，围岩开始松动破裂，脱离母体，形成松动围岩压力，此时围岩压力开始增大。这种科学的支架与围岩关系表明：（1）要允许围岩充分变形，充分发挥围岩的承载能力，使支架与围岩协调变形；（2）当围岩变形达到一定值时，必须控制围岩变形的进一步发展。

20 世纪 70 年代，奥地利学派根据支架与围岩相互作用原理，提出了新奥支护法，即二次支护方法。巷道开挖后，及时喷涂巷道表面，封闭和隔离围岩，防止围岩表面风化和个别岩块脱落，并给巷道围岩一定的支护阻力，但允许巷道围岩充分变形，薄的喷涂层与巷道围岩协调变形，称为一次支护。当巷道变形量达到一定的值后，再进行强力支护，控制巷道围岩变形量，称为二次支护。

根据支架与围岩相互作用原理，现代矿山也广泛应用柔性支护，如采用金属可缩性支架进行支护，可以对巷道围岩变形产生一定的支护阻力，又具有可缩性，与巷道围岩一起变形，允许围岩变形过程中释放能量的同时，仍具有足够的工作阻力。对于软弱、破碎岩体，也采用主动支护，如采用具有一定初始工作阻力的金属支架，加大巷道围岩的围压，改变巷道围岩的受力状态，提高其强度。改善支架受力状态和围岩赋存环境，提高围岩和支架的承载能力，如支架壁后充填、化学注浆、喷射混凝土等。

5.5.2　围岩变形压力的弹塑性理论计算

5.5.2.1　变形地压的计算前提

从支架与围岩的共同作用原理出发，把巷道围岩与支架视为无线弹性体或弹塑性体中的接触问题。求解这些问题，服从如下前提条件：（1）围岩压力与支护抗力相等；（2）围岩与支架变形协调（径向位移相等）。

在上述前提条件下，列围岩压力-位移方程，再列支架特性曲线方程，联立两个方程与两个前提条件可求得围岩与支架共同作用时（工作点处）的支护抗力 p_i（即工作时的围岩变形压力）和巷道周边（衬砌周边）的径向位移 u_a。

5.5.2.2　变形地压的弹塑性计算

由塑性区半径 R_0 计算公式（5.49）变换形式，得

$$p_i = (p_0 + c\cot\varphi)(1 - \sin\varphi)\left(\frac{a}{R_0}\right)^{\frac{2\sin\varphi}{1-\sin\varphi}} - c\cot\varphi \tag{5.68}$$

从式（5.68）可见，如果允许围岩产生较大的塑性区，支护体上所受的压力就会减小；反之支护体则承受较大的围岩压力。

刚刚开始出现塑性区时，即 $R_0 = a$ 时，显然这时塑性区最小，$R_{min} = 0$，这时的支护抗

力就是最大支护抗力 $p_{i\max}$，将 $R_0 = a$ 代入式（5.68），有

$$p_{i\max} = p_0(1 - \sin\varphi) - c\cos\varphi \tag{5.69}$$

围岩出现松动时，$R_{\max} =$ 松弛区半径 R，显然，这时的支护抗力最小，仅仅只是维持松动滑移体平衡需要的支护力，因此有

$$R_{\max} = 松弛区半径 R = a\left(\frac{p_0 + c\cot\varphi}{p_i + c\cot\varphi} \times \frac{1 - \sin\varphi}{1 + \sin\varphi}\right)^{\frac{1 - \sin\varphi}{2\sin\varphi}} \tag{5.70}$$

$$p_{i\min} = \gamma(R_{\max} - a)/2 \tag{5.71}$$

将式（5.67）塑性区位移中的 R_0 代入式（5.68），得支护阻力 p_i 与围岩位移 u_a 的关系为

$$p_i = (p_0 + c\cot\varphi)(1 - \sin\varphi)\left(\frac{xa}{u_a}\right)^{\frac{\sin\varphi}{1 - \sin\varphi}} - c\cot\varphi \tag{5.72}$$

式中，$x = (1 + \mu)(p_0\sin\varphi + c\cos\varphi)/E$，$E$ 为岩体弹性模量；c、φ 分别为岩体凝聚力和内摩擦角；u_a 为巷道周边位移；μ 为围岩泊松比。

显然，在围岩与支护作用原理图 5.20 中，$u_{\min} < u_a < u_{\max}$，$p_{\min} < p_i < p_{\max}$。

A　整体式混凝土衬砌支护上的压力计算

如果采用封闭式支护，则可把支护结构看成受轴对称变形压力的厚壁筒。设支架受围岩压力为 p_a，支架内半径为 r_i，见图 5.21，支架弹性模量为 E_c，泊松比为 μ_c，支护外表面径向位移为 u_a^c，根据公式（5.26），围岩压力与支护位移的关系为

$$u_a^c = \frac{(1 + \mu_c)a}{E_c}\left[\frac{t^2(1 - 2\mu_c) + 1}{t^2 - 1}\right]p_a \tag{5.73}$$

式中，$t = a/r_i$。

将式（5.73）改写为

$$p_a = k_c u_a^c \tag{5.74}$$

式中，支架刚度系数 k_c 为

$$k_c = \frac{E_c(t^2 - 1)}{a(1 + \mu_c)[(1 - 2\mu_c)t^2 + 1]}$$

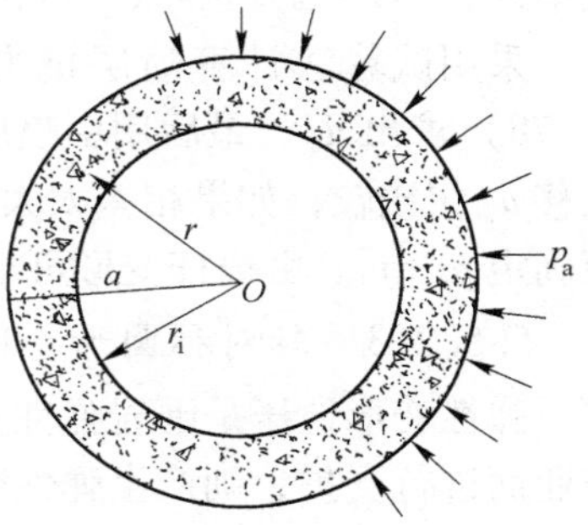

图 5.21　混凝土衬砌支护受力图

式（5.74）为支架特性曲线方程。将 $u_a = \Delta u_a + u_a^c$ 代入式（5.72），得到

$$p_i = (p_0 + c\cot\varphi)(1 - \sin\varphi)\left(\frac{xa}{u_a^c + \Delta u_a}\right)^{\frac{\sin\varphi}{1 - \sin\varphi}} - c\cot\varphi \tag{5.75}$$

式中，u_a 为巷道周边总变形；Δu_a 为架设支架前巷道周边围岩产生的变形，u_a^c 为支架变形。

【例 2】　支架所受均布荷载为 $p_a = 2.9\text{MPa}$，支架弹模、泊松比分别为 $E_c = 1.96 \times 10^4\text{MPa}$、$\mu_c = 0.22$，外径 $a = 2.5\text{m}$，内径 $r_i = 2.45\text{m}$。求圆形支架的径向位移，并绘制支架特性曲线。

解：根据式（5.74），得圆形支架的径向位移 u_a^c 为

$$u_a^c = p_a/k_c$$

式中，$k_c = \dfrac{E_c(t^2 - 1)}{a(1 + \mu_c)[(1 - 2\mu_c)t^2 + 1]} \approx 167.38\text{MPa/m}$。

因此，$u_a^c = 2.9 \text{MPa}/167.38 \text{MPa/m} \approx 0.0173 \text{m} = 17.3 \text{mm}$。

B 喷锚联合支护压力计算

如果采用喷锚支护，锚杆加固围岩，使围岩的 c、φ 提高，塑性区半径 R_0 和巷道周边位移 u_a 均减小。预应力锚杆还对围岩提供了抗力 p_t。如图5.22 所示，设喷锚支护后围岩黏结力为 c_1，内摩擦角 φ_1，塑性区半径 R_{0t}，巷道周边位移 u_{at}，根据式（5.49），则有

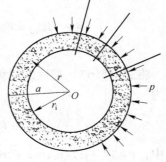

$$R_{0t} = a\left[\frac{(p_0 + c_1\cot\varphi_1)(1 - \sin\varphi_1)}{p_t + p_i + c_1\cot\varphi_1} \right]^{\frac{1 - \sin\varphi_1}{2\sin\varphi_1}} \quad (5.76)$$

φ_1、c_1 可由现场试验确定。如果未做现场试验，φ_1 仍可取为 φ，c_1 按下式计算

$$c_1 = \frac{\tau_t f}{ei} + c \quad (5.77)$$

图 5.22 喷锚联合支护受力图

式中，τ_t 为锚杆钢材抗剪强度，一般可取 $\tau_t = 0.6\sigma_t$；σ_t 为锚杆钢材抗拉强度；f 为锚杆横截面积；e、i 分别为锚杆纵、横间距。

由塑性区的平衡条件和变形协调条件可得巷道周边位移 u_{at} 为

$$u_{at} = xR_{0t}^2/a \quad (5.78)$$

式中，$x = (1 + \mu)(p_0\sin\varphi_1 + c_1\cos\varphi_1)/E$。

采用试算法计算喷层抗力 p_i。先假定一个 $p_t + p_i$，按式（5.76）求出 R_{0t}，再由式（5.78）求出 u_{at}，最后由喷层变形算出的巷道周边位移 u_{at} 与由锚杆变形求出的巷道周边位移 u_{at} 相比较，如果相差太大，应改变 $p_t + p_i$ 值重新计算，直到基本相差不明显为止，从而确定 $p_t + p_i$。由锚杆变形可求出 p_t，所以，p_i 就可以最后确定。

5.5.2.3 轴对称圆形巷道变形地压的弹性计算

弹性变形地压是围岩弹性变形挤压支架所形成的围岩压力。巷道掘进时，若紧跟掘进作业面进行支护，则产生弹性变形地压。

假设围岩初始地应力为 p_0，围岩压力（即支护抗力）为 p_i，巷道半径为 a，由公式（5.64）得出，轴对称条件下圆形巷道周边平面应变状态下的弹性位移 u_a 为

$$u_a = (p_0 - p_i)a/(2G) \quad (5.79\text{a})$$

由式（5.59）得，轴对称条件下不支护巷道周边释放的全部弹性位移量为

$$u_0 = p_0 a/(2G) \quad (5.79\text{b})$$

假设支护前巷道周边释放的弹性位移量为 Δu_0，且令 $A = \Delta u_0/u_0 = 2\Delta u_0 G/(p_0 a)$。$A$ 称作围岩暴露系数或释放荷载系数，它表征未支护前围岩所释放的位移占不支护巷道周边全部释放位移量的比例。在锚喷支护时，进行喷射混凝土支护的巷道断面离开挖面愈近，A 愈小，反之，A 增大。当支护面远离开挖面时，开挖面对巷道周边的变形约束消失，则 $A = 1$。研究表明，弹性岩体中掘进工作面处 $A = 1/4$；距掘进面 $0.25D$（巷道开挖直径）处 $A = 1/2$；距掘进面 D 处 $A = 9/10$；距工作面距离大于 $1.5D$ 时，约束影响将消失。Δu_0 一般由实测而得。

由分析可知，弹性岩体中释放位移与释放应力成正比，所以，支护前释放应力 $p_0 - p_i$ 为 Ap_0，支护后需释放应力为 $(1 - A)p_0$。因此，$\lambda = 1$ 时圆形巷道围岩表面的弹性变形压

力可利用支护后所释放的弹性位移与支架被压缩位移量相等（变形协调）求得。

由式（5.79a）和分析可得支护后需释放弹性位移为

$$u_k = [(1-A)p_0 - p_i]a/(2G) \qquad (5.80a)$$

由式（5.74）可得 $\lambda = 1$ 时圆形衬砌外周边径向位移 u_a^c 为

$$u_a^c = p_a/k_c \qquad (5.80b)$$

令式（5.80a）=式（5.80b），并代入 $p_a = p_i$，可得支护后支架承担的弹性变形地压 p_i 为

$$p_i = (1-A)p_0 a k_c / (2G + a k_c) \qquad (5.81)$$

如果不支护，可用巷道周边的总弹性位移 u_0 表示弹性变形地压 p_i，即由式（5.81）分子、分母同时乘以 u_0/a，并代入式（5.79b）中的 $p_0 = 2Gu_0/a$，得到

$$p_i = (1-A)p_0 u_0 k_c / (p_0 + u_0 k_c) \qquad (5.82)$$

式中，A 为释放荷载系数；u_0 为无支护时巷道周边总位移；k_c 为支架刚度系数；p_0 为原岩应力。应当指出，当 $A = 1$ 时表明支护后不出现弹性变形地压。

【例3】 某圆形硐室埋深 30m，掘进断面直径 6.6m，侧压系数 $\lambda = 1$，岩体容重 $\gamma = 18kN/m^3$，变形模量 $E = 1.47 \times 10^2 MPa$，泊松比 $\mu = 0.3$，离开挖面 3m 处（$A = 0.65$）设置厚 0.3m 的衬砌，衬砌材料的变形模量 $E_c = 1.96 \times 10^4 MPa$，泊松比 $\mu_c = 0.167$，求由重力引起的弹性变形地压。

解：$p_0 = \gamma H = 18kN/m^3 \times 30m = 0.54MPa$，$1 - A = 0.35$，$t = 3.3/(3.3 - 0.3) = 1.1m$

$G = E/[2(1+\mu)] = 1.47 \times 10^2/[2(1+0.3)] \approx 56.539MPa$

$$k_c = \frac{E_c(t^2-1)}{a(1+\mu_c)[(1-2\mu_c)t^2+1]}$$

$$= 1.96 \times 10^4(1.1^2-1)/[3.3 \times 1.167 \times (0.666 \times 1.1^2+1)] \approx 591.843MPa/m$$

$u_0 = p_0 a/(2G) = 0.54 \times 3.3/(2 \times 56.539) \approx 0.01576m$

所以，$p_i = (1-A)p_0 u_0 k_c/[p_0 + u_0 k_c] \approx 0.179MPa$。

【例4】 拟在黏土质页岩中掘进一圆形巷道，原岩侧压系数 $\lambda = 1$，原岩应力 $p_0 = 34.3MPa$，岩体凝聚力 $c = 2.8MPa$，内摩擦角 $\varphi = 30°$，平均变形模量 $E = 1.27 \times 10^4 MPa$，泊松比 $\mu = 0.5$，容重 $\gamma = 25kN/m^3$。巷道掘进断面半径 $a = 2m$，喷射混凝土支护后的净断面半径 $a_0 = 1.8m$，混凝土抗压强度为 $S_C = 25MPa$，弹性模量 $E_c = 1.86 \times 10^4 MPa$，泊松比 $\mu_c = 0.2$，支护前围岩的实测位移 $\Delta u_a = 1cm$。试求：（1）无支护条件下围岩的塑性区厚度和巷道周边位移；（2）喷层所受围岩压力及巷道周边位移；（3）不准许出现塑性区时所需要的支护抗力；（4）最小支护抗力。

解：（1）求无支护条件（即 $p_i = 0$）下围岩的塑性区半径和巷道周边位移。

由公式（5.49）有，塑性区半径 R_0 为

$$R_0 = a\left[\frac{(p_0 + c\cot\varphi)(1-\sin\varphi)}{p_i + c\cot\varphi}\right]^{\frac{1-\sin\varphi}{2\sin\varphi}}$$

$$= 2[(34.3 + 2.8\cot30°)(1-\sin30°)/(0 + 2.8\cot30°)]^{1-\sin30°/(2\sin30°)} \approx 4m$$

所以，塑性区厚度约为 2m。

由公式（5.67）有，$\lambda = 1$ 条件下巷道周边位移 u_a 为

$$u_{\mathrm{a}} = \frac{R_0^2(p_0\sin\varphi + c\cos\varphi)}{2Ga}$$

$$= R_0^2(1+\mu)(p_0\sin\varphi + c\cos\varphi)/(Ea) \approx 18.7\,\mathrm{mm}$$

（2）求喷层所受围岩压力 p_{a} 及巷道周边位移 μ_{a}。

巷道周边总位移 $\mu_{\mathrm{a}} = \Delta\mu_{\mathrm{a}} + u_{\mathrm{a}}^{\mathrm{c}}$，由式（5.73）有

$$u_{\mathrm{a}}^{\mathrm{c}} = \frac{(1+\mu_{\mathrm{c}})a}{E_{\mathrm{c}}}\left[\frac{t^2(1-2\mu_{\mathrm{c}})+1}{t^2-1}\right]p_{\mathrm{a}}$$

但是，此处喷射混凝土的支护抗力 p_{a} 不确定。其实，p_{a} 与 p_{i} 互为作用力与反作用力，因此

$$p_{\mathrm{i}} = p_{\mathrm{a}} = k_{\mathrm{c}}(\mu_{\mathrm{a}} - \Delta\mu_{\mathrm{a}}) \tag{a}$$

$$k_{\mathrm{c}} = \frac{E_{\mathrm{c}}(t^2-1)}{a(1+\mu_{\mathrm{c}})\left[(1-2\mu_{\mathrm{c}})t^2+1\right]} \approx 1044.33\,\mathrm{MPa/m}$$

$x = (1+\mu)(p_0\sin\varphi + c\cos\varphi)/E$，由式（5.75）有，喷层所受围岩压力 p_{i} 为

$$p_{\mathrm{i}} = (p_0 + c\cot\varphi)(1-\sin\varphi)\left(\frac{xa}{u_{\mathrm{a}}^{\mathrm{c}} + \Delta u_{\mathrm{a}}}\right)^{\frac{\sin\varphi}{1-\sin\varphi}} - c\cot\varphi \tag{b}$$

联立式（a）、式（b）求解，得 $\mu_{\mathrm{a}} \approx 12.3\,\mathrm{mm}$，$p_{\mathrm{i}} = p_{\mathrm{a}} \approx 2.47\,\mathrm{MPa} \ll S_{\mathrm{C}}$。

因此，喷射混凝土不会破坏。

（3）求不准许出现塑性区时所需要的支护抗力 p_{imax}。

由式（5.69），有：$p_{\mathrm{imax}} = p_0(1-\sin\varphi) - c\cos\varphi \approx 14.73\,\mathrm{MPa}$。

（4）求最小支护抗力 p_{imin}。

由式（5.70）、式（5.71）联立求解，即联立如下两式求解：

$$p_{\mathrm{imin}} = \gamma(R_{\max} - a)/2$$

$$R = a\left[\frac{(p_0 + c\cot\varphi)}{p_{\mathrm{i}} + c\cot\varphi}\frac{(1-\sin\varphi)}{(1+\sin\varphi)}\right]^{\frac{1-\sin\varphi}{2\sin\varphi}}$$

这里，$R_{\max} = R$，p_{i} 取 p_{imin}，因此，可解得 $p_{\mathrm{imin}} \approx 0.01594\,\mathrm{MPa}$。

5.5.3　围岩压力的块体极限平衡理论计算

整体结构岩体中，各种结构面把岩体切割成不同形状和大小的块状滑移体。当滑移体有了自由面就会在其自重力作用下产生沿弱面（结构面）滑落的趋势，由此产生的地压可用块体平衡理论计算。

这种计算方法在地质调查的基础上进行。步骤如下：（1）运用地质勘探手段查明结构面产状（见图3.4），根据赤平极射投影原理分析结构面的组合关系（见图5.23a），并测试组成关键块体的结构面的 c、φ 值；（2）对临空的结构体进行稳定性分析，找出可能滑移的结构体（危岩）；（3）采用块体极限平衡理论进行支护压力计算。现以楔形危险岩块的稳定性分析为例说明其地压计算方法。见图5.23。

5.5.3.1　顶板危岩稳定性分析

如图5.23（c）所示，设结构面 AC 和 BC 的黏结力分别为 c_{01}、c_{02}，内摩擦角分别为

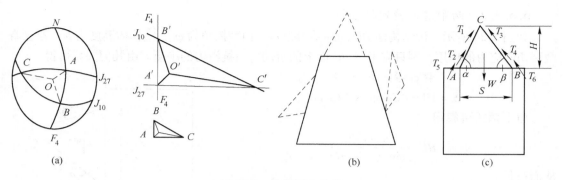

图 5.23 块体调查分析

(a) 结构面的赤平极射投影分析；(b) 顶板关键块体剖面图；(c) 块体的力学分析

φ_{01}、φ_{02}，$AC = L_1$，$BC = L_2$，结构体高度为 H。由几何关系可得

$$S = H\cot\alpha + H\cot\beta$$

$$H = \frac{S}{\cot\alpha + \cot\beta}$$

并且有

$$L_1 = \frac{H}{\sin\alpha} = \frac{S}{\sin\alpha(\cot\alpha + \cot\beta)}$$

$$L_2 = \frac{H}{\sin\beta} = \frac{S}{\sin\beta(\cot\alpha + \cot\beta)}$$

A 受力分析

(1) 结构面 AC 和 BC 上由黏结力产生的抗剪力为

$$T_1 = c_{01} \cdot L_1, \quad T_3 = c_{02} \cdot L_2$$

(2) 围岩切向应力 σ_θ（设顶板围岩水平应力平均值为 σ_θ）在结构面上产生的摩擦力为

$$T_2 = \sigma_\theta L_1 \sin\alpha\tan\varphi_{01}, \quad T_4 = \sigma_\theta L_2 \sin\beta\tan\varphi_{02}$$

(3) 切向应力 σ_θ 对结构体产生的上推力

$$T_5 = \sigma_\theta L_1 \cos\alpha, \quad T_6 = \sigma_\theta L_2 \cos\beta$$

(4) 单位长度结构体自重为

$$W = \frac{1}{2}SH\gamma = \frac{S^2\gamma}{2(\cot\alpha + \cot\beta)} \tag{5.83}$$

式中，γ 为围岩容重。

B 稳定性判断

结构面上总抗剪力沿垂直方向的分力 F_V 为

$$F_V = (T_1 + T_2 + T_5)\sin\alpha + (T_3 + T_4 + T_6)\sin\beta$$

$$= \frac{S}{\cot\alpha + \cot\beta}[c_{01} + c_{02} + \sigma_\theta(\sin\alpha\tan\varphi_{01} + \sin\beta\tan\varphi_{02} + \cos\alpha + \cos\beta)] \tag{5.84}$$

显然，结构体的稳定条件为：$F_V \geq W$，否则，则要考虑支护。作用于支护上的压力 = 结构体的重力 $W - F_V$。

5.5.3.2 两帮危岩稳定性分析

如图 5.24 所示，设结构面 BC 的黏结力为 c_0，内摩擦角为 φ_0，结构体高度为 h。若忽略两帮切向应力的作用，则只需考虑 BC 面上的滑动力与抗滑力的平衡。由几何关系可得

$$AC\cos\theta_2 = BC\cos\theta_1$$

$$S = AB = AC\sin\theta_2 + BC\sin\theta_1$$

由上两式可解得

$$BC = \frac{AB\cos\theta_2}{\sin(\theta_1 + \theta_2)}$$

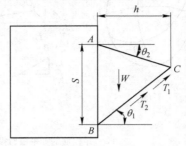

图 5.24 两帮围岩稳定性分析

从而可得

$$h = BC\cos\theta_1 = \frac{AB\cos\theta_1\cos\theta_2}{\sin(\theta_1 + \theta_2)}$$

而单位巷道长度上结构体的自重为

$$W = \frac{1}{2}AB \cdot h \cdot \gamma = \frac{AB^2\cos\theta_1\cos\theta_2}{2\sin(\theta_1 + \theta_2)}\gamma$$

式中，γ 为两帮围岩容重。

结构面 BC 上由黏结力产生的抗剪力为

$$T_1 = c_0 \cdot BC = \frac{c_0 \cdot AB \cdot \cos\theta_2}{\sin(\theta_1 + \theta_2)}$$

结构体自重在 BC 面上的法向分力产生的抗剪力为

$$T_2 = W\cos\theta_1\tan\varphi_0 = \frac{\gamma \cdot AB^2 \cdot \cos^2\theta_1\cos\theta_2\tan\varphi_0}{2\sin(\theta_1 + \theta_2)}$$

由结构体自重在 BC 面上的切向分力（下滑力）为

$$T = W\sin\theta_1 = \frac{\gamma \cdot AB^2 \cdot \cos\theta_1\cos\theta_2\sin\theta_1}{2\sin(\theta_1 + \theta_2)}$$

结构体 ABC 的稳定条件为：$T_1 + T_2 \geqslant T$，即

$$c_0 \cdot BC + W\cos\theta_1\tan\varphi_0 - W\sin\theta_1 > 0 \tag{5.85}$$

否则，结构体 ABC 不稳定，结构体 ABC 下滑时对支架产生水平推力。根据作用力与反作用力的原理，即对支架施加的侧压力为

$$P_h = [W\sin\theta_1 - (c_0 \cdot BC + W\cos\theta_1\tan\varphi_0)]\cos\theta_1 \tag{5.86}$$

5.5.4 围岩压力的压力拱理论计算

5.5.4.1 普氏理论

普氏理论，即自然平衡拱、压力拱理论。假定巷道两帮岩体稳定，即 $f \geqslant 2$。其要点是：

（1）视冒落岩体为具有一定凝聚力的松散体；

（2）自然平衡拱的轮廓线是一条抛物线，$y = \dfrac{b}{a^2}x^2$，$b = a/f$，f 为普氏系数，平衡拱跨度等于巷道跨度 $2a$，见图 5.25（a）；

（3）巷道顶板冒落形式呈拱形最终稳定，这种拱称为自然平衡拱，见图 5.25（a）。

在松散体中形成压力拱的条件是巷道埋深 $Z \geqslant (2 \sim 2.5)b$，其中 b 为压力拱高度。

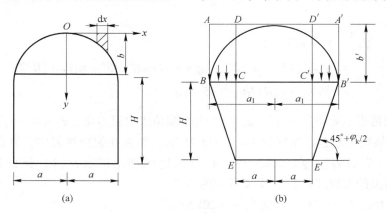

图 5.25　自然平衡拱力学模型

（a）普氏拱力学模型；（b）秦氏拱（两帮不稳定）力学模型

（4）普氏坚固性系数可按下式求得

$$f = \frac{\tau}{\sigma} = \frac{c + \sigma \tan\varphi}{\sigma} = \frac{c}{\sigma} + \tan\varphi = \tan\varphi_k \tag{5.87}$$

即假设式（5.87）中 c 可以忽略，$f \approx \tan\varphi_k = \sigma_c/10$，其中 σ_c 为岩石单轴抗压强度。称 φ_k 为似内摩擦角或内阻力角。

（5）沿拱切线方向只作用有压应力，而不能承受拉应力。自然平衡拱以上的岩体重量通过拱传递到两帮，对拱内岩体不产生任何影响，即作用在支架上的顶压仅为拱内岩体重量，与拱外岩体和巷道埋深无关。

设抛物线的面积近似为：$A = 2/3 \times 2ab = 4a^2/(3f)$，则每米巷道顶板岩石作用在支架上的压力为：$p = \gamma A = 4a^2\gamma/(3f)$，$\gamma$ 为岩石容重，N/m^3。

5.5.4.2　秦氏理论

假定巷道两帮岩体也不稳定（$f < 2$），发生剪切破坏，导致平衡拱的跨度扩大。见图 5.25（b），平衡拱形状为一条抛物线，其方程为

$$y = \frac{b'}{a_1^2}x^2$$

两帮岩体发生剪切破坏，其破裂面与水平面的夹角为：$45° + \varphi_k/2$，此时平衡拱跨度将增大至 $2a_1$，其中 $a_1 = a + BC = a + H\cot(45° + \varphi_k/2)$。可见，秦氏理论是普氏理论的推广应用。

因此，平衡拱高度 b' 为

$$b' = \frac{a_1}{f} = \frac{1}{f}\left[a + H\cot\left(45° + \frac{\varphi_k}{2}\right)\right] \tag{5.88}$$

支架受到的顶压近似等于 $DCC'D'$ 部分岩体的重量，因此，单位长度巷道里作用在巷道支架上的顶压 p_v 为

$$p_v = 2ab'\gamma_1 = 2aq \tag{5.89}$$

式中，$q = b'\gamma_1$；γ_1 为顶板岩石容重，N/m^3。

按滑动土体上有均布荷载 $q = b'\gamma_1$ 作用的挡土墙上主动土压力公式，可求出支架受到的总的侧压力

$$
\begin{aligned}
Q_h &= (p_1 + p_2)H/2 \\
&= \left[q\tan^2(45° - \varphi_k/2) + (q + \gamma_2 H)\tan^2(45° - \varphi_k/2) \right]H/2 \qquad (5.90) \\
&= (2b'\gamma_1 + \gamma_2 H)H\tan^2(45° - \varphi_k/2)/2
\end{aligned}
$$

式中，γ_2 为侧帮岩石容重，N/m^3；φ_k 为似内摩擦角或内阻力角，$\varphi_k = \arctan f$。

【例5】 某矩形巷道，宽度为4m，高度为3m，布置在泥质页岩中，岩石的换算内摩擦角 $\varphi_k = 71°$，岩石容重 $\gamma = 20kN/m^3$，按普氏地压理论试求：（1）拱的跨度和高度；（2）自然平衡拱的方程式；（3）支架所受的顶压。

解：$2a = 4m$，$f = \tan71° = 2.904$，$\gamma = 20kN/m^3$

（1）压力拱跨度：$2a = 4m$，即 $a = 2m$

　　压力拱高度：$b = a/f$

$$= 2/2.904 \approx 0.689m$$

（2）自然平衡拱方程式：$y = x^2 b/a^2 \approx 0.172x^2$

（3）单位长度巷道内支架所受的顶压力：

$$
\begin{aligned}
p &= \gamma A = 4a^2\gamma/(3f) \\
&= 4 \times 4 \times 20/(3 \times 2.904) = 36.73kN/m
\end{aligned}
$$

实际上，自然平衡拱有各种形状，在岩层倾斜时还会产生歪斜平衡拱，见图5.26。

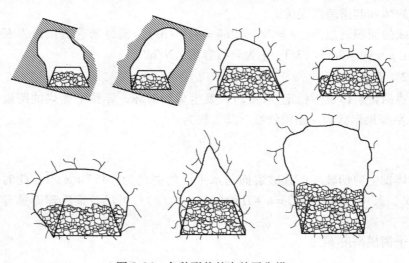

图5.26　各种形状的自然平衡拱

可见，松脱压力有一定限度，不是无限增大的；采用传统支护方法时，要尽量使支护与围岩紧密接触，使支护更好地发挥作用，有效控制围岩破坏程度。压力拱理论适用于深埋硐室，普氏拱 $f \geqslant 2$，秦氏拱 $f < 2$。各种岩石的坚固系数 f_k、容重 γ 和换算内摩擦角 φ_k 见表5.5。

表 5.5　各种岩石的坚固系数 f_k、容重 γ 和换算内摩擦角 φ_k 值

等　级	类　别	f_k	$\gamma/\mathrm{kN \cdot m^{-3}}$	φ_k
极坚硬	最坚硬的、致密的及坚韧的石英岩和玄武岩，非常坚硬的其他岩石	20	28 ~ 30	87
	极坚硬的花岗岩，石英斑岩，矽质片岩，最坚硬的砂岩及石灰岩	15	26 ~ 27	85
	致密的花岗岩，极坚硬的砂岩及石灰岩，坚硬的砾岩，极坚硬的铁矿	10	25 ~ 26	82.5
坚　硬	坚硬的石灰岩，不坚硬的花岗岩，坚硬的砂岩，大理石，黄铁矿，白云石	8	25	80
	普通砂岩，铁矿	6	24	75
	砂质片岩，片岩状砂岩	5	25	72.5
中　等	坚硬黏土质片岩，不坚硬砂岩，石灰岩，软砾岩	4	26	70
	不坚硬的片岩，致密的泥灰岩，坚硬的胶结黏土	3	25	70
	软的片岩，软的石灰岩，冻土，普通的泥灰岩，破坏的砂岩，胶结的卵石和砾岩，掺石的土	2	24	65
	碎石土，破坏片岩，卵石和碎石，硬黏土，坚硬煤	1.5	18 ~ 20	60
	密实的黏土，普通煤，坚硬冲积土，黏土质土，混有石子的土	1.0	18	45
	轻砂质黏土，黄土，砾岩，软煤	0.8	16	40
松　软	湿砂，砂壤土，种植土，泥炭，轻砂壤土	0.6	15	30
不稳定	散砂，小沙砾，新积土，采出的煤，流砂，沼泽土	0.5	17	27
	含水的黄土及其他含水的土（$f_k = 0.1 \sim 0.3$）	0.3	15 ~ 18	9

5.5.5　太沙基理论计算围岩压力

对于软弱破碎岩体或土体，在巷道浅埋的情况下，可以采用太沙基理论计算围岩压力。太沙基理论的特点是从应力传递概念出发，推导出作用于支架上的垂直压力计算公式。

太沙基理论的基本假设：（1）仍视岩体为具有一定黏结力的松散体，其强度服从库仑-莫尔理论，即 $\tau = c + \sigma \tan\varphi$；（2）假设巷道开挖后，顶板岩体逐渐下沉，引起应力传递而作用在支架上，形成巷道压力。计算公式一般分巷道两帮岩体稳定或不稳定两种情况，见图 5.27。

5.5.5.1　巷道两帮岩体稳定

巷道两帮岩体稳定，下沉仅限于顶板上部岩体，如图 5.27（a）所示。AD 和 BC 为滑动面，并延伸至地表。两侧岩体的剪力为 dF

$$dF = \tau \cdot dz = (c + \sigma_h \tan\varphi) dz = (c + \lambda \sigma_v \tan\varphi) dz$$

式中，σ_h、σ_v 为在深度 z 处的水平应力和垂直应力；λ 为侧压力系数，$\lambda = \sigma_h / \sigma_v$。

若地表作用有均布荷载 p，则薄层 dz 在垂直方向的平衡方程为

$$2a\gamma dz + 2a\sigma_v = 2a(\sigma_v + d\sigma_v) + 2(c + \lambda \sigma_v \tan\varphi) dz$$

整理得

$$\left(\gamma - \frac{\lambda \tan\varphi}{a}\sigma_v - \frac{c}{a}\right) dz = d\sigma_v$$

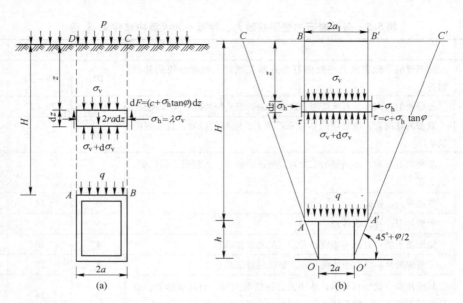

图 5.27　太沙基理论计算简图

(a) 两帮围岩稳定；(b) 两帮围岩不稳定

于是，有

$$\frac{\mathrm{d}\sigma_{\mathrm{v}}}{\mathrm{d}z} + \frac{\lambda\tan\varphi}{a}\sigma_{\mathrm{v}} = \gamma - \frac{c}{a}$$

解微分方程，得

$$\sigma_{\mathrm{v}} = \frac{a\gamma - c}{\lambda\tan\varphi}(1 + Ae^{-\frac{\lambda\tan\varphi}{a}z})$$

根据地表边界条件，当 $z = 0$ 时，$\sigma_{\mathrm{v}} = p$，代入上式，求得 $A = \lambda p\tan\varphi/(a\gamma - c) - 1$；则垂直应力 σ_{v} 的计算公式为

$$\begin{aligned} \sigma_{\mathrm{v}} &= \frac{a\gamma - c}{\lambda\tan\varphi}\left[1 + \left(\frac{\lambda p\tan\varphi}{a\gamma - c} - 1\right)e^{-\frac{\lambda\tan\varphi}{a}z}\right] \\ &= \frac{a\gamma - c}{\lambda\tan\varphi}(1 - e^{-\frac{\lambda\tan\varphi}{a}z}) + pe^{-\frac{\lambda\tan\varphi}{a}z} \end{aligned}$$

$$(5.91)$$

当 $z = H$ 时，σ_{v} 就是作用在巷道顶板的顶压 q_{v}

$$q_{\mathrm{v}} = \sigma_{\mathrm{v}(z=H)} = \frac{a\gamma - c}{\lambda\tan\varphi}(1 - e^{-\frac{\lambda\tan\varphi}{a}H}) + pe^{-\frac{\lambda\tan\varphi}{a}H} \qquad (5.92)$$

若 $H \to \infty$，$c = 0$，$p = 0$ 时，巷道顶板的顶压 q_{v} 为

$$q_{\mathrm{v}} = \sigma_{\mathrm{v}} = \frac{a\gamma}{\lambda\tan\varphi} \qquad (5.93)$$

因此，单位长度巷道上的顶板压力为

$$p_{\mathrm{v}} = 2aq_{\mathrm{v}}$$

式中，γ 为顶板岩体容重，N/m^3；c 为岩体凝聚力，MPa；φ 为岩体内摩擦角，(°)。

5.5.5.2　巷道两帮岩体不稳定

巷道两帮岩体发生剪切破坏，形成直达地表的破裂面 OC 和 $O'C'$ 并引起岩柱体 $ABB'A'$

下沉，产生垂直破裂面 AB 和 $A'B'$，见图5.27（b）。

巷道顶部下沉的跨度为

$$2a_1 = 2[a + h\cot(45° + \varphi/2)]$$

将式（5.92）中的 a 以 a_1 代替，得到巷道顶压的计算公式为

$$q_v = \sigma_{v(z=H)} = \frac{a_1\gamma - c}{\lambda\tan\varphi}(1 - e^{-\frac{\lambda\tan\varphi}{a_1}H}) + pe^{-\frac{\lambda\tan\varphi}{a_1}H} \tag{5.94}$$

若 $H \to \infty$，$c = 0$，$p = 0$ 时，巷道顶板的顶压 q_v 为

$$q_v = \sigma_v = \frac{a_1\gamma}{\lambda\tan\varphi} \tag{5.95}$$

因此，单位长度巷道上的顶板压力为 $p_v = 2aq_v$。

按滑动土体上有均布荷载 q 作用的挡土墙上主动土压力公式

$$p_1 = q_v K_a = q_v\tan^2(45° - \varphi/2)$$

$$p_2 = (q_v + \gamma H)K_a = (q_v + \gamma H)\tan^2(45° - \varphi/2)$$

计算出支架受到的总的侧压力 Q_h 为

$$\begin{aligned}
Q_h &= (p_1 + p_2)H/2 \\
&= [q_v\tan^2(45° - \varphi/2) + (q_v + \gamma H)\tan^2(45° - \varphi/2)]H/2 \\
&= (q_v H + \gamma H^2/2)\tan^2(45° - \varphi/2)
\end{aligned} \tag{5.96}$$

5.5.5.3　太沙基荷载估计

1946年太沙基在岩石分类（见表5.6）中提出了各类岩石的荷载高度值，可以直接根据荷载高度估算支护压力。

表5.6　太沙基岩石荷载估计值

岩层状态	岩土荷载高度/m	说明
坚硬、未受损伤	0	当有掉块或岩爆时可设轻型支持
坚硬、呈层或片状	$0 \sim 0.5B$	采用轻型支持，荷载局部不规则变化
大块、有一般节理	$0 \sim 0.25B$	采用轻型支持，荷载局部不规则变化
有裂隙、块度一般	$0.25B \sim 0.35(B+H)$	无侧压
裂隙较多，块度小	$0.35 \sim 1.10(B+H)$	侧压很小或无侧压
完全破碎，但不受化学侵蚀	$1.10(B+H)$	有一定侧压；由于漏水，巷道底板软化，支护底部应筑基础，必要时采用圆形支护
缓慢挤压变形，覆盖层厚度中等	$1.10 \sim 2.10(B+H)$	有很大侧压，必要时修仰拱，推荐采用圆钢拱支护
缓慢挤压变形，覆盖层厚度较厚	$2.10 \sim 4.50(B+H)$	有很大侧压，必要时修仰拱，推荐采用圆钢拱支护
膨胀性岩土层	与 $B+H$ 无关，一般达80m以上	采用圆形支护，膨胀变形强烈时采用可缩性支护

注：1. B、H 分别为开挖断面宽、高，m；

2. 运用本表时，覆盖层厚度大于 $15(H+B)$，仅采用钢拱支护的情况；

3. 岩土荷载高度指作用在支护顶点的高度；

4. 当确认无水时，4~7类荷载高度降低50%；

5. 当有侧压时，假设侧压为均匀分布，侧压 $q = \lambda p$，λ 为侧压系数，p 为顶板压力。

5.5.6 　竖井地压分析

5.5.6.1 　圆形竖井围岩应力分布

理论上，竖井围岩应力分析属空间问题。在实际应用中，径向应力和切向应力按平面应力计算，垂直应力按岩体自重应力计算。

讨论竖井围岩的应力分布时，把井筒看作是一个半无限体的垂直孔。沿水平方向截取其中一薄层，可将其视为一个带圆孔的双向压板，见图 5.28。竖井井筒（支架）是固定直立，不会移动的受力体。按狭义地压的定义，用围岩因变形移动或冒落作用于支架上的压力，来计算竖井散体（松动）地压。在自重应力场中，根据弹性力学理论，当 $p = q$ 时原岩应力及离井筒中心 r 处的径向应力 σ_r 和切向应力 σ_θ 分别如下式所示。

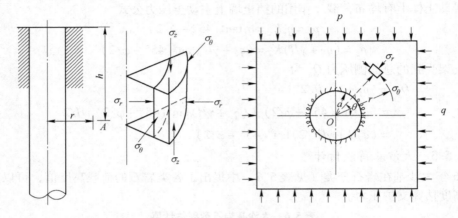

图 5.28 　圆形竖井围岩应力分布

原岩应力

$$\left.\begin{array}{l} \sigma_z = \gamma_a h \\[2mm] \sigma_x = \sigma_y = \dfrac{\mu}{1-\mu}\gamma_a h = q \end{array}\right\} \tag{5.97}$$

竖井围岩应力为

$$\left.\begin{array}{l} \sigma_r = q\left(1 - \dfrac{a^2}{r^2}\right) \\[3mm] \sigma_\theta = q\left(1 + \dfrac{a^2}{r^2}\right) \\[3mm] \sigma_z = \gamma_a h \end{array}\right\} \tag{5.98}$$

其中 　　　　　　　　$$\gamma_a = \frac{\gamma_1 h_1 + \gamma_2 h_2 + \cdots + \gamma_n h_n}{h_1 + h_2 + \cdots + h_n}$$

式中，σ_r、σ_θ 分别为距井筒中心为 r 处的径向应力和切向应力，MPa；$p = q$ 为原岩应力的水平应力，MPa；a 为井筒半径，m；h 为计算点的深度，m；γ_a 为计算点上覆岩层的加权平均容重，kN/m³；n 为上覆岩层层数；μ 为竖井围岩泊松比。计算出深度 h 圆形竖井围岩应力分布见图 5.29。

若 $p \neq q$，原岩垂直应力为 $\sigma_z = \gamma_a h$，在构造应力场中圆形竖井的围岩应力为

$$
\left.
\begin{aligned}
\sigma_r &= \frac{p+q}{2}\left(1 - \frac{a^2}{r^2}\right) + \frac{q-p}{2}\left(1 - \frac{4a^2}{r^2} + \frac{3a^4}{r^4}\right)\cos 2\theta \\
\sigma_\theta &= \frac{p+q}{2}\left(1 + \frac{a^2}{r^2}\right) - \frac{q-p}{2}\left(1 + \frac{3a^4}{r^4}\right)\cos 2\theta \\
\tau_{r\theta} &= \frac{q-p}{2}\left(1 + \frac{2a^2}{r^2} - \frac{3a^4}{r^4}\right)\sin 2\theta
\end{aligned}
\right\}
\tag{5.99}
$$

5.5.6.2　竖井围岩稳定性评价

井筒一般要穿过表土层和基岩，由于二者物理力学性质差异很大，因此，应分别进行围岩稳定性评价。

A　表土层稳定性评价

土体的稳定性可用库仑-莫尔强度理论 $\tau = c + \sigma \tan\varphi$ 来评价。若土的黏结力很小，可忽略。则：$\tau = \sigma \tan\varphi$。

竖井井筒周边：最大主应力为自重引起的垂直应力 $\sigma_v = \gamma l$，最小主应力是径向应力 $\sigma_r = 0$，根据库仑-莫尔强度理论，井筒土体破坏面是圆锥面，见图 5.30。

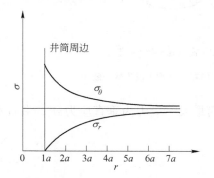

图 5.29　圆形竖井围岩应力分布

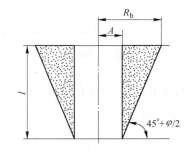

图 5.30　表土层竖井破坏方式

B　基岩层稳定性评价

竖井进入基岩层后，围岩稳定性与基岩中原岩应力状态、岩体力学性质和岩体构造有关。

a　原岩应力状态对竖井围岩稳定性的影响

假设岩体是均质、连续、各向同性体，则井筒围岩的稳定性主要受原岩应力状态所控制。

（1）原岩应力场以自重应力场为主。

井筒围岩应力为

$$
\left.
\begin{aligned}
\sigma_\theta &= \frac{\mu}{1-\mu}\gamma_a h\left(1 + \frac{a^2}{r^2}\right) \\
\sigma_r &= \frac{\mu}{1-\mu}\gamma_a h\left(1 - \frac{a^2}{r^2}\right)
\end{aligned}
\right\}
\tag{5.100}
$$

当 $r = a$，$\sigma_r = 0$，$\sigma_z = \gamma_a h$，$\sigma_\theta = 2\mu\gamma_a h/(1-\mu)$。

当 $\sigma_\theta > \sigma_z$，即 $2\mu/(1-\mu) > 1$，$\mu > 1/3$，则井筒最大主应力为切向应力 σ_θ，井筒破坏条件为

$$\sigma_\theta = \frac{2\mu}{1-\mu}\gamma_a h_{cr} \geqslant \sigma_c \tag{5.101}$$

式中，σ_c 为岩体的单轴抗压强度，$\sigma_c = \dfrac{2c\cos\varphi}{1-\sin\varphi}$；$h_{cr}$ 为临界深度，$h_{cr} = \dfrac{1-\mu}{2\mu\gamma_a} \times \sigma_c$。

井筒破坏方式见图 5.31。

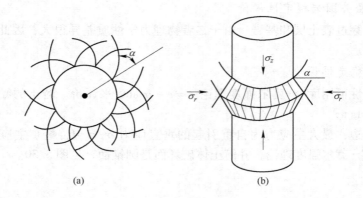

(a)　　　　　　　　　　　　(b)

图 5.31　各向同性岩体中井筒破坏方式（$\alpha = 45° + \dfrac{\varphi}{2}$）

（a）井筒在 $r-\theta$ 面上发生剪切破坏；（b）井筒在 $r-z$ 面上发生剪切破坏

当 $\sigma_\theta < \sigma_z$，即 $2\mu/(1-\mu) < 1$，$\mu < 1/3$，则井筒最大主应力为垂直应力 σ_z，井筒破坏条件为

$$\sigma_z = \gamma_a h_{cr} \geqslant \sigma_c \tag{5.102}$$

式中，σ_c 为岩体的单轴抗压强度；h_{cr} 为临界深度，$h_{cr} \geqslant \sigma_c/\gamma_a$。

【例6】　某矿山掘进一圆形竖井，竖井半径为 2m，井筒在 400m 深处穿过一软弱夹层，问井筒在该处是否稳定？已知岩层的 $\gamma = 27\text{kN/m}^3$，软弱夹层的 $c = 3.2\text{MPa}$，$\varphi = 30°$，$\mu = 0.35$。

解：$r = a = 2\text{m}$，$\mu = 0.35$，$\lambda = \mu/(1-\mu) \approx 0.538$，$\varphi = 30°$，$c = 3.2\text{MPa}$，$H = 400\text{m}$
因此，$\sigma_z = \gamma h = 27 \times 400 = 10800\text{kPa} = 10.8\text{MPa}$
夹层处：$\quad\quad p = \sigma_x = \sigma_y = \lambda\gamma H = \lambda\sigma_z \approx 5.81\text{MPa}$
$$\sigma_r = (1 - a^2/r^2)p = 0,\quad \tau_{r\theta} = 0$$
$$\sigma_\theta = (1 + a^2/r^2)p = 2p \approx 11.62\text{MPa}$$

可见，$\sigma_1 = \sigma_\theta = 11.62\text{MPa}$，$\sigma_3 = \sigma_r = 0$。而 $\sigma_c = 2c \cdot \cos\varphi/(1 - \sin\varphi) = 2 \times 3.2\cos30°/(1 - \sin30°) \approx 11.085\text{MPa}$，因此，$\sigma_\theta > \sigma_c$，井筒在 400m 深的软弱夹层处会发生破坏。

井筒不发生破坏的临界深度为：$h_{cr} = (1-\mu)\sigma_c/(2\mu\gamma) \approx 381.2\text{m}$。

（2）原岩应力场以构造应力场为主。

在构造应力场中，原岩应力的最大主应力大多在水平方向，如果最小主应力也在水平

方向，且 $q_1 > q_2$，则在井筒两壁会产生应力集中，井筒两壁可能发生剪切破坏，见图5.32。

如果 $q_2/q_1 < 1/3$，井壁 A、C 点则产生拉应力，可能产生拉破坏；如果 $q_2/q_1 > 3$，井壁 B、D 点则产生拉应力，可能产生拉破坏。

b　岩体构造对井筒围岩稳定性的影响

在节理化岩体中，采空区围岩移动方向和移动范围往往受主节理控制，移动角接近于主节理倾角。断层对井筒围岩稳定性的影响见图5.33。

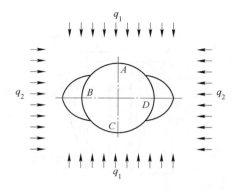

图 5.32　构造应力场中竖井围岩破坏

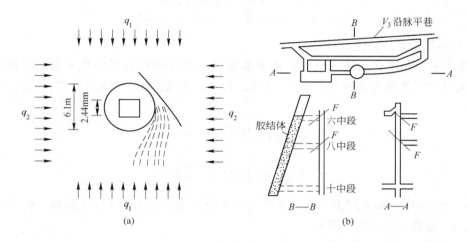

图 5.33　断层对井筒围岩稳定性的影响

(a) 附近断层对井筒围岩应力分布的影响；(b) 斜截断层对竖井稳定性的影响

当井壁处的最大主应力超过临界值时，井壁发生破坏，出现非弹性变形。非弹性变形区内的岩石发生塑性变形或崩塌破坏，同时呈现应力释放，形成应力降低区。应力增高区则由井壁移向岩体深处。由于井壁破坏，井筒支架受压，这种压力和水压同时对支架或井壁形成压力，即为竖井地压。

5.5.6.3　竖井井壁压力计算

竖井井壁压力计算是设计井筒衬砌或支护的依据。当竖井井帮表土层或岩石破碎时，井壁周围将产生散体（松动）地压。对于该地压的计算公式有多个，目前广泛使用平面挡土墙公式和圆锥挡土墙计算法。

A　表土层中井壁压力计算

表土层中井壁压力显现的形式主要有：

（1）土体产生剪切破坏，形成空心圆锥形滑移体，在衬砌上作用一个水平分布力，见图5.34（a）；

（2）黏土矿物含量高，遇水膨胀或冻胀，对井壁产生膨胀压力；

（3）流沙等流动性土体对井壁产生流动性压力。

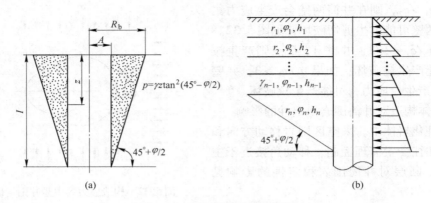

图 5.34　平面挡土墙法计算图

（a）单层土压力计算；（b）多层土压力计算

a　平面挡土墙计算法

土体产生剪切破坏，形成空心圆锥形滑移体。将井壁视为平面挡土墙，见图 5.34，将土体或破碎岩体视为无黏结力的松散体，作用在井壁衬砌上的压力按主动土压力计算，有

$$
\left.
\begin{aligned}
p_n^{\mathrm{s}} &= \sum_{i=1}^{n-1} \gamma_i h_i \tan^2\left(45^\circ - \frac{\varphi_n}{2}\right) \\
p_n^{\mathrm{x}} &= \sum_{i=1}^{n} \gamma_i h_i \tan^2\left(45^\circ - \frac{\varphi_n}{2}\right)
\end{aligned}
\right\}
\tag{5.103}
$$

式中，p_n^{s}、p_n^{x} 分别为第 n 层上界点和下界点处井壁压力；h_i 为第 i 层土厚度；γ_i 为第 i 层土容重；φ_n 为第 n 层土的内摩擦角。

b　空心圆柱体挡土墙计算法

竖井井壁是个圆柱面，当土体或破碎岩体向内滑移时，井壁周围岩土体形成空心圆锥体，见图 5.35，按空间轴对称极限平衡方程求解，有

$$
p_n^{\mathrm{s}} = q_n \left(\frac{a}{R_n}\right)^{N_n} \tan^2\left(45^\circ - \frac{\varphi_n}{2}\right)
\tag{5.104a}
$$

$$
p_n^{\mathrm{x}} = \frac{\gamma_n a}{N_n - 1} \tan^2\left(45^\circ - \frac{\varphi_n}{2}\right)\left[1 - \left(\frac{a}{R_n}\right)^{N_n - 1}\right] + q_n \left(\frac{a}{R_n}\right)^{N_n} \tan^2\left(45^\circ - \frac{\varphi_n}{2}\right) +
$$
$$
c_n \cot\varphi_n \left[\left(\frac{a}{R_n}\right)^{N_n} \tan^2\left(45^\circ - \frac{\varphi_n}{2}\right) - 1\right]
\tag{5.104b}
$$

式中，N_n 为计算简化系数，$N_n = 2\tan\varphi_n \tan(45^\circ + \varphi_n/2)$；$R_n = a + h\tan(45^\circ - \varphi_n/2)$；$h$ 为计算土层上界点至计算点的高度；a 为井筒半径；c_n、γ_n、φ_n 分别为第 n 层岩层的黏结力、容重、内摩擦角；q_n 为计算土层以上的土层传来的均布压力

$$
q_n = \sum_{i=1}^{n-1} \gamma_i h_i
$$

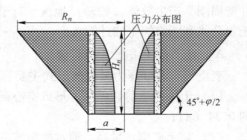

图 5.35　圆锥挡土墙主动土压力计算

c 悬浮体计算法

将地下水位线以下的土体视为悬浮体，分别计算悬浮体和地下水对井筒衬砌的压力，见图 5.36，从而对平面挡土墙和空心圆柱体挡土墙计算作了两点共同的修正。

(1) 用悬浮体容重 γ' 代替土体天然容重

$$\gamma' = \frac{V_s(G_s - 1)}{V} = \frac{V_s(G_s - 1)}{V_s + V_v} \qquad (5.105)$$

式中，G_s 为土颗粒比重；V 为土体体积，$V = V_s + V_v$；V_s、V_v 分别为土体中土粒和孔隙的体积。

(2) 地下水对井壁的压力。

地下水对井壁的压力单独计算，等于计算点处的静水压力 P_w。如果井壁衬砌渗漏，可考虑一个折减系数 $\alpha = 0.8 \sim 0.9$，即

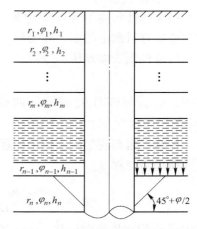

图 5.36 悬浮体计算法示意图

$$p_w = \alpha \sum_{i=m+1}^{n} \gamma_w h_i \qquad (5.106)$$

式中，m 为地下水位线以上的土层数；γ_w 为水的容重，$\gamma_w = 9.8 \mathrm{kN/m}^3$；$n$ 为地表至计算土层的土层数。

根据以上两点的修正，平面挡土墙公式变为

$$\left. \begin{aligned} p_n^s &= \left[\sum_{i=1}^{m} \gamma_i h_i + \sum_{i=m+1}^{n-1} (\gamma_b)_i h_i \right] \tan^2 \left(45° - \frac{\varphi_n}{2} \right) + \alpha \sum_{i=m+1}^{n-1} \gamma_w h_i \\ p_n^x &= \left[\sum_{i=1}^{m} \gamma_i h_i + \sum_{i=m+1}^{n} (\gamma_b)_i h_i \right] \tan^2 \left(45° - \frac{\varphi_n}{2} \right) + \alpha \sum_{i=m+1}^{n} \gamma_w h_i \end{aligned} \right\} \qquad (5.107)$$

根据以上两点的修正，空心圆柱体挡土墙公式变为

$$\left. \begin{aligned} p_n^s &= \left[\sum_{i=1}^{m} \gamma_i h_i + \sum_{i=m+1}^{n-1} (\gamma_b)_i h_i \right] \left(\frac{a}{R_n} \right)^{N_n} \tan^2 \left(45° - \frac{\varphi_n}{2} \right) + \alpha \sum_{i=m+1}^{n-1} \gamma_w h_i \\ p_n^x &= \frac{(\gamma_b)_n \cdot a}{N_n - 1} \tan^2 \left(45° - \frac{\varphi_n}{2} \right) \left[1 - \left(\frac{a}{R_n} \right)^{N_n - 1} \right] + \\ &\quad \left[\sum_{i=1}^{m} \gamma_i h_i + \sum_{i=m+1}^{n} (\gamma_b)_i h_i \right] \left(\frac{a}{R_n} \right)^{N_n} \tan^2 \left(45° - \frac{\varphi_n}{2} \right) + \alpha \sum_{i=m+1}^{n} \gamma_w h_i \end{aligned} \right\} \qquad (5.108)$$

式中，$(\gamma_b)_i = \gamma_i - \gamma_w$，指地下水浸泡层中悬浮土层的实际容重；其他符号意义同前。

d 动土压力计算法

将流动性土体如流沙视为水、土混合的重液，其容重为 $(1.1 \sim 1.3)\gamma_w (\mathrm{kN/m}^3)$，按下式计算井壁压力 P

$$P = (1.1 \sim 1.3)\gamma_w H \qquad (5.109)$$

e 竖井整体地压

由式 (5.97) 和式 (5.98) 可知，竖井整体地压为：

$$\begin{cases} \sigma_r = \lambda \gamma H(1 - a^2/r^2), & \sigma_\theta = \lambda \gamma H(1 + a^2/r^2) \\ \lambda = (1 - \mu)/\mu, & \sigma_z = \gamma H \end{cases}$$

当 $r = a$ 时，井壁上 $\sigma_r = 0$，$\sigma_\theta = 2\lambda \gamma H$。

f　软弱夹层的变形地压

当非弹性区内的岩石发生塑性流动时出现变形地压。若将衬砌视作厚壁圆筒，根据弹性理论计算衬砌上的压力和变形。

衬砌外侧表面地压 p_b 为

$$p_b = u_b E_b (1 - r_a^2/r_b^2)/2r_a \tag{5.110}$$

式中，u_b 为衬砌外表面的径向变形；E_b 为衬砌弹性模量；r_a、r_b 分别为衬砌内、外半径。

根据围岩与支架相互作用原理，利用支架反力与巷道位移的关系式（5.72），计算圆形井筒周边位移 u_a

$$u_a = \frac{r_b \sin\varphi (p_0 + c\cot\varphi)}{2G} \left[\frac{(p_0 + c\cot\varphi)(1 - \sin\varphi)}{(p_i + c\cot\varphi)} \right]^{\frac{1 - \sin\varphi}{\sin\varphi}} \tag{5.111}$$

式中，u_a 为围岩径向位移，若支护前围岩释放位移 Δu_0 很小忽略不计，则有 $u_a = u_b$；p_i 为支架反力，$p_i = p_b$；G 为围岩剪切弹性模量，$G = E/[2(1 + \mu)]$；p_0 为原岩应力；c 为围岩凝聚力；φ 为围岩内摩擦角；其他符号意义同式（5.110）。

由于 $p_i = p_b$、$u_a = u_b$，故联立式（5.110）和式（5.111）求解可求得 p_b。

B　基岩中井壁压力计算

只有发生破坏的基岩才对井壁衬砌产生压力。按照临界深度计算、判断井筒围岩稳定性时，已考虑了上覆岩层自重压力，因此，可以认为不破坏的基岩层以上的岩层对其以下不稳定层的井壁压力计算无影响，只需计算破坏岩层对井壁的压力，计算简图见图5.37。有松脱压力计算法、弹塑性变形地压计算法两种计算方法。

5.5.6.4　竖井加固方法

在特殊地层地区，当表土层中含水层的水位下降和地层沉降时，周围土层对井壁外表面施加竖直附加力，即固结压缩产生井壁附加力，引起井壁混凝土成片状剥落、竖向钢筋受压向井内屈曲。附加力随含水层水位下降和地层不断沉降而增大。井壁

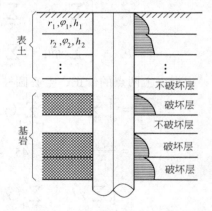

图5.37　基岩中井壁压力计算

在侧压、重力和增大到一定数值的附加力共同作用下发生破裂；如果附加力继续增大，井壁会最终压碎。破裂多发生在表土与基岩交界面附近。由于表土与基岩交界面附近的围岩（土）侧压力变化、土体与基岩（风化带）对井壁侧向变形约束的程度不同，导致井壁的应力、应变和侧向位移在表土与基岩交界面附近产生极值并形成拐点。破裂首先发生在拐点处并向其附近发展。井壁破裂过程分径向片状劈裂、裂缝发展、大段高压碎3个阶段。井壁混凝土破裂裂缝多呈闭合状。井壁加固方法有井圈套壁加固、地面帷幕注浆、破壁注浆、开槽卸压和摩擦桩治理等。

A　井圈套壁加固

这是一种对井壁进行直接加固的方法，其治理机理是增加井壁的承载能力及附加应

力。该方法见效快，但某一段井壁加固后，随着井壁附加力的增加，竖井井筒会在井壁的未加固段发生破坏。井圈套壁加固法适用于井壁周围是散体地压的井壁破坏，主要在井壁破裂后起到初期的防涌沙、防透水和井壁加固作用，并不能根本解决地压问题，一般与其他方法联合应用。井壁周围是整体性较好的围岩时，对开裂、破坏井壁或者裸岩体井实施锚杆、网、喷浆联合支护，产生的附加应力较小。

B　地面帷幕注浆及破壁注浆

该方法的加固机理是：通过对井筒周围的土体进行加固，提高周围土体的承载能力，减少土体因失水而产生沉降变形。有时也用壁后注浆。从理论上分析，这种方法能够较好地防止土体的失水沉降，从而一劳永逸地解决竖井井壁的破裂问题。但是土体注浆过程难以控制。

C　开槽卸压

在井壁上开切卸压槽，在卸压槽内填充可压缩材料，通过材料的压缩对井壁附加应力进行卸荷处理。该方法处理后的井壁在一段时间内可以通过充填材料的压缩来防止井壁上应力积聚，直至充填材料被压缩至极限位置，见图5.38。

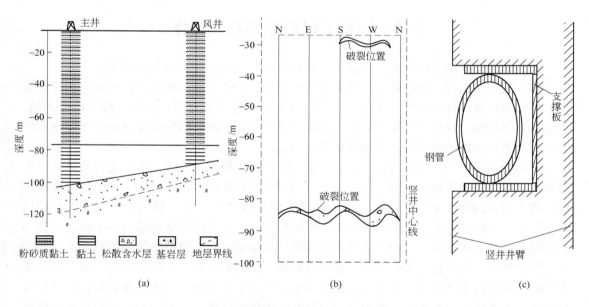

图 5.38　竖井开槽卸压加固示意图
(a) 井筒布置；(b) 井筒破裂；(c) 开槽卸压

开槽卸压方法是目前治理井壁破裂比较有效、实用的方法。但是，由于井壁周围土体的失水沉降是一个渐进的长期过程，因此，开槽卸压只能在一段时期内发挥作用，随着井壁周围土体的失水沉降继续增大，需要多次重复开槽卸压。研究表明，底含水头下降40m时，开切二道卸压槽的井壁受力较开切一道卸压槽小。

卸压槽设计主要涉及其高度的设计。其高度取决于井壁自身的竖向弹性压缩变形量 A 和槽内充填可缩材料的可缩量 B。U 为根据预计的地层沉降量换算所得的井壁将被压缩量。应该满足：$U \leqslant A + B$。

D　摩擦桩治理方法

摩擦桩治理方法是从地面注浆治理的原理发展而来的，在竖井井筒周围一定范围内采用钻孔灌浆的方法设置端承摩擦桩，对井筒周围岩土体进行加固，从而减小对井筒施加的附加力。见图5.39。

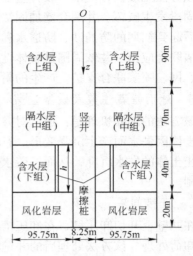

图5.39　摩擦桩修复示意图

摩擦桩能够有效地减少井壁与桩间土层因底含水层失水而产生的固结沉降量，同时相应减少上部土层的变形，从而直接减少因上述变形而产生的井壁附加应力。摩擦桩还可以在井壁的周围形成保护区，承担部分甚至全部的井壁与摩擦桩以外土层固结所产生的负摩擦阻力。另外，在成桩过程中形成的空孔，可作为水平地应力的卸荷孔。

5.6　软岩工程与深部开采特性

按照地下开挖的空间跨度，可以将"顶板有压"的地下工程分为两大类。

第一类地下工程，顶板悬空跨度大于极限跨度，在施工过程中存在初次来压和周期来压，如应用长壁式开采的煤矿采场。单层与分层崩落开采的金属、化学、建材矿山采场，也有类似的特性，只是非层积岩成矿，顶板也非层积岩，顶板因裂隙发育或强制爆破而垮落，因此顶板来压的周期规律不像煤矿那么明显。

采场开切后，当采场顶板跨度达到一定值时，老顶第一次失稳。由于老顶的第一次失稳而产生的工作面顶板来压称为初次来压。由开切眼到老顶初次来压时工作面的推进距离，称为老顶的初次来压步距。我国一些煤矿的初次来压步距一般为20～35m，个别达50～70m。初期来压后，随着工作面继续向前推进，老顶岩层由稳定结构→不稳定结构→稳定结构，如此周而复始，由于老顶岩层周期性失稳而引起的顶板来压现象称为工作面顶板的周期来压。也有将老顶的周期来压视为悬臂梁的周期折断。老顶初次来压到一次周期来压时工作面的推进距离，称为这次来压的老顶周期来压步距。由于上覆岩层是由几层岩层组成，工作面的周期来压也是由几层岩层共同作用的结果，每次周期来压的步距和强度都有一定差别。

第二类地下工程，顶板跨度小于极限跨度，不存在顶板周期来压。属于该类的岩体工程有：地下硐室、地下巷（隧）道工程、留矿柱支撑的采场顶板。由于金属矿床基本为岩浆岩成矿，矿体和围岩都比较坚硬，相对煤矿的沉积岩成矿而言，矿体沿走向和倾向或水平分布的规模都比较小，除稍微厚大点的黑色矿山采用崩落法采矿外，一般都采用空场法开采，或者空场法开采并嗣后一次性充填，因此，金属矿床的采场基本属于第二类地下工程。类似地，应用空场法开采的化学矿山和建材矿山的采场也基本属于第二类地下工程。

强制崩落法采矿，随矿体崩落而人为爆破破断顶板，释放顶板集中应力，显然是"顶板无压"工程，不属本分类的范畴。

前面概述中已述，进入深部开采后，发现岩体表现出了一些与浅部不一样的特性，深部硬岩岩体从脆性向延性转化，无论硬岩还是软岩巷道在高应力集中的深部都呈现了分区破裂化效应，硬岩岩体也呈现出与软岩类似的流变变形特征，出现大变形、难支护现象。鉴于深部开采中，硬岩矿山岩体也呈现出与软岩类似的特征，后面将先叙述软岩工程特征，然后分别按两类"顶板有压"工程论述深部开采的围岩变形特征。

5.6.1 软岩工程特性

5.6.1.1 软岩力学属性

（1）地质软岩是单轴抗压强度小于 25MPa 的松散、破碎、软弱及风化膨胀性岩体的总称。该类岩石多为泥岩、页岩、粉砂岩和泥质岩石等强度较低的岩石，是天然形成的复杂的地质介质。国际岩石力学学会将软岩定义为单轴抗压强度在 0.5~25MPa 之间的岩石，其分类基本上依据岩石强度指标。该软岩定义用于工程实践中会出现矛盾，如巷道所处深度足够小，地应力水平足够低，小于 25MPa 的岩石也不会产生大变形；相反，大于 25MPa 的岩石，其工程部位足够深，地应力水平足够高，也可能出现大变形、高地压和难支护的现象。因此，地质软岩的定义不能用于工程实践，故而提出了工程软岩的概念。

（2）工程软岩是指在工程力作用下能产生显著塑性变形的工程岩体。此定义揭示了软岩的相对性实质，即取决于工程力与岩体强度的相互关系。当工程力一定时，强度高于工程力水平的岩体表现为硬岩的力学特性，强度低于工程力水平的岩体则可能表现为软岩的力学特性；对同种岩体，在较低工程力的作用下则表现为硬岩的变形特性，相反，则可能表现为软岩的变形特性。

工程软岩具有可塑性、膨胀性、崩解性、流变性、扰动性，还有软化临界荷载和软化临界深度这两个基本力学属性。

1）软化临界荷载。软岩的蠕变试验表明，当所施加的荷载小于某一荷载水平时，岩石的变形不随时间延长而变化；当所施加的荷载大于某一荷载水平时，岩石出现明显的蠕变，即应力不变而变形随时间延长而增大，岩石出现明显的不稳定变形，这一荷载，称为软岩的软化临界荷载，亦即能使岩石产生不稳定变形的最小荷载。当岩石所受荷载水平低于软化临界荷载时，该岩石属于硬岩范畴；而只有当荷载水平高于软化临界荷载时，该岩石才表现出软岩的大变形特性，此时称该岩石为软岩。

2）软化临界深度。软化临界深度与软化临界荷载相对应。对特定矿区，软化临界深度也是一个客观量。当巷道的位置大于某一开采深度时，围岩产生明显的塑性大变形、高地压和难支护现象；但当巷道位置较浅，即小于该深度时，大变形现象明显消失。这一临界深度，称为岩石软化临界深度。软化临界深度的地应力水平大致相当于软化临界荷载。

3）软岩两个基本力学属性间的关系。软化临界荷载和软化临界深度可以相互推求，在无构造残余应力或其他附加应力的区域，其公式为

$$\sigma_{cs} = \frac{\sum\limits_{i=1}^{N} \gamma_i h_i}{50H} H_{cs} \tag{5.112}$$

在残余构造应力或其他附加应力均存在的矿区，其公式为

$$\sigma_{cs} = \frac{\sum_{i=1}^{N} \gamma_i h_i H_{cs}}{50H} + \Delta\sigma_{cs} \qquad (5.113)$$

式中，σ_{cs} 为软化临界荷载，MPa；H_{cs} 为软化临界深度，m；γ_i 为上覆岩层第 i 层岩体的容重，kN/m³；h_i 为上覆岩层第 i 层岩体的厚度，m；$\Delta\sigma_{cs}$ 为残余应力（包括构造残余应力、膨胀应力、动荷载附加应力等），MPa；H 为上覆岩层总厚度，m；N 为上覆岩层层数。

（3）工程软岩的分类。按照工程软岩的定义，根据产生塑性变形的机理不同，将软岩分为四类，即膨胀性软岩（或称低强度软岩）、高应力软岩、节理化软岩和复合型软岩。

1）膨胀性软岩（swelling soft rock，简称 S 型）。S 型软岩系指含有黏土等高膨胀性矿物，在较低应力水平（<25MPa）条件下即发生显著变形的低强度工程岩体，例如泥岩、页岩、高岭土等抗压强度小于 25MPa 的岩体，均属膨胀性低应力软岩的范畴。

该类软岩产生塑性变形的机理是片架状黏土矿物发生滑移和膨胀，根据低应力软岩的膨胀性大小可以分为：强膨胀性软岩（自由膨胀变形 >15%）、膨胀性软岩（自由膨胀变形 10%~15%）和弱膨胀性软岩（自由膨胀变形 <10%）。

2）高应力软岩（high stressed softrock，简称 H 型）。高应力软岩则是指在较高应力水平（>25MPa）条件下才发生显著变形的中高强度的工程岩体，这种软岩的强度一般高于 25MPa，其地质特征是泥质成分较少，但有一定含量，砂质成分较多，如泥质粉砂岩、泥质砂岩等。它们的工程特点是，在深度不大时表现为硬岩的变形特征，当深度加大至一定值时就表现为软岩的变形特性。其塑性变形机理是，处于高应力水平时，岩石骨架中的基质（黏土矿物）发生滑移和扩容，此后再接着发生缺陷或裂纹的扩容和滑移塑性变形。

3）节理化软岩（jointed soft rock，简称 J 型）。节理化软岩系指含泥质成分很少（或几乎不含）的岩体，发育了多组节理，其中岩块的强度颇高，呈硬岩力学特性，但整个工程岩体在工程力的作用下则发生显著的变形，呈现出软岩的特性。其塑性变形机理是，在工程力作用下，结构面发生滑移和扩容变形。此类软岩可根据节理化程度不同，细分为镶嵌节理化软岩、碎裂节理化软岩和散体节理化软岩。

4）复合型软岩。复合型软岩是指上述三种软岩类型的组合。高应力 - 强膨胀复合型软岩，简称 HS 型软岩；高应力 - 节理化复合型软岩，简称 HJ 型软岩；高应力 - 节理化 - 强膨胀复合型软岩，简称 HJS 型软岩。

5.6.1.2　软岩工程分类与设计对策

在岩石工程开挖之前，能够科学地判定是否属于软岩工程，对于合理进行工程设计和施工极为重要。根据实践经验和理论研究，提出如表 5.7 所示的工程软岩的分类、分级方法。

进入软岩工作状态的开挖体，并不表征所有岩层进入软岩状态，而是局部某些岩层首先进入了软岩状态，其余岩层尚属于硬岩状态，故优选岩层十分重要。进入了软岩状态的开挖体，要区分准软岩和软岩两种状态。准软岩状态是指巷道围岩局部（如曲率变化最大处）进入塑性状态，软岩状态则是指整个开挖体围岩全部进入塑性或流变状态。

表 5.7 工程软岩分类、分级表

软岩分类	分类指标			软岩分级	分级指标		
	σ_c/MPa	泥质含量/%	结构面				
膨胀性软岩	<25	>25	少		蒙脱石含量/%	膨胀率/%	自由膨胀变形量/%
				弱膨胀软岩	<10	<10	>15
				中膨胀软岩	10~30	10~50	10~15
				强膨胀软岩	>30	>50	<10
高应力软岩	≥25	≤25	少		工程岩体应力水平/MPa		
				高应力软岩	25~50		
				超高应力软岩	50~75		
				极高应力软岩	>75		
节理化软岩	低~中等	少含	多组		J/条·m^{-1}	节理间距/m	完整指数 k_V
				较破碎软岩	0~15	0.2~0.4	0.55~0.35
				破碎软岩	15~30	0.1~0.2	0.35~0.15
				极破碎软岩	>30	<0.1	<0.15
复合型软岩	低~高	含	少~多组	根据具体条件进行分类和分级			

根据软化临界深度,将岩石工程分为三类,即一般工程、准软岩工程和软岩工程三类,详细情况见表 5.8。

表 5.8 软岩工程的界定及设计对策

软岩分类	分类指标	工程力学状态	支护设计
一般工程	$H < 0.8H_{cs}$	弹性	常规设计
准软岩工程	$0.8H_{cs} \leq H \leq 1.2H_{cs}$	局部塑性	(1)常规设计和返修 1~2 次; (2)常规设计和局部塑性区加固处理
软岩工程	$H > 1.2H_{cs}$	塑性、流变性	全断面实施软岩支护设计

注:H_{cs} 为软化临界深度,m;H 为工程所处的埋深,m。

各种工程的力学工作状态是不同的,因而其设计对策也有所不同。一般工程围岩是弹性工作状态,常规设计即可奏效;对于准软岩工程,其工作状态是弹塑性(局部塑性)工作状态,其设计对策可采取两种:(1)仍采用常规设计,但要经过 1~2 次返修即可达到稳定。(2)在常规设计的基础上,对局部塑性区(两底角或底部)予以加固,不用返修;对于软岩工程,巷道围岩基本上均进入塑性和流变状态,常规设计不能奏效,返修多次也不会稳定,越返修,其稳定状态越不好,必须严格按照软岩工程力学的理论和支护对策进行设计,才能收到事半功倍的效果。

A 非线性设计的基本思想

非线性大变形力学区别于线性小变形力学的根本点在于其研究的大变形岩土体介质已进入到塑性、黏塑性和流变性的阶段,在整个力学过程中已经不服从叠加原理,而且力学平衡关系与各种荷载特性、加载过程密切相关。因此，其设计是：首先分析和确认作用在岩土体的各种荷载特性，作力学对策设计；接着进行各种力学对策的施加方式、施加过程研究，进行过程优化设计；然后对应着最佳过程再进行最优参数设计。基本设计原则有"对症下药原则"、"过程原则"、"塑性圈原则"和"优化原则"。大变形软岩工程设计与常规岩体工程设计的比较，见表5.9。

表5.9　大变形软岩工程设计与常规岩体工程设计特点比较

设计方法	理论依据	介质特性	叠加原理	加载过程	荷载特性	工程设计内容
常规方法	经验类比 刚体力学 线性力学	刚体 弹性体	服从	无关	无关	参数设计
大变形软岩 工程设计方法	非线性大 变形力学	塑性 黏塑性 流变性	不服从	密切相关	密切相关	力学对策设计 过程优化设计 最优参数设计

B　大变形软岩工程的支护设计对策

大变形岩石工程的失稳是一个渐进过程，总是先从一个或几个部位首先发生变形破坏，然后逐渐扩展乃至整个岩体工程失稳。首先破坏的部位称为关键部位，是发生大变形过程中局部应力、应变和能量不协调所造成的。关键部位所引起的岩体工程失稳机制及支护对策见图5.40。

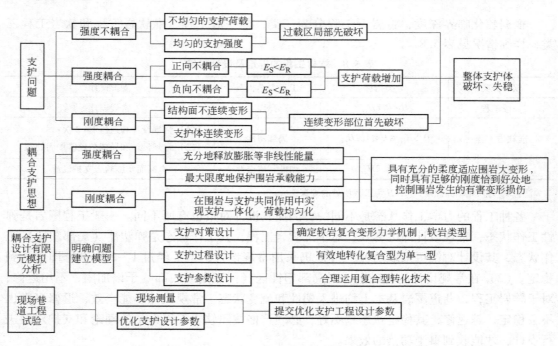

图5.40　大变形岩土工程失稳机制与支护对策

软岩难以支护的一个重要的原因就在于软岩巷道并非只具单一变形力学机制，而是一种同时具有多种变形的复合变形力学机制；造成其高地压和大变形支护成功的一个关键因素就在于合理运用各种复合型转化技术将复合变形力学机制转化为单一机制。

关于软岩及软岩工程的研究，无论从理论上还是实践上都已经取得了非常丰富的成果，形成了软岩工程力学，如软岩成分的物化分析方法、软岩的地质化学力学特征、软岩的软化路径及状态方程、软岩的非线性大变形计算和分析理论、大变形岩土工程失稳机制与支护对策理论、关键部位支护理论及软岩地下工程最低支护荷载的设计方法，软岩工程的复合变形力学机制向单一型力学机制的各种转化技术等，可阅读相关文献。

5.6.1.3 软岩变形力学机制

不同软岩在特定地质力学环境中所表现出的变形机制不同。软岩工程之所以具有大变形、高地压、难支护特点，是因为软岩工程的围岩同时具有多种变形力学机制。软岩变形力学机制可分为三类十三亚类，如图 5.41 所示，每种变形力学机制有其独特特征型矿物、力学作用和结构特点，其软岩工程的破坏特征也有所不同，见表 5.10。

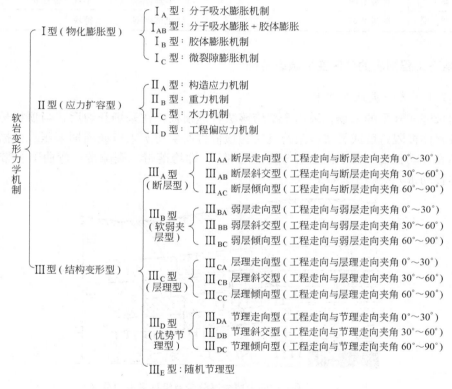

图 5.41　软岩工程变形的力学机制

表 5.10　软岩工程变形机制及破坏特点

类型	亚类	控制性因素	特征型	软岩工程破坏特点
I 型	I_A 型	分子吸水机制，晶胞之间可吸收无定量水分，吸水能力强	蒙脱石型	围岩暴露后，容易风化、软化、裂隙化，因而怕风、怕水、怕振动，I 型工程底臌、挤帮、难支护，其严重程度从 I_A、I_{AB}、I_B 依次减弱，I_C 型则视微隙发育程度而异
	I_{AB} 型	I_A 和 I_B 决定于混层比	伊/蒙混层型	
	I_B 型	胶体吸水机制，晶胞之间不准许进入水分子，黏粒表面形成水的吸附层	高岭石型	
	I_C 型	微隙-毛细吸水机制	微隙型	

类型	亚类	控制性因素	特征型	软岩工程破坏特点
II 型	II$_A$ 型	残余构造应力	构造应力型	变性破坏与方向有关，与深度无关
	II$_B$ 型	自重应力	重力型	与方向无关，与深度有关
	II$_C$ 型	地下水	水力型	仅与地下水有关
	II$_D$ 型	工程开挖扰动	工程偏应力型	与设计有关，工程密集，岩柱偏小
III 型	III$_A$ 型	断层、断裂带	断层型	塌方、冒顶
	III$_B$ 型	软弱夹层	弱层型	超挖、平顶
	III$_C$ 型	层理	层理型	规则锯齿状
	III$_D$ 型	优势节理	节理型	不规则锯齿状
	III$_E$ 型	随机节理	随机节理型	掉块

5.6.2　地下工程围岩的分区变形破裂特征

5.6.2.1　第一类地下工程

应用长壁式开采的采场，采用全部垮落法管理顶板，在采场开切后，当顶板悬空跨度大于顶板岩体极限跨度或悬臂极限跨度时，顶板将产生初次来压或周期来压。根据采空区覆岩破坏和移动程度，自下而上可分为"三带"，即垮落带、裂隙带、弯曲下沉带（弯曲带或整体移动带），见图 5.42。

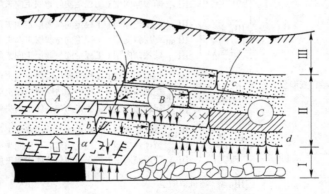

图 5.42　回采工作面上覆岩层分带及沿推进方向分区

I—垮落带；II—裂隙带；III—弯曲下沉带；

α—支撑影响角；A—矿壁支撑影响区（a-b）；B—离层区（b-c）；C—重新压实区（c-d）

（1）垮落带（也称冒落带）：破断后的岩块呈不规则垮落，排列极不整齐，松散系数比较大，一般可达 1.3~1.5，但经重新压实后，碎胀系数可降到 1.03 左右。此区域与所开采的矿层相毗连，很多情况下是直接顶岩层冒落而成。

（2）裂隙带：岩层破断后，岩块仍能整齐排列的区域。它位于冒落带之上，由于其排列比较整齐，因此碎胀系数比较小，并可能形成"砌体梁"结构。为了研究上覆岩层移动情况，尤其是在煤层开采后裂隙带岩层的运动规律，在我国阳泉、开滦范各庄及大屯孔庄等矿进行了深基点观测，所得结果与图 5.43 大同小异。

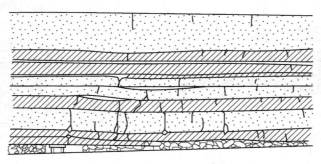

图 5.43 岩层内部破坏情况的推测图

垮落带与裂隙带合称为"导水裂隙带"，也称"两带"。"两带"高度与岩性和采高有关，覆岩越坚硬，冒落后的"两带"高度越大。对于煤矿软岩，"两带"高度为采高的 9 ~ 12 倍，中硬岩层为 12 ~ 18 倍，坚硬岩层为 18 ~ 28 倍。

（3）弯曲下沉带：位于裂隙带之上，一般主要是由弯曲变形而形成。对于埋深较浅的矿层而言，弯曲下沉带可延伸到地表。

在煤矿开采中，充分利用裂隙带，从采场顶板向上钻凿垂直深度达煤层厚度 10 倍的钻孔，可以有效抽排采动影响带内的瓦斯。在顶板垮落法开采中，充分灌浆充填弯曲下沉带与裂隙带间的离层裂隙，可以有效减缓地表沉陷。使弯曲下沉带远离河床下面的不透水基岩，可以实现水下开采。

5.6.2.2 第二类地下工程

第二类地下工程，即巷（隧）道工程、地下硐室或空场法及空场嗣后充填法开采的矿山采场，顶板跨度小于极限跨度，不存在顶板周期来压，如果顶板不垮落，也不会像第一类地下工程那样出现"三带"。但是，在岩体中开挖硐室、巷（隧）道或采场时，存在很大的地压。当地压接近岩体强度的 40% ~ 60% 时，硬岩岩体工程会发生岩爆，软岩岩体工程会发生大变形；当地压达到或超过岩体的单轴抗压强度时，环绕岩体工程会出现交替的破裂区和非破裂区的现象，见图 5.44。这种现象在相关文献中被称为分区破裂化现象（Zonal disintegration）。围岩的分区破裂化现象目前引起了很多岩石力学工作者的关注。

从出现岩爆、大变形及分区破裂化等动力事件的角度来讲，岩体自重引起的应力达到岩体的单轴抗压强度时的埋深，可以理解为"深部开采"的"深部"的定义。

20 世纪 70 年代，在南非 2073m 深的金矿中采用岩石潜望镜首次观察到分区破裂化现象。20 世纪 80 年代开始，俄罗斯科学院西伯利亚分院对分区破裂化连续地进行了深部矿井现场观测、实验室模拟试验及理论分析探索，多次指出：分区破裂化实质在于硐室围岩破裂区和非破裂区的交替，这与浅层的地下巷道围岩变形和破坏的已知理论概念在原则上是不同的。我国在 20 世纪 70 年代末和 80 年代初，有部分学者曾在深部矿井现场实测中探测到分区破裂化现象。近几年来，中国学者开始关注并开展了分区破裂化现象的系统研究：指出深部围岩分区破裂现象是支承压力区在高压下劈裂破坏的结果，是一个与空间、时间效应密切相关的科学现象，破裂区是破裂区裂缝相对密集的区域，非破裂区也可以称为亚破裂区，不是说里面没有一点裂纹，而是裂纹相对稀疏的区域。

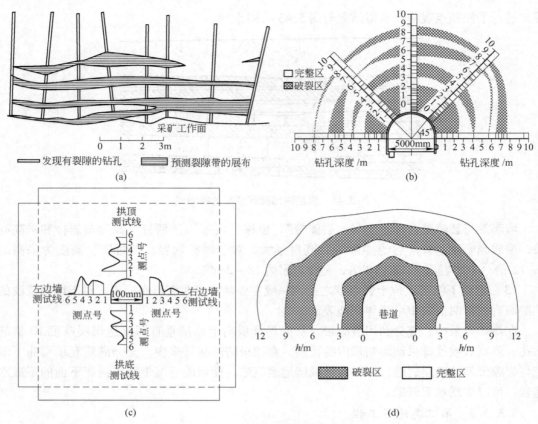

图 5.44　分区破裂化现象实测图

（a）南非某金矿巷道顶板分区破裂；（b）淮南矿区丁集煤矿巷道分区破裂；
（c）模型硐周测点位移变化规律；（d）金川镍矿区深部巷道围岩分区碎裂化现象

　　国内学者研究表明，沿巷道硐室轴向较大的开挖应力是引起深部巷道围岩产生分区破裂的主要原因；支承压力区的劈裂破坏是岩石分区碎裂化现象产生的必要条件；岩石分区碎裂化现象的出现不仅与深度有关而且也取决于岩石的力学参数，粉砂岩比砂岩更易出现分区破裂现象；岩体力学参数一定时，原岩应力越大，破裂带的数量越多，向巷道围岩深部延伸的幅度也越大；初始垂直应力一定时，侧压系数越大，破裂向巷道底板延伸的幅度越大；圆形巷道破裂区范围最小，半圆拱次之，矩形巷道最大；在侧空开采条件下处于深部高支承压力集中的区域，顶板岩层内分区破裂数量将大于处于卸荷、大变形区域岩层分区破裂数量，但受岩层沉降大变形的影响，沿着卸荷、大变形区域岩层内原宽裂缝或离层的下部在张裂作用下破裂区将进一步扩展，因此可以通过观测离层来确定深部较大尺度岩层分区破裂的位置；当围岩支承压力线处径向拉应变达到极限拉应变时，围岩因拉伸破坏产生连续环状的张裂缝，第 i 拉伸破裂区的边界为

$$\left.\begin{array}{l} R_i^i = R_{i-1}^e \left[\dfrac{\mu(3-2\mu)(1+\mu)p_0 + (1-\mu)\sigma_t}{(p_{i-1}^e - \sigma_t)(1-\mu)^2} \right]^{\frac{1-\sin\varphi}{2\sin\varphi}} \\[4mm] \dfrac{R_i^e}{R_i^i} = \left[\dfrac{3}{-12(3-2\mu)(1-\mu^2)\sigma_1/p_0 - \mu^2(2\mu-1)^2} \right]^{\frac{1}{4}} \end{array}\right\} \qquad (5.114)$$

式中，R_{i-1}^i、R_{i-1}^e、R_i^i、R_i^e 分别为第 $i-1$、i 个破裂区的内、外半径；p_{i-1}^e 为第 $i-1$ 个破裂区外边界的支承反力，$p_{i-1}^e = 2\tau_s \ln(R_i^e/R_i^i)$；$\tau_s$ 为残余抗剪强度；p_0 为原岩应力；μ 为围岩泊松比；σ_t 为岩石的单轴抗拉强度；φ 为围岩的内摩擦角。

分区破裂区的个数及半径是深部设计支护巷道的锚杆或锚索长度的依据。

5.7 岩体地下工程维护原则及支护设计原理

5.7.1 岩体地下工程维护的基本原则

当围岩压力大，围岩不能自稳时，就需借助支护和围岩加固手段以控制围岩，维护岩体地下工程的稳定性，实现安全施工，并满足在服务年限里的安全运行和使用要求。

岩石地下工程稳定所涉及的因素比较多，尤其在一些复杂地质条件下，更是一个困难的问题。在采矿工程中，受矿体赋存条件的制约，巷道等地下工程的位置、围岩性质及其地质环境条件无法随意选择，决定了其维护工作的困难性。但是，即使如此，工程中总还有一些可控或可调节的因素。因此在岩体地下工程的设计与施工中，就要根据其稳定的基本原则，充分利用有利条件，采取合理措施，保证在经济的原则下，实现工程稳定。

从前面的分析可知，充分发挥围岩的自承能力，是实现岩体地下工程稳定的最经济、最可靠的方法，所以岩体内的应力及其强度是决定围岩稳定的首要因素。当岩体应力超过强度而设置支护时，支护应力与支护强度便成了岩体工程稳定的决定性因素。因此，维护岩体地下工程稳定性的出发点和基本原则，就是合理解决这两对矛盾。

5.7.1.1 合理利用和充分发挥岩体强度

（1）地下的地质条件相当复杂，软岩的强度可以在 5MPa 以下，而硬岩可达 300MPa 以上。即使在同一个岩层中，岩性的好坏也会相差很大，其强度甚至可以相差十余倍。岩石性质的好坏，是影响稳定性的最根本、最重要的因素。因此，应在充分比较施工和维护稳定性两方面的经济合理性的基础上，尽量将工程位置设计在岩性较好的岩层中。

（2）避免围岩强度的损坏。工程经验表明，在同一岩层中，机械掘进的巷道寿命往往要比爆破施工长得多，这是因为爆破施工损坏了岩石的原有强度。资料表明，不同爆破方法可以降低岩石基本质量指标 10%～34%，围岩的破裂范围可以达到巷道半径 33% 之多。另外，被水软化的岩石强度常常要降低五分之一以上，有时甚至完全被水崩裂潮解。特别是一些含蒙脱石等成分的泥质岩石，还有遇水膨胀等问题。因此，施工中要特别注意加强防、排水工作。采用喷射混凝土的方法封闭岩石，防止其软化、风化，也是维护巷道稳定的有效措施。

（3）充分发挥岩体的承载能力。通过围岩与支护共同作用原理的分析已经清楚，围岩在地下岩体工程稳定中起到举足轻重的作用。因此，在围岩承载能力允许的范围内，适当的围岩变形可以释放部分集中的次生应力，从而减轻支护压力。这对实现工程稳定及加固经济性具有双层效果。因此，软岩支护中专门采用有收缩变形机构的可缩性支架来实现"让压"。

（4）加固岩体。当岩体质量较差时，可以采用锚固、注浆等方法来加固岩体，提高岩体强度及其承载能力。岩体结构面、破碎带等的影响往往是其强度被削弱的主要原因。因此，采用加固岩体的锚喷支护、注浆等方法，可收到意想不到的加固效果。

5.7.1.2 改善围岩的应力条件

（1）选择合理的隧（巷）道断面形状和尺寸。岩石怕拉耐压，岩石的应力状态也影响岩石的强度大小。因此，确定巷道的断面形状应尽量使围岩均匀受压。如果不易实现，也应尽量不使围岩出现拉应力，使隧（巷）道的高径比和地应力场（侧压力大小）匹配，这就是前面讨论等压轴比和零应力轴比的意义。当然，也应注意避免围岩中出现过高的应力集中，造成超过强度的破坏。

（2）选择合理的位置和方向。岩石工程的位置应选择在避免受构造应力影响的地方。如果无法避免，则应尽量弄清楚构造应力的大小、方向等情况。国外特别强调使隧（巷）道轴线方向和最大主应力一致，尤其要避免与之正交。实践还表明，顺层巷道的围岩稳定性往往较穿层巷道差，因此，应特别注意这种地压的不均匀性。

（3）合理应用"卸压"方法。卸压的目的，是改善采场和巷道围岩的应力状况。李俊平从卸压机理入手，将卸压施工工艺简单分为如下五类：

1）利用压力拱理论，将采场和巷道布置在低压区。如开采上、下的解放层或保护层；先两端巷道式一步骤开采，再在压力拱下二步骤回采。

2）利用支承压力理论，降低围岩强度或密度。如帮墙开槽、钻孔、钻孔爆破；注水软化帮墙；在支承压力影响带内，平行工程走向开凿小断面巷道。

3）利用最大水平地应力理论，设置"应力屏障"或隔断开采。如在采场或巷道两侧或仅上盘侧先开采或深孔爆破弱化；巷道底板深孔爆破防底臌。

4）利用板理论，缩短（悬臂）板的长度。如切顶支架、爆破或注入软化切断顶板，减小（悬臂）板的长度。

5）利用卸压支护理论，采（掘）前卸压或采（掘）后卸压。如施工导硐实现采（掘）前卸压；改进支护结构和让压性能，设计可缩性支架，或支护体后填充袋装碎石、发泡剂等易变性材料，实现采（掘）后卸压。

可见，除了根据《轴变论》布置采场或巷道的断面形状和尺寸，避免开采（挖）空间的轴向与最大主应力正交外，在各类卸压施工工艺中都涉及钻爆法。尽管目前还没有一种在任何复杂岩体环境中都十分有效的卸压施工工艺，但钻爆法是一种经济、简便、易变通的卸压施工工艺，也是硬岩矿山在岩爆控制或深部开采大变形控制中常用的、很有发展前景的一种卸压施工工艺。

李俊平在巷道或竖井掘进端面的辅助眼中呈三角形布置部分超深 1～2 倍掘进循环进尺的松动爆破炮眼，在巷道拱腰部位沿走向呈直线或沿竖井井壁的圆周随进尺单排布置间距、眼深约为 2.5m 的卸压震动炮眼，成功控制了河南灵宝豫灵镇某万米平洞及文峪金矿竖井掘进中发生的岩爆，并应用 FLAC-3D 静态和动态研究了卸压爆破参数的合理性。

5.7.1.3 合理支护

合理的支护包括合理选择支护类型、支护刚度、支护时间，合理确定支护受力和支护的经济性。支护是巷道稳定的人工加强性措施，因此，支护参数的选择仍应着眼于充分改善围岩应力状态，调动围岩的自承能力和考虑支护与岩体相互作用的影响，在此基础上，注意提高支护的能力和效率。例如，锚杆支护能起到意想不到的效果，就因为它是一种可以在内部加固岩体的支护形式，有利于岩体强度的充分发挥。另外，当地压可能超过支护构件能力时，使支护构件具有一定的可缩性，也是利用围岩与支护共同作用原理来实现围岩稳定并保证支护不被损坏的经济有效方法。

混凝土属于受压构件，钢筋混凝土能承受较高的抗弯力。支护设计就应充分考虑这些特点，扬长避短。设计支护构件还应考虑构件之间的强度、稳定性和寿命等方面的匹配，尽量达到经济合理性的要求。

支护与围岩间应力传递的好坏，直接影响到支护发挥自身能力和稳定围岩能力的好坏。当荷载不均匀地集中作用在支护个别地方时，会造成支护在未达到其承载能力之前（有时甚至还达不到其自承能力的 1/10）出现局部破坏，从而导致整体失稳。另外，支护与围岩间总存在间隙（有时可达半米之多），这种间隙不仅使构件受力不均匀，而且延缓支护对围岩的作用，还会恶化围岩的受力状态，因此，应采取有效措施（如注浆、充填等）实现支护与围岩间的密实接触，从而实现围岩压力均匀传递。

5.7.1.4　强调监测和信息反馈

由于巷道地质条件复杂并且难以完全预知，岩体的力学性质具有许多不确定性因素，因此，岩体地下工程施工所引起的岩体效应就不能像"白箱"操作那样容易获得一个确定性的结果。通过施工中对围岩的监测与反馈，来判断其"黑箱"中的有关内容并推测以后可能出现的变化规律，就成为控制巷道稳定性最现实的方法。目前国内外普遍强调监测和信息反馈技术，通过施工过程和后期的监测，结合数学和力学的现代理论分析，获得预测的结果或用于指导设计和施工的一些重要结论。例如，国际流行的"新奥法"支护技术的一项重要措施，就是监测与反馈。

解决岩体地下工程稳定性问题涉及岩体破坏前与破坏后的基本力学性质、影响力学性质的地下环境因素、围岩与支护之间的相互作用以及岩体地下工程的施工、结构因素和自身受力特点等复杂内容。为了解决好岩体地下工程稳定性问题，常采用的方法有：

（1）经验方法或工程类比方法。这是人们通过对实践的总结、归类并指导施工实际的方法。

（2）解析方法。其结论具有普遍意义和指导作用，但是解决问题的范围相当有限。

（3）一些简化而建立的简单初等力学计算公式。其在一定条件下还很有参考意义。

（4）数值计算方法。这是当前发展最快的方法之一，已经成为解决岩石地下工程稳定的重要工具；但是，所涉及的基础理论和方法自身的缺陷尚需要进一步努力解决。

（5）实验方法。包括实验室工作和现场监测与反馈，是直接面对工程问题的有效手段，已越来越受到重视。

所有这些方法，各有优劣。目前，随着现代科学技术的发展和观念的更新，一些先进的科学技术成果和强有力的数学、力学工具，正在改造或者形成指导地下岩体工程稳定性问题的新方法。例如针对连续岩体和不连续岩体的有限元、边界元、离散元、流形元等数值计算方法，具有人工智能的专家系统方法，各种模式识别和系统反演方法，包括灰色系统理论、时间序列分析、概率测度分析、统计分析、神经网络分析以及混沌理论、分形理论、工程施工与环境影响的强耦合计算等等的应用。尽管目前的成果还不能完全尽人意，还存在大量的问题需要进一步研究解决，但是可以相信，依靠现代科学理论与技术的进步，是岩石力学及其工程问题走向现代化和科学化的必由之路，它们将为解决地下岩体工程稳定性问题提供有力的手段。

5.7.2　支护分类与围岩加固

支护的分类形式有许多，如按支护材料分类有钢、木、钢筋混凝土、砖石、玻璃钢等支护方式；按形状分有矩形、梯形、直墙拱顶、圆形、椭圆形、马蹄形等支护；按施工和制作方式有装配式、整体式、预制式、现浇式等支护。比较合理的分类方法，是根据支护作用的性质分类，把支护分为普通支护和锚喷支护两类。

普通支护是在围岩的外部设置支撑和围护结构。锚喷支护靠置入岩体内部的锚杆对围岩起到组合悬吊和挤压加固等作用。普通支护又可以分为刚性支护和可缩性支护。可缩性支护的结构中一般设有专门可缩机构，当支护承受的荷载达到一定大小时，靠支护的可缩机构，降低支护的刚度，同时支护产生较大的位移，释放围岩的部分集中荷载。

刚性与可缩性不是绝对的。设有专门可缩机构的可缩支护在可缩能力丧失以后也就成为了刚性支护；当底板软，基础会发生下陷时，刚性支护也具有可缩性能力。

围岩加固是另一类维护地下岩体工程稳定的方法，如采用注浆等方法改善围岩物理力学性质及其所处的不良状态，能对围岩稳定产生良好的作用。完整或质量好的岩体具有较高的承载能力，当它受到裂隙切割或破坏后会严重降低其整体强度。加固方法就是针对具体削弱岩体强度的因素，采用一些物理或其他手段来提高岩体的自身承载能力。锚喷也可认为是一种加固性的支护方法，它也可以与普通支护结合使用。

5.7.2.1　普通支护

普通支护也称离壁式支护，如木支架、钢支架、混凝土砌碹以及钢筋混凝土支架等，与围岩部分点接触和部分面接触。其特点是：（1）被动承受围岩压力；（2）支护及时时，围岩变形还未达到极限的情况下，在点接触或面接触处承受围岩所产生的压力（变形压力），未与围岩接触处承受围岩松脱冒落的自重压力（松脱压力）；（3）在完全不接触的情况下，或支护不及时时，围岩已发生松脱，则只承受松脱压力；（4）由于围岩压力的存在，使得地下工程中采用了一些不稳定结构，这也是地下工程结构的一个特点。

A　普通支护的选材选型

普通支护的选材选型应根据地压和断面大小，结合材料的受力特点，做到物尽其用。

直边形断面的构件承受的弯矩大，因此常常采用型钢材料、木材或预制钢筋混凝土构件，一般用在断面不太大和压力有限的地方，如梯形和矩形等断面形式。曲边形断面的利用率较直边形差，但曲边形断面的支护构件主要承受轴心或偏心压力，所以比较适合于应用耐压不受拉的砖石和混凝土材料。通常采用的曲线加直线形的断面有直墙三心拱、半圆拱、圆弧拱、抛物线拱（见图 5.45）。通过力学分析可知，从前到后它们承受顶压的能力

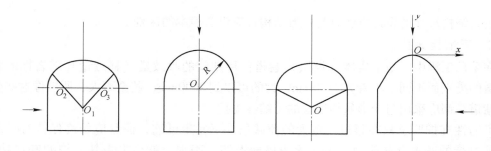

图 5.45　直墙拱顶型支护

是由小到大的顺序排列。当顶、侧压力均较大，直墙中弯矩过大时，则可采用弯墙拱顶；当底部也有很大压力且底板又软弱时，底板也要砌筑反拱，成为马蹄形或椭圆形支护。椭圆形的轴比则应按前面的分析原则确定。

底板砌筑反拱必须和墙体形成一个整体，可以形成断面全封闭的支护形式。这对于改变巷道支护中底板薄弱环节和提高支护整体承载能力是十分有益的。它也是"新奥法"技术的一个主要思想。但是，反拱的砌筑条件是比较困难的，投入也较大。

B　支护设计

只要已知结构的内力，就可以采用一般的结构力学、各种建筑结构学的方法进行支护结构的构件设计，因此，其关键就是要确定结构的外荷载，以便计算其内力。根据地压确定方法的特点，目前岩体地下工程结构设计方法主要可分为两种，即现代的视支护-围岩为共同体的计算模型方法和传统的结构力学方法。

计算模型方法，是一种把支护和围岩视为一体的方法，在具体的工程中常常需采用数值计算（有限元、边界元等）方法进行。它可以考虑不同围岩和支护的力学特性，包括岩体结构面力学特性、各种巷道断面形状、开挖效应、支护时间等复杂情况，能考虑围岩与支护的共同作用特点，并能反映现代支护技术的实际情况。尽管这一方法还存在前面所述的一些基本理论和计算本身的问题，但应该说，它是地下岩体工程结构设计的正确和有效途径。

传统的结构力学方法，实际上是地面结构力学方法在地下工程中的应用。外荷载由地压计算结果（主要是古典或现代的地压学说方法）直接获得，除此之外，这种方法要考虑另一种特殊的外荷载，即围岩压力（或称弹性抗力）。

围岩抗力计算常借助弹性地基梁理论，其中最简单常用的方法是基于温克尔（E. Winkler）假设。温克尔假定弹性抗力的大小 q 与其位移 u 成正比关系，即

$$q = -ku \tag{5.115}$$

式中，k 为比例系数，称为围岩抗力系数或弹性抗力系数。

直接应用温克尔假定仍比较复杂，因为沿支护接触面的围岩位移分布在一般情况下是非线性的。为简便计算，常对抗力的分布做一些简化，如对直墙拱，可以认为直线形构件的抗力按三角形直线形式分布，并集中分布在构件长度的 1/3 范围，即认为此 1/3 构件变形时压向围岩产生抗力，而另外 2/3 不会产生抗力。同样也可以假设拱部也只分布在拱脚（设拱顶有挤向巷道空间趋势）附近某中心角的范围，并按抛物线规律分布。

当已知这些抗力分布后，就可以根据结构力学方法获得抗力的具体大小。获得全部外

荷载后，结构尺寸的设计方法就与一般结构计算没有根本的区别。

C　可缩性支护

在采矿工程中，地下岩体（煤层）巷道使用期间的收敛量（移近量）随岩性的强弱和巷道的类别而不同，小者 20～50mm，大的可以到 2000mm，甚至更大，所以像这些变形大的巷道，都应采用与变形量相适应的可缩性支护。

可缩性支护要求只在超过一定大的荷载条件下发生可缩，而且应始终保持有一定的且不能过低的基本承载能力，不能无止境地退缩，否则，就会失去其支护的基本功能。针对不同巷道，可缩性支护的可缩量应能人为调节，并能使这些可缩性支护实现多次可缩。

实现支护结构的可缩（yield），一般可以采用三种办法：

（1）当压力 P 达到一定限度时，超过了构件之间的摩擦阻力而发生滑动，或者启动液压缸中的回油阀而使活塞杆在一定压力下动作，如摩擦柱、液压支柱；

（2）当压力 P 达到一定限度时，支护的局部构件进入塑性或破坏状态，从而引起支护整体产生较大的位移，如金属支架构件或砖块之间设置的木铰或木块被压扁，或者木垛的接触点被压酥等；

（3）当压力 P 达到一定限度时，引起多铰型支架构件发生绕着节点的转动，从而使支架形成整体可缩。

目前，在煤矿井下采场中广泛采用金属摩擦支柱、单体液压支柱和综采液压支架等最典型的可缩支架；而在采区巷道中应用最好的是 U 形钢做成的各类可缩支架。这类支架的相对可缩量（$\Delta H/H$）可达 35% 甚至到 64% 而不失其承载能力。由于它不易损坏且能回收重复使用，所以其初期投资虽然比较高，但总成本仍可接受。对于遇到变形很大、崩解膨胀性软岩的其他巷道、隧道、硐室等地下工程，U 形钢可缩性支架也是比较理想的支护形式。

5.7.2.2　锚喷支护

锚喷支护是锚杆与喷射混凝土联合支护的简称。锚杆与喷射混凝土都可独立使用，但二者联合应用，支护效果更好。喷锚联合支护的力学作用表现在两个方面：（1）开挖后，在巷道周边形成松动圈和塑性变形区。喷射混凝土支护，一方面水泥砂浆的胶结作用提高了松动圈的整体稳定性；另一方面喷射混凝土层的柔性，允许围岩发生较大位移而不发生松脱，能充分发挥围岩的自支承能力。（2）锚杆的挤压加固及其与围岩的变形协调作用，进一步加固围岩，提高其整体承压能力。

喷锚支护是软弱破碎岩体的一种最有效支护形式，具有主动加固围岩、充分发挥围岩的自支承能力、良好的抗震性能等优点。喷射混凝土衬砌见图 5.46。

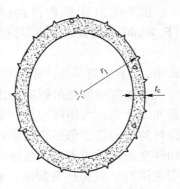

图 5.46　喷混支护

A　锚杆的工作特点

所谓锚杆，即是一种杆（或索）体，置入岩体部分与岩体牢固锚结，裸露部分在岩体外面挤压围岩或使锚杆从里面拉住围岩。

锚杆支护最突出的特点是通过置入岩体内部的锚杆，提高围岩的自承能力。锚杆支护迅速及时，而且在一般情况下支护效果良好，用料节省，在同样效果下只有 U 形钢用钢量的 1/15 ~ 1/12。所以，它已被越来越广泛地应用到各类岩土工程中。

B　锚杆的结构类型

国内外锚杆的构造类型不下数十种，分类的方法也很多。早期主要采用机械式（倒楔式、涨壳式等）金属或木锚杆；后来较多采用黏结式（有水泥砂浆、树脂等黏结剂）钢筋或钢丝绳锚杆、木锚杆、竹锚杆等以及管缝式锚杆（管径略大于孔径的开缝钢管，打入岩孔中），部分锚杆见图 5.47（a）~（d）；近期发展了快硬或膨胀水泥砂浆、水泥药卷、树脂药卷等性能良好的黏结材料，特别是后者，使得锚杆的效能得到了显著提高。

根据杆体锚固的长度，可以分为端头（局部）锚固或全长锚固。各类水泥砂浆锚杆和树脂锚杆均可实现全长锚固，管缝式锚杆也属于全长锚固类锚杆。

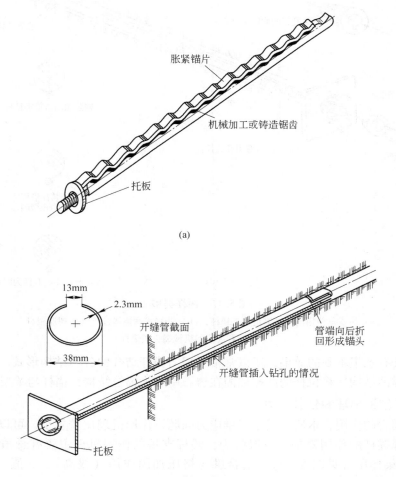

(a)

(b)

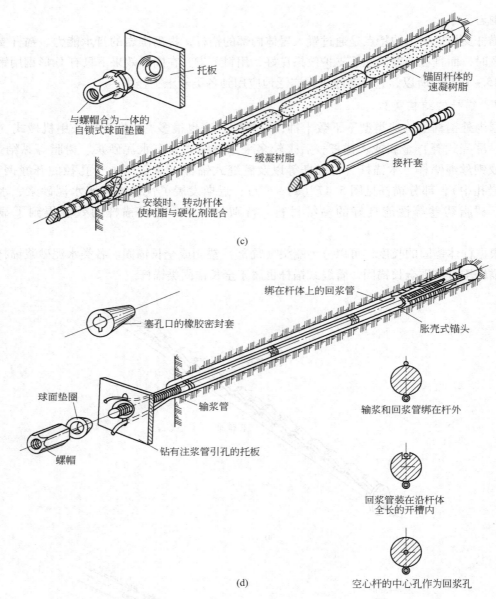

图 5.47   锚杆类型

（a）可重复使用的机械锚定加工锚杆；（b）开缝式摩擦锚杆；（c）树脂锚杆；

（d）拉紧和注浆的机械锚头式锚杆

因为锚杆有意想不到的效果，所以常常采用与锚杆结合的各种结构形式。如锚杆与钢筋网结合成锚网结构，将拉杆的两端锚固在岩石中成为锚拉结构，锚杆与梁架结合等等。

C   锚杆作用机理和锚杆受力

锚杆对围岩的作用，本质上属于三维应力问题，作用机理比较复杂，可以说至今还不能很好地解释锚杆的作用效果。一般认为，锚杆支护的作用机理主要有悬吊作用（见图 5.48）、组合梁作用（见图 5.49）、组合拱与挤压加固作用（提高 c，φ 值，见图 5.50）等。研究还表明，锚杆对抑制节理面间的剪切变形和提高岩体的整体强度方面起着重要作用，尤其是全长锚固锚杆（见图5.51）。

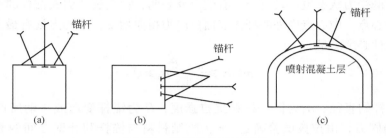

图5.48　锚杆群的悬吊作用

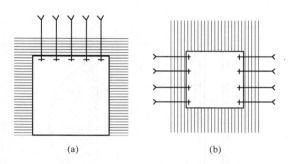

图5.49　锚杆群的组合梁作用

（a）岩层水平；（b）岩层直立且并行巷道轴线

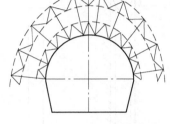

图5.50　锚杆群的挤压加固作用

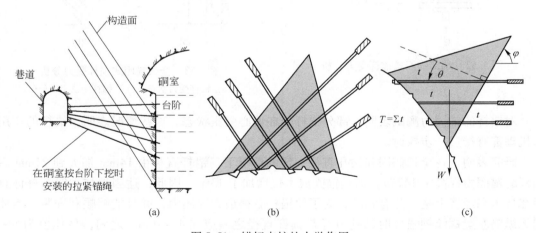

图5.51　锚杆支护的力学作用

（a）自平行巷道预先加固硐室；（b）悬吊一危险岩块；（c）预防一滑动面滑落

a　端部锚固式锚杆受力分析

锚杆的受力状态如图5.52所示。设锚杆预拉力为 Q'，岩体变形所产生的拉力为 Q''，则锚杆的拉应力 σ 为

$$\sigma = \frac{4}{\pi d^2}(Q' + Q'') = \frac{4Q}{\pi d^2} \tag{5.116}$$

式中，d 为锚杆的直径；$Q = Q' + Q''$，Q 为锚杆所需的最小锚固力，由拉拔试验确定。

b　全长锚固式锚杆受力分析

锚杆杆体的受力状态也比较复杂，有的研究表明，在全长锚固式锚杆的中部或偏下部位，存在一中心点，中心点内外的杆体表面剪应力指向相反，中心点处有最大轴力，见图5.53。锚杆设计必须满足

$$\pi d L_1 \tau \geqslant \frac{\pi \cdot d^2}{4} \sigma_t \geqslant Q \qquad (5.117)$$

式中，d 为锚杆的直径；σ_t 为锚杆材料抗拉强度；Q 为锚杆变形或移动所产生的最大拉力，即最小锚固力，由拉拔试验确定；τ 为黏结材料与锚杆和孔壁之间的黏结强度。对管缝式锚杆，$d^2/4$ 应用 $(d_1^2 - d_2^2)/4$ 替代，其中 d_1、d_2 分别为管缝式锚杆管壁的外径和内径。

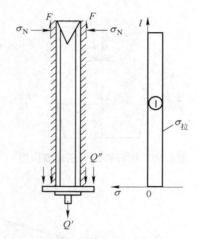

图 5.52　端部锚固式锚杆受力分析

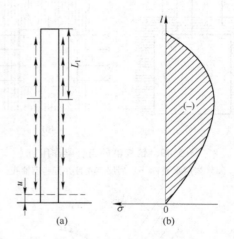

图 5.53　全长锚固式锚杆受力分析
（a）锚杆受力状态；（b）锚杆中拉应力分布

对锚杆的锚固力测试表明，部分锚杆处在偏心受压状态。这些情况表明，锚杆的作用和机理都有待进一步探讨。

研究表明，在全长锚固和钻孔直径一定的情况下，锚杆直径由 14mm 加大到 22mm 后锚杆的锚固力提高了 147%，但是锚固成本仅增加了 13%，因此，适当地加大锚杆杆体直径在技术和经济上是十分有利的；为了使锚杆获得最大锚固力，并且能够顺利安装，当使用无纵筋左旋螺纹钢锚杆时钻孔直径与锚杆直径之差应在 4～10mm 之间，最佳值为 5～6mm；当使用带纵筋螺纹钢筋锚杆时钻孔直径与锚杆直径之差应在 6～12mm 之间，最佳值为 7～8mm；采用"三径"（钻孔直径、锚杆直径和凝固的树脂等药卷直径）合理匹配后，可以大大提高锚杆的锚固力，改善锚杆对围岩的支护效果；全长锚固与端头锚固相比，锚杆及围岩的受力状态好，实际锚固力大，对围岩有一定的抗剪切能力，有效地提高了锚杆支护系统的刚度。

D　锚杆参数的确定方法

目前，锚杆设计的计算方法都要采用一些简化和假设，其结果只能作为一种近似的估算，而更多的是采用经验和工程类比方法。

（1）按单根锚杆悬吊作用计算。

锚杆长度 L 的计算公式

$$L = l_1 + l_2 + l_3 + l_4 \tag{5.118}$$

式中，l_1 为外露长度，取决于锚杆类型和构造要求，如钢筋锚杆应考虑岩层外有铁、木垫板与螺母高度及外留长度；l_2 为有效长度；l_3 可选为易冒落岩层高度，如采用直接顶高度或普氏免压拱高、荷载高度，或者采用塑性区以下的顶板高度、实测松动圈厚度，或者长期调查统计的冒落块体可能厚度，或实测关键块体厚度等；l_4 为锚入坚硬稳定岩层的长度，它的设计原则是锚固力不能小于锚杆杆体可能承受的荷载。锚杆的锚固力是由杆体与黏结剂、黏结剂与岩孔壁间的黏结力或锚杆与岩壁间的摩擦阻力等构成，可以根据实际数据计算。经验值一般不小于 300mm。对树脂锚杆，l_4 至少应大于单卷树脂长度 600mm。

锚杆的拉断力应不小于锚固力，目前还缺乏有效的锚固力确定方法，一般可根据工程条件、现场试验和经验先确定要求的锚固力，然后计算锚杆的杆径。

锚杆的间距、排距由经验确定，或者按每根锚杆所能悬吊的岩体重量，并同时考虑一安全系数（通常为 1.5~1.8）计算间距、排距。

（2）考虑整体作用的锚杆设计。

整体设计锚杆的方法也很多，但这方面的理论尚不能说已成熟。

澳大利亚雪山工程管理局亚历山大等人，对有多组节理的围岩中使用可施加预应力锚杆的拱形或圆形巷道，提出按拱形均匀压缩带原理设计锚杆参数的方法。该理论认为，在锚杆预应力 σ_2 作用下，杆体两端间的围岩形成挤压圆锥体；相应地，沿拱顶分布的锚杆群在围岩中就有相互重叠的压缩锥体，并形成一均匀压缩带（见图 5.54）。

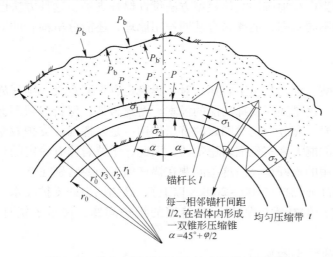

图 5.54 均匀压缩带锚杆支护参数设计原理图

根据试验结果，锚杆长度 l 与锚杆间距 a（取等间距布置）之比分别为 3、2 和 1.33 时，拱形压缩带 t 与锚杆长度 l 之比相应为 2/3、1/3 和 1/10。

设在外荷载 P 作用下引起均匀压缩带内切向主应力为 σ_1，并假定沿厚度 t 切向应力 σ_1 均匀分布，则根据薄壁圆管公式有

$$\sigma_1 = Pr_1/t \tag{5.119}$$

拱形压缩带内缘作用有锚杆预应力引起的主应力 σ_2

$$\sigma_2 = N/a^2 \tag{5.120}$$

一般地，$N = 0.5 \sim 0.8Q$，Q 为锚固力，由现场拉拔试验或设计确定。

在双轴主应力作用下，压缩带内岩体满足库仑强度准则，即在无黏结力 σ_c 的情况下的安全条件为

$$\sigma_1 \leqslant \sigma_2 \tan^2\left(45° + \frac{\varphi}{2}\right) \quad \text{或} \quad P \leqslant \sigma_2 t \tan^2\left(45° + \frac{\varphi}{2}\right)/r_1 \tag{5.121a}$$

当存在黏结力 σ_c 时，则有

$$\sigma_1 \leqslant \sigma_2 \tan^2\left(45° + \frac{\varphi}{2}\right) + \sigma_c \quad \text{或} \quad P \leqslant \sigma_2 t \tan^2\left(45° + \frac{\varphi}{2}\right)/r_1 + \sigma_c \tag{5.121b}$$

根据上述原理，确定锚杆参数的步骤如下：首先，预选锚杆长度 l、直径 d、间距 a（间距和排距选择为相等）；然后，根据 l 和 d，由上述提供的试验结果，确定压缩带厚度 t，以及 r_0、r_1、r_2 等参数值；最后，根据式（5.121a）或式（5.121b）验算压缩带安全条件；如不满足，调整锚杆参数，重新计算直至满足为止。

关于式中 P 的确定，有关文献给出了耶格和库克公式

$$P = P_b (r_2/r_3)^{2\sin\varphi/(1-\sin\varphi)} \tag{5.122}$$

根据前面的弹塑性分析，把 r_3 圈内的岩石视为塑性区，r_3 以外是弹性区，于是可取塑性区径向应力公式（5.42），并使 $a = r_0$、$p_i = \sigma_2$，代入交界面半径 $r = r_3$，可得交界面的径向应力 $\sigma_r{}^p$ 即为 P_b，即：$P_b = \sigma_r{}^p = (\sigma_2 + c\cot\varphi)(r_3/r_0)^{2\sin\varphi/(1-\sin\varphi)} - c\cot\varphi$，这样，上述方法即可比较完整地进行整体锚杆设计。

目前，已经相当广泛地应用数值模型方法设计锚杆支护，这种方法已经能够描述端头锚固和全长锚固的不同状态，能够结合共同作用原理，还能分析围岩的应力和巷道的位移状态。

E 锚杆施工

锚杆是一种隐蔽工程，其施工好坏，对工程稳定有重要意义。锚杆施工首先要求有足够和可靠的锚固力，这是锚杆发挥功能的根本。密封岩帮，保持岩帮不会垮落，并充分保证锚杆端部紧贴围岩，充分形成对围岩的挤压作用，是发挥锚杆支护效果的必要条件。锚杆是通过岩体自身的能力来实现围岩稳定的，因此，维持岩体有一定的自身强度是提高锚杆维护围岩稳定作用的最好途径。这些问题在锚杆施工中要特别注意。

目前流行采用高强锚杆（100~200kN以上）、高锚固力的支护技术，解决了一些复杂条件中使用锚杆支护的技术问题和困难巷道的维护问题，展示了锚杆支护技术的良好前景。

F 喷混凝土的特点和使用

喷混最突出的两个支护特点是：

（1）在施工中岩面一经暴露就可以用混凝土喷射覆盖，除起一定支护作用外，还及时封闭岩面，隔绝水、湿气和风化对岩体的不利作用，防止岩体强度降低。这一点，对于易风化、遇水会膨胀崩解的软岩，意义十分重要。

（2）喷混常配合锚杆使用，可以克服锚杆容易因岩面附近岩石风化、冒落而失效的弱点，使围岩形成一个整体，还可以阻止锚杆、钢网外露部分腐蚀而失效，正因为这样，喷

混凝土常和锚杆联合使用，形成锚喷、喷锚网联合支护。

喷混凝土也可单独使用，但素混凝土是一种脆性材料，其极限变形量只有 0.4% ~ 0.5%，所以在围岩有较大变形的地方喷层就会出现开裂和剥落，因此单独的素喷混凝土使用在围岩变形小于 2 ~ 5cm 的地方；而变形更大时，要采用喷射纤维混凝土的方法，或者采用锚喷联合支护。单独采用喷混凝土支护时，一般喷层厚度可为 50 ~ 150mm。采用锚杆支护为主，喷混凝土为辅时，喷层厚度为 20 ~ 50mm。

5.7.2.3 锚索支护

锚索是近期发展而被广泛应用的支护手段。锚索和锚杆的区别除其规格尺寸和荷载能力外，主要在于锚索一般需要施加预应力，正因为这样，锚索常应用在工程规模大、比较重要、地质条件复杂和支护困难的地方。

锚索的结构形式和锚杆类似，根部一端（或整个埋入长度）需要固定在岩土体内；但锚索的外露头部一端靠预应力对岩土体施加压力。锚索的索体材料采用高强的钢绞线束、高强钢丝束或（螺纹）钢筋束等组成，见图 5.55。单根钢丝（或钢绞线）的强度标准值可以达到 1470MPa 或更高，预应力较小时采用 Ⅱ、Ⅲ 级钢筋，其强度标准值也大于 300MPa，因此，锚索的锚固力可以达到兆牛的量级。

(a) (b)

图 5.55 锚索类型

（a）预应力锚索；（b）双钢绞线锚索

一般的锚索长度大于 5m，长的可以达数十米。根据锚索预应力的传递方式，一般将锚索分为拉力式锚索和压力式锚索。所谓拉力式，是将锚索固定在岩体内后，张拉锚索杆体，然后再在锚孔内灌水泥或水泥砂浆，类似于预应力混凝土的先张法；压力式锚索采用无黏结钢筋，锚索经一次灌浆后固定在锚孔内，然后张拉锚索并最终形成对固结浆体和岩体的压力作用。为使预应力能更均匀地作用在固结浆体和周围岩体中，也可采用分段拉力式或分段压力式等多种结构形式。

待锚索在孔内锚固可靠（或灌注的水泥浆、水泥砂浆等固结到有一定强度）后，就可以张拉预应力。根据岩性情况和对支护结构的变形要求，一般设计预应力值为其承载力设计值的 0.50 ~ 0.65 倍。

目前，国内外已经有不少锚索设计施工规范。和锚杆一样，锚索也是隐蔽性工程，因此一般在规范中特别强调施工质量和检测、试验工作。在预应力的施加过程中，要逐级加载、分级稳定，同时监测由于锚索锚固强度不够或是材料蠕变引起的预应力损失。

锚索的支护效果特别明显，使用的条件也比较简单，有的矿井已经将其列为处理复杂地质条件的一种常用的手段，深部开采的岩体分区破坏不得不借助锚索支护，因此，它在岩体地下工程支护中有较好的应用前景。

5.7.2.4 注浆加固

岩土注浆主要有抗渗和加固两个功能。常采用水泥浆、硅粉水泥浆、改性树脂、水玻璃、丙烯酰胺类及无毒丙凝、聚氨酯等化学浆液灌浆加固裂隙岩体。围岩注浆加固的特点是：依靠注浆液黏结裂隙岩体，改善围岩的物理力学性质及其力学状态，加强围岩的自身承载能力，并使围岩产生成拱作用。因此，对一些裂隙发育的围岩，注浆加固本身就是一种维护巷道稳定的有效手段。另外，注浆与锚杆、支架形成的联合支护，可以大大提高锚杆或支架对围岩的作用力，改善支护效果。目前还有一种所谓的"注浆锚杆"，就是将注浆后的注浆管留在岩体中作为锚杆发挥作用，锚杆周围岩体密实，锚杆在注浆孔中又牢靠黏结，因此往往能取得比较理想的效果。

注浆加固方法适合于裂隙岩体或被破碎的岩体。影响注浆加固效果的因素很多，包括岩体的裂隙发育和分布情况，注浆孔的布置及浆液的渗透范围，浆液配比及其流动、团结性能，注浆压力等一系列因素，而这其中又包含了一些岩石力学基本理论中仍没完全解决的基本问题，如围岩的裂隙结构及其对稳定性分析的影响，围岩的破裂演化及平衡过程等。因此，目前的注浆加固设计实际上仍具有比较大的经验性。

对于加固性注浆，注浆的时机选择对注浆加固效果有很大影响。和支护时间的选择一样，注浆也应考虑围岩的应力条件和岩性条件。注浆过迟，难以起到支护作用；注浆过早，为了适应围岩的应力、裂隙发育等条件，对浆液材料的黏结性能、渗透性、固结强度以及浆液固结体的允许变形量等都有相对较高的要求；而且，当注浆工作和前方工作面施工相距过近时，两道工序会造成相互之间的干扰，一般要使注浆工作面滞后于前方工作面100m左右。

习 题

（1）何谓次生应力，有的书中称次生应力为二次应力，那么是否应该有三次、四次、五次⋯⋯应力？

（2）岩体力学中的围岩与采矿方法中的围岩是否是同一个含义？

（3）在库仑-莫尔强度曲线图上画出轴对称圆形巷道弹塑性应力问题的几个不同位置的围岩应力圆图：巷道周边任一点、松弛与塑性强化区界面、弹塑性界面、弹性区一点、原岩区一点。设支护力 $P_1 = 0$ 和 $P_2 = p$ 的两种情况。

（4）判断巷道围岩的稳定性是以原岩应力为准，还是以次生应力为准？

（5）判断巷道围岩处于弹性状态或是塑性状态的准则是什么？

（6）巷道围岩处于弹性状态时，巷道周边的切向应力最大，而处于塑性状态时，周边切向应力减小或为零，为什么？

（7）巷道围岩弹性状态与塑性状态，在时间和空间上有无联系？解释塑性区对弹性区的支护作用。

（8）举例说明什么条件下和什么形式的巷道属于轴对称问题。

（9）侧压系数 λ 对圆形巷道围岩的应力分布有什么影响？

（10）为什么断面长轴方向与最大主应力方向一致时，围岩应力分布状态有利于岩体稳定？

（11）设原岩应力 $\sigma_1 = \gamma H$，$\mu = 0.25$，试求椭圆形巷道周边为等压状态的椭圆轴比，顶板应力为零的椭圆轴比。

（12）为什么要力求避免围岩中出现拉应力，是否拉应力愈小、压应力愈大就越有利于围岩稳定？

（13）已知原岩应力 $p = 1.49 \times 10^5 \text{Pa}$，$q = 11.07 \times 10^5 \text{Pa}$，试计算圆形、椭圆形、方形、矩形 （$a : b = 3 : 2$）

等断面巷道的危险点的应力。

（14）芬纳公式的使用条件是什么？

（15）巷道围岩分区的界限如何确定？

（16）塑性区半径有什么工程意义？

（17）为什么要计算巷道周边位移，$\lambda = 1$ 时，分别应用弹、塑性应力分析开挖引起的围岩位移。

（18）如何求应变后位移。

（19）试述地压内涵，确立"地压"这一力学概念的目的是什么，对研究矿山工程有什么意义？

（20）将围岩压力分为散体地压、变形地压、冲击地压和膨胀地压四类，这一分类方法的准则是什么？试论述其合理性。

（21）说明如下概念的本质区别：变形地压和膨胀地压；散体地压和冲击地压；弹性变形地压和黏弹性变形地压。

（22）水平硐室围岩的主要破坏形式有哪些？

（23）围岩压力分为哪几类，产生围岩压力的基本机理是什么，影响围岩压力的主要因素有哪些？

（24）什么是新奥法？简述其要点。

（25）论述支护与围岩相互作用原理及其意义。

（26）轴对称圆形支架 $p - u$ 表达式中的 K_C 量纲是什么，K_C 的物理意义是什么？

（27）简述锚杆支护的作用。

（28）某地下巷道，因岩体位移挤压而产生地压，试问采用何种性质的支架进行支护？

（29）设巷道处于弹性状态，试谈矩形巷道沿断面垂直和水平对称轴上的应力分布规律。

（30）岩体地下工程维护的基本原则是什么？

（31）根据围岩与支护的相互作用原理，试简述喷锚支护与整体混凝土支护相比的优点。

（32）说明围岩塑性区应力与原岩应力、围岩压力和 c、φ 值的关系。

（33）破碎岩石强度条件修正的准则是什么？

（34）评述普氏、秦氏和太沙基散体地压计算方法的合理性。

（35）已知一圆形巷道，原岩作用在巷道周边围岩上的压力分别为 p 和 q，$\lambda = q/p = 1/3$ 时，计算巷道的顶板和底板，即 $\theta = \pi/2$ 和 $\theta = 3\pi/2$ 时的应力。

（36）有一半径为 $a = 3\text{m}$ 的圆形隧洞，埋深 $H = 50\text{m}$，岩石容重 $\gamma = 27\text{kN/m}^3$，泊松比 $\mu = 0.3$，岩体弹性模量 $E = 1.47 \times 10^4 \text{MPa}$。试求 $\theta = \pi/2$ 和 $\theta = 0°$ 处的隧洞周边应力和位移。

（37）某工厂隧洞，洞顶为平顶状，如图习题 5.1 所示。由厚层灰岩组成，无软弱夹层，洞宽 $b = 50\text{m}$，洞顶覆盖厚 $h = 44\text{m}$，其中松散堆厚 34m，灰岩容重 $\gamma = 27\text{kN/m}^3$，松散堆容重 $\gamma = 18\text{kN/m}^3$，灰岩泊松比 $\mu = 0.2$，岩体抗压强度 $S_c = 49\text{MPa}$，抗拉强度 $S_t = 4.9\text{MPa}$，试验算洞顶岩石稳定性。

（38）设有一深埋圆形巷道，半径 R_0，围岩为均质、各向同性的无限弹性体，原岩的初始应力为 p_0，侧压力系数为 1，围岩满足三类方程（忽略围岩自重）：

平衡方程：　　　　　　几何方程：

$$\frac{\mathrm{d}\sigma_r}{\mathrm{d}r} + \frac{\sigma_r - \sigma_\theta}{r} = 0 \qquad \varepsilon_r = \frac{\mathrm{d}u}{\mathrm{d}r}, \ \varepsilon_\theta = \frac{u}{r}$$

本构方程：

$$\begin{cases} \varepsilon_r = \dfrac{1-\mu^2}{E}\left(\sigma_r - \dfrac{\mu}{1-\mu}\sigma_\theta\right) \\[2mm] \varepsilon_\theta = \dfrac{1-\mu^2}{E}\left(\sigma_\theta - \dfrac{\mu}{1-\mu}\sigma_r\right) \end{cases}$$

求：1）围岩内应力；2）确定巷道的影响范围。

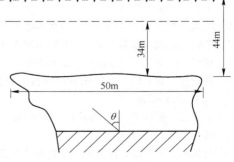

习题 5.1 图

（39）解释：工程软岩、软化临界深度、软化临界荷载。工程软岩分哪几类？

（40）竖井加固方法有哪些？至少列举 4 种。

（41）深部巷道围岩分区破裂化现象与长壁后退开采的顶板"三带"有什么区别，分哪"三带"，尤其在煤炭开采中，"三带"分区的工程意义是什么？

（42）一平巷开在泥质页岩中遇潮湿膨胀，三个月体积增加一倍，按生产要求此巷道应保持半年，问应采取什么措施？

（43）某铜矿平巷开在层厚小于 20cm 的直立分布层状灰岩中，两帮岩石经常向巷道空间弯曲膨胀，以致立柱折断，试问应采取什么措施？

（44）某半圆拱形巷道宽 4.8m、高 3.2m，顶板岩体容重 $25kN/m^3$，$f = 2$；两帮岩体容重 $20kN/m^3$，$f = 2.5$，试计算该巷道的顶压及侧压，并绘制压力分布图。

（45）沿下列岩层开凿竖井，试绘制各岩层压力分布图。黏土页岩：垂直厚度 12m，容重 $18kN/m^3$，侧压系数 0.2304；砂质页岩：垂直厚度 60m，容重 $25kN/m^3$，侧压系数 0.0098；普通砂岩：垂直厚度 25m，容重 $28kN/m^3$，侧压系数 0.0068；泥质页岩：垂直厚度 75m，容重 $20kN/m^3$，侧压系数 0.0262；石灰岩：垂直厚度 30m，容重 $27kN/m^3$，侧压系数 0.0040。

（46）有一半径 $a = 3m$ 的竖井，掘进在黏结力 $C = 5000kPa$、内摩擦角 $\varphi = 30°$、岩石容重 $\gamma = 27kN/m^3$、泊松比 $\mu = 0.25$ 的岩层中。问：1）竖井在 200m 深处的井壁是否稳定？2）竖井的极限深度 h_{cr} 为多少？

参 考 文 献

［1］丁德馨. 岩体力学（讲义）［M］. 南华大学，2006.

［2］高磊. 矿山岩石力学［M］. 北京：机械工业出版社，1987.

［3］R. Richards，G. S. Bjorkman. Optimum shapes for unlined tunnels and cavities［J］. Engineering Geology，1978，12（2）：171~179.

［4］于学馥，乔端. 轴变论和围岩稳定轴比三规律［J］. 有色金属，1981，33（3）：8~15.

［5］岩石力学与工程学报. 专家风采：扎根岩土的常青树——郑颖人院士（四）［EB/OL］.［2013-06-19］. http：//www. rockmech. org/CN/folder/folder64. shtml.

［6］中国科协学会学术部. 深部岩石工程围岩分区破裂化效应（新观点新学说学术沙龙文集）［M］. 北京：中国科学技术出版社，2008.

［7］钱七虎，李树忱. 深部岩体工程围岩分区破裂化现象研究综述［J］. 岩石力学与工程学报，2008，27（6）：1278~1284.

［8］谢和平. 深部高应力下的资源开采基础科学问题与展望［A］. 科学前沿与未来（第六集）［C］. 香山科学会议主编. 北京：中国环境科学出版社，2002：179~191.

［9］何满潮，谢和平，彭苏萍，等. 深部开采岩体力学及工程灾害控制研究［J］. 煤矿支护，2007，（3）：1~14.

［10］陆文. 岩石力学（课件）. 西南科技大学环境资源学院，2006.

［11］李明，李凯，张春，等. 非对称情况下巷道围岩塑性区分析［J］. 中国科技论文在线，2010，04~1087，1~8（www. paper. edu. cn/index. php/default/releasepaper/.../201004-1087）.

［12］翟所业，贺宪国. 巷道围岩塑性区的德鲁克-普拉格准则解［J］. 地下空间与工程学报，2005，1（2）：223~226.

［13］王家臣. 矿山压力及其控制（教案第二版）［M］. 中国矿业大学（北京）资源与安全工程学院，2006.

［14］吕恒林，崔广心. 深厚表土中井壁结构破裂的力学机理［J］. 中国矿业大学学报，1999，28（6）：539~543.

[15] 钱建兵. 小茅山铜铅锌矿竖井井壁破裂治理方法 [J]. 江苏冶金, 2006, 34 (3): 65~67.

[16] 琚宜文, 刘宏伟, 王桂梁, 等. 卸压套壁法加固井壁的力学机理与工程应用 [J]. 岩石力学与工程学报, 2003, 22 (5): 773~777.

[17] 刘环宇, 王思敬, 倪兴华, 等. 煤矿立井井筒非采动破裂治理新方法设计 [J]. 河海大学学报 (自然科学版), 2005, 33 (2): 190~193.

[18] 陈文俊, 陈科. 高应力软岩巷道锚杆支护技术研究 [J]. 煤炭技术, 2010, 29 (4): 70~72.

[19] 张强勇, 陈旭光, 林波, 等. 深部巷道围岩分区破裂三维地质力学模型试验研究 [J]. 岩石力学与工程学报, 2009, 28 (9): 1757~1766.

[20] 高富强, 康红普, 林健. 深部巷道围岩分区破裂化数值模拟 [J]. 煤炭学报, 2010, 35 (1): 21~25.

[21] 李术才, 王汉鹏, 钱七虎, 等. 深部巷道围岩分区破裂化现象现场监测研究 [J]. 岩石力学与工程学报, 2008, 27 (8): 1545~1553.

[22] 陈建功, 朱成华, 张永兴. 深部巷道围岩分区破裂化弹塑脆性分析 [J]. 煤炭学报, 2010, 35 (4): 541~545.

[23] 蔡美峰, 何满潮, 刘东燕. 岩石力学与工程 [M]. 北京: 科学出版社, 2002.

[24] 高明中, 赵光明. 矿山岩石力学 (课件). 安徽理工大学能源与安全学院, 2007.

[25] 李俊平, 陈慧明. 灵宝县豫灵镇万米平洞岩爆控制试验 [J]. 科技导报, 2010, 28 (18): 57~59.

[26] 戚承志, 钱七虎. 岩体动力变形与破坏的基本问题 [M]. 北京: 科学出版社, 2009: 322~332.

[27] 李俊平, 王红星, 王晓光, 等. 卸压开采研究进展 [J]. 岩土力学, 2014, 32 (sup 2): 350~358, 363.

[28] 李俊平, 王石, 柳财旺, 等. 小秦岭井巷工程岩爆控制试验 [J]. 科技导报, 2013, 31 (1): 48~51.

[29] 李俊平, 王红星, 王晓光, 等. 岩爆倾向岩石巷帮钻孔爆破卸压的静态模拟 [J]. 西安建筑科技大学学报 (自然科学版), 2015, 47 (1): 97~102.

[30] 李俊平, 张明, 柳才旺. 高应力下硬岩巷帮钻孔爆破卸压动态模拟 [J]. 安全与环境学报, 2017, 17 (3): 922~930.

[31] 李俊平, 叶浩然, 侯先芹. 高应力下硬岩巷道掘进端面钻孔爆破卸压动态模拟 [J]. 安全与环境学报, 2018, 18 (3): 962~967.

[32] 程良奎, 张作琚, 杨志银. 岩土加固实用技术 [M]. 北京: 地震出版社, 1994.

[33] http://developer.hanluninfo.com/2005/rock/level/all/inside_06_m.htm (工程岩石力学课件, 兴伦电子学习, 北京: 高等教育出版社, 高等教育电子音像出版社).

6 ◆ 矿山地压显现规律

【基本知识点（重点▼，难点◆）】：圆形巷道围岩应力分布规律▼（双向不等压圆形巷道围岩的应力状态◆，相邻圆形巷道围岩的应力状态，支承压力分布）；采准巷道矿压显现规律▼（水平巷道矿压显现规律，倾斜巷道矿压显现规律）；采矿工作面矿压显现规律（工作面支承压力分布特点▼，相邻采场对支承压力的影响▼，顶板岩层中的应力分布规律▼，覆岩变形和破坏规律▼，影响工作面矿压显现的主要因素▼，分层开采时矿压显现特点▼，采场地压控制的原则）；冲击地压及其控制。

　　研究矿山地压显现规律，目的是为了按规律合理布置巷道、采场等开采系统，合理维护和组织生产，确保安全和取得良好效益。在采矿过程中，巷道掘进和支护、工作面采矿和顶板管理、巷道布置和维护、各部分的合理开挖顺序选择、机械化和"三下"开采的实现、露天边坡稳定性控制、高山下采矿引起的山体稳定性控制，等等，都离不开对矿山地压显现规律的正确认识。对矿山地压显现规律认识得越透彻，就越能合理利用它来改进开采技术，经济合理地控制开采地压；同时，开采技术发展越完善，就越有利于有效地控制矿山地压。

　　在采矿过程中，顶板事故仍然占各类矿山事故的40%，产生原因的简析见图6.1。顶板事故频繁或巷道维护状况差，势必影响井下正常运输、通风和行人，甚至难以维持正常生产，这就迫使人们必须重视矿压显现规律的研究。当今在巷道围岩地压显现、采准巷道采动地压变化、采矿工作面支承压力变化、覆岩变形和破坏、冲击地压显现等方面，采矿学者和岩石力学工作者已经总结出了若干成熟的规律。这些规律，在金属等硬岩矿山与煤矿等软岩矿山有相同或相似的变化特征或趋势，只是软岩矿山因有流变变形而呈现出大变形特征。开采期间，除应用崩落法开采外，硬岩地下矿山的最大变形量（或顶底板移近量）不超过10mm/d，一般小于1mm/d。但是，随着硬岩工程或矿山进入千米甚至更深的深部或复杂高应力地区开挖（开采），也显现出了工程软岩的流变变形、大变形、难支护特征，甚至还出现分区破裂化效应，如金川镍矿深部中段、锦屏水电工程开挖。

　　鉴于上述原因，本章将吸收煤矿开采的矿压研究成果，讲述矿山地压显现规律，以便用于指导生产实践和作为将来继续探索深部、复杂岩体环境中采矿、开挖地压显现规律的基础，也便于将来从事金属矿山等硬岩开采或煤矿等软岩开采的学生学习和认识变化趋势与规律。

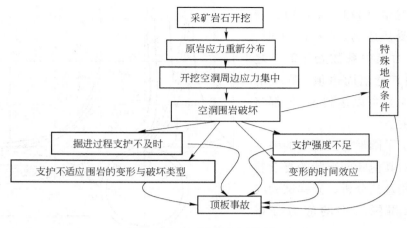

图 6.1 顶板事故原因简析

6.1 圆形巷道围岩应力分布规律

第 5 章已经讲述了单个轴对称圆形巷道围岩的应力分布规律及一般圆形巷道的应力分布分析方法,本节将利用所学分析方法,总结双向不等压圆形巷道围岩应力分布规律和相邻圆形巷道应力的相互影响规律。

6.1.1 双向不等压圆形巷道围岩的弹性应力状态

如图 6.2 所示,根据弹性理论式(5.10),双向不等压状态平板中心圆孔的径向应力 σ_r、切向应力 σ_θ 解为

$$
\left.
\begin{aligned}
\sigma_r &= \frac{\sigma_1 + \sigma_2}{2}\left(1 - \frac{r_1^2}{r^2}\right) - \frac{\sigma_1 - \sigma_2}{2}\left(1 - 4\frac{r_1^2}{r^2} + 3\frac{r_1^4}{r^4}\right)\cos2\theta \\
\sigma_\theta &= \frac{\sigma_1 + \sigma_2}{2}\left(1 + \frac{r_1^2}{r^2}\right) + \frac{\sigma_1 - \sigma_2}{2}\left(1 + 3\frac{r_1^4}{r^4}\right)\cos2\theta
\end{aligned}
\right\}
\tag{6.1}
$$

由此可以绘出侧压系数 $\lambda = 0$、$1/7$、$1/2$、1 时,在 $\theta = 0°$、$90°$、$180°$、$270°$ 轴线上的径向应力与切向应力分布图,如图 6.3 所示。由式(6.1)和图 6.3 可知:

(1)圆形巷道顶、底部($\theta = 90°$、$270°$):当 $\lambda = 0$ 时出现了拉应力,巷道周边围岩拉应力为 σ_1;当 $\lambda = 1$ 时巷道围岩受压应力,周边压应力为 $2\sigma_1$;当 $\lambda = 1/3$ 时,$\sigma_\theta = 0$,即巷道周边顶、底板的拉应力为 0。

(2)圆形巷道两侧($\theta = 0°$、$180°$):当 $\lambda = 0$ 时巷道围岩受压应力,最大应力集中系数为 3;当 $\lambda = 1$ 时巷道围岩受压应力,且周边 $\sigma_\theta = 2\sigma_1$;当 $\lambda = 3$ 时 $\sigma_\theta = 0$,即巷道周边围岩的拉应力为 0。

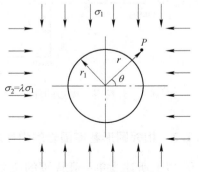

图 6.2 双向不等压状态下的圆形孔

一般情况下（$1/3 < \lambda < 3$），巷道周边围岩受压应力。$0 < \lambda < 1$ 时，两侧切向应力集中系数处于 $2 \sim 3$ 之间；$\lambda = 3$ 时，巷道周边顶、底板的拉应力集中系数可以达到 8；但都与巷道半径无关。

以上分析了圆形巷道围岩的弹性应力状态，对其他断面形状的复杂巷道，也可以用理论分析、光弹试验或数值模拟求得围岩中的应力分布特点。

西德埃森采矿研究中心曾将开采

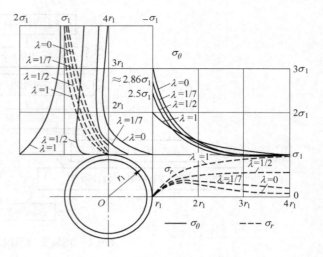

图 6.3　圆形巷道围岩应力分布

煤岩体作为弹性体，利用有限元法进行应力分布的模拟研究，主要研究了开挖空间周边的环向应力分布。模拟的开采条件为：开采深度 1000m，原岩垂直应力 $\sigma_z = 25$MPa。从图 6.4 中可以看出，中部拐角处的应力值高达 170MPa，是原岩应力 25MPa 的近 7 倍，有时甚至更大。

矩形孔周围的应力计算十分复杂，目前为止，还不能运用精确的理论进行求解，一般只能借助数值计算。其一般规律是，矩形孔的拐角处一般产生剪应力集中，而长直边处容易产生拉应力，见图 6.5。矩形的长轴平行于最大来压方向时有利，最理想的高宽比是等于原岩应力的垂直应力分量与水平应力分量的比值。

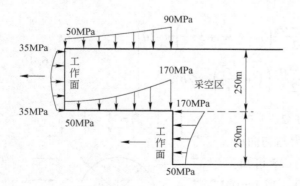

图 6.4　开挖空间周边的环向应力分布

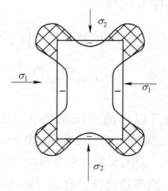

图 6.5　矩形孔周围应力分布

6.1.2　相邻圆形巷道围岩的弹性应力状态

以上所述为单一孔周围的应力重新分布情况，实际上在采矿工程中还经常会遇到多条巷道之间或回采空间对巷道的影响等问题。这些情况可简化为多孔的相互影响问题。一般来说，相邻两孔的影响程度及多孔周围的应力分布受到下列一些因素的影响：

（1）孔断面的形状及其尺寸大小；

（2）相邻两孔相隔的距离；

（3）同一水平内相邻孔的数目；

（4）原岩应力场的性质及有关参数。

6.1.2.1 相邻两断面相同圆形巷道的应力分布

根据单一圆形巷道应力影响范围的概念可知，在双向等压状态下的圆形巷道，若以超过原岩应力值5%处为边界，则切向应力的影响半径为 $R_i = \sqrt{20}\, r_0$。若相邻两圆形巷道的间距 $B > 2R_i = 2\sqrt{20}\, r_0$，则相互不产生影响，巷道周边的应力分布和单一圆形巷道的情况基本相同，见图6.6（a）。在这种情况下，即使布置多条巷道，相互之间也不产生影响。反之，若 $B < 2R_i$，则相互之间就会有影响。

图6.6（b）所示为相邻两圆形巷道间距 $B < 2R_i$ 时产生相互影响的关系图。图中，令 $D = B$，所处的原岩应力场 $\lambda = 0$，则两个圆形巷道之间周边上产生的切向应力集中系数为3.26，而单一圆形巷道时为3，如图中虚线所示。在 $r/r_0 = 2$ 处，即间距的中点处，$\sigma_\theta = 1.7\sigma_1$，比原来单一圆形巷道时的 $1.22\sigma_1$ 增长了约40%。但在巷道顶、底部位，拉应力由 $-\sigma_1$ 降低到 $-0.7\sigma_1$。

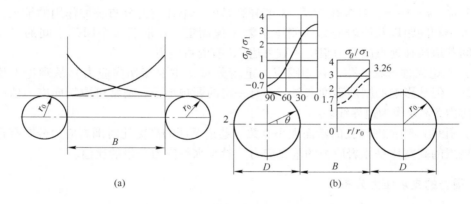

(a)　　　　　　　　　　　　　(b)

图6.6　相邻两圆形巷道围岩切向应力分布

(a) $B > 2R_i$；(b) $B < 2R_i$

6.1.2.2 大小不等相邻两圆形巷道的应力分布

如前所述，单一圆形巷道的影响范围与其半径成正比，断面相同的相邻两圆形巷道的影响间距为 $2R_i$。同理，对大小不等的相邻两圆形巷道，影响间距为 $\sqrt{20}(r+R)$，即各自半径之和的 $\sqrt{20}$ 倍。如图6.7所示，小圆形巷道周边的切向应力集中系数高达4.26，而大圆形巷道周边的应力集中系数仅仅为2.75。这说明大圆形巷道对小圆形巷道的应力分布影响较大，而小圆形巷道对大圆形巷道的应力分布影响甚微，这个特点对研究采矿工作面与相邻巷道的相互影响有很大的参考价值。利用侧翼开巷卸压时，应用这一特点，常常设计出的卸压巷道的断面比被保护巷道小。

综合各种理论分析和实验结果，可以得到巷道（孔）围岩应力分布的几条基本规律。

（1）在各种断面形状的巷道（孔）中，周围形成了切向应力集中现象，最大切向应力发生在孔的周边。圆形与椭圆形孔最大切向应力发生在孔的两帮中点和顶底的中部。对

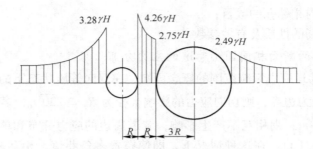

图 6.7　两个不同断面圆形巷道围岩切向应力分布

矩形孔，则最大切向应力发生在四角处，但在长直边处容易产生拉应力，使拐角圆形化能大大降低应力集中程度。曲线加直线形的断面承受顶压的能力由小到大的顺序是：直墙三心拱、半圆拱、圆弧拱、抛物线拱。

（2）应力集中系数的大小，对于单一孔来说，圆形孔仅与侧压系数 λ 有关，$0 \leqslant \lambda < 1$ 时，$k = 2 \sim 3$。对椭圆孔，则不仅与 λ 有关，还与孔的轴比 m 有关。一般当 $m = b/a = 1/2$，$\lambda = 0 \sim 1$ 时，$k = 4 \sim 5$。对多孔来说，k 值升高是由于单孔应力分布叠加作用的结果，其值视孔的大小和间距以及原岩应力的侧压系数 λ 值而定。在前后两个回采空间的影响条件下，中间巷道所在地点的应力集中系数可达 7，有时可能更大。

（3）不论何种形状的孔，它周围应力重新分布（主要指切向应力）从理论上说影响是无限的，但从影响的剧烈程度来看，都有一定的影响半径。通常可取切向应力值超过原岩垂直应力 5% 处作为边界线。

（4）孔的影响范围与孔的断面大小有关。巷道断面的高宽比对围岩应力分布有很大影响。最理想的高宽比是原岩应力的垂直应力分量与水平应力分量的比值。

6.1.3　围岩的支承压力分布

所谓支承压力，指地下空间围岩上形成的高于原岩应力的垂直集中应力。它仅仅是矿山压力的一部分。原岩铅垂应力 σ_v 可按岩体容重 γ 与覆盖岩层总厚度 H 之乘积估算，即 $\sigma_v = \gamma H$。支承压力 $\sigma_t = k_c \sigma_v$，其中 k_c 为应力集中系数。

某些研究表明，支承压力带的应力集中系数 k_c 可按下式估算

$$k_c = \left(1 + \frac{1}{b/L}\right) k_L \tag{6.2}$$

式中，k_L 为开采空间形状影响系数，长/宽 = 1 时 $k_L = 0.7$，长/宽 > 3 时 $k_L \approx 1$；b 为支承带宽度；L 为开挖（开采）跨度，见图 6.8。研究表明，支承压力带的宽度 b 视岩体性质及开采空间跨度而异，大致有如下关系：$b/L = k_1 k_r$。其中，k_1 为跨度影响系数，$L = 3m$ 时 $k_1 = 1$，$L = 30 \sim 40m$ 时 $k_1 = 0.5$；k_r 为岩石性质影响系数，硬岩 $k_r = 0.8$，中硬岩 $k_r = 1.5$。

6.1.3.1　地下空间两侧的支承压力分布

根据 5.3 节和 5.4 节的分析，可得到圆形巷道围岩的弹塑性应力分布。见图 6.9。

根据 5.3 节和 5.4 节的分析，由于假设巷道所处的原岩应力场为净水应力场，即 $\lambda = 1$，同时在极限平衡区与弹性应力区的交界面上（$r_1 = R$ 处）应力连续，所以径向应力 σ_r、

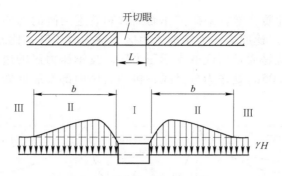

图 6.8　顶板支承带宽与开挖跨度示意

切向应力 σ_t 值应满足弹性区应力分布规律，即 $\sigma_r + \sigma_t = 2\sigma_1$。径向应力 σ_r、切向应力 σ_t 值又满足极限平衡区应力分布规律，因此，极限平衡区半径（塑性区外半径）为

$$R = r_1 \left[\frac{(\gamma H + C\cot\varphi)(1 - \sin\varphi)}{C\cot\varphi} \right]^{\frac{1-\sin\varphi}{2\sin\varphi}} \tag{6.3a}$$

分析式（6.3a）可知：（1）极限平衡区半径与巷道半径成正比。巷道半径 r_1 越大，极限平衡区半径 R 也越大；（2）巷道所处的原岩应力越大，极限平衡区就越大，但是不成线性关系；（3）反映岩体性质的指标 C 和 φ 越小，即岩体强度越低，极限平衡区越大。

同样，有支反力 P 作用时，极限平衡区半径为

$$R = r_1 \left[\frac{(\gamma H + C\cot\varphi)(1 - \sin\varphi)}{P + C\cot\varphi} \right]^{\frac{1-\sin\varphi}{2\sin\varphi}} \tag{6.3b}$$

可改写为

$$P = (\gamma H + C\cot\varphi)(1 - \sin\varphi)\left(\frac{r_1}{R} \right)^{\frac{2\sin\varphi}{1-\sin\varphi}} - C\cot\varphi \tag{6.4}$$

根据计算，可知巷道围岩可分为三种状态，即：（1）周边应力小于围岩弹性极限，则巷道能自稳；（2）周边应力大于围岩弹性极限，则巷道围岩进入塑性状态；（3）若周边应力大于围岩强度极限，则围岩不稳定，必须借助支护抗力支撑。

图 6.9 也表示了巷道两侧围岩的支承压力分布状态。对采矿工程而言，支承压力是在开采过程中随时形成的。由于支承压力引起的围岩变形，对巷道维护和工作面落矿等都有直接影响，并且对开采过程中形成的冲击地压、煤与瓦斯突出、深部开采分区破裂化效应的形成、顶板的完整性和支架的受力大小也有直接影响，因此，支承压力是矿山压力控制的重要对象。

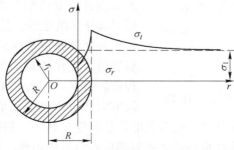

图 6.9　圆形巷道围岩的弹塑性应力分布

根据支承压力的性质，常将采矿工作面前方和巷道两侧的切向应力分布按大小进行分区，如图 6.10 所示。比原岩应力小的压力区，称为减压区；比原岩应力大的压力区，称为增压区。增压区就是通常所说的支承压力区。支承压力区的边界一般可取大于原岩应力的 5%，即 $\sigma_t = 1.05\sigma_1$ 处作为分界线，再向岩体内部发展即处于稳压状态的原岩应力区。

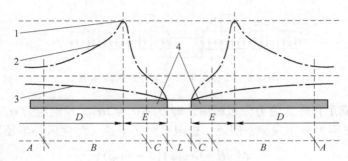

图 6.10 巷道（采场）支承压力分布

A—稳压区（原岩应力区）；B—增压区（支承压力区）；C—减压区（应力松弛区）；

L—开挖（开采）跨度；D—弹性区；E—塑性区（极限平衡区）；

1—支承压力峰值；2—垂直应力；3—水平应力；4—巷道围岩（竖井岩壁）

6.1.3.2 支承压力在矿体底板中的传递

支承压力在矿体底板中的传递，如图 6.11 所示，可分为四个区域：

（1）应力增高区。这是开采引起支承压力传递到底板岩层中，在靠近巷道或采空区边沿的矿柱或矿体下方形成的大于原岩应力的增压区。越靠近矿体或矿柱，该集中应力值越大，见图 6.11 中 A 区。

（2）应力降低区。由于开挖后形成地下巷道、硐室、采空区等空间，或者顶板岩层离层、冒落，在邻近巷道或空间的正下方底板岩层中，形成应力明显低于原岩应力的卸压区，且远离矿层其卸压程度逐渐减小，见图 6.11 中 B 区。

（3）轻微影响区。位于矿体边界的采空区或巷道下方，介于应力增高区和应力降低区之间的区域，为受采动影响轻微的区域，见图 6.11 中 C 区。

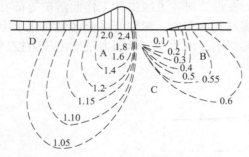

图 6.11 支承压力在矿体底板中的传递

（4）未受影响区，也称原岩应力区。在矿体底板中，离矿柱或矿体支承压力区距离较远或深度较大，未受支承压力影响的地区；或者离采空区或巷道空间距离较远或深度较大，未形成卸压区的地区，见图 6.11 中 D 区。

从减轻巷道受压的观点看，显然不应将底板岩巷布置在 A 区，但也不宜布置在离采空区很近的 B 区，因为该处的底板岩层常会向采空区方向产生移动或底臌。从减少掘进量、便于生产联络和有利于维护等观点看，也不宜将岩巷布置在 D 区。根据经验，一般将底板岩巷布置在 C 区，而且它离矿体底板和矿体边界都应有合适的距离。在采矿生产实际中，还常利用这一特性在被保护巷道上方开凿卸压巷道。

6.2 采准巷道矿压显现规律

采准巷道矿压显现规律比受开采影响的单一巷道要复杂得多，它的维护除取决于影响单一巷道维护的诸因素外，主要取决于矿体开采过程中工作面周围的围岩移动和应力重分布。图 6.12 分别列举了矿柱的弹塑性变形区和支承压力分布（图 6.12（a））、沿空留巷的支承压力分布（图 6.12（b））、窄矿柱护巷的支承压力分布（图 6.12（c））、两侧采空的厚大矿柱的支承压力分布（图 6.12（d））、两侧采空的小矿柱的支承压力分布（图 6.12（e））。采动引起的支承压力不仅对本层巷道危害很大，而且也严重影响布置在工作面周围的底板岩巷和临近层巷道。

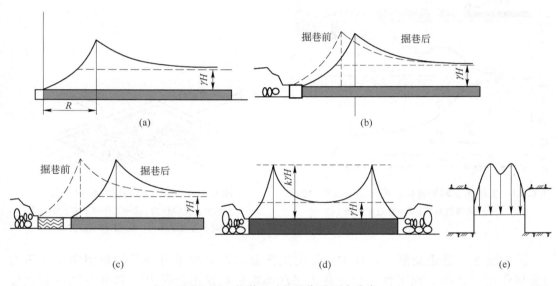

图 6.12　巷道和矿柱的支承压力分布

6.2.1　水平巷道矿压显现规律

以本区段或中段采矿工作面采完后留下供下中段采矿复用的运输平巷为例，其状况如图 6.13 所示，表示采矿工作面运输平巷在经历掘进、采动等影响后顶底板移动的全过程。

（1）巷道掘进阶段 Ⅰ。巷道的掘进破坏了原岩应力平衡，引起围岩应力重新分布，表现为围岩立即产生移动和变形。但是，由于掘进巷道仅对小范围岩体造成扰动，因而矿压显现不会很剧烈，并随着巷道的掘进，围岩应力分布趋向新的平衡，围岩移动速度也由剧烈、衰减而趋向稳定。随围岩性质、采深、掘进方法、断面尺寸等不同，矿压显现从剧烈到稳定所经历的时间，短者只有几天，而长者可达 1～2 个月。时间越长，巷道变形越大。

（2）无采掘影响阶段 Ⅱ。这个阶段的围岩移动主要是由于围岩在塑性状态下的流变所引起。在浅部开采的硬岩矿山，基本不存在流变变形，因此本阶段不明显。相对有采掘影响的情况而言，即使在软岩矿山，如煤矿、深部开采的高应力-节理化-膨胀型复合软岩矿山（金川镍矿），随时间增长，变形的增量极为微小，一般顶底板移近速度较小，巷道基本上处于稳定状态。

（3）采动影响阶段Ⅲ。当采矿工作面接近该区域时，由于工作面前方及采空区两侧支承压力（见图6.14）的影响，使围岩应力再次重新分布。采动影响的全过程是由工作面前方开始，根据围岩性质、采深、开采厚度等的不同，其超前影响距离由10～20m至40～50m不等，到工作面附近采动影响表现剧烈，一般情况下峰值位于工作面后方5～20m范围内。该处顶底板移近速度加剧，巷道断面急剧缩小，支架变形及折损严重。当工作面推过40～60m后，由于采空区上方岩层移动又趋于稳定，采动影响明显变小。

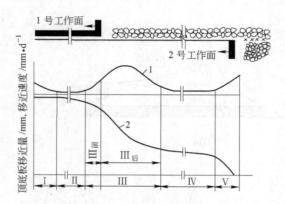

图6.13　工作面下部平巷顶底板移动全过程曲线
1—移动速度曲线；2—移近量曲线

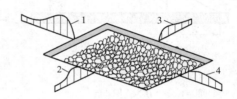

图6.14　采矿工作面支承压力分布
1—工作面前方支承压力；2—工作面下方支承压力；
3—工作面上方支承压力；4—工作面后方支承压力

工作面前方巷道变形、破坏主要是由工作面前方支承压力和沿倾斜侧向支承压力的叠加作用引起的，而工作面后方巷道采动影响带则是由巷道上方和采空区一侧顶板弯曲下沉和显著运动引起的，两者在矿压显现剧烈程度上通常有明显差异。因此，往往细分为Ⅲ前、Ⅲ后两个阶段，工作面前方的采动影响为Ⅲ前，工作面后方的采动影响为Ⅲ后。

（4）采动影响稳定阶段Ⅳ。这是巷道围岩经受一次采动影响后重新进入相对稳定的阶段，故其围岩移动特征基本上与无采动影响阶段类似，但平均移动速度稍大。进入采动影响稳定阶段的位置，少数煤矿从工作面后方50～60m开始，多数煤矿是在100～120m以外。

（5）二次采动影响阶段Ⅴ。处于采动影响稳定阶段的巷道，在下区段回采时，又将受另一工作面开采的支承压力的影响，从而引起围岩的进一步失稳与移动。二次采动的时间和空间规律与一次采动影响类似，但由于是受二次超前支承压力和巷道煤体一侧残余支承压力叠加作用，剧烈程度和影响范围都较一次采动影响时大。

由此可见，采区平巷沿走向方向在时间和空间上存在不同矿压显现带，各带内巷道顶底板移近速度和移近量所占比值的一般规律见表6.1。

表6.1 采区平巷沿走向在不同矿压显现带内顶底板移近规律

矿压显现带		各带内顶底板移近速度/mm·d⁻¹	各带内移近量所占比值/%
Ⅰ 掘进影响带		剧烈区由几到几十，稳定期一般 <1	
Ⅱ 无采掘影响带		多数情况为 0.2～0.5，有时至 1 左右	
Ⅲ 采动影响带	前影响区Ⅲ前	由几到几十	10～15
	后影响区Ⅲ后	一般 20～30，少数情况达 40～60	50～60
Ⅳ 采动影响稳定带		多数情况 <1，有时达 1～2	5～8
Ⅴ 二次采动影响带		由十几至二十几，可达三十几	20～25

注：数据是按煤矿监测值统计而得。在金属等硬岩矿山浅部开采时，顶底板移近速度在Ⅰ区剧烈时，一般不超过 10mm/d，应用崩落法采矿在Ⅲ区剧烈时不超过 20mm/d，其他方法采矿剧烈时不超过 10mm/d。

根据采区平巷矿压显现规律的研究可知，回采工作面的影响是造成巷道变形破坏的主要原因。根据我国部分煤矿区观测资料，采动剧烈影响区内产生的顶底板移近量一般为 200～300mm，有时达到 400～500mm，这大约分别相当于煤层采高的 10%～18%，16%～21%。

在煤矿，为了能事先知道巷道受压后其断面会缩小到何种程度，以便有计划地进行巷道矿压控制，曾提出了多种回采巷道顶底板移近量的预计方法，下面列举的是按照不同矿压显现阶段移近量累计值进行预计的方法。设采区巷道从掘进到废弃的整个服务期内顶底板总移近量为 $u_总$（mm），则

$$u_总 = u_0 + v_0 t_0 + u_1 + v_1 t_1 + u_2 \tag{6.5}$$

式中，u_0、u_1 和 u_2 分别为由掘巷、一次采动和二次采动引起的顶底板移近量，mm；v_0、v_1 分别为无采掘影响期和一次采动后稳定期内顶底板移近速度，mm/d；t_0、t_1 分别为无采掘影响期和一次、二次采动影响间隔期的时间，d。

6.2.2 倾斜巷道矿压显现规律

6.2.2.1 采区斜巷沿倾斜矿压显现规律

以工作面下部沿倾斜掘进的联络斜巷为例，其状况见图6.15，将巷道内从采矿工作面边缘向围岩深部延伸分为三个不同的矿压显现带。

（1）工作面边缘卸载带Ⅰ。在高应力或采矿爆破震动作用下，工作面边缘在不同程度上产生变形和破坏，使其承载能力降低，从而形成受力较原岩应力低的卸载带，也称应力降低区或减压区。卸载带的宽度与作用应力的大小、采高、围岩软硬等有关，多数情况为 0.5～3m，少数情况可达 4～6m。硬岩矿山一般为 0.5～1m。

（2）支承压力显现带Ⅱ。由于工作面边缘围岩遭受破坏而卸载，对上覆岩层的支承压力向围岩深部转移，从而形成沿倾斜方向的支承

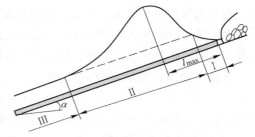

图 6.15 采区斜巷中沿倾斜不同矿压显现带
Ⅰ—工作面边缘卸载带；Ⅱ—支承压力显现带；
Ⅲ—原岩应力带；l_{max}—峰值位置

压力显现带，也称应力增高带或增压区。多数煤矿该带由工作面边缘算起的总影响范围

（包括卸载带宽度）为 15～30m，少数煤矿可达 35～40m。其中支承压力峰值距工作面边缘一般为 15～20m（相当于塑性区宽度）。

支承压力显现带内应力集中系数一般为 2～3，其顶底板移近速度可达 10mm/d 以上，有时甚至达 20～30mm/d。受支承压力严重影响的范围，煤矿一般为 3～20m，少数为 10～25m。

（3）原岩应力带Ⅲ。在支承压力达到峰值以后，随着远离工作面边缘，支承压力影响逐渐减弱，到围岩深部一定距离处即转入原岩应力状态，称为原岩应力带。

沿倾斜的支承压力形成之后，随着远离采矿工作面和时间的增长，会逐渐趋向缓和与均化，并最终形成长期稳定的残余支承压力，其经过的时间随顶板岩性、开采深度、采高、巷道支护方式及工作面推进速度等不同，可能在 20 天左右至 3 个月甚至 1～2 年之间变化（硬岩矿山一般为 20 天左右至 2 月）。从空间上一般要在采煤工作面后方 50～150m 处才开始稳定。

根据沿倾斜掘进巷道的矿压显现规律研究可知，沿倾斜方向支承压力峰值区内的高应力是造成布置在该处的巷道产生变形破坏的主要原因。为了正确选择沿倾斜布置巷道的合理位置，就应预先了解峰值区离采矿工作面边缘的距离 $B(\mathrm{m})$。在煤矿可按以下经验公式估算

$$B \approx 17.015 - 0.475f_0 - 0.16\sigma_c - 0.199\alpha + 1.593m + 1.7 \times 10^{-3}H \qquad (6.6)$$

式中，f_0 为煤层坚固性系数；σ_c 为顶板岩石单轴抗压强度，MPa；α 为煤层倾角，（°）；m 为煤层采高，m；H 为开采深度，m。

6.2.2.2 采动对上（下）山围岩移动的影响

采区上（下）山从开掘到报废，由于受采动影响，围岩应力重新分布，巷道围岩变形会持续和增加。如图 6.16 所示，上山布置在下层矿体内，顶底板为比较稳定的页岩，煤层中硬，上山 A、B 的间距为 20m，上山两侧各留 30m 煤柱，上山煤柱总宽度为 80m，两煤层的间距为 7m。当上层一侧工作面距上山 120～140m 之前，采动对上山无影响，围岩移动量约 0.1mm/d，为无采动影响阶段。而后，随着采煤工作面的推进，至工作面距一侧上山 30m 时停止，围岩移动速度逐渐增加，此时围岩移动量增至 1mm/d，随着工作面的停采，围岩移动速度可逐渐稳定至 0.2～0.3mm/d，此阶段为一侧采动阶段，其后为采动影响稳定期。当另一翼工作面距另一侧上山为 100～120m 时，采动上山受到两翼开采的影响，直至该工作面离另一侧上山为 30m 时停采，围岩移动速度增长至 1.5～3mm/d，形成两侧采动影响阶段。再后又逐渐进入两侧采动影响稳定期，此时则根据围岩性质、煤柱强度及尺寸不同，移动量将有很大差别，在上述具体条件下移动速度为 0.5～1mm/d。

此时巷道围岩变形量为 $u_{总}$，则

$$u_{总} = u_0 + v_0 t_0 + n u_1 + v_1 t_1 + n u_2 + v_2 t_2 \qquad (6.7)$$

式中，u_0、u_1 和 u_2 分别为由掘巷上（下）山、一侧采动及二侧采动时的变形量，mm；v_0、v_1、v_2 分别为无采动影响和一侧采动及二侧采动后稳定期围岩移动速度，mm/d；t_0、t_1、t_2 分别为无采动影响和一侧采动及二侧采动后的稳定期，d；n 为重复采动次数。

针对上述巷道地压显现特点，控制地压的一般措施有：（1）"抗压"：如高强度刚性支护；（2）"让压"：如柔性支护；（3）"躲压"：二次支护，或避开高应力区等；（4）"移压"：人工松动爆破、开卸压巷道、控制爆破切槽放顶、高位巷控制爆破切槽放顶等。

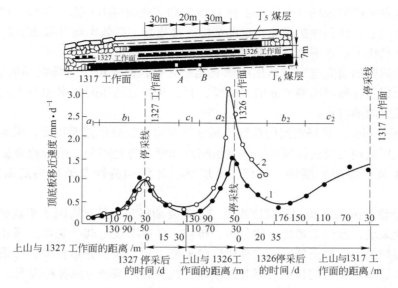

图 6.16 采动对上（下）山的影响

a_1—未受采动影响区；b_1——侧采动影响区；c_1——侧采动影响稳定区；a_2—两侧采动影响区；

b_2—两侧采动影响稳定区；c_2—两侧多次采动影响区；1—顶底板移近速度；2—两帮移近速度

6.3 采矿工作面矿压显现规律

在原岩中形成采场后，上覆岩层的重力即转嫁于采场四壁的岩体中，使采场四壁特别是两侧岩体中的竖向应力升高，形成所谓支承压力，见图 6.17 及图 6.14。

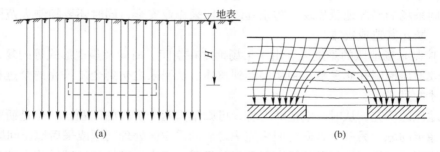

图 6.17 采场支承压力形成的示意图

（a）自然平衡状态应力轨迹；（b）扰动后应力轨迹

6.3.1 概述

6.3.1.1 采场地压的研究内容与特点

采场地压，参照前已述及的定义，系指开采过程中原岩应力对采场或采空区的围岩及矿柱所施加的荷载，是地下开采所形成的采掘空间破坏了原岩的自然平衡状态，引起原岩应力在采场或采空区的围岩及矿柱上重新分布的结果。

采场地压主要研究采场（包括采空区）围岩和矿柱的应力状态、变形、移动和破坏的规律，在此基础上，找到维护采场稳定的措施，高指标、高效率地开采地下资源（包括进行铁路下、建筑物下、水下开采，即"三下"开采）。

采场地压问题的研究与巷道地压问题有相似之处，但是由于采场空间的形状、大小、分布状况、形成及存留时间等方面的特殊性，它又与巷道地压问题有相当大的差异，归纳起来有以下几方面的特点：

（1）暴露空间大。采场空间的跨度、高度比巷道大，故暴露面积大，采动影响范围也大，因而其地压显现波及的范围广、强度也相对加剧；与此相关，采场地压显现在很大程度上将受岩体及矿体中的层理、节理、断层等岩体结构特性及地质构造因素的影响与控制。

（2）复杂性。采场空间的形状比规则的巷道复杂得多，且其周围还布置着各种巷道和硐室以及其他采场，因而采场地压的分布、转移、显现不仅与其一采场的形状、跨度、高度及埋深密切相关，还与全部区域或全矿区的采准工程及采场分布状况、回采状况、支护状况、充填或崩落状况密切相关。因此采场地压控制必须综合考虑各种因素。

（3）多变性。矿体的开采、矿块的回采总是分阶段、分步骤进行的，各种采掘空间不仅形成时间先后不一，而且存留时间的长短或废弃时间的先后也不一致，这就使采场围岩及矿柱中的应力分布在开采过程中多次发生变化，采场地压显现的范围、强度也将因此而不断改变。因此，回采顺序、开采顺序、采矿强度、回采周期及采空区处理的及时性等因素，都会对采场地压显现产生重大影响。

（4）采场地压显现形式的多样性。采场地压显现较巷道地压显现可能波及的范围广、强度大，形式也更为多种多样，除了常见的采场冒顶、片帮、顶板下沉或围岩变形等形式外，还可能出现采场内大量矿柱压裂、底臌、坍塌，多个采场同时冒落，巷道整体错动、岩体移动，地震、巨响、气浪冲击，以及地表开裂、塌陷等形式，所以，采场地压的研究不仅要控制采场的局部地压显现，防止其危机回采作业安全，同时还要控制大范围的整体地压显现，防止其造成灾难。

（5）控制采场地压的难度大。由于采场地压在空间、时间及显现形式等的复杂性，对其进行有效地压控制并非易事，须从局部到整体、从回采之初到全矿采完的全过程采取有效的措施才能见成效。

采场地压的研究，从时、空范畴上看，可归结为两个阶段的问题，一个是研究回采期间采场的稳定问题，另一个是研究回采完毕之后的采空区处理问题或采后地压问题。

回采期间采场稳定性问题的研究着重于分析采场围岩、矿柱和底部结构上的地压分布及显现规律，探讨采准巷道布置与矿柱设计原理，以及维护回采期间采场围岩、矿柱、底部结构稳定性的各种控制措施（包括采场跨度及形状控制，不稳固岩体的加固措施，应力释放或转移措施，选择合理的回采顺序等），监测评价地压控制效果。

采空区处理问题或整体地压控制问题的研究，着重于分析总结在矿山开采中、后期，由于大片采空区的形成而伴随出现的大规模地压显现规律，探讨其形成条件、机理及控制措施。在这一时期里，由于人们忽视研究整体地压显现规律，只注重最大化地开采矿产资源，忽视采空区处理，结果因地压失控而酿成灾害。这是值得引起注意的教训。

针对不同类型采矿方法与工艺，采场地压控制的方法与重点环节将各不相同。有关采准巷道等工程的地压显现一般规律，6.2 节已经专门论述。有关各采矿方法要着重控制的地压显现问题及其规律，将在第 7 章按采矿方法分类叙述。本节仅论述采场（采矿工作面）支承压力、顶板岩层应力分布及变形和破坏的一般地压显现规律。

6.3.1.2 采场地压控制的原则

研究采场地压的主要目的就是要在摸清采场地压分布、转移及显现规律的基础上寻求经济有效的地压控制方法，以维护回采期间采场的稳定和防治采后地压危害，并尽可能使采动后围岩或矿体中的应力重新分布而有利于改善回采条件、提高生产率、降低矿石损失贫化、降低开采成本。因此，采场地压控制应遵循如下几条原则。

A　改善围岩的应力状态

a　合理确定采场断面形状及矿房、矿柱尺寸

利用矿柱控制回采矿房的跨度、形状，支撑上覆岩层的压力，借围岩与矿体的自承能力维护回采矿房的稳定，是地压控制的基本方法。此时需要合理选择矿房、矿柱参数及矿房断面形状与布置方向（图 6.18），以使矿房周围应力分布尽可能合理，既便于充分发挥围岩的自承能力维护自身的稳定，又能做到充分采出矿石。

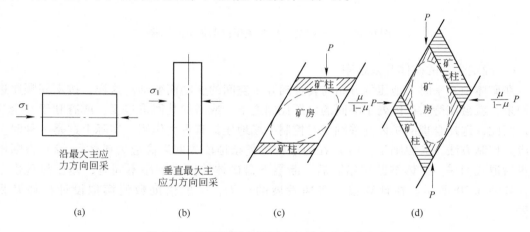

图 6.18　采场回采空间展布与最大主应力方向

回采空间长轴方向应尽可能与矿体最大主应力方向一致。如图 6.18 所示，按图 6.18（a）回采，采场周边将不会出现拉应力；若按图 6.18（b）回采，将在围岩侧帮显现受拉破坏，出现片帮现象。在自重应力场中用空场法开采，留倾斜矿柱比水平矿柱更合理，如图 6.18（c）、（d）所示。

b　确定合理的矿块开采顺序

在高应力区进行回采时，利用矿房矿柱间隔回采的方法，矿房矿柱尺寸选取得当，可形成免压拱，见图 6.19，使待采矿体处于卸压区内，藉以解除原有高应力状态（应力释放），并使来自原岩体的载荷转移到该区域之外，从而改善待采矿块的回采条件。

湖南锡矿山曾用免压拱保护，顺利回采了高应力区矿块。见图 6.19（c），当 71～73 采场大冒落后，相邻的 61～69 采场地压剧增，难于回采；当 45～51 采场也冒落后，61～69 采场却可顺利回采。其原因如图 6.19（a）、（b）所示，中间待采矿块先是因高地应力作用而出现大的压缩变形，与此同时顶板也下沉；当顶板下沉出现离层时，小的免压拱合并成大的免压拱，从而使中间待采矿块卸压。

　　在实际施工中为了判明是否已经形成大的免压拱，可在覆岩中钻观测孔进行岩层位移或离层情况观测。法国洛林铁矿曾采用钻孔电视观测发现免压拱内的岩层离层间隙可达0.5m之多。除此之外，在待采矿块上盘拉空顶切割空间，上层采空区或上盘崩落空间等也可形成类似的免压拱，使待采矿块处于其卸压区中。

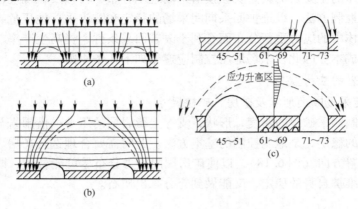

图 6.19　免压拱的形成及免压拱保护下的回采

c　确定合理的矿体开采顺序

　　在矿体中开采时，地压的分布与转移随开采空间的变动而变动。这样，按不同顺序进行回采，就会使待采矿体处于不同的地压控制之下，或增加其回采难度，或有利于安全开采，因此，选择合理的矿体开采顺序对控制采场地压具有重大作用。实际上这是一种时空与应力控制方法，其原则是：（1）在地质构造复杂地段先回采高应力矿体；（2）自断层下盘后退式回采。矿体被断层错断后，断层下盘矿体的回采顺序不同时，地压显现也不同，如图 6.20 所示。在计算技术飞速发展的今天，一般借助数值模拟设计矿体开采顺序。

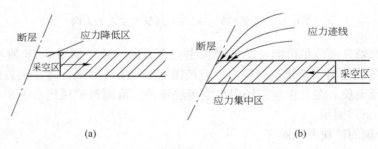

图 6.20　自断层下盘后退式回采与前进式回采对比
（a）后退式回采；（b）前进式回采

B　支撑与加固围岩

　　在回采不稳固矿体时，常用人工方法支护回采工作面，防止冒落。例如木垛支撑、架设支架、锚杆或锚网护顶、锚索护顶、液压支柱或支架护顶、喷锚网支护进路、注浆补强等，部分方式见图 6.21。

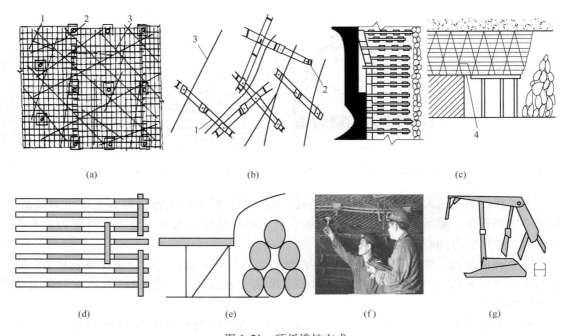

图 6.21 顶板维护方式

（a）锚杆方网护顶；（b）锚杆条网护顶；（c）单体柱铰接顶梁护顶；

（d）单体柱抬棚护顶；（e）支柱斜撑护顶；（f）锚索、锚杆与网；（g）液压支架示意图

1—金属网；2—锚杆；3—裂隙；4—游离岩块

C　充填

在回采期间利用充填体处理空区，改善围岩和矿柱受力状态，增强其稳定性，以阻止冒落，缓解地压显现，减小地表下沉，是当今常用的地压控制方法之一。

D　崩落

崩落岩体处理空区，可缓解或消除因采空区存在而引起的地压显现，降低或消除采场围岩的支承压力，改善相邻采区的回采条件，这是当今地压控制的又一常用方法。

6.3.2　回采工作面支承压力分布

6.3.2.1　采矿工作面前后支承压力分布

采矿工作面前后的支承压力分布与采空区处理方法有关。假如采空区采用的是留矿柱的刚性支撑，工作面前后的支承压力分布类似于巷道两侧，其情况如图 6.22 中曲线 1 所示，即工作面前后均有几乎相等的压力分布。

假设采空区处理采用全部垮落法或充填法，则由于上覆岩层中出现块体咬合的结构，将导致工作面前方支承压力急剧增加，而采空区支承压力则大幅降低，如图 6.22 中曲线 2 所示。刚冒落或刚充填的充填体中应力很小，远离开采的充填体被压实，其承受的压力逐渐增高，直至等于原岩应力。在单层压实的充填体中，中间局部顶板最大应力值可达 $1.31\gamma H$，如图 6.22 中曲线 2 所示；但在充填体下开采第二矿体分层并再充填压实时，采空区的顶板最大应力值不超过 γH。

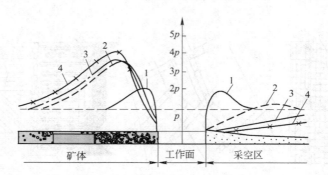

图 6.22   不同采空区支撑条件下工作面前后支承压力分布

若工作面采高很大或顶板岩层比较坚硬，则在岩层悬露时工作面前方支承压力较高，而采空区则较低，如图 6.22 中曲线 3 所示。但当坚硬顶板切落时，前方支承压力将有所降低，采空区后则有所增高。

由于种种原因，如因采深太大或岩性的影响，致使开采后岩层移动未能波及地表，则此时将出现图 6.22 中曲线 4 的状态，即采空区的支承压力有可能恢复不到重力应力值（γH）的状态。

根据上述分析，采矿工作面前后的支承压力一般可绘制成如图 6.23 所示的形式，且可将其分为应力降低区 b、应力增高区 a 及应力不变区 c。其分布特点是：（1）工作面前方矿体端，几乎支承着采矿工作空间上方裂隙带及其上覆岩层大部分重量，即工作面前方支承压力远比后方大；（2）工作面矿壁及采空区（或采空区垮落带）是随时间向前移动的，因而支承压力带也随时间向前移动；（3）由于裂隙带中形成了支撑的半拱式结构，所以采矿工作空间一般是处于应力降低区范围内。

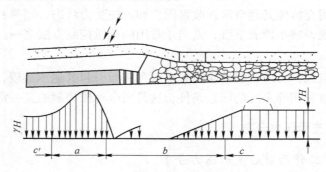

图 6.23   工作面前后支承压力分布

事实上由工作面前方支承压力峰值到工作面端部为极限平衡区，由峰值向矿体内侧为弹性区。显然，支承压力的分布曲线将由支承体的力学特性及其荷载大小而定。

6.3.2.2   相邻采场对支承压力的影响

如图 6.24 所示，若 $b > b_1 + b_2$，支承压力分布相互无影响，与单一空间开挖类似。若 $b < b_1 + b_2$，两开挖空间之间的矿柱上的支承压力将发生叠加，应力集中系数较单一开挖空间明显增加；若 $b < b_1 + b_2$，且一侧开采空间位于另一侧的支承压力带内，则开采空间 2 的两侧都会受到开采空间 1 的影响，其两侧的支承压力都有不同程度的增大。

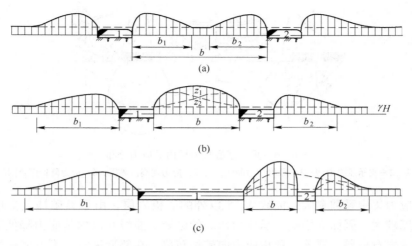

图 6.24　相邻开采空间的支承压力分布

6.3.2.3　支承压力在矿柱底板中的传递

工作面采动后，承受支承压力的矿柱将把支承压力传递给底板，见图 6.25。若矿柱上方为均布荷载，底板是处于弹性变形阶段的均质岩层，则在垂直方向与矿（煤）柱不同距离的水平截面上的压应力分别为图 6.25（a）中曲线 abc、$a_1 b_1 c_1$、$a_2 b_2 c_2$、$\cdots$，曲线的纵坐标值为矿柱上荷载 p 的百分率。图 6.25（b）中的曲线 def、$d_1 e_1 f_1$、$d_2 e_2 f_2$ 分别为通过受载面积中心轴上、与中心轴相距 $0.5B$ 垂直截面上、$1.0B$ 垂直截面上的压应力分布。

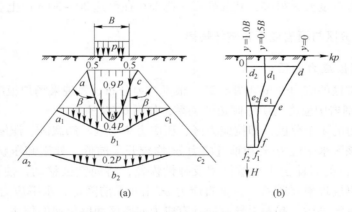

图 6.25　支承压力在矿体底板中的传递

由图 6.26 可知，底板内各点应力大小与施力点的距离成反比，随底板岩层与矿柱间的垂直距离的增加而迅速降低。同时，应力以中心为最大，向矿柱外侧呈一定角度扩展，在边缘处迅速减小。如果把底板中垂直应力相同的各点连成线，即构成等压线，如图 6.26 中曲线 4、5、6 所示。

图 6.26 中曲线 4、5 以内的底板岩层为应力增高区，这是因为开采工作引起的支承压力经矿柱传递到底板岩层，在靠近采空区的矿柱正下方形成大于原岩应力的增压区，且愈

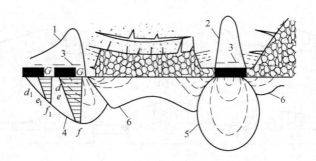

图 6.26　采空区底板岩层内的应力分布

1，2—支承压力曲线；3—原岩应力曲线；4，5—应力增高区界限；6—应力降低区界限

靠近矿柱，应力集中系数愈大。曲线 4、5 以外的底板岩层，由于离矿柱上支承压力区距离较远或深度较大，因而为不受支承压力影响的区域。曲线 6 以内是应力降低区，这是由于开采后顶板岩石离层、冒落，顶板应力向矿柱转移，在邻近采空区下方底板岩层中形成应力明显低于原岩应力的卸压区，且随着远离矿体而卸载程度逐渐减小。

底板岩层内的应力值与矿柱上支承压力成正比，也即与矿体的厚度、倾角、埋深、顶板岩层性质、矿体的采动状况、矿柱的宽度等密切相关。若矿柱两侧都已采动，则形成支承压力叠加，在矿柱上形成比单侧采矿更大的支承压力，如图 6.24（b）、图 6.26 中曲线 2 所示。这样，必然使其在底板内的传递深度和应力值均比单侧采矿时大得多。随着矿柱宽度减小，支承压力在底板内的传递深度和应力值显著增大。

底板岩层性质将对上部矿柱上的支承压力在底板内的传递范围有很大影响。坚硬的底板岩层可使传递的应力迅速减弱，但应力向矿体外侧的扩展角度增大。相反，在松软岩层内支承压力的传递深度要大得多，其强烈影响范围往往可达 20～30m 以上。

6.3.3　顶板应力分区与覆岩变形和破坏规律

6.3.3.1　顶板应力分区

采场顶板及矿柱的应力分布见图 6.27。根据应力分布，发现采场顶板应力分为 4 个区域，见图 6.28。围岩中应力与矿体倾角的关系，如图 6.29 所示。

采场顶板应力的 4 个分区，即拉应力区、压应力集中区、卸载区、压缩区，如图 6.28 所示。卸载区：该区水平应力 σ_x 和垂直应力 σ_y 均较开采前低，处于卸压状态（免压拱或称卸压拱）。卸压区的岩体由于自重作用及弹性恢复，将向空区移动，使顶板岩层下沉，岩体冒落或产生离层现象。压缩区：垂直应力 σ_y 比开采前降低，水平应力 σ_x 比开采前升高，是拱形承压带的拱桥，起着引导原岩垂直应力向空区两壁传递的作用。

6.3.3.2　顶板覆岩变形的"三带"分布

采空区覆岩变形破坏的结构将形成冒落带、裂隙带、弯曲带，见图 6.30。

（1）冒落带。在紧靠矿体上方的覆盖岩层中，由于受拉破碎而呈拱形冒落向上发展，如图 6.30 所示，对应图 6.28 中的拉应力区。冒落高度与矿体开采厚度、岩石碎胀性及可压实性、采动范围、岩体强度、空区有无充填等有关，一般为矿体厚度（W）的 2～6 倍。

（2）裂隙带。该带岩体变形较大，岩层沿层理开裂形成离层，在拉应力作用下产生垂直岩层的裂隙，对应图 6.28 中的卸载区。若有水，则可从裂隙渗入，威胁空区。水体下

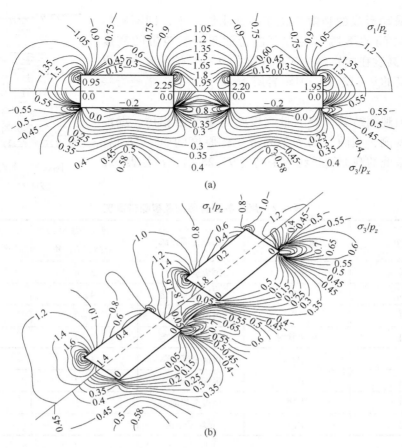

(a)

(b)

图 6.27 采场顶板及矿柱的应力分布

（a）水平矿体应力分布；（b）倾斜矿体应力分布

σ_1—最大主应力；σ_3—最小主应力；p_z—原岩应力的垂直应力分量，$p_z = \sigma_v = \gamma H$

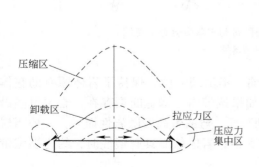

图 6.28 采场顶板应力分区

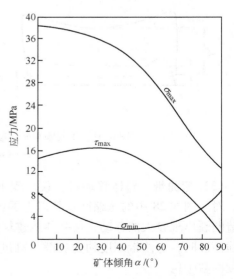

图 6.29 围岩中应力与矿体倾角的关系

开采必须使采动形成的裂隙带位于不透水层之下，即不破坏水系与矿体之间的不透水层方可进行回采。裂隙带的高度（包括冒落带高度在内）约为矿体厚度的 9~28 倍，其中，煤矿软岩为采高的 9~12 倍，中硬岩层为 12~18 倍，坚硬岩层为 18~28 倍。

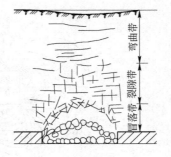

图 6.30　覆岩变形和破坏的"三带"

据锡矿山观测结果，裂隙带高度约与冒落带相仿。据前苏联及美国观测，裂隙带约为采高或矿体厚度的 30~58 倍；而我国煤炭系统的观测结果约为采高的 9~28 倍，参见表 6.2 与图 6.31。

表 6.2　煤矿覆岩冒落带及裂隙带高度

矿体倾角	覆岩强度	顶板管理方法	冒落带高与采高比 H_2/M	裂隙带高与采高比 H_1/M
缓倾斜	坚硬	顶板全部崩落	5~6	18~28
缓倾斜	中硬	顶板全部崩落	4~5	12~16
缓倾斜	软弱	顶板全部崩落	2~3	9~12
缓倾斜	风化软弱	顶板全部崩落	1~2	7~9
中等倾斜	中硬	顶板全部崩落	4~5	12~16
急倾斜	坚硬	顶板全部崩落	4~7	16~21
急倾斜	中硬	顶板全部崩落	3~5	6~10
急倾斜	中硬	充填采空区		3~5

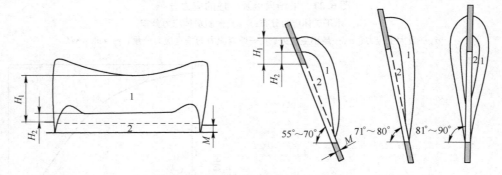

图 6.31　不同倾角矿体覆岩的裂隙带与冒落带分布示意图
1—裂隙带；2—冒落带

（3）弯曲带。整体移动带，仅出现下沉弯曲，不出现裂隙，保持了岩体原有的整体性，对应图 6.28 中的压缩区及其以上的区域。如果该带内有构造断裂存在，岩层可能沿构造断裂出现较大的移动，使井巷或建筑物受到破坏。弯曲带高度随岩性而异，一般当岩层脆而硬时，弯曲带高度约为裂隙带高度的 3~5 倍；岩体软而具有塑性时，约为裂隙带高度的数十倍。

随着弯曲带的缓慢下沉，地表也逐渐下沉，位于空区中央上方的地表下沉值 W 最大，

地表水平移动值 u 最小；空区周围上方地表下沉值 W 渐次减小，水平移动值 u 渐次增大，从而形成一个下沉盆地。下沉盆地的形态，视开采面积与开采深度的相对大小不同而异。当开采面积相对较小，采空区宽度（走向或倾向）：$L < (0.9 \sim 2.2)H$（H 为开采深度），盆地呈碗状；当开采面积相对较大，采空区宽度（走向或倾向）：$L > 2.2H$，盆地呈平底状，如图 6.32 所示。

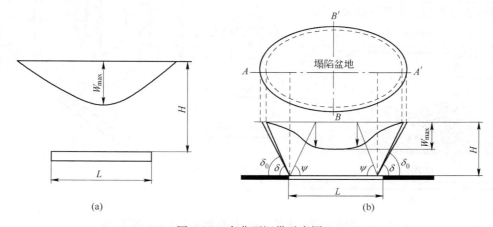

图 6.32　弯曲下沉带示意图

（a）不充分采动（$L < (0.9 \sim 2.2)H$）盆地呈碗状；（b）充分采动（$L > 2.2H$）盆地呈平底状

下沉系数 η 指最大下沉值 W_{max} 与对应的矿体厚度或采高 M 之比，即 $\eta = W_{max}/M$。各类采矿方法的下沉系数见表 6.3。不同倾角下覆岩冒落带与裂隙带见图 6.31。下沉系数与开采深度、采动范围、采高、采矿方法、采空区处理状况、矿体倾角和岩层性质密切相关。

表 6.3　各类采矿方法的下沉系数

采空区处理方法	下沉系数 η	常用值
崩落围岩	0.6 ~ 0.8	0.7
削壁带状干式充填	0.6 ~ 0.8	0.7
外运材料干式充填	0.4 ~ 0.5	0.5
水砂充填	0.06 ~ 0.20	0.15
水砂充填，带状部分开采	0.02	0.02
胶结充填	0.02 ~ 0.05	0.02

采用柱式矿柱充填法开采的矿体其地表下沉系数很小。

矿体埋深较大，冒落带、裂隙带一般不会到地表，只在地表形成一个下沉盆地。若矿体埋藏浅，开采深度浅时，则会冒落到地表，形成塌陷坑，如图 6.33 所示。其范围随采空区的扩大或随倾斜矿体采空区向下延伸而间断地向外扩展，地表裂缝呈倒阶梯状。

6.3.3.3　地表建筑物保护

对于地表建筑物而言，下沉盆地边缘因水平拉伸变形而形成的张裂缝，以及地面不均匀下沉造成的倾斜、弯曲起伏更容易促使建筑物破坏或倾倒，而盆地中央的缓慢均匀下沉

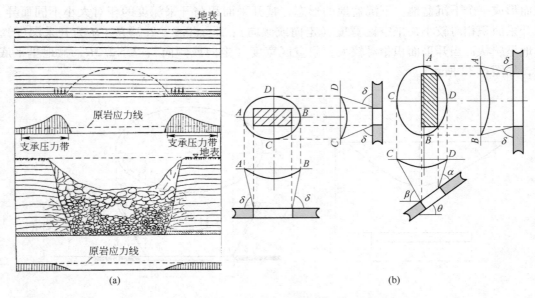

(a)　　　　　　　　　　　　(b)

图 6.33　崩落卸载示意图 (a) 及地表塌陷盆地示意图 (b)

对建筑物的威胁并不大。例如，煤矿在回采建筑物下的煤层时，常先回采其正下方的煤层，然后向两翼回采，这样可使建筑物处于下沉盆地的中央而少受损害。在实际工作中，建筑物的保护问题主要从限制采动引起的地表倾斜、弯曲曲率、伸张应变不超过许可变形值考虑。

　　地表下沉值 (W) 指地表某点的垂直位移分量。地表水平移动值 (u) 指地表某点的水平位移分量。地表倾斜指地表下沉盆地沿某一方向的坡度，其平均值以两点间的下沉差除以两点间的水平距离，即 $i_{AB} = (W_A - W_B)/l_{AB} = \Delta W_1/l_1 \ (\text{mm/m})$。见图 6.34。地表曲率，指地表下沉盆地剖面线的弯曲程度，其平均值以相邻两线段倾斜差除以两线段地表水平距离的平均值，即 $K_B = 2(i_{BC} - i_{AB})/(l_1 + l_2) = 2\Delta i/(l_1 + l_2) \ (\text{m}^{-1})$。地表水平变形 ε 指地表移动盆地内两点间水平移动差与该两点距离的比值，即 $\varepsilon = (u_E - u_F)/EF = \Delta u/l_3$ (mm/m)。地表建筑物保护需要确定临界变形值和安全开采深度。所谓临界变形值，指无需维修就能保持建筑物正常使用所允许的地表最大变形值。安全开采深度指当开采深度超过某

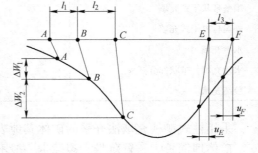

图 6.34　地表下沉指标示意

一临界值时，岩移将不波及地表；或地表最大下沉值 $W_{\max} < 20\text{mm}$ 时，建筑物将不会出现破坏的开采深度。

　　$W_{\max} < 20\text{mm}$ 时，则盆地其他部分的斜率、曲率、水平变形也不致超过表 6.4 的允许值，即各级建筑物所允许的变形值。

表 6.4 各级建筑物所允许的变形值

保护级别	建 筑 物 类 型	倾斜 /mm·m^{-1}	曲率 /×10^3·m^{-1}	水平变形 /mm·m^{-1}
Ⅰ	竖井、水库、5 层以上楼房	4	0.2	2
Ⅱ	通风井及风机房、空压机房、铁路	6	0.4	4
Ⅲ	机修厂、辅助建筑物、架空索道	8	0.6	6

6.3.3.4　地表塌陷及崩落角

根据地表变形、破坏程度，可将移动盆地划分为崩落区和变形区。崩落区，指地表发生开裂等剧烈变形和破坏的区域。变形区，指地表只发生变形而未受到严重破坏的区域。急倾斜矿体上盘围岩及部分下盘围岩的塌陷扩展状况见图 6.35。对于金属矿而言，塌陷坑边界主要受构造断裂及岩体结构面控制，呈不规则形状。

崩落角，指地表开裂区的最边缘裂隙至井下采空区下部边界线的连线与水平面所成的夹角，如图 6.35（a）所示。移动角，指用仪器测出的地表移动边界线至井下采空区下部边界线的连线与水平面所成的夹角，如图 6.35（b）所示。

一般上盘崩落角 β_0 约小于下盘崩落角 α_0 5°～10°。矿体走向方向的崩落角常用 δ 表示，盲矿体的下盘崩落角常用 γ 表示。对于岩性坚硬而脆的岩层，崩落角和移动角差别较小，只相差 5°～10°。

为了圈定崩落区或岩移范围，通常如图 6.35 所示作出最大采动范围或最深采动范围周边若干点的崩落角或移动角，然后在地表连线成圈，分别圈定成崩落区或移动区。通常以范围最大或矿体最外边的界限为准。处于移动区内的建筑物可能因变形而破坏。崩落区内不允许有永久性建筑物或构筑物。充填法采矿移动区的圈定方式有所不同，第 8 章将具体论述。

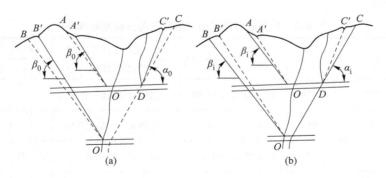

图 6.35　崩落角与移动角示意图
（a）崩落角；（b）移动角

影响崩落角的因素主要有：

（1）岩体性质。坚硬岩石，崩落角大，一般达 65°～75°，甚至更大；软弱岩石，崩落角小，表土约为 45°。

（2）结构面分布。若结构面产状与空区构成有利块体滑动的关系，岩体可沿此结构面滑动。

（3）采矿方法。深孔爆破比浅孔爆破对上覆岩层破坏震动大，崩落角小；重复采动，崩落角小。

（4）采空区处理方法。采空区及时充填且密实，崩落角大。

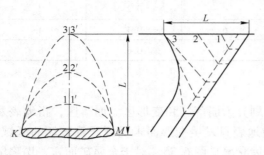

图 6.36　走向小于 270～350m 倾斜矿体的上盘围岩崩落形式

（5）开采深度及走向长度。在充分采动条件下，上盘崩落角常随开采深度的增大而变小。但当开采深度进一步增加时，崩落角将有所增大。图 6.36 为其一例。

在近地表开采，崩落废石充满采空区，起到支承上盘控制岩移作用，使崩落角增大；采深增大，崩落废石不足以充满采空区，上盘岩移向外扩展，使崩落角减小；但当开采深度进一步增加时，受走向两端岩体的夹制作用增大，崩落角将有所增大。采深进一步加大，顶板崩落成拱形而出现悬顶现象。

实测统计和实验室模拟实验分析表明：对于倾角小于 60° 的走向长度为 700～2500m 的矿体，上盘岩体将发生定期崩落；走向长度为 270～700m 的矿体，随开采深度增加，上盘岩体将发生悬顶（顶板崩落成拱形），地面形成的崩落区范围将固定不再向外扩展；走向长度小于 230m 的矿体开采时，仅发生局部冒落。开采走向长度小的矿体（270～350m），随开采深度增加到一极限值，上盘岩体将发生悬顶。当矿体倾角大于 60° 时，不仅上盘岩体发生移动，下盘岩体也将发生移动。

各矿的岩石崩落角需由现场观测确定。设计时可按类比法选取。表 6.5 为前苏联若干矿山的观测实例。

表 6.5　前苏联若干矿山的崩落角与移动角观测值

围岩及普氏系数 f	采深 /m	采厚 /m	倾角/(°)	采矿方法及 采空区处理	崩落角/(°)			移动角/(°)		
					β_0	γ_0	δ_0	β_i	γ_i	δ_i
闪长岩 15～20	210～300	15～40	35～60	空场法，空区不处理				75	85	75
钠长斑岩 6～15	50	1.6	60	上部露采，下部充填法				60	60	60
辉绿岩 10～15	225	30～32	80～85	留矿法，矿柱崩落	85	70	85			
绿泥片岩 8～15	210	2～8	45～80	90m 以上用支柱法，下部用留矿法	65	60	75			
上盘绿泥片岩 8～10 下盘钠长斑岩 8～15	105	2～20	80	上部露采，下部崩落法	65	65	85	50	55	75
上盘钠长斑岩 8～10 下盘片岩 6～8	120	10～30	55～70	崩落法	75	70	80	60	55	75
上盘钠长斑岩 8～10 下盘片岩 6～8	75	3～10	80～90	充填法	90	75	85	80	70	80

续表6.5

围岩及普氏系数f	采深/m	采厚/m	倾角/(°)	采矿方法及采空区处理	崩落角/(°)			移动角/(°)		
					β_0	γ_0	δ_0	β_i	γ_i	δ_i
上盘钠长斑岩8~10 下盘片岩6~8	205	2~20	80~90	85m以上用支柱法，下部用充填法	85	75	90	80	70	85
石英绢云母片岩 上盘6~8，下盘8~10	120	10~12	75~85	崩落法	70	60	85	50	55	85
石英绢云母片岩 上盘6~8，下盘8~10	150	12~15	85	矿房充填矿柱崩落	80	80	85	75	60	80
绢云母片岩上盘3~8，下盘6~10	240	15~40	75~80	30m以上露采，下部用崩落法	40	70	70	35	60	70
上盘不稳定绢云母片岩3~6，下盘钠长斑岩，裂隙发育6~10	90	2~8	60~65	支柱法部分用充填法	无陷落			30	50	75

6.3.3.5 滑坡与滚石

滑坡及滚石，是一类特殊的地表移动，一般发生在山坡陡距采空区近的地表。由于采动波及地表，常常造成陡坡失去平衡，出现滑坡及滚石。

（1）滑坡。采动影响产生的破碎带，使山坡岩体抗剪强度降低，岩体可能沿弱面破坏，并在自重作用下沿此弱面整体下滑，见图6.37（a）、（c）。一般应用削坡减载消除隐患，或者充填采空区防治岩移与开裂，或者砌筑拦石坝、打桩、锚索支护、抗滑键加固等。

（2）滚石。采动造成地表塌陷及岩石崩落，使完整岩石破裂成块体，从而易沿陡坡滚下，若遇到雨水冲刷时则将更为加剧，见图6.37（b）。

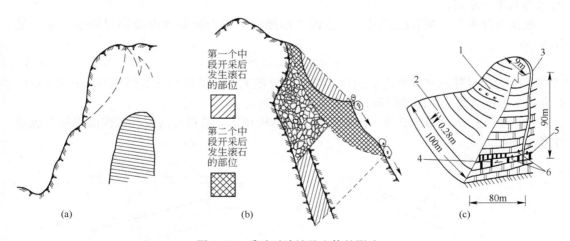

图6.37 采动对陡坡及山体的影响

1—危险山体；2—滑动方向；3—裂缝；4—崩倒矿柱方向；5—矿柱；6—AE监测孔

防治滚石的措施有：（1）充填采空区或保留大尺度矿柱以控制地表岩移范围，避免地表岩体破坏；（2）建筑物不设计在滚石威胁的范围内或迁出；（3）控制回采顺序，使岩层移动朝着不损坏建筑物一侧发展，可使滚石落入预定采空区；（4）砌筑拦石坝、导向槽、拦石桩、拦石平台、植树防护、防护网拦截或覆盖等。显然，对于巨块滚石是无法拦阻的，在可能情况下应在其滚动前实施人工爆破，破裂成小块，以便拦阻或疏导。

6.3.4　影响采矿工作面矿压显现的因素

影响工作面矿压显现的因素可概括自然因素和开采技术因素两个方面。

6.3.4.1　自然因素

自然因素主要有：（1）围岩的物理力学性质；（2）开采深度；（3）地质构造；（4）地下水；（5）矿体的倾角与厚度。其中前面四个因素，表现为围岩残余强度的高低，因而表现出的承载能力不同，或者原岩应力的加大，从而加重工作面矿压显现。前面已经进行了分析，在此不再重复。

实际观测表明，矿层倾角对回采工作面矿山压力显现的影响很大。一般来说，随着矿层倾角增加，因为重力的垂直顶板分量 Q_1 逐渐减小，顶板下沉量将逐渐减小，如图 6.38 所示。众所周知，由于倾角增加，采空区冒落的岩石不一定能在原地留住，很可能沿着底板滑移，从而改变了上覆岩层的运动规律，因此，急倾斜工作面顶板下沉量比缓倾斜工作面要小得多，如图 6.31 所示。

6.3.4.2　采矿生产技术因素

采矿生产技术方面的因素主要有采高与控顶距、开采顺序、回采速度和采空区形态。开采顺序不同，采空区形态不一，引起的应力集中与分布效果也不相同，这些前面已述，在此不再重述。下面专门分析采高与控顶距、回采速度对工作面矿压显现的影响。

（1）采高与控顶距对工作面矿压显现的影响。在一定条件下，采高是影响上覆岩层破坏状况的最重要因素之一。采高越大，采出的空间越大，必然导致采场上覆岩层破坏越严重。某些实测资料表明，在单一矿层或厚矿层第一分层开采时，冒落带与裂隙带的总厚度与采高基本上成正比。

根据对开采后上覆岩层的测定，邻近工作面的上覆岩层移动曲线满足如下关系，见图 6.39。

$$S_x = S_m(1 - e^{-aZ^b}) \tag{6.8}$$

式中，S_m 为岩层移动基本稳定后的位移量；S_x 为距工作面矿壁为 x 处的位移量；$Z = x/L$，L 为基本稳定点离工作面的距离，一般 $L = 50 \sim 60\text{m}$。

从采场支护的小结构必须与围岩形成的大结构相适应的观点出发，工作面顶板下沉量也基本满足上式。

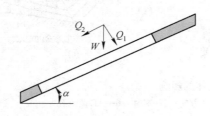

图 6.38　倾角对矿山压力的影响

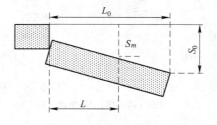

图 6.39　顶板下沉关系

当 L 为控顶距，L_0 为移动曲线中由前最大曲率点到后最大曲率点的距离，S_m 和 S_0 则分别是 L 和 L_0 范围内的岩层与顶板的下沉量。由近似的三角关系有：$S_m/S_0 = L/L_0$。

（2）回采速度对工作面矿压显现的影响。在几何条件确定后，工作面的顶板下沉量 S 与时间 t 有关，一般 t 越长，顶板下沉量 S 越大，见图6.40。当工作面推进速度大时，顶板存在时间较短，所以总体看下沉量减小，但顶板下沉速度增加了。当工作面推进速度提高到一定程度后，顶板下沉量的变化将逐渐减小。

关于采煤工序对顶板下沉量的影响，实质上是开采后在前后支承压力不断推移的过程中上覆岩层对工作面顶板带来的影响，引起岩层中蠕变和采空区重新压实过程的不断更替。由于落矿使工作面向前推进，控顶距加大，破坏了矿壁前方的应力平衡，形成支承压力叠加和前移，同时使基本顶岩梁的破断状态经历了"稳定-失稳-再稳定"的过程，迫使直接顶迅速下沉。在煤矿影响范围一般沿工作面倾斜方向上下各15m左右，下沉剧烈区沿工作面上下5m左右。

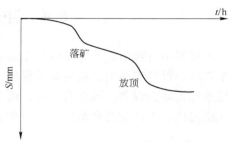

图6.40 顶板下沉与时间的关系

6.3.5 分层开采时的矿压显现特点

对煤层或软弱顶板的下向分层开采，按照矿体开采围岩破断的一般规律，厚矿体开采采出厚度增加，围岩破坏活动的范围会相应增大，冒落带和裂隙带的高度也可能相应增大。倾斜分层开采时，顶分层开采所引起的围岩破坏活动范围和特征与普通单一分层开采时是相同的，相应冒落带、裂隙带高度也与相同围岩条件下单一分层开采时相近。在开采第二分层及以下各分层时，是在第一分层开采的冒落区下进行的，直接顶冒落形成的冒落带仍能充填采空区，裂隙带下位岩层（即本层顶）由于形成铰接结构，在开采下分层时，一般情况下仍能形成铰接结构而没有失去力学联系。但随着岩层进一步沉陷，裂隙带会向上发展，裂隙带高度会明显增加。在8~10m以上矿层分层开采时，在埋深不大的情况下，随着下向分层开采，地表会出现台阶状沉陷。

因此，在上述情况下，下分层开采是在人工假顶或是再生顶板等条件下进行的，其上部的垮落或破碎岩块与原生顶板岩层不同，体现出不同的矿压显现特点。

（1）老顶来压步距小，强度低。由于基本顶岩层在第一分层开采时已经断裂和破坏，因而下分层基本顶来压一般较缓慢，甚至不明显。

（2）支架荷载变小。经过大量统计，无论用液压支架还是单体支柱，第二分层的支架荷载要比第一分层小，有时荷载可以低40%。其原因是：首先，回采第一分层时，顶板来压表现的"动荷载"（即基本顶折断时对支柱形成的荷载）较大，而在第二分层则主要表现为"静荷载"；其次，在第一分层开采时，"支架-围岩"系统形成的刚度要比以下各分层大。

（3）顶板下沉量变大。由于下分层在假顶下工作，顶底板移近量一般较上分层大。

由于上述原因，在开采中、下分层过程中，常遇见单体支柱压死、歪倒、破网窜柱等现象，下分层顶板管理具有一定难度，因此，要求支架能适应大变形的要求。

在金属等硬岩矿山，一般应用留矿或充填上向分层回采，或垂直扇形深孔落矿而在进路里后退出矿。这样较薄矿体开采，围岩破坏活动的范围会相应增大，冒落带和裂隙带的高度也可能相应增大，其特性与下向分层开采不相同。在软弱、破碎难支护的顶板情况下，也应用胶结充填下向分层回采，在人工顶板下采矿，因而与上述也有类似之处，如果胶结体强度不够或出现泥稀，也呈现顶板冒落、难管理的特征。

6.4　冲击地压及其控制

矿体开采过程中，矿体或围岩在高应力状态下积聚有大量弹性能，在一定条件下突然发生破坏、冒落或抛出，而使能量释放，呈现出响声、震动、气浪等明显的动力效应，这些现象称为动力现象。根据其成因，可归纳为三种形式，即冲击地压、顶板冲击地压、煤与瓦斯突出。本章主要介绍冲击地压和顶板冲击地压的有关问题。

6.4.1　冲击地压

冲击地压，也称岩爆、冲击矿压、矿山冲击，是指在深井开采或在构造应力很高的地区开采、开挖时，处于极限应力状态的围岩突然发生爆发式破坏现象，犹如炸药爆炸，煤（岩体）弹射、震动，大量岩块（煤）抛出，并伴有巨大声响和气浪，这种地压现象称为冲击地压。冲击地压是岩体发生脆性破坏的一种动力现象。

6.4.1.1　冲击地压的特点与分类

冲击地压具有如下特点：（1）突发性。没有明显的宏观前兆。（2）瞬时震动性。冲击矿压发生的瞬间，伴随有巨大声响和强烈震动及冲击。地面常可监测到震级，持续时间不超过几十秒。（3）破坏性。随着冲击地压的发生，岩体所聚集的能量在瞬间得到释放，使周围岩体及支护设施在此动力的影响下发生位移及变形。常见的有顶板下沉、底臌、片帮、弹射、支护或通风设施移动或被摧毁，甚至诱发顶板大规模冒落的顶板冲击地压。

冲击地压的分类方式很多，如依据岩体应力状态，可将冲击地压分为重力型冲击地压、构造应力型冲击地压和中间型或重力-构造型冲击地压三类；根据冲击的显现强度，可分为矿震（不发生飞石）、弹射、弱冲击（震级2.2级以下）和强冲击（震级2.2级以上）四类；根据发生的部位，可分为矿体冲击和围岩冲击两类。根据冲击地压的释放能量，可将岩爆分为5级，见表6.6。

表 6.6　岩爆能量分级

岩爆级别	释放能量/J	烈度/度	现　　　象
微岩爆	<10	<1	岩体表层局部破坏，岩块弹出，岩体深部微震动
弱岩爆	$10 \sim 10^2$	$1 \sim 2$	少量岩块抛出，有声响和地震，但对设备无严重损坏
中等岩爆	$10^2 \sim 10^4$	$2 \sim 3.5$	大量岩块、粉尘抛出，形成气浪冲击，支架设备损坏，有几米长巷道塌落
强烈岩爆	$10^4 \sim 10^7$	$3.5 \sim 5.0$	支架设备损坏，有几十米长巷道塌落，需大量地修复
灾害性岩爆	$>10^7$	>5	矿区或中段巷道塌落，甚至可使全井报废

岩爆释放的能量，大部分转化为动能，使岩体发生脆性破坏、塑性变形及抛掷岩块做

功；一部分转换为热能，而其中大部分以地震的形式释放。

国际上将煤与瓦斯突出、冲击地压等动力现象按强度分为四类，见表 6.7。

表 6.7 动力现象强度分类

危险分类	冲击地压	瓦斯突出	
	破坏的煤炭质量 P/t	破坏的煤炭质量 P/t	瓦斯的体积 V/m^3
弱	$P \leqslant 5$	$P \leqslant 10$	$V \leqslant 100$
中等	$5 < P \leqslant 100$	$10 < P \leqslant 200$	$100 < V \leqslant 1000$
强	$100 < P \leqslant 1000$	$200 < P \leqslant 2000$	$1000 < V \leqslant 10000$
灾害	$P > 1000$	$P > 2000$	$V > 10000$

6.4.1.2 冲击地压的发生机理

冲击地压发生的机理十分复杂，是一个尚在深入研究的问题。各国学者在对冲击地压现象调查及实验研究的基础上，从不同角度出发提出了不同的理论。

A 强度理论

早期的强度理论主要涉及煤（岩）体的破坏原因。认为井巷和采场围岩产生应力集中，当应力达到矿（岩）体的强度极限时，矿（岩）体突然发生破坏，形成冲击地压，并对形成应力集中的原因提出了各种假说，如 20 世纪 30 年代末的拱顶理论和悬臂梁理论，等等。近代强度理论以矿体—围岩系统为研究对象，其主要特点是考虑矿体—围岩系统的极限平衡，认为矿（岩）体的承载能力应是矿体—围岩系统的强度，导致矿（岩）体破坏的决定因素不仅仅是应力值的大小，而是它的岩体强度的比值。

B 刚度理论

刚度理论是 Cook 等人根据刚性压力机理论而得到的。该理论认为：矿山结构的刚度大于矿山负载系统的刚度是发生冲击矿压的必要条件。近年来 Petukhov 在他所提出的冲击矿压机理模型中也引入了刚度条件，但他进一步将矿山结构的刚度明确为达到峰值强度后其荷载-变形曲线下降的刚度。在刚度理论中，如何确定矿山结构刚度是否达到峰值强度后的刚度是一难题。

C 能量理论

能量理论从能量转化角度解释冲击地压的成因，是冲击矿压机理研究的一大进步。该理论认为：矿体-围岩系统在其力学平衡状态遭破坏，所释放的能量大于所消耗的能量时发生冲击矿压。20 世纪 70 年代 Brauner 提出冲击矿压的能量判据，该判据考虑了能量释放与时间因素的相关性。其后，吴耀昆等对此加以补充修正，引入空间坐标系统以说明冲击地压发生的条件应同时满足能量释放的时间效应和空间效应。

冲击发生的能量源分析至关重要。Petukhov 认为冲击能量由被破坏的岩（矿）积蓄的能量和邻接于矿柱或围岩边缘部分的弹性变形能所组成，即从外部流入的能量赋予冲击地压以动力。

剩余能量理论认为剩余能量的存在是围岩动力失稳的力学原因，该理论 20 世纪 70 年代由美国学者提出，其后得到了进一步的发展和应用。

能量理论说明矿体-围岩系统在力学平衡状态时，若释放的能量大于消耗的能量，冲击矿压就可能发生。但没有说明平衡状态的性质及其破坏条件，特别是围岩释放能量的条件，因此冲击地压的能量理论尚缺乏必要条件。

D　冲击倾向性理论

冲击倾向性是指矿（岩）介质产生冲击破坏的固有能力或属性。矿（岩）体冲击倾向性是产生冲击地压的必要条件。冲击倾向性理论是波兰学者和前苏联学者提出的，我国学者在这方面也做了大量工作，提出用岩样动态破坏时间、弹性能指标、冲击能指数三项指标综合判别岩石的冲击倾向的试验方法。此外，在试验方法、综合评判和数据处理等研究中取得了一定进展。

冲击倾向性理论的另一重要方面是顶板冲击倾向性的研究，也已逐步引起人们重视。这方面的研究包括顶板弯曲能指标和长壁式开采下顶板断裂引起的顶板冲击等问题。

显然，用一组冲击倾向性指标来评价矿（岩）介质的冲击危害具有实际意义，并已得到广泛应用。然而，冲击地压的发生与采掘和地质环境有关，而且实际的矿（岩）物理力学性质随地质开采条件不同而有很大差异，实验室测定的结果往往不能完全代表各种环境下的岩层性质，这也给冲击倾向性理论的应用带来了局限性。

E　稳定性理论

稳定性理论应用于冲击地压问题最早可追溯到 20 世纪 60 年代中期 NevilleCook 的研究。刚性试验机的出现使人们可以获得受压岩石的全应力-应变曲线，得到岩石峰后变形的描述，从而可以研究采动岩体的平衡以及这种平衡的稳定性。Lippmann 将冲击地压处理为弹塑性极限静力平衡的失稳现象，进一步又提出岩层冲击的"初等理论"。同一时期，章梦涛根据岩体变形破裂的机理，认为矿（岩）介质受采动影响而在采场周围形成应力集中，矿（岩）体内高应力区局部形成应变软化介质与尚未形成应变软化（包括弹性和应变硬化）的介质处于非稳定平衡状态，在外界扰动下动力失稳，形成冲击地压，从而提出了冲击地压的失稳理论，并得到初步应用。

在目前的研究中，以断裂力学和稳定性理论为基础的围岩近表面裂纹的扩展规律、能量耗散和局部围岩稳定性研究备受关注。

总之，岩爆发生的必要条件是：（1）应力条件。可能发生岩爆地段的矿体、围岩中的应力需达到极限应力状态；（2）能量条件。可能发生岩爆地段的矿体、围岩中积聚的弹性应变能足以使相当范围内的矿岩发生断裂破坏。

6.4.1.3　影响冲击地压发生的因素

A　矿岩的物理力学性质

岩体具有弹性和脆性破坏特征。矿岩越坚硬，强度越高，引发冲击地压所要求的应力越小；反之，引发冲击地压就需要比硬岩高得多的应力。2.2.2.2 节的"D 全应力-应变曲线的工程意义"中已述，在试验机上进行单轴压缩试验时，岩爆的发生取决于岩石性质和加载速率，与峰值前后曲线下面积差无关。

冲击能量指标 K_E 和弹性能量指标 W_{ET} 是评价岩体冲击性能的重要特征参数。研究表明，弹性能量指标与岩体的单轴抗压强度 σ_c 有关，随单轴抗压强度的增加而增大。有的学者以 $\sigma_c = 16MPa$ 作为煤层冲击性强弱的分界线。表 6.8 列举了冲击矿压煤层的煤样研究结果。

表 6.8 冲击矿压煤层的煤样研究结果

煤 样	A_1	A_2	A_3	A_4	B	C
单轴抗压强度 σ_c/MPa	35.9	28.8	30.4	25.1	22.4	9.8
弹模 E/MPa	13.2	7.7	9.4	8.79	7.82	3.94
弹性能量指标 W_{ET}	9.65	6.44	5.2	3.53	4.36	1.9
实际危险状态	强	强	强	强	弱	无

对煤的冲击倾向性评价，主要采用冲击能量指标 K_E 和弹性能量指标 W_{ET}。按冲击能量指标评价：$K_E \geqslant 5$，强冲击倾向；$1.5 \leqslant K_E < 5$，中等冲击倾向；$K_E < 1.5$，无冲击倾向。按弹性能量指标评价：$W_{ET} \geqslant 5$，强冲击倾向；$2 \leqslant W_{ET} < 5$，中等冲击倾向；$W_{ET} < 2$，无冲击倾向。

B　原岩应力

原岩应力很高，岩体中集聚大量的弹性变形能。高原岩应力是深井采矿中岩爆易于发生的主要原因，见表 6.9 和表 6.10。

表 6.9 我国部分矿井发生冲击地压的临界深度

地区或矿名	门头沟	天池	抚顺	城子矿	大台	陶庄	房山	唐山	秦岭
临界深度/m	200	240	250	370	460	480	520	540	800

表 6.10 冲击地压强度、频次与开采深度的关系

矿 名	强度与频次	开采深度/m			
		201~300	301~400	401~500	601~700
重庆天池煤矿	发生强度（平均煤量）/t·次$^{-1}$	68	118	947	
	发生次数/次	1	3	19	14
	比率/%	3.5	11.5	32	32

C　开采顺序

开采造成很大的应力集中，为岩爆发生创造了条件，尤其在围岩受到构造弱面削弱而应力集中又很大的地段更易发生岩爆，见图 6.20 （b）。

6.4.1.4　岩爆的预测方法

（1）观测钻孔岩粉排出量的变化。排出量剧增，则有岩爆危险。

（2）观测钻孔岩芯及岩粉颗粒变化。正常岩心呈柱状，当岩芯出现鳞片状变化时，或岩体发生脆性微破坏时，钻孔排出的岩粉颗粒较正常的粗大，则有岩爆危险。

（3）观测放炮后短时从工作面弹出的岩块情况。若放炮后短时间内（约半小时），有岩块从矿体边缘应力集中处连续弹出，则有岩爆危险。

（4）观测地震活跃程度的变化。发生岩爆之前，地震声响频繁、程度剧增，声发射监测值急剧增大，则有岩爆危险。

为了准确预测岩爆，通常采用上述各种方法进行综合监测判断。

6.4.1.5　岩爆的控制方法

（1）合理布置采掘工程，选择合理的回采顺序，避免在断层、弱面或高应力地区造成

更大的应力集中。

（2）充分使用免压拱或其他卸压措施，如开采保护层、爆破振动卸压、开卸压巷、爆破弱化岩体、注水软化等，使高应力区卸压，使岩体中集聚的弹性岩爆能有控制地释放，使岩爆岩体强度降低，塑性增强。

（3）选择合理的采矿方法。从减小岩爆危险而言，对可能发生岩爆的地区，宜选用崩落法采矿或处理采空区，崩落围岩引起顶板卸压。

还可以在巷道周围挑顶或切槽放顶形成防冲松石隔离带，在回采工作面架设防冲挡板、隔墙，采用带有快速排液阀的可缩性支架使其在强冲击作用下可迅速排液让压而不被损坏等措施，从而减小冲击地压的危害。

6.4.2 顶板冲击地压

顶板冲击地压是指地下矿山坚硬顶板下的采空区多米诺骨牌式的冒落失稳过程。它具有突发性，造成的破坏和危害难以控制。

当坚硬顶板突然大面积垮落时，不仅会因岩体重力作用产生冲击破坏，更加严重的是使采空区内的空气受到压缩，从而形成高压气流迅速从采空区中排出，这种暴风的破坏力极强。例如：（1）1960 年南非 Coalbrock North 煤矿发生了顶板冲击地压，井下破坏面积达 300 万平方米，死亡 432 人。这是到目前为止顶板冲击地压最大的一次灾难。（2）2005年 11 月 6 日 19 时 36 分，河北省邢台县尚汪庄石膏矿区的康立石膏矿、林旺石膏矿、太行石膏矿，由于尚汪庄石膏矿区经过十多年的开采，积累了大量未经处理的采空区，形成大面积顶板冒落的冲击地压隐患，并且由于矿房超宽、超高开挖，导致矿柱尺寸普遍偏小，无序开采在无隔离矿柱的康立石膏矿和林旺石膏矿交界部位形成薄弱地带，受采动影响和蠕变作用的破坏，从而诱发了大面积采空区顶板冒落、地表塌陷的顶板冲击地压事故，造成 33 人死亡，4 人失踪，40 人受伤，直接经济损失 774 万元。

顶板冲击地压除了对井下结构造成严重危害，并发生重大伤亡事故外，还可能对地表造成十分严重的破坏。例如：（1）1961 年 10 月大同矿务局挖金湾矿青羊湾矿井，开采深度到 84～104m 时，采空场一次性发生顶板冒落约 16.3 万平方米，地面塌陷 12.8 万平方米，沉陷深度达 0.5～1.0m，18 人死亡。冒顶产生的强烈暴风吹翻了井下的满载矿车，吹毁 11 处风桥，摧垮 90m 支架，全井被迫停产。据徐林生和谷铁耕统计，1949～1985 年间大同矿务局全局发生了比较严重的类似顶板冲击地压事故 34 起。（2）1966 年 6 月和 1967年 9 月江西盘古山钨矿先后两次发生大规模顶板冲击地压，尤其后一次导致 696m 中段以上六个中段直至地表出现了程度不同的岩层移动。几小时内山崩地裂，地面 10 万平方米下沉开裂，井下损失资源 0.248 亿元，损失工业矿量 29.38 万吨，损失存窿矿石 7.6 万吨。1967～1970 年生产能力平均下降 45%。不计埋没的设施、设备和破坏的井巷工程，直接经济损失 735 万元。（3）1979 年 1 月寿王坟铜矿 2 号矿体采空区曾发生顶板冲击地压，在地表引起 20m×20m 的陷落，落差达 180m，崩落岩体 0.5 万多立方米，由岩体崩落所产生的空气冲击波携带出矿石达 80 多吨，最大块度达 2t。由于空气波的冲击，风、水、电系统遭受破坏。危及人员安全的距离达 300～500m。（4）刘冲磷矿Ⅰ号矿体主要应用房柱法和浅孔分段法回采。尽管 1983 年在 T5432～T5552 线之间沿走向布置了一条全长 1200m、斜长 20～25m 的永久隔离矿壁，并在其下沿倾向按 140～160m 间距再布置 8～16m 宽的支撑矿柱，1992 年还是在 T551 ~ T556 线之间的 - 130m 中段以上发生了顶板冲击地压，冒顶面积约 6.4 万平方米，冒落波及地表，引起了约 19 万平方米的下沉盆地及大量裂缝，裂缝长达 320m，宽达 2.6m。由于矿山监测人员及时、准确地做出了冒落预报，未造成人员和设备事故。

6.4.2.1 坚硬难冒顶板的特点

（1）坚硬难冒顶板一般分层厚度大，整体性完好。但是，构成顶板的岩体并不是完整的一整块，其中分布有结构面和充填物。对坚硬难冒顶板的控制，不取决于顶板岩体的连续性，而是取决于顶板岩体结构。顶板岩体的结构控制着顶板的变形、破坏及其力学性质。合理对顶板结构实施爆破或注水软化，可以使顶板应力向有利于安全生产的方向重新分布，避免顶板冲击地压。

（2）坚硬难冒顶板岩体的变形、破坏主要是岩块的移动。岩块的移动则受结构面的性态、充填物料、充填程度、围岩强度、弹性模量、应力作用方向、摩擦系数等的制约，而不受构成顶板岩体的岩块本身的变形控制，因此，一旦冒落，冒落速度极快，即使液压支架支护也根本来不及加压或者卸压。

（3）顶板岩体是天然的地质体，岩体的变形具有蠕变、松弛和弹性后效三个阶段。顶板岩体的破坏是因为围岩应力的影响，而围岩应力是随时间变化而变化的。

（4）坚硬难冒顶板不仅受重力场的影响，而且受采动地压的影响，最大主应力往往比重力应力大得多。

（5）坚硬难冒顶板岩体赋存环境条件改变后，顶板岩体结构的力学效应和岩体的力学性质也会改变。

（6）坚硬难冒顶板下的矿体开采时，采空区围岩内产生采动应力。采场前方的采动应力场随采场向前移动而不断前移，其大小和采场顶板岩体运动有直接关系，它的存在使采场围岩处于复杂的应力场变化过程中，对坚硬难冒顶板岩体的稳定性有极大的影响。顶板岩体不随采动工艺的进行而冒落，而是形成岩梁或悬臂梁。

（7）关于对坚硬难冒顶板的研究与控制，必须研究与之相适应的采场支护设备或采空区处理方法。对坚硬难冒顶板的控制应着重于结构面类型、特征、结构面对地应力状态的影响及其赋存环境的变化等，结构面与应力状态的组合会明显影响坚硬难冒顶板岩体的稳定性。因为顶板岩梁或悬臂梁一般是先断裂后冒落，断裂往往发生在工作面前方的矿体上，因而增大了工作面附近的支承压力，不利于安全生产。

6.4.2.2 坚硬难冒顶板的控制方法

A 崩落法

崩落法是指崩落围岩回填采空场（区），特点是用崩落围岩回填采空区并形成缓冲保护垫层，防止采空区内大量岩石突然冒落而造成危害。采用崩落法，能及时消除空场，防止应力过分集中和大规模的地压活动，并且可以简化处理工艺，提高劳动生产率，而且处理成本低。但处理埋藏深小于 100 ~ 150m 的采空区，或者采空区高度大于 6 ~ 10m 的采空区，或者空区薄且多层密集分布时，易引起地表发生开裂、沉陷。因此，崩落法仅适用于地表允许崩落，地表崩落后对矿区及农、林业生产无害，采空区上方预计崩落范围内矿柱已回采完毕且井巷设施等已不再使用并已撤除的矿山。

　　崩落法可细分为全面放顶、切顶和削壁充填。其中，常见的切顶方法有深孔、中深孔或浅孔法。切顶较容易与矿柱回收同步实施。切顶法施工简便，较全面放顶法经济。应用切顶法处理缓倾斜至水平的埋藏深度大于 200m 的薄至中厚采空区，或薄且无多层密集分布的采空区，或者规模不大的采空区，不会引起地表发生明显的岩移。

　　常见的全面放顶方法有地下深孔爆破、地表深孔爆破等，其中地表深孔爆破法仅适用于覆盖岩体厚度不太厚的矿山。用地表深孔法（vertical crater retreat，VCR）爆破处理覆岩厚度小于 25m 的采空场，约需 2.0 元/m^3，用地下深孔爆破处理则需 21.0 元/m^3。

　　削壁充填仅适用于处理极薄矿体开采所形成的采空场。

　　近几年，用爆破技术超前预处理弱化顶板、注水软化和弱化顶板的研究取得了进展，在某些条件下使得采空场在采后不久无害地自然冒落成为可能。随着爆破技术的全面发展，将 VCR 法等成功地应用到全面放顶，使经济地应用露天深孔爆破处理覆岩不太厚的地下采空场变成了现实。为了保护地表环境，发达国家一般不用崩落法处理采空场，除非配合应用了预防性的灌浆技术。对待煤矿硬岩顶板，有时也应用切顶支架，在移架前液压切断顶板，引起移架后顶板自然冒落。

　　B　充填法

　　充填法是指从坑内外通过车辆运输或管道输送废石或湿式充填材料充填采空场的方法。这种方法限制岩移的效果好，一般用于处理上部矿体开采形成的采空区或地表需要保护的采空区。它随着充填采矿法的产生而出现。

　　充填法可分为干式充填和湿式充填两种。采用前者时建充填系统投资少，简单易行，但充填能力低，多用于规模不大的中小空场的处理。后者流动性好，充填速度快，效率高，多用于厚大空场的处理，但需一整套充填输送系统和设施，投资大，其中胶结充填较水砂、尾砂充填成本更高。例如，西林铅锌矿混凝土胶结充填系统按照 1983 年的价格统计，投资就达 720 万元，充填成本为 30 元/m^3。武山铜矿 2000 年全尾砂高水固化充填成本为 25.89 元/m^3，这是目前该方法的最低单价。

　　选用充填法处理采空区的一般原则是，首选干式充填，若矿山自产废石难以满足空场处理的要求时，考虑补建尾砂充填系统；如果矿山现有尾砂量有限或其他原因，考虑水砂充填；胶结充填一般用于极差的岩体条件。为了降低湿式充填的水患或跑浆量，尽量提高浆体浓度，改进滤水、疏干工艺。

　　为了提高矿石回收率和矿山生产能力，目前国内外矿山都倾向于用嗣后充填法处理矿房回采后的采空区。我国为了减少崩落顶板引起的地表沉陷，20 世纪 80 年代也发展了"覆岩离层注浆减缓地表沉陷"的技术，近几年国内仍在该领域进行理论和实验研究，并取得了一系列成绩。

　　C　支撑法

　　支撑法是指留下永久矿柱或构筑人工矿柱支撑采空场顶板的采空场处理方法。该方法一般适用于处理缓倾斜薄至中厚以下，地表允许冒落，且顶板又相当稳定的采空区。

　　几乎在 18 世纪采矿工业一出现，就有用支撑法采矿的报道，早在 1907 年 Danieis 和 Moore 就开始研究矿柱强度，1911 年 Bunting 最早提出了矿柱强度的经验公式。此后，逐步发展和完善了矿柱强度理论和矿柱设计方法。

实践证明，仅用矿柱支撑顶板，只能暂时缓解采区的地压显现，除非采出率极低，一般并不能避免顶板最终发生冒落或顶板冲击地压。

D 封闭隔离法

封闭隔离法是一种经济、简便的空场处理方法，适用于隔离孤立小矿体开采后形成的采空场，端部矿体开采后形成的采空场和需继续回采的大矿体上部的采空场。实践证明，仅用该方法，对于开采厚大的矿体所形成的大规模采空场，很难保障安全有效。

应用封闭隔离法处理分散、采幅不宽而又不连续的采空区，在国内外很早就有报道。目前，配合其他处理方法，采用这种方法处理采空场的矿山比较多，一般留隔离矿壁或修钢筋混凝土等人工隔离墙。近几年又发展了爆破挑顶和胶结充填封堵等技术。对于大型采空场，为了便于人员进入，一般每中段设一牢固密闭门。为了防止顶板冲击地压，一般采用在采空场顶板开"天窗"等技术。

采用封闭隔离法，一旦冒顶，可保证作业人员、设备的安全及井巷完好；平时可预防人员误入空场发生意外危险；另外，这种技术有利于矿井通风。

以上分述了四种基本的采空区处理方法，简称为"崩"、"充"、"撑"、"封"，下面论述在基本方法的基础上发展起来的联合法。联合法是指在一个采空场内同时应用上述几种基本方法，或通过几种（某种）施工手段而达到上述几种基本方法的效果的采空区处理方法。由于各种采空区处理的基本方法均有局限性，因而就产生了联合法。

E 支撑充填法

支撑充填法是指采用框架式原生条带矿柱支撑围岩，并用废石充填框架内的采空区，旨在维护空场之间夹墙的稳定性，防止大规模空场倒塌，以保证矿床回采的顺利进行。它是支撑与废石充填的简单联合。为了处理开采密集分布的急倾斜薄脉矿体所形成的大规模采空场，盘古山钨矿等在1973年首次共同提出了这种空场处理联合法。实践证明，该方法控制顶板冲击地压，尤其是大规模岩体移动的效果良好，控制岩体移动的效果较不留矿柱更好。但由于它要求规则地预留条带矿柱和顶、底柱以形成完整的框架支撑结构，必须用后退式回采顺序，施工和管理比较复杂，还要损失大量矿石。

F 崩落隔离法

崩落隔离法是指用废石砌筑以封闭、隔断放顶崩落区域与开采系统的联系。这样做旨在释放部分顶板的应力，并避免人员误入、风路混入崩落区而造成危险和损失。它是全面崩（放）顶与封闭隔离法的简单联合。这种联合法是在崩落法实施的过程中逐步完善而形成的，在我国铜陵、中条山等老矿业基地都有应用。实践证明，该方法经济，施工和管理简便，尤其是大面积爆破放顶时其释放应力的效果更好。但是，矿体较厚大或开采深度较小时易引起地表岩移，而且爆破每立方米岩石需施工、材料费约15元。

G 矿房崩落充填法

矿房崩落充填法是指先崩落已采空的矿房顶板，然后以简易胶结充填之；或者先胶结充填，在料浆尚未固结前崩落矿房顶板；或者按前述两种方案或其联合方案多次充填。这种方法是俄罗斯国家有色矿冶研究设计院等在20世纪90年代共同试验成功的，适用于二步骤回采缓倾斜的厚大矿体，其所形成的胶结体比一般胶结充填体强度高出25%～30%，比一般胶结充填可降低充填成本30%～60%，且控制地压和岩移的效果较好。但是，由于要运用深孔爆破放顶，空场处理总费用仍然高达 22 元/m²。

　　H　支撑片落法

　　支撑片落法是指用矿柱支撑隔离采空区，变大空区为小空区，并通过自然冒落形成废石垫层的空场处理方法。这种方法是由李纯青、罗铁牛、羊水平和姚香于 2001 年总结的，适用于顶板中等稳固、可自然冒落的岩体条件。

　　I　切槽放顶法

　　李俊平、张振祥和于文远等于 2001 年在东桐峪金矿提出了切槽放顶法。其技术要点是：应用控制爆破手段，分别在顶板拉应力最大的地段沿空场走向全长实施一定深度、一定宽度的控制爆破切槽，诱使顶板最先在该地段冒落，并尽可能使冒落接顶，从而实现空场小型化及其与深部开采系统的隔离，并将开采废石有计划地简易排入处理过的采空区，削弱可能发生的自然冒落所激起的空气冲击波，最终消除冲击地压隐患，并使顶板应力向有利于安全开采的方向重分布，确保安全生产。

　　根据其技术要点，切槽位置、切槽宽度和切槽深度等切槽放顶法的主要指标的设计方法必须专门研究。本章参考文献 [6] 详细介绍了三个主要指标的设计方法的推导及其设计实例，7.2.1.4 节还将专门介绍。

　　该联合法有如下四个特点。（1）不是崩落法、充填法、支撑法和封闭隔离法这四种基本空场处理方法中某几种方法的简单联合，而是通过控制爆破切槽，对顶板岩体结构实施改造，既达到使顶板应力向有利于安全开采的方向重新分布的目的，又实现封闭、隔离采空场的目的，从而促进安全生产，并消除顶板冲击地压隐患。（2）经济、简便，工作量小，施工快捷。在东桐峪金矿，处理 430000m² 采空区，2001 年施工经费不超过 60 万元。（3）空场处理和矿柱回收及底板清理可同时进行。在空区处理的同时进行底板清理和矿柱回采，既可带来一定效益，又容易保证作业安全，而且只要安排合理，不会造成相互干扰。（4）实施后，不会引起地表发生明显的岩移，并可有计划地将采、掘废石排入处理过的采空区，从而避免在地面山坡排土而造成泥石流隐患，同时减少或避免废石排放而占用耕地。它适用于处理允许地表岩体移动的缓倾斜至水平矿体开采所形成的采空区。

　　J　切顶与矿柱崩落法

　　切顶与矿柱崩落法的思路是：利用天然断层等大型弱面或爆破切断顶板，并崩倒极限悬臂跨度内的矿柱，或者没有弱面也不切顶弱化顶板而直接崩倒极限跨度内的矿柱，使顶板自然冒落。为了确保后续矿体安全回采，结合矿体开采价值，可采用砌筑人工隔离墙或留连续矿壁以隔断自然冒落区与深部开采系统的联系，或者在自然冒落区以下修筑截洪沟。它是李俊平、彭作为和周创兵等于 2004 年在荆襄磷矿提出的。

　　根据其技术要点，极限跨度、极限悬臂跨度、切顶深度等切顶与矿柱崩落法的主要指标的设计方法必须专门研究。本章参考文献 [6] 详细介绍了三个主要指标的设计方法的推导及其设计实例，7.2.1.4 节还将专门介绍。

　　切顶与矿柱崩落法适用于处理地表允许岩体移动的缓倾斜至水平矿体开采所形成的采空区。应用该方法，不仅可以消除顶板冲击地压，而且可以成功堵塞薄覆岩下的非法开采通道。在荆襄磷矿，2004 年处理 375000m² 采空区，施工经费不超过 120 万元。

综上所述，各类采空区处理方法都有其特定的适用条件，在特定条件下各有利弊。联合法是一类较有发展前途的采空区处理方法，便于根据工程实际吸纳各基本方法的优点，克服其局限性。李俊平在 E～H 这四种简单联合法的基础上，先提出了切槽放顶法、切顶与矿柱崩落法，近几年又提出了急倾斜采空区处理的新方法——V 型切槽上盘闭合法、硐室与深孔爆破法及急倾斜采空区处理与卸压开采方法。保留并利用采空区，是今后充分利用地下空间资源的一个热点方向。

在煤矿，控制坚硬顶板，一种思路是按上述方法弱化顶板，变坚硬难冒顶板为可控顶板；另一种思路是改进支架，提高开采期间的支撑阻力和稳定性，改进油路便于来压期间及时、快速回柱避压，改进后掩护梁防止冒落大岩块冲击，改进前端梁提高梁端承载能力。

我国是个采矿历史悠久的文明古国，但采矿工业的迅速发展是从中华人民共和国成立之后开始的。尤其是近二十多年，采矿工业经历了蓬勃发展时期、闭坑转产时期和二次创业时期，矿山企业基本实现了自负盈亏、自主经营。在当前的特定历史时期，矿山企业一方面因资源危机而效益低下，另一方面又因为历史原因而负担沉重，然而在党和国家安全生产方针、政策的指引下还必须处理遗留的大量采空区，因此，对采空场处理提出了如下要求：（1）确保矿区及其周边环境的长治久安；（2）确保矿石残采和矿柱回采安全、高效，最大限度地回收矿石资源；（3）采空区处理费用力求最低；（4）在采空区处理过程中不再消耗资源，力求回收过去无法经济地开采的矿石资源；（5）采空区处理不能污染环境。

习　题

（1）采场地压与巷道地压有何异同？
（2）卸压拱形成的机理，卸压拱对采矿工程有什么意义？
（3）空区覆岩变形、位移和破坏的规律是什么，如何控制地表的下沉？
（4）什么是支承压力？分析其有利因素和不利因素，并说明减压区的形成及其实际意义。
（5）水平巷道沿走向的矿压显现有哪些基本规律？
（6）开采深度对采矿工作面矿压显现有什么影响，矿体倾角对采矿工作面矿压显现有什么影响？
（7）采场顶板应力分哪几个区，与覆岩变形的"三带"有什么关系？
（8）采场地压控制的原则是什么？
（9）影响工作面矿压显现的主要因素有哪些？
（10）崩落角与开采深度加大有什么关系，怎样圈定地表移动或崩落界限？
（11）地下开采在什么情况下可能引起地表滑坡和滚石，如何防范其危害性？
（12）什么是动压现象，它有几种形式，岩爆的机理是什么，试举 3～4 种冲击地压（岩爆）的控制方法，岩爆的主要影响因素有哪些？
（13）采空区处理或坚硬难冒顶板控制或顶板冲击地压有哪些方法？试评价之。
（14）如何确定合理的采准巷道位置和施工顺序？

参 考 文 献

[1] 郭奉贤，魏胜利. 矿山压力观测与控制 [M]. 北京：煤炭工业出版社，2005.

［2］王家臣. 矿山压力及其控制（教案第二版）［M］. 中国矿业大学（北京）资源与安全工程学院，2006.

［3］李俊平，陈慧明. 灵宝县豫灵镇万米平洞岩爆控制试验［J］. 科技导报，2010，28（18）：57～59.

［4］陆文. 岩石力学（课件）. 西南科技大学环境资源学院，2006.

［5］高磊. 矿山岩石力学［M］. 北京：机械工业出版社，1987.

［6］李俊平，周创兵，冯长根. 矿山岩石力学——缓倾斜采空区处理的理论与实践［M］. 哈尔滨：黑龙江教育出版社，2005.

［7］李俊平、赵永平、王二军. 采空区处理的理论与实践［M］. 北京：冶金工业出版社，2012.

［8］李俊平，王晓光，王红星，等. 某铅锌矿采空区处理与卸压开采方案研究［J］. 安全与环境学报，2014，14（1）：137～141.

7 采场地压与控制

【基本知识点（重点▼，难点◆）】：1. 采矿方法简介；2. 空场法地压控制与评价（矿柱设计方法◆；采空区处理新方法▼；采空区安全评价方法▼）；3. 充填法地压（充填体类型；充填体受力计算；充填体地压控制原理▼）；4. 崩落法地压（无底柱、有底柱、自然崩落法采矿的地压规律▼；崩落控制）；5. 长壁式开采的地压规律▼。

应用不同类型的采矿方法，采场地压的控制方法与控制的重点环节各不相同。例如，应用空场法开采的矿山，主要关注的是开采期间的冒顶、片帮问题和开采之后的采空区稳定性与处理问题，前者的实质与核心就是矿柱合理设计或布置。至于充填法，采空区已经在回采-充填循环中进行了处理，此时需要解决的地压问题是：研究充填体对围岩承载能力的作用机理，探讨充填体本身稳定性，合理选择充填材料，控制充填质量和范围等。而崩落法开采，重点需要研究围岩及矿体的崩落机制，及崩落体或上、下盘滑动棱柱体作用下的采场底部结构及采准工程的稳定问题。

在我国，非煤矿山单层或分层崩落法开采，除落矿方式（爆破）与煤矿机采（机械割煤）不同外，顶板管理方式基本相同（包括炮采煤矿）。鉴于煤矿顶板管理的机械化程度较高，将用一节专门介绍煤矿长壁式开采的地压问题。顶板管理是单层或分层崩落法开采的关键环节。本章将按照采矿方法，分类叙述采场地压控制的具体方法。

7.1 采矿方法简介

以回采时的地压管理方法作为分类依据，矿床地下开采方法可分为空场采矿法、充填采矿法和崩落采矿法三大类。采用何种采矿方法取决于矿体的赋存条件、矿石和围岩的物理力学特性、矿石的经济价值、矿山的地理地形特征及采矿技术和设备的发展水平等因素。

7.1.1 崩落采矿法

崩落采矿法是指用崩落围岩来实现地压管理，即随着崩落矿石，强制或自然崩落围岩充填采空区，以控制和管理地压。本类采矿方法的基本特征是：无矿房和矿柱之分，实行单步骤回采；在落矿的同时或在回采过程中，用崩落覆岩充填采空区的方法进行地压管理；与其他方法一样，仍然是将矿体自上而下划分为若干阶段或中断，自上而下回采，分段或阶段崩落法的崩落矿石，是在崩落覆岩下放出的。随着采场放矿，覆盖在矿石之上的松散岩体立即占据放矿形成的空间，因此，应用崩落采矿法时，没有矿柱回采问题，也没有采空区处理问题。

采用崩落法采矿，能及时消除采空区，防止应力过分集中和大规模的地压活动，并且可以简化采空区的处理工艺，提高劳动生产率。但当开采深度较小，或矿体厚度大，或矿体薄但多层密集分布时，易引起地表开裂、沉陷。因此，崩落采矿法仅适用于地表允许崩落，地表崩落后对矿区及农、林业生产无害，采空区上方预计崩落范围内矿柱已回采完毕且井巷设施等已不再使用并已撤除的矿山。

为了保护地表环境，发达国家一般不用崩落法采矿，除非配合应用了预防性的灌浆技术。为了减少崩落顶板引起的地表沉陷，20 世纪 80 年代我国发展了"覆岩离层注浆减缓地表沉陷"的技术，近几年国内仍在该领域进行理论和实验研究，并取得了一系列成绩。

崩落法分单层崩落法、分层崩落法、分段崩落法、阶段崩落法四类。前两类地压控制的重点在顶板管理，后两类地压控制的重点在矿（岩）崩落机制、采场底部结构和采准工程稳定。

煤矿和非煤矿山的长壁式开采方法属于崩落法的范畴，非煤矿山多称为单层崩落法或分层崩落法。工作面在支柱维护下向前推进。随着工作面的向前推进，回柱自然放顶，或爆破辅助放顶充填采空区。煤矿应用液压支柱或支架管理顶板，较非煤矿山更规范。

7.1.2　充填采矿法

充填采矿法是指随回采工作面的推进，逐步用充填料充填采空区，或嗣后用充填料充填采空区。用充填采矿法采矿，能避免采空区的大量存在，防止发生大规模岩移，并减缓地表下沉。因此，应用充填采矿法时，也不存在采空区的处理和研究问题。

为了控制采区的地表移动，1864 年在美国应用水砂充填法采矿，20 世纪 30 年代苏联推广了嗣后充填法采矿或预防性灌浆的崩落法采矿。在 20 世纪 50 ~ 80 年代，澳大利亚、加拿大和斯堪的纳维亚等数十个矿都应用了机械落矿的充填法采矿。南非一直应用充填技术改善开采的安全条件。1993 年加拿大发展并推广了膏体充填技术。由于降低成本的需要，许多矿山应用空场法采矿，并进行嗣后充填。

国内外，尤其是采矿先进国家，一直都比较重视控制采矿引起的岩移和破坏。20 世纪 50 ~ 60 年代国际上发生了数起严重的顶板冲击地压灾害以后，各国都加大了充填采矿法所占的比重，美、英等国还围绕灾害控制制定了相应规范。

我国充填采矿法具有悠久的历史，但直至 20 世纪 60 年代初，仍然是一种工艺复杂、采矿生产能力低和劳动生产率低、成本高的采矿方法。因此，它的使用范围受到了很大的限制，加之在 20 世纪 50 年代后期至 20 世纪 60 年代初，由于不适当地强调采矿方法的高强度和高效率，没有全面地考虑矿体的赋存条件和开采技术条件以及综合经济效益，致使应该采用充填法的矿山采用了中深孔崩落法等，充填法的比重急剧下降，这一情况经过 10 多年的时间才逐步得以改变。随着充填工艺和充填料制备、输送技术等方面的不断发展和完善，尤其无轨自行设备的广泛应用，目前充填法已成为了一种高效率的采矿方法，1999 年应用比重已上升到了 30% 左右。随着环境保护与可持续发展的呼声日益加大，我国正在逐步加大充填采矿法所占的比重。

充填法可分为干式充填和湿式充填两种。采用前者时建充填系统投资少，简单易行，但充填能力低。后者流动性好，充填速度快，效率高，多用于厚大空场的处理，但需一整套充填输送系统和设施，投资大，其中胶结充填较水砂、尾砂充填成本更高。

7.1.3　空场采矿法

众所周知，应用空场采矿法开采矿床，矿体回采后必然形成采空区（场）。为了防止顶板突然大规模冒落，应用空场类采矿法回采矿体时，必须及时、合理地实施采空区处理。

空场采矿方法包括全面法、房柱法、留矿法、分段矿房法和阶段矿房法。矿石和围岩均应稳固是应用该类采矿方法的基本条件。其中，全面法适用于开采薄和中厚的水平至缓倾斜的矿体。房柱法适用于开采水平和缓倾斜的薄、厚和极厚的矿体。

留矿法适用于开采矿石无自燃，破碎后不易再行结块的急倾斜矿体。它的特点是工人直接在矿房暴露面下的留矿堆上面作业，自下而上分层回采，每次采下的矿石靠自重放出三分之一左右，其余暂留在矿房中作为继续上采的工作平台。

分段矿房法是按矿块的垂直方向，再划分为若干分段；在每个分段水平上再布置矿房和矿柱，各分段采出的矿石分别从各分段的出矿巷道运出。分段矿房回采结束后，可立即回采本分段的矿柱并同时处理采空区。它的特点是以分段为独立的单元，因而灵活性大，适用于倾斜到急倾斜的中厚到厚矿体。由于围岩的暴露面积较小，回采时间较短，因此可以适当降低对围岩稳固性的要求。

阶段矿房法是用深孔回采矿房的空场采矿法。它是我国开采厚和极厚急倾斜矿体时比较广泛应用的采矿方法，急倾斜平行极薄矿脉组成的细脉带也采用这种方法或留矿法、削壁充填法等回采。当今，随着两步骤回采方法的广泛应用，厚大稳固的矿体开采，也常用阶段矿房法或大直径深孔阶段空场法，配合应用嗣后充填两步骤回采。

矿柱设计与布置，采后的采空区处理，是空场采矿法开采地压控制的主要问题。

7.2　空场法的地压控制与评价

前面已述，空场法（包括留矿法）开采的地压控制问题大致可分为两类：

（1）采场回采期间的局部地压显现。随着回采工作面的形成和推进，暴露面达到一定面积后，可能出现采场矿体、围岩和矿柱的变形、断裂、片帮、冒顶等现象。对于一个矿山而言，在开采初期，由于暴露的采场和空区数量并不多，其地压显现仅限于个别采场或局部范围。此时地压控制的关键就是：合理确定采场顶板极限跨度（矿柱间距）及矿柱尺寸，依靠围岩和矿柱承担地压；选择合理的回采顺序，并根据现场实际及时采取一些辅助护顶支护或岩体加固措施，开展声发射等局部冒落监测预报，则完全可以控制此类局部地压显现或避免地压显现的危害，确保回采作业安全。

顶板冒落的预兆有：1）发出响声。岩层下沉断裂，顶板压力急剧加大，木支架会发出劈裂声，紧接着会出现折梁断柱现象，金属支柱活柱会急速下缩，采空区内会发出顶板断裂的闷雷声。2）掉渣。顶板严重破裂时，出现掉渣；掉渣越多，说明顶板压力越大。3）片帮加重。4）顶板出现裂缝。顶板有裂缝并张开，裂缝增多。5）顶板出现离层。检查顶板要用"问顶"的方法，如果声音清脆表明顶板完好；顶板发出"空空"的响声，说明上下岩层之间已脱离。6）漏顶。大冒顶前，破碎的伪顶或直接顶有时会因背顶不严和支架不牢固出现漏顶现象，造成棚顶托空、支架松动。7）瓦斯涌出量增加，含瓦斯煤层顶板冒落前瓦斯涌出量会突然增大。8）顶板的淋水量明显增加。9）锚杆支护巷道出现锚杆锚索拉断、失效，托盘变形，顶板整体下沉或出现锅底状、两肩断裂等。观测这些地压显现现象，结合仪器监测分析，可准确预报可能发生的顶板冒落事故。

地压显现的形式及需要解决的问题与解决方法依矿体类型不同而异，后面将按缓倾斜、急倾斜和脉群分别阐述。

（2）大规模剧烈的地压显现，也称顶板冲击地压。在矿山开采的中、后期，由于开采范围及体积增大，可能出现大范围的剧烈地压显现。如广西合浦县恒大石膏矿 2001 年 5 月 18 日发生了大面积顶板冒落事故，造成 29 人死亡；又如，1965 年 5 月锡矿山南矿矿区东部 5 中段以上发生了第一次顶板冲击地压，塌陷空区面积约 7.3 万平方米，影响范围达 8.2 万平方米，地表下沉盆地达 10.69 万平方米，最大下沉达 0.5m，破坏运输巷道 130m、通风巷道 120m。1965 年 12 月发生了类似的第二次地压，除导致顶板大面积冒落、地表开裂下沉、运输、通风系统破坏外，还造成 1 号竖井井架发生倾斜，顶端最大倾斜值达 43mm，井壁出现 11 条裂缝。由于忽视了东部及新采空区的充填，1971 年又发生了第三次地压。三次地压使井下约 4000m 长的通风巷道遭到了不同程度的破坏因而失去通风作用，整个七中段损失矿量达 30 万吨。

调查研究表明，大规模地压显现具有一定规律，它的显现大体分预兆、大冒落和稳定三个阶段。1）预兆阶段。时间约为 1~5 个月，出现前述顶板冒落预兆的频度和强度较大，声响次数随顶板暴露面积增大而增大，坑内被压裂、剥落、坍塌的矿柱逐渐增多，采准巷道普遍出现片帮、冒顶现象。2）大冒落阶段。随着坑内矿柱的破坏及顶板断裂、掉块扩展至一定程度，将出现空区上方大面积覆岩突然急剧冒落，冲击气浪将使通风、排水、运输、动力系统严重破坏。随着坑内的冒落扩展，地表出现下沉或形成塌陷坑。3）稳定阶段。当采空区冒落岩石堆积增多，由于碎胀而可填满采空区并阻止覆岩进一步冒落时，则出现暂时的稳定。但碎胀岩堆在重力及覆岩变形压力作用下被压实后，覆岩变形又有发展，并出现再次冒落的可能。如此反复多次，逐渐达到覆岩冒落完全停止，这一过程的持续时间较长。如果矿体赋存较浅，冒落可能扩展至地表，则在地表塌陷达最大下沉值后覆岩冒落即行终止。这样，由于覆岩完全冒落也就解除了它对相邻矿体或支承压力带的压力，坑内地压即趋相对稳定。不过，地表的缓慢下沉变形仍可能持续数年。

大规模冒落结束后，采空区上方覆岩中大致形成冒落带、裂隙带和弯曲下沉带三带。

第 6 章已经综述了各类采空区处理方法，论述了顶板三带分布，本章不再重复。本章将专门介绍两种经济有效的缓倾斜采空区处理新方法的设计方法。

7.2.1 缓倾斜顶板应力分析与矿柱设计

7.2.1.1 弹性理论分析

埋深大，岩层均匀连续并可视为弹性体时，采场应力分布可按弹性力学中圆孔应力集中解分析。用弹性力学方法研究房柱法开采的采场顶板中应力分布时，一般假设：（1）岩石为均质各向同性弹性介质；（2）矿床走向长度较大，长度 L 与开采深度 H 之比大于 1.5，即 $L/H > 1.5$；（3）矿柱间距相等；（4）将采场上部厚度为 h 的岩层视为顶板岩梁，且 $h \geqslant l$（l 为矿房宽度之半）；（5）作用于顶板上的荷载均匀分布。计算模型见图 7.1。计算结果见图 7.2。

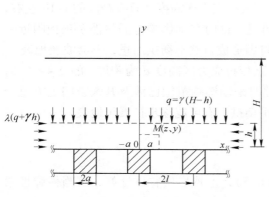

图 7.1 采场顶板应力分布计算模型

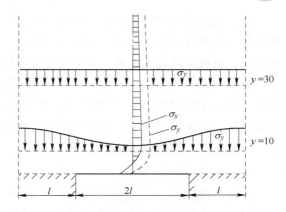

图 7.2 采场顶板中心截面上 σ_x、σ_y 分布

最大拉应力点位于顶板中央，其值 σ_t 随开采空间的跨度 l 的增大而增大，如表 7.1 所示，表中 h 为开采空间的岩梁高度，m；原岩垂直应力 $\sigma_v = \gamma H$；γ 为上覆岩层容重，N/m^3；H 为上覆岩层厚度，m。

表 7.1　矩形开采空间顶板拉应力集中系数（侧压系数 $\lambda = 1/3$）

开采空间宽高比（l/h）	1/4	1/2	1	4	8	12
拉应力集中系数（σ_t/σ_v）	0	0.2	0.3	0.4	0.5	0.6

当拉应力区岩体中有微空隙或裂缝时，由于裂隙端部的应力集中作用，顶板岩体中的实际拉应力集中系数将高于表中值。拉应力区的高度 d 视开采空间跨度 l 的大小而不同，相对跨度 l/h 增大时，拉应力区的相对高度 d/l 亦随之增大。拉应力区高度如图 7.3 所示。

在实际工程中，采场跨度过大或过小都可能出现片帮、冒顶。因顶板中央的拉应力或转角处压应力增至极限而导致片帮、冒顶。

值得注意的是，当原岩应力场以构造应力场为主时，开采空间周围次生应力的特点将与上述分析所阐述的特点不同。孔的应力集中理论，包括由此导出的压力拱或卸压拱理论，仅适用于分析深埋矿体，对浅埋矿体则不完全适用。由图 7.4 可以看出其适用范围：

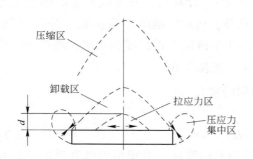

图 7.3　顶板拉应力分区示意图

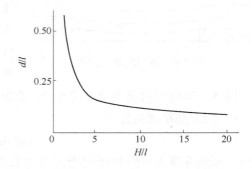

图 7.4　顶板拉应力区高度随开采深度的变化

开采深度 H 为跨度 l 的 $15\sim20$ 倍以上时，顶板拉应力区高度 d 只有跨度的 $1/10$ 左右，约是覆岩总厚度 H 的 $1/200\sim1/150$ 或更小。可见，此时采动影响范围只涉及顶板附近一小区域，且该区域远离地表，如果出现冒顶则将因形成自然平衡拱而止，不会波及地表。

开采深度 H 小于跨度 l 的 $1.5\sim2.0$ 倍时，顶板拉应力区高度 d 为跨度 l 的 $0.4\sim0.6$，约比覆岩总厚度 H 的 $2/5\sim1/5$ 还大。可见，此时采动影响范围已涉及开采空间上方整个覆盖岩层，如果出现冒顶，则将难于形成自然平衡拱，有可能逐步扩展至地表。

7.2.1.2　顶板极限跨度设计

A　梁理论设计

当矿体埋深浅，开采空间跨度较大（$H/l<0.5$），上覆岩层整体性好，可当做弹性梁看待时，可采用材料力学中的梁理论进行分析，见图 7.5。但该"梁"既不同于刚性支座的简支梁，也不同于固端梁，而是"梁"端受相邻岩体约束，犹如固定端，但其下方"支座"允许有弹性变形，且在顶板转角处常由于高度的应力集中而屈服或压坏，允许"梁端"有大的转动角。总之，此"梁"更像简支梁，而且，原岩应力的作用也使它不同于单纯的横向受载梁。

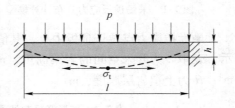

图 7.5　梁理论分析模型

a　D. F. 科次验算的弯曲梁顶板最大拉应力

$$\sigma_t = 0.6\left(\frac{l}{H}\right)^2 \gamma H - \lambda \gamma H$$

当最大拉应力 σ_t 达到顶板岩体抗拉强度 σ_c 时，顶板将在中部断裂垮落，因此，顶板极限跨度 l_{max} 为

$$l_{max} = 1.29H\left[\sigma_c/(\gamma H) + \lambda\right]^{0.5} \tag{7.1}$$

式中，γ 为上覆岩层容重，N/m^3；λ 为原岩应力场侧压系数；H 为上覆岩层厚度，m；l 为开采空间跨度。

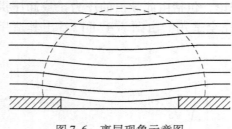

图 7.6　离层现象示意图

近水平岩层中开采矩形硐室后，随着顶板向空区下沉，岩层间将会产生离层现象。各层次生应力分布可近似采用梁理论（如砌体梁理论、传递岩梁理论）。计算时，分别取各层的厚度 h_i 作为梁的高度，$\gamma_i h_i$ 为梁的自重荷载。分析可知，只要层厚小于该层悬露跨度的一半，就可能产生离层现象，见图 7.6。

同样，可以用固定端梁或简支梁计算顶板极限跨度 l_{max}。

b　固定端梁理论分析

$$l_{max} = h\left[4\sigma_c/(\gamma H)\right]^{1/2} \tag{7.2}$$

式中，梁的高度 h 一般根据现场实际取直接顶板的平均厚度，或顶板岩体冒落的统计高度；其他符号意义与式（7.1）相同。

当地表的最大拉应力出现在开采空间端部的垂直延长线上时，该拉应力 σ'_t 可近似估算为：$\sigma'_t = 0.5(l/H)^2\gamma H$。

c　简支梁理论分析

当矿体分上、下临近的两层时，上层采完后，可以认为作用在下层矿体顶板（上、下层矿体之间的夹层）上的荷载为夹层的自重。由于回采期间，一旦矿柱跨度稍微偏大，跨度中心的顶板岩层在拉应力作用下就会产生离层弯曲或破裂、冒落，因此，可以将简支梁模型推广到缓倾斜矿体开采的矿柱间距设计中，假设现场冒落的统计高度为岩梁高度。利用简支梁受力模型，编者根据材料力学的三弯矩方程推导出顶板最大允许跨度，即

$$
\left.
\begin{array}{ll}
\text{沿倾向的极限跨度} & l_{qy,\max} = \left[4h\sigma_c/(3\gamma\cos\alpha) - h^2\tan^2\alpha/9\right]^{1/2} \\
\text{沿走向的极限跨度} & l_{sp,\max} = l_{qy|\alpha=0} = \left[4h\sigma_c/(3\gamma)\right]^{1/2}
\end{array}
\right\}
\tag{7.3}
$$

式中，α 为矿体倾角，（°）；岩梁高度 h 的取值应结合生产实际，取顶板冒落块体厚度的统计值，或平行或近似平行顶板层面的结构面赋存的厚度；其他符号意义与式（7.1）相同。

d　矩形简支板分析

上述孔理论或梁理论分析没有考虑位于硐室长度两端围岩对顶板岩层的支承作用，实际上是将空间三维问题简化为二维问题处理了。这种简化对足够长度的硐室而言，误差很小，但对于长宽比 $L/l \leqslant 2 \sim 3$ 的开采空间（硐室），则必须对计算结果加以修正。硐室长宽比不同对顶板中央最大拉应力的影响，可参见图7.5和图7.7，可近似采用矩形简支板分析，顶板极限跨度为

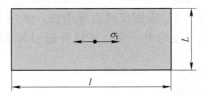

图7.7　顶板矩形简支板示意图

$$
l_{\max} = h\left[\sigma_c/(k\gamma H)\right]^{0.5}
\tag{7.4}
$$

式中，l 为矩形板的宽度（采场跨度）；h 为板的厚度；p 为单位面积上施加的荷载，取 $p = \gamma H$；k 为应力计算系数，随 L/l 变化，即 $L/l = 1$、1.5、2、3、∞ 时，k 分别为 0.287、0.487、0.610、0.713、0.750，相对值分别为 38%、65%、81%、95%、100%，L 为矩形板的长度。

B　模型法设计

符洛赫和萨苏林 1981 年用模型试验方法得出 $H/l = 2/5 \sim 4/3$ 的矿柱间距计算公式。

a　顶板极限跨度

$$
l_{\max} = 1.25H\left[\sigma_c/(\gamma H) + 0.0012k\right]^{0.6}
\tag{7.5}
$$

式（7.5）中考虑了开采深度 H 对拉应力集中系数 k 的影响，令 $k = |H - 100|$；其他符号意义与式（7.1）相同。可按折减系数 $K = k_r e^{at}$ 计算顶板岩体的抗拉强度，即 $\sigma_c = K\sigma_{rock}$，$\sigma_{rock}$ 为岩石的抗拉强度，MPa；k_r 为岩体完整性系数，裂隙不发育时取 0.5；a 为系数，介于 $-0.01 \sim -0.04$ 之间；t 为空区暴露时间。

b　悬臂状态下的顶板极限跨度（顶板悬臂极限跨度）

$$
l_{\max} = 0.435H\left[\sigma_c/(\gamma H) + 0.0026k\right]^{0.6}
\tag{7.6}
$$

式中，符号意义同式（7.5）。

H. A. 屠尔昌宁诺夫等研究表明，多裂隙岩体顶板极限跨度约为无裂隙岩体的 0.6 ～ 0.7 倍。

C　板理论设计

假设顶板呈板状并与上覆岩层分开，顶板的荷载仅考虑板的自重，将采场顶板视为处于一定约束状态的、没有水平构造力影响的顶板，冶金工业部安全环保研究院等根据板弯曲理论提出如下顶板极限跨度计算公式

$$l_{max} = \{8\sigma_c HK_r / [3\gamma(1 + K_p)K_t]\}^{0.5} \tag{7.7}$$

式中，K_r、K_p、K_t分别表示结构面减弱系数、荷载系数、安全系数，取值范围分别为 0.5~0.15、0.2~0.7、2~3；其他符号意义同上述。

该公式考虑得比较全面，适合在各种岩体情况下进行间距设计。但是，应用起来很不方便，尤其是各系数值的确定。

D　数值模拟设计

以湖北荆襄磷化集团大峪口磷矿为例。三维 ANSYS 有限元模型的计算范围为 600m × 250m × 25m，其中，走向长为 25m，垂直深 250m。沿走向方向矿柱间距假定为 20m，即每一边各采空 10m，中间布置沿走向长 5m 的矿柱。大矿柱沿走向长度为 25m。网格剖分见图 7.8。应用位移边界条件，采用 D-P 准则，从上向下分步开挖小矿柱和大矿柱，直到将大矿柱全部采完。矿柱开挖引起顶板最大拉应力的变化见图 7.9。

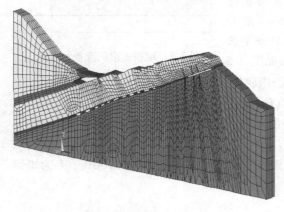

图 7.8　三维计算网格

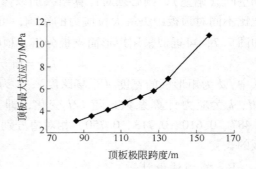

图 7.9　顶板极限跨度与最大拉应力关系

从图 7.9 中可以看出，顶板应力随跨度值的增加近似呈线性增加的趋势，当跨度值不小于 102m 时，顶板出现受拉破坏。

取切顶深度为覆岩厚度的 50%，类似地模拟顶板悬臂长度与顶板最大拉应力的关系，见图 7.10。可见，顶板极限悬臂长度为 77m。图 7.10 还说明，增加顶板悬臂跨度也可以引起顶板所受的最大拉应力增加。

E　相似模拟设计

同样以湖北荆襄磷化集团大峪口磷矿为例。矿柱崩落法在 W143 剖面附近的具体表现形式为：崩倒上部大矿柱及其上部的小矿柱，见图 7.11。

按照相似模拟原理和木架山的采矿顺序，分步开挖形成木架山的采空区及顶板跨度，每步开挖间隔 5 天，观测完地表变形后继续下步开挖。在 PH_1 磷矿层开采形成的采空区中，从上向下逐步崩倒小矿柱，并观察顶板离层和塌落状况。如果小矿柱全部崩倒也未见

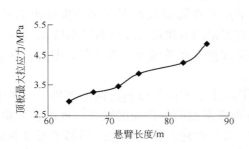

图 7.10 悬臂顶板长度与最大拉应力关系

图 7.11 W143 剖面的采空区模型

1—千分表；2—上部大矿柱；3—大矿柱上部的小矿柱

顶板离层和塌落，则沿斜长 1～2cm 逐步崩倒上部大矿柱，直至出现顶板离层和塌落为止。当上部大矿柱崩倒到 15m 时，上覆岩层有 3m 垮落，3m 之上还有 15m 厚的岩层发生离层，此时顶板跨度为 110m，见图 7.12。这说明当顶板跨度达 110m 时，可引起顶板自然垮落，即顶板极限跨度为 110m。

图 7.12 110m 顶板跨度的模型

F 小结

研究表明：用梁理论公式（7.1）～（7.4）、板理论公式（7.7）计算的崩顶（顶板自然冒落充填采空区）极限跨度与三维 ANSYS 的分析结果相差超过了 14.7%，简支梁公式（7.3）甚至超过了 53.9%。

木架山设计采空区处理中顶板全部自然垮落的最小跨度（极限跨度）时，相似模拟试验得到完整顶板自然垮落的极限跨度为 110m。该极限跨度值介于三维 ANSYS 有限元计算值（102m）与公式 $l_{max} = 1.25H[\sigma_c/(\gamma H) + 0.0012k]^{0.6}$ 的计算值（$l_{max} = 117.8m$，$H = 33.5cm \times 1.5m/cm = 50.25m$）之间。有限元计算值偏小，是由于计算中仅考虑了弹塑性介质，未充分考虑本矿覆岩层理发育的特点；如果数值模拟时，像相似模拟那样充分考虑本矿岩体的层理特征，顶板极限跨度为 111.6m，更接近相似模拟的极限跨度值 110m。根据梁理论、板理论和模型法计算的结果偏差较大，是由于这些公式无法精确考虑开采深度 H 对拉应力集中系数 k 的影响，也无法精确考虑矿体赋存状况。这些缺点，数值模拟和相似模拟可以克服。公式 $l_{max} = 1.25H[\sigma_c/(\gamma H) + 0.0012k]^{0.6}$ 的计算值偏大，可能是由于公式无法考虑层理等结构特征的缘故。

简支梁公式（7.3）的产生背景，是编者为了尽可能避免开采期间下层矿出现局部冒顶，按上层矿开采完毕后其临近（8～12m）的下层矿在卸载状态下开采而推导出来的。因此，充分考虑了实际开采状况，取局部顶板可能冒落的岩块最大厚度为梁高度 h。这样，用于设计采空区处理中顶板全部自然垮落的最小跨度肯定严重偏小、不适用，但是，适合用于安全开采时的矿柱布置设计。

若按照公式（7.3）设计矿柱间距，既考虑了其水平方向与倾斜方向的差别，又考虑了顶板冒落块体厚度的统计值或平行及近似平行顶板层面的结构面的赋存厚度的调查值。多个金属矿山的实际应用表明：应用公式（7.3）布置矿柱，仅适当加固局部顶板显露的裂隙，基本能杜绝回采期间的顶板冒落事故。

在实际工程中，采场顶板常出现个别楔形或板状岩块冒落所造成的局部冒顶现象。此类结构岩块的稳定性问题可以采用工程地质力学提供的块体稳定性分析法处理，详见 5.5.3.1～5.5.3.2 节。

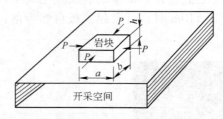

图 7.13　板状结构岩块受力与冒落

作为一种粗略判断，如图 7.13 所示，板状岩块的近似冒落条件如下：

$$\gamma/(2P\tan\varphi) > 1/a + 1/b \qquad (7.8)$$

式中，a、b 为岩块结构的水平宽度与长度，m；P 为岩块侧向结构面所受的水平挤压应力，在重力应力场中 $P = \lambda\gamma H$；γ 为岩体容重，N/m^3；φ 为结构面的内摩擦角，静态 $\tan\varphi = 0.33～0.47$；动态 $\tan\varphi = 0.15～0.33$，表明岩块结构在爆破震动影响下更容易冒落。

7.2.1.3　矿柱设计与荷载分析

用空场法开采时，主要靠矿柱控制采场跨度并支撑覆岩的压力。矿柱分点柱和条带隔离矿柱。点柱，也叫支撑矿柱，是盘区内分布的矩形或圆形断面的支承顶板的矿柱。盘区边界上的矿柱起保护盘区巷道和支承采区顶板的作用，叫盘区矿柱，当其宽度增至 20～40m 时常称为"隔离矿柱"，因为采区顶板的冒落范围一般不会超出隔离矿柱所圈定的范围，其形式多为条带状。

矿柱形状及尺寸的选择，既关系到采场的稳定性，又关系到矿柱回采率的高低。在实际工作中必须兼顾这两方面。从维护采场稳定性方面考虑，矿柱间距应小于极限跨度，矿柱本身横断面尺寸应满足强度要求。如果个别矿柱尺寸太小，一旦被压垮，势必使采场实际跨度过大而导致冒顶，与此同时覆岩压力转移到其他相邻矿柱上，也可能使这些矿柱破坏，引起连锁反应（见图 7.14）。如果空区范围较大，多米诺骨牌式地连锁失稳，就是顶板冲击地压。例如，4 号矿柱被压垮，其承载力转移给相邻的 3、5 号矿柱，导致 3、5 矿柱破坏；3、5 矿柱破坏后，2、6 号矿柱额外承担了 3、5 号矿柱担负的荷载，则也可能产生破坏。

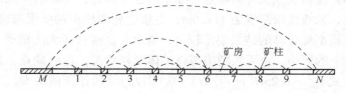

图 7.14　采空区矿柱系统连锁破坏示意图

矿柱稳定性取决于两个基本方面：一是上、下盘围岩施加在矿柱上的总荷载，即矿柱所承担的地压，以及在该荷载作用下矿柱内部的应力分布状况；二是矿柱具有的极限承载能力。从原则上讲，只要对这两方面进行原位测试，将测试结果做一对比即可判断矿柱的稳定性或确定矿柱的合理尺寸。不过企图对大量矿柱进行原位试验，既不经济也难于实现，故多数情况只做检验性监测。当前，实际做法是应用理论计算方法分析各种条件下矿柱应力分布状况及应力平均值，将结果与实验室小试块测试所得矿石强度进行对比，由此判定矿柱稳定性；理论计算与实际应力分布之间的偏差及小试块测试所得强度与矿柱实际强度之间的偏差，由安全系数，即矿柱强度与许用应力之比予以考虑。

从上述分析可见，用小试块测试所得强度，即岩石强度来替代矿柱实际强度，显然是很不可靠的。校正上述两个偏差的安全系数，即矿柱强度与许用应力之比显然也是很粗糙的。随着岩石力学理论和数值模拟等技术的发展，使得精确设计矿柱尺寸，合理确定安全系数成为可能。后面将介绍新的矿柱尺寸设计方法。

A 矿柱应力分布的理论分析

矩形开采空间周围次生应力场的分析表明，由于矿房中矿石被采出，上、下盘围岩的部分荷载转移至矿壁上，使矿壁荷载增加，其应力分布状况如图 7.15 所示。考虑到矿壁表面受爆破及解除约束等作用，形成一个应力降低区，故支承压力带的最大铅垂应力点不在矿柱表面而在距表面 $0.4 \sim 1m$ 以远的深处。两矿房之间的矿柱，其应力分布，视相邻两矿房支承压力带的叠加结果而定。

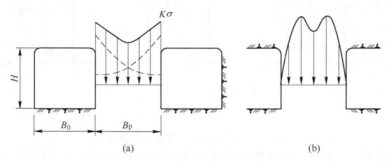

图 7.15 矿柱纵向应力分布
（a）理论分布；（b）实际分布

根据 6.1.2.2 节已述的两大小不等的圆孔应力分布可知，矿房与矿柱相对宽度不同时，矿柱上的叠加应力的最大值也不同，靠近跨度较小一侧矿房的叠加应力的最大值将更大。当矿体中形成多个矿房时，矿柱应力分布不仅受就近两个矿房承压带的影响，还会受更远处矿房承压带的影响。A. H. 威尔逊建议取承压带宽度作为隔离矿柱的最小宽度。矿房宽度 a 及个数 n 对矿柱应力分布等影响见图 7.16。从图 7.16 中可以看出，矿房宽度 a 越大，矿柱应力集中系数 k_c 越大，矿房个数 n 增加，矿柱应力集中系数略为增大。b 为矿柱宽度。

矿柱自身形状及宽高比对于其自身应力分布亦有不可忽视的影响。由于矿柱表层有一个低应力破裂区，故其中高应力承压区分布面积在矿柱全断面上所占的比例将视矿柱断面形状及尺寸不同而异。方形及不规则矿柱较小，带状矿柱较高，故后者较稳定。此外，宽度大、高度小的矿柱，其中央部分多处于三轴应力状态，具有较高抗压强度；而细高的矿柱中部有可能出现横向（水平）拉应力，易于导致纵向劈裂，见图 7.17 所示的光弹模拟试验结果。

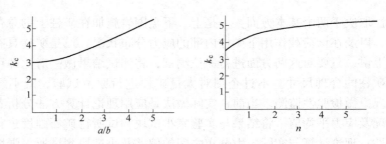

图 7.16 矿房宽度 a、个数 n 对矿柱应力分布的影响

图 7.17（a）表明矿柱纵断面上不同高度处的横向应力分布，该断面距矿柱中心线为矿柱宽度的 1/8。该应力曲线表明，矿柱上、下两端呈水平压缩，中间部分出现水平拉应力。此外，图中还表示出距底板为矿柱高度 1/8 处和 1/2 处横断面铅垂应力分布情况。图 7.17（b）为顶板有软弱夹层时矿柱上半部出现水平拉应力的状况。图 7.17（c）为矿柱 1/2 高度处有软弱夹层时两个纵断面上的横向应力分布状况，此时矿柱中部出现相当强的横向拉应力。

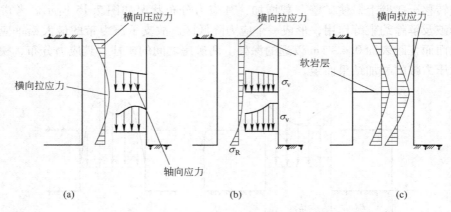

图 7.17 矿柱纵向及横向应力分布

（a）不同高度处应力分布；（b）顶板有软弱夹层时应力分布；（c）矿柱中部有软弱夹层时应力分布

B 矿柱荷载理论

a 矿柱平均应力理论

为简便起见，矿柱平均应力常按覆岩总重与面积承载假设进行计算。

$$\sigma_{av} = \frac{Q}{A_p} = \frac{(A_m + A_p)\gamma h}{A_p} \tag{7.9}$$

式中，Q 为矿柱所受荷载；A_p、A_m 分别为矿柱横截面积和矿房开采面积；γ、h 分别为上覆岩体容重和开采深度。

由于矿石的回采率为 $\eta = A_m/(A_p + A_m)$，所以 $A_p/(A_p + A_m) = 1 - A_m/(A_p + A_m) = 1 - \eta$，令 $\sigma_v = \gamma h$，则有

$$\sigma_{av} = \sigma_v/(1 - \eta) \tag{7.10}$$

从式（7.10）可见，采深 h 越大，σ_v 越大，σ_{av} 越大；矿柱留得越多，即回采率 η 越低，矿柱受的应力 σ_{av} 越小。对于深度 H 与跨度 l 之比 $H/l > 1.5 \sim 2$ 的深埋矿体，且

回采率高于50%（矿柱断面积相对较小而易于压缩变形）时，上述计算值偏大。深埋矿体盘区内点柱（支撑矿柱）实际载荷约只有其所支撑上覆岩重力的60%~80%（弹性坚固矿柱）至35%~45%（软的塑性矿柱），其余部分重力转移至盘区边界围岩上或隔离矿柱上。

按式（7.10）计算出的σ_{av}可以认为是上限，实际应力需视围岩和矿柱变形协调关系而定。与围岩相比若矿柱刚度越小，则矿柱越易压缩，则所承受的荷载就越小。此外，当围岩与矿柱呈黏弹性或弹塑性时，围岩与矿柱的变形速度不一，矿柱荷载将随时间变化而变化。若围岩下沉较快而矿柱压缩变形相对较慢，则矿柱所承受的荷载将随时间延长而增大，反之，矿柱可能卸载。

若长、宽方向都等间隔布置水平断面为长方形的矿柱，即以矿柱长、宽方向都等间隔b开采，经典荷载公式（7.9）可改写为

$$Q = \gamma H (L + b)(a + b)/(La) \tag{7.11}$$

式中，Q为矿柱所承受的平均荷载，MPa；γ为上覆岩体平均容重，N/m^3；H为开采深度，m；L为矿柱长度，m；a、b分别是矿柱宽度、开采宽度，m。

上述荷载理论式（7.11）因其简便而得到了广泛应用，尤其在美国。但是，它既未考虑岩体的内部力学特性和矿柱分布位置的影响，也未考虑岩体水平应力的作用，导致其计算荷载比实际高40%。

矿柱在荷载作用下常见的破坏形式有贯通剪切破坏、横向膨胀及纵向劈裂、剪切剥离破坏。值得指出的是，矿柱在外荷载（地压）达到极限值时虽然出现破坏，但并不立即丧失全部承载能力，而是有两种发展结果：

（1）破坏不再发展，矿柱继续保持稳定。若顶板荷载随顶板下沉变形而迅速降低，则矿柱屈服后仍可依靠残余强度支承地压，继续保持正常工作，如图7.18中曲线1。

（2）矿柱的破坏继续发展直至丧失稳定性。若顶板荷载随顶板的下沉变化很小，矿柱屈服后的残余强度不足以支承地压，即峰值强度之后的矿柱荷载-压缩变形曲线低于顶板荷载-压缩变形曲线，矿柱一旦屈服或破裂后，必然一直发展至完全坍塌为止，如图7.18中曲线2。深部硬岩开采中矿柱承担的覆岩重力很少变化，其工作状况属于此类。

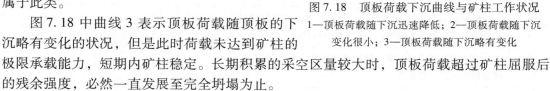

图7.18 顶板荷载下沉曲线与矿柱工作状况
1—顶板荷载随下沉迅速降低；2—顶板荷载随下沉变化很小；3—顶板荷载随下沉略有变化

图7.18中曲线3表示顶板荷载随顶板的下沉略有变化的状况，但是此时荷载未达到矿柱的极限承载能力，短期内矿柱稳定。长期积累的采空区量较大时，顶板荷载超过矿柱屈服后的残余强度，必然一直发展至完全坍塌为止。

b 压力拱理论

压力拱理论是传播最广泛的经典假说之一，它是由德国人哈克（W. Hack）和吉利策尔（G. Gillitzer）于1928年提出的。用该理论设计矿柱时，矿柱尺寸根据上覆岩层的厚度H来确定。

由于空区上方压力拱的形成，上覆岩层负荷只有少部分（开采层面与拱周边之间包含的岩层重量）作用到直接顶板上，其他覆岩重量会向采区两侧实体岩体（拱脚）转移。认为最大压力拱形状是椭圆形，其高度在采面上、下方分别是采面宽度的 2 倍，见图 7.19。

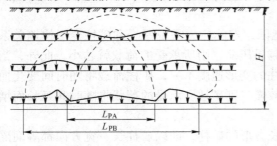

拱内宽 L_{PA} 主要受 H 的影响，拱外宽 L_{PB} 受内组合结构的影响，亦即与支护控制岩层的位移及其几何和力学特性有关。Holland 于 1963 年根据观测资料总结出如下公式

$$L_{PA} = 3(H/20 + 6.1)(H = 100 \sim 600\text{m}) \tag{7.12}$$

图 7.19　工作面上方的压力拱

如果采宽大于 L_{PA}，则荷载分布会变得很复杂。该荷载理论几经讨论，多年来人们肯定过也否定过，主要问题在于未考虑岩体内部力学特性（如 c 和 φ 值，岩体结构面等）和矿柱分布位置的影响。优点是直观、简便。因此，有人提出用简化的太沙基理论代替式（7.12），并成功解释和解决了大量实际问题。以下将专门评述太沙基理论。

c　太沙基荷载理论

太沙基（Terzaghi）理论是 Terzaghi 在研究土力学时提出的，一个多世纪以来一直广为应用，尤其在土力学领域。它充分考虑了介质间的摩擦力、介质内摩擦力和凝聚力以及原岩应力的影响。

由于前述荷载理论 a、b 均有致命的弱点，因此，有人根据压力拱理论和经典公式的基本原理，考虑矿柱尺寸效应的影响，提出用简化的太沙基理论计算矿柱可能承担岩体荷载的等效覆岩厚度 H_P

$$H_P = \beta(2A + H) \tag{7.13}$$

式中，H_P 是矿柱承担岩体荷载的等效覆岩厚度，m；A 为矿柱所分摊顶板荷载的最大宽度，即沿走向或倾向矿柱间距的较大值，m；H 为矿柱高度，m；β 为荷载系数，根据岩体特性和原岩应力查表 7.2 取值。该理论考虑的因素比较全面，具有较好的应用前景。

表 7.2　各种岩体时矿柱承担荷载的等效荷载系数 β 取值

等级	类　别	f	$\gamma/\text{kN} \cdot \text{m}^{-3}$	φ_k	β
极坚硬	最坚硬的、致密的及坚韧的石英岩和玄武岩，非常坚硬的其他岩石，顶板无裂缝，有不压坏岩体的较大侧压	20	28 ~ 30	87	< 0.2
	极坚硬的花岗岩，石英斑岩，砂质片岩，最坚硬的砂岩及石灰岩，顶板无裂缝，有不压坏岩体的较大侧压	15	26 ~ 27	85	0.2 ~ 0.3
	致密的花岗岩，极坚硬的砂岩及石灰岩，坚硬的砾岩，极坚硬的铁矿，有侧压	10	25 ~ 26	82.5	0.3 ~ 0.5
坚硬	坚硬的石灰岩，不坚硬的花岗岩，坚硬的砂岩，大理石，黄铁矿，白云石，有侧压	8	25	80	0.5 ~ 0.6
	普通砂岩，铁矿，有侧压	6	24	75	0.5 ~ 0.7
	砂质片岩，片岩状砂岩	5	25	72.5	0.6 ~ 0.8

等级	类　别	f	$\gamma/\text{kN}\cdot\text{m}^{-3}$	φ_k	β
中等	坚硬黏土质片岩，不坚硬砂岩，石灰岩，软砾岩	4	26	70	1.0 ~ 2.0
	不坚硬的片岩，致密的泥灰岩，坚硬的胶结黏土	3	25	70	1.5 ~ 3
	软的片岩，软的石灰岩，冻土，普通的泥灰岩，破坏的砂岩，胶结的卵石和砾岩，掺石的土	2	24	65	>3
	碎石土，破坏片岩，卵石和碎石，硬黏土或煤	1.5	18 ~ 20	60	
	密实的黏土，普通煤，坚硬冲积土，黏土质土，混有石子的土	1.0	18	45	
	轻砂质黏土，黄土，砾岩，软煤	0.8	16	40	

注：f 为岩石坚固系数、γ 为容重、φ_k 为普氏拱中的换算内摩擦角；为了避免顶板局部冒落，发现水平应力小或顶板有裂隙、生产中常发生冒落现象时，β 值取上限或按 f 下降一栏取值；$\beta > 3$，一般不适用留矿柱直接支撑顶板，除非梁板护顶或锚网护顶；侧压大但不致压坏岩体、顶板无裂缝、罕见冒顶，β 值取下限。

从式（5.93）侧帮稳定得到 $H_P = a/(\lambda \tan\varphi)$ 或式（5.95）侧帮不稳定得到 $H_P = a_1/(\lambda \tan\varphi)$ 也可以看出，岩体越坚固稳定，H_P 越小，侧压系数 λ 越大，即水平压力越大，H_P 也越小。其中 $a_1 = a + H\cot(45° + \varphi/2)$。分析式（5.93）和式（5.95），结合表 5.5 和表 5.6 及实际应用，总结出 β 取值见表 7.2。

C　矿柱强度理论

文献 [1] 中有效区域强度理论，考虑的影响因素均比较少，只能在所分析的值域内，或面积较大、矿柱尺寸和间距相同、分布均匀情况下应用。Salamon 于 1967 年指出，如果开挖面积较小，有效区域强度理论公式得出的矿柱应力偏低；Rolands 于 1969 年观测到，当回采面积大于 80% 时，矿柱上的平均应力值与最大应力值相同，Cook 和 Hoek 于 1978 年又提出，其理想情况是采区宽度大于开采深度。而核区强度不等理论、两区约束理论、大板裂隙理论、极限平衡理论、荷载理论又均有一些致命弱点。

Lunder 和 Pakalnis 于 1997 年在有效区域强度理论的基础上，充分考虑矿柱的"尺寸效应"和"形状效应"的影响，采用了由矿柱中心平均最小/最大主应力比计算矿柱摩擦系数，结合二维边界元数值模拟分析得到的矿柱平均强度关系式和实测数据库（共计 178 例），考虑了经典的岩体强度方法与经验方法，推导出了硬岩矿柱如下新的复合强度计算公式

$$\left.\begin{aligned}
P_s &= (0.44U)(0.68 + 0.52K_a) \\
K_a &= \tan\{\arccos[(1 - C_p)/(1 + C_p)]\} \\
C_p &= 0.46[\lg(b/H + 0.75)]^{1.4H/b}
\end{aligned}\right\} \tag{7.14}$$

式中，P_s 是矿柱强度，MPa；U 为完整岩样强度，MPa；K_a 为矿柱摩擦系数；C_p 为矿柱平均强度系数；b、H 分别是矿柱宽度、高度，m。

尽管该矿柱强度理论考虑的因素比较多，但最终应用时涉及的参数比较简单。据 Lunder 和 Pakalnis 统计，该公式比目前采用的经验公式预计的矿柱强度或在岩体强度的基础上考虑安全系数的结果更好，可信度更高，且简便、可靠，具有较好的应用前景，87% 的实例落在了预测稳定带内，其余的属于一种或两种分级错误。

D　矿柱设计

a　矿柱设计及验算

在实际工作中，除了特殊需要之外，一般均将矿柱设计荷载限制在矿柱的极限承载能力之内。矿柱的设计或验算常按下式进行。

$$\sigma_{av} \leqslant [\sigma_c] = R_c/n \tag{7.15}$$

式中，σ_{av} 为矿柱平均应力，MPa；R_c 为矿柱抗压强度，MPa；$[\sigma_c]$ 为矿柱许用应力，MPa；n 为安全系数，一般支承矿柱 n 取 2~3，盘区矿柱 n 取 3~5。

注意，R_c 是根据矿柱标准试件的单向抗压强度 σ_c 考虑下列影响因素推断出来的。

（1）几何形状及高宽比对矿柱强度的影响

$$\sigma_c/R_c = (b/H)^{1/2} \tag{7.16}$$

式中，σ_c 为矿柱标准试件的单轴抗压强度，MPa；R_c 为矿柱抗压强度，MPa；b 为矿柱宽度，m；H 为矿柱高度，m。

（2）承载时间对强度的影响。流变效应使矿柱强度降低，例如，某矿砂岩承载 30 天后的强度只有常规压缩试验测定强度（209.7MPa）的 80%，故应取试件的长期抗压强度作为矿柱的强度。

（3）尺寸对强度的影响。矿柱尺寸较大，为数米至十几米，含有大量裂隙与层理，同时表面还有低应力破裂区，故其强度远低于直径为 50~70mm 的标准小试块的强度。设计时宜按准岩体强度的估算法确定矿柱强度。

（4）弱面的影响。弱面强度取向不同，矿柱强度按岩石强度的折减系数不一样，见3.4 节。

（5）爆破作业的影响。爆破作业与矿柱卸载引起的应力降低区深度一般为0.5~1.0m。

b　矿柱设计新方法及其应用

编者等在东桐峪金矿 8 号脉的采空区处理与矿体残采中提出了如下矿柱设计新方法。

上层矿体采空后，由于其下层矿的顶板（夹层）较薄，根据经典荷载理论式（7.11）的原理，提出每个矿柱承担荷载的计算方法为

$$P = l_{sp} \times l_{qy} \times H_f \times \gamma \tag{7.17}$$

式中，l_{qy}、l_{sp} 分别是沿倾斜、水平方向的矿柱间距，按式（7.3），即有：$l_{qy} = [4h\sigma_c/(3\gamma\cos\alpha) - h^2\tan^2\alpha/9]^{1/2}$，$l_{sp} = l_{qy}(\alpha = 0°) = [4h\sigma_c/(3\gamma)]^{1/2}$；如果岩梁的高度 h 小于覆岩厚度 H_f，如单层矿体 14 号脉，用矿柱承担岩体荷载的等效岩体厚度 H_p 代替式（7.17）中的 H_f 计算矿柱荷载，根据式（7.13）有：$H_p = \beta(2A + H)$，A 是矿柱间距的较大值，取沿倾向或水平方向矿柱间距的较大值，m；H 为矿柱高度，m；β 为荷载系数，根据岩体特性及应力状态查表 7.2 确定。

如果覆岩厚度 H_f 介于 h 和 H_p 之间，如 8 号脉下层矿，式（7.17）中就用覆岩厚度 H_f 计算矿柱荷载。

代入岩体抗拉强度 σ_c 和容重 γ 后，得到东桐峪金矿设计倾斜方向的矿柱间距 l_{qy}、水平方向的矿柱间距 l_{sp} 的简易公式如下

$$l_{sp} \approx 13.5h^{1/2}$$
$$l_{qy} \approx (232h - 0.078h^2)^{1/2} \quad (8 \text{ 号脉})$$
$$l_{qy} \approx (184h - 0.008h^2)^{1/2} \quad (14 \text{ 号脉})$$

$$\left.\begin{array}{l} \\ \\ \\ \end{array}\right\} \qquad (7.18)$$

式中，h 为岩梁高度，按照现场观察到的顶板冒落岩体的统计厚度取值，m。东桐峪金矿的实际表明，采场顶板的冒落块体厚度一般为 0.5～2.0m。

因为矿柱经常发生沿倾向剪坏。为了更有效地承受剪应力，将矿柱设计成椭圆形，其长轴 a 沿倾向（剪切方向），取 $a = 1.5b$（b 为短轴长），可得到

$$1.5b^2 P_s n = P \qquad (7.19a)$$

对水平矿体，可将矿柱近似设计成圆形，则有

$$a^2 P_s n = b^2, \quad P_s n = P \qquad (7.19b)$$

按式（7.14）计算矿柱强度。因为岩体抗拉强度（σ_c）小于抗剪强度（σ_j），后者又小于抗压强度（σ_b），而且现场矿柱常发生剪坏，因此，式（7.14）中取 $U = \sigma_j$。

这样，由式（7.14）、式（7.17）～式（7.19）共同组成了矿柱尺寸设计的新方法，与矿柱间距设计新方法［式（7.3）］一起组成了矿柱设计的新理论。

按照提出的矿柱设计新理论，计算出东桐峪金矿主要的矿柱参数，见表 7.3。

表 7.3　东桐峪金矿主要矿柱参数

矿　脉	块体厚度 h/m	矿柱间距/m		矿柱尺寸/m	
		沿走向	沿倾向	a	b
下层矿	完整岩体	25①	30②	3.8	2.5
	≤0.5	10	11	2.0	1.5
	1.0	14	15	2.2	1.5
	1.5	17	19	2.7	1.8
	≥2.0	19	21	3.0	2.0
14 号脉	完整岩体	25①	30②	6.3	4.2
	≤0.5	10	10	2.0	1.5
	1.0	14	14	2.8	1.9
	1.5	17	17	3.5	2.3
	≥2.0	19	19	4.6	3.1

注：安全系数 n 取 1.21；8 号脉上、下层矿间夹层厚度取 8m；根据电耙有效耙距，①取 25m，②取 30m；为了防止爆破损伤，用简易光面爆破留矿柱时，a、b 的最小值分别取 2.0m、1.5m，否则各增加 0.5～1m；$r = 26.5 \text{kN/m}^3$，$\sigma_c = 3.53 \text{MPa}$。

按照表 7.3 的对应尺寸规则地布置近似椭圆形或圆形的矿柱临时支承采场顶板。实践证明，这样做能确保采矿安全，可避免采场发生塌方、冒顶，基本再不需要木支柱或砌人工矿柱支护。若按照 0.5m 的岩梁高度密集地设计、布置（1.5～2.5）m×（2.0～3.0）m 的矿柱，顶板的稳定性非常高。

采场全部采干净后，可安全地从上向下后退式一条或两条同时回收矿柱（见图7.20）。为了调整局部地压，回采矿柱时，可每间隔 3～5 个采场沿倾向全长实施控制爆破局部切槽放顶（7.2.1.4 节将专门介绍其应用）。为了确保放顶的施工安全，在矿柱上凿

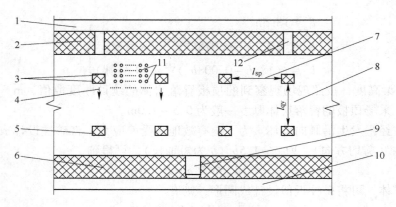

图 7.20　矿柱布置及回收示意图

1—上中段主巷；2—主巷底柱；3—矿柱回收炮孔；4—矿柱回收后退方向；5—矿柱；6—主巷顶柱；7—水平矿柱间距；
8—倾斜矿柱间距；9—出矿漏斗；10—下中段主巷；11—采场放顶炮孔；12—人行井

岩时，同时凿好放顶眼，等矿柱回收干净后，一次性集中装药、连线爆破。

东桐峪金矿因为局部已留下了矿柱间距过大的大面积采场，地压显现严重。实践证明，在采场中部实施控制爆破切槽放顶后，不需要再砌人工矿柱就可较好地控制局部地压。

7.2.1.4　缓倾斜采空区处理新方法

第 6 章专门综述了各类采空区的处理方法，本节将专门介绍缓倾斜采空区处理的两种新方法的设计方法。

A　切槽放顶法

切槽放顶法是控制爆破局部切槽放顶技术的简称，其要点是：应用控制爆破手段，分别在顶板拉应力最大的地段沿空场走向全长实施一定深度、一定宽度的控制爆破切槽，诱使顶板最先在该地段冒落，并尽可能使冒落接顶，从而实现空场小型化及其与深部开采系统的隔离，并将开采废石有计划地简易排入处理过的采空区，削弱可能发生的自然冒落所激起的空气冲击波，最终消除冲击地压隐患，并使顶板应力向有利于安全开采的方向重分布，确保安全生产。从方案的要点中可见，有必要研究切槽位置、切槽深度和切槽宽度这三个基本参量的设计方法，并计算排入处理过的采空区中松石的合理厚度。本方法适用于水平至 40°倾角的采空区的处理。

a　切槽位置设计

（1）解析解。

编者简化东桐峪金矿的典型剖面 ⅩⅦ，假设 866m 水平以上矿柱全部采空，A 点为固定端，B 点钢筋混凝土隔离墙为固定支座，矿体露头 C 为悬臂端，设定剖面宽度为 1m，建立如图 7.21 所示的坐标系，则顶板载荷集度为：$q = \gamma\left[H + (a + b - x)\sin\alpha\right]$。

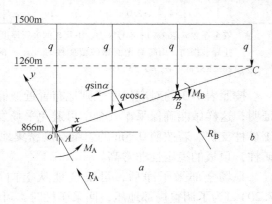

图 7.21　切顶前受力图

由材料力学理论有

$$EI\frac{\partial^4 v}{\partial x^4} = q\cos\alpha = \gamma\left[H + (a + b - x)\sin\alpha\right]\cos\alpha \qquad (7.20)$$

因为固定端 A 点转角、挠度为零，即 $\left.\frac{\partial v}{\partial x}\right|_{x=0} = 0$，$v\big|_{x=0} = 0$；且悬臂端 C 点剪力、弯矩

为零，即 $\left.\frac{\partial^3 v}{\partial x^3}\right|_{x=a+b} = 0$，$\left.\frac{\partial^2 v}{\partial x^2}\right|_{x=a+b} = 0$；固定支座 B 点挠度为零，即 $q\cos\alpha$ 在 B 点引起向下

的挠度等于支反力 R_B 在该处引起的向上的挠度。可求载荷集度 $q\cos\alpha$ 引起的顶板应力。

$$\sigma_{x_1} = \frac{rH\cos\alpha}{h^2}\left(\frac{3}{4}a^2 - \frac{3}{2}b^2 - \frac{9b^2}{2a}x - \frac{9a}{4}x + 3x^2\right) + \frac{r\sin\alpha\cos\alpha}{h^2}\left(\frac{2}{5}a^3 + \frac{3}{4}a^2b - \frac{b^3}{2} - \frac{x^3}{2} + \right.$$

$$\left. 6ax^2 + 3bx^2 - \frac{3b^3}{2a}x - \frac{9}{4}abx - \frac{18}{5}a^2x\right) \qquad (a)$$

设 $\chi_D \approx 0.5(a + b)$ 为下滑力平衡点。由集度载荷 $q\sin\alpha$ 引起的正应力为 $\sigma_{x_2} = Q(\chi)/S$
(χ)。其中，任意点梁截面积 $S(\chi) = 1 \times h = h$。任意点沿层面方向的作用力 $Q(\chi)$ 为

$$Q(\chi) = \int_0^x r\left[H + (a + b - x)\sin\alpha\right]\sin\alpha dx - \int_{0.5(a+b)}^{a+b} r\left[H + (a + b - x)\sin\alpha\right]\sin\alpha dx$$

因此，载荷集度 $q\sin\alpha$ 引起的顶板应力为

$$\sigma_{x_2} = \frac{rH\sin\alpha}{h}\left[x - \frac{1}{2}(a + b)\right] + \frac{r\sin^2\alpha}{2h}\left[2(a + b)x + x^2 - \frac{1}{4}(a + b)^2\right] \qquad (b)$$

切顶前岩梁上、下表面任意点的应力为

$$\sigma_x = \sigma_{x_2} \pm \sigma_{x_1} \qquad (7.21)$$

式 (7.20)、式 (7.21) 中，计算岩梁中性轴上部表面应力时取 "+"，下部表面应力时
取 "-"；h 为顶板岩梁厚度，m；γ 为岩体容重，N/m³；α 为采空场倾角，(°)；x 从分
析截面至 866m 标高处顶板斜长，m；a 为 866m 至 1133m 顶板斜长，m；b 为 1133m 至露
头顶板斜长，m；H 为地表至露头垂直高差，m；v 为挠度，m；E 为岩体弹性模量，GPa；
I 为岩梁转动惯量，m⁴。

根据条件极值定理，忽略高阶无穷小，求岩梁中性轴下部表面在 $[0, a]$ 区间最大拉
应力位置，即得到首次切槽放顶的最佳位置的坐标 x_0

$$x_0 = 4a + 2b + \frac{2H}{\sin\alpha} - \frac{1}{2}\left(\frac{272}{5}a^2 + 16b^2 + \frac{16H^2}{\sin^2\alpha} - \frac{12Hb^2}{a\sin\alpha} - \frac{4b^3}{a} + 58ab + \frac{58aH}{\sin\alpha} + \frac{32bH}{\sin\alpha}\right)^{1/2} \qquad (7.22)$$

在典型剖面 XVII，倾角 $\alpha \approx 40°$，代入公式 (7.22)，求出 $x_0 \approx 164.2$m，该处标高约
为 971.5m。

继续向深部开采，延伸至 E 点后，建立如图 7.22 所示坐标系，用 d 替换 x_0。设 D 点
为一弹簧支座，即 $v\big|_{x=0} \neq 0$，$\left.\frac{\partial^2 v}{\partial x^2}\right|_{x=0} = 0$。设 R_D 的最大值为 $\max(R_D) = 0.01 \times$ 岩体抗压

强度 $S_t \times 10 \times 1 \approx 13.05$MN。切顶后由 $q\sin\alpha$ 引起的拉、压分界点为 D 点。类似首次切顶位
置，可推导出继续向深部开采时，岩梁中性轴下部表面在 $[0, d]$ 区间的最大拉应力位

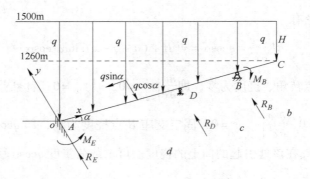

图 7.22　切顶后继续向深部开采的受力图

置，即得到二次切槽放顶的最佳位置的坐标 x_1

$$x_1 = b+c+d+\frac{H}{\sin\alpha} - \sqrt{\frac{H^2}{\sin^2\alpha}+(b+c+d)\left[\frac{2H}{\sin\alpha}+\frac{(b+c+2d)(b+c)}{3c}\right]-\frac{2d^2(b+c)}{3c}-\frac{H(c^2-2bd-b^2)}{c\sin\alpha}+\frac{2R_D}{r\sin\alpha\cos\alpha}}$$

$$(7.23)$$

按典型剖面 XⅦ，取 $\alpha = 40°$、$H = 240\mathrm{m}$，B、C 点标高分别取 1133m、1260m；计算出首次切顶位置 D 点的标高为 971.5m；若从 866m 水平继续向下开采延伸至 780m 水平，则 $d \approx 297.9\mathrm{m}$。取 $R_D = 13.05\mathrm{MN}$，$\gamma = 2.65 \times 10^4\,\mathrm{N/m^3}$，按式（7.23）可求得二次切槽位值 $x_1 \approx 26.0\mathrm{m}$，其对应标高约为 796.7m。

（2）数值仿真。

对东桐峪金矿的典型剖面 XⅦ 分如下三种方案实施 ANSYS 数值仿真：第 Ⅰ 种方案在 866m 和 966m 附近沿走向全长实施控制爆破局部切槽放顶；第 Ⅱ 种方案除方案 Ⅰ 的工序外，还沿倾向类似地局部切顶；第 Ⅲ 种方案不放顶。在方案 Ⅱ 中，分别在 1150~1236m 水平和 966~1100m 水平间实施沿倾向的局部切顶，两切槽口在走向方向相隔 70m。方案 Ⅲ 的拉应力分布见图 7.23。计算结果见表 7.4。

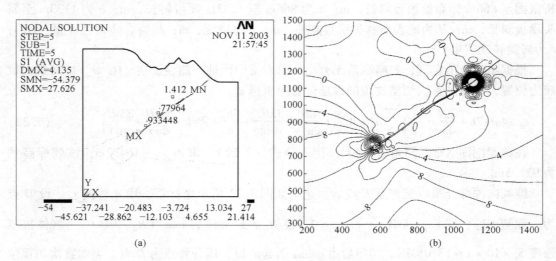

图 7.23　方案Ⅲ拉应力分布（a）及方案Ⅲ二维分析的拉应力分布（b）

表 7.4 关键点状态（最大值）的比较

状态和关键点	方案	Ⅰ	Ⅱ	Ⅲ
拉应力/MPa	750m 水平	27.61	26.53	27.63
压应力/MPa	隔离墙	179.1	153.8	180.5
	750m 水平	65.7	65.0	88.6
位移/mm	地表	233.9	202.3	230.5
	顶、底板闭合量	3508	3474	3540

注：最大平均顶板位移发生在 966m 水平和 1133m 水平之间。

分析表明（见图 7.23），当 750m 水平以上被采空后，靠近 866m 和 966m 水平的顶板处于受拉状态，这表明在 866m 和 966m 水平附近实施切顶是合理的。解析解计算的首次切槽放顶的位置与仿真结果很吻合，但二次切槽位置有较大偏差。

求解初次切槽位置时，866m 水平以上至 1133m 水平，绝大部分都有两层基本规则且连续分布的采空场，因此理论解与仿真结果很吻合。求解二次切槽位置时，上层矿在 866m 水平附近突然尖灭，与简化的计算力学模型相差很大，因此出现了较大偏差。故对于复杂分布的采空场，必须借助数值模拟技术分析控制爆破局部切槽放顶的合理位置。

表 7.4 表明，在 866m 和 966m 水平附近实施切顶后，深部水平（750m）拉应力和压应力分别降低了 0.02MPa 和 22.9MPa，隔离墙处的应力变化和地表岩体移动是不明显的。沿倾向类似地实施切顶，不仅可以调整局部地压，而且可以减小地表岩移，关键点（750m 水平、隔离墙）的应力都降低了，这可能是岩体松散并承压的缘故。因此，切顶将使顶板应力向有利于安全生产的状态转化。沿倾向类似地实施控制爆破局部切槽放顶，不仅可以调整局部地压，而且可以减小地表岩体移动和关键点的支撑压力。

b 切槽深度设计

选择顶板所受拉应力最大（$\sigma = \sigma_{max}$）的地点切槽放顶时，原岩应力不仅不会部分抵消爆生气体压力 p_0，相反将会加速岩体的损伤破坏，因此，根据杨小林等推导出的微裂纹发生二次扩展的区域可得到

$$r_2 = 3r_0 \sqrt{(p_0 + \sigma_{max})/(S_t - \sigma_{max})} + r_0 \tag{7.24}$$

式中，r_2 是爆破裂纹扩展半径；r_0 为等效球形药包半径；σ_{max} 为切槽放顶地段顶板所受的拉应力；S_t 为岩石抗拉强度；p_0 为孔壁爆生气体压力。

由式（7.21）可计算出 σ_{max}。可以看出，随着裂纹的扩展，裂纹尖端的原岩应力逐渐减小，σ_{max} 中 σ_1、σ_2 分别与裂纹扩展半径平方、裂纹扩展半径近似成反比，因此，忽略 σ_{max}，得到爆破裂纹扩展的最小半径 r_{2min} 为

$$r_{2min} = 3r_0 (p_0/S_t)^{1/2} + r_0 \tag{7.25}$$

根据贺红亮 1997 年的研究，裂纹扩展速度大于 $0.2C_1$（C_1 为弹性纵波速度），因此裂纹扩展是在瞬间完成的。假设在裂纹扩展的瞬间，爆生气体压力来不及稀释减小，爆生气体压力为定值 p_0。根据孙业斌 1985 年的著作，有两种计算 p_0 的方法，即

（Ⅰ）经验法：　　　　　$p_0 = 49033 \times (0.0126z - 1.7 \times 10^4)$ ⎫

（Ⅱ）炸药参数法：　　　$p_0 = \rho D^2/16$ ⎬ （7.26）

式中，z 是岩石声阻抗，$kg/(m^2 \cdot s)$，可查表 7.5 取值；p_0 是爆生气体压力，Pa；ρ 为装药密度，kg/m^3；D 为炸药爆速，m/s。

表 7.5　岩石声阻抗取值

岩 石 名 称	普氏硬度系数 f	声阻抗 $z/kg \cdot (m^2 \cdot s)^{-1}$
片麻岩、有风化痕迹的安山岩及玄武岩、粗面岩、中粒花岗岩、辉绿岩、玢岩、中粒正长岩、闪长岩、花岗片麻岩、坚实玢岩	14~20	$(16~20) \times 10^6$
菱铁矿、菱镁矿、白云岩、坚实的石灰岩、大理岩、粗粒花岗岩、蛇纹岩、粗粒正长岩、坚硬的砂质页岩	9~14	$(14~16) \times 10^6$
坚硬的泥质页岩、坚实的泥灰岩、角砾状花岗岩、泥灰质石灰岩、菱铁矿、砂岩、硬石膏、云母页岩及砂质页岩、滑石质的蛇纹岩	5~9	$(10~14) \times 10^6$
中等坚实的页岩、中等坚实的泥灰岩、无烟煤、软的有空隙的节理多的石灰岩及贝壳石灰岩、密实的白垩岩、节理多的黏土质砂岩	3~5	$(8~10) \times 10^6$
未风化的冶金矿渣、板状黏土、干燥黄土、冰积黏土、软泥灰岩及蛋白土、褐煤、软煤、硅藻土及软的白垩岩、不坚实的页岩	1~3	$(4~8) \times 10^6$
黏砂土，含有碎石、卵石和建筑材料碎屑的黏砂土，重型砂黏土，大圆砾，15~40mm 大小的卵石和碎石、黄土质砂黏土	0.5~1	$(2~4) \times 10^6$

　　Starfield 和 Pugliese 于 1968 年、卢文波等于 1996 年得出柱状（条形）装药的等效球形药包半径为

$$r_0 = r_e \sqrt{6}/2 \tag{7.27}$$

式中，r_0 和 r_e 分别是等效球形药包半径和柱状（条形）装药半径。

　　假设控制爆破切顶的冒落松散岩体全部堆放在放顶带内，为了使冒落岩体充满采空场并接顶，切槽爆破的炮孔深度 L 必须满足

$$(r_{2\min} + L)(k - 1) = N \tag{7.28}$$

式中，k 是岩体松散系数；N 为采空场顶、底板垂直高度。对于东桐峪金矿参数 k 和 N 分别取 1.2~1.4 和 <2.0m。

　　根据式（7.25）~式（7.28）可推导出切槽放顶凿岩的炮孔设计深度 L 为

$$L = \frac{N}{k-1} - \frac{\sqrt{6}}{2}\left[1 + 3\sqrt{\frac{49033(0.0126z - 1.7 \times 10^4)}{\sigma_c}}\right]r_e \tag{7.29}$$

取 $k = 1.4$，$N = 2.0m$，$z = 16 \times 10^6 kg/(m^2 \cdot s)$，炮孔半径 r_e 取 20mm，按表 2.9 及文献 [1] 中表 2.1 折算花岗片麻岩石的抗拉强度 $\sigma_c = 5.30 \times 10^6 Pa$，计算出东桐峪金矿确保冒落接顶的切顶炮孔深度 $L \approx 1.94m$。因为式（7.25）忽略了岩体所受拉应力的影响，因此，

取 $k=1.4$ 时，浅孔凿岩深度取 1.94m 能够确保冒落的松散体接顶。式（7.26）表明，加强堵塞，提高装药密度，可进一步提高爆生气体压力，充分利用爆炸能，从而加大爆落和裂纹扩展深度，确保特定装药能爆落的岩体深度及裂纹扩展的最终深度达到最大，从而确保岩体冒落接顶。

东桐峪金矿的实践证明，可能岩体实际松散系数大于 1.4，而且根据计算分析确定的切槽地段的顶板实际拉应力较大，再加上爆破过程中较好地进行了炮孔堵塞因而充分利用了炸药的爆炸能，确保施工过程中的垂直凿眼深度大于 1.5m 就能保障放顶后顶板在短期内较好地冒落接顶。

c 切槽宽度设计

控制爆破局部切槽放顶形成的松石堆积坝必须能抵抗大冒落时所产生的气流冲击。冲击力的大小取决于气流速度。根据赵文和任凤玉 2000 年的研究，松石坝隔离带厚度 W 一般为 $10 \sim 15\text{m}$，因此取 $W=10\text{m}$。根据龙维祺、于亚伦 1979 年译的萨文科等著的《井下空气动力学》，参考杨重工 1999 年的研究，结合实际，按图 7.24，验算东桐峪金矿能防范的气流速度。

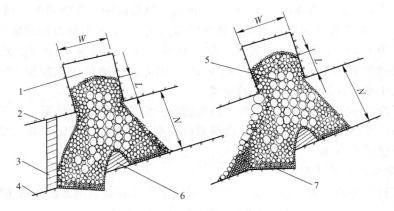

图 7.24 切槽放顶封隔剖面示意图

1—切槽口；2—空场顶板；3—残留底柱；4—空场底板；5—松石堆积坝；6—残留顶柱；7—平巷底板

从已回收完顶、底柱的巷道水平对应的顶板开始，沿倾向向上实施一定宽度的切槽放顶，例如 966m 水平。因为回收完矿柱后，巷道底板水平宽度较大，且局部留下的人工矿柱及含极薄矿脉的矿柱崩落时可残留小半段不崩倒，见图 7.24，从而大大降低了控制爆破筑坝的施工难度，增强了坝体的阻波、抗滑能力。对于无平台可利用的倾斜底板，也可很容易地应用爆破技术制造平台和类似残留矿柱的抗滑键。

设切槽宽度为 W，取 10m；切槽深度为 L，由式（7.29）算得 L 为 1.94m；采空场断面高度为 N，根据实际取 2m；采空场倾角按典型剖面取 $\alpha=40°$。根据实际，由于底板凹凸不平，且局部在放顶带外残留有底柱，在放顶带中残留有半截顶柱，因此，愈接近底板，石渣堆的抗推动能力愈大，推动石渣的突破口应在接近采空场的顶板处，由此可见，计算松石坝的阻力 F 时，应取顶板表面以上切槽口中的石渣堆高度、宽度和长度，即

$$F = fR\cos\alpha = f \cdot W \cdot L \cdot l \cdot \rho_{石} \cdot g\cos\alpha \tag{7.30}$$

式中，l 是放顶切槽带的长度，m；$\rho_石$ 为松散岩块密度，kg/m³；g 为重力加速度，m/s²；f 为松散岩块间的摩擦系数，取值范围 0.25 ~ 0.5，为了安全取最小值。

由《井下空气动力学》可知，气流引起的正面压力 P 为：

$$P = c \cdot l \cdot N \cdot \rho_空 \cdot v^2/2 \tag{7.31}$$

式中，c 是阻力系数，由试验确定，一般为 1.1 ~ 1.27，取 1.2；$\rho_空$ 为空气密度，经井下取样测定为 0.9kg/m³；v 为气流速度，m/s。

当 $F \geqslant P$ 时，石渣堆可保证隔离封闭的可靠性，由式（7.30）和式（7.31）推导出切槽宽度的计算公式为：

$$W \geqslant cN\rho_空 v^2 / (2fL\rho_石 g\cos\alpha) \tag{7.32}$$

由式（7.32）可求得 10m 宽的石渣堆可承受的气流速度为 $v = 242.5$m/s。

根据陈庆凯、任凤玉和李清望等 2002 年的研究，东桐峪金矿井下可能发生的最大规模冒落所激起的气流速度 v 可以按下式验算，即

$$v = \frac{\eta \sqrt{2gH}}{h} \times \frac{ab}{1.5(a+b) - \sqrt{ab}} \tag{7.33}$$

式中，H 是冒落岩块的下落高度，m；将最大可能的冒落范围看作椭圆形，则 a、b 分别为其长、短轴，m；h 为岩块周边最宽部位离地面的高度，m；g 为重力加速度；η 为折减系数，松散系数为 1.5 时取 70%。由式（7.33）估算出东桐峪金矿井下可能发生的最大规模冒落所激起的气流速度 v 不会超过 145.0m/s。因此，切槽放顶宽度取 10m 是有效的，能实现空场的小型化及其与开采系统的隔离。

阻波除了堆筑一定宽度的松石坝外，还可铺垫一定厚度的松石垫层。为了充分利用采空场堆放废石，并确保绝对削弱自然冒落所激起的空气冲击波，决定将开采废石有计划地简易排入处理过的采空场。

d　松石垫层的厚度计算

根据萨文科等著的《井下空气动力学》，可按下式计算有效削波的松石垫层厚度，即

$$h_n = 0.74 l_n^{0.3} H^{1.25} L_n^{0.02} \ (F_0/F)^3 \tag{7.34}$$

式中，h_n 为有效削波的松石垫层厚度，m；l_n 为粗糙系数，$l_n = 6.6 \times 10^{-2} d_{cp}$；$d_{cp}$ 为冒落岩块平均直径；H 为采空区最大悬空高度，与式（7.33）取值相同，一般 H 取采空区最大高度 N + 切顶炮孔深度 L，m；L_n 是可能冒落岩层厚度，一般 L_n 取切顶后爆破裂纹的可能扩展深度 L_{tr}（见式 7.35），m；F_0/F 为冒落面积比，$L_n \geqslant H$ 时 F_0/F 取 1，否则 $F_0/F < 1$。

B　切顶与矿柱崩落法

切顶与矿柱崩落法的技术要点是：利用天然断层等大型弱面或爆破切断顶板，并崩倒极限悬臂跨度内的矿柱，或者没有弱面也不切顶弱化顶板而直接崩倒极限跨度内的矿柱，使顶板自然冒落。为了确保不发生冒落滚石、水害等危害后续矿体安全回采，结合矿体开采价值，采用留连续矿壁或底板爆破成沟以隔断自然冒落区与深部开采系统的联系。从该技术要点中可以看出，为了经济、合理地实施切顶、矿柱崩倒，必须应用顶板极限跨度理论或数值模拟方法确定回收那些矿柱，从而得到诱发顶板自然塌落的最小顶板跨度（极限跨度），或者确定切顶深度及顶板在天然断层或爆破切顶而处于悬臂状态下的极限跨度（悬臂极限跨度）。本方法适用于水平至 40°倾角的采空区的处理，且能够从技术上堵塞盗

矿通道。

7.2.1.2 节中小结到：数值模拟和相似模拟可以合理设计采空区处理中顶板全部自然垮落的最小跨度（极限跨度），充分考虑覆岩层理特征、开采深度对拉应力集中系数的影响及矿体赋存状况。极限跨度公式 $l_{max} = 1.25H[\sigma_c/(\gamma H) + 0.0012k]^{0.6}$ 接近合理设计。因此，可以应用这个公式设计顶板自然垮落的极限跨度，再用数值模拟或相似模拟检验修正。因为极限悬臂跨度公式 $l_{悬max} = 0.435H[\sigma_c/(\gamma H) + 0.0026k]^{0.6}$ 是在顶板完全断裂的情况下求得的，而三维仿真只假定直接顶板断裂了 50%，后者更接近爆破切顶实际，因此极限悬臂跨度公式偏差太大。

为了经济地确保顶板冒落，取悬臂极限跨度值约为 $2l_{max}/3$，应用三维 ANSYS 分别模拟不同的切槽弱化深度引起悬臂顶板的最大拉应力变化，据此做出切顶弱化深度占岩层厚度的百分比与悬臂顶板最大拉应力变化的关系曲线，见图 7.25。据此，按岩体抗拉强度和经济可能的施工凿岩条件确定切顶深度。

图 7.25 说明，在悬臂顶板跨度为 86.5m 时，若切顶深度占岩层厚度的比例达到 23%，可引起顶板局部受拉破坏；切顶深度越大，出现的顶板最大拉应力也越大，顶板被拉坏的程度也越大。考虑经济因素和切顶弱化的可靠性，切顶深度取岩层厚度的 50%。

切顶深度取岩层厚度的 50%，类似地模拟顶板悬臂跨度与顶板最大拉应力的关系，见图 7.26。可见，顶板极限悬臂跨度为 77m。图 7.26 还说明，增加顶板悬臂跨度也可以引起顶板所受的最大拉应力增加。

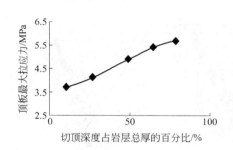

图 7.25 切顶深度与悬臂顶板最大拉应力关系　　图 7.26 悬臂顶板长度与其最大拉应力关系

利用公式（7.29）的思想，可求得爆破裂纹扩展的最小深度为

$$L_{扩} = \frac{\sqrt{6}}{2}\left[1 + 3\sqrt{\frac{49033(0.0126z - 1.7 \times 10^4)}{\sigma_c}}\right]r_e \qquad (7.35)$$

因此，切顶与矿柱崩落法的切槽炮孔垂直深度的计算公式为

$$L = 50\% N - L_{扩} \qquad (7.36)$$

式（7.35）、式（7.36）中，N 为直接顶板岩层的平均厚度，m；z 为岩石声阻抗，kg/($m^2 \cdot s$)，可查表 7.5 取值；r_e 为炮孔半径，m；σ_c 为岩石的单轴抗拉强度，MPa。

7.2.2 倾斜及急倾斜厚矿体围岩稳定性分析及矿柱计算

7.2.2.1 围岩应力分布及矿压显现特点

用空场法开采倾斜及急倾斜厚矿体时，上、下盘围岩居于开采空间两帮，矿柱呈水平或倾斜状支撑着上、下盘围岩，见图 7.27，此时围岩及矿柱应力分布及破坏机理均与水平矿体开采（第 6 章已述）时类似，只是承压方向（见图 7.28）、破裂"三带"向地表的发展（见图 7.29）方向从铅垂相应都变成了垂直倾斜矿体顶板，整个应力分布图与水平面成 α 角（矿体倾角），水平方向的压力分区变成了分区沿倾斜方向展布（见图 7.28）。当矿体倾角超过 60°左右时，破裂"三带"可能就变成了破裂"四带"，增加了 1 个底板移动带，见图 7.29。

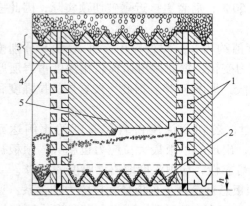

图 7.27　急倾斜矿体开采矿柱名称

1—间柱；2—底柱（h 为其高）；

3—阶段矿柱；4—顶柱；5—矿房

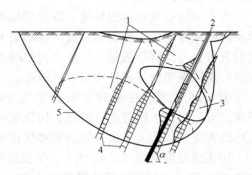

图 7.28　倾斜矿体采动后的应力分布状态

1—承压带；2—矿层；3—卸压带；

4—原岩应力；5—采动影响范围

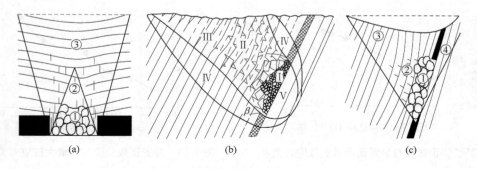

图 7.29　倾斜矿体采动后的覆岩破坏状况

（a）水平矿体；（b）倾斜矿体；（c）急倾斜矿体

①，Ⅰ—冒落带；②，Ⅱ—裂隙带；③，Ⅲ—弯曲下沉带；Ⅳ—承压带；Ⅴ—卸压带；④—底板移动带

　　倾斜矿体上部常出露地表。矿体自上而下的开采，往往在开采初期便形成上部采空区覆岩的破坏，出现楔形崩落体，见图 7.30。如果将空区倾斜连续向下发展（中间没矿柱）时，则上覆岩体在被张裂缝割裂后呈整体块状向空区方向下滑。如果空区不连续，中间有间隔矿柱支撑，则下部空区上方覆岩的破坏可能呈冒落拱形式发展，如图 7.31 所示。

　　与缓倾斜矿体空场法开采可能出现地压显现的机理相仿，对于急倾斜厚矿体，在多个相邻采场采空后若不及时处理采空区，也有可能酿成大规模地压显现：先是矿房矿柱垮落，接着间柱被压坏，随之出现上盘围岩大冒落及岩移，地表形成近似椭圆形的塌陷坑。

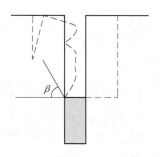

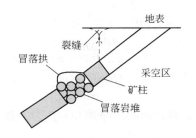

图 7.30　直立矿脉露头空区两帮破坏　　　　图 7.31　倾斜矿体覆岩的张裂与冒落

7.2.2.2　顶板应力分布与顶柱设计

顶板应力分布状态与矿体厚度密切相关。对厚矿体而言，顶柱应力分布特点近似于横向受载的板，由弯曲作用衍生的拉应力是引起顶柱破坏的主要原因。对于中厚矿体而言，矿柱高与宽的尺寸相仿，应力分布特点近似受载柱体，以剪应力为主。顶柱与上盘接触处的上角和顶柱与下盘接触处的下角剪应力集中较高，顶柱易于首先从这里破坏。

顶柱高宽比以及矿体倾角不同，其剪应力集中状况也不同。在实际工作中顶柱厚度一般按经验取值：对厚度大于 15～20m 的矿体，顶柱厚取 8～10m；对小于 5～7m 的矿体，顶柱厚度取 4～6m。为了提高顶柱稳定性，除了适当增加顶柱厚度外，还可以通过缩小跨度（使厚矿体中的矿房垂直矿体走向布置），或将顶柱水平布置改为倾斜布置（以便矿房椭圆的长轴方向与最大主应力方向一致，在第 6 章已述）等途径改善应力状态而获得较好的效果。

7.2.2.3　间柱破坏机理与间柱设计

用空场法开采倾斜矿体时，上、下盘围岩主要靠房间矿柱支承，顶柱只起辅助支承作用。只有在开采倾斜薄矿脉时，因不留房间矿柱或房间矿柱间距较大时，才主要靠顶柱支承上、下盘围岩。

倾斜厚矿体中的间柱破坏形式，从弓长岭铁矿的实际调查所见，多呈图 7.32 所示的形式，矿柱在其与上、下盘岩体接触处有一个处于三轴应力状态的高应力区，呈三角形，其尖部指向矿柱中心。该区域为三轴应力状态，难以破坏，而在其边缘发生剪切破坏。高应力区的应力楔作用使矿柱中间部分呈拉伸破坏，从而形成如图 7.32 所示裂缝。

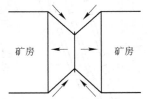

图 7.32　间柱破坏机理

间柱设计当前尚缺乏满意的理论依据。在实际工作中，参照缓倾斜矿柱设计原则，或按滑动棱柱体假设及块体极限平衡法计算。

滑动棱柱体假说适用于急倾斜厚大矿体。该假说认为：开采空间结构所承受的荷载（房间矿柱荷载）是其所支承的顶板滑动棱柱体的下滑力，见图 7.33。

设 Q 为滑动棱柱体 $ABCD$ 沿走向单位长度的重力；$R_上$ 为上部松散楔体 DCE 的作用力的合力；$R_下$ 为滑动面 AB 下部岩体的支承反力与摩擦阻力的合力；p 为房间矿柱对每单位长度滑动棱柱体的反力。

平衡条件下，由力三角形可得

$$\frac{Q}{\sin(90° + \varphi)} = \frac{p}{\sin(\beta - \varphi)}$$

所以 $$p = \frac{Q\sin(\beta - \varphi)}{\sin(90° + \varphi)}$$

$$= \frac{Q\sin(\beta - \varphi)}{\cos\varphi} \qquad (7.37)$$

式中，φ 为岩体的内摩擦角；β 为上盘岩体移动角。

由式（7.37）可得间柱受滑动棱柱体荷载作用产生的平均应力 σ_{av} 为

$$\sigma_{av} = \frac{a + b}{bL}p$$

式中，a、b 分别为矿房和矿柱的宽度；L 为滑动棱柱体厚度。

要保证矿柱稳定，则

$$\sigma_{av} = \frac{a + b}{bL}p \leqslant [\sigma_c] \qquad (7.38)$$

式中，$[\sigma_c]$ 为矿柱的许用抗压强度。

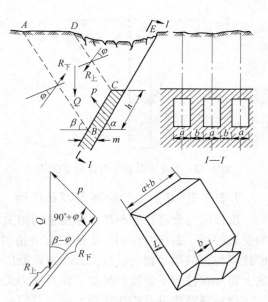

图 7.33　滑动棱柱体假设示意图

7.2.3　急倾斜薄矿脉群地压显现与夹壁稳定性

7.2.3.1　脉群地压显现特点

用留矿法开采数条至数十条采幅 1~2m 的平行矿脉时，在开采空间之间遗留有厚薄不一的板状夹壁，其规模：小者长 50m，高 50m，厚 3~4m；大者长 300m 以上，高超过 300m，厚 10~15m 以上。在倾斜方向，夹壁由矿房顶、底柱支承；在走向方向，夹壁由间柱支承，间柱宽 3~5m，高 50m 左右。实际上夹壁与矿柱是互相支承的，它们共同形成了一个复杂支承结构，靠自身强度支承来自上、下盘岩体的地压。参看图 7.34，此处 T_1、T_2 分别为上、下盘滑动棱柱体作用在矿柱上的荷载，此荷载通过矿柱传至夹壁。P 为上部岩帽作用在夹壁上的荷载。当荷载超过矿柱或夹壁的强度时会使之发生破坏。通常在采动范围扩大，地压增强时，由于地压作用较强或应力集中，在夹壁较薄或有断层穿切处先行破坏，继而引起地压重新分布，应力转移使其他矿柱、夹壁因荷载增大而失稳。当矿柱与夹壁的破坏扩展到相当范围时，则使支承上、下盘围岩的整个荷载结构失去支承作用，导致大范围

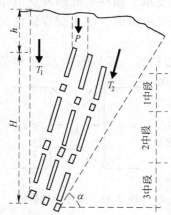

图 7.34　薄脉群开采后的夹壁与
矿柱承载结构

的岩体移动、崩塌，形成大规模地压显现，甚至发生顶板冲击地压。

赣南各钨矿的经验表明，脉群开采初期地压显现并不明显。地压显现的强度、范围受采空区规模、密集程度、连续性以及空区存在的时间、地下水状况及地质结构的控制，大致有如下规律（石英脉钨矿、夹壁为密集变质砂岩）：

（1）空区规模。

当空场总体积接近或大于百万立方米，采深大于 150~200m，走向长度大于 300m，水平宽度范围达 100~200m 时，容易产生大规模岩移及崩塌，形成大规模地压显现。

（2）空区连续性。

当空区中预留矿柱小，残留矿柱占空区的比例小，空区沿走向及倾向的连续性大时，即使采深较浅，空区总体积小亦可能出现夹壁及围岩的崩塌。当空区中残留矿柱多，空区连续性小时，由于夹壁及围岩有较多支承点，可在一定程度上延缓或控制岩移和崩塌的发展速度。但在大规模崩塌过程中，又可能因最初崩落不完善而为再次岩移、崩塌留下隐患，出现二次地压显现。盘古山等钨矿在出现地压显现时夹壁或围岩的最大临空面积达 3~12 万平方米。

（3）空区密集程度。

采幅宽而夹壁薄，空实比高，即空区密集者易出现夹壁及矿柱的破裂、倒塌。盘古山钨矿等的统计表明，岩移、崩塌多发生在空实比接近或大于 20% 的地段。

（4）水的影响。

赣南矿区地下水来源于大气降雨，结构面由于受雨水的冲刷，抗剪强度降低，故雨季地压显现频繁。

（5）构造控制及岩移随时间发展。赣南各矿大规模地压显现的岩移范围主要受构造控制。图 7.35 为小龙钨矿实例，脉群空区上盘有两断层 F_2、F_3，其走向平行矿脉，倾向与矿脉相反，它们将上盘矿体分割为 Ⅰ、Ⅱ 两个可能的滑移体。经多年开采将 258 中段以上各条矿脉陆续采空后，至 1970 年底开始观测到岩体沿断层 F_2、F_3 的移动迹象，空区附近部分矿柱有片剥、掉渣现象出现。此后岩移的发展如图 7.36 所示。

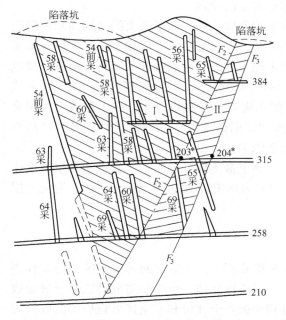

图 7.35 小龙钨矿空区及构造控制的演绎范围

Ⅰ，Ⅱ—滑移体；F—断层；203*，204*—测点

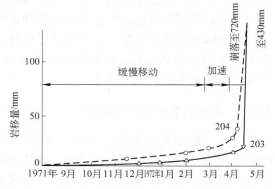

图 7.36 小龙钨矿岩体位移-时间曲线

（203 测点位于 F_2 附近；204 测点位于 F_3 附近）

　　图中曲线显示出岩移的缓慢增长-加速移动-急剧增大直至崩塌三个阶段。在加速移动阶段，岩体日平均移动量达 0.5～1.0mm，有部分矿柱及夹壁破坏、倒塌。在大规模剧烈地压显现出现前夕，岩移呈直线上升。据此并结合坑内声响及其他地压现象的观测可对坑内大冒落作出预报。小龙钨矿根据预报，1972 年 4 月 8 日作出撤离 258 中段以上全部作业人员的决定，从而避免了在 4 月 10 日至 11 日发生的地压灾害对人员的伤害。

　　7.2.3.2　夹壁稳定性分析与控制

　　空区密集，断层交错部位夹壁的破坏常常是形成大规模岩移的突破口，这就需要深入分析夹壁的稳定性问题。

　　脉群开采中的夹壁可简化为一块斜置于矿柱上的板，该板除承受本身重力外，还有由矿柱传递来的地压作用。作用在该板上的荷载，大部分分力沿着板的纵向起着压缩、下滑作用，少部分自重分力沿板的横向起着横向弯曲变形作用。此时，导致夹壁失稳的原因可能有三种：

　　（1）纵向压缩应力超过夹壁岩体的抗压强度；

　　（2）纵向压缩作用使夹壁因纵向弯曲而丧失稳定，亦即纵向压应力超过保持"板"稳定的临界应力；

　　（3）横向弯曲应力超过夹壁岩体的抗弯强度。

　　由于夹壁破坏的突破口多位于采深 6/7 处，故纵向压缩与横向弯曲的综合作用造成的失稳在夹壁破坏中起着主导作用。

　　在多层密集薄脉矿体开采时究竟应用从上盘到下盘逐脉开采还是从下盘到上盘逐脉开采；从上盘到下盘逐脉开采时怎样经济合理地利用井下开采废石有效充填采空区而避免冲击地压事故；如果井下产生的废石不足时怎样控制多层密集薄脉开采所产生的采空区地压。这些问题都是薄脉开采地压控制中值得重点关注的问题。

　　一般地，在同一中段开采时，先采断层附近的薄脉矿体。如果无大的结构面和明显的高应力区，一般采用从上盘到下盘逐脉开采的顺序，因为上层采空后相当于给下层开采实施了卸压。为了控制上层采空而引起的顶板冲击地压事故，一般将开采废石不出笼，就地先充填上层空区，后充填本层空区；在废石不足的情况下，可以根据公式（7.32）～式（7.34）设计间隔一个或几个采场废石充填；如果废石仍然缺口较大，在上层或上几层全部开采干净后，应用浅孔或中深孔实施切槽放顶，崩落空区中的残留矿柱，局部切断夹壁，释放和转移采空区地压，从而消除冲击地压隐患。

　　局部因断层或高地应力而不得已采用从下盘到上盘逐脉开采时，尤其脉间夹壁厚度小于 3～7m 时，应该根据矿柱间距设计公式（7.3）及时充填或间隔充填采空区，避免上层开采时出现底板断裂的下陷事故。

7.2.4　采空区的安全评价方法

　　按照《矿山安全规程》，存在采空区的地下开采矿山，必须定期对采空区的稳定性进行安全评价，或者实施采空区处理。即使进行了采空区处理，也必须对处理效果开展验收评价。因此，采空区安全评价，包括采空区处理前的安全评价和采空区处理后的验收评价两种。

　　地下采空区可能带来的危害主要有：一次性整体或大面积垮塌的顶板冲击地压、局部冒落、冒落冲击气流伤害。采空区安全评价的目的，即是要论证是否可能发生上述危害。

通常实施采空区安全评价的方法是定性评价或监测估计，没有完整的定量计算评价的措施。定性评价的准确、可靠度低，监测估计经历的周期长。本节在切槽放顶法、切顶与矿柱崩落法的理论体系和矿柱布置与设计新方法的基础上，归纳并阐述了采空区安全评价的理论，举例说明了该理论的应用状况。

7.2.4.1 安全评价理论

对采空区实施安全评价，主要是为了评价采空区是否可能发生顶板冲击地压。对不可能发生顶板冲击地压的留有矿柱的采空区，还要评价矿柱布置的合理性，验证其是否能够杜绝大多数局部冒落。采空区处理的验收评价，主要是为了评价采空区处理的可靠性，验证处理后的采空区是否还可能发生冒落冲击气流伤害。因此，采空区安全评价的理论包括三个方面的内容。

A 数值仿真理论与方法——顶板冲击地压可能性评价

目前，ANSYS 软件是国内外功能最强大的商业计算软件。它的前处理，能够真实模拟复杂的地表地形和地下空间开挖结构。借助它的单元杀死和变参，能够真实模拟采矿的分步开采和采空区崩落、充填等处理过程。它的后处理，能够按要求方便地绘制每步计算结果的三维模型或任意剖面的应力、位移等值线或云图。但是，ANSYS 软件的计算算子，只能显示每步计算单元的应力和变形值，不能继续依据岩体强度自动判定破坏单元，更不能将破坏单元自动变换成塑性状态。见图 7.37。图中 DMX、SMN、SMX 分别表示最大变形、最大压应力、最大拉应力。应力单位为 MPa。变形的单位为 m。

事实上，岩体单元应力达到强度值后，单元破坏，显现塑性状态，应力、应变将重新分布。因此，ANSYS 软件的计算分析过程与实际岩体破坏过程有很大区别。为了弥补 ANSYS 软件的不足，根据弹塑性非线性有限元理论，专门开发了三维弹塑性非线性有限元程序，替代 ANSYS 软件的计算算子。完善后的三维计算软件，不仅能够数值仿真、模拟采空区形成、采空区处理及处理后的继续开采过程中的岩体应力、应变过程（见图 7.38），而且能够比较真实地模拟断层、层理和大的裂隙等地质结构面。

依据改进的 ANSYS 分析结果，观察采空区顶板单元和矿柱单元出现塑性破坏的区域大小，能够方便地判定采空区是否可能发生顶板冲击地压。

将支持向量机（v-SVR）和遗传算法（GA）应用于初始地应力场确定性与随机性反分析，能够以很高的精度拟合和预测不同的原岩应力场。通过现场采样进行岩石力学实验，将类比、折减法与移动最小二乘法的岩体计算参数反演相结合，可以准确地确定岩体力学数值仿真所需要的力学参数。

B 矿柱布置定量分析方法——矿柱布置的合理性评价

研究顶板极限跨度和顶板最大拉应力分布状态时，依据应力解除效果和简支梁模型，结合最新的矿柱强度理论和太沙基理论，结合现场顶板冒落、开裂的工程地质调查统计，研发并总结出了最新的矿柱设计与评价方法，见式（7.3）、式（7.17）~式（7.19），即

矿柱承担的荷载为

$$P = l_{sp} \times l_{qy} \times H_f \times \gamma \tag{1}$$

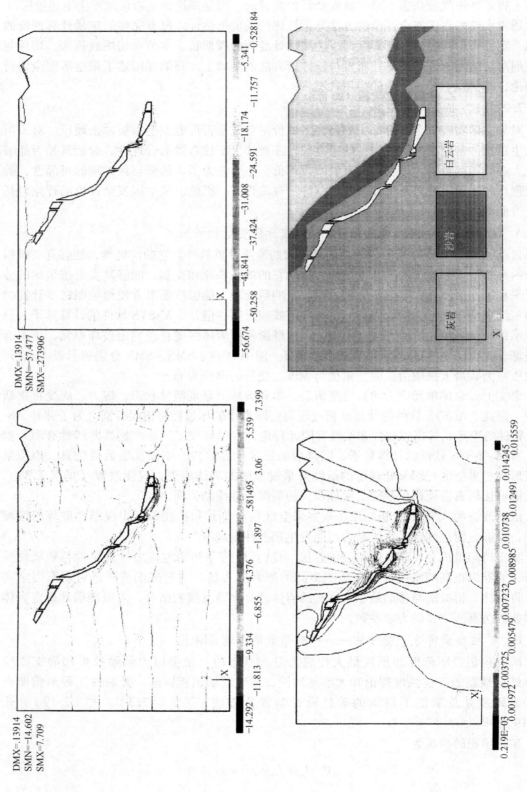

图 7.37　计算剖面与结果

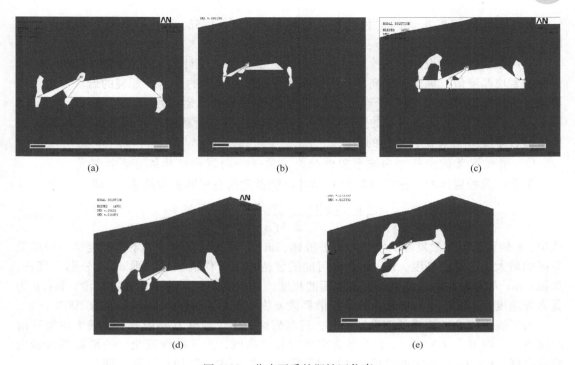

图 7.38　分步开采的塑性区仿真

（a）+12m 采空区形成；（b）+12m 以上部分充填；（c）±0m 以上采空区形成；
（d）±0m 以上部分充填；（e）−50m 以上采空区形成

极限跨度为

$$\left.\begin{array}{l} l_{qy} = \left[4h\sigma_c/(3\gamma\cos\alpha) - h^2\tan^2\alpha/9 \right]^{1/2} \\ l_{sp} = l_{qy\mid\alpha=0} = \left[4h\sigma_c/(3\gamma) \right]^{1/2} \end{array}\right\} \tag{2}$$

矿柱承担岩体荷载的等效覆岩厚度为

$$H_p = \beta(2A + H) \tag{3}$$

矿柱强度理论为

$$\left.\begin{array}{l} P_s = (0.44U)(0.68 + 0.52K_a) \\ K_a = \tan\{\arccos[(1 - C_p)/(1 + C_p)]\} \\ C_p = 0.46[\lg(b/H + 0.75)]^{1.4H/b} \end{array}\right\} \tag{4}$$

矿柱承载等式为

倾斜矿体 $\qquad\qquad abP_s n = P$

水平矿体 $\qquad\qquad a^2 P_s n = b^2 P_s n = P$ $\left.\phantom{\begin{array}{c}a\\a\end{array}}\right\} \tag{5}$

式中，P 是矿柱承担的荷载，N；l_{qy}、l_{sp} 分别表示沿倾斜、沿水平方向的矿柱间距，m；H_f 为覆岩厚度，m；γ 为岩体容重，N/m³；α 为矿体倾角，（°）；h 为岩梁高度，m；σ_c 为岩体抗拉强度，Pa；H_p 为矿柱承担岩体荷载的等效覆岩的厚度，m；A 为矿柱间距，取矿柱沿倾向或走向间距的较大值，m；H 为矿柱高度，m；β 为荷载系数，根据岩体特性和原岩应力查表 7.2 取值；P_s 为矿柱强度，Pa；U 为完整岩样强度，一般取为岩体抗剪强度 σ_j，因为矿柱多发生剪切破坏，Pa；K_a 为矿柱摩擦系数；C_p 为矿柱平均强度系数；a、

b 分别表示呈椭圆形布置的矿柱的长、短轴长度，$a = 1.5b$，m；n 为安全系数，一般取 $n = 1.21$。

应用最新的矿柱设计方法检验矿柱参数时，根据调查统计的矿山现场顶板发生冒落、开裂的岩块厚度值，确定岩梁高度。岩梁高度一般取常发生的冒落、开裂的岩块厚度。当覆盖岩层的厚度 H_f 大于或等于矿柱承担岩体荷载的等效覆岩厚度 H_p 时，取 $H_f = H_p = \beta(2A + H)$；否则，当覆盖岩层的厚度 H_f 小于矿柱承担岩体荷载的等效覆岩厚度 H_p 时，直接按覆岩厚度 H_f 计算矿柱承担的荷载。

C   顶板冒落的空气冲击波危险性分析方法——削波构筑物的合理性评价

采空区顶板冒落时，按式（7.33）估计可能激发的空气冲击波波速 v，即

$$v = \frac{\eta \sqrt{2gH}}{h} \times \frac{ab}{1.5(a+b) - \sqrt{ab}} \tag{6a}$$

式中，v 是冒落可能激发起的空气冲击波波速，m/s；H 为冒落岩块的下落高度，一般取采空区的最大可能悬空高度，m；将最大可能的冒落范围看作椭圆形，则 a、b 分别为其长、短轴，m；h 为岩块周边最宽部位离地面的高度，一般取采空区的平均悬空高度，m；g 为重力加速度，m/s^2；η 为折减系数，松散系数 k 为 1.5 时取 70%，不松散则取 100%。

为了确保安全，切槽处理采空区时，冒落岩块的下落高度 H 一般取岩块最大可能冒落高度 H_{max}。即 $H_{max} = N + L_{钻min}$，N 是采空区的悬空高度，为了确保安全，一般取顶板最大悬空高度，m；$L_{钻min}$ 为切槽放顶的凿岩钻孔深度，按公式（7.29）计算，即

$$L_{钻min} = \frac{N}{k-1} - \frac{\sqrt{6}}{2}\left[1 + 3\sqrt{\frac{49033(0.0126z - 1.7 \times 10^4)}{S_t}}\right]r_e \tag{6b}$$

式中，z 为岩石声阻抗，按表 7.5 取值，kg/(m$^2 \cdot$ s)；S_t 为岩石抗拉强度，Pa；r_e 为柱状（条形）装药半径，m。

如果不实施切槽放顶处理采空区，且采空区缓倾斜，冒落岩石不易沿采空区底板滚动，则取 $H_{max} = N$；如果不实施切槽放顶处理采空区，且采空区倾斜或急倾斜，冒落岩石会沿采空区底板向下滚动，则取 $H_{max} = N + L$。根据公式（7.29）的推导，按下式计算采矿爆破裂纹在顶板中可能扩展的深度 L，m。

$$L = \frac{\sqrt{6}}{2}\left[1 + 3\sqrt{\frac{49033(0.0126z - 1.7 \times 10^4)}{S_t}}\right]r_e \tag{6c}$$

按式（7.32）估计消除上述空气冲击波危害的爆破松石隔离坝宽度 W，即

$$W \geqslant CN\rho_{空}v^2 / (2fL_{钻min}\rho_{石}g\cos\alpha) \tag{7}$$

式中，W 是松石隔离坝宽度，m；C 为阻力系数，由试验确定，一般为 1.1~1.27；$\rho_{空}$ 为空气密度，经井下取样测定，kg/m^3；$\rho_{石}$ 为松散岩块密度，kg/m^3；f 为松散岩块间的摩擦系数，为了安全可靠取最小值 0.25；α 为矿体倾角，(°)。

按式（7.34）估计消除上述空气冲击波危害的松石垫层厚度 h_n，即

$$h_n = 0.74 l_n^{0.3} H^{1.25} L_n^{0.02} (F_0/F)^3 \tag{8}$$

式中，h_n 是有效削波的松石垫层厚度，m；l_n 粗糙系数，$l_n = 6.6 \times 10^{-2} d_{cp}$；$d_{cp}$ 为冒落岩块平均直径，m；H 为岩块冒落的下落高度，同式（6a），m；L_n 为可能冒落岩层厚度，一般 $L_n = L$，m；F_0/F 冒落面积比。$L_n \geqslant H$ 时，$F_0/F = 1$；$L_n < H$ 时，$F_0/F < 1$，具体取值可查表。

7.2.4.2 安全评价实例

【例1】 黄沙坪铅锌矿与方黄联办矿结合开采部位的采空区基本分布在9线~5线之间, 更靠近9线。采空区分布在 -2~305m 高程之间, 倾角从 0~70° 都有分布, 深部水平一般为 15°~35°。在剖面线铅垂方向, 采空区高度一般不超过 20m, 局部达到 80m。顶板跨度一般不超过 20m, 局部达到 35m。岩体力学参数见表7.6。

表 7.6 岩体力学参数

岩 性	容重 /kN·m⁻³	弹性模量 /GPa	泊松比	抗拉强度 /MPa	凝聚力 /MPa	内摩擦角 /(°)
白云岩	28.1	22.9	0.33	3.92	9.15	37
沙 岩	26.4	11.4	0.20	6.80	9.80	35
铅锌矿	42.1	22.5	0.35	6.40	13.0	32
灰 岩	27.4	29.4	0.25	6.67	11.70	31

（1）地压显现调查结论与安全评价的目的。

地压显现调查结论：1）方黄联办矿及其结合开采部位存在的采空区引起的地压显现不明显；2）地表塌陷与采矿地压显现无关, 可能与浅层未探明的老采空区、老采硐或采矿疏干的浅层溶洞的塌陷有关；3）采空区可能发生局部片帮、冒顶事故, 不会发生顶板冲击地压事故。

采空区安全评价的目的, 就是要应用采空区的安全评价理论, 检验地压显现调查结论的正确性。

（2）顶板冲击地压可能性评价。

从井上下对照图中可以看出, 9线剖面分布在黄沙坪铅锌矿与方黄联办矿结合开采部位各采空区的边缘, 没有代表性。为了最多地剖分开采部位的采空区, 评定该采空区的稳定性, 在9线~5线之间离9线40m切取一条剖面。应用 ANSYS 软件, 计算采空区的应力、应变特征。计算结果见图7.37。

从图7.37中可以看出, 仅局部几个单元的拉应力接近或者超过岩体强度, 可能会出现矿柱片帮、失稳和顶板冒落。因此, 方黄联办矿及其结合开采部位存在的采空区不会导致顶板冲击地压灾害。

（3）矿柱布置的合理性评价。

依据最新的矿柱设计与评价方法即式（1）~式(5), 设计出方黄联办矿的矿柱参数, 见表7.7。

表 7.7 矿柱参数建议值

块体厚度 h/m	矿柱间距/m		矿柱尺寸①/m		矿柱尺寸②/m	
	沿水平	沿倾向	b	a	b	a
≤0.5	13	14	5	7.5	3	4.5
1.0	18	19	6.5	10	3.5	5
1.5	22	23	8	12	4	6
≥2.0	25	27	9	13.5	4.5	7

注: 安全系数 n 取 1.21; 为了防止爆破损伤矿柱, 用简易光面爆破留矿柱, 否则, a、b 各增加 0.5~1.0m; 设计过程中, α 取 30°, 其他情况可以类似设计。

① 采高 H 按现场调查取 15m;

② 采高 H 按安全规程取 4m。

现场调查发现：方黄联办矿的采场采高一般达 10～15m；顶板没有采纳任何护顶措施；矿柱开裂严重，矿柱尺寸一般为 3m×4m，极少数达到 5m×7m；矿柱跨度一般不超过 20m，局部达到 35m；顶板常发生厚度超过 1.0～2.0m 的大块冒落。可见，矿柱间距、尺寸都布置得极其不合理，局部会发生片帮、顶板。

【例2】 陈贵矿业集团大广山矿业公司有 16 个铁矿体。矿体南北长约 480m，东西宽约 350m，面积 0.17km²。在埋深方向从上至下，整个矿体断面逐步均匀变小。铁矿石平均密度为 4.28t/m³。松散系数 $k_1 = 1.6$。最小压实性系数一般为 1.2。矿体赋存在大理岩、矽卡岩或闪长岩中。矿体倾角大于 45°～55°。铁矿石硬度系数一般为 14～18。

1996 年以前 −110m 标高以上矿体都被个体无证露天开采或地下开采完毕，已经在地表形成明显的塌陷坑和 100 多米深的露天坑。在 −110m 标高以上基本不存在地下采空区。1997 年初至 2005 年底，大广山矿业公司采用分段矿房法开采了 −110～−310m 标高之间的矿体，在 −100～−290m 标高之间留下了 40 多个大小不等的采空区。其中，−200m 以上绝大部分采空区已经冒落充填密实，−200～−250m 间的剩余的未冒落采空区随时都有冒落的危险。

为了人为控制采空区的冒落时间，彻底消除采空区危害，同时形成无底柱分段崩落法开采深部矿体的上覆垫层，专门委托中钢集团武汉安全环保研究院设计了"矿柱回收与崩落方案"，分别在 −270m 和 −310m 标高采用成排的上向扇形分布的中深孔（$\phi = 90mm$），一次性大区微差爆破崩落所有矿柱。矿柱高 12m，顶柱高 8m。−220～−310m 标高区段还有可采矿柱矿量 196 万吨，其中 −270～−310m 标高区段还有约 66 万吨。−270m 分段爆破矿柱断面约 4000m²，爆破矿柱总体积 4.8 万立方米。矿房空间面积 10000m²，体积为 12 万立方米。可能塌落的顶柱面积为 14000m²，体积为 11.2 万立方米。−310m 分段爆破矿柱断面约 2667m²，爆破矿柱总体积 3.2 万立方米。矿房空间面积 3033m²，体积为 3.637 万立方米。可能塌落的顶柱面积为 5700m²，体积为 4.56 万立方米。

为了验证用大区微差爆破崩落处理矿柱后，是否消除了冲击地压危害，2007 年 1 月陈贵矿业集团公司专门邀请李俊平和黄石矿山安全卫生检测检验所实施了验收安全评价。

（1）顶柱崩落情况评价。根据表 7.5 波阻抗 z 值取 $16 \times 10^6 kg/(m^2 \cdot s)$。炮孔半径 r_e 为 45mm。铁矿石抗拉强度 $S_t = 5.30 \times 10^6 Pa$。依据式（6c），求得采矿爆破裂纹在顶板中可能扩展的深度 L 为 6.89m。

也就是说，在矿柱崩倒的同时，矿柱正上部 8m 厚的顶底柱中有约 6.89m 厚被损伤弱化了，因此，顶底柱在矿柱崩落的短期内会沿各矿柱部位折断而跨落。顶底柱是矿柱崩落后自然冒落的，按保守计算，其松散系数取 $k_2 = 1.2$。

出矿证明，上部矿柱和顶底柱都因爆破而断裂倒塌了。只能在 −310m 中段的底部结构中出矿，或者在上部中段矿体界限外出矿，否则，有人、车下陷的危险。出矿中，常有大块和巨块堵塞底部结构。可见，崩落情况检验是正确的。

（2）空气冲击波危险性评价。

假设短期内在 −250m 标高以上的矿柱暂时未完全冒落时，采空区可能未被充满。采空区被冒落松散矿石充填的最小高度 $N_充$ 为

$$N_充 = (4.8 \times 10^4 m^3 \times k_1 + 11.2 \times 10^4 m^3 \times k_2)/1.4 \times 10^4 m^2 = 14.4m$$

在 −250～−270m 标高之间，最多还有的采空区悬空高度 N 为：$N = 20 - N_充 = 5.6m$。

根据矿山实际分析，$-200 \sim -270$m 间冒落岩块的最大可能冒落高度为 $H_{max} = H + N =$ 50m $+ N = 55.6$m。粗糙系数 $l_n = 6.6 \times 10^{-2} d_{cp}$。为了安全可靠，结合该矿的实际取 $d_{cp} =$ 0.18m。因为顶底柱厚度为 8m，除此外基本都是松散的矿石或松散的岩体，故 L_n 不会超过 8m。显然 $L_n < H$，则冒落面积比 $F_0/F < 1$。为了确保评价的安全，取 $L_n = 8$m，$F_0/F = 1$。依据公式（8），可求得最大的有效削波松石垫层的厚度 h_n 不超过 8.8m。

显然，冒落矿石的充填高度 14.4m 大于最大的有效削波垫层厚度 8.8m，且超过了 5.6m。因此，即使放出 $1.4 \times 10^4 m^2 \times 5.6 m \times 4.28 t/m^3 \approx 33.6$ 万吨矿石，冒落激发的空气冲击波也不可能对井下生产造成危害。

同样验证表明，-310m 中段大区微差爆破崩落所有矿柱后，上部顶底柱会断裂、塌落，冒落矿石的充填高度 17.5m 超过最大的有效削波垫层厚度 14.6m，即使放出 $0.57 \times 10^4 m^2 \times 14.6 m \times 4.28 t/m^3 \approx 35.6$ 万吨矿石，冒落激发的空气冲击波也不可能对井下生产造成危害。

（3）验收安全评价结论。

地表观测及 -270m 中段、-310m 中段放矿表明，大区微差爆破崩落所有矿柱后，$-200 \sim -250$m 标高间的矿柱，在 -250m 标高失去底板的支撑力后，随着矿柱回收的凿眼爆破震动，致使 $-200 \sim -250$m 标高区段约 61.5 万吨矿柱随之连锁性发生劈裂、塌落而充满了采空区。$-270 \sim -310$m 标高间的矿柱和顶底柱也断裂、塌落而充填了采空区。-200m 标高以上的充填体随之下陷，进而引起地表多次在圈定的移动警戒线内发生大规模沉陷、塌落。因此，冒落激发的空气冲击波不可能对井下生产和地表人员安全造成危害。

大区微差爆破崩落所有矿柱的采空区处理是成功的，引起了上部所有矿柱、顶底柱坍塌，形成了深部崩落法开采的松石覆盖层，消除了冲击地压危害。如果矿柱爆破过程中，同时在顶柱中凿一排水平扇形孔而微差爆破顶柱，出矿过程中不会总发生大块堵塞漏斗。

验收安全评价通过后，大广山矿业公司已经在 -270m 中段出矿巷道和 -310m 中段底部结构中安全放矿 14 个月，放出矿石 30 多万吨。在 1 年多的放矿过程中，地表在圈定的移动警戒线内 3 次发生大规模沉陷、塌落。说明随着放矿，移动警戒线内的地表及崩落采矿的松石覆盖层逐步按矿柱崩落的要求安全沉陷、塌落。

【例3】　天青石矿 I_2 矿体分布在 $12 \sim 28$ 线之间，走向长约 325m，倾斜长约 $90 \sim$ 165m，平均水平厚度 42.19m。矿体走向约为北东 $75° \sim 80°$，倾向北西，倾角 $15°$，局部达 $40°$，$24 \sim 26$ 线矿体略向南东倾斜，倾角 $5° \sim 10°$，矿体赋存标高 $31.47 \sim -123.59$m。矿体呈透镜状，中部厚度为 $53.40 \sim 94.01$m。$+12$m 水平以上已经被民采采空，在地表已经引起了一处直径 $8 \sim 10$m 的塌陷坑，坑垂直深约 8m。

$+12 \sim +31.47$m 之间由于民采，已经形成了大面积采空区。天青石矿已经应用爆破手段，对民采老空区的边帮、矿柱以及采高 3m 以上的顶板进行了爆破处理，并用爆破挑顶封闭了连通外部的巷道。挑顶水平长度一般为 $5 \sim 7$m。

（1）空气冲击波危险性评价。

根据采空区处理调查，发现一次性冒落的规模绝对不会超过 325m $\times$ 80m $= 2.6$ 万平方米。为了确保安全，a、b 分别取 325m、80m。依据式（6a），求得冒落可能激起的最大空气冲击波波速 v 不会超过 54.0m/s。实际老采空区的 a 绝对远小于 325m，b 达到 80m 的地段也很少。因此，实际可能产生的冒落冲击气流速度 v 会远小于 54.0m/s。

依据公式（8），求得老采空区的有效削波垫层厚度不超过7.26m。因此，在采高较厚的老采空区，尽管没有接顶，但是由于有至少8m厚的松石垫层（地表塌陷坑垂直深约8m），完全能够消除冒落激起的空气冲击波的影响。

后续开采，用垂直断面的扇形中深孔落矿，至少可以产生$9m \times 1.6 - 2.5m = 11.9m$厚的松石垫层隔离老采空区和进路巷道。按照式（6c），爆破裂纹在岩体中扩展的最小深度为5.38m，这部分岩体还将冒落。因此，中深孔落矿产生的松散岩石、矿石隔离层，完全能够消除冒落激起的空气冲击波的影响。

阻力系数C取1.2。测得空气密度$\rho_{空} = 0.9kg/m^3$，松散岩块密度$\rho_{石} = 1.79 \times 10^3$ kg/m^3。松散岩块间的摩擦系数f取最小值0.25。巷道高度N取2.5m。挑顶松石堆积坝超出巷道的高度L取最小值0.2m。依据式（7），求得成功阻隔$v = 54.0m/s$的空气冲击波的最大挑顶松石堆积坝宽度为4.5m。实际挑顶封闭的巷道长度为5～7m，完全能够消除冒落激起的空气冲击波的影响，况且实际挑顶松石堆积坝超出巷道的高度远远超过0.2m。

（2）评价结论。

实践证明，产生深8m的塌陷坑，未在地表激发起明显的气浪，也未对12m水平以下的采矿造成影响，说明气流已经被松石垫层、松石堆积坝削弱了。

计算预测表明（见图7.38），随着后续逐步向深部中深孔崩落开采，顶板塑性区逐步增大，顶板将随着深部开采而逐步下沉、塌陷。

7.3　充填法的地压

用空场法开采时，若用充填法处理采空区，其充填工作是在回采结束后集中进行的。用充填开采时，充填工作与回采循环交替进行。前者充填体仅起控制空区地压显现的作用，后者，充填体不仅维护采场围岩稳定，还有作为工作平台等其他作用。本节将就充填体类型及其对控制地压的作用等问题作一分析。

7.3.1　充填体类型

常用的充填材料有湿式水砂（河砂、尾砂），干式碎石（削壁矸石、地表剥离废石、采矿排出废石），低标号混凝土（20～60号）。

水砂或碎石形成的充填体，属松散充填体。其物理力学性质的特点主要表现为"散"，即物料颗粒间空隙大而黏结力非常小，颗粒间的联系主要靠相互间的接触压力产生的内摩擦力和微弱的凝聚力（低强度胶结剂和水的表面张力）。在无侧向约束或侧压力较小时，其抗压强度很小。在有侧向约束的压缩过程中，起初的压缩主要是减少其空隙度，所以变形量很大而抗压力并不高，即压缩模量很小，表现为荷载-压缩率曲线较平缓；当松散体被压实后，物料颗粒间紧密接触形成高的抗变形能力，压缩模量增大，荷载-压缩率曲线变陡。见图7.39。图

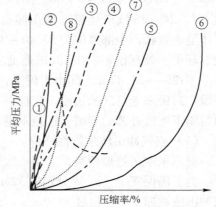

图7.39　充填材料的荷载-压缩率曲线

中曲线②与⑤是砂子与废煤两种不同充填料的压缩特性对比，曲线⑥、⑦、⑧是同一充填料不同充填带宽的压缩曲线对比。

图 7.39 中，曲线①为风力充填后固结的硬石膏，其峰值强度约为 10MPa；曲线②为砂子；曲线③为实心木垛；曲线④为内充页岩矸石的木垛；曲线⑤为废煤；曲线⑥、⑦、⑧为矸石堆条带，但充填的宽高比分别为 4、8 和 >10。由图中特点可以看出，松散充填体在被充分压实后可对围岩提供大的支撑力，要经历大的压缩变形，与此同时，围岩势必产生很大的下沉量，甚至破裂、冒落。经有关研究者试验测定，水砂充填的顶板沉缩率（顶板下沉量与开采高度之比，称为沉缩率）约为 13% ~ 28%，矸石充填约为 25%。

混凝土形成的充填体属胶结充填体，其特点是物料颗粒间有较大的凝聚力，所以比松散充填体的强度及抗变形能力高，力学性能更好，能更有效限制围岩移动和地表下沉，维护围岩稳定。可用胶结充填体作为人工顶底柱和间柱，以提高矿石回收率。其单轴抗压强度约为 1.96 ~ 5.88MPa，弹性模量约为 98 ~ 980MPa。尽管如此，与围岩相比其弹性模量却仍只有 1/10 ~ 1/100，因而它对围岩变形的限制作用仍很有限。

7.3.2 充填体对控制地压的作用

充填体对上、下盘围岩的支撑作用视围岩-充填体的变形协调关系而定，这与确定支护变形地压的原理相同。充填体越易被压缩，其所吸收和积蓄的能量就越大，对围岩的支护抗力就越小；反之，充填体变形模量越大，越不易被压缩，其所吸收和积蓄的能量就越小，对围岩的支护抗力就越大，可起较大的控制和分担地压的作用。

由于充填体在充分压实前较围岩更容易变形，所以它分担的地压很小，大部分地压仍靠围岩和矿柱自身承担。因此，它对围岩和待采矿体应力重分布产生的影响很小，见图 7.40。

充填体对控制地压显现的作用主要表现在如下两个方面：

（1）改善围岩或矿柱的自身应力状态使其提高自承能力。围岩及矿柱表面在未充填前无侧压，处于两向或单向应力状态，表面又有低应力破裂区，故强度较低。被充填体包围后（见图 7.41），矿柱与围岩表面均有一侧压力作用，故处于三维应力状态，表层低应力破裂区也因侧向约束的增强而提高了自承能力。尽管充填体在完全压实前所提供的侧压力 σ_a 较小，但它对提高矿柱和围岩的自承能力作用颇大，从库仑-莫尔强度理论就可以清楚地看出。

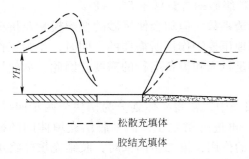

图 7.40 充填体对围岩压应力分布的影响

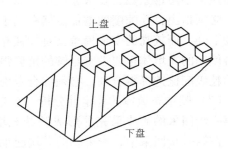

图 7.41 充填体包围中的立式矿柱

在三向应力状态下，围岩、矿柱强度 σ_{c3} 为：$\sigma_{c3} = \sigma_{c1} + (1 + \sin\varphi)\sigma_a/(1 - \sin\varphi)$，其中 σ_{c1} 为围岩、矿柱的单轴抗压强度；σ_a 为充填体施加于矿柱的侧压力，与充填材料的力学性质有关。若 $\varphi = 65°$，$(1 + \sin\varphi)\sigma_a/(1 - \sin\varphi) \approx 20.35\sigma_a$。可见，应用图 7.41 所示的充填法回采，矿柱的强度较房柱法大为提高，故可以适当缩小矿柱尺寸，提高采矿回收率。

（2）限制围岩崩落及裂隙扩展，控制地表下沉。随着地压增长，由于围岩变形下沉而使充填体逐步压实。压实的充填体将对上、下盘围岩提供相当大的支撑力，从而限制围岩进一步冒落和破裂扩展，减缓破坏速度和剧烈程度，控制破坏范围，减少地表下沉量。根据国内煤炭系统的试验，采用水砂充填法开采时，顶板冒落与裂隙带高度约是壁式开采的一半。

充填体对缓和和抑制地压显现起着有效作用。例如湘西金矿沃溪区有四条缓倾斜厚矿体，脉间距 10～100m，围岩为板岩，采深达 350m，空区面积 34 万平方米。工业与民用建筑物大部分位于矿体上方，有的距采区垂深仅 70m。由于采用削壁充填，充填率达到 74%，开采历史长达百年，井上、下均未出现显著的地压显现。

在实际工作中，充填体控制地压的作用与其充填质量及充填体本身的稳定性密切相关。例如，某矿过去有 70% 矿块用空场法开采，空区用胶结充填，另有约 30% 矿块用分层胶结充填法回采，但因 70% 的充填质量不佳，加上混合使用开采工艺，由于部分分层崩落法回采的影响，削弱了胶结充填体的作用，结果仍然产生了岩移。

7.3.3　充填体的稳定性分析

（1）散体充填的稳定性问题。在常用的尾砂充填中，充填体由物料颗粒在重力作用下沉降压实，并泄出水分而形成。此时，只有在充填体具有良好渗透性条件下才能形成稳定的充填体。如果渗透性不良，充填体将处于水饱和状态，这时物料颗粒间存在的水膜使它们之间的内摩擦角大大降低，松散体变为流体，从而使密封挡墙因受很大的静水压力作用而破坏，造成砂浆流失，充填失效。

实际上，在充填法开采中，充填体常常被当做回采工作的平台使用。为了缩短生产周期，也总是要求充填体具有良好的渗透性，以便及时疏干采场积水便于进行下一步回采作业。为此，通常要求所选充填材料的渗透系数达 5～10cm/h 以上。

实验证明，影响尾砂渗透性的主要因素是孔隙度和尾砂的颗粒等。渗透系数随孔隙度的增加而增加，而随尾砂中粒度小于 10～20μm 的细粒级砂的含量的增加而下降。为了达到前述最小渗透系数，要求粒度小于 20μm 的细粒级砂的含量低于 5%～8%。

必须指出，孔隙度的增加虽然有利于提高渗透系数，但却会使尾砂的变形模量及抗剪强度下降，而较高的变形模量又是加强充填体的地压控制作用所需要的。同时，作为工作平台使用的充填体也要求有足够的抗剪强度以满足行人和设备运行的需要。因此，欲使尾砂的粒级配比选择得合理，必须综合考虑诸因素。

（2）胶结充填体的稳定性分析。在充填法回采中，常将矿体划分为矿块分两步回采：在第一步回采的矿块采完并形成胶结充填体后，再进行第二步，回采胶结充填体间的矿块。在第一步回采中，未采动的矿块起承压矿柱的作用；第二步回采时，胶结充填体将承担部分地压，起人工矿柱作用。这两个阶段矿体顶板的铅垂压力分布状况如图 7.42 所示，

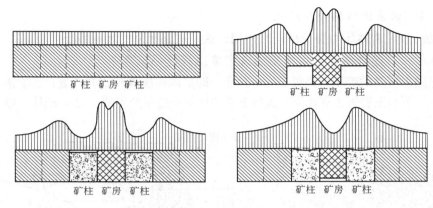

图 7.42　胶结充填体承压作用示意图

这是一个示意图，胶结矿柱上实际承担的地压需视其接顶的紧密程度及围岩、矿柱、胶结体三者的变形协调关系而定，其数值可以利用有限元法进行模拟。

对胶结矿柱强度的粗略校核与设计，可参照 7.2 节中关于矿柱强度校核与设计的原则：按面积承载假设或滑动棱柱体假设等估算荷载，并考虑胶结体的变形模量与围压、矿柱的差异作适当修正，然后按式（7.15）或式（7.38）作强度校核。

7.4　崩落法的地压

崩落采矿法在我国地下矿山开采中所占的比例很大。据对 18 个重点铁矿山的统计，崩落采矿法占 94.1%。黄金矿山崩落采矿法占 4%。有色金属矿山崩落采矿法占 34.3%。由于这种方法的大量应用，在不同矿山，因为岩体应力、地质构造、岩体力学性质及开采方法（有底柱还是无底柱）不同，反映出的地压现象也不相同。地压大的矿山，影响正常生产，造成资源损失和经济浪费相当严重。本节将重点论述应用崩落采矿法时出现的地压现象和应该采取的控制措施。

崩落采矿法是随着回采工作的进行，矿体上部的岩层自然或被强制崩落下来充填采空区，矿石在崩落围岩的覆盖下放出。因此，这种采矿方法与房式采矿法（空场法、充填法）的地压显现有本质区别，控制地压的措施也有很大差异。不仅如此，就是同属崩落采矿法，也有有底柱和无底柱崩落采矿法之分，在地压显现上也有区别。

7.4.1　无底柱崩落采矿法回采进路的地压控制

无底柱崩落采矿法应用铲运机在进路出矿，采矿强度高，结构简单，成本低廉，因此，在我国得到了广泛应用。据统计，我国铁矿山现在使用无底柱分段崩落法的设计规模占铁矿山地下总规模的 70%，产量占铁矿石总产量的 60%。但是，进路断面大（宽 3.5 ~ 4.0m，高 3 ~ 3.5m，断面积 10.5 ~ 12m²），进路间距小（7 ~ 12m），造成相邻进路应力叠加，加上进路全水平拉开，使得进路维护增加了难度。此外，各进路受采动影响，所受到的应力在时间和空间上不断变化，地压显现十分复杂。因此，必须掌握无底柱分段进路的地压变化规律，才能维护好进路稳定，确保安全生产。

7.4.1.1　回采进路的地压特点

爆破动荷载、岩体压力静荷载同时作用，这是进路回采的地压特征。

A　静压力引起进路应力场的变化及进路围岩破坏现象

回采进路上所受的静压力来源于三个方面，即矿体和崩落矿石的自重、已崩落覆盖岩层的重量和上、下盘围岩失去支撑所形成的下滑棱柱体对进路产生的压力，如图 7.43 所示。

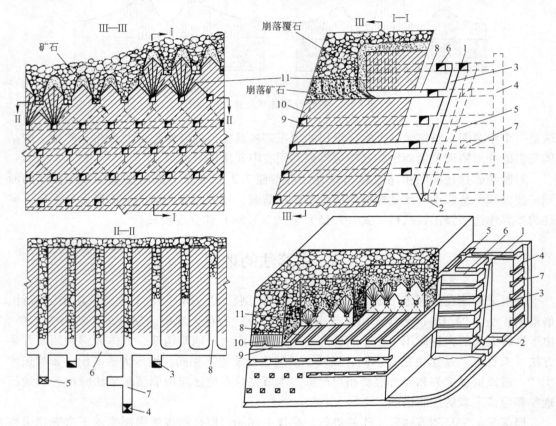

图 7.43　无底柱分段崩落法典型方案及进路所受静压力示意图

1，2—上、下阶段沿脉运输巷道；3—矿石溜井；4—设备井；5—通风行人天井；6—分段运输平巷；

7—设备井联络道；8—回采巷道；9—分段切割平巷；10—切割天井；11—上向扇形炮孔

a　回采过程中单一进路应力场变化

单一进路的支承压力分布与巷道支承压力分布规律相同。只是沿进路垂直断面向上扇形中深孔或深孔落矿，切断进路与上盘围岩（一般从上盘分界线向下盘方向后退崩落矿体）的连接后，沿进路轴线方向后退回采。从工作面向后退的应力降低区较宽，有时可达10m。应力升高区离工作面一般为 10~30m，之外又逐步恢复到正常应力区。如果进路掘在松软破碎岩体中，又遇到高应力区，容易发生破坏、坍塌。

回采方式不同，对进路周边应力分布的影响也不相同。数值模拟和相似模拟表明，当各条进路平行后退回采时，位于回采水平下部相邻分段中各条进路的周边应力分布相同，进路顶角处垂直应力最大，而顶底板中点的垂直应力最小，进路周边各点的水平应力均小于垂直应力，但分布规律与垂直应力相似；当回采进路非平行推进，而是其中有一条明显滞后回采，则滞后进路周边应力比平行推进的回采进路周边应力增大许多倍（见表 7.8），这就是滞后进路难以维护的原因。

表 7.8 滞后进路周边应力分布

位置 应力/相对平行 后退的倍数	顶板中点	顶 角	两帮中点	底 角	底板中点
σ_y	28	3	3.9	3.8	10
σ_x	80	20	22	8.1	45.9

从表 7.8 看出，滞后进路顶、底板中点应力增加了几十倍，所以滞后进路周边岩体容易破坏。

程慧高 1989 年在符山铁矿用声发射监测（监测点布置见图 7.44，声发射监测结果见图 7.45），得出如下相近的规律：回采对侧翼岩体承压的影响范围为 30m，最大的应力集中位置约距工作面 20m，即某一进路推进时对其侧翼第二条进路稳定性的影响最大；某进路滞后（其两侧均已回采）8~10m 时，监测发现其围岩的声发射水平增高，随着放炮的逐步向前推进采齐，声发射水平明显降低（见表 7.9）；对

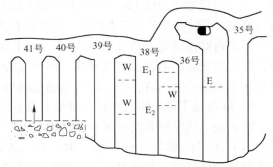

图 7.44 回采进路侧翼声发射监测孔布置

回采工作面前方的岩体进行较长时间的监测，发现各监测孔的声发射峰值多出现在距离回采工作面约 20m 的位置，某些进路约在 15~25m 范围内声发射峰值较高。

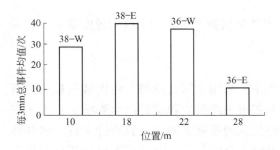 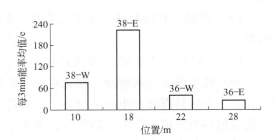

图 7.45 不同位置的声发射均值

表 7.9 某滞后进路逐步采齐的声发射特征

时间（日/月） 声发射值	26/6	27/6	4/7	7/7	11/7	13/7
每 3min 大事件/次	13	9	7	3	1	0
每 3min 总事件/次	56	51	25	13	12	3
每 3min 能率/e	366	444	294	290	208	65

当上分段有残留进路使矿体没有进行回采时，下分段其正对的进路周边应力分布更加不均匀，顶底板出现拉应力，进路最容易破坏。

b　进路与联络巷道、溜井交叉处应力场变化

在垂直应力为 γH、水平应力为 $1.3\gamma H$ 的"十字"交叉或"T形"交叉联络巷道通过三维光弹模拟试验，得到交叉点处的应力变化规律：（1）切割回采之前，未受采动影响，联络巷道周边的应力受原岩应力场中水平构造应力支配，巷道顶板受轴向与切向二向压应力，两帮受切向拉应力；回采作业开始以后，采矿过程中卸除了水平构造应力的影响，联络巷道周边应力发生了变化，顶板由原来的二向压缩变为二向拉伸，而两帮则由切向拉伸变为切向压缩。（2）位于采空区下方及支承压力带中的联络巷道，受回采影响，其周边应力分布变化同（1），但应力大小有很大差别，如支承压力带中的联络巷道比在采空区下的应力值大，两帮的压应力高达 8.5～15.7 倍，顶板最大拉应力值高达 10～18.5 倍。（3）由于联络巷道每隔 10m 左右与一条回采进路相交，此处巷道断面突然增大，又因该处应力叠加，所以交叉口处应力最高，受拉应力作用是联络巷道围岩应力状态的普遍特征。

回采前联络巷道两帮受切向拉伸，回采期间联络巷道的顶板受切向与轴向的二向拉伸，因此造成联络巷道最容易破坏。同时，处于支承压力带中的联络巷道周围的应力比处于空区下的应力高出许多倍，这也是造成联络巷道破坏的主要原因。

c　静荷载下进路围岩的破坏现象总结

静荷载下进路围岩的破坏现象主要有：

（1）距工作面 5～6m 以外，由于进入支承压力的高应力区，进路两壁有倾斜裂纹，炮孔严重变形破坏，甚至在该段出现冒顶塌方。

（2）相邻进路掘进顺序不合理，使处于高应力区的滞后进路容易破坏、冒落。

（3）上部进路回采不完全，使相邻分段的下部进路由于应力过大而破坏。

（4）平行推进回采进路时，如果有一条进路滞后回采，该进路周边应力很大，容易破坏。

（5）进路与联络巷道、溜井交叉处，由于岩体被切割严重，加上应力过度集中，容易破坏。

B　动载作用下回采进路的破坏

动荷载主要是爆破震动。在无底柱采矿方法中，采用中深孔爆破，每次装药量达数百公斤。一个进路爆破产生的应力波，将对自身和邻近进路围岩稳定性产生影响。由于无底柱的进路后退式回采，生产的特殊性决定了进路受到的爆破震动作用具有冲击性、多向性和频繁性，其中多向性是指进路在服务期内会受到来自本分段、上部或下部相邻分段等不同方向上的应力波作用。

每次动载作用都会在围岩中引起动应力，造成围岩环向裂隙、剥离，纵向裂隙、大块片落，甚至围岩冒落。

因此，无底柱回采进路的地压显现，除了静载荷引起的应力变化以外，频繁的爆破震动、冲击及挤压对进路稳定性的影响，也是不可忽略的重要因素。

7.4.1.2　回采进路的地压控制措施

根据进路地压显现特征，采用如下地压控制措施：

（1）实施强化开采。

在矿石不稳固，岩体中原岩应力大的矿区，最有效控制地压的措施是对每条进路实施强化开采，缩短每条进路的生产周期，使进路的准备与回采工作紧密衔接，不过多准备待采进路，根据产量需求掘进一条就回采一条，以避免因进路开掘时间过长而冒落破坏。

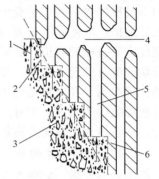

（2）合理安排进路的回采顺序。

各分段进路要依次回采，上分段不要残留矿体，避免下分段进路顶板出现较大水平应力，导致进路破坏。

相邻进路同时回采时，应形成梯形工作面，见图7.46，使相邻进路回采工作面有一定超前距离，这一距离应使下一条进路工作面避开高应力区。大约距工作面15~25m为应力升高的峰值应力区，假若相邻进路的回采工作面处于该峰值应力区，则回采工作进展困难，因此，超前距离一般控制在2~5个崩矿步距，即5~8m。

图7.46 回采工作面梯形推进
1—推进方向；2—回采工作面；3—采下矿石；
4—联络巷道；5—进路；6—待采矿石

（3）采用适宜的支护。

对于不同位置的进路，由于所受的应力不同，应采用不同的支护方式。

对处于高应力区的进路，应采用允许变形较大的喷锚或喷锚网联合支护。若选择套管摩擦伸缩式锚杆，将比其他锚杆更适应矿体较大变形的要求。对主要受拉应力作用的进路与联络巷道交叉处，如果早进行喷锚支护，既可提供侧向压力，封闭暴露表面，锚杆又能改变巷道顶板或两帮中点的应力状态，变受拉伸状态为压缩状态，能维护巷道稳定。

喷锚支护对动载荷和静载荷作用都有很好的适应性，在进路维护中得到普遍应用，参阅5.7.2.2节。

7.4.2 有底柱崩落采矿法的地压控制

有底柱崩落采矿法的主要特点是在矿块底部留有底柱，在底柱内布置漏斗、堑沟、电耙道或放矿溜井等出矿巷道，通常把这部分称为底部结构。

用崩落法回采倾斜矿体时，首先是最上一个中段或分段的采场顶部覆岩开始崩落，先呈拱形冒落向上发展，然后形成一楔形崩落体。随着矿石回采由上中段转入下中段，上盘围岩由于失去支撑作用而呈滑动棱柱体下滑，其发展状况如图7.47所示。

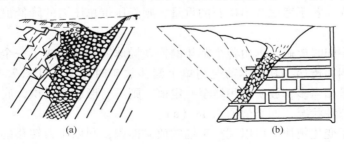

图7.47 围岩崩落示意图
（a）最上部楔形崩落体；（b）上盘围岩呈棱柱体下滑

底部结构要承担采下的矿石及上部崩落围岩的全部重量，是整个矿块矿石放出和运走的通道，只有它稳定，才能保证采矿作业的顺利进行。因此，有底柱崩落采矿法的地压表现在回采过程中电耙巷道的变形和破坏上，这些底部结构的稳定与否，对这种采矿方法的经济效益及推广应用具有重要意义。

底柱中要掘电耙巷道、放矿漏斗及溜井等，对矿体严重切割，削弱了底柱的强度，加大了被切割部分的应力集中，加上回采过程中不断爆破崩矿和在电耙巷道中二次破碎的爆破震动，都对漏斗和电耙巷道的破坏起了加速作用。因此，在采用有底柱崩落法采矿时，维护好底部结构的稳定、完好是至关重要的问题。一旦电耙巷道垮冒，整个回采工作将无法进行，并将造成大量矿产资源丢失。

7.4.2.1　底部结构的地压特点

上部围岩的崩落，如第 6 章所述，对相邻支承压力带起卸压作用，但崩落的矿岩却都压在位于崩落体下方的矿体及底部结构上。因此，有底柱崩落采矿法底部结构所受的压力，主要来自崩落岩石和矿石的重力，作用在底部结构上的压力将随矿石和围岩的崩落而增加，又将随采场崩落矿石的放出而变化，它随着回采作业的进行而周期性地发生变化。如采矿的不同时期，漏斗的放矿顺序和放矿强度，以及切割拉底与掘进电耙道在时间上的先后顺序等，都对底部结构所受的压力变化产生明显影响。上述这些规律掌握不清晰，采矿作业顺序安排不合理，会造成底部结构压力过大而破坏，尤其是矿石不稳固时底部结构破坏更严重。

底部结构上地压显现规律可分为三个阶段：

（1）第一阶段：采场尚未进行切割和落矿。此时电耙道上面是完整的矿体，作用在底部结构上的压力均匀且较小。

（2）第二阶段：大量崩落矿石之后。拉底开采后，在底柱上部充满了松散的和已崩落的矿石，作用在底部结构上的压力比落矿前增大很多，但压力分布不均匀。由于存在摩擦阻力和松散矿石的呈拱作用，采场四周压力较小，而中心部分压力最大。见图 7.48（a）。

（3）第三阶段：采场放矿以后。此时在底柱上所受压力将发生变化。由于放矿漏斗上部松散矿岩发生二次松动，不再承受压力，其点端出现免压拱，拱上部的压力将传递到四周。如图 7.48（b）所示。这样就出现以放矿漏斗为中心的降压带，该降压带范围随放出矿石量增加而扩大，但放出矿量达到一定值后降压带扩大速度逐渐变缓，至一定极限而终止，它的范围即是松动椭球体的界限。降压带周围形成增压带，其范围取决于崩落矿石的高度及松散矿石的状况。随远离放矿漏斗而逐渐转为稳压带，见图 7.48（c）。

按照能量原理，若不考虑放出矿石的重量，则降压带总压力的降低值大致等于增压带总压力的增加值。

如果几个漏斗同时放矿，则由各个漏斗的松动椭球体共同组成了一个大的免压拱，拱顶上部的压力向四周传递，其基本情况与单个漏斗放矿时相似，见图 7.48（d）。但若同时放矿的漏斗数量相当多，放矿面积增至一定值，则不易形成卸压拱，底部结构上的压力便又类似放矿前那种状况，即类似图 7.48（a）。

了解上述地压变化规律，可以调整采场的放矿面积，利用压力转移的规律，防止压力过分集中于某一地带，同时可以利用压力转移规律处理漏斗堵塞和悬顶事故。例如，如果某个漏斗放出 50～200t 矿石后，恰好可以利用其上部转移压力压实相邻漏斗的松动椭球

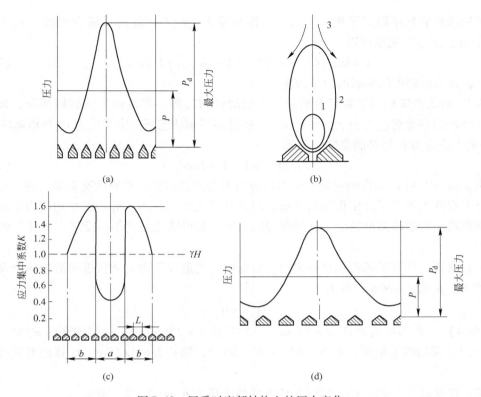

图 7.48　回采时底部结构上的压力变化
（a）放矿前松散矿岩在底部结构上的压力分布；（b）放矿椭球体的卸压作用；
（c）漏斗放矿时底部结构上的压力分布；（d）多漏斗放矿时底部结构上的压力分布
a—卸压带；b—增压带；K—应力集中系数；L—放矿宽度；
1—放出椭球体；2—松动椭球体；3—压力传递方向

体，若此时立即从相邻漏斗放矿，则可以避免压力集中于相邻漏斗上，依次类推进行放矿，可以避免底部结构某一部分因压力过分集中而破坏。又如，中条山有色金属公司篦子沟矿，曾利用加强相邻漏斗放矿速度的办法来解决漏斗上部的悬顶或被大块卡住而堵塞的问题。再如，上、下分段的超前回采距离，不应小于一个分段或阶段的高度，才可避免由于下分段或阶段的放矿而引起上分段或阶段相邻采场的破坏，以保证各分段的正常生产。

　　实践证明，加大放矿强度可以降低放矿期间底柱承受的荷载。

7.4.2.2　松散矿岩对底部结构地压（静荷载）的计算

　　如上底部结构地压分阶段的论述，松散矿岩作用在底部结构上的压力不是均布的，采场四周压力较小而中心部分压力最大，见图 7.48（a）。当采场四周为整体岩石，且边界呈铅垂时，松散介质对底部结构的平均应力 p 可以参照太沙基理论推导散体地压的类似方法推导，即

$$p = \gamma R \left[1 - \exp(-H\lambda\tan\theta/R) \right]/(\lambda\tan\theta) \tag{7.39}$$

式中，γ 为松散的崩落矿岩容重，N/m^3；H 为崩落矿岩高度，m；$R = A/L$，其中 A 为采场面积，m^2，L 为采场周长，m；exp 指数函数符号，以 e 为底；$\tan\theta$ 为松散矿岩与采场岩壁间的摩擦系数；λ 为松散矿岩水平侧向压力与其铅垂应力之比。

若松散矿岩处于静态平衡，重力应力即为最大主应力，此时采场岩壁如"挡土墙"，按"主动土压力"关系可得

$$\lambda = \tan^2(45° - \varphi/2) = (1 - \sin\varphi)/(1 + \sin\varphi) \tag{7.40}$$

式中，φ 为崩落的松散矿岩的内摩擦角。

D. F. 科茨假定松散矿岩有沿铅垂面下沉滑移的趋势，视该面为剪切破坏面，按库仑理论，该面的最大剪应力为 $\tau_{max} = \sigma_h \tan\varphi$，在极限平衡状态下的水平应力 σ_h 与铅垂应力 σ_v（不是最大主应力）势必满足如下关系

$$\sigma_h/\sigma_v = \lambda = 1/(1 + 2\tan^2\varphi) \tag{7.41}$$

由于式（7.41）是在假定最大应力的方向不是铅垂而是倾斜的状况下求出的，实际上是在更大程度上考虑了成拱作用的影响，故将其带入式（7.39）算出的平均压力较小。对采场面积较小而崩落高度较大、岩壁摩擦阻力较大者可能比较适用；反之，式（7.40）则更适用。

一般来说，只有采场面积足够大时，采场中央的最大压力 p_d 才接近松散岩体全高压力 γH；否则，p_d 均比 γH 小，即有

$$p_d \leq \gamma H \tag{7.42}$$

【例4】　崩落矿岩高度 $H = 100m$，平均容重 $\gamma = 25kN/m^3$，内摩擦角 $\varphi = 38°$，系数 $\tan\theta = 0.7$，采场四壁铅垂，水平面积 $A = 50 \times 50m^2$，周长 $L = 4 \times 50m$，计算底部结构上的压力。

解：根据式（7.42）得，底部结构上的最大压力 $p_d \approx \gamma H = 2.5MPa$。

按式（7.39）和式（7.40）计算平均压力为

$$\lambda = \tan^2(45° - \varphi/2) = (1 - \sin\varphi)/(1 + \sin\varphi) \approx 0.2379$$

$$p = \gamma R[1 - \exp(-H\lambda\tan\theta/R)]/(\lambda\tan\theta)$$

$$= 25 \times 10^3 \times 12.5[1 - \exp(-100 \times 0.2379 \times 0.7/12.5)]/$$

$$(0.2379 \times 0.7) \approx 1.38MPa$$

平均应力约为全高压力的 55.2%。

按式（7.39）和式（7.41）计算平均压力为

$$\lambda = 1/(1 + 2\tan^2\varphi) \approx 0.450$$

$$p = \gamma R[1 - \exp(-H\lambda\tan\theta/R)]/(\lambda\tan\theta)$$

$$= 25 \times 10^3 \times 12.5[1 - \exp(-100 \times 0.450 \times 0.7/12.5)]/(0.450 \times 0.7)$$

$$\approx 0.91MPa$$

平均应力约为全高压力的 36.5%。

7.4.2.3　矿体下盘变形带

在崩落采矿法中，如前所述，随矿块回采时矿石的崩落，上盘覆盖岩石也呈滑动棱柱体下滑（图7.47）。这样，矿体下盘不仅受崩落矿岩的压力，还受上盘滑动棱柱体的压力作用。由于压力大，常产生大的变形或破坏。矿体下盘的这个变形或破坏区域称为下盘变形带，处于该带范围内的巷道很难维护。如图7.49中的巷道1常常易发生破坏。该带压力最大的地点在矿体走向的中部。

下盘变形带宽度随开采深度而增加。例如，在前苏联克里沃洛格矿区"巨人"矿井

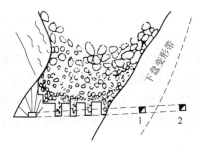

图 7.49　下盘变形带宽度示意

中，当开采深度为 170m 时变形带宽度为 15m，当采深增至 290m 时变形带宽度达 60m。

不难看出，为了保持脉外巷道的稳定，其位置宜选择在下盘变形带之外，如图 7.49 中巷道 2 的位置。如果下盘围岩不稳固，而上盘围岩较稳固时，也可以考虑将巷道位置选在上盘。例如，江苏冶山铁矿采用分段崩落法时，脉外运输巷道在下盘接触变质带的绿泥石花岗闪长岩中距矿体边界 7m 处，出现严重破坏，后改在上盘白云岩中，巷道稳定。

7.4.2.4　矿体回采顺序

在采用崩落法开采时，其合理开采顺序的选择应考虑已崩落矿石及其放矿对相邻待采矿体及底部结构的影响。现举例说明如下：

（1）垂直走向回采矿体时，应从下盘向上盘回采。实践证明依此顺序回采，整个矿块回采均较顺利，上盘围岩直至上盘三角矿柱采完后才崩落，参见图 7.49。反之，若从上盘向下盘回采，则下盘三角矿柱常被压坏而难以回采，其处境如同下盘变形带。

（2）开采平行矿体时，应使下盘主矿体超前上盘平行矿体。由于矿体下盘受压能引起较大变形或破坏，为了避免这一影响，故宜采取图 7.50 的超前关系，先采下盘矿体。图中 β 为上盘崩落角，H 为上盘矿体开采深度，$H+Y$ 为下盘矿体开采深度，Y 为超前回采深度，L 为两矿层间的水平距离。由几何关系可知

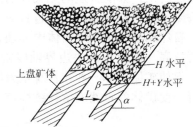

图 7.50　崩落开采平行矿体的超前关系

$$Y = L\sin\alpha\sin\beta / \sin(\alpha + \beta) \tag{7.43}$$

（3）在矿体回采时不宜在已采完区域中残留矿柱。因为在崩落采矿法中，如有孤立矿段存在，如下盘三角矿柱、盘区间柱等，则由于其四周均为崩落的松散矿岩，势必因承受大的地压而难以回采。尤其当其附近放矿时，孤立矿体受的地压更大。

（4）为了避免采场放矿时压力转移影响或破坏相邻待采矿块，最好使相邻矿块提前落矿（爆破）而暂不放出。

（5）为了避免电耙巷道受压过大不易开掘，在不稳固矿体中可考虑先拉底切割，形成应力释放槽，然后掘电耙巷道。

7.4.2.5　电耙巷道维护措施

（1）提高开采强度，缩短巷道服务时间。

在不稳固矿体中的电耙巷道，随着时间的延长其强度弱化，变形增大。采取强化开采方式可缩短巷道服务时间，使电耙巷道还未破坏就完成回采任务。

（2）电耙巷道尽量在卸压区开掘。

卸压开采是利用压力拱转移原理，将采区上部的压力转移到四周，形成免压拱，此时底柱只承受免压拱内的矿岩重量，而其余上部压力由矿块以外的拱基岩体承担。当矿体处于免压拱下时，由于压力降低，得以顺利开采，电耙巷道稳定性也好。先拉底切割或落

矿，然后掘电耙巷道，电耙巷道周围应力和位移都减小。

（3）改变矿块参数。

在不稳固矿体中掘巷道时，尽量采用小断面尺寸。断面愈大，巷道稳定性愈不好维护。此时最好采用只需小断面巷道的电耙出矿，而不采纳需要大断面巷道的铲运机出矿。采用对底柱切割少的漏斗式底部结构较对底部结构切割严重的堑沟，有利于维护底部结构的稳定性。电耙巷道或漏斗尽量采用拱形断面，漏斗呈交错布置，可降低底部结构中的应力集中。

（4）采用合理的掘进和支护方法。

采用光面爆破、超前锚杆掩护掘进，可以减少对巷道围岩的损伤。采用喷锚或喷锚网等允许大变形的柔性支护，或先喷锚后混凝土砌碹联合支护，有利于巷道稳定。对电耙巷道和漏斗联结的斗穿部分，因经常受二次破碎的冲击，可以用钢台棚子加固。

7.4.3　自然崩落法的可崩性控制

崩落采矿法按崩落方式，分为强制崩落法和自然崩落法。所谓强制崩落法，是利用炸药爆破落矿，如前所述的无底柱崩落采矿法和有底柱崩落采矿法。而本节所叙述的自然崩落法则不同，它是利用岩体自重应力作为破碎岩体的能源，自然崩落矿体。

自然崩落法是利用岩体中节理、裂隙的自然分布特点和较低的岩体强度，在矿块底部进行拉底（有时在矿块边界辅以割帮或预裂等诱导工程）以引起矿块周边岩体的应力变化，促使矿体破坏，并在自身重力场作用下自行崩落。随着矿石不断放出或拉底工作不断进行，使矿体的自然崩落持续稳定地向上发展，如图 7.51 所示。

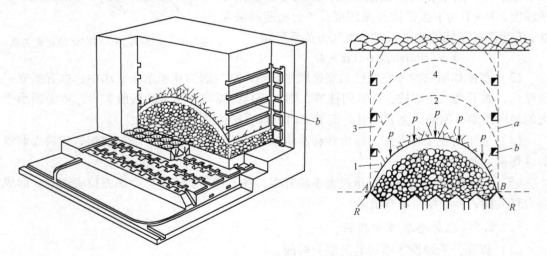

图 7.51　矿块自然崩落法示意图
a—控制崩落界限；b—切帮巷道；
1，2，3，4—崩落顺序

自然崩落法是开采强度大、成本低、安全性好的高效采矿方法，在美国、欧洲、北美、南非等许多国家和地区都得到广泛应用，主要用于开采斑岩铜矿、浸染状钼矿、赤铁矿、磁铁矿、石棉矿、石灰石等松软破碎或节理发育的坚硬矿床。

7.4.3.1 自然崩落法的适用条件

自然崩落法适用条件比较苛刻，只有满足条件要求，才能保证自然崩落顺利进行。所要求的条件有：

（1）大型厚矿体。矿体埋藏深，储量大，分布范围广，垂直高度大，水平尺寸足以开辟一拉底区，以便在一旦建成拉底层后将保证矿石借助重力崩落。

（2）矿体有适当的节理强度和方位。节理强度和方位是确保矿体是否能自然崩落的头等重要因素。以前曾把它作为评价矿石可崩性的主要地质特征。

（3）裂隙的分布方式。矿体中裂隙的分布方式至少由两个相互交叉而又近似垂直的节理和至少一水平节理组成。裂隙不会重新黏结或者裂隙中的充填物较软弱，这样将容易使矿体裂隙分裂而使岩块自然崩落。

（4）具有良好的覆盖层或废石崩落特性。废石必须在崩落进行过程中随着矿石下降，否则将形成具有潜在危险的大空洞。如果废石的破碎块度比矿石的粗，矿石的贫化率最小。如果废石破碎为较小的块度，则将更多地混入破碎矿石中而增大贫化率。

（5）矿石品位分布均匀，矿体轮廓比较规整。因为自然崩落法的选别回采性差，如果矿体内有夹层和低品位矿石，不能在坑内分采，势必增加矿石的损失和贫化。

（6）矿石没有结块性和自燃性。

（7）地表允许陷落，矿床水平，地质简单。

我国许多矿山具备了使用自然崩落法的地质条件，从 20 世纪 50 年代初就进行过该种方法的试验研究，但是一直没有得到应用和推广，其重要原因是该法难以控制，且矿块开采准备时间长，资金耗费大，使许多矿山对此种方法望而却步。1980 年开始，我国又在武钢金山店铁矿、山西中条山铜矿峪铜矿等开展自然崩落法的开采试验，得出若干崩落控制原理。

7.4.3.2 切割、拉底控制崩落的原理

矩形拉底切割空间的顶部及顶部转角处的应力集中状况与该空间的跨度、高度、宽度比的关系，在前面 7.2.1 节已述，在此不重复。利用切割、拉底控制崩落应遵循如下原理：

（1）在重力应力场中崩落的控制。

当矿体中的原岩应力场仅为重力应力场时，若在矿块下部进行拉底，则随着拉底面积的扩大，顶板拉应力、顶板转角处压应力亦随之增加。增至一定值后，拉底空间顶部矿体将出现塌落。若崩落是由顶板转角处压应力集中引起的，那么由于这种崩落作用会使顶板下垂，从而可能使顶板矿石呈大块冒落。所以，应该尽可能利用顶板中央的拉应力来引起矿体崩落，防止产生大块冒落。

当拉底空间宽度（即采场跨度）不变时，欲使尚未崩落的矿体崩落，可通过增加拉底空间长度使顶板中央增大拉应力促使矿体崩落，但增加长度的办法只在长宽比小于 2~3 时有效，见 7.2.1.2 节中矩形简支板梁理论。

当崩落呈拱形向上发展时，拱顶上的拉应力 σ_t 逐渐减为零，而后变成压应力。与此同时，拱脚处压应力 σ_e 则迅速变小，故冒落速度也逐渐变缓，拱顶渐趋稳定。冒落拱表面上的切向应力随冒落拱的发展高度 d 而变化的状况如图 7.52 所示。此处假设原岩应力场的水平应力 σ_h 为铅垂应力 σ_v 的 1/3，并假设拉底空间宽高比 $l/h = 6$。

当崩落面上部所剩矿层厚度较小时，如图 7.53 所示，则其受力状况与梁类似，将因

弯曲变形而开裂。此时将产生大块崩落，块度极不均匀。

（2）在构造应力场中崩落的控制。

当矿体中的原岩应力场以构造应力场为主时，即水平应力大于铅垂应力时，拉底空间的形成仅能在顶板及顶板转角处引起压应力而无拉应力，且随拉底面积的扩大而变化很小（图7.54）。拉底空间上部矿体的崩落，可能因转角处压应力超过矿体抗压强度而引起，或更可能因平行顶板的压应力衍生的横向拉伸劈裂引起片状冒落（图7.53）。

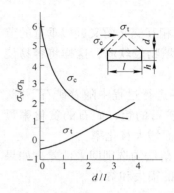

图7.52　冒落拱应力与其高度
之间的关系

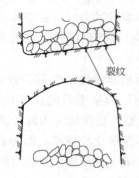

图7.53　阶段矿柱的崩落

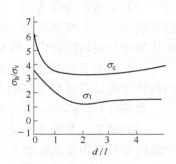

图7.54　构造应力场中顶板应力
随开采空间跨度变化（D. E. 科茨）

当崩落继续向上发展时，顶板周围应力随冒落高度增加的变化，见图7.55。可以看出，随着崩落向上发展，矿柱厚度变薄，顶板中央压应力迅速增大，这将促使崩落加速发展。

在构造应力场中进行崩落时，阶段矿柱内将出现极高的压应力集中，且随该矿柱厚度变薄而增大。当崩落迅速向上发展时，将导致整个阶段矿柱突然破坏。

若欲促进或加速崩落，可采用爆破法破坏冒落拱拱腰，因为此处是拱的支点，故会促使自然冒落加速进行。此外，这样做有助于形成一平缓顶板而又可能促进横向拉伸劈裂的发展。

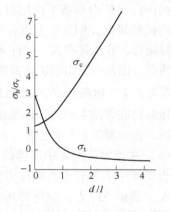

图7.55　构造应力场中顶板应力随冒落
高度 d 增加的变化

7.4.3.3　自然崩落法的地压变化规律

从王宁和韩志型研究金川贫矿区自然崩落法采场底部结构稳定性的结果，可得出如下地压变化规律：采场崩落初期，采场边界围岩及拉底推进线外矿体承受的压应力急剧增加，底部结构上部出现较大范围的拉应力区；随着崩落面积增大，应力集中系数 k 增大到约2.2后，最大拉、压应力都几乎不再增大；随着崩落面积增大，采场崩落高度几乎随崩落面积线性增大，底部结构因崩落散体荷载增大而出现大范围塑性破坏，采场边界围岩及拉底推进线外矿体出现局部拉坏。随着崩落面积增大，自然崩落法采场的崩落散体等施加在底部结构上的压应力可达109MPa，底部结构上的应力集中系数可达4.8。因此，为了防范如此大的应力损伤底部结构，在底部结构形成后、采场拉底工作展开前，二次锚喷支护底部结构的出矿巷道是一种经济、有效的维护措施。

7.5 长壁式开采的地压问题

长壁式采矿法是开采缓倾斜层状矿床所广泛应用的方法，该方法是采后回柱崩落处理采空区，因此，有点像空场法。但是，它不是全部采完后集中处理采空区，而是随采随回柱随处理，因此，属于崩落法的范畴。

它与崩落法亦有区别，即：它不是像崩落法那样随着矿体的崩落而同时崩落顶板围岩，而是在回采工作面推进过程中与回采作业交替循环进行"放顶"，即当回采工作面推进一定距离后，为了控制悬顶距 l 不过大，自然或人工切断顶板，引起直接顶板断裂、冒落。经过相当长时间后，才有老顶折断、冒落，见图 7.56。放顶后，冒落碎块由于碎胀而填满采空区，支承上覆岩层，使回采工作面前方的支承压力适当减轻，有利于安全回采。

直接顶：指层状岩体撤除支架以后能及时冒落的顶板岩层，称为直接顶。老顶：直接顶上方不易冒落的岩层称为老顶。

长壁式采矿法"放顶"所使用的方法有：回柱自然垮落；由最靠近冒落采空区布置的这排刚性支柱——切顶支柱，回柱前升柱切断顶板（见图 7.56）；回柱前在顶板凿放顶眼，并装药，回柱后一次性放顶；在煤壁超前注水软化或爆破弱化顶板（见图 7.57），使得直接顶板在采完回柱后能自然垮落。

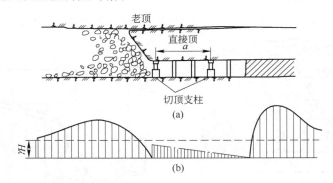

图 7.56 长壁式采矿法及其工作面前、后支承压力带

7.5.1 采场地压假说

7.5.1.1 外伸悬臂梁假说

假说认为，用长壁法开采，采场初次放顶后，直接顶可视为悬臂梁。其一端与采场前方岩体连接，另一端呈悬臂状态。悬臂梁主要靠自身与固定端岩体的连接力来维持其稳定。采场支架的作用在于阻止悬伸岩层出现离层和松脱，控制裂缝发展，阻止在回采期间冒落，见图 7.56。

为了安全，防治悬伸顶板意外冒落，减小悬臂梁长度，减缓支架压力，工作面推进一定距离后，拆出若干排支架，使直接顶板悬伸部分崩落。每次崩落的距离称为"放顶距"。一般放顶距可取 $1.5 \sim 7 m$。

老顶岩层的压力，一部分传给前方形成支承压力，一部分传至采后崩落岩体上，形成后支承力。随时间推移，老顶逐渐下沉、断裂，引起新的地压活动，使采场地压增大。通

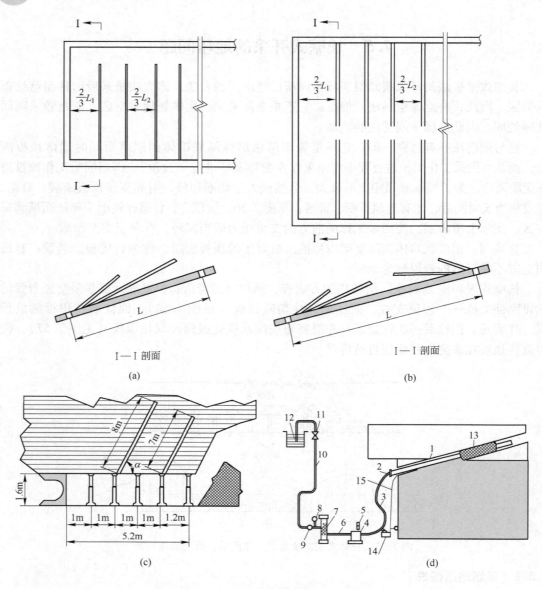

图 7.57   注水软化、爆破弱化顶板

（a）超前单巷布孔爆破弱化；（b）超前双巷布孔爆破弱化；

（c）步距式双切槽强制放顶；（d）超前布孔注水软化

1—注水管；2—接头；3—高压水管；4—高压泵；5，8—压力表；6—低压胶管；7—过滤器；

9—计量计；10—铁水管；11—阀门；12—地面水池；13—封孔器；14—手压泵；15—集水管

常把老顶第一次破断失稳而产生的工作面顶板来压称为老顶初次来压。由开切眼到初次来压时工作面推进的距离称为老顶初次来压步距。以后每隔一段时间，工作面每推进一段距离，老顶岩层出现一次断裂，这种因老顶周期性断裂引起的采场周期性地压活动称为"周期来压"或"二次地压"。从初次来压到周期来压时，工作面向前推进的距离称为老顶周期来压步距。

直接顶板越薄越易冒落，老顶越坚固，则周期地压越明显剧烈。

7.5.1.2 缓慢下沉假说

假说认为：开采厚度不大的水平或缓倾斜矿体，如顶板为塑性岩层，则工作空间上部岩体不发生折断而整体缓慢下沉（见图7.58）。采场支架主要承受顶板下沉的变形压力。

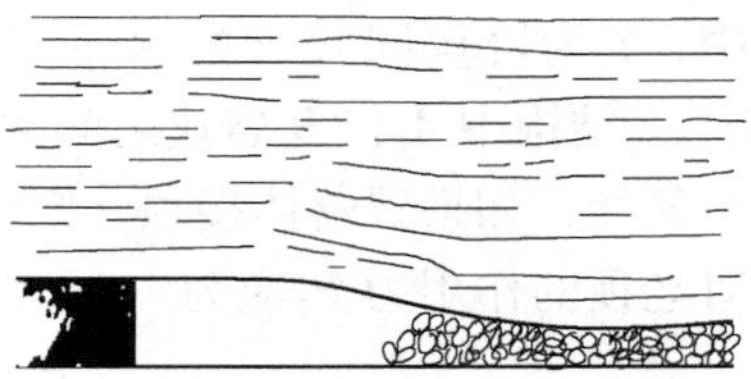

图 7.58 缓慢下沉假说示意图

7.5.1.3 传递岩梁假说

传递岩梁假说也称砌体梁假说，如前面章节所述，采矿工作面上覆岩层中裂隙带是介于冒落带和弯曲下沉带之间的承上启下的岩层，一般为老顶岩层，对工作面矿压显现有显著影响。在裂隙带及其以上岩层内，已断裂的岩块并不一定立即垮落，岩块间由于互相咬合可能形成外形如梁实则是拱的结构。又由于岩块排列如"砌体"，故称为砌体梁。此结构由"煤（矿）壁-支架-采空区已垮塌矸石"所支撑，其情况如图7.59（a）所示。由此可以提出如图7.59（b）所示的岩体整个的结构力学模型，每层结构力学模型如图7.59（c）所示。此结构的特点为：

（1）离层区悬露岩块的重量几乎全由前支承点承担。

（2）岩块B与C之间的剪切力接近于零。因此，此处相当于岩块咬合形成半拱的拱顶。

（3）此结构的最大剪切力发生在岩块 A_i 与 B_i 之间，它等于岩块 B_i 本身的重量及其载荷。

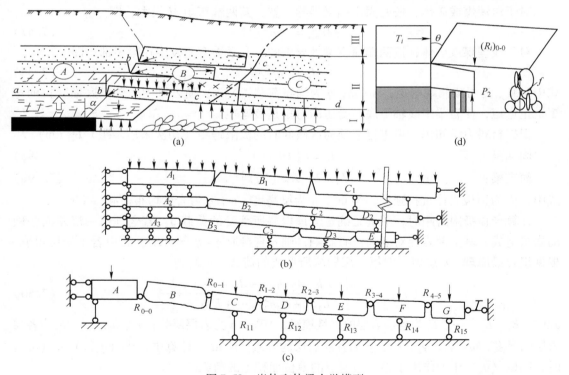

(a)

(d)

(b)

(c)

图 7.59 岩体砌体梁力学模型

从岩块间的滑落失稳分析，此结构必须满足下列平衡条件，即

$$T_i \tan(\varphi - \theta) \geqslant (R_i)_{0-0} \tag{7.44}$$

式中，T_i 为岩块间咬合的水平推力；φ 岩块间摩擦角；θ 岩块破断面与垂直面的夹角；$(R_i)_{0-0}$ 结构中 A_i 与 B_i 岩块之间的剪切滑移力，见图 7.59（d）。

显然，如果冒落体接顶，则构成弹簧支座。为了防止老顶沿工作面发生滑移失稳，支架对老顶的作用力 P_2 应为

$$P_2 > (R_i)_{0-0} - T_i \tan(\varphi - \theta) - f \qquad (7.45)$$

如果岩块间由水平挤压力引起的摩擦力小于块间剪切力时，工作面将引起滑移失稳（台阶状）。在失稳岩块回转时，将引起变形失稳，即工作面顶板下沉量加大。可见，回转失稳有时可能伴随着滑落失稳。这两种失稳对工作面带来严重的地压显现，甚至危及生产和人身安全。

7.5.2 老顶岩层的稳定性

7.5.2.1 老顶梁式破断

冒落松石充满采空区所需直接顶的厚度 h 为

$$h = N/(k-1) \qquad (7.46)$$

式中，h 为冒落松石充满采空区所需直接顶的厚度，m；N 为煤（矿）层厚度或采高，m；k 为冒落松石的松散系数。

如果实际直接顶厚度小于 h，则顶板将成悬臂状态。

对于深埋煤或矿体，按两固定端梁推导求解，其两端弯矩 M 最大，即

$$M_{max} = -qL^2/12 \qquad (7.47)$$

对于浅埋煤或矿体，按两端简支梁推导求解，其最大弯矩发生在梁中部，即

$$M_{max} = qL^2/8 \qquad (7.48)$$

式中，M_{max} 为岩梁两端弯矩，N·m；q 为均布荷载，N/m；使岩梁中线轴下底面受拉的弯矩是正弯矩，使岩梁中线轴下底面受压的弯矩是负弯矩。

根据材料力学知识，可求得老顶初次破断时的极限跨距（初次来压步距）L_s（m）为

固端梁：
$$L_s = h(2R_T/q)^{1/2} \qquad (7.49a)$$

简支梁：
$$L_s = 2h[R_T/(3q)]^{1/2} \qquad (7.49b)$$

式中，R_T 为顶板岩体抗拉强度，N/m^2；h 为梁高度，m；q 为岩梁均布荷载，N/m。

计算老顶极限跨距时，关键是确定老顶岩层所承受的荷载 q。若老顶由一层厚而坚硬的岩层组成，其上部岩层对老顶没有影响，则 q 直接取 $q = q_1 = \gamma_1 H_1$；若由若干岩层组成，根据组合梁原理，n 层岩层对第一层影响所形成的荷载 $(q_n)_1$ 为

$$(q_n)_1 = \frac{E_1 h_1^3(\gamma_1 h_1 + \gamma_2 h_2 + \gamma_3 h_3 + \cdots + \gamma_n h_n)}{E_1 h_1^3 + E_2 h_2^3 + \cdots + E_n h_n^3} \qquad (7.50)$$

式中，E_1、E_2、$\cdots$、E_n 为各层岩层的弹性模量，MPa；n 为岩层层数；h_1、h_2、$\cdots$、h_n 为各层岩层的厚度，m；γ_1、γ_2、$\cdots$、γ_n 为各层岩层的容重，N/m^3。计算中，当 $(q_{n+1})_1 < (q_n)_1$ 时，则以 $(q_n)_1$ 作为作用于第一层岩层的单位面积上的荷载。

式（7.49）是按单层岩梁计算的老顶初次来压步距。多层岩梁组合时，一般按第一层岩梁设计。按第二层及以上各层计算的极限跨距，都较上述公式大；按剪切强度计算的跨距，也对应较上述大。

当老顶周期来压时，其折断常常按悬臂梁计算，极限跨距即周期来压步距 L（m）为

$$L = h[R_{\mathrm{T}}/(3q)]^{1/2} \tag{7.51}$$

式中符号意义同式（7.49）。L 与初次来压步距 L_{s} 比，一般 $L_{\mathrm{s}} = (2 \sim 4)L$。

7.5.2.2　老顶板结构破断

将老顶假设为板，薄板的类型有四周、三周、二周或一周固支，或简支等类型。随着弯矩的增长，老顶岩层达到强度极限时，将形成断裂。水平煤层断裂前老顶结构形式及支承压力分布，见图 7.60。

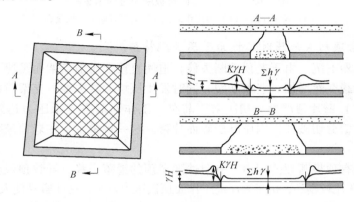

图 7.60　四周固支老顶断裂前结构形式及支承压力分布

在四周固支条件下，根据"板"弯矩分布图 7.61 可知，老顶板断裂，先从长边中部开始，在长边中部形成裂缝；随着工作面向前推进，原形成的长边裂缝闭合；后又在短边中央形成裂缝；待四周裂缝贯通成"O"形破断后，板中央弯矩又达到最大值，超过强度极限而形成裂缝，最后形成 X 形破断，如图 7.62 所示。

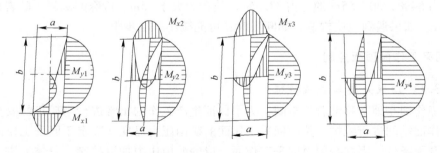

图 7.61　各种支承条件下"板"四周及中心轴线上弯矩分布

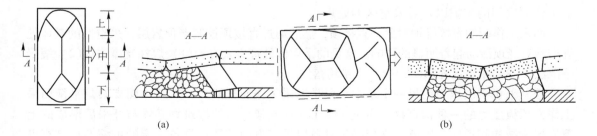

(a)　　　　　　　　　　　　　　　　　(b)

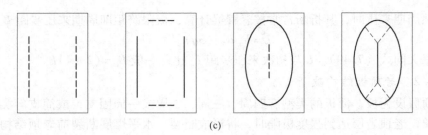

(c)

图 7.62　长短工作面及板断裂过程示意图

（a）长工作面；（b）短工作面；（c）老顶板断裂发展过程

7.5.2.3　老顶初次来压时工作面矿压显现特征

（1）顶板剧烈下沉。由于老顶破断失稳，迫使直接顶压缩支架而迅速下沉。

（2）支架荷载突然增加。老顶断裂，同时发生压块回转失稳，支架荷载普遍加大。

（3）煤（矿）壁片帮严重。初次来压前夕，工作面前方支承压力达到峰值，可使直接顶和煤（矿）壁剪切破坏，因压酥压碎而片帮。这一现象发生在老顶破断前夕，往往是一种来压预兆。

（4）采空区有顶板断裂的闷声，有时伴随老顶的滑落失稳，导致顶板台阶下沉。

老顶初次来压比较剧烈，由于来压前工作面顶板压力较小，往往容易使人疏忽大意。老顶初次来压时，跨距比较大，影响的范围也比较广，工作面易发生冒落事故，因此，在生产过程中应严加注意。在来压期间必须注意工作面的支护质量，加强支撑力，增强支架的稳定性。

由于老顶初次来压时一般要经历 2～3d 才能将工作面推进过去，来压时工作面顶板下沉急剧增加，对工作面生产和安全影响较大。因此，必须掌握初次来压步距的大小，以便及时采取对策。老顶初次来压步距与其岩层的力学性质、厚度、破断岩块之间互相咬合的条件等有关。根据大量实测资料统计，我国煤矿壁式开采的工作面初次来压步距为 10～30m 的约占 54%，30～55m 的约占 37.5%，其余为大于 55m。特殊的砾岩、砂岩顶板可达 100～160m。如果遇到地质构造，如断层时，可能减小来压步距。

7.5.3　回采工作面顶板控制

7.5.3.1　顶板分类与底板特征

回采工作面是地下移动着的空间，为了保证生产工作的正常进行与矿工的安全，必须对回采工作面空间进行维护，然而回采工作面的矿山压力显现又决定于回采工作面周围所处围岩的开采条件，因此必须对回采工作面形成的矿山压力加以控制，总体上讲，对矿山压力控制一方面在矿井设计中加以考虑，如开采顺序，采煤工作面布置等，另一方面就是对工作面空间的支护以及对采空区的处理。

回采工作面的直接维护对象是直接顶，然后通过直接顶控制老顶岩层，采空区的具体处理措施对老顶活动起着明显的影响。常见的采空区处理方式有：（1）煤柱支撑法；（2）缓慢下沉法；（3）采空区充填法；（4）全部垮落法。

控制采场矿山压力的另一个基本手段是回采工作面支架。回采工作面支架是平衡回采工作面顶板压力的一种构筑物。由于回采工作面支架形成的构筑物必须与开采后形成的上覆岩层大结构相适应，因此，支架必须具备以下三方面特征：具备一定的可缩性；具有良好的支撑性能；有维护顶板的性能。

由于支架是处于"煤壁-支架-采空区已冒落的矸石"这一支撑体系中，相对而言，煤壁具有较大的刚性，采空区已冒落的矸石具有较大的可缩性，支架介于二者之间，因此支架性能将直接影响到支架受力大小。支架性能用"工作阻力-可缩量"关系曲线表示，即$P\text{-}\Delta S$曲线。

A 直接顶分析

直接顶是工作空间直接维护的对象，显然直接顶的完整程度将直接影响到工作面的安全及工作面生产能力的发挥，而且直接影响到所选择的支护方式。

直接顶的完整程度取决于岩层本身的力学性质和直接顶岩层内由各种原因造成的层理和裂隙的发育情况。

综合这两种情况，并结合我国的实际情况，曾将直接顶分为三种状态：（1）破碎的顶板，如页岩、再生顶板及煤顶等，这种顶板若护顶不及时，很易造成局部冒顶。（2）中等稳定顶板，此类直接顶板的岩层力学强度较大。有些岩层如砂页岩或粉砂岩等，虽由于受到一系列裂隙所切割，但局部尚较完整，因而仍属于中等稳定型。（3）完整顶板。允许悬露面积大，稳定性好，不易发生局部冒顶，如砂岩或坚硬的砂页岩等。

有的学者从节理裂隙的发育情况研究直接顶的稳定性，一般可将各种裂隙分为三类：（1）原生裂隙，是在成岩过程中形成的；（2）构造裂隙，是在地质构造运动过程中形成的；（3）压裂裂隙，是在采动过程中形成的。

根据裂隙面与工作面顶板岩层层面的位置关系，德国学者 O. 雅可毕曾将其分为五类，见图 7.63，分为 R_1、R_2、$\cdots$、R_5 五种基本裂隙。实际情况可能是这五种基本裂隙的组合，如 R_{12}、R_{23}、$\cdots$、R_{34} 等，这种组合裂隙对顶板的支护极为不利。

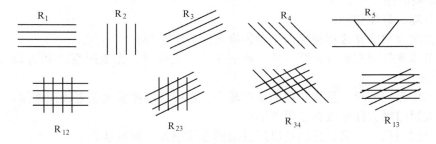

图 7.63 顶板裂隙基本类型及其组合示意图

直接顶冒空将使支架顶梁与顶板的接顶情况恶化，无法利用支架的工作阻力通过直接顶防止老顶岩块的失稳与滑落，由此引起对工作面的不良影响并造成一系列影响生产的事故。

从理论上讲，可通过对裂隙面方位、位置等对直接顶的顶板岩块受力进行分析。但实际上，直接顶常为甚多的裂隙交割，很难精确地分析，因此原则上支架应能承受全部直接顶的重量。同时，支架要有通过直接顶而控制老顶的任务。因此任何情况下都希望直接顶完整，能以支架的约束力传递给老顶，然而实际上直接顶往往破碎，如果不施加一定的初撑力，支架的护顶约束力难以有效地传递给老顶。

为了定量分析直接顶的稳定程度，通常采用直接顶的端面破碎度作为衡量直接顶稳定性的指标，它反映了支架前梁端部到煤壁间顶板破碎的程度，其含义如图 7.64 所示。顶板破碎度为 F_A/F 的百分数。其中，F_A 指冒落高度 h 超过 10cm 时的破碎顶板面积；F 指支架前梁端部到煤壁间的整个面积。

为了便于比较，我国以支架前梁端部到煤壁间，即端面距 $b=1m$ 时的顶板破碎度进行计算分析，称为顶板破坏指数 E。$F=b\times L_c$，其中 L_c 为工作面长度。当 $b=1m$ 时，$F=L_c$。图 7.65 表示端面距 b 对顶板破碎度 F_A/F 的影响。当 $E<10\%$ 时，b 对 F_A/F 的影响很小。

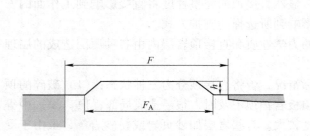

图 7.64　顶板破碎程度示意图

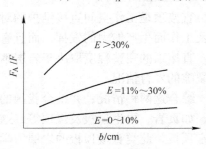

图 7.65　端面距对顶板破碎度的影响

按初次垮落步距 L_0 进行顶板完整性分类，直接顶板可被分为如下四类：

1 类　　　　$L_0 \leqslant 8m$　　　　不稳固顶板

2 类　　8m$<L_0 \leqslant 18m$　　中等稳固顶板

3 类　　18m$<L_0 \leqslant 28m$　　　稳固顶板

4 类　　　　$L_0 > 28m$　　　　非常稳固顶板

总之，直接顶的完整性对支架选型、支护方式和顶板局部冒落起主导作用。直接顶岩块离散、破裂的原因主要有：

（1）节理、裂隙切割；

（2）初次放顶前直接顶挠度大于老顶挠度而离层断裂；

（3）单体支柱刚支设时初撑力低；或液压支架支撑时，无支护空间宽达 2m 左右，因而离层断裂；

（4）工作面较短时，悬露老顶的挠度较小，直接顶挠度常大于老顶而离层；

（5）放顶回撤支柱导致直接顶离层；

（6）分层回采时，第二分层及以后各层的直接顶处于离散状态。

B　老顶分析

老顶对直接顶稳定性、支护强度、支架性能、采空区处理等起决定性作用。

如前所述，根据老顶取得平衡的条件，在采用全部垮落法的工作面中，一般情况下老顶岩层对工作面顶板的压力影响主要取决于直接顶的厚度。显然，老顶离煤层越远，即直接顶越厚，破断后形成“结构”和呈现缓慢下沉式平衡的可能性也越大。因此长期以来，生产单位常以直接顶厚度作为预计影响工作面矿山压力显现的重要指标之一。

为了对老顶有个定量的认识，以便预计老顶来压强度，在对老顶的分类中引入直接顶厚度与采高的比值 K_m，一般认为：（1）$K_m > 5$，老顶垮落与错动对工作面支架无大的影响，称为无周期来压或周期来压不明显的顶板；（2）$5 > K_m > 2$，老顶失稳对工作面支架有严重影响，称有周期来压的顶板；（3）$K_m < 2$，甚至没有直接顶，老顶悬露与垮落对工作面支架有严重影响；（4）老顶特别坚硬，又无直接顶，顶板常在采空区内悬露上

万平方米而不垮落，不及时切顶，易发生顶板冲击地压，这类顶板称为极坚硬顶板。目前通常采用爆破方法强制放顶或高压注水方法使顶板软化；（5）能塑性弯曲的顶板，随着工作面的推进缓慢下沉，而后逐渐与煤层底板相接触。这种情况的形成，显然与顶板岩层的性质、采高及岩层厚度有关。一般在薄煤层和中厚煤层的石灰岩顶板中出现。

显然老顶的失稳不仅与 K_m 有关，还与节理、裂隙的发育程度及其在岩层中的分布有关，以及与老顶的厚度和含水情况有关。因此对于具体条件，必须进行具体分析。

还有其他分类方法，除了考虑 K_m 外，还要考虑老顶初次来压步距 L_0。

C 底板特征

底板岩层在矿山压力控制中涉及两类问题：（1）煤层开采后引起底板破坏，其范围将与开采范围及采空区周围的支承压力分布有关。由于底板破坏可能导致地下水分布的变化，如我国华北地区许多煤层的底板为奥陶纪石灰岩，富含水性，煤层开采后底板的破坏可能引起突水等事故，因此必须研究开采后的底板破坏规律；（2）支护系统的刚度是由"底板-支架-顶板"所组成，因此底板岩层的刚度将直接影响到支护性能的发挥。由于单体支柱的底面积仅 $100cm^2$，在底板比较松软的情况下，支柱很容易插入底板，从而影响对顶板的控制。将支架底座对单位面积底板所施加的压力，称为底板载荷集度，即底板比压。工作面支柱插入底板的破坏形式有三种（见图 7.66）：整体剪切、局部剪切和其他剪切。

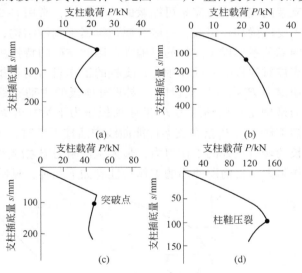

图 7.66 支柱对底板的破坏形式
（a）整体剪切；（b）局部剪切；（c）其他剪切；（d）穿鞋破坏

整体剪切的特征是，当载荷达到某一定值后，突然下降，压入深度迅速增大，此突破点称为底板的极限抗压入强度。局部剪切的特征是，没有明显的突破点，但随载荷的增加，压入深度的变形率增长较快。其他剪切的破坏形式介于前两者之间，有突破点，但不明显，但载荷超过突破点后压入深度明显增大。

实践中为防止支柱插底，提高支护系统的刚度，采取穿柱鞋的措施。当支柱穿上底鞋时，则其承受的载荷将随底鞋的特点而明显增加，当底鞋压裂后其承载能力迅速下降，且穿底量明显增长。此处应指出，底鞋不宜采用木材，因为木材的横向抗压强度甚小，只有

3MPa 左右，与软底板情况相近，抗插入能力差，因此效果不明显。

根据我国煤矿开采工作面底板对支柱的影响将底板进行了分类，如表 7.10 所示。可根据此表选择支柱应具有的底面积。

表 7.10　我国缓倾斜煤层工作面底板分类方案

底板类型		基本指标		辅助指标	参考指标	一般岩性
名　称	代　号	容许比压 q/MPa	容许刚度 K_c/MPa·mm^{-1}	容许穿透度 β_c/mm^{-1}	容许单轴抗压强度 R_c/MPa	
极软	I	<3.0	<0.035	<0.20	<7.22	充填砂、泥岩、软煤
松软	II	3.0~6.0	0.035~0.32	0.20~0.40	7.22~10.80	泥页岩、煤
较软	IIIa	6.0~9.7	0.32~0.67	0.40~0.65	10.80~15.21	中硬煤、薄层状页岩
	IIIb	9.7~16.1	0.67~1.27	0.65~1.08	15.21~22.84	硬煤、致密页岩
中硬	IV	16.1~32	1.27~2.76	1.08~2.16	22.84~41.79	致密页岩、砂质泥岩
坚硬	V	>32	>2.76	>2.16	>41.79	厚层砂质页岩粉砂岩、砂岩

7.5.3.2　采场支架类型与支架力学特性

A　支架力学特性

支架性能一般指支架的支撑力与支架可缩量的关系特征，常用 P-ΔS 曲线表示。

回采工作面支架主要由梁和柱组成，一般金属顶梁属于刚性结构，支柱常由活柱和底柱组成，它们之间的伸缩关系形成了支柱的可缩性，因此支架的特性主要由支柱的特性来决定。支柱的撑力指支柱对顶板的主动作用力；支柱的工作阻力则是指支柱受顶板压力作用而反映出来的力。初撑力 P_0' 指支架支设时，支架对顶板的主动支撑力；应用液压支柱时，P_0' 由液压泵的压力来确定；始动阻力 P_0 指在顶板压力下活柱开始下缩的瞬间，支柱上所反映出来的力；初工作阻力 P_1 指在支架性能曲线中活柱下缩时，工作阻力的增长率由急剧增长转为缓慢增长的转折点处的工作阻力；最大工作阻力 P_2 指支柱所能承受的最大负载能力，又称额定工作阻力。目前所使用的工作特性有如下几种，见图 7.67。

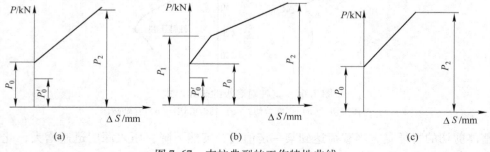

图 7.67　支柱典型的工作特性曲线
（a）急增阻式；（b）微增阻式；（c）恒阻式

急增阻式支柱开始支设时，有一个极小的人为的初撑力 P_0'，当支柱在顶板压力作用下，活柱开始下缩时便形成了始动阻力 P_0，而后随活柱下缩，工作阻力呈直线形急增，这种支柱的可缩量较小。

微增阻式支柱开始支设时，有一个较小的初撑力 P_0' 与始动阻力 P_0，随着活柱下缩先有一个急剧增长过程，达到工作阻力 P_1 后，随着支柱继续下缩，工作阻力的增长变得极为缓慢，一直到支柱的最大可缩量，也就是支柱的最大工作阻力时为止，此类支柱具有较大的可缩量。

恒阻式随着活柱下缩，很快达到额定工作阻力 P_2，以后尽管活柱继续下缩，支柱的工作阻力保持不变。

从支柱工作阻力适应顶板压力的特点进行分析，恒阻式的支柱较为有利，但结构较复杂，成本较高。急增阻式性能比较差，但成本较低，结构较简单。

使用金属支架时，（1）应保证支柱工作性能，及时检修失效支柱；（2）保证升柱器有一定的初撑力，其中液压支架（柱）为 20～30kN，人工支柱（如木支柱）为 6kN；（3）严禁在一个工作面应用两种或两种以上的基本支柱，因为性能不一致不便同步调整压力；（4）金属支柱必须与金属铰接梁配套使用；（5）不宜让支柱受偏心荷载；（6）保证支柱支设质量，即支在完整顶、底板上，支柱成排成行。

B 支架类型

支架分为单体支柱和液压支架。单体支柱又分为木支柱、摩擦式金属支柱和液压支柱三类。

a 木支柱

木支柱由木柱和木顶梁组成。木材是一种各向异性材料，沿纹理加压比垂直纹理加压的可缩性小得多。无垫木时支柱阻力增长极快，但可缩量太小；加垫木后阻力增长又太慢，开始阶段仅体现垫木力学特性。木支柱轴向长度远大于直径，应按纵向弯曲考虑其稳定性。木支柱的直径 d 与长度 l 应满足关系：$d = (1.1～1.25) l^{1/2}$，单位都是 cm。湿度 10% 的木材强度最大；水分每增加 1%，抗弯强度降低 4%。当含水达 40% 时，木材抗弯强度比空气中干燥木材降低 1/2。木支柱的缺点：由于性能不好，损耗量大；影响回采过程实现机械化。优点：压断和折断时有声响，便于预测顶板来压。

b 摩擦式金属支柱

摩擦式金属支柱分急增阻式柱锁和微增阻式摩擦支柱，由活柱、底柱、柱锁三部分组成，支柱特性由柱锁部分决定。

急增阻式柱锁由锁箍、垂直楔、传动楔、水平楔和摩擦板组成。水平楔起锁紧作用；垂直楔和传动楔一方面传递锁紧力，压紧活柱以产生工作阻力；另一方面又将与锁紧力相反的张力传递给锁箍，使水平楔受的压力较小，便于支柱架设与回收。活柱斜度越大，支柱工作阻力随活柱下缩越急剧增加。活柱可缩量仅 50～70mm。

我国常用的微增阻式摩擦支柱是 HZWA 型。当安设支柱时，用升柱器使其初撑力达到 20～30kN，夹紧距 $\Delta S = 0$。其工作原理是：（1）自动夹紧。当顶板下沉时，活柱开始下缩，自动夹紧机构开始动作，此时支柱产生 $P_0 = 50～80kN$ 的始动阻力。随着活柱继续下缩，带动滑块下移，此时楔块向下移至 0 或 −1 的位置，支柱达到初工作阻力 $P_1 = (250 \pm 30)$ kN，可缩量 $S_1 = 8～20mm$。（2）支柱工作阻力上升。夹紧完成后，依据活柱斜度，支柱工作阻力缓慢上升。当可缩量达到 $S_2 = 400mm$ 时，可达到最大工作阻力 $P_2 = (350 - 20kN)～(350 + 40kN)$。（3）支柱卸载。打松水平楔松弛柱锁，活柱依靠自重下落，自动夹紧机构又恢复到原始状态，实现支柱卸载。

摩擦支柱使用中应注意如下事项：（1）摩擦式金属支柱的工作阻力主要依靠摩擦力。

因此，为了保证工作面支柱处于正常工作状态，必须经常检查支柱是否已经失效。（2）摩擦板与活柱、楔组间内部过小的摩擦系数，不仅使工作阻力上不去，有时还可能出现退楔现象，这是极其危险的。因此，不允许活柱和楔组间存在大量煤粉、铁锈、炮泥和油垢。

摩擦支柱的失效检查办法包括：（1）水平楔小头露出量超过 30mm；（2）自动压紧弹簧锈蚀变细、压弯、断裂或丢失；（3）特制垫圈或螺母间开焊，或由于其他原因造成螺母自由转动，从而不能保证夹紧距，导致初工作阻力改变；（4）应该将应用过一段时期的支柱，及时运送到地面进行除锈、去煤粉、整修等，并检定及调整支柱的工作特性；（5）摩擦系数小时，夹紧距 ΔS 应该大些。目前，一般多用液压支柱替代摩擦支柱。

　　c　液压支柱

液压支柱分单体液压支柱、液压自移支架两种类型，其中单体液压支柱由液压支柱单独与顶梁配合使用，液压自移支架由液压支柱与顶梁、底座和移架千斤顶组合而成。

液压支柱分内注油式和外注油式两种类型，它是一种典型的恒阻性支柱。

内注油式液压支柱工作介质为机油，通过摇动手把，操作支柱内的手摇泵。原理类似千斤顶。外注油式液压支柱工作介质为含 $1\% \sim 2\%$ 乳化油的乳化液。通过外部液压泵站，经管路系统，由注液枪向支柱供液；回收时打开卸载阀，将介质排出柱外，活柱靠自重和弹簧力回缩；其关键部件是单向阀、安全阀和卸载阀共同组成的一个三用阀。

采用单体支架工作面，落煤后必须立即支设支架，待该支架由于工作面推进到靠采空区一侧时进行回柱，因此每一根支柱都经历了回采工作面空间顶板下沉的全过程。

　　d　液压支架

液压支架由支柱、底座和顶梁联合为整体结构，它与单体支柱相比有如下优点：支设与回撤劳动强度小、效率高；支护工序快，不至于衔接不上采煤工序；组合稳定，不易被来压推倒。

按对顶板的支承面积与掩护面积的比值分类，液压支架可分为支承式液压支架、支承掩护式支架、掩护支承式液压支架、掩护式液压支架四类，见图 7.68。

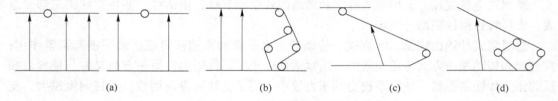

图 7.68　液压支架类型示意图
（a）支承式；（b）支承掩护式；（c）掩护支承式；（d）掩护式

按支架结构进行分类，可分为掩护式和支承式两类。其中，凡是有掩护梁的液压支架统称为掩护式支架，没有掩护梁的液压支架统称为支承式支架。我国将液压支架分为支承式（无掩护梁，支柱直接对顶板发挥支承作用）、掩护式（有掩护梁，但单排立柱连接掩护梁或直接支承顶梁对顶板起支承作用）、支承掩护式（双排或多排立柱，有掩护梁，支柱大部分或全部通过顶梁对顶板起支承作用）三类。掩护梁使支柱本身不承受水平力。

　　C　支柱受力与布置

单体支架顶梁所受载荷分布取决于顶梁在支柱上的布置方式，见图 7.69。

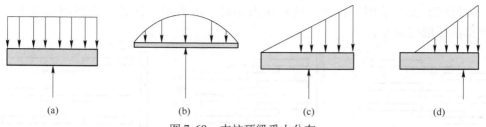

图 7.69 支柱顶梁受力分布

（a）均匀分布、前后梁1:1接顶良好；（b）抛物线分布，顶梁两端有一定变形；（c）三角形分布，前后梁2:1；

（d）三角分布，前后梁比过大，部分前梁浪费

如果工作面顶板较坚硬，周期来压比较剧烈时，通常使用切顶支架。切顶支架的工作阻力远大于工作面正常支架，其由柱帽、立柱、底座、千斤顶、液压系统组成，其目的是利用切顶支架将直接顶沿采空区切落。这种支护方式也称为有排柱放顶，其顶梁受力见图 7.70。

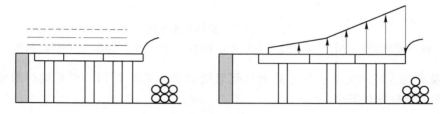

图 7.70 切顶排柱支架支承力分布

当直接顶比较破碎时，切落直接顶已不成问题，此时不再使用切顶支架，即无排柱放顶支护。由于单根支柱在靠近采空区可能被压坏，或者顶板在采空区一侧可能比较破碎，因此采空区一侧的顶板压力反而降低，如图 7.71 所示。

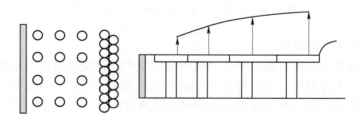

图 7.71 无排柱放顶支架支承力分布

单根支柱布置的工作面，应尽可能提高支架初承力。为了加强机道上方维护，可打贴帮柱等。单体支架在回采工作面的布置方式，取决于直接顶的稳定性，同时也应考虑老顶来压时可能带来的危害。一般来说，单体支架的支护方式如下：

（1）带帽点柱支护：适用于直接顶比较完整。布置方式见图 7.72。

（2）棚子支护：直接顶中等稳定或比较破碎时，一般为一梁二柱式。棚子的布置方式见图

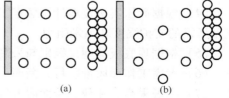

图 7.72 支柱矩形（a）、三角形（b）布置

7.73。顶板压力大时采用连锁式，顶板压力小时，可采用对接式。当裂隙垂直于工作面时，顶梁沿煤层倾向布置。

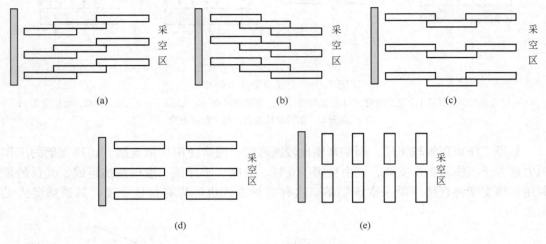

图 7.73　棚子支护的布置方式
（a）梁连锁上行；（b）梁连锁下行；（c）梁连锁混合；（d）梁水平对接；（e）梁倾斜对接

（3）悬梁与支柱的关系：分正悬梁和倒悬梁两种，见图 7.74。正悬梁时端面维护较好，倒悬梁时回柱比较安全。

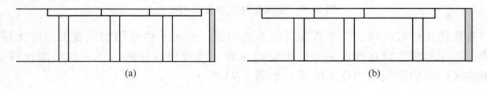

图 7.74　正悬梁（a）和倒悬梁（b）支护

7.5.3.3　液压支架选型

液压支架架型及主要参数必须与矿山地质条件及产量规模相适应。支架选型的主要内容有：架型、额定工作阻力、支护强度、顶梁形式、底座、侧推、阀组等。选型前必须掌握类似条件的工作面矿压资料及搜集足够的矿山地质资料。

A　液压支架选型顺序

（1）确定直接顶类型。

（2）确定老顶级别及来压特征。

（3）确定底板类型。

（4）根据矿压实例资料计算额定工作阻力或根据采高、控顶宽度及周期来压步距估算支架所需的支护强度和每米阻力。

（5）根据顶底板类型、级别与采高，初选所需的额定支护强度，初选支架形式。

（6）考虑工作面风量、行人断面、煤层倾角、修正架型及参数。

（7）考虑采高、片帮、端面漏冒等情况，确定顶梁及护帮结构。

（8）考虑煤层倾角及工作面推进方向，确定侧推结构及参数。

（9）根据底板抗压入强度，确定底座结构及参数。

（10）利用支架结构优化（力学优化、运动优化）程序，优化支架结构。

B　液压支架选型的原则

支架选型主要有系统分析比较法与综合评分法，其中用得较多并且实用的是系统分析比较法。具体原则如下：

根据直接顶、老顶状况及类别，结合采高、开采方法等，确定支架额定工作阻力、初撑力、几何形状、立柱数量及位置等。

一般而言，对于老顶介于Ⅰ-Ⅱ级，动压系数为1.2~1.5的，采高小于5m，可考虑采用两柱掩护式支架，否则为支撑掩护式支柱。

C　液压支架参数确定方法

液压支架的主要参数包括液压支架工作阻力和初撑力。液压支架工作阻力的确定方法有载荷估算法、实测统计法和理论分析法。

7.5.3.4　影响端面顶板稳定性的主要因素

（1）老顶活动。老顶破断岩块回转将直接影响直接顶破碎程度，其中K_m（直接顶厚度/采高）、K（冒落矸石松散系数）、C（直接顶内聚力）和R_t（直接顶抗拉强度）均将影响直接顶的完整性。严重时，老顶来压相当于支架要过1个破碎带。

（2）端面距。端面到煤壁的距离越大，越易冒顶。

（3）顶梁的抬头角与低头角。抬头角超过一定角度时，直接顶将有一个向采空区方向的位移，不利端面顶板稳定；低头工作，梁的接顶点将后移，直接顶端面顶板形成成拱条件。低头角越大，拱跨距越大，端面冒高也越大。

抬头角应限制在10°以内，低头角也应限制在5°~10°之内。

（4）初撑力。梁端对顶板应有一定的支撑力，尤其初撑力，而且最好有向煤壁方向的水平推力。

（5）较快的工作面推进速度。

（6）支架结构的改变、架型的不同，对端面顶板的维护都有影响。

（7）特软端面顶板超前支护，也可以改善顶板稳定性。

习　题

（1）各类采矿方法地压控制的重点是什么？

（2）简述空场法回采缓倾斜矿体时冒落"三带"形成的力学机理。

（3）简述空场法中矿柱的作用和受力状态。开采密集分布的急倾斜薄脉矿体时如何控制整体地压？

（4）何谓极限跨度，与什么因素有关，确定极限跨度有何工程意义？

（5）充填采矿法回采与充填法处理采空区有无区别，充填体的作用有哪些？

（6）无底柱分段崩落法、有底柱分段崩落法、自然崩落法控制地压的实质分别是什么？

（7）如何用悬臂梁原理解释长壁式采矿法控制顶板的机理，它与空场法有何区别？

（8）怎样理解长壁式工作面顶板初次来压前的结构和破坏形式，老顶板结构如何破坏？

（9）用什么方法在水下开采矿床较为合理，能用崩落法吗？

（10）原岩应力场的种类与空场采矿法的使用和结构参数设计有什么关系？

(11) 如何实现覆盖岩层的自然崩落?

(12) 若顶板跨度一定,增加倾向长度是否会引起顶板应力状态的变化?

(13) 为什么充填体包围矿柱能提高矿柱强度,柱式矿柱充填法回采有什么优点,能在深部开采中应用吗?

(14) 有底柱崩落法放矿过程中,常遇到矿石卡漏斗现象,如果不允许用爆破方法,你能想出更好的解决办法吗?

(15) 无底柱分段崩落法进路的地压控制方法一般有哪些?

(16) 什么是老顶初次来压,什么是老顶周期来压,老顶破断对直接顶稳定性有什么影响?

(17) 某铁矿为多层状水平矿体,第一层距地表20m,第二层距地表80m,第三层距地表200m,矿床厚3m,采用房柱法,矿房、矿柱宽为10m,围岩为砂岩 $\gamma = 28\mathrm{kN/m^3}$, $\mu = 0.25$,试确定顶板中央的应力值及它们开采对地表的影响如何?

(18) 某矿房距地表100m,覆岩容重 $\gamma = 28\mathrm{kN/m^3}$,极限抗拉强度1.8MPa,安全系数取3,试计算采场极限跨度。

(19) 埋深300m,倾角20°,矿体平均厚3.5m,采用房柱法回采,设计矿柱长、宽比为3:1,设计要求回采率不少于80%,顶板抗拉强度 $\sigma_c = 4\mathrm{MPa}$,矿石 $f = 10$,完整性好,节理不发育,覆盖岩层为砂岩 $\gamma = 25\mathrm{kN/m^3}$,若取安全系数为4,试设计矿柱并用最新的矿柱设计方法设计。

(20) 使用留矿法采一急倾斜矿体,沿走向单位长的滑动棱柱体重 $W = 3.5 \times 10^8 \mathrm{N/m}$,岩石移动角为65°,岩石内摩擦角为40°,矿房宽50m,滑动棱柱体厚5m,矿体许用压应力为7.3MPa,试求间柱宽?

(21) 某厚水平铜矿,采用有底柱分段崩落法开采,崩落覆岩厚40m, $\gamma = 24\mathrm{kN/m^3}$(松散),矿房高100m,容重 $\gamma = 28\mathrm{kN/m^3}$(松散)、内摩擦角为40°,崩落的矿石与围岩壁摩擦系数为0.65,采场水平面积50m×100m,试求底柱上平均压力、采场中心处最大压力?

(22) 影响端面顶板稳定性的主要因素是什么?

(23) 怎样根据顶梁长度确定荷载分布状态?

(24) 为什么靠近采空区一侧实测的顶板压力反而降低?

(25) 液压支架的类型有哪些,切顶支架的组成及作用如何,液压支架选型的原则是什么?举例说明单体支柱的支护方式。

(26) 简述三种支架的力学特性。

(27) 工作面支柱插入底板的破坏方式有哪几种?

(28) 简述直接顶、老顶分类。直接顶离散、破裂的主要原因是什么?

(29) 简述老顶板结构破断的特征。

(30) 两个平行矿体倾角为30°,水平距离为10m,下盘矿体厚4m,围岩为完整性好的岩体,上盘移动角为70°,覆盖岩层平均深100m,为了避免下盘矿体压坏,回采应超前上盘矿体多少米?

参 考 文 献

[1] 李俊平,周创兵,冯长根. 矿山岩石力学——缓倾斜采空区处理的理论与实践 [M]. 哈尔滨:黑龙江教育出版社,2005.

[2] 高磊. 矿山岩石力学 [M]. 北京:机械工业出版社,1987.

[3] http://www.mkaq.org/Article/anquanzs/201011/Article _ 43634.html(中国煤矿安全生产网(www.mkaq.org)).

[4] 陆文. 岩石力学(课件). 西南科技大学环境资源学院,2006.

[5] 李俊平,周创兵,冯长根. 缓倾斜采空区处理的理论与实践 [J]. 科技导报,2009,27 (13):71~77.

［6］李向阳，李俊平，周创兵. 采空场覆岩变形数值模拟与相似模拟比较研究［J］. 岩土力学，2005，26（12）：1907～1911.

［7］李俊平，陈慧明. 采空区安全评价的理论与实践［J］. 科技导报，2008，26（9）：50～55.

［8］尚岳全，王清，蒋军，等. 地质工程学［M］. 北京：清华大学出版社，2006.

［9］http：//www. chinacir. com. cn/qbzx/article. asp? id＝1239（中国采矿业发展环境分析，2009-5-22）.

［10］http：//www. baike. com/wiki/压力拱假说（互动百科，2007-06-12）.

［11］李兆权，张晶瑶，王维刚. 应用岩石力学（讲义）. 东北工学院采矿系岩石力学教研室，1990.

［12］D. E. 科茨. 岩石力学原理［M］. 雷化南，等译，北京：冶金工业出版社，1978.

［13］王宁，韩志型. 金川贫矿区自然崩落法采场底部结构的稳定性［J］. 有色金属，2004，56（3）：79～82.

［14］杜计平，汪理全. 煤矿特殊开采方法［M］. 徐州：中国矿业大学出版社，2003.

［15］郭奉贤，魏胜利. 矿山压力观测与控制［M］. 北京：煤炭工业出版社，2005.

［16］王家臣. 矿山压力及其控制（教案第二版）. 中国矿业大学（北京）资源与安全工程学院，2006.

［17］李俊平. 矿山压力与顶板管理（课件）. 鸡西大学资源与环境工程系，2006.

［18］李俊平，赵永平，王二军. 采空区处理的理论与实践［M］. 北京：冶金工业出版社，2012.

［19］http：//baike. baidu. com/view/3846782. htm（顶板破碎度）.

8 露天开采边坡稳定性分析与控制

【基本知识点（重点▼，难点◆）】：边坡破坏形式的分类▼；影响边坡稳定性的主要因素；边坡稳定性分析方法◆；露天矿边坡加固措施▼。

8.1 概　述

8.1.1 露天矿边坡的概念和特点

倾斜的地面称为坡或斜坡。典型的边坡（斜坡）如图 8.1 所示。边坡与坡顶面相交的部位称为坡肩，与坡底面相交的部位称为坡趾或坡脚，坡面与水平面的夹角称为坡面角或坡倾角，坡肩与坡脚间的高差为坡高。

露天矿开采所形成的采坑、台阶和露天沟道的总和，称为露天矿场。由结束的开采工作台阶平台、坡面和出入沟底组成的露天矿场的四周表面称为露天矿场的非工作帮或最终边帮（见图 8.2 中的 AC、BF）。位于矿体下盘一侧的边帮叫做底帮；位于矿体上盘一侧的边帮叫做顶帮；位于矿体走向两端的边帮叫做端帮。正在进行开采和将要进行开采的台阶所组成的边帮叫做露天矿场的工作帮（见图 8.2 中 DF）。工作帮的位置是不固定的，它随开采工作的进行而不断改变。

通过非工作帮最上一个台阶的坡顶和最下一个台阶的坡底线所作的假想斜面，叫做露天矿场非工作帮坡面或最终帮坡面（见图 8.2 中 AG、BH）。最终帮坡面与水平面的夹角叫做最终帮坡角或最终边坡角（见图 8.2 中的 β、γ）。

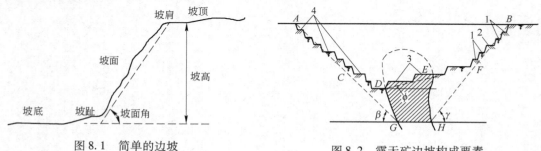

图 8.1　简单的边坡　　　　　　　图 8.2　露天矿边坡构成要素

通过工作帮最上一台阶坡底线和最下一个台阶坡底线所做的假想斜面叫做工作帮坡面（见图 8.2 中的 DE）。工作帮坡面与水平面的夹角叫做工作帮坡角（见图 8.2 中的 φ）。工作帮的水平部分叫做工作平盘（见图 8.2 中的 3），它是用以安置设备进行穿爆、采装和运输工作的场地。

非工作帮上的平台，按其用途可分为安全平台、清扫平台和运输平台。安全平台（见图8.2中的1）是用作缓冲和阻截边坡上滑落下来的岩石，其宽度一般约为台阶高度的1/3。运输平台（见图8.2中的4）是为工作平台与出入沟之间的运输联系提供通路。清扫平台（见图8.2中的2）是用于阻截滑落岩石并用清扫设备进行清扫。每隔2～3个台阶设一个清扫平台，其宽度依所用清扫设备而定。

由此可见，露天矿边坡稳定问题是露天开采中的重要课题。

边坡作为一种岩土工程构筑物，为许多工业部门所共有，例如水库岸坡、坝肩、引水渠道、铁路路堑、山区挖方工程的边坡等。露天矿边坡与这些边坡相比，具有如下特点：

（1）露天矿边坡的规模大。边坡高度一般为200～300m，最高可达500～700m，边坡走向延伸可达数公里，因而边坡揭露的地层多，边坡各部分的地质条件差异大，变化复杂。

（2）煤矿边坡容易发生顺层滑动，金属矿边坡多沿不连续面滑动。煤矿岩体主要是沉积岩，层理明显，岩石的强度较低，一般容易发生顺层滑动。磷矿等非金属矿山也显现类似滑动特性。金属矿岩体主要是火成岩、变质岩，岩石强度较高，但断层、节理发育，一般沿不连续面滑动。在开挖卸荷或爆破震动长期作用下，边坡岩体内的拉应力区会逐步发展成不连续的滑动面。

（3）露天矿边坡一般不维护。露天矿由机械或爆破开挖边坡，尽管边坡岩体较破碎，易受风化作用的影响，但边坡一般不维护。

（4）露天矿边坡频繁受动载荷作用。露天矿频繁爆破作业和车辆运行，使边坡经常受动载荷作用，且随着采掘、运输及其他设备重量日益增大，边坡台阶上的负载有日益增加的趋势。

（5）露天矿边坡的服务年限各不相同。露天矿的最终边坡由上至下逐渐形成，上部边坡服务可达几十年，下部则为十几年或几年，而最底层台阶的边坡随采矿结束即可报废，工作帮边坡或其他未到界的临时性边坡的服务年限更短。

（6）露天矿边坡的不同地段要求有不同的稳定程度。边坡上部地表有重要建筑物，不允许发生变形时，要求的稳定程度最高。边坡上有站场、运输线路，下部有采矿作业点，要求的稳定程度也较高。而对生产无影响的地段，稳定程度要求较低，允许局部破坏。

研究露天矿边坡稳定性时，应考虑上述特点。

8.1.2　边坡工程对国民经济建设的影响

8.1.2.1　边坡工程对露天矿建设的影响

采用露天采矿法进行矿床开采时，圈入开采范围内的矿石和围岩被划分为一系列等厚的分层，按下行顺序进行开挖。

露天采矿工程是一种大规模的开挖工程。据估计，采矿工程完成的挖方量约占人类各种开挖挖方量总和的五分之四。采矿开挖的目的是开采有用矿物，但为了保证边坡的稳定性，需要超挖大量的废石。以图8.3所示的L盘为例，设采深为H，坡段长为L，坡角为α，α的极限值为90°，则图8.3所示的废石挖方量Q为：$Q = LH^2 \cot\alpha/2$。于是，当坡角从α_1减小为α_2时，挖方量的增量为：

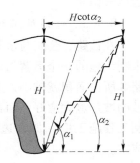

图8.3　上盘废石挖方量
Q的示意图

$$Q = LH^2 (\cot\alpha_2 - \cot\alpha_1)/2。$$

据此，如果坡角从 $\alpha_2 = 35°$ 增加到 $\alpha_1 = 36°$，那么，对深度 400m 的矿坑，每公里长的坡段可减少剥离量 4.15Mm^3；如果坑深为 100m，则剥离量减少 0.26Mm^3。

由此可见，随坡高的增加，加陡边坡成了减少废石开挖和运输量而提高矿山经济效益的一个关键问题。但是，随着矿坑边坡的加陡，边坡的稳定性问题随之而突出，在给定坡高条件下能够稳定的边坡究竟能陡到什么程度，这显然取决于场地的工程与水文地质条件、施工技术以及边坡的服务年限，等等。

我国某大型露天矿，根据试验研究成果调整有关边坡设计后，不但安全性比以前更加可靠，而且在减少废石剥离量的情况下还能多产矿石。相反，有些矿山由于设计不合理或管理不完善，造成边坡岩体移动和破坏，干扰了矿山正常生产的顺利进行。例如：（1）中钢集团赤峰金鑫矿业有限公司 2011 年开始将最终边坡角从 40°～42°提高到 48°～50°，年节省剥离费 800 多万元；（2）武钢大冶铁矿 1967～1979 年间曾发生 25 次不同规模的滑坡，总滑落量达 120 万立方米，其中 1973 年 1 月 6 日狮子山北帮西口 84～156m 水平，发生了一次长达 117m、高 72m 的六个台阶的大滑坡，滑落量达 36469m^3，影响了其下部四个台阶的正常推进，滑坡清理达 2 年之久，清理量达 59 万立方米；（3）甘肃白银露天矿先后发生 8 次滑坡，其中 1971 年 3 月 26 日在一采场南邦 II～IV 勘探线 1763～1833m 水平发生滑坡，滑落量达 3 万立方米，严重影响了生产运输，1793m 水平掘沟被迫停止，后来在 1763m 水平留 40m 宽的平台，导致积压金属量 2.65 万吨，使露天矿开采境界被缩小，缩短寿命 2 年；（4）1981 年 6 月攀钢石灰石矿发生了国内罕见的大滑坡，使正常的采矿生产中断。上述事例，在露天煤矿和国外露天矿山也大量存在。例如：（1）抚顺西露天矿，1927～1948 年共清理滑落物 2100 万立方米，1949～1958 年间从滑坡区共清理出岩石量近 1000 万立方米；（2）美国宾汉·康诺露天矿在采深 467m 时发生滑坡，掩埋了露天矿场一半以上的深度和大部分宽度，滑落量达 608 万立方米。

实践和理论证明，从减少剥离量和降低开采成本等经济性质来看，边坡角应尽量陡些，而从生产安全性考虑，则边坡角缓些为好，所以，研究边坡稳定性的实质就是确定最优的边坡角。更全面地说，露天矿边坡稳定问题可归纳为设计与形成一个使露天矿生产既安全又经济的最优边坡角问题。

研究表明：即使最终边坡角取值严重偏小或者合理，台阶坡面角取值过大，也会造成边坡失稳。

8.1.2.2　边坡工程对铁路、公路、水利建设的影响

在铁路、公路与水利建设中，路堤边坡与路堑边坡的稳定性严重影响到铁路、公路与水利设施的安全运营与建设成本。在路堤施工中，在路堤高度一定的条件下，坡角越大，路基所占面积就越小，反之就越大。在平原地区，由于耕地紧张，为了保护耕地，路基边坡的坡角愈大愈好；而在山区，大坡角的边坡能有效地减少路堤的填方量。而在路堑、水利工程施工中，加大边坡的坡角，同样也能取得减少土石方量的作用，从而降低建设成本。

8.1.2.3　边坡工程对其他方面的影响

房屋建筑与市政建设中，边坡的稳定性一方面影响到建筑物的安全运营与使用，另

一方面也影响到建设成本。总之，边坡工程涉及国民经济建设的各个方面，它一方面关系到其所维系的各种构筑物的安全及正常使用，另一方面同样也影响到构筑物的施工成本。

总之，研究边坡稳定性分析与维护，涉及岩体工程地质，岩体力学性质试验，边坡稳定性分析与计算，边坡治理和监测、维护等工作。尤其露天矿山边坡，由于频繁的穿爆作业，稳定性分析还必须关注爆破震动、汽车运输等动荷载的影响，因此，必须进行震动参数的爆破震动测定，以便稳定性分析时应用。

8.1.3　露天矿边坡变形和破坏

滑坡一般经历初始蠕变、等速蠕变到加速蠕变三个阶段，并伴随原有裂隙扩展、新裂隙萌生、滑带土变形局部化、滑裂面贯通的孕育过程、滑体启动、滑体加速以及解体等复杂动力学过程。岩石边坡的变形以坡体未出现贯通性的破坏面为特点，但在坡体的局部区域，特别在坡面附近也可能出现一定程度的破裂与错动，然而从整体而言，并未产生滑动破坏的边坡变形主要表现为松动和蠕动。

（1）松动。边坡形成的初始阶段，坡体部位往往出现一系列与坡面近于平行的陡倾角张开裂隙，被这种裂隙切割的岩体便向临空方向松开、移动，这种过程和现象称为松动，它是一种斜坡卸荷回弹的过程和现象。存在于坡中的松动裂隙，可以是应力重分布过程中形成的，大多是沿原有的陡倾角裂隙发育而成，它仅有张开而无明显的相对滑动。边坡中常有各种松动裂隙，实践中把发育有松动裂隙的坡体部位，称为边坡松动带。边坡松动带使坡体强度降低，又使各种营力因素更易深入坡体，加大坡体内各种营力因素的活跃程度，它是边坡变形与破坏的初始表现。

（2）蠕动。边坡岩体在自重应力为主的坡体应力长期作用下，向临空方向缓慢而持续的变形，称为边坡蠕动。研究表明，蠕动的形成机制为岩土的粒间滑动（塑性变形），或者沿岩石裂纹微错，或者由岩体中一系列裂隙扩展所致。蠕动是岩体在应力长期作用下，坡体内部产生的一种缓慢的调整性形变，是岩体趋于破坏的演变过程。坡体由自重应力引起的剪应力与岩体长期抗剪强度相比很低时，坡体减速蠕动；当应力值接近或超过岩体长期抗剪强度时，坡体加速蠕动，直至破坏。蠕动分表层蠕动和深层蠕动两种。

1）表层蠕动。边坡浅部岩体在重力的长期作用下，向临空方向缓慢变形，构成一剪变带，其位移由坡面向坡体内部逐渐降低直至消失，如表层蠕动破碎的岩质斜坡、土质斜坡，其表层蠕动甚为典型。

岩质边坡的表层蠕动，常称为岩层末端"挠曲现象"，系岩层或层状结构面较发育的岩体，在重力长期作用下，沿结构面错动或局部破裂而成的屈曲现象，这种现象广泛分布于页岩、薄层砂岩或石灰岩、片岩、石英岩，以及破碎的花岗岩体所构成的边坡中。软弱结构愈密集，倾角愈陡，走向愈接近于坡面走向时，其发育尤甚，它使松动裂隙进一步张开，并向纵深发展，影响深度有时达数十米。

2）深层蠕动。深层蠕动主要发育在坡体下部或坡体内部，按其形成机制特点，深层蠕动有软弱基座蠕动和坡体蠕动两类。坡体基座产状较缓且具有一定的厚度，相对软弱岩层，在上覆重力作用下，致使基座部分向临空方向蠕动，并引起上覆岩层的变形与解体，是"软弱基座蠕动"的特征。坡体沿缓倾软弱结构面向临空方向缓慢移动变形，称为坡体蠕动，它在卸荷裂隙较发育并有缓倾结构面的坡体中比较普遍。

露天矿边坡主要挖掘在岩体中，地表可能通过一定的表土。由于边坡开挖，出现了临空面，使部分岩体暴露，改变了原岩应力状态与地下水流条件，加上岩石风化和爆破震动，促使局部边坡岩体发生变形和破坏。露天矿边坡的破坏形式可分为三大类：

（1）崩塌：如图 8.4 所示，这种破坏是边坡表层岩体丧失稳定性的结果，它表现为坡面表层岩体突然脱离母体，迅速下落且堆积于坡脚，有时还伴随着岩石的翻滚和破碎。

（2）倾倒：这种破坏是因为边坡内部存在一组倾角很陡的结构面，将边坡岩体切割成许多相互平行的块条，而临近坡面的陡立块体缓慢地向坡外弯曲和倒塌，如图 8.5 所示。

（3）滑坡：这种破坏是在较大范围内边坡沿着某一特定的滑面发生滑移。一般在滑坡前，滑体的后缘会出现张裂缝，而后缓慢滑动，或周期性地快慢更迭滑动，最终骤然滑落，这是露天矿边坡最常见的破坏形式，其危害程度视滑坡规模的大小有所不同。

其滑坡的性态，一般是四周被裂隙所圈定，滑面为平面或曲面，滑体上往往有滑坡台阶，滑坡后壁上可能有擦痕，滑动轴处在滑体移动速度最大的方向上，见图 8.6。

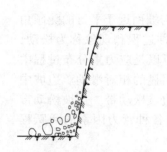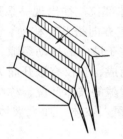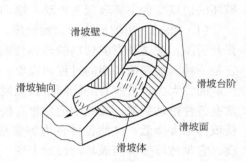

图 8.4　边坡崩塌　　　　图 8.5　边坡倾倒　　　　图 8.6　滑坡形态示意图

滑坡常按滑坡面的形态划分为如下三类：

1）平面滑坡，见图 8.7（a），边坡沿某一主要结构面，如层面、节理或断层面发生滑动。边坡中如有一结构面与边坡倾向相似，且其倾角小于边坡面而大于其摩擦角时，常会发生此类滑动。

2）楔形滑坡，见图 8.7（b），当边坡岩体中存在两组或两组以上结构面相互交切成楔形体，且结构面的组合交线倾角小于边坡角并大于其摩擦角时，容易发生这类滑动。

3）圆弧滑坡，见图 8.7（c），滑动面成弧形是这类滑坡的特点。它常见于土体、散体结构岩体和均质岩体中。

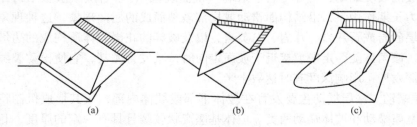

图 8.7　滑坡类型
（a）平面滑坡；（b）楔形滑坡；（c）圆弧滑坡

以上三类滑坡就其滑坡机理而言，都是沿滑动面发生的一种剪切破坏。滑动面的形态与滑动规模主要取决于岩体性质和岩体结构面在空间的组合形式。

在某些特殊地质条件下，还会发生如下两类滑坡：

1）岩块流动。岩块流动通常发生在均质硬岩层中，这种破坏类似于脆性岩石在峰值强度点上破碎而使岩层全面崩塌的情形（图8.8）。其成因首先是在岩层内部某一应力集中点上，岩石因高应力的作用而开始破裂或破碎，于是所增加的荷载传递给邻近的岩石，从而又使邻近岩石受到超过其强度的荷载作用，导致岩石的进一步破裂，这一过程不断进行，直至岩层出现全面破裂而崩塌，岩块像流体一样沿坡面向下流动，形成岩块流动。可见，岩块流动的起因是岩石内部的脆性破坏，而不像一般的滑坡那样，沿着软弱面剪切破坏。岩块流动时没有明显的滑动扇形体，其破坏面极不规则，没有一定的形状。

2）岩层折曲。当岩层成层状沿坡面分布时，由于岩层本身的重力作用，或由于裂隙水的冰胀作用，增加了岩层之间的张拉应力，使坡面岩层折曲，如图8.9所示，导致岩层破坏，岩块沿坡向下崩落。

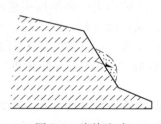

图8.8　岩块流动

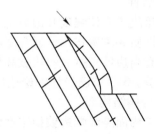

图8.9　岩层折曲

应该指出，以上的基本破坏模式，在同一坡体的发生、发展过程中，常常是相互联系和相互制约的。在一些高陡边坡发生破坏的过程中，常常先以前缘部分的崩塌为主，并伴随滑塌和浅层滑坡，随时间推移，再逐渐演变为深层滑坡。

各类滑坡的共性是：滑坡发生前一般都表示出程度不同的前兆现象，滑坡堆集体运距不远，故滑体各部分相对层次在滑动前后变化不大；在运动状态方面，较完整的滑坡体基本上均沿着一定形状的滑动面由缓慢到加速地向下滑动，在此滑动过程中，显然可能有某些间歇、跳跃等不连续的运动状态，但一般无翻转、滚动等现象。

因此，美国B. L. Seegmiller博士提出露天矿边坡设计工作的一般程序是：

（1）初步估计。无论是新建或扩建矿山，在现场做一番调查之后，就应该对给定矿山的边坡问题有一个初步估计，以便收集所需要的资料，有时为了满足设计的需要，还需提供一个粗略的边坡角。

（2）收集资料，主要收集四方面的资料，即地质结构面的测量数据、岩体强度的测定数据、地下水资料、地震资料（包括天然地震和爆破地震）。

（3）资料分析，包括地质结构面的分析、岩石及岩体强度测定数据分析、边坡可能破坏模式的分析以及敏感度分析（即评价影响边坡稳定性诸因素中各个因素对边坡稳定性影响的程度）。

（4）露天边坡设计，这包括对边坡可能发生滑坡的地段进行稳定性分析，得出整个露天矿既安全又经济合理的边坡组成，以及提出需要采取哪些措施以保持边坡的稳定，确定是否需要安设仪器以监测可能滑坡地段的岩体变形。

最后必须指出，露天矿边坡稳定性的研究工作不可能一次性完成，而应贯穿于露天矿勘探、设计与生产的全过程。在露天矿场服务年限内，应始终注意积累有关资料。只有当一个露天矿场的生产结束后，才能对该矿的边坡设计、研究管理工作做出最终的全面评价。

8.2　影响露天矿边坡稳定性的主要因素

露天矿边坡是露天采矿工程活动形成的一种特殊构筑物，它经受各种自然营力的作用和露天开采工艺的影响。因此，影响露天矿边坡稳定的因素繁多，估计各因素的影响程度也很复杂，其中岩体的岩石组成、岩体构造和地下水是最主要的因素，此外，爆破和地震、边坡形状等也有一定影响。现将其主要影响因素介绍如下：

（1）岩性

岩性是决定岩体强度和边坡稳定性的重要因素。岩石的矿物成分和结构构造对岩石的工程地质性质起主要作用，通常坚硬致密的岩石抗水、抗风化能力强，强度高，不易发生滑坡，只有当边坡角过大和边坡高度过高时才产生滑坡；片理、层理发育的岩石边坡稳定性相对较差。3.3节已经详细论述过结构面对岩体稳定性的影响，在此不再重复。

（2）岩体结构面

岩体结构面是影响边坡稳定性的决定因素，它直接制约着边坡岩体变形、破坏的发生和发展过程。边坡破坏、失稳往往是沿岩体的结构面直接发生。边坡岩体的破坏主要受岩体中不连续面（结构面）的控制。

近年来，在岩体强度及稳定性的研究中，结构面被认为是特别重要的因素。结构面强度要比岩体本身的强度低很多。根据岩块强度计算，稳定的岩体边坡可高达数千米，然而岩体内含有不利方位的结构面时，高度不大的边坡也可能发生破坏。其根本原因在于，岩体中结构面的存在，降低了岩体的整体强度，增大了岩体的变形性能和流变性质以及加深了岩体的不均匀性、各向异性和非连续性。大量的露天矿边坡工程失事证明，一个或多个结构面组合边界的剪切滑移、张拉破裂和错动变形等是造成边坡岩体失稳的主要原因。

从边坡稳定性考虑，要特别研究岩体结构面的下列主要特征：成因类型、规模、连续性及间距、起伏度及粗糙度、表面结合状态及充填物、产状及其与边坡临空面的关系等。这些特征及其组合将对边坡稳定状态、可能的滑落类型、岩体及结构面抗剪强度等起重要的控制作用。影响边坡稳定的岩体结构因素主要包括下列几方面：

1）结构面的倾向和倾角。一般来说，同向缓倾边坡（结构面倾向和边坡坡面倾向一致，倾角小于坡角）的稳定性较反向坡差。同向缓倾坡中，岩层倾角愈陡，稳定性愈差；水平岩层稳定性较好。

2）结构面的走向。当倾向不利的结构面走向和坡面平行时，整个坡面都具有临空自由滑动的条件，对边坡的稳定不利。结构面走向与坡面走向夹角愈大，对边坡的稳定愈有利。

3）结构面的组数和数量。当边坡受多组相交的结构面切割时，整个边坡岩体自由变形的余地大，切割面、滑动面和临空面多，易于形成滑动的块体，而且为地下水活动提供了较好的条件，对边坡稳定不利。另外，结构面的数量直接影响到被切割的岩块的大小，它不仅影响边坡的稳定性，也影响边坡变形破坏的形式。岩体严重破碎的边坡，甚至会出现类似土质边坡那样的圆弧形滑动破坏。

4）结构面的不连续性。在边坡稳定计算中，通常假定结构面是连续的，实际并非如此。因此，在解决实际工程问题时，认真研究结构面的不连续性，具有现实意义。

5）结构面的起伏差和表面性质。结构面的光滑程度对结构面的力学性质影响极大。边坡岩体沿起伏不平的结构面滑动时，可能出现两种情况：一种情况是如果上覆压力不大，则除了要克服面上的摩擦阻力外，还必须克服因表面起伏所带来的爬坡角的阻力，因此，在低正应力情况下，起伏差将使有效摩擦角增大。另一种情况是当结构面上的正应力过大，在滑动过程中不允许因为爬坡而产生岩体的隆胀时，则出现滑动的条件必须是剪断结构面上互相咬合的起伏岩石，因而结构面的抗剪性能大为提高。如果结构面上充填的软弱物质的厚度大于起伏差的高度时，就应当以软弱充填物的抗剪强度为计算依据，不应再把起伏差的影响考虑在内。

（3）水及其渗透性

露天矿的滑坡多发生在雨季或解冻期间，说明地下水对边坡稳定性的影响是很显著的。地表水的渗入和地下水的活动，往往是导致露天矿滑坡的重要原因。在边坡稳定性研究中，要详细研究并定量评价岩体中地下水的赋存情况、动态变化对边坡稳定性的影响以及防治措施。

地下水对边坡稳定性的影响主要表现在以下几方面：

1）静水压力和浮托力

当地下水赋存于岩石裂隙中时，水对裂隙两壁产生静水压力，如图 8.10 所示，当由于边坡岩体位移而产生张裂隙充水时，则沿裂隙壁产生的静水压力的压强为 $Z_w\gamma_w$，总压力为

$$V = \gamma_w Z_w^2/2 \qquad (8.1)$$

式中，γ_w 为水的容重，N/m^3；Z_w 为张裂隙充水深度。

静水压力作用方向垂直于裂隙壁，作用点在 Z_w 下三分之一处，此静水压力场是促使边坡破坏的推动力。

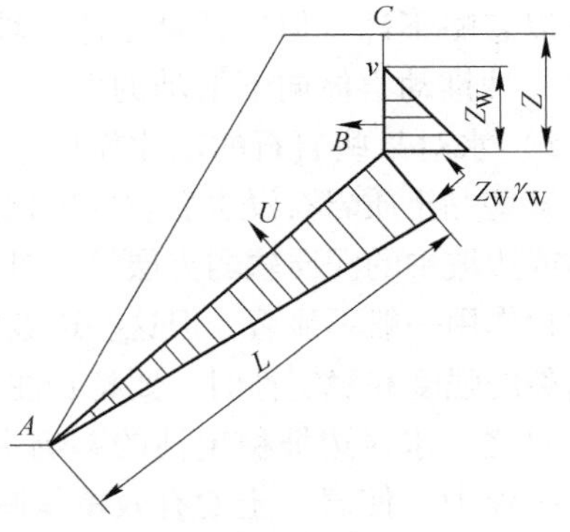

图 8.10　张裂隙充水的静水压力及浮托力

当张裂隙中的水沿破坏面继续向下流动，流至坡脚逸出坡面时，则沿 AB 面（见图8.10）的总浮托力为

$$U = \gamma_w Z_w L/2 \qquad (8.2)$$

式中，L 为 AB 面的长度。

此浮托力和沿 AB 面作用的正应力方向相反，抵消了一部分正应力的作用，从而减小了沿该面的摩擦力，对边坡稳定不利。

当岩体比较破碎时，地下水在岩体中比较均匀地渗透，并形成如图 8.11 所示的统一

的潜水面，而且当滑动面为平面时，则作用于滑面上的浮托力可用滑面下所画的三角形水压分布来表示。总浮托力可用下式近似计算

$$U = \gamma_{\text{w}} H_{\text{w}} h_{\text{w}} \cos\alpha/2 \qquad (8.3)$$

式中，h_{w} 为滑面中点的压力水头。

如为圆弧滑面，用垂直分条法进行稳定性分析时，则需在每个分条中考虑水的浮托力。

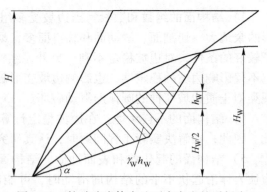

图 8.11　较破碎岩体中地下水产生的浮托力

2）动水压力（或渗透力）

当地下水在土体或碎裂岩体中流动时，受到土颗粒或岩石碎块的阻力，水要流动就得对土颗粒或岩石碎块施以作用力，以克服它们对水的阻力，这种作用力称为动水压力或渗透力。

在计算土边坡和散体结构的岩石边坡时，要考虑动水压力的作用。由于土颗粒和岩块的分散性，不可能计算在每一土粒或岩块上的动水压力，只能计算作用在每个单位土、岩体体积内所有土粒或岩块上的动水压力的总和，所以，动水压力是一种体积力，其方向与水流方向一致，它们的大小与渗透水流所受到土颗粒或岩石碎块的阻力数值相等，即

$$D = n\gamma_{\text{w}} I V_{\text{w}} \qquad (8.4)$$

式中，D 为总动水压力，N/m^3；γ_{w} 为水的容重，N/m^3；I 为水力坡度；n 为孔隙度（孔隙率）；V_{w} 为土体或岩体中渗流部分的体积。

由于一般岩体中裂隙体积的总和与整个岩体体积相比是一个较小的量，因此，动水压力可以忽略不计。但在计算土体边坡和散体结构边坡时，就要考虑动水压力的作用。因为它是一种推动岩体向下滑动的力。

3）水对某些岩石的软化作用

某些黏土质岩石浸水后发生软化作用，岩石强度显著降低，如含有大量蒙脱石黏土矿物岩体或边坡中的泥质软弱夹层等。对于主要是由坚硬的岩浆岩、变质岩构成的边坡岩体，水的软化作用一般不显著，但这些边坡的断层破碎带中常有大量黏土质充填物存在，在研究这些断裂的强度和稳定性时，要特别注意水对这些岩石的软化作用。3.6.4 节也有论述。

总之，水对边坡稳定性的影响主要表现在水压作用和水的软化作用两个方面。静水压力产生浮力，使岩、土的有效重量减轻，削弱了岩、土体抵抗破坏的能力，但编者研究表明，浮力作用减轻了裂隙上部的有效重量，从而可以减轻上部变形。动水压力或超静水压力产生渗透力，直接引起渗透变形或渗透破坏。软化作用则表现在溶蚀、冲刷软化岩体或结构面充填物中的黏土质成分，从而引起岩体内聚力和内摩擦角的显著降低。这就是许多滑坡具有"大雨大滑、小雨小滑、无雨不滑"的特点的原因。

（4）边坡几何形状

边坡几何形状对岩体内的应力分布有很大影响。研究表明，凸边坡较凹边坡的稳定性低。当边坡向采场凸出时，岩体侧向受拉，由于岩体抗拉能力很低，此时边坡稳定条件差；当边坡向采场凹进时，边坡岩体侧向受压，边坡比较稳定。

当凹边坡的曲率半径小于边坡的高度时，边坡角可以比常规的稳定性分析方法建议的

角度陡 10°，凸边坡的角度应缓 10°。

（5）爆破、地震

爆破震动和地震对边坡稳定性的影响作用方式基本相同。露天矿爆破产生的地震波，给潜在破坏面施以额外的动应力，可使岩石原生结构面和构造结构面张开，并产生爆破裂纹等次生结构面，甚至使岩石破碎，促使边坡破坏，在边坡稳定分析中必须考虑此附加外应力。

专门研究表明，爆破震动对岩体造成的损害取决于岩体质点振动速度的大小。质点振动速度的影响可用下列临界速度估计：

≤25.4cm/s——完整岩体不破坏；

25.4～61cm/s——岩体出现少量剥落；

61～254cm/s——发生强烈拉伸和径向裂隙；

＞254cm/s——岩体完全破碎。

对于爆破造成的岩体质点振动速度，目前研究尚不充分，通常采用下列经验公式确定

$$v = K(Q^{1/3}/R)^{\alpha} \tag{8.5}$$

式中，v 为边坡岩体质点的振动速度；K 为与岩体性质、地质条件、爆破方法有关的系数，我国部分实测资料给出 $K=21\sim804$；α 为爆破地震波随距离的衰减系数，根据我国部分实测资料，实际变化在 $0.88\sim2.80$ 之间；Q 为一次爆破的炸药量；R 为测点至爆源的距离。

利用上述公式计算 v 值时，必须先通过爆破试验确定系数 K 和 α。在边坡稳定性计算时，一般不直接引用 v 值，而要将其转换为振动力。转换的程序是取爆破地震的实测图谱，把爆破波的主震相作为正弦波处理，根据谐振公式求出爆破地震造成的质点加速度

$$a = 2\pi fv \tag{8.6}$$

式中，f 为主震相的震动频率；v 为质点振动速度，由式（8.5）计算。

分析边坡稳定性时，为了安全起见，将上式计算所得的 a 值视为水平加速度。考虑到作用在岩石质点上的振动力属于体积力，故已知水平加速度 a 值后，可以确定各质点振动的水平力。为了简化计算，取此水平力为岩体重力的 Ka 倍，即 $F=KaW$，$Ka=a/g$。式中 F 为指向矿坑的水平振动力，W 为滑体重力，g 为重力加速度。考虑到爆破震动频率高和作用时间短，在边坡稳定分析中，一般还要将此动荷载通过下式转变为等效静荷载 P，即

$$P = \beta Wa/g \tag{8.7}$$

式中，β 为荷载转换系数。

天然地震和爆破震动一样也会给边坡稳定造成危害，在边坡稳定性分析中也必须考虑。一般按与爆破震动相同的方法处理，其加速度可按预计的地震烈度选取。

应用基于时程分析的高边坡爆破振动动力稳定性分析方法，使综合考虑爆破振动的频谱结构、幅值和相位角效应，揭示动力稳定安全系数对频率的依赖性成为可能，见图 8.12。

（6）人为因素

由于对影响边坡稳定的因素认识不足，在生产中往往人为地促使边坡破坏，如在边坡上堆积废石和设备以及建筑房屋、水库、尾矿库等建（构）筑物，加大了边坡上的承重，增加了岩体的下滑力；或不坚持"采掘并举、剥离先行"的原则，不保持合理的边坡角自上而下的开采顺序，而采用挖坡角，放震动炮震落上部岩体，或者在坡面下部掏挖矿体等

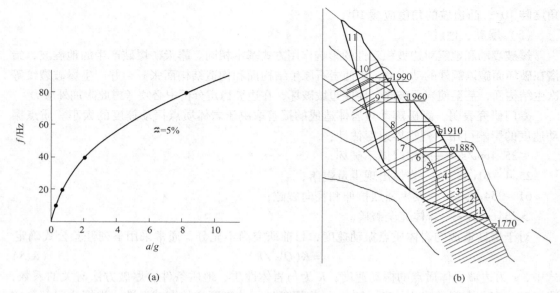

图 8.12   爆破震动下允许加速度峰值与振动主频的关系（a）及边坡潜在破坏模式（b）

严重违章的方法开采，减小了岩体的抗滑力，这些都会使边坡稳定条件恶化，甚至导致边坡破坏。

同时，边坡岩体发生滑动，也影响到上部建（构）筑物的安全。

（7）风化作用

风化作用是指风吹日晒、涌水冲刷、生物破坏、温度变化等对边坡岩体的破坏作用，它可使边坡原生结构面和构造结构面随时间推移而不断增大规模，使条件恶化，并可产生风化裂隙等次生结构面。长时间的风化作用，还会使岩体自身强度降低。

通常，风化速度与岩石本身的矿物成分、结构构造和后期蚀变有关，同时也与湿度、温度、降雨、地下水以及爆破震动等因素有关。

（8）工程布置

在边坡内开凿排水隧洞，或利用地下开采方法开采边坡内部未能采出的矿体等，可引起局部应力集中，造成边坡开裂。

（9）露天矿开采深度和服务年限

露天矿边坡越高和服务年限越长，其边坡稳定性越差，所以边坡角要相应减缓。

8.3   边坡稳定性分析

边坡稳定性分析是确定边坡是否处于稳定状态，是否需要对其进行加固与治理，防止其发生破坏的重要决策依据，是边坡研究的核心问题。常遇到的边坡稳定性分析的任务有二：一是验算已存在的边坡稳定性，以便决定是否需要采取边坡稳定防护措施，以及决定采取何种措施为宜；二是设计新开露天矿的边坡角及边帮。

边坡发生破坏失稳是一种复杂的地质灾害过程，由于其内部结构的复杂性和组成边坡岩石物质的不同，造成边坡破坏具有不同模式。对于不同的破坏模式，应采用不同的分析方法及计算公式来分析其稳定性。目前，边坡稳定性分析的方法很多，一般将其分为定性分析方法和定量分析方法两类。定性分析方法主要包括工程类比法、成因历史分析法、图解法、数据库和专家系统等；常用的定量分析方法有极限平衡法、有限单元法、边界元法、快速拉格朗日有限差分法（FLAC）、离散元法及不确定性分析方法等。不确定性分析方法主要包括可靠度评价法、模糊理论评价法、灰色系统理论评价法和神经网络评价法等。高陡边坡稳定性自然演化规律、岩质边坡破裂面产生机理、高边坡初始地应力场特征与反演分析、高地应力强卸荷条件下边坡岩体参数演化特征及取值方法、强降雨作用下高边坡岩体渗流特性与数值分析方法、高边坡应力变形数值分析方法、强震条件下高边坡变形破坏机理与失稳模式、复杂条件高边坡潜在滑裂面的搜索方法、边坡稳定性三维整体极限平衡分析方法、边坡岩体锚杆和锚索加固机理与优化设计、复杂条件高边坡安全监测系统与反馈分析、高边坡工程可靠度分析与风险控制、高边坡变形和稳定性预测预警与调控方法等，还需要继续探索。根据上述分析方法的实用性和有效性，本节只简述极限平衡法和有限差分法的原理。

极限平衡法是根据边坡上的滑体或滑体分块的静力平衡原理分析边坡各种破坏模式下的受力状态，以及边坡滑体上的抗滑力和下滑力之间的关系来评价边坡稳定性的方法。极限平衡法是土质边坡稳定性分析的主要方法。就极限平衡法本身，又细分成很多方法，目前工程中常用的有 Fellenius 法（W. Fellenius，1963）、Bishop 法（A. W. Bishop，1955）、Tayor 法（Tayo，1937）、Janbu 法（N. Janbu，1954，1973）、Morgestern-Price 法（Morgestern-Price，1965）、Spencer 法（Spencer，1973）、Sarma 法（Sarma，1979）、楔形体法、平面破坏计算法、传递系数法、Bake-Garber 临界滑面法（Bake-Garber，1978）。近年来，结合复杂水利工程边坡的稳定性分析，周创兵和陈益锋（2007，2009）开发了刚体极限平衡法 SLOPE^{2D} 和 SLOPE^{3D} 以及三维整体极限平衡分析法等。

在工程实践中，主要根据边坡破坏滑动面的形态选择极限平衡法。例如，平面滑动的边坡可以选择平面破坏计算法计算，圆弧形破坏的滑坡可以选择 Fellenius 法或 Bishop 法计算，复合滑动面的滑坡可以采用 Janbu 法、Snencer 法、Morgestern-Price 法计算，折线形破坏滑动面的滑坡可以采用传递系数法、Janbu 法等分析计算，楔形四面体岩石滑坡可以采用楔形体法计算，受岩体控制而产生的结构复杂的岩体滑坡可选择 Sarma 等方法计算。此外，还可采用刚体极限平衡法或三维整体极限平衡法等对滑坡进行三维极限平衡分析。可见，应用极限平衡法必须事先假定边坡中存在潜在滑动面。弹塑性有限元法和有限差分法克服了这一弱点，能直接搜索岩质露天边坡在开挖卸荷等作用下产生的受拉区，不需要事先假设潜在滑动面。由于受拉区在卸荷或爆破震动等长期疲劳作用下，必然发生破坏而引起滑坡，因此，根据搜索的受拉区判定边坡稳定性，确定合理的最终边坡角及局部边坡加固方式，更符合露天矿山岩质边坡的开挖实际。有限差分法较弹塑性有限元法更优越，前者能直接计算边坡的稳定性系数，后者必须借助极限平衡法计算边坡稳定性系数。

边坡破坏滑动面的形态，可以根据优势结构面极点图来判断。

在极限平衡法的各种方法中，尽管每种分析方法都有它的适用范围及假定条件，且得出的计算公式所涉及的因素各不相同，但将它们都归结为极限平衡法，其大前提是相同的。所有的极限平衡法都有三个前提：

（1）滑动面上实际岩土提供的抗剪强度 S 与作用在滑面上的垂直应力存在如下关系

$$S = c + \sigma\tan\varphi \qquad\qquad (8.8)$$

或 $\qquad\qquad S = c' + (\sigma - u)\tan\varphi' \qquad\qquad (8.9)$

式中，c、c'分别为滑动面的黏结力和有效黏结力；φ、φ'分别为滑动面的内摩擦角和有效内摩擦角；σ为滑动面上的有效应力；u为滑动面孔隙水压。

（2）稳定系数 F 指沿最危险破坏面作用的最大抗滑力（或力矩）与下滑力（或力矩）的比值即

$$F = 抗滑力/下滑力 \qquad\qquad (8.10)$$

（3）二维（平面）极限分析的基本单元是单位宽度的分块滑体。

极限平衡分析除上述几点共同前提外，还具有基本相似的分析计算步骤：

（1）推测滑动面形状。在断面上绘制滑面形状，根据滑坡外形及滑坡中滑面深度、坍塌情况、破坏方式（平面、圆弧、复合滑动等），推测可能的滑动面形状。

（2）推定滑坡后裂缝及塌陷带的深度。

（3）对滑坡的滑体进行分块。分块的数目要根据滑坡的具体情况确定，一般来说应尽量使分块小些。条块数目越多，结果误差越小。此外，条块垂直或不垂直条分，要根据计算方法和岩体结构确定。

（4）计算滑动面上的孔隙水压力。孔隙水压力可采用地下水监测等方法确定。

（5）计算稳定系数 F。原则上应采取两种或两种以上适宜的计算方法计算比较 F。

下面针对边坡稳定分析中常用的具有代表性的平面滑动计算法、楔体滑动计算法、Bishop 法、Sarma 法等极限平衡法做论述。

8.3.1 平面滑动计算

平面滑动计算法是对边坡上滑体沿单一结构面或软弱面产生平面滑动的分析方法。其力学模型如图 8.13 所示。

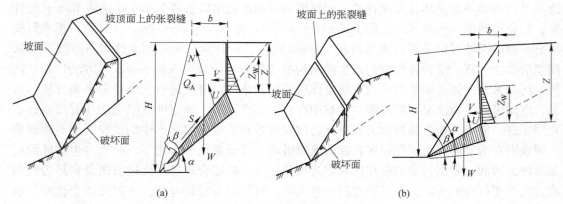

图 8.13 平面滑动的力学分析

（a）坡顶面出露张裂缝；（b）坡面上出露张裂缝

边坡沿某一倾斜面发生滑动，应具备如下条件：（1）滑动面及张裂隙的走向与坡面平行或近似平行（±20°）；（2）滑面出露在坡面上，同时滑面的倾角大于该面的摩擦角；（3）滑体两侧有割裂面，侧阻力很小，以致可以忽略不计。

此分析中所考虑的边坡几何要素，如图 8.13 中所规定。注意，有两种情况必须加以考虑：（1）裂隙出露在坡顶面上，见图 8.13（a）；（2）裂隙出露在坡面上，如图 8.13（b）所示。

完全满足上述条件的纯几何意义的平面滑坡是不多见的，但类似上述条件的滑坡还是常见的。而且，平面滑动实为楔体滑动的一个特例。当坡高不大时，圆弧滑面以平面滑面代替，计算可以得到简化。

8.3.1.1　平面滑动的安全系数计算

在平面滑动分析中，一般按二维问题进行处理，即取边坡宽度（沿走向）为一单位，在断面上进行力的分析。在分析中一般假设：（1）张裂隙是垂直的，深度为 Z，其中充有高度为 Z_w 的水柱；（2）张裂隙充水，而岩体不透水，水自垂直张裂隙渗入，流经滑面而从坡脚逸出，水压沿裂隙呈线性分布，如图 8.13 所示；（3）滑体重力 W、沿滑动面渗流水的裂隙水压 U（浮托力，该力在库仑-莫尔准则里考虑）、张裂隙空隙水压力 V、爆破地震附加力 $Q_A = KaW$、滑动面上的法向力 N 等都作用在滑体中心，没有滑体转动力矩，仅仅只是沿滑面滑动，即滑体沿滑动面做刚体下滑；（4）滑面的抗剪强度由凝聚力 c 和内摩擦角 φ 确定，并遵循库仑-莫尔剪切定律，即 $\tau = c + \sigma\tan\varphi$。设抗滑力为 S。

由滑线法向（N 方向）力平衡，得到

$$N + Q_A\sin\alpha - W\cos\alpha + V\sin\alpha = 0 \qquad (8.11)$$

由滑体下滑力与抗滑力平衡，有

$$Q_A\cos\alpha + W\sin\alpha + V\cos\alpha - S = 0 \qquad (8.12)$$

由库仑-莫尔破坏准则及安全系数的定义，有

$$S = \left[cl + (N - U)\tan\varphi\right]/F \qquad (8.13)$$

联立式（8.11）~式（8.13）求解，得到

$$F = \frac{cl + (W\cos\alpha - Q_A\sin\alpha - V\sin\alpha - U)\tan\varphi}{Q_A\cos\alpha + W\sin\alpha + V\cos\alpha} \qquad (8.14)$$

式中，$U = \gamma_w Z_w(H - Z)\csc\alpha/2$；$V = \gamma_w Z_w^2/2$；$c$ 为滑动面的黏结力；φ 为滑动面的内摩擦角；α 为滑动面的倾角；l 为滑动面的长度，$l = (H - Z)\csc\alpha$；γ_w 为裂隙水容重；F 为稳定系数。

平面破坏计算法主要特点是力学模型和计算公式简单，主要适用于均质砂性土、顺层岩质边坡以及沿基岩产生的平面破坏的稳定分析，但要求滑体做整体刚体运动，对于滑体内产生剪切破坏的边坡稳定性分析误差很大。

如果滑体内产生剪切破坏，破坏岩体在下滑过程中可能发生转动，则应该按力矩平衡进行计算，即公式（8.11）和式（8.12）应变换为相对岩块中心下滑的转动力矩与抗滑的转动力矩平衡，而不应继续采用力平衡。

8.3.1.2　张裂缝的临界深度

Barton 发现张裂缝是由于岩体中微小的剪切移动所产生的。虽然这些单个移动很小，但它们的累积效应便是边坡表面的明显位移，足以造成边坡坡顶线前、后直立节理的分离，从而形成张裂缝。因此，当边坡表面可以看到张裂缝时，即表示岩体中剪切破坏已经开始了。总之，张裂缝的存在，应该被视为是一种潜在的不稳定的标志。

张裂缝的位置可根据它在坡顶面或坡面上的可见迹线找到，其深度可以从边坡的精确

断面图中确定。如果坡顶或坡面有废石堆，张裂缝的位置未知，就有必要探究其可能的位置和深度。因为张裂缝的深度和位置与地下水条件、爆破震动无关，是由坡体内微小剪切聚集造成直立节理分离的结果，因此，可以由公式（8.14）在边坡干燥、无爆破震动影响的条件下，即在 Q_A、U、V 都为零的条件下，对 Z 求极小值得到，即

张裂缝的临界深度 Z_c 为

$$Z_c = H\left[1 - (\tan\alpha\cot\beta)^{1/2}\right] \tag{8.15}$$

临界张裂缝相应的位置 b_c 为

$$b_c = H\left[(\cot\alpha\cot\beta)^{1/2} - \cot\beta\right] \tag{8.16}$$

式（8.15）、式（8.16）中，H 为台阶或边坡高度，m；α、β 分别为滑面倾角、坡面角，（°）。各种干边坡的张裂缝临界深度、临界位置见图 8.14。

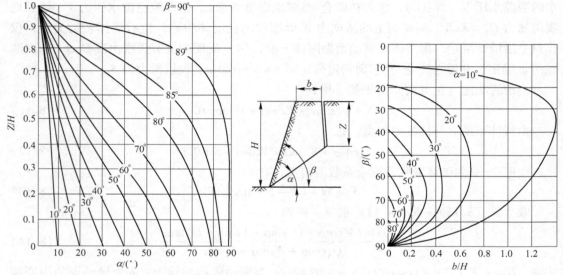

图 8.14   各种干边坡的张裂缝临界深度、临界位置计算图

如果 $b = 0$，即张裂缝正好出露在坡顶线（坡肩），则张裂缝的临界深度为

$$Z_c = H(1 - \tan\alpha\cot\beta) \tag{8.17}$$

这时正好处于一种情况转变为另一种情况的过渡阶段。

如果张裂缝是在大雨的作用下形成的，或者张裂缝位于先存的地质构造（如直立节理）上，则式（8.15）、式（8.16）不再适用。这时，若不知道张裂缝的位置和深度，唯一的合理办法就是假设它与坡顶线一致并充满水，即按式（8.17）确定临界深度。

实例：边坡高 30.48m，$\beta = 60°$，$\alpha = 30°$，$b = 8.84$m，张裂缝深 15.24m，岩石容重 25.1kN/m³。假定层面黏结力 $c = 156.8$kN/m³，内摩擦角 $\varphi = 30°$。

张裂缝的深度和张裂缝中水深对边坡安全系数影响的描述见图 8.15。图中表明，张裂缝随充水的增多，安全系数逐步减小；一旦水位 Z_w 超过张裂缝深度 Z 的 1/4 左右，随裂缝深度的增加，安全系数减小到一定值后保持稳定，随着裂缝深度的继续增加，安全系数急剧减小；当 $b = 0$（张裂缝与边坡顶线重合）且充满水时，才得到最小的安全系数。

8.3.1.3   破坏面的临界倾角

当一个连贯的不连续面如层面在边坡中存在，并且这个面的倾角满足本节的平面破坏条件

时，则边坡破坏就为此结构面所控制。但是，如果没有这样的结构面存在，而当破坏面系沿着较小的地质结构面发展并在某些地方穿过完整岩石时，按下述来确定破坏面的倾角。

假设坡面比较平缓，即 $\beta < 45°$ 的软岩边坡或土质边坡，破坏面呈圆弧形（露天边坡基本不涉及如此平缓的情况，不再论述）；在陡的岩质边坡中，破坏面几乎都为平面，该平面的倾角可由式（8.14）对 α 进行偏微分，并令微分等于零来确定。对于无爆破震动影响的干边坡，即由坡体内微小剪切聚集而成的破坏面，也即破坏面的临界倾角 α_c 为

$$\alpha_c = (\beta + \varphi)/2 \qquad (8.18)$$

式中，φ 为岩体内摩擦角。张裂缝中有水将使破坏面倾角减小10%。鉴于这个破坏面很不确定，考虑地下水的影响而增加复杂性不一定合理，因此，式（8.18）可用来估计不含贯穿结构面的陡边坡中破坏面的临界倾角。

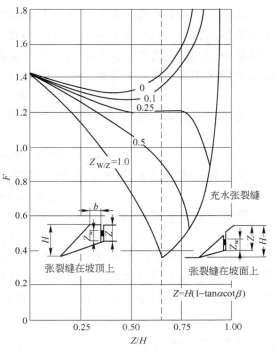

图 8.15　张裂缝深度和缝中水深
对边坡安全系数的影响

8.3.2　楔体滑动计算

楔形体法主要适用于岩体受结构面控制的楔形体沿两个相交的不连续面上滑动时边坡的稳定性分析，其力学模型及滑体组成如图 8.16 所示。假设楔体由两相交结构面与边坡斜交，其组合交线倾向边坡，倾角大于滑动面的摩擦角而小于坡面角，即组合交线在坡面出露。

（1）只考虑摩擦强度的楔体滑动分析。

为了便于分析，令两个相交的平面中倾角较缓的平面为 A 平面，较陡的平面为 B 平面，且两平面的交角为 ξ，见图 8.16。

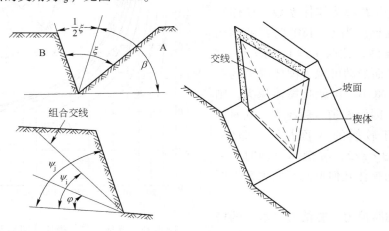

图 8.16　楔体滑动模型

假定滑动面只有摩擦强度，且两平面摩擦角相等，楔体沿组合交线方向下滑。如果只考虑岩体重力 W，则楔体滑动时，下滑力为岩体重力沿组合交线的分力 $W\sin\psi_i$，这里 ψ_i 为交线的倾角。抗滑力则为由两滑动面法向反力 R_A、R_B 所产生的摩擦力 $(R_A + R_B)\tan\varphi$。详细受力情况和楔体滑动的几何关系如图 8.16 所示，其安全系数为

$$\eta = (R_A + R_B)\tan\varphi / (W\sin\psi_i) \tag{8.19}$$

为了求 R_A、R_B，将它们沿水平方向和垂直方向分解，见图 8.16，有

$$R_A\sin(\beta - \xi/2) = R_B\sin(\beta + \xi/2)$$

$$R_A\cos(\beta - \xi/2) - R_B\cos(\beta + \xi/2) = W\cos\psi_i$$

从上两式中解出 R_A 和 R_B，相加后得到

$$R_A + R_B = W\cos\psi_i\sin\beta / \sin(\xi/2) \tag{8.20}$$

将式（8.20）代入式（8.19），得到

$$\eta = [\sin\beta / \sin(\xi/2)](\tan\varphi / \tan\psi_i) = K\tan\varphi / \tan\psi_i \tag{8.21}$$

角度 β 和 ξ 可在图 8.17 的赤平图上求得，它们分别称为楔体的倾角和内角。为了求 β 和 ξ，需先做出 A 和 B 面的大圆，找到两个大圆的交点，再以该点为极点作其大圆，并从此做出的大圆上即可量得倾角 β 和 ξ。具体作图可以参考孙玉科和古迅著的著作。

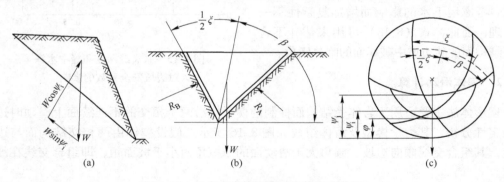

(a)　　　　　　　(b)　　　　　　　(c)

图 8.17　只考虑摩擦强度的楔体滑动分析

由以上分析可以看出，楔体滑动的安全系数可用平面滑动系数 $\tan\varphi / \tan\psi_i$ 乘以 K 值表示，其中 K 称为楔体系数。楔体系数 K 与 ξ 成反比。当 $\xi = 180°$ 时，就相当于平面滑动条件，此时 $K = 1$，$\eta = \tan\varphi / \tan\psi_i$，因此平面滑动可视为楔体滑动的一个特例。当 ξ 越小，也就是楔体越尖，则 $R_A + R_B$ 越大，因而 K 值也就越大。同时假定 β 是倾向于较缓的 A 面量测，即 $\beta < 90°$，又因为 $\beta < \xi/2$，故楔体滑动时，一般 $K > 1$。K 与楔体几何形态间的关系如图 8.18 所示。

（2）考虑摩擦力、黏结力和水压的楔体分析。

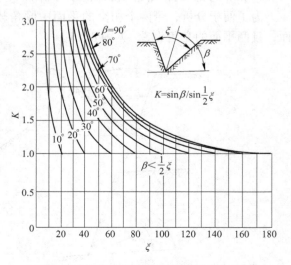

图 8.18　楔体系数与楔体几何形态的关系

图 8.19 表示出所分析楔体的几何关系和各面交线的编号。这里假定，边坡顶面是倾斜的，边坡高度为滑动面交线上端和下端间的垂直标高差，滑动沿交线发生。

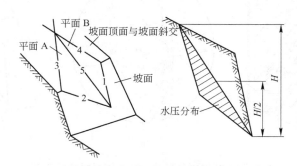

图 8.19 考虑摩擦力、黏结力和水压分布的楔体分析

关于水压分布，系假定楔体本身不透水，水从楔体顶部沿交线 3 和 4 流入，再沿 1、2 从边坡面流出。合成的水压分布如图 8.19 所示，最大压力沿交线 5 分布，沿交线 1、2、3 和 4 的压力等于零。这种水压分布是代表发生在大雨时的极端条件。

这种条件下边坡稳定性系数的计算公式为

$$\eta = 3(C_A X + C_B Y)/\gamma H + [A - \gamma_w X/(2\gamma)]\tan\varphi_A + [B - \gamma_w Y/(2\gamma)]\tan\varphi_B \quad (8.22)$$

式中，C_A、C_B 分别为平面 A、B 的黏结力；φ_A、φ_B 分别为平面 A、B 的内摩擦角；γ 为岩体容重；γ_w 为水的容重；H 为楔体的总高度；X、Y、A、B 为楔体几何系数，分别为

$$X = \sin\theta_{2.4}/(\sin\theta_{4.5}\cos\theta_{2.na})$$

$$Y = \sin\theta_{1.3}/(\sin\theta_{3.5} \cdot \cos\theta_{1.nb})$$

$$A = (\cos\psi_a - \cos\psi_b\cos\theta_{na.nb})/(\sin\psi_5\sin^2\theta_{na.nb})$$

$$B = (\cos\psi_b - \cos\psi_a\cos\theta_{na.nb})/(\sin\psi_5\sin^2\theta_{na.nb})$$

其中，ψ_a、ψ_b 分别为平面 A、B 的倾角；ψ_5 为交线 5 的倾角；$\theta_{na.nb}$ 为平面 A 与平面 B 极点的角距；$\theta_{1.nb}$ 为交线 1 与平面 B 的极点角距；$\theta_{2.na}$ 为交线 2 与平面 A 的极点角距；$\theta_{2.4}$ 为交线 2 与交线 4 的角距，其他类似。

以上角度关系可以从楔体分析的赤平投影图上求得，作图参考孙玉科和古迅著的著作。

楔体滑动计算法主要用于评价岩质边坡及沿两结构面的交线滑动的楔形体模式的边坡稳定性。实际分析中可考虑后张裂隙的水压力影响，允许两结构面有不同的强度参数和水压。坡顶面也可倾斜，并且可用于分析锚杆加固后的稳定性验算。

对于空间复杂的三维楔形体或块体，如图 8.20 所示，可以借助周创兵、姜清辉等发展的三维块体理论，根据断层、岩脉、裂隙等各类结构面的空间组合关系及其与开挖临空面的方位关系，利用块体理论搜索出开挖面上可移动块体类型、几何特征、破坏模式，并根据结构面发育特征预测块体可能的大小规模，计算块体在各种荷载条件下（地下水、地震等）的稳定性及其所需的锚固支护力，并提出合理的锚固支护方案。

8.3.3 圆弧形滑动

土坡滑动的滑面多呈圆弧（圆柱）形，露天矿的废石堆和尾矿坝也多呈圆弧形破坏，

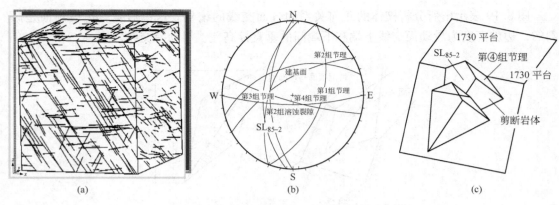

图 8.20　结构面分布及三维块体搜索分析结果

（a）结构面分布；（b）赤平极射投影搜索；（c）三维块体理论分析结果

在强风化或非常破碎的岩体中，边坡破坏面也近于圆弧形。

圆弧形滑动的分析与计算，一般分为两步进行。首先要确定危险滑动面的位置，然后将滑动面上的岩体划分为若干垂直条块，进行受力分析。

8.3.3.1　危险滑动面位置的确定

在用极限平衡方法分析边坡稳定性时，首先需要确定滑面的形状和位置。对于直接由边坡体内的软弱结构面控制的滑面，可由工程地质的方法确定其位置和形状；而对于无软弱结构面控制的或部分受软弱结构面控制的边坡滑面，其最危险滑动面的确定就成为重要而又必须解决的问题。

寻找最危险滑面，实际上是找出安全系数最小（最容易发生滑坡）的那个滑面，即找出安全系数函数 $F(X_i)$ 的最小值。其中 X_i 是 N 维向量，控制着第 i 个滑面的几何形状和位置。

危险滑面的确定包含着安全系数的优化，因而在安全系数的优化过程中，将产生最小安全系数值，同时也将产生相应于最小安全系数的滑面安全系数的优化方法。一般采用非线性优化求解方法，如 0.618 法、最优梯度法、单纯形法等。

工程建设中对已经存在的古老滑坡和可能发生滑坡的地段缺乏认识，该避开的没有避开，加之盲目设计和施工，致使施工后发生古老滑坡复活和新生滑坡的事例很多。甘肃兰州海石湾煤矿工业广场滑坡（见图8.21）就是古老滑坡复活的实例之一。

图 8.21　海石湾煤矿工业广场滑坡

王恭先提出先从地貌形态上划分滑坡的条块和级数，再从坡体构造和结构上划分滑坡的条块和级、层，然后从各条块的变形行迹和作用因素的分析上判定大型复杂滑坡的条块、级、层，并将坡体结构划分为六大类 18 个亚类，见表 8.1 和图 8.22。

表 8.1 坡体结构类型与滑坡的破坏模式

坡 体 结 构		滑坡的破坏模式
基本类型	亚类型	
类均质体结构	（1）均质黏性土结构 （2）均质黄土状土结构 （3）强风化残积层结构 （4）类均质堆填土结构	旋转式滑动
近水平层状结构（α<10°）	（1）河湖相沉积层结构 （2）黄土软岩层状结构 （3）软、硬岩互层结构 （4）厚层硬岩下伏软岩结构	顺层滑动 切层滑动 切层滑动 挤出式滑动
顺倾层状结构（α≥10°）	（1）黄土顺倾层状结构 （2）堆积土顺倾层状结构 （3）岩层缓倾层状结构 （4）岩层陡倾层状结构	顺层滑动 顺层滑动 顺层滑动 顺层-切层滑动
反倾层状结构（α≥10°）	（1）缓倾层状结构 （2）陡倾层状结构	切层滑动 倾倒-切层滑动
碎裂状结构	（1）碎块状结构 （2）碎裂状结构	旋转滑动 顺构造面滑动
块状结构	（1）似层状结构 （2）眼球状结构	顺构造面滑动 顺构造面滑动

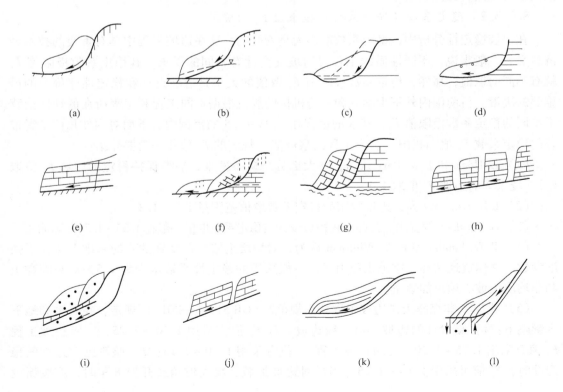

(a) (b) (c) (d)

(e) (f) (g) (h)

(i) (j) (k) (l)

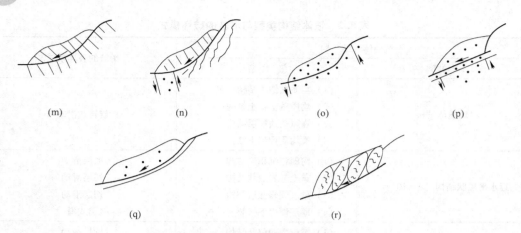

图 8.22　坡体结构与滑坡的破坏模式示意图

（a）黏性土弧形旋转滑动；（b）黄土弧形旋转滑动；（c）填土弧形旋转滑动；（d）土层顺层滑动；

（e）半成岩地层顺层滑动；（f）岩层顺层-切层滑动；（g）软岩挤出型滑动；（h）挤出型平移滑动；

（i）堆积层顺层滑动；（j）岩层顺层平面滑动；（k）岩层顺曲面滑动；（l）陡倾岩层顺层-切层滑动；

（m）反倾岩层切层滑动；（n）反倾岩层倾倒-切层滑动；（o）破碎岩层旋转滑动；（p）破碎岩层顺构造面滑动；

（q）块状岩体顺构造面（似层面）滑动；（r）构造核沿构造破碎带滑动

目前，随着勘查技术、计算机技术和数值模拟技术的飞速发展，基于边坡变形机理和滑动模式，采用关键块理论和极限分析方法等对局部块体稳定性进行预测预报，采用基于残留储能释放的反馈分析方法，可实现边坡开挖变形和整体稳定性动态反馈与预测预警。预测预警框图，见图 8.23。

8.3.3.2　稳定系数（安全系数）极限值 F_s 的确定

在边坡稳定性分析中，稳定系数取多大是安全的，这在边坡工程中具有重要的技术经济意义。一般来说，不同性质的工程对边坡安全性有不同的要求，其稳定系数极限值 F_s 就有不同的取值，显然，稳定系数极限值 F_s 取值的大小是边坡设计和稳定性评价中的最重要的决策。目前国内外不少学者和政府机构的规范根据不同工程和工程所在的地区推荐了不同的稳定系数极限值 F_s，建议的值多在 1.05 ~ 1.5 的范围内。下面对国外几位学者推荐的稳定系数 F_s 值和我国《岩土工程勘察规范》规定的 F_s 值作一简要介绍：

（1）E. Hock 和 J. W. Bary 认为，在大部分采矿条件下，短期保持稳定的边坡 F_s 值取1.3，较永久的边坡 F_s 值取 1.5。

（2）I. K. Lee 等认为，边坡常用的稳定系数取值范围是 1.2 ~ 1.3。

（3）G. S. Gdnev 等提出，公路工程边坡设计的稳定系数取值一般在 1.25 ~ 1.5 的范围内。

（4）T. W. Lambe 和 R. V. Whitman 认为，对均质土坡，在良好试验的基础上选择了强度参数，并慎重地估算了空隙水压力后，一般采用的稳定性系数至少为 1.5，对裂隙黏土和非均质土坡必须更加慎重。

（5）我国《非煤露天矿边坡工程技术规范》（GB 51016—2014）规定，在自重和地下水影响下：1）新设计的边坡，对一级边坡工程 F_s 值宜采用 1.20 ~ 1.25，二级边坡工程 F_s 值宜采用 1.15 ~ 1.20，三级边坡工程 F_s 值宜采用 1.10 ~ 1.15；2）验算已有边坡的稳定性时，F_s 值可采用 1.10 ~ 1.25。当需对边坡加载、增大坡角或开挖坡角时，应按新设

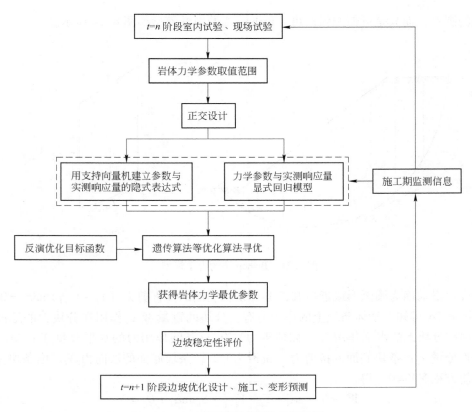

图 8.23　滑坡预测预警流程框图

计的边坡选用 F_s 值。

8.3.3.3　圆弧滑动的分析计算

圆弧滑动的计算，一般采用条块法，即将滑动面上的岩体划分为若干垂直条块，然后对每个条块逐一按平面滑动法计算其安全系数 η（8.3.1 节），并求和计算，即

$$\eta = \frac{\sum c_i \cdot l_i + \sum (W_i \cos\alpha_i - K_a W_i \sin\alpha_i - U_i)\tan\varphi_i - V\sin\alpha\tan\varphi}{\sum (K_a W_i \cos\alpha_i + W_i \sin\alpha_i) + V\cos\alpha} \qquad (8.23)$$

式中，α_i 为通过条块重心的垂线与底边法线的夹角；l_i 为条块底边长度；c_i 为条块滑动面上的凝聚力；V 为边坡上部张裂隙中的静水压力；U_i 为条块承受的地下水浮托力；φ_i 为条块滑动面的摩擦角；K_a 为条块所受爆破振动的质点加速度 a 与重力加速度 g 的比值；而且 $\varphi = \sum \varphi_i / m$，$\alpha = \sum \alpha_i / m$，$m$ 为划分成的垂直条块数目。

必须指出，计算公式（8.23）未考虑各分条之间的相互作用力；这些力虽然存在，若滑体做刚体滑动，本身不变形，则分条间的相互作用力作为内力存在，对稳定性计算未起作用。如果考虑滑体在滑动过程中并非完全做刚体运动，则滑体必然存在着应力，滑体本身可能发生变形及破裂，在这种情况下，各分条间就存在相互作用力，包括水平方向的正压力和竖直方向的剪切力。关于考虑这些力的分析，如下列举露天边坡稳定性分析中常用的简化 Bishop 法和 Sarma 法。

A　简化 Bishop 法

Bishop 法是一种适合于圆弧形破坏滑动面的边坡稳定性分析方法，但它不要求滑动面为严格的圆弧，而只是近似圆弧即可。Bishop 法的力学模型如图 8.24 所示。

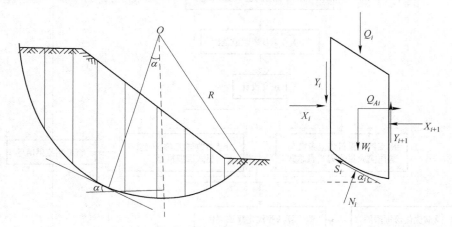

图 8.24 Bishop 法的力学模型

假设：滑动面为圆弧形或近似圆弧形，条块侧面的垂直剪力 $(Y_i - Y_{i+1})\tan\varphi_i = 0$。

由图 8.24 可知，滑体条块上的作用力有：分块的重量 W_i；作用在分块上的地面荷载 Q_i；作用在分块上的水平作用力（如地震力）Q_{Ai}；条间作用力的水平分量 X_i；条间作用力的垂直分量 Y_i；条块底面的抗剪力（抗滑力）S_i；条块底面的法向力 N_i。由条块垂直方向的平衡方程 $\sum Y = 0$，得

$$W_i - N_i\cos\alpha_i + Y_i - Y_{i+1} - S_i\sin\alpha_i + Q_i = 0 \tag{8.24}$$

由库仑—莫尔破坏准则和安全系数的定义，得

$$S_i = [c_i l_i + (N_i - u_i l_i)\tan\varphi_i]/F \tag{8.25}$$

联立式（8.24）和式（8.25），求解得

$$N_i = (W_i + Q_i - c_i l_i \sin\alpha_i/F + Y_i - Y_{i+1} + u_i l_i \tan\varphi_i \sin\alpha_i/F)/m_i \tag{8.26}$$

式中，$m_i = \cos\alpha_i + \tan\varphi_i \sin\alpha_i/F$。

由滑体绕圆弧中心 O 点的力矩平衡 $\sum M_o = 0$，得

$$\sum(W_i + Q_i)R\sin\alpha_i - \sum S_i R + \sum Q_{Ai}R\cos\alpha_i = 0 \tag{8.27}$$

联立式（8.25）~式（8.27），并令 $b_i = l_i\cos\alpha_i$，可得稳定性系数 F 为

$$F = \frac{\sum[c_i b_i + (W_i + Q_i - u_i b_i)\tan\varphi_i + (Y_i - Y_{i+1})\tan\varphi_i]/m_i}{\sum(W_i + Q_i)\sin\alpha_i + \sum Q_{Ai}\cos\alpha_i} \tag{8.28}$$

用简化 Bishop 法时，令 $(Y_i - Y_{i+1})\tan\varphi_i = 0$，则

$$F = \frac{\sum[c_i b_i + (W_i + Q_i - u_i b_i)\tan\varphi_i]/m_i}{\sum(W_i + Q_i)\sin\alpha_i + \sum Q_{Ai}\cos\alpha_i} \tag{8.29}$$

式中，F 为稳定系数；u_i 为作用在分块滑面上的空隙水压力（应力）；l_i 为第 i 块滑面长度（$l_i = \cos\alpha_i/b_i$）；b_i 为岩土条分块宽度；α_i 为分块滑面相对于水平面的夹角；c_i 为滑体分块滑动面上的黏结力；φ_i 为滑面岩土的内摩擦角；R 为圆弧形滑面的半径；i 为分析条块序数（$i = 1, 2, \cdots, n$），n 为分块数。

Bishop 法稳定性系数的计算考虑了条块间作用力，是对 Fellenius 法的改进，计算较准确，但采用迭代法分割条块时要求垂直条分。此方法适用于均质黏性及碎石堆土等斜坡形

成的圆弧形或近似圆弧形滑动滑坡。此法当 $m_i = \cos\alpha_i + \tan\varphi_i \sin\alpha_i / F \geqslant 0.2$ 时计算误差较小，当 $m_i < 0.2$ 时计算误差大。

B Sarma 法

Sarma 法是 Sarma 于 1979 年在"边坡和堤坝稳定性分析"一文中提出的。基本原理是：边坡破坏的滑体除非是沿一个理想的平面或弧面滑动，才可能做一个完整的刚体运动，否则，滑体必须先破裂成多个可相对滑动的块体，才可能发生滑动。也就是说在滑体内部要发生剪切情况下才可能滑动，其破坏形式见图 8.25，力学模型见图 8.26。

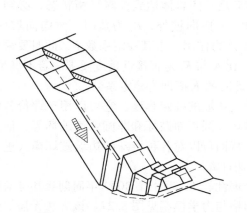

图 8.25 Sarma 法岩体破坏形式

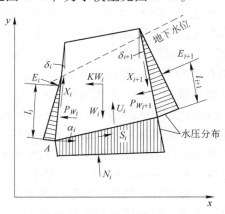

图 8.26 Sarma 法力学模型

由图 8.26 可知，滑体分块上的作用力有：分块的重量 W_i；构造水平力 KW_i；块体侧面上的空隙水压力 P_{Wi}、P_{Wi+1}；块体底面上水压力 U_i；块体侧面上的总法向力 E_i、E_{i+1}；块体侧面上的总剪切力 X_i、X_{i+1}；块体底面的抗剪力（抗滑力）S_i；块体底面上的法向力 N_i。

由块体 x 方向的平衡方程 $\sum X = 0$，得

$$S_i\cos\alpha_i - N_i\sin\alpha_i + X_i\sin\delta_i - X_{i+1}\sin\delta_{i+1} - KW_i + E_i\cos\delta_i - E_{i+1}\cos\delta_{i+1} = 0 \quad (8.30)$$

由块体 y 方向的平衡方程 $\sum Y = 0$，得

$$S_i\sin\alpha_i - N_i\cos\alpha_i - W_i + X_i\cos\delta_i - X_{i+1}\cos\delta_{i+1} + E_i\sin\delta_i - E_{i+1}\sin\delta_{i+1} = 0 \quad (8.31)$$

由库仑－莫尔破坏准则和安全系数的定义，得分块滑面上

$$S_i = [c_{bi}l_i - (N_i - U_i)\tan\varphi_{bi}]/F \quad (8.32)$$

及分块侧面上，有

$$X_i = [c_{si}d_i - (E_i - P_{Wi})\tan\varphi_{si}]/F \quad (8.33)$$

$$X_{i+1} = [c_{si+1}d_{i+1} - (E_{i+1} - P_{Wi+1})\tan\varphi_{si+1}]/F \quad (8.34)$$

将式（8.32）～式（8.34）代入式（8.30）、式（8.31）中，消去 S_i、X_i、X_{i+1}，然后再消去式中的 N_i，得到

$$E_{i+1} = a_i + E_i e_i - P_i K \quad (8.35)$$

代入边界条件 $E_{n+1} = E_1 = 0$，得

$$K = \frac{a_n + a_{n-1}e_n + a_{n-2}e_n e_{n-1} + \cdots + a_1 e_n e_{n-1}\cdots e_3 e_2}{P_n + P_{n-1}e_n + P_{n-2}e_n e_{n-1} + \cdots + P_1 e_n e_{n-1}\cdots e_3 e_2} \quad (8.36)$$

上几式中，$e_i = \theta_i[\sec\varphi_{si}\cos(\varphi_{bi} - \alpha_i + \varphi_{si} - \delta_i)]$；$a_i = \theta_i[W_i\sin(\varphi_{bi} - \alpha_i) + R_i\cos\varphi_{bi} + S_{i+1}\sin$

$(\varphi_{bi} - \alpha_i - \delta_{i+1}) - S_i \sin(\varphi_{bi} - \alpha_i - \delta_i)]$；$P_i = \theta_i W_i \cos(\varphi_{bi} - \alpha_i)$；$\theta_i = \cos\varphi_{si+1} \sec(\varphi_{bi} - \alpha_i + \varphi_{si+1} - \delta_{i+1})$；$S_i = (c_{si} d_i - P_{Wi} \tan\varphi_{si})/F = (c_{si-1} d_i - P_{Wi+1} \tan\varphi_{si+1})/F$；$R_i = (c_{bi} b_i \sec\alpha_i - U_i \tan\varphi_{bi})/F$。除已标出的几何参数外，其他参数说明如下：$c_{bi}$ 为分块底面的黏结力；c_{si} 为分块侧面的黏结力；φ_{bi} 为分块底面的内摩擦角；φ_{si} 为分块侧面的内摩擦角；d_i 为分块侧面长度；l_i 为分块滑面的长度；α_i 为滑面与水平面的夹角；δ_i、δ_{i+1} 分别为分块侧面与垂直方向的夹角。

　　计算稳定系数时，首先假设稳定系数 $F = 1$，用式（8.36）求解 K，此时的 K 即极限水平加速度，用 K_C 表示。式（8.36）的物理意义是，使岩体达到极限平衡状态，必须在滑体上施加一个临界水平加速度 K_C。K_C 为正时，方向向坡外；K_C 为负时，方向向坡内。但计算中一般假定有一个水平加速度为 K_C 的水平外力作用，求其稳定系数 F，此时要采用改变 F 值的方法，即初定一个 $F = F_0$，计算 K_C，比 K 与 K_C 是否接近精度要求。若不满足，要改变 F 值的大小，直到满足 $|K - K_0| < \in$。此时的 F 值即为稳定系数。

　　Sarma 法的特点是用极限加速度系数 K_C 来描述边坡的稳定程度，它可以用于评价各种破坏模式下边坡稳定性，诸如平面破坏、楔体破坏、圆弧面破坏和非圆弧面破坏等，而且它的条块的分条是任意的，无需条块边界垂直，从而可以对各种特殊的边坡破坏模式进行稳定性分析。Sarma 法计算比较复杂，要用迭代法计算。

　　为了提高计算精度，克服分条迭代计算的繁琐性、不方便性，2009 年周创兵和陈益峰提出了边坡三维整体极限平衡分析方法。计算网格与力学模型见图 8.27。该方法无需对整个滑体进行条分，直接分片三角形线性插值构造滑面法向应力，严格满足三个力的平衡和三个力矩平衡。该方法数值收敛特性好。其力学平衡方程式为

$$\left. \begin{array}{l} \iint_S (\boldsymbol{Fn} + f_e \boldsymbol{s}) \sigma \mathrm{d}S + F\boldsymbol{f}_{\text{ext}} + \iint_S c_w \boldsymbol{s} \mathrm{d}S = 0 \\ \iint_S \Delta \boldsymbol{r}_C \times (\boldsymbol{Fn} + f_e \boldsymbol{s}) \sigma \mathrm{d}S + F m_{\text{ext}} + \iint_S c_w \Delta \boldsymbol{r}_C \times \boldsymbol{s} \mathrm{d}S = 0 \end{array} \right\} \tag{8.37}$$

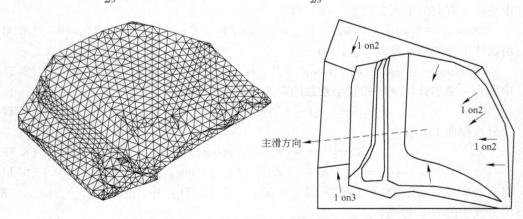

图 8.27　三维整体极限平衡法计算网格与力学模型

8.3.4　有限差分法计算简介

　　弹性力学中的差分法是建立有限差分方程的理论基础。FLAC（Fast Lagrangian Analysis of Continua）是基于显示的有限差分法开发的。显示的有限差分法又称为动态松弛方

法。该方法不需要像有限元那样求解大型刚度矩阵，只需在每一时步按照运动方程对每一节点求出不平衡力，进而根据牛顿运动定律计算节点加速度。在时间域上对加速度积分得到节点的速度增量以及位移增量。求得位移增量后，再根据几何方程与物理方程，即可分别求得差分单元的应变增量与应力增量。待单元的总应力确定后，可求得下一步的节点不平衡力。如此循环计算，直至整个系统趋于平衡。

应用 FLAC-3D 逐一从小到大计算不同最终边坡角下的边坡力学分布，比较边坡坡面出露的受拉区加固需要的工程费用与最终边坡角增陡1°节省的剥离费用的大小，从而确定经济合理的最终边坡角。

对岩体的凝聚力 C 及内摩擦角 φ 的正切按安全系数 n 折减后，代入 FLAC-3D 重新计算边坡力学分布，可以得到该安全系数 n 下边坡的拉应力状态，类似上述方法再确定安全系数 n 下经济合理的最终边坡角。8.3.3.2 节已论述了不同边坡安全系数的取值范围，在此不再重复。

应用 FLAC-3D 可以计算锚杆、锚索加固上述拉应力区后的力学效果，从而为经济合理地加固边坡提供技术依据；还可以计算不同药量爆破对边坡稳定性造成的影响，从而为合理控制大区微差爆破的同段起爆药量提供技术支持。

8.4 滑坡的防治

边坡的变形和破坏属于力学现象，当边坡由于稳定性不足而失稳时，边坡就会发生滑动破坏，使得处于平衡状态下的边坡开始向下滑动，成为滑坡。当滑坡形成后，将给边坡所维护的构筑物带来严重的后果，危机露天矿的安全开采。因此，为了保护人们生命财产的安全，确保安全开采，人们必须对边坡的稳定性进行分析，以便及时、合理防治滑坡。

露天矿滑坡的防治是矿山边坡研究和日常边坡管理的重要组成部分。滑坡防治是对露天矿可能发生和已经发生的滑坡进行预防与治理，目的是确保露天矿正常生产，确保设备及人员的安全，提高露天开采的经济效益。

8.4.1 滑坡防治方法分类及防治原则

滑坡防治方法按其力学作用特征，分为三类：（1）减小下滑力增大抗滑力的方法，如削坡减载、减重压脚。（2）增大边坡岩体强度的方法，如滑坡面麻面爆破、压力灌浆、滑坡中用巷道或钻孔疏干、焙烧。（3）用人工建筑物加固不稳定边坡的方法，如挡墙及护坡、抗滑桩、坡面植被、滑动面上开挖浇筑抗滑键或栓塞、锚杆和锚索加固、土工布和土工网护坡、地面排水及地面铺盖防渗。

按照边坡设计与治理的整个防治过程，我国将滑坡治理分为绕避、排水、力学平衡和滑带改良四大类，见表8.2。

根据影响滑坡失稳的因素，归纳滑坡治理与加固方法，也可分成直接加固、间接加固和特殊加固三类。（1）直接加固方法，如：挡墙及护坡、抗滑桩、坡面植被、滑动面上开挖浇筑抗滑键或栓塞、锚杆和锚索加固、土工布和土工网护坡。（2）间接加固方法，如：滑坡中用巷道或钻孔疏干、地面排水及地面铺盖防渗、削坡减载。（3）特殊加固方法，如：麻面爆破、压力灌浆。

表 8.2 滑坡防治的工程方法

绕避滑坡	排　水	力学平衡	滑带土改良
改移线路 用隧道避开滑坡 用桥跨越滑坡 清除滑坡	1. 地表排水系统 （1）滑体外截水沟 （2）滑体内排水沟 （3）自然沟防渗 2. 地下排水工程 （1）截水盲沟 （2）盲（隧）洞 （3）水平钻孔群排水 （4）垂直孔群排水 （5）井群抽水 （6）虹吸排水 （7）支撑盲沟 （8）边坡渗沟 （9）洞－孔联合排水 （10）井－孔联合排水	1. 减重工程 2. 反压工程 3. 支挡工程 （1）抗滑挡墙 （2）挖孔抗滑桩 （3）钻孔抗滑桩 （4）锚索抗滑桩 （5）锚索 （6）支撑盲沟 （7）抗滑键 （8）排架桩 （9）刚架桩 （10）刚架锚索桩 （11）微型桩群	滑带注浆 滑带爆破 旋喷桩 石灰桩 石灰砂桩 焙　烧

　　从防治措施上我国与国外发达国家没有大的区别，在滑坡防治中大量应用挖孔钢筋混凝土抗滑桩及锚索抗滑桩，其基本形式如图 8.28 所示，抗滑桩安置的位置很重要。如果桩位设置在靠近滑坡体前缘，桩位偏低，滑体容易从桩顶滑出；桩位靠近滑坡体后缘，桩位偏高，桩下侧可能出现新的张裂隙。在这两种情况下，抗滑桩均不起作用。因此，抗滑桩最合适的位置应像图 8.28 那样，设置在滑体中部偏下的位置，以确保桩下岩体能提供足够的抗力。

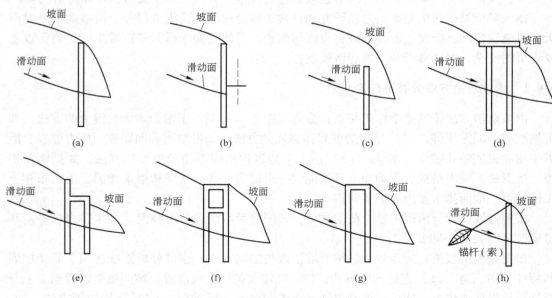

图 8.28 抗滑桩的基本形式

（a）全埋式桩；（b）悬臂桩；（c）埋入式桩；（d）承台式桩；（e）椅式桩（h 形桩）；
（f）排架桩；（g）刚架桩；（h）锚索桩

上述这些滑坡整治措施,可以单独使用,也可以相互配合使用。实践证明,相互配合使用是比较经济合理、安全可靠的,特别是在处理大型滑坡时,往往需要运用这些方法综合整治,才能彻底解决问题。例如,武钢大冶铁矿东采场狮子山北帮西口,1976年6月产生了一个高108m、宽90m、滑体厚度23~25m、倾角42°的滑体,该滑体位于采场中部,岩石一般为变质闪长岩,节理、裂隙发育,裂隙中含有绿泥石、高岭土泥质物,滑体周围有四组较大的结构面,控制了该滑体的几何形状。为了控制该滑体下滑,采用滑体上部表层爆破松散岩石削坡减载,6个台阶上锚固132根预应力锚杆,在滑动面处安设76根钢轨潜桩,片石护坡,喷浆护面,水平钻孔疏水。由于合理采用综合措施,经受住了多年爆破震动、暴雨、降雪及冰冻考虑,确保了边坡稳定和安全采矿。

为了预防爆破震动影响露天矿边坡稳定,通常在穿爆过程中采用控制爆破技术。爆破的方法有三种:(1)将每次延发爆破的炸药量减少到最小限度;(2)在靠近最终边坡面附近采用预裂爆破;(3)在预裂爆破与正常生产爆破之间采用缓冲爆破。

减少每次延发爆破的炸药量,使爆破冲击波的振幅保持在最小范围内。每次延发爆破的最优炸药量以及延发系统应根据具体矿山条件,根据爆破振动测试试验确定。

预裂爆破是当前国内外露天矿山用以改善最终边坡状况的最好办法,它是指在最终边坡沿线先钻一排倾斜小直径钻孔,并在生产爆破之前起爆,形成破碎槽,反射生产爆破引起的冲击波,从而保护最终边坡面免受破坏。一般孔径为 $D = 63.5 \sim 127\text{mm}$,孔间距按经验取 $d_1 = (10 \sim 20)D$。预裂孔的装药直径为孔径的一半,装药长度仅为孔深的一半。

缓冲爆破(孔间距 d_2)是指布置在预裂爆破带和生产爆破(孔间距 d_3)带之间的一排炮孔,$d_1 < d_2 < d_3$,以便在预裂爆破和生产爆破之间形成一个爆破冲击波的吸收区,进一步减弱通过预裂爆破带传至边坡面的冲击波,从而确保边坡岩石的完好状态。

滑坡防治是一个系统工程,各个环节环环相扣,紧密联系,王恭先根据防治滑坡的经验教训,提出以下10条原则:(1)正确认识滑坡的原则;(2)预防为主的原则;(3)一次根治,不留后患的原则;(4)全面规划,分期治理的原则;(5)治早、治小的原则;(6)综合治理的原则;(7)技术可行、经济合理的原则;(8)科学施工的原则;(9)动态设计,信息化施工的原则。例如,图8.29列举了一种信息化动态设计流程;(10)加强防滑工程维修保养的原则。

选用滑坡防治工程的考虑顺序是:(1)截集并排除流入滑坡区的地下水;(2)采取疏干措施降低地下水位;(3)采取削坡减载或反压坡角等工程措施;(4)采用人工加固工程。

8.4.2 滑坡的监测

山体平衡状态的丧失,一般的规律总是先出现裂缝,然后裂缝逐渐扩大,处于极限平衡状态,这时稍受外营力或震动,就会发生滑坡等不良地质现象。为了发现隐患,消除危害,有效而经济地采取整治滑坡的措施,保证各种边坡工程的正常使用,就必须对各种山体滑坡建立观测网,并经常地进行位移、地下水动态等的观测和观测网的养护维修。滑坡裂缝的扩大变形,其观测结果将为研究滑坡的类型、移动的规律、评价治理效果等提供宝贵资料,并且根据观测资料,判断滑坡对工程等的危害程度,以便采取有效措施,防止滑坡的发展。同时,还必须密切注意滑坡体附近地下水的变化情况,如地表水、地下水的流

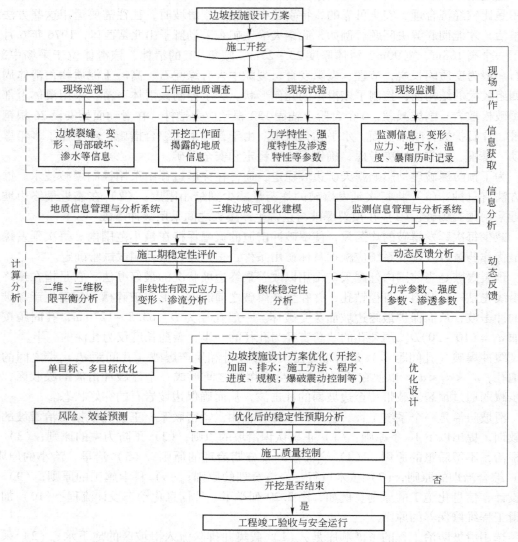

图 8.29　边坡信息化动态设计流程图

向、流量、混浊度等，以及边坡表面外鼓、小型滑塌等资料，以便综合分析、判断。

对于长期不稳定或呈间隙性活动的滑坡或滑坡群，必须进行动态测试，其主要目的有：

（1）在滑坡整治前配合地面调查和勘探工作，收集各种地质、力学资料，为整治设计提供依据。收集资料的主要目的包括，研究不同地质条件下不同类型滑坡的产生过程、发育阶段和动态规律（如滑坡体上各种裂缝的产生、发展顺序及分布特征），研究滑坡各部分（尤其是滑带）的应力分布及变化，划分滑坡发育阶段，分析滑坡动态规律和性质。

（2）研究影响滑坡的主要因素。如斜坡坡脚开挖、河水冲刷或坡体上部超载对滑带应力状态的影响；地下水和地表水对滑坡的产生和发展的影响；水库或渠道蓄水和放水对滑坡稳定性的影响等。

（3）研究抗滑构筑物的受力状态。

（4）研究滑坡的预报方法。

（5）在整治过程中，监视滑坡的发展变化情况，预测发展动向，做出危险预报，以防止事故发生。

（6）整治工程完成后，通过一定时期的延续观测，了解滑坡发展趋势，判断其是否逐渐稳定及其趋势，并检验完成工程的整治效果。必要时可采取追加工程，以补先期设计之不足。

对滑坡变形监测仪器一般有如下几点要求：（1）具有长期的稳定性；（2）具有足够的量程；（3）具有合适的精度；（4）简单、方便；（5）坚固耐用，具有防腐蚀、防潮、防震性能；（6）价格便宜，便于推广应用。

滑坡稳定性观测方法主要有：（1）三角测量及精密水准测量；（2）滑坡记录仪观测；（3）裂缝观测；（4）探洞观测；（5）声发射监测。

8.4.2.1　声发射监测

实践证明，岩体声发射监测技术较其他监测预报技术，可以提前半个月以上揭示滑体是否发生滑动，但是，目前岩体声发射技术监测预测滑坡或地震，还有待改进。第9章将专门介绍岩体声发射监测技术，在此不再专门叙述。

8.4.2.2　滑坡位移观测网

滑坡的演变一般较为复杂。为掌握滑坡的变形规律，研究防治措施，对不同类型的滑坡，应设置滑坡位移观测网进行仪器观测。尽管建立位移观测网费时长、工作量大，但由于它能够较全面、直观地了解滑坡的动态，建立位移观测网观测滑坡动态仍是研究滑坡的传统方法之一。随着光电测距仪、自动摆平水准仪和激光经纬仪等新仪器的广泛应用，大大提高了观测的速度和精度。

滑坡观测网是指由设置在滑坡体内及周界附近稳定区地表的各个位移观测点（桩），以及设置在滑坡体外稳定区地面的置镜桩、照准标、护桩等辅助桩组成的观测系统。其布置方法有：十字交叉网法、方格网法、任意交叉网法、横排观测网法、射线网和基线交点网法等六种。

8.4.2.3　裂缝观测

精密的仪器建网观测，只能在大中型工程的病害防治中，在一定时间内进行一次观测，而且所得的位移数据只是平均值，有的局部性位移难以测得。由于在滑坡变形过程中，在滑体的不同部位所产生的裂缝，有随滑坡变形的发展而明显、有规律地变化的特点，对反映于地表及建筑物上的裂缝进行动态观测，可以弥补上述缺点。扩大观测范围，准确地观测、了解滑动体变形全过程的滑坡裂缝动态，既方便易行，又能直观反映滑坡变形的一系列特征，因此，裂缝观测不仅对未建立观测网的滑坡具有重要意义，即使对已经建立了观测网进行系统位移观测的滑坡也能补充和局部校正位移观测资料，尤其是对于因地形等条件限制难以设桩的重要部位，裂缝变化资料对于分析滑坡性质更显得十分重要。对滑坡地面裂缝变形，广泛采用简易观测方法，能够及时测量变化情况，以便进行全面分析，及时掌握滑坡病害发生、发展规律。

观测滑坡地表裂缝时应全面进行，既要观测滑动体的主裂缝，亦要观测次生的裂缝，弄清裂缝的来源，分清裂缝的种类，摸索出滑坡受力情况和滑动性质，推断滑动的原因。地表裂缝的观测方法主要有：直角观测尺观测法；滑板观测尺观测法；臂板式观测尺观测法；观测桩观测裂缝法；滑杆式检测器观测法；双向滑杆式检测器观测法；垂线观测法；专门仪器观测法。

对滑坡体上及其附近有建筑物的开裂、沉陷、位移和倾斜等变形均应进行观测。因为这些建筑物对滑坡变形反应敏感，表现清楚，据此能详细掌握崩滑的原因、山体稳定程度和发展趋势，以便为采取防护措施提供确切的参考数据。建筑物的变形观测方法有：灰块测标、标钉测标、金属板测标等。

8.4.2.4　地面倾斜变化观测

滑坡在其变形过程中，地面倾斜度也将随之产生变化。观测地面倾斜度的变化至少可以达到两个目的：对于尚未确定边界的滑坡，通过倾斜观测可以确定滑坡边界；对于已经确定了边界，但对滑坡动态尚不明确时，通过倾斜观测可以判断滑坡是已处于稳定或是尚在活动。地面倾斜变化观测主要利用地面倾斜仪。

8.4.2.5　滑坡深部位移观测

尽管滑坡是一种整体移动现象，在滑坡滑动过程中地表与深部位移常常表现出局部差异，但是在多层滑坡情况下，这种差异在滑面上下表现有明显的突变性，因此，在对地表位移进行观测的同时，必须进行滑体内部深层位移观测。

滑坡深部位移观测的目的是为了了解滑体内不同深度各点的位移方向、数量和速度，结合地面位移观测和地下应力测定，研究滑坡发生的机理和动态过程，为滑坡整治提供可靠的依据。主要观测方法有：简易观测法和专门观测法两种。

8.4.2.6　滑动面位置测定

确定滑动面的位置是防治滑坡的关键。在多层滑面存在的情况下，哪一部分滑体正在活动或已经稳定，仍是一个没有很好解决的问题。因此，国内外均重视滑动面测定方法和设备的研究。目前主要观测方法有：钻孔中埋入管节测定；钻孔中埋设塑料管测定；简易滑面电测器测定；摆锤式滑面测定器测定；电阻应变管监测滑坡的滑动面。

8.4.2.7　滑坡滑动力（推力）观测

滑坡滑动力可以通过已知的工程地质条件和给定的设计参数计算求得。当工程完成以后，滑动力就是作用于构筑物的推力。因此，可利用设于构筑物上的压力盒来实测此值，从而获得推力分布及构筑物受力状态，并检查、校核滑坡推力设计的准确性。

经过一定时间的多次动态滑坡观测后，应对各观测项目的全部资料进行系统的整理与分析。这样无论对于分析滑坡基本性质（定性），还是对于进行滑坡稳定性计算（定量），都是十分重要的。通过资料整理，一般可以达到以下几个目的：

（1）绘制滑坡位移图，确定主轴方向；

（2）确定滑坡周界；

（3）确定滑坡各部分变形的速度；

（4）确定滑坡受力的性质；

（5）判断滑动面的形状；

（6）确定滑坡移动与时间的关系；

（7）绘制滑坡移动的平面图和纵断面图；

（8）确定地表的下沉或上升；

（9）估算滑体厚度；

（10）滑坡平衡计算。

8.4.3 滑坡的预测与监测预报

对滑坡可能发生的地点、滑坡的类型与规模、滑坡滑动发生的时间进行预测、预报，以及对新、老滑坡的判断，是滑坡整治与研究中一项极为重要的工作。

滑坡预测主要是指对可能发生滑坡的空间、位置的判定，它包括发生地点、类型、规模（范围和厚度）以及对工程、农田活动和居民生命财产可能产生的危害程度的预先判定。滑坡发生地点的预测，其问题的实质就是掌握产生滑坡的内在条件和诱发因素，尤其是掌握滑坡分布的空间规律。滑坡预报主要是指对可能发生滑坡的时间的判定。露天矿山滑坡预报更看中准确、及时预报这一点。

8.4.3.1 多因素预测

滑坡预测的基本内容主要是：可能发生滑坡的区域、地段和地点；区域内可能发生滑坡的基本类型、规模，特别是运动方式、滑动速度和可能造成的危害。依据研究区域的范围和目的的不同，可以把预测大致划分为区域性预测、地区性预测、场地预测三大类。

滑坡预测应当遵循三个基本原则：实用性、科学性和易行性。

滑坡预测方法应使人们比较容易理解。滑坡预测的方法大致分为两类：因子叠加法、综合指标法。

因子叠加法（形成条件叠加法）是把每一影响因子作为条件按其在滑坡发生中的作用大小纳入一定的等级，在每一因子内部又划分若干等级；然后把这些因子的等级全部以不同的颜色、线条、符号等表示在一张图上，凡因子叠加最多的地段（色深、线密、符号多的地段）即是发生滑坡可能性最大的地段，可以把这种重叠情况与已经进行详细研究的地段相比较而做出危险性预测。这是一种定性的、概略的预测方法，也是目前切实可行而具有实用价值的一种方法。

综合指标法是把所有因子在滑坡形成中的作用，以一种数值来表示，然后对这些量值按一定的公式进行计算、综合，把计算所得的综合指标值与滑坡发生的临界值相对比，区分出滑坡发生危险区及危险程度。

滑坡预测的逻辑表达式可以用下列函数式表示：

$$M = F(a, b, c, d, \cdots) \tag{8.38}$$

当各项因子的指标值确定后，式（8.38）可以转化为

$$M = (d + e + f + \cdots) A \cdot B \cdot C \tag{8.39}$$

式中，M 为综合指标；A 为地层岩性因子指标值；B 为结构构造因子指标值；C 为地貌因子指标值；a、b、c、d 分别为某一单因子指标值；e、f、$\cdots$ 分别表示一个外因因子的指标值。当 $M > N$ 时，为危险区域；当 $M = N$ 时，为准危险区域；当 $M < N$ 时，为稳定区。其中 N 为发生滑坡的临界值。

N 值的确定十分重要，也颇不容易。目前的办法同样只有依赖通过典型地区滑坡资料的统计分析而初步确定。式（8.38）基本上反映了滑坡发生中主导因子的决定性作用和从

属因子间的等量关系，因此，遵循式（8.38）开展滑坡资料的统计分析，建立因子间的平衡，确定各因子内部的指标值，可能比较接近客观实际。

不同类型的滑坡，必然产生在不同的地质地理环境中。在特定的区域，特定的地质地理环境下发生的滑坡，一般都有特定的类型，故不同类型滑坡的产生条件，对于预测不同地质条件下产生的滑坡类型有一定的参考借鉴作用，列表8.3供参考。

表8.3 不同类型滑坡特征

地质地理条件		滑坡类型	备 注
岩体	层理倾向与坡面倾向一致	构造型顺层岩石滑坡	一般发生在沉积岩地区
	有顺向倾斜断层或其他构造面	构造型岩石滑坡、构造型破碎岩石滑坡	一般发生在断层构造发育区
	在几近水平的硬岩层中埋藏有可塑性岩泥夹层	挤出型岩石滑坡	分布在水平沉积岩地区
土体	岩性、结构不均匀，具有明显的成层性	接触型、（黄土、堆积土、黏性土、堆填土）滑坡	分布广
	有丰富的地下水补给来源、斜坡土体含水丰富	塑、流型滑坡	我国南方有断层补给地下水的地区多见
	巨厚的黄土层内夹有含水细砂粉砂或细砾石层	潜蚀型黄土滑坡	黄土地区主要的滑坡类型
	陡倾破裂面的黄土边坡	构造型黄土滑坡	滑动急剧
	由风化深、结构均一的黏性土组成的山坡、岸坡或由此类土堆填而成的堆填地形	剪切型（黏性土、堆填土）滑坡	均质土地区主要的一种滑坡类型
	坡体内存在有在振动作用下易产生结构破坏而导致液化的土层，如淤泥、软土、灵敏土等	液化型（黄土、黏性土、堆填土）滑坡	

滑坡范围和滑体厚度与地质条件密切相关。变质岩和沉积岩的岩层滑动一般具有第一等规模，其数量可达数十万、数百万乃至数千万立方米，甚至更大；巨厚的黄土层中产生的滑坡规模也较大，其数量等级有时可与岩质滑坡相当；同类土层中的滑动规模一般较小，以数千至数万立方米居多，极少有超过十几万立方米的；而堆积土滑坡的规模有较大的变化幅度，小则仅数千、数万立方米，大则可达数十万、数百万立方米。

滑坡范围的预测应包括两方面含义：一为滑动涉及的范围，即滑坡滑动部分的体积的预测；二为被滑坡堆积物覆盖范围的预测。当滑坡出口高，临空空间宽大时，不仅应预测滑坡滑动部分可能涉及的范围，还应预测当滑坡发生时，滑动物质可能覆盖的范围。

在滑坡初步预测后，常常根据工程的重要程度而补充不同详细程度的地质勘查。滑坡勘察中，不宜采用面状勘探，而应抓住每一滑坡条块的主轴断面进行详细勘探，适当辅以其他平行主滑方向的纵向断面以及横向断面。主轴断面是滑体最厚、最长、滑速最快、滑坡推力最大的断面，可以是直线或曲线。勘探线布置如图8.30所示，线间距30~50m，

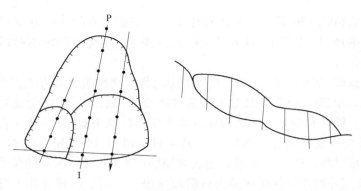

图 8.30　滑坡勘探点布置示意图

大型滑坡可为 40 ~ 60m，点间距为 30 ~ 50m，每级滑坡剪出口附近应适当加密。钻孔深度应达到调查推测的深层滑面以下 3 ~ 5m。在滑坡中前部应有 1 ~ 2 个钻孔深入当地侵蚀基准面（河、沟底）或开挖面下一定深度，以免漏掉深层滑面。

8.4.3.2　滑坡监测预报

滑坡监测预报大致地可以划分为区域性趋势预报和场地性预报。区域性趋势预报是一种长期预报，是对于某一预定区域的滑坡活跃期和宁静期的趋势性研究，指出哪些地点可能会大量发生滑坡，造成危害。长期预报是根据诱发滑坡产生的各种因素（降雨量、地下水动态、河流、水库水位及冲刷强度、地震、人类活动）的影响，来估计山坡稳定性随时间而变化的细节。在各种诱发因素中，除了人类活动因素完全具有人为性以外，其他各种因素都有一定的周期性规律，掌握这种规律，对于做出滑坡活动的预期预报是极为重要的。

场地性预报是一种短期预报（又称即时预报），它是对于某一建设场地或某个具体斜坡能否发生滑坡以及滑动特征、滑速、滑动出现时刻的预先判定。国内外有不少根据各测点监测位移速度急剧变化或滑体上多点声发射监测值急剧变化而成功做出滑坡预报的实例，如图 8.31 所示。

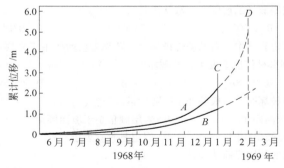

图 8.31　某露天矿滑坡预报的边坡位移 - 时间曲线

A—坡面上位移最大的测点的数据曲线；B—坡面上位移最小的测点的数据曲线；

C—预测日期；D—预报和实际发生破坏的日期：1969 年 2 月 18 日

图 8.31 中，1969 年 1 月 13 日根据边坡上移动最快的测点的移动速度进行了预测，预计最早的破坏日期是 1969 年 2 月 18 日。实际破坏日期是 1969 年 2 月 18 日下午 6 点 58

分。滑坡中滑落岩体约 150 万吨，呈碎石体下滑。下面另有约 450 万吨岩体遭受严重变形。由于该矿根据预测，2 月 16 日下午 3 时全面停采，避免了滑坡事故的发生。2 月 19 日全面恢复开采。

再如，大冶铁矿 1979 年 7 月 11 日在象鼻山北部成功预报了 2 万立方米的大滑坡。该滑体位于象鼻山北帮 20～30 勘探线之间，岩体有变质闪长岩、高岭土化绿泥石花岗闪长岩、断层破碎岩、铁矿和少量大理岩构成。该部位岩体从 1967 年以来一直处于不稳定状态，1972 年以后位移变形增加，1978 年 3 月 4 日、10 月 13 日先后在 21 线附近 72m 至 46m 水平发生局部冒落。1978 年 8 月，地表坡积层中出现长约 100m 的弧形开裂，裂缝宽达 15cm。为了研究开裂段位移规律并进行滑坡预报，使用了位移计和声发射监测仪等观测手段进行边坡监测。整个边坡位移可以分为三个阶段：第一阶段为缓慢变形阶段，时间为 3 月 9 日到 6 月 22 日，滑体位移总量达 500mm，最大位移速度为 10～50mm/d；第二阶段为加速变形阶段，时间为 6 月 25 日到 7 月 9 日，滑体位移总量达 1600mm，最大位移速度为 110～460mm/d；第三阶段为急剧变形阶段，时间为 7 月 9 日到 7 月 11 日，滑体位移总量达 6000mm，最大位移速度为 4900mm/d，此时边坡发生了滑坡。根据预测，7 月 9 日发出了滑坡预报，停止作业，并撤离采场设备和人员。结果于 7 月 11 日上午 10 时 30 分发生了滑坡。

习　题

1. 选择题

(1) 均匀的岩质边坡中，应力分布的特征为（   ）。

    A. 应力均匀分布   B. 应力向临空面附近集中

    C. 应力向坡顶面集中   D. 应力分布无明显规律

(2) 岩质边坡的圆弧滑动破坏，一般发生在（   ）。

    A. 不均匀岩体   B. 薄层脆性岩体

    C. 厚层泥质岩体   D. 多层异性岩体

(3) 岩坡发生在岩石崩塌破坏的坡度，一般认为是（   ）。

    A. >45°时   B. >60°时   C. >75°时   D. 90°时

(4) 用格里菲斯理论评定岩坡中岩石的脆性破坏时，若靠近坡面作用于岩层的力为 P，岩石单轴抗拉强度为 σ_t，则下列哪种情况下发生脆性破坏？（   ）

    A. $P > 3\sigma_t$ B. $P > 8\sigma_t$ C. $P > 16\sigma_t$ D. $P > 24\sigma_t$

(5) 岩质边坡发生折曲破坏时，一般是在下列哪种情况下？（   ）

    A. 岩层倾角大于坡面倾角   B. 岩层倾角小于坡面倾角

    C. 岩层倾角与坡面倾角相同   D. 岩层是直立岩层

(6) 产生岩块流动现象的原因目前认为是（   ）。

    A. 剪切破坏   B. 弯曲破坏   C. 塑性破坏   D. 脆性破坏

(7) 使用抗滑桩加固岩质边坡时，一边可以设置在（   ）。

    A. 滑动体前缘   B. 滑动体中部偏下

    C. 滑动体后部   D. 任何部位

(8) 岩质边坡因卸荷回弹变形所产生的差异回弹剪裂面的方向一般是（   ）。

    A. 平行岩坡方向   B. 垂直岩坡方向

C. 水平方向　　　　　　　　　　　　D. 垂直方向

（9）岩质边坡因卸荷回弹所产生的压致拉裂面的方向一般是（　　　）。

A. 平行岩坡方向　　　　　　　　　　B. 垂直岩坡方向

C. 水平方向　　　　　　　　　　　　D. 垂直方向

（10）已知岩质边坡的各项指标如下：$\gamma = 25 \mathrm{kN/m^3}$，坡角 $60°$，若滑面为单一平面，且与水平面呈 $45°$ 角，滑面上 $c = 20 \mathrm{kPa}$，$\varphi = 30°$，当滑动体处于极限平衡时的边坡极限高度为（　　　）。

A. 8.41m　　　　B. 10.34m　　　　C. 17.91m　　　　D. 9.73m

（11）岩质边坡发生岩块翻转破坏的最主要的影响因素是（　　　）。

A. 裂隙水压力　　　　B. 边坡坡度　　　　C. 岩体性质　　　　D. 节理间距比

（12）岩质边坡的破坏类型从形态上来看可分为（　　　）。

A. 岩崩和岩滑　　　　　　　　　　　B. 平面滑动和圆弧滑动

C. 圆弧滑动和倾倒破坏　　　　　　　D. 倾倒破坏和楔形滑动

（13）平面滑动时滑动面的倾角 β 与坡面倾角 α 的关系是（　　　）。

A. $\beta = \alpha$　　　　B. $\beta > \alpha$　　　　C. $\beta < \alpha$　　　　D. $\beta \geq \alpha$

（14）平面滑动时滑动面的倾角 β 与滑动面的摩擦角 φ 的关系为（　　　）。

A. $\beta > \varphi$　　　　B. $\beta < \varphi$　　　　C. $\beta \geq \varphi$　　　　D. $\beta = \varphi$

（15）岩石边坡的稳定性主要取决于（　　　）。

①边坡高度和边坡角；　　　　②岩石强度；　　　　③岩石类型；

④软弱结构面的产状及性质；　　⑤地下水位的高低和边坡的渗水性能。

A. ①、④　　　　B. ②、③　　　　C. ①、②、④、⑤　　　　D. ①、④、⑤

（16）下列关于均匀岩质边坡应力分布的描述中，（　　　）是错误的。

A. 斜坡在形成中发生了应力重分布现象

B. 斜坡在形成中发生了应力集中现象

C. 斜坡形成中，最小主应力迹线偏转，表现为平行于临空面

D. 斜坡形成中，临空面附近岩体近乎处于单向应力状态

2. 简答题

（1）简述不稳定边坡的整治措施。

（2）岩石边坡有哪几种破坏类型，各有何特征？

（3）按经验不利于岩石边坡稳定的条件有哪些？

（4）岩石边坡稳定性分析方法有哪些，极限平衡法的原理是什么，与有限元方法相比，极限平衡法有什么优缺点？

（5）哪些因素对节理的抗剪强度有影响？

（6）为什么说露天矿边坡稳定性问题的实质是确定合理的边坡角，何谓合理的边坡角？

（7）何谓抗滑力矩、下滑力矩、抗滑力和下滑力，什么时候用抗滑力矩与下滑力矩确定边坡稳定性系数，什么时候用抗滑力与下滑力确定边坡稳定性系数？（提示：发生抗滑力与下滑力偏心时，就要产生力矩）

（8）一般情况下，研究露天矿边坡稳定性要考虑哪些问题，采取哪些步骤？

（9）边坡破坏有几种类型，从赤平极射投影上看有什么区别？

（10）平面型滑坡的条件是什么，此时，边坡角、结构面和内摩擦角之间有什么关系（只考虑摩擦力），若凝集力很大时，上述关系还成立吗？

（11）楔形滑坡与平面滑坡的条件有无区别？

（12）何谓圆弧滑动，均质岩石条件下，如何确定危险滑动面的位置？

（13）条块法的实质是什么，你能用力多边形法分析条块的平衡吗？

（14）地下水与边坡稳定有哪些关系，地下水全是不利因素吗，有无对边坡稳定有利的时候，为什么？

（15）坡脚部分岩体对于边坡稳定有什么意义？

参 考 文 献

[1] 丁德馨. 岩体力学（讲义）. 南华大学，2006.

[2] 高磊. 矿山岩石力学 [M]. 北京：机械工业出版社，1987.

[3] 叶海望. 露天采矿学（课件）. 武汉理工大学，2010.

[4] 刘发红，李俊平. 台阶坡面角取值规律的数值模拟 [J]. 世界有色金属，2015（11）：45~48.

[5] 李俊平. 露天矿边坡稳定性检测的几个问题 [J]. 工业安全与防尘，1996，21（7）：13，21.

[6] 李俊平，周创兵，孔建. 论渗流对采空场处理的影响 [J]. 岩土力学，2005，26（1）：22~26.

[7] 余志雄，周创兵，李俊平，等. 基于 v－SVR 算法的边坡稳定性预测 [J]. 岩石力学与工程学报，2005，24（14）：2468~2475.

[8] 周创兵. 高边坡的力学响应、稳定分析与动态调控方法（项目报告幻灯）. 2009 年 10 月.

[9] 孙玉科，古迅. 赤平极射投影在岩体工程地质力学中的应用 [M]. 北京：科学出版社，1980.

[10] E. Hoek，J. W. Bray. 岩石边坡工程 [M]. 卢世宗，等译. 北京：冶金工业出版社，1985.

[11] 王恭先. 滑坡防治中的关键技术及其处理方法 [J]. 岩石力学与工程学报，2005，24（21）：3818~3827.

[12] 李俊平，范才兵，李占科，等. 露天矿最终边坡角的数值模拟研究 [J]. 安全与环境学报，2011，11（5）：175~179.

[13] 李俊平，程贤根，李鹏伟，等. 露天矿最终边坡角的快速拉格朗日有限差分法研究 [J]. 安全与环境学报，2014，14（2）：77~82.

[14] 李俊平，赵永平，王二军. 采空区处理的理论与实践 [M]. 北京：冶金工业出版社，2012：42.

[15] 孙书伟，林杭，任连伟. FLAC-3D 在岩土工程中的应用 [M]. 北京：中国水利出版社，2011：219~269.

[16] 严鹏，卢文波，陈明，等. 初始地应力场对钻爆开挖过程中围岩振动的影响研究 [J]. 岩石力学与工程学报，2008，27（5）：1036~1045.

9 现场地压观测与分析

【基本知识点（重点▼，难点◆）】：了解位移、荷载、应力和地球物理探测方法，熟悉其在地压观测中的应用▼。

现场观测（亦称原位量测）及监控是研究地压问题的重要手段。对岩体地下工程稳定性进行监测与预报，是保证工程设计、施工科学合理和安全的重要措施。新奥法施工技术就是把施工过程中的监测作为一条重要原则，通过监测分析对原设计参数进行优化，并指导下一步的施工。对于竣工投入使用的重要岩体工程或采空区、生产采场，仍需对其稳定性进行监测与预报，确保安全生产万无一失。

岩体工程监测有以下的特点：（1）时效性。由于岩体工程的服务年限一般都较长，岩体具有流变特性，因此，测试设备应保持长期稳定；（2）环境复杂。地下工程环境恶劣，要求设备具有防潮、防电磁干扰、煤矿还需防爆等性能；（3）监测信息的时空要求。现代大型岩体工程监测的网络化已日益显示其必要性与可能性，在监测的信息量和反馈速度上的要求日渐提高；（4）空间制约。地下空间有限，要求监测设备微型化并尽可能地隐蔽，减少对施工的干扰，并避免施工对监测设备的损坏。

现场观测及监控工作主要包括以下几个方面：研制测试仪表及传感器，正确选择观测方案，科学分析和使用观测数据。

应当指出，测试仪器及传感器是随科学技术的不断发展而逐渐更新的，它的发展也将促使测试技术的进步。另外，正确选择观测方案十分重要。对于一个具体工程，必须全面规划观测哪些数据，提出所用设备、仪器，选择观测点和确定观测时间或期限。否则，将造成大量浪费，甚至导致工程失事。

凡能表征地压活动的物理量与自然现象均可作为监测的对象。国际岩石力学学会实验室和现场试验标准化委员会制定的"岩石力学试验建议方法"和我国有关部门的一些规程，均有这方面的内容。由于岩石力学是一门新兴的科学，试验方法并不完全统一，方法也在不断改进和发展，因此，一般对于大型工程，均是根据具体情况专门制定监测方案和测量方法。当然，相关和相似工程的成功观测与分析经验也值得借鉴。

当前，计算机和电子技术、光纤传感、遥感等高新技术也在岩体工程监测中得到日益广泛应用。监测技术正向系统化、网络化与智能化的方向发展。目前，现场观测的内容有：岩体应力、应力-应变关系、变形和位移、岩体特征参数、矿柱或支柱荷载以及锚固力等。所使用的测试方法与诸多科学技术领域相联系。以下将按观测的内容分别加以介绍。

9.1　围岩位移与变形观测

9.1.1　围岩表面位移测量

9.1.1.1　裂缝观测

岩体破坏过程中，必然出现原有裂隙的扩张或新裂隙的产生，或沿原结构面的张开滑动。观察这些裂缝的发展过程，可圈定地压活动的范围，判断其发展趋势。

观测点可布置在易于发生移动的地段的岩体结构面上，或是在其影响范围内的其他构筑物裂缝处，选用黄泥、铅油等涂料抹在裂缝上，或用木楔插入缝中楔紧，或把玻璃条用水泥固定在裂缝两端，就可观测裂缝的变化，如在裂缝两边的稳固岩体上布置三个测点，定期测量三个点之间的距离，就可以用三角关系测定裂缝的发展速度和移动趋势。观测采矿引起的地表移动与沉陷、山体开裂与滑坡、地面建（构）筑物开裂等，可类似上述在大区域范围内布点（埋桩）形成位移监测网，配合使用经纬仪和水准仪观测或 GPS 定位遥测，可以精确观测采矿（煤）引起的地表移动与沉陷。

除了常规尺子测量外，滑坡裂缝观测中也采用埋桩、埋设标尺、布置地面伸长计或钢绳伸长计等（见图 9.1）。桩或伸长计可以与报警装置配合使用，例如：预先设置一个位移量，滑块滑到后触动电源开关而实施报警；也可以将位移信号转换成电信号而实现有线或无线远程遥测。

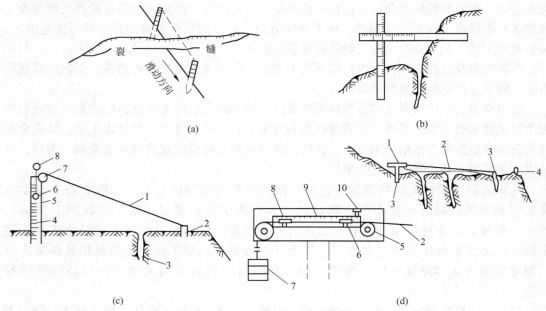

图 9.1　裂缝观测装置

（a）埋桩；（b）埋标尺；（c）简易地面伸长计；（d）钢绳伸长计

图 c：1—钢丝；2—桩；3—裂缝；4—刻度；5—带刻度桩；6—平衡锤；7—滑轮；8—预设位移量报警装置.

图 d：1—标尺；2—钢绳；3—桩；4—遥测发射器或围栏；5—导轮；6—限位装置；

7—平衡锤；8—滑块；9—刻度；10—报警器

9.1.1.2 巷道收敛观测

巷道收敛计是测量精度较高，使用比较方便、应用比较广泛的一种仪器，其构造如图 9.2 所示，它由四部分组成：（1）壁面测点和球铰连接部分（包括壁面埋腿、球形测点、本体球铰）；（2）张紧部分（张紧弹簧与张紧力指示百分表）；（3）调距部分（包括调距螺母和距离指示百分表）；（4）测尺部分（包括钢卷尺、限位销、带孔钢卷尺、尺头球铰、钢带尺架）。

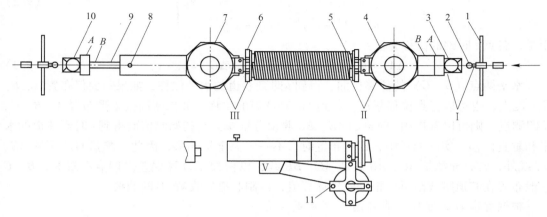

图 9.2　SLJ-80 型洞径收敛计结构图

1—壁面埋腿；2—球形测点；3—本体球铰；4—张紧力指示百分表；5—张紧弹簧；6—调距螺母；

7—距离指示百分表；8—钢卷尺限位销；9—带孔钢卷尺；10—尺头球铰；11—钢带尺架

地下工程周边各点趋向中心的变形称为收敛，见图 9.3，也可菱形布置四测点或三角形布置三测点，假设中心点相对不动，就可以获得单面相对位移。通过与初始测量值的比较，就可以获得测试巷道观测断面两测点任意时刻在连线方向的收敛变化及变形速度的变化等规律。所得数据是两点在连线方向上的位移之和，它可以反映出两点间的相对位移变化。

测量前先在硐室壁面钻孔中插入带球形测点的壁面埋腿并灌入水泥砂浆使其固结，测量时将收敛计的本体球铰和尺头球铰分别套在测线两端的球形测点上，理紧

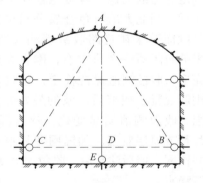

图 9.3　收敛测量点布置

钢卷尺，压下钢卷尺限位销以固定钢尺长度，调整张紧弹簧使钢卷尺保持恒定张紧力，通过距离指示百分表读出两点间的距离。每两点间每次测量，采用 2 次重测与读数，测量值在误差范围内方为有效，取 2 次读数的平均值为本次的测值。

测点应布置在待测巷道的待测段内具有代表性的位置。为了有对比性，要求每类巷道内布置 $2 \sim 3$ 个测点，每两个测点间距以 $20 \sim 25$m 为宜。

下面以三角形为例，介绍两点间的收敛值计算方法。见图 9.3。收敛测量的初始基线长度 BC 为 a_1、AC 为 b_1、AB 为 c_1；任意时刻的基线长度则相应变为 a_i、b_i、c_i。假设 A、B、C 三点移动后所构成的 A'、B'、C' 仍是闭合的，且假设 D 为不动点。因为 $AD \perp BC$，则它到 A、B、C 测点的距离分别为 h、x_b、x_c，并且有

$$x_b = (a_1^2 + c_1^2 - b_1^2)/(2a_1) \\ x_c = (a_1^2 + b_1^2 - c_1^2)/(2a_1) = a_1 - x_b \\ h = (b_1^2 - x_c^2)^{1/2} = (c_1^2 - x_b^2)^{1/2} \Bigg\}$$ (9.1)

同理，求出 t 时刻的 h_t、x_{bt}、x_{ct} 为

$$x_{bt} = (a_t^2 + c_t^2 - b_t^2)/(2a_t) \\ x_{ct} = (a_t^2 + b_t^2 - c_t^2)/(2a_t) = a_t - x_{bt} \\ h_t = (b_t^2 - x_{ct}^2)^{1/2} = (c_t^2 - x_{bt}^2)^{1/2} \Bigg\}$$ (9.2)

于是，各点 t 时刻的位移为

$$\Delta A_{yt} = h - h_t; \quad \Delta B_{xt} = x_b - x_{bt}; \quad \Delta C_{xt} = x_c - x_{ct}$$ (9.3)

水平两点（B、C）的位移相加，得到 t 时刻巷道的水平位移；如果断面仅布置 A、B、C 三测点，也可以三点位移累加，得到 t 时刻巷道的位移。如果断面按菱形布置 A、B、C、E 四测点，则可以直接用 t 时刻的 AE、BC 测值分别减去其初始测值而得到 t 时刻巷道的水平和垂直位移。实际测量中，四点布置时，不一定完全呈菱形，因此，测量时除了测 AE、BC 线外，常补充测量 AC、AB 线或 AC、BE 线，以便校正计算误差。四点布置时，B、C 一般布置在巷道腰线附近。根据收敛计算值，绘制巷道的收敛-时间曲线。

　　根据巷道收敛变化，或巷道水平和垂直方向的收敛变化，可以确定巷道的最佳支护（或二次支护）时间（收敛变化平缓期），预测或判定巷道的失稳（收敛急剧变化期）。如图 9.4 所示，湖北大冶有色金属公司丰山铜矿无底柱分段崩落采矿进路收敛观测表明：巷道开挖、素喷封闭后一个月左右，围岩大变形基本释放完毕，收敛测值保持稳定，这时是复喷或现浇钢筋混凝土或壁后注浆的最好时机。如果不补强，收敛测值明显变化，巷道开始出现开裂、片帮或喷层脱落。加锚网并复喷或浇灌混凝土

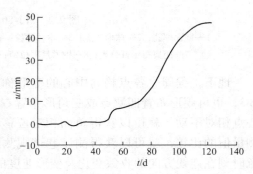

图 9.4　丰山铜矿进路收敛变形曲线

并锚网、壁后注浆后，收敛测值变化一般不超过 ±2mm，最大变化不超过 ±6mm，巷道保持稳定。

9.1.1.3　闭合测量

　　根据实测的闭合量，依据极限位移值与极限位移速度值预警、预报围岩（主要是顶板）冒落，这种预报方法的关键是确定合适的极限位移值或极限位移速度值。测量设备有木滑尺（简易）、多功能测枪、顶板动态仪等，见图 9.5。借助光电位移传感器，可将顶板动态仪观测的位移信号转化为电信号而实施有线或无线远程遥测和预警。

　　评价顶底板闭合情况，或预测冒顶，测点一般垂直顶底板布置。应用多功能测枪、顶板动态仪，还可布置十字或网格测点，见图 9.6，以便评价巷道段面的收缩。网格布置多在围岩松软、巷道四周凸出时采用。通过测尺可以直接读出垂直或水平正对的两点间的闭合量。

　　为了便于观测及测量设备牢固安装，观测点应避免设在顶底板或两帮有破坏的地方，

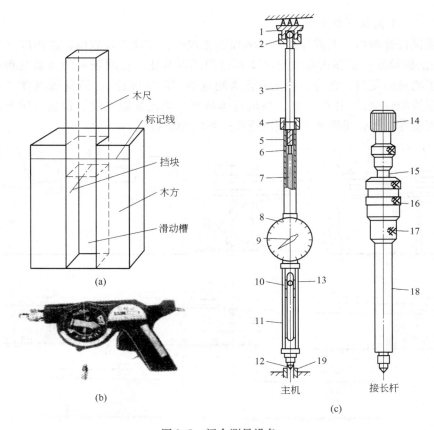

图 9.5　闭合测量设备

（a）木滑尺示意图；（b）多功能测枪；（c）顶板动态仪

1—顶盖；2，6—万向接头；3—压杆；4—密封盖；5—压力弹簧；7—齿条；
8—微读数刻度盘；9—指针；10—刻度套管；11—有机玻璃罩管；12—底锥；13—粗读数游标；
14—连接螺母；15—内管；16—卡夹套；17—卡夹；18—外管；19—带孔铁钎

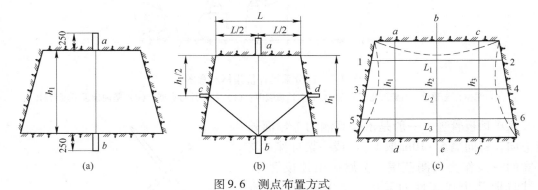

图 9.6　测点布置方式

（a）垂直布置一对测点；（b）十字布置；（c）网格布置

要求该处顶板稳定、支架完好、顶底板等接触面平坦。由于巷道周围及顶底板的移动值不
全相同，且与观测点的位置有关，所以各观测界面内的空间位置应力求一致，以便减少观
测资料产生偏差。

9.1.1.4　顶板状况统计观测

在采场顶板管理中，尤其煤炭开采的顶板管理中，往往要观测顶板破碎度（冒落高度超过10cm的破碎顶板面积占所观测区顶板面积的百分比，反映顶板的易冒落程度及管理状况。为了测量的便利，常将面积比简化为测量剖面的宽度比）、冒落敏感度（单位悬露宽度上的顶板破碎度）、片帮深度、顶板冒落高度、顶板裂隙密度、顶板台阶下沉量、采空区悬顶宽度等指标，见图9.7，用以评价采场的稳定程度。

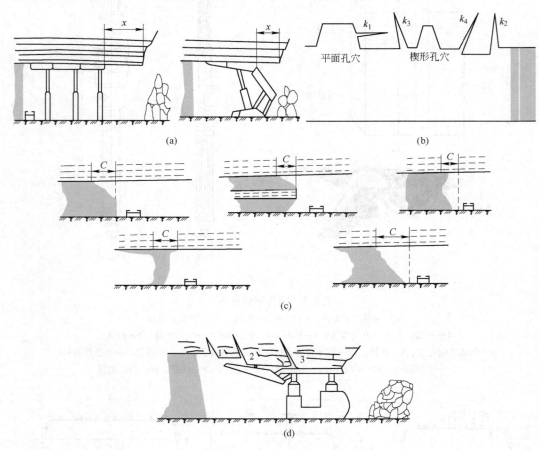

图9.7　部分采场评价指标示意图

(a) 采空区悬顶（x为悬顶宽度）；(b) 各类顶板裂隙；(c) 各种片帮类型；(d) 坚硬顶板下沉台阶

煤矿顶板管理，一般是沿被观测的工作面长度方向，每间隔5~10m取1.5m或一架自移式支架宽的一段作为观测范围。金属矿山顶板管理，往往选取几个代表性的采场，全顶板开展调查统计。

顶板状况调查统计观测所应用的工具很简单，一般使用钢卷尺或木尺、地质罗盘。在采高较大的工作面，可使用图9.8所示的自制钳形尺。

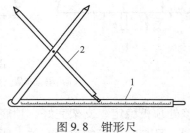

图9.8　钳形尺

1—刻度尺；2—钳子

9.1.2 围岩内部位移测量

围岩内部位移测量是了解其内部位移、破裂等情况的最直接的方法，对于判断或预报围岩稳定性有重要意义。这种测量通常采用钻孔多点位移计、顶板离层仪、钻孔倾斜仪、声波探测、钻孔电视、深部基点观测等。

9.1.2.1 多点位移计与顶板离层仪

钻孔多点位移计的测量原理是：在钻孔岩壁的不同深度位置固定若干个测点，每个测点分别用连接件连接到孔口，这样在孔口就可以测量到连接件随测点移动所发生的移动量；在孔口的岩壁上设立一个稳定的基准板，用足够精度的测量仪器测量基准板到连接件外端的距离，孔壁某点连接件的两次测量差值就是该时间段内该测点到孔口的深度范围岩体的相对位移值。通过不同深度测点测得的相对位移量的比较，可确定围岩不同深度各点之间的相对位移以及各点相对位移量随岩层深度的变化关系。钻孔多点位移计如图9.9所示。

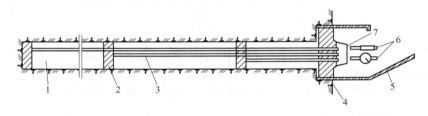

图9.9　钻孔多点位移计测量围岩位移

1—钻孔；2—测点锚固器；3—连接件；4—量测头；5—保护盖；6—测量计；7—测量基准板

如果孔中最深的测点相对较深，认为该点是在影响圈以外的不动点，就能计算出孔内其他各点（含岩壁面）的绝对位移量。

多点位移计主要由在孔中固定测点的锚固器（压缩木锚固器、弹簧锚固器、卡环弹簧锚固器或水泥砂浆锚固器等）、传递位移量的连接件（由钢丝、圆钢或钢管制成）和孔口测量头与量测仪器组成。

测量连接件位移量的常用方法有直读式和电传感式两种。直读式常用百分表或深度游标卡尺等量测仪器；电传感测量仪有电感式位移计、振弦式位移计和电阻应变式位移计等。

根据多点位移计的原理，可以制成"顶板离层仪"，它用于测量顶板岩层间的离层（两岩层面发生脱离）量。当顶板出现过大离层时，离层仪也可报警，只要把多点位移计的两个固定测点安设在容易离层的层面两边相近处，当测出此两点相对位移（即层面位移）达到临界值，仪器就可以自动报警，这对于避免顶板冒落事故是非常有用的。

9.1.2.2 钻孔伸长计

根据多点位移计的原理，也可以制成简易钻孔伸长计和多钢丝钻孔伸长计。其与多点位移计的区别是：传递位移的连接件不是圆钢或钢管，而是单根或多根细不锈钢丝（可达6根，连接6个测量基点）；测量基点不用膨胀木，而是用水泥砂浆埋置于测量部位的粗铁丝（简易钻孔伸长计）或锚栓（见图9.10）；将各点的钢丝分别安于孔口的各滑轮上，并系上悬挂平衡锤（通常重75N），用以平衡细钢丝的重量并赋予钢丝一定的拉力使之伸直；细钢丝可以穿插到钻孔内的外径50mm壁厚3mm的塑料管里并沿塑料管连接到孔口外的平衡锤上。如果采用普通细钢丝，塑料管内要充满黄油，以防止钢丝生锈。

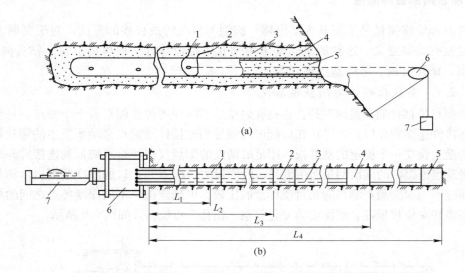

图 9.10　简易钻孔伸长计（a）及钻孔伸长计（b）

图 a：1—8 号铁丝；2—钢丝；3—砂浆；4—塑料管；5—黄油；6—支撑导轮；7—重锤.

图 b：1，2，3，4，5—锚栓（测量基点）；6—孔口装置；7—伸长计

　　如果用砂浆埋置粗铁丝作为简易测量基点，通常与塑料管配合使用，在测点处的塑料管壁上沿直径钻 1.5mm 的小孔，以便穿入直径 1mm 的细钢丝。将细钢丝与 8 号铁丝相扭在一起，并同时在塑料管外缠绕两圈，再将铁丝两端扭紧而制成测量基点。为了便于混凝土埋置铁丝基点而不损坏细钢丝，往往在管外留一小段细钢丝（约 10cm），见图 9.10（a）。

　　当钻孔内部某处发生变形或位移时，就牵动钢丝，伸长计获得读数，这样便可以知道钻孔内部岩体移动情况，测出不同深度岩体的位移，这多用于滑坡岩体深部的位移观测。

9.1.2.3　围岩松动圈的弹性波测定

　　利用弹性波在岩体内的传播特性，可以测定岩体的弹性常数，了解岩体的某些物理力学性质，测定围岩主应力的方向，判断围岩的完整性与破坏程度，检测爆破振动对围岩稳定性的影响，检测围岩的加固效果等。下面介绍声波法测定围岩松动圈。

　　（1）弹性波在岩体中的传播特性。弹性波在以下条件传播较快：坚硬的岩体；裂隙不发育和风化程度低的岩体；孔隙率小、密度大、弹性模量大的岩体；抗压强度大的岩体；断层和破碎带少或其规模小的岩体；岩体受压的方向。弹性波在岩体中的传播还受岩体湿度的影响，特别是裂隙中含水程度的影响。岩体声速粗略数据见表 9.1。

表 9.1　岩体声速粗略数据表

岩 体 种 类	原岩体声速/m·s^{-1}	破碎岩体/m·s^{-1}
坚硬岩体	4000～5000	2000～3000
中硬岩体	3000～4000	1000～2000
软岩体	2000～3000	＜1000

（2）测试仪器。声波仪是进行声波测试的主要设备，其主要部件是发射机和接收机。发射机能向声波测试探头输出电脉冲，接收机探头能将所探测的微量讯号放大，在示波器上反映出来，并能直接测得从发射到接收的时间间隙。一些仪器具有测点自动定位与记录系统，可获得最终的统计参数与剖面图。

换能器即声波测试探头，按其功能可分为发射换能器和接收换能器，其主要元件均为压电陶瓷，主要功能是将声波仪输出的电脉冲变为声波能或将声波能变为电讯号输入接收机。

为了使换能器很好地与岩体耦合以正常发挥其功能，在岩壁上进行声波测试时，一般用黄油作耦合剂将换能器端面紧贴于岩面，在钻孔中则用水作为耦合剂，以保证良好的耦合。

（3）弹性波测定围岩松动圈。松动圈是设计支护强度和参数的重要依据。用弹性波测定围岩松动圈时，预先在硐室的岩壁面上打一排垂直于壁面的扇形测孔，其深度应大于松动圈的范围；将发射换能器和接收换能器构成的组合体放入充满水的测孔中，见图 9.11，自孔口开始每隔一定间距测量一次岩体的声波传播时间，根据发射和接收换能器间的距离算出声波传播速度。

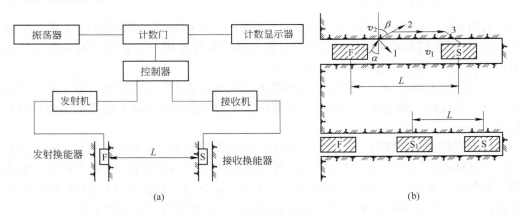

图 9.11　声波探测方式

（a）双孔法；（b）单孔法

单孔法测量时，波速满足如下关系，即

$$\sin\alpha / \sin\beta = v_1 / v_2 \tag{9.4}$$

式中，α 为入射角；β 为折射角；v_1、v_2 分别为声波在水中和岩体内的传播速度。

由于 $v_1 < v_2$，则 $\alpha < \beta$，因此，α 增大，β 也增大。当 α 增大到某一临界角 i 时，β 达到 $90°$，$\sin\beta = 1$，这时折射波 2 在岩体内沿孔壁周围滑行，形成滑行波 3。

当发射换能器向多个方向发射声波时，透过水向岩体内发射的声波中，总会有一束波以临界角 i 入射岩壁，于是产生沿孔壁周围传播的滑行波 3，则接收换能器就能接收到声波，从而实现单孔声波探测，这时 $v_1 / v_2 = \sin i$。

如果在水平方向或向上方向的钻孔中测试，还要加设封孔器，以便钻孔内注满水。

松动圈范围内岩体破碎，裂隙发育，波速较低；应力升高区内裂隙被压缩，波速较高；再往里是比较稳定的原岩区声速。松动圈可划定在孔口附近波速低于原岩区正常值的范围。图 9.12 为隔河岩水电站引水隧洞围岩松动圈测定示意图，松动圈厚度在 0.55m 附近。

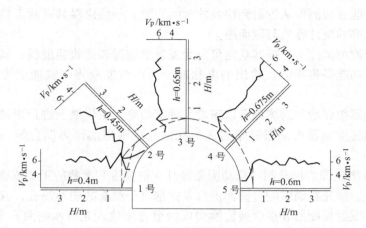

图 9.12 隔河岩水电站引水隧洞围岩松动圈测定示意图

9.1.2.4 钻孔电视观测

围岩松动圈（确定锚杆或锚索长度）、支承压力带内的分区破裂情况（确定锚索长度）、采场上覆岩层移动和破坏过程以及自然崩落中岩体裂隙分布情况（崩落效果检验与预测），等等，常用钻孔电视直接观测。

（1）观测钻孔的布置。在计划观测的地方，从地面或上部巷道预先打好钻孔，将专用摄像机放入钻孔内，通过孔外监视器，观测钻孔处岩层受开采活动影响而发生的移动及破坏情况。

上覆岩层移动和破坏时，一般沿工作面走向从距开切眼 100m 左右每隔 100m 自地表垂直向下打钻孔，直至开采矿体的底板。根据观测需求，一般可打 2～4 个钻孔，钻孔直径 95～135mm。钻孔应保持较高的铅垂度，并使孔壁光滑。钻完孔后应用清水冲洗钻孔，清除岩粉。为了防止冲积层和基岩风化带孔壁塌落，要用套管分段保护钻孔。

（2）观测仪器与设备。主要的观测仪器是 ZS-2 型钻孔电视，它主要包括摄像机探头、控制器、监视器、电缆盘四部分。ZS-2 型钻孔电视观测深度可达 200m，可承受 2.5MPa 压力，图像可放大 4 倍，电源为 220V、50Hz，环境温度 4～40℃，钻孔直径要求 95～135mm。与之配套的设备还有绞车、小型汽油发电机、孔口滑轮和深度指示器等。所有观测仪器设备可全部装在一辆观测车上。

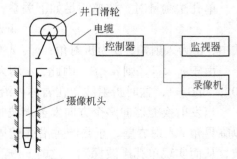

图 9.13 钻孔电视观测法示意图

（3）观测方法。观测系统如图 9.13 所示。在工作面远离观测孔之前，要进行一次初观测。以后，从工作面距观测孔 50m 开始，每天观测一次，直到岩层运动基本稳定为止。

观测记录可以用文字描述、图像素描、电视屏幕照相、电视录像等方式，以文字描述记录为主，必要时辅助其他记录方式。

进行初观测时，要详细地观测和记录顶板各岩层的位置、岩性、结构面、矿体界限、原生裂隙等原始情况，并在距矿层不同高度上找几个标志点，作为以后观测的参考对比点。初观测结果，要与钻孔时的地质资料进行对比，出入较大时要重新观测核对。原始资料最好有录像记录。日常观测，主要观测受采动影响后岩层出现的裂隙、离层的位置和宽度变化及岩层的垮落高度等情况。要特别注意对各岩层分界面、弱面的观测。

整理资料时，要注意与井下矿压观测资料进行对比分析，找出岩层运动与工作面矿压显现的关系，确定采空区上方不规则垮落带、规则垮落带和弯曲下沉带的形成过程和各带的高度。图 9.14 是大同云冈矿 8305 工作面用钻孔电视实测的顶板不规则垮落带、规则垮落带的发展过程。图 9.15 是淮南丁集煤矿用钻孔电视实测的巷道分区破裂。

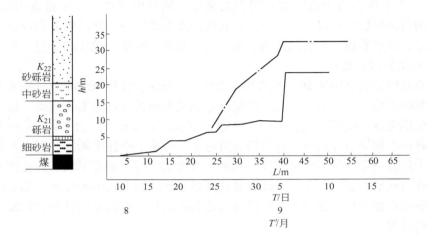

图 9.14　不规则和规则垮落带发展过程

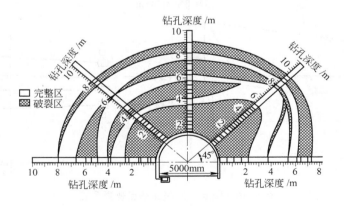

图 9.15　淮南丁集煤矿巷道分区破裂

实践证明，钻孔电视观测是研究工作面上覆岩层移动规律、支承压力带分区破裂规律的重要手段之一。具有观测直观、真实等优点，可以获得井下无法观测到的许多重要资料。钻孔电视也可以用于"三下"采矿、水文地质及其他专项观测。

目前钻孔电视观测深度只能达到 200m，对顶板岩层下沉的观测精度还很低，有待进一步改进。

9.1.2.5 覆岩"三带"的钻孔深部基点观测

在开采前，从地表或开采层上方的巷道向开采范围的矿体顶板打垂直钻孔，在孔内不同深度设计特殊的观测基点。在采矿过程中，观测基点位置的移动，从而测得基点所在岩层的移动和破坏情况，即为钻孔深部基点观测方法。它较钻孔电视观测法观测顶板岩层下沉的精度高，而且最大安装深度远远超过200m，可以达到500m；它不是像钻孔电视那样通过摄像观看而测量裂隙变化，而是像钻孔伸长计那样直接由钢丝将膨胀木基点处的顶板下沉量传递到孔外平衡锤或观测标志。

钻孔深部基点观测方法的测孔及布置方式与钻孔电视观测法类似。必要时，也可沿工作面布置方向再设置3个钻孔，分别在工作面长度的1/3、1/2、2/3处。一般沿走向布置2~4个钻孔。关于钻孔内测点位置和间距的确定，除考虑岩性外，还要遵循如下原则：在一个较薄的自然分层内只设一个测点；在岩性变化大的两个相邻层内分别设点；不在分层界面处设点；测点要设在岩石较坚硬、不易风化脱落、孔壁未破坏的部位；最下边的测点在开采层上方5~7m处。

深部基点观测系统见图9.16。基点用长200~500mm、直径90mm的压缩木制成，其两端安有特制的螺帽，中心有一个孔，以便穿过连接下面各基点的不锈钢丝。压缩木下放时，将细钢丝固定在上端螺母上，由上而下逐点下放至预定位置。经6~12h压缩和受潮膨胀后，再将各点的钢丝分别安于孔口的各滑轮上，并系上悬挂平衡锤，用以平衡细钢丝的重量并赋予钢丝一定的拉力使之伸直。如果孔内无水，可在测点下放后向孔内洒水，使压缩木膨胀并与孔壁撑紧，以保持与此处岩石同步移动。如果孔内水位浅，测点送不到预定深度就因膨胀而被卡住，需对膨胀木进行延迟和控制其膨胀的专门处理，如浸油、涂润滑脂、石蜡密封等。

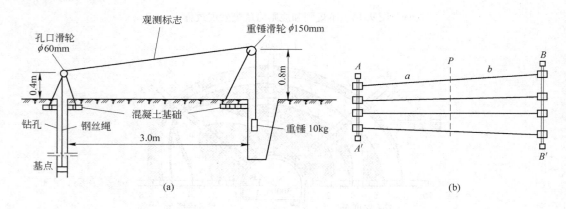

图 9.16   阳泉一矿深部基点观测系统
(a) 立面；(b) 平面

利用观测标尺或标志测量平衡锤的位移量，或观测标志的相对位移量，即可获得孔内各点处的岩层的相应下沉值。

按照采矿的超前影响范围开始观测，如在煤矿，从工作面距观测孔50~100m左右开始观测，在顶板岩层剧烈活动期间每天至少要观测一次，直到工作面采过钻孔60~100m时停止观测。岩移观测要与井下工作面矿压观测紧密衔接配合。

根据观测资料及时计算各测点的岩层下沉量，并绘制各测点下沉值与钻孔至工作面距离的关系曲线，阳泉一矿1号钻孔的监测实例见图9.17。在同一钻孔中，一般是上部基点先受采动影响，下部基点受采动影响较晚（见图9.18），但最终是下部基点受采动影响较大。

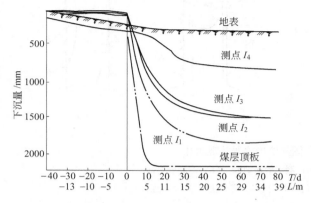

图9.17　各测点下沉量与工作面至钻孔距离关系

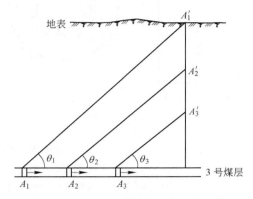

图9.18　采矿工作面超前影响示意图

各基点的移动过程大致要经历三个时期：初始期，即工作面采到钻孔以前；活跃期，即工作面采过钻孔，钻孔处于采空区；衰减期，即工作面已远离钻孔。上部基点移动较早，但剧烈活动期却滞后于下部基点。

根据各测点的绝对位移量、测点间的相对位移量和位移速率的变化，可以推断出不规则垮落带、规则垮落带和弯曲下沉带的高度以及对工作面矿压显现有明显影响的岩层范围。

钻孔深部基点法是采矿工作面上覆岩层移动测试的有效手段，具有简单、费用低等优点；缺点是安装麻烦，容易出现因安装质量差而影响测量结果的问题，有待进一步改进。

9.1.2.6　钻孔倾斜仪

钻孔倾斜仪是用来观测边坡深部岩体移动规律的一种仪器，它由传感器（探杆）和读数装置组成。传感器由金属管外壳带四个导轮组成，管长0.6～1m。被测钻孔需要安装塑料管，管径1.25～10cm，在塑料管的内壁有两对相互垂直的键槽，如图9.19（a）所示。

钻孔每节塑料管长3m，直径5cm，各节塑料管需要紧密配合，接缝用水泥与膨润土密封，然后将地面装配好的塑料管送入孔内，再用水泥与膨润土填满孔壁间隙固定管子，形成观测孔，如图9.19（b）所示。

观测时，将传感器顺孔内壁塑料管的四个键槽徐徐下降。如果边坡深部岩体某处发生位移，传感器在该处发生偏斜或偏转，此时钻孔倾斜仪的记录器就得到读数，即可测得岩体的移动量。

在实施监测过程中测斜管受到孔壁侧向岩土层推力作用产生变形或剪断（如图9.19（b）所示），钻孔倾斜仪无法下到测点位置进行测量，因而中断监测，使监测钻孔报废。特别在岩石滑坡时，不仅是测斜管剪断不能下入仪器，而且测斜管变形的水平位移超过50～100mm时仪器滑轮被卡（如图9.19（c）所示），也不能下入到测点。三峡库区有的

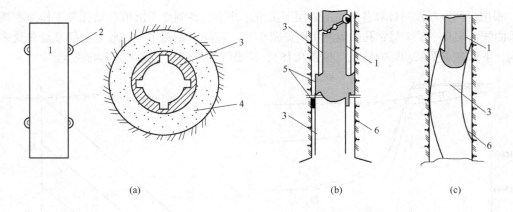

图 9.19　钻孔倾斜仪传感器及观测孔

（a）传感器及键槽；（b）测斜管被剪断；（c）测斜管弯曲

1—传感器；2—导向轮；3—塑料管（测斜管）；4—膨润土填料；5—连接管；6—孔壁

监测区达数百个钻孔报废不能实施长期全过程监测。

　　现场测试如图 9.20 所示。在检查仪器主配件是否齐全完好并通电检验后，才可进行现场测试。按监测设计要求，需要监测的钻孔上方建造水泥观测墩，现场测试时将钻孔倾斜仪探杆下放到钻孔的测点位置，探杆上的 232 接口引线接水泥观测墩上的 GPRS 数据发收器，调准微电脑时控开关，按设计要求定时供电和断电，进行采集数据自动定时传输和网上接入。调准测试仪后，全套仪器都在水泥观测墩内，然后把护盖盖上，拧紧固定螺丝，上锁锁紧，由护盖护好后进行长期自动实时监测。

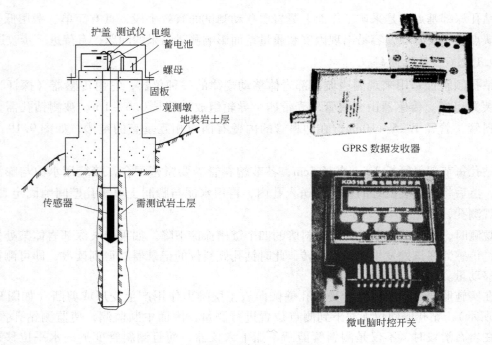

图 9.20　现场测试示意图

9.2　支架荷载测量

9.2.1　锚杆测力计与拉拔试验

应用锚杆或锚索进行围岩支护的地下工程，可以用锚杆测力计了解锚杆受力情况。测力计实际就是在锚杆（索）上焊接或黏结上某种应力计或应变片，见图9.21，把这种锚杆（索）送入钻孔内锚固后，即可通过引出线测读应变而分析锚杆的受力，见图9.22。

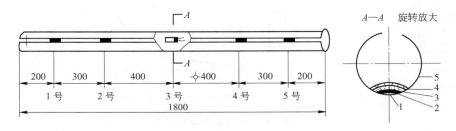

图9.21　测力锚杆

1—电阻片；2—软化环氧树脂；3—绝缘硅胶；4—固化环氧树脂；5—管缝式锚杆

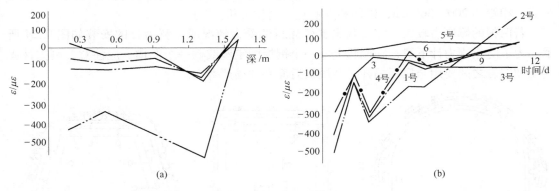

图9.22　测力锚杆测试结果

（a）应变-深度关系曲线；（b）应变-时间关系曲线

为了更直观地掌握锚杆的受力与位移变化关系，通常在现场选取一定数量的锚杆开展破坏性试验——拉拔试验。试验装置包括：锚杆拉拔器（千斤顶）、游标卡尺、拉拔变换器（钢套筒、垫板、拉拔接头，或台架与螺母）。直接用游标卡尺测量千斤顶活塞行程，即为锚杆拔出位移；对应的压力表读数，对照仪器提供的误差修正表修正后，即为对应的拉拔力。装置及测试结果见图9.23。

9.2.2　岩柱与支架压力监测

钢弦压力盒和油压枕广泛用于测定支架、支承岩柱以及充填体所承受的荷载。

拱形巷道每架支架安设测力计的数量视需要而定，一般可在两帮各安设2~3台测力计，在拱顶处安设3~5台测力计。在支架架设过程中，将测力计较均匀地安设在支架上，

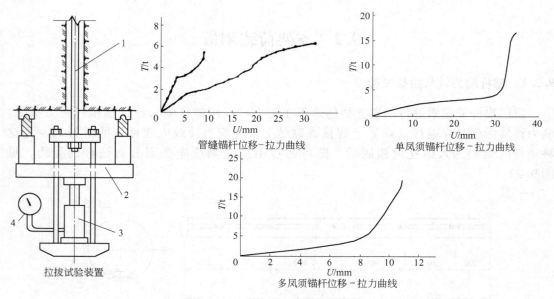

图 9.23　拉拔试验装置及测试结果

1—锚杆；2—拉力变换器；3—拉拔器（千斤顶）；4—压力表

避开棚腿搭接处。为了提高测力计的观测精度，通常支架载荷测点与围岩移动测点布置在一起，相距约 200 ~ 300mm，以便相互修正、对比分析。

若两帮的侧压力较大，需要测定支架棚腿的受力情况时，测力计的安装如图 9.24 所示。为了防止测力计下滑，在棚腿上安一个钢板固定座或砍一个凹槽。应注意，测力计固定座和围岩之间要用金属板隔开，金属板后面必须插严背实。

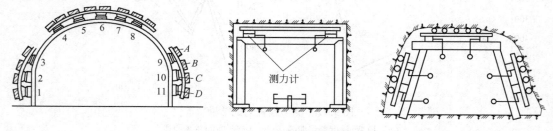

图 9.24　测力计布置及安装

A—木背板；B—测力护板；C—测力计；D—支承架

钢弦压力盒属于振弦式矿压观测仪。油压枕和油压表属于液压测力计。杠杆式测压仪也称为机械式测力计。下面将分类予以介绍。

9.2.2.1　钢弦压力盒

钢弦压力盒的主要组成部分为金属工作薄膜 1、铁芯 4、电磁线圈 5、钢弦 7 等，钢弦两端固定在支架 12 上，由钢弦栓 3 夹紧，电缆 11 通过套管 9 引出接至频率仪（图 9.25）。

压力盒的工作原理是：当压力作用于压力盒底部工作薄膜上时，底膜受力向里挠曲使钢弦拉紧，钢弦内应力和自振频率则相应发生变化。根据弹性振动理论，钢弦受拉力作用

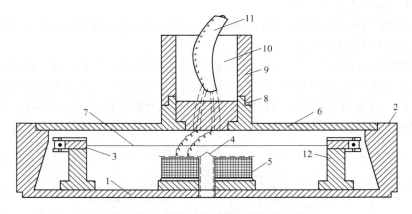

图 9.25 YLH 系列钢弦压力盒结构图

1—工作薄膜；2—底座；3—钢弦栓；4—铁芯；5—电磁线圈；6—封盖；7—钢弦；

8—塞子；9—套管；10—防水材料；11—电缆；12—钢弦支架

的自振频率 f 可表示为压力盒底膜所受压力 P（kN）的函数

$$f = \sqrt{f_0^2 + RP} \tag{9.5}$$

式中，f_0 与 f 为压力盒受压前、后钢弦的振动频率，Hz；R 为压力盒系数，每个压力盒均不同，须预先在实验室率定压力与频率关系。

压力盒中的钢弦自振频率是用频率仪来测定的。频率仪主要由放大器、示波器和低频讯号发生器等部件组成。从低频讯号发生器的自动激发装置向压力盒中的电磁线圈输入脉冲电流，激励钢弦产生振动，该振动在电磁线圈内感应产生交变电动势，经放大器放大后送至示波器的垂直偏振板，这样，在示波器的荧光屏上将出现波形图；调整面板上的旋钮，使讯号发生器的频率与接收的钢弦振动频率相同，这时在仪器的荧光屏上将出现椭圆图形。此时数码管显示出的数值即为钢弦振动频率 f_0。

目前使用的钢弦压力盒有 YLH 系列和 GH 系列，这两个系列的钢弦压力盒都是双线圈自激型，其工作原理基本相同。只是 GH 系列结构稍有差异：电缆插口从垂直受力面的侧翼引出，而不从上、下受力面引出；受力面上增加了导向球面盖，如图 9.26 所示。

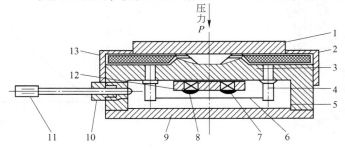

图 9.26 GH-50 型钢弦压力盒结构示意图

1—导向球面盖；2—橡胶垫；3—工作膜；4—钢弦柱；5—O 形密封圈；6—钢弦；7—激发磁头；

8—感应磁头；9—后盖；10—电缆接头；11—电缆插头；12—铝座；13—护罩

9.2.2.2 机械式支柱测力计

ADJ-45 型和 ADJ-50 型机械式支柱测力计，常用于测量采掘工作面单体支柱和巷道支架承受的荷载及其工作特性等。

该类仪器的结构如图 9.27 所示，测力计的上盖受力后，使工作膜 5 承受压力并发生弹性变形，这一微小变形通过传动杠杆 13 放大，用图 9.28 所示的百分表制成的压力指示器插入测孔 17，测量传动杠杆自由端的位移，即为压力指示器的百分表读数。然后，由图 9.29 所示的标定曲线查出测力计上所承受的荷载。

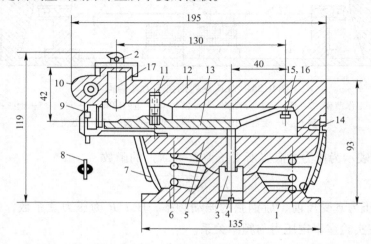

图 9.27　ADJ 型测力计

1—底座；2—保护盖；3—调整螺钉；4—螺母；5—工作膜；6—平衡弹簧；7—外套；8—保护盖链子；
9—螺钉；10—小轴；11—弹簧；12—上盖；13—传动杠杆；14—固定螺钉；15，16—螺钉与垫圈；17—测孔

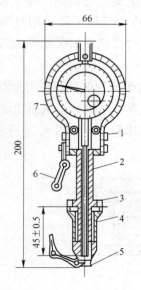

图 9.28　NN-ZY 指示器结构图

1—保护环；2—外壳；3—保护盖；
4—接长杆；5—套圈；6—链子；7—百分表

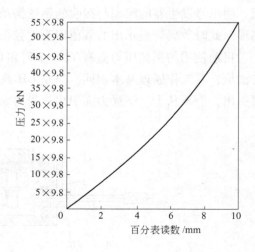

图 9.29　ADJ 型测力计标定曲线

ADJ 型机械式测力计的标定曲线是在材料试验机上获取的。在材料试验机上，首先对测力计进行加载，荷载由零均匀逐级增至最大（额定工作荷载的 1.2 倍）；同时用压力指示器测量逐级荷载下自由端的位移，每级都卸载后重新加载测试，重复测量 3 次，取其平均值作为该级荷载下的自由端位移；根据每级荷载和测得的相应自由端位移平均值，即可作出测力计的标定曲线。支柱测力计的标定曲线由生产厂家提供。由于随着使用过程中环境的变化，其工作特性可能发生变化，因此，有条件时每次观测前都应重新标定一次。

ADJ 型测力计的主要技术特征见表 9.2。

表 9.2　ADJ 型机械式测力计主要技术指标

主要技术指标	ADJ-45 型	ADJ-50 型
设计工作压力/kN	450	500
过载安全系数	1.2	1.2
工作膜直径/mm	135	180
杠杆传动装置传动比	1:3.25	1:3
最大压力时杠杆端部位移/mm	3～4	6～7

9.2.2.3　液压式矿压观测仪器

液压式矿压观测仪器的依据是液体不可压缩的原理，将支柱荷载或矿柱等应力转换成液压腔或液压囊的压力值。其测量元件有弹簧管、波纹管、波登管及柱塞螺旋弹簧等。目前，用于矿压观测的液压式仪器有压力表、液压测力计和液压自动记录仪。

A　压力表

压力表结构简单，测量范围宽，使用维修方便，制造实现了标准化和系列化。各类压力表中，以弹簧式压力表为主，其中又以单圈弹簧管应用最广。外径尺寸大部分在 $\phi60～250$mm 之间，精度等级一般为 1%～2.5%。

近年来出现了精密压力表、超高压力表、微压计、耐高温压力表及特殊用途的压力表。

B　液压测力计

a　ZHC 型钻孔油压枕

压力枕（囊）由两块厚约 1.5mm 的薄钢板对焊而成，枕体可分为腹腔、枕环、进油嘴和排气阀四部分（图 9.30），密封的腹腔内充满一定压力的油。将压力枕置入土壤、混凝土中，或放入凿好的岩石狭缝中，并紧密接触，作用在压力枕上的围岩（土）压力通过压力油传递给油压表，测出油压，对比事先率定的压力枕的油压 q 与外压 P 之间的关系曲线，即可求得外压力。如压力枕安设在支架上，则测量的压力即为支架在该处承受的压力。

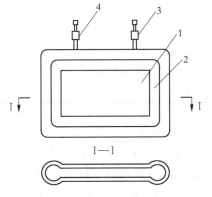

图 9.30　压力枕结构示意图
1—腹腔；2—枕环；3—进油嘴；4—排气阀

油压枕在钻孔中的安装方式有充填式、预包式和双楔式三种。首先，在安装仪器的地方按设计要求用风动设备钻孔，并用风或水冲洗钻孔凿眼碎屑。如用充填式油压枕，把搅拌好的砂浆加适量水玻璃或速凝剂（三乙醇胺

0.5%，食盐0.5%），用送灰器送入孔内，然后插入油压枕，待砂浆达到凝固强度后即可加初压。使用预包式油压枕时，一般要求孔径只能比包体外径大2mm。使用双楔式油压枕时，钻孔直径为$\phi 36 \sim 54$mm。仪器的主要技术特征见表9.3。

表9.3　ZHC型钻孔油压枕主要技术特征

指标	长度/mm	宽度/mm	厚度/mm	额定内压/MPa	枕壳厚度/mm	表量程/MPa	精度/%	质量/kg
数值	250	43	9.8	20	1.0	0~25	1~1.5	0.6

油压枕主要用于测量围岩和充填体的支撑压力，在围岩应力测量中较少采用。

b　HC型液压测力计

HC型液压测力计结构如图9.31所示，主要用于测量采掘工作面支柱阻力。该类测力计有两种规格，HC-45型适用于单体金属支柱和液压支柱；HC-25型适用于木支柱和各种巷道支架。

当测力计的调心盖4承压时，活塞3向下压迫油体，产生与支柱工作阻力相应的油

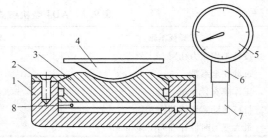

图9.31　HC型液压测力计

1—油缸；2—压盖；3—活塞；4—调心盖；5—压力表；
6—阻尼螺钉；7—管接头；8—排气孔

压，压力经管接头7传至压力表，表的读数即为支柱工作阻力或作用在支柱上的荷载。阻尼螺钉6的作用是防止突然卸载而损坏压力表。排气孔8是为注油时排放油缸和管路中的气体而设置的。它的主要技术特征见表9.4。

表9.4　HC型液压测力计主要技术特征

主要技术指标	HC-25型	HC-45型
额定承载能力/kN	250	450
最大承载油压/MPa	31.8	57.3
油缸直径/mm	100	100
外径/mm	146	146
最大偏心角/(°)	6	6
1kN荷载的压力表读数	1.27	1.27
质量/kg	9	20

C　液压自动记录仪

液压自动记录仪是测量并记录液压支架、单体液压支柱及各种液压设备工作阻力变化的仪器。由于它能够自动记录液体压力变化的过程，故得到了广泛应用。

a　YTL-610型圆图压力记录仪

该仪器主要用来测量和记录液压支架和各种千斤顶的压力变化，可在圆形记录纸上绘出支架$p-t$特性曲线，即支护强度p在采煤循环过程中随时间t而变化的关系。

（1）结构原理。该仪器由测量和记录两大部分组成，如图9.32所示，高压液体9进入测量机构的弹簧管8后，使其自由端产生弹性位移，经传动杆放大后带动记录笔10沿

圆盘形记录纸 3 的半径方向摆动，从而指示出压力值，并记录在记录纸上。记录纸固定在托纸盘上，由钟表机构驱动，每 24h 旋转一周。因此，记录纸上记录的信息能够反映 24h 内支护强度 p 与时间 t 的关系。

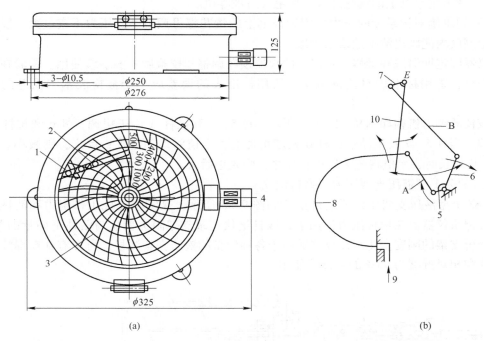

(a)   (b)

图 9.32　YTL-610 型圆图压力记录仪

（a）压力记录仪外形图；（b）压力记录仪测量结构简图

1—调零；2—滚花螺母；3—圆盘形记录纸；4—高压管接头；5，6，7—杠杆；8—弹簧管；
9—高压液体；10—记录笔；A，B—拉杆

（2）主要技术参数如表 9.5 所示。

表 9.5　YTL-610 型圆图压力记录仪主要技术特征

指标	外形尺寸 /mm × mm	记录纸转速 /r·d⁻¹	连续记录 时间/h	测量范围 /MPa	精度等级	质量/kg
数值	$\phi 272 \times 125$	1	24	0～100	1.5 或 2.5	6

（3）仪器的使用与维护。本仪器是悬挂式仪表，具体操作步骤如下：

1）按动表门右侧按钮，打开表门。

2）安装记录墨水瓶。墨水瓶用两个孔的瓶塞塞住，一个为通气孔，一个为插入带有毛细管的不锈钢管的孔。安装后，先在记录纸上垫一纸片，用手堵住瓶塞上的通气孔，再挤压墨水瓶，重复数次，直到记录笔尖出现墨水，并排除毛细管中的空气。移动垫在记录纸上的纸片，纸片应画有清晰线条。记录墨水瓶的位置根据瓶中墨水的多少调整，当墨水较多时，墨水瓶应往下调整；反之，则往上调，以免产生断水和漏水现象。采用新型记录纸和记录笔的仪器，不使用墨水，可以省略此步。

3）按顺时针方向上紧发条，铺好记录纸，压紧旋钮（左螺纹），将记录纸插入托纸盘的三个导纸槽内，铺放平整后略拧紧旋钮，逆时针方向转动记录纸，使记录笔对准时间刻度，随后拧紧记录纸的压紧旋钮，按下抬笔架。

4）调节记录纸上的调整螺母，使笔尖对准零位。

5）记录笔对记录纸的压力可用记录笔上的滚花螺母调节。此压力不宜过大，以记录笔在全刻度内能画出清晰的线条为准。

仪器应定期清洗和维修。维修过的仪器须经调整和校验后才能继续使用。检验在压力泵上进行，采用标准表对比读数法。所用标准表的误差应小于被检表基本误差的三分之一。

该仪器测力机构如图 9.32（b）所示，杆 5、7 和拉杆 A 用于粗调，杆 6 和拉杆 B 用于微调。当杆 5、7 长度减小，杆 6 长度增加时，示值将均匀增加；反之，则减小。当拉杆 A、B 加长时，示值将先大后小；反之，则先小后大。

b　YSZ-1 型液压支架压力下缩自记仪

YSZ-1 型液压支架压力下缩自记仪如图 9.33 所示，是测量支柱工作阻力和活柱下缩的联合记录仪器。在顶板压力作用下，该自记仪记录支架阻力变化与活柱下缩量的关系，用以分析支架的刚度变化。该仪器适用于各种架型的液压支架测量，可在有瓦斯爆炸危险的矿井和相对湿度为 95% 的条件下使用。

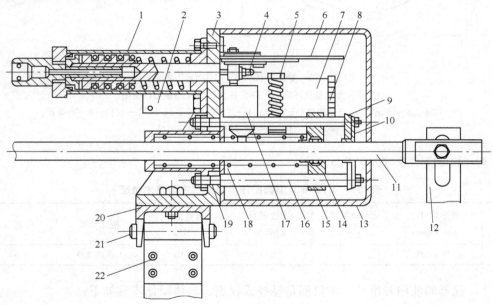

图 9.33　YSZ-1 型液压支架压力下缩自记仪结构原理图

1—压力传感器；2—快速接头；3—底盘；4—调解螺钉；5—制动弹簧；6—四连杆放大机构；7—自记钟；
8—防尘盖；9—顶盘；10—上轴套；11—活杆组；12—上夹板；13—静机壳；14—制动闸带；15—滑动块；
16—导向杆；17—松闸油缸；18—复位弹簧；19—下轴套；20—槽钢；21—柱销；22—钢带

（1）压力记录部分。立柱工作阻力的记录是通过安装在仪器底部的压力传感器来实现的，其原理如图 9.34 所示，当被测介质进入压力传感器时，在高压液体推动下，标杆 6

克服弹簧4的张力，沿底座7的导向孔做直线运动。标杆的最大位移为20mm。标杆带动四连杆放大机构，使记录笔做相应的移动，并在记录纸上画出压力值。

（2）下缩量记录部分。测量时，活杆与液压支架活柱连成一体，当活柱在压力作用下下缩时，带动活杆向下移动。由于制动弹簧的作用，使制动闸带与活杆间有足够大的摩擦力，随着活杆的移动，制动器带动记录笔，在记录纸上记下活柱下缩量。

（3）液压支架降柱。当降柱时，在高压液体作用下，松闸油缸克服制动弹簧的张力推动制动闸轴，使制动闸带与活柱分离，制动闸带在复位弹簧作用下复位。等移架结束后，仪器又处于正常记录状态，开始记录下一循环的压力与下缩量。

（4）仪器的安装。利用仪器附设的钢带安装在被测立柱上，活杆与支架活柱相连接，压力传感器与立柱控制阀的高压腔接通。仪器还附有标准快速三通接头，国产液压支架可以直接使用。对于进口支架，可以根据接头尺寸，自行制造过渡接头。YSZ-1型液压支架压力下缩自记仪的安装如图9.35所示。

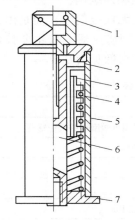

图9.34 压力传感器原理图
1—接头；2—外套；3—调节螺栓；
4—弹簧；5—弹簧螺头；
6—标杆；7—底座

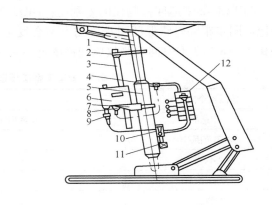

图9.35 YSZ-1型液压支架压力下缩自记仪安装示意图
1—活柱；2—悬臂梁；3—活杆；4—降柱进油孔；5—柱体；
6—机体；7—钢带；8—松闸油缸；9—压力传感器；
10—控制阀；11—升柱进油孔；12—操纵阀

该仪器主要技术特征见表9.6。

表9.6 YSZ-1型液压支架压力下缩自记仪技术特征

主要技术指标	数 值	误差/%
压力量程/MPa	0~60	<5
下缩量程/mm	0~80	0.5
连续记录时间/h	24	<0.5

9.2.3 矿压遥测仪

将监测的矿压信号、位移信号或其他应力、应变、温度等岩石物理力学参数转化为电信号，输入给巡回检测仪，再经中继站（盒）调制后有线或无线传输给地面接收机，可以实现计算机控制的远程遥测或预警。在地面滑坡监测中多使用无线遥测。使用比较广泛的井下有线巡回检测遥测仪有 DK-2 型矿压遥测仪，其原理框图如图 9.36 所示。它可以接收 15 只 GH 系列钢弦式压力盒。由于巡回检测仪内安装有 GSJ-1 型频率计使用的高效钢弦激发器，凡是双线圈自激型钢弦式传感器均可匹配使用。

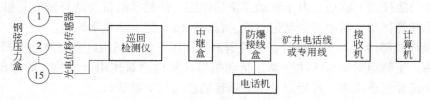

图 9.36　DK-2 型矿压遥测仪原理框图

　　该遥测仪的工作方式选择有手动挡、自动挡、间断挡和连续挡。手动挡主要用于检查巡回检测仪的工作是否正常；也可与频率计配合使用，就地检测各传感器的频率。常规监测一般应用间断挡和连续挡，仅在特殊情况下才拨到自动挡和连续挡。

　　与 DCC-2 型巡回检测仪的差别是：DK-2 型矿压遥测仪无换位信号，而是由井下时钟和地面同步跟踪电路保证同步检测，不会发生错位。DK-2 型矿压遥测仪主要技术参数见表 9.7。DCC-2 型巡回检测仪原理框图见图 9.37，主要技术参数见表 9.8。

表 9.7　DK-2 型矿压遥测仪主要技术参数

监测点个数/个	15
传感器	CH 系列压力盒或其他双线圈自激型钢弦式传感器
频率范围/Hz	600 ~ 3000
仪器误差/Hz	±1
分辨率/Hz	1
检测速度	每个测点 10s
接收机灵敏度/mV	30
载波频率/Hz	100
巡回检测仪电源盒	6V、120mA，充电一次可连续使用 24h，间断使用 5d 以上

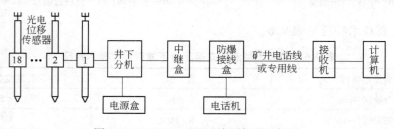

图 9.37　DCC-2 型巡回检测仪原理框图

表 9.8　DCC-2 型巡回检测仪主要技术参数

监测点个数/个	6 ~ 18
量程/mm	200
分辨率/mm	0.02
精度/%	2.5

动态响应/mm·min^{-1}		≥4
遥测距离/km		8~10（矿用电话线，专线更远）
发送数据周期/min		1~10
计算机		CE-158、PC-1500 或任何具有 RS-232 接口的微机
电源	分机电源盒	10V、120mA，充电一次可连续使用 24h
	中继盒	36V、50Hz
	其　他	220V、50Hz
防爆类型		传感器、分机、电源盒为本质安全型，中继盒、接线盒为防爆型

除了上述矿压观测仪器外，还有电阻应变式检测仪、超声检测仪、地球物理类探测仪器（如电磁辐射监测仪、红外线探测仪以及后面将要论述的岩体声发射监测仪），都可监测或评价矿压变化规律。

9.3　围岩应力测量

岩体绝对应力的测量方法已经在第 4 章中讲过，通过应力恢复法、应力解除法、应变恢复法、应变解除法、水压致裂法、声发射法等能测到岩体的绝对应力。但是，绝对应力测量成本高、费时长，测量过程复杂。在某些情况下，并不要岩体的绝对应力，只需要及时了解围岩应力的变化情况。这时可以采用一些简单易行的方法，如应用光应力计或光应变计可迅速、准确地观测到围岩的应力变化情况，而且观测技术容易把握。普通工人经过简单培训就可以自如地观测应力变化的情况。此外，光应力计或光应变计成本低廉，容易现场安装。

由弹性力学理论可知，对于平面弹性问题，在体积力很小的情况下，应力分布的方程中并不包含材料的弹性常数，表明应力分布与材料无关。也就是说，只要是各向同性的弹性体、几何形状和受力状况相同，不论是金属还是玻璃材料，它们的应力分布状态完全一样。根据这一规律，借助光学方法，研究清楚透明材料的应力分布规律，然后把结论应用到某些不透明材料中去，如金属、岩石，评价不透明材料的应力分布状态，这种方法称为光测弹性法。它是一种光学和弹性力学相结合的应力分析方法，其理论称为光测弹性力学。

光弹方法分为两类：一类是室内光弹模拟方法，解决已知荷载条件下物体内的应力分布问题；另一类是现场测试所使用的光应力计或光应变计法，它是上述方法的逆过程，即通过观测到的应力条纹反求受力状态（荷载）。应力条纹发生变化反应受力状态也发生变化，可为研究工作提供明显的信息。下面将分别介绍光应力计或光应变计（片）。

9.3.1　光弹应力计

光应力计是一个具有反射层的玻璃中空扁圆柱体，也称光弹片。使用时将其黏结在钻孔里的岩壁上，当岩体应力发生变化时光弹应力计处于受力状态，用反射式光弹仪可观测到光弹应力计上的等差条纹，把它与经过标定的标准条纹进行比较，可方便地确定应力变化的比值与方向。再经过有关测定与计算，即可求出岩体所受的最大应力的数值，即

$$\tau_{\max} = (\sigma_1 - \sigma_2)/2 = Kn = fn/t \tag{9.6}$$

式中，σ_1、σ_2 为光应力计中某点的主应力；K 为模型条纹值；n 为条纹数；f 为材料条纹值；t 为光应力计厚度。

应用弹性力学的极坐标解答，可进一步导出光应力计中 1、2 两点的最大剪应力与岩体应力的关系为

$$\left.\begin{array}{l}\tau_{\max(1)} = A(p+q)/4 + B(p-q)/4 \\ \tau_{\max(2)} = A(p+q)/4 - B(p-q)/4\end{array}\right\} \tag{9.7}$$

式中，A、B 为两个常数，同岩体与玻璃的弹性模量、泊松比以及应力计的内外径比值有关。

联立式（9.6）与式（9.7），可得

$$\left.\begin{array}{l}p = [(n_1 + n_2)/A + (n_1 - n_2)/B]f/t \\ q = [(n_1 + n_2)/A - (n_1 - n_2)/B]f/t\end{array}\right\} \tag{9.8}$$

式中，n_1、n_2 分别为 1、2 两点对应的条纹数，代入即可求出测点处的垂直应力 p 和水平应力 q。

长沙矿山研究院研制的光弹应力计由普通玻璃制作测片，测片外径 50mm，内径 10mm，厚度 20mm，配以反射镀层、木锥陀和防潮密封层组装而成，如图 9.38 所示。

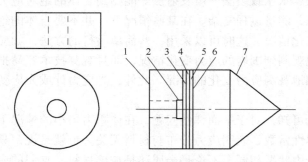

图 9.38　光弹应力计的测片及其组装

1—测片；2—石蜡；3—镀层；4—冷凝剂；5—红丹漆；6—玻璃片；7—木锥陀

光应力计的布点与埋设必须根据实际情况因地制宜，按照地压观测总体方案的要求进行。只要观测人员便于出入而又不招致危险的井下巷道、矿柱、矿壁以至采场均可布置观测线。布点处岩石的完整性要好，破碎或节理发育地段不易设点。埋设应力计的测孔要尽量达到圆、平、直、高、低适宜，适当增大孔口直径，以利埋点和观测。根据现有观测仪器的性能和玻璃片的规格，孔深以 1m 左右为宜，最终孔径应不大于 60mm。

埋设时，在孔底填塞约 10cm 左右的水泥砂浆，然后借助专用工具将应力计徐徐送入孔底，使木锥陀部分插入水泥砂浆。应力计正确定位后，取出送入工具，代以前端垫有多层草纸的木棒，并于另一端用小锤缓缓敲击，随着木锥陀的不断插入，被挤压的水泥砂浆填满应力计与孔壁间的间隙，从而将应力计与孔壁黏结成整体。

9.3.2　光弹应变计

由长沙矿冶研究院研制的光弹应变计，有单向光应变计和双向光应变计两种。它和电

阻应变花一样，也是一种应变传感器，只不过依据的原理不同而已。电阻应变花依据电阻-应变-应力之间的转换关系，实测应变以求应力；光应变计却依据应变-应力-光学之间的转换关系来确定应力。

光弹应变计如图 9.39 所示，光弹性双向应变计是由环氧树脂做成的中空薄圆板，其主要指标为：材料条纹值 $f = 75 \sim 110 N/(cm \cdot 条纹)$，弹性模量 $(3.8 \sim 4.0) \times 10^3$ MPa；泊松比 0.38，外径 30 ~ 50mm，内径为外径的 1/5 ~ 1/6，厚 3 ~ 8mm，可以根据不同的要求选用不同的尺寸。在环氧树脂的后面涂上反光层如铅箔等。使用时，用黏结剂（如KH-501 胶水）先将应变计外周一圈黏结在用砂轮磨平的岩体表面，使之成为一体。

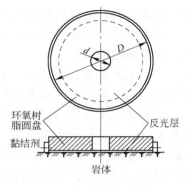

图 9.39　光弹应变计

在黏结应变计的局部岩体表面处，可视为处于均匀平面应力场中。当粘贴光应变计后，岩体表面上主应力值为 p、q。因光应变计的圆环形边界部分是用黏结剂牢固地粘在岩体表面上，所以可以假定黏结部分的对应点处，应变计的位移和岩体的表面位移相同，但是它们的弹性常数不同。根据弹性力学原理和上述假设，类似地可以得到：

$$\tau_{max} = E_G \cdot \lambda n / [2(1 + \mu_G) \cdot 2K't] = G_G \lambda n / (2K't) \tag{9.9}$$

式中，E_G 为应变计材料的弹性模量；G_G 为应变计材料的剪切模量；λ 为光源波长；n 为条纹数；μ_G 为应变计材料的泊松比；K' 为应变－光学常数；t 为光应变计厚度。

根据圆孔应力公式（5.10），得到当 $\theta = 0°$、$90°$ 时，$\tau_{r\theta} = 0$，这时有

$$(\sigma_r - \sigma_\theta)/2 = G_G \lambda n / (2K't) = \tau_{max} \tag{9.10}$$

因此，测出应变计中两点的条纹 n_1、n_2，就可以类似应力计那样计算 σ_r、σ_θ，进而根据圆孔应力公式（5.10）反求 σ_1、σ_2 和 p、q。

在实际应用中，多使用实验室事先率定好的标准条纹，与所观测的条纹进行对比，像光应力计那样去确定岩体表面上的主应力值 p、q 及其方向。

冶金部安全环保研究院吕乃碧等根据上述原理，受玻璃光弹应力计的启发，1988 年左右研制成了光弹应变片。该应变片由两片宽 1cm、厚 3mm、长 5 ~ 10cm 的玻璃条粘合而成，在玻璃条之间涂有反光水银。该应变片的研制成功，使得应变计不再仅是一种应力解除法的传感器，而是也可以像光应力计那样成为一种测力元件。

玻璃光弹应力计和光弹应变片的区别是：光应力计安装在孔内，直接测岩体的应力；而光弹应变片是直接粘贴在打磨平整的岩体表面，通过测岩体表面的位移而反演、评估岩体的应力变化，可直接用黏结剂（如 KH-501 胶水）将光弹应变片（玻璃条）的两端粘贴在岩体表面。

9.4　岩体声发射监测预报技术

9.4.1　概述

岩体开挖引起应力重新分布，将导致岩体内部出现局部应力集中，使岩体内部局部因

应力超过强度而出现微破裂或使原有裂隙进一步扩展，同时，岩体内积累的变形能随破裂或裂纹扩展而释放，以应力波的形式向外传播。这种向外传播的应力波被称作岩体声发射信号，也称为岩音或地音。利用专门仪器接收该声发射（AE）信号，并转换成事件、能率、频率等特征值或进行波形分析而评价岩体稳定性的技术，称为岩体声发射技术。

声发射信号的强弱多少与岩体特性和受力状况有关，它反映了岩体微破裂的统计特征。编者研究表明：

（1）岩石在低应力阶段几乎没有声发射活动，一般在达到其强度的 60% ~ 80% 以上、临近破坏时，声发射活动才显著增加，在破坏时达到峰值。

（2）岩（石）体破坏的 AE 活动一般存在初始区（Ⅰ）、剧烈区（Ⅱ）、下降区（Ⅲ）和沉寂区（Ⅳ）四个阶段，见图 9.40。在岩体破裂过程中，声发射高潮比宏观位移早出现，预示了围岩失稳即将来临，为预报岩体失稳赢得了时间。由于有的岩石的破坏呈现出崩坏，即 AE 活动达到最大值时，岩石就崩坏了；在 48h 浸泡软化后，又可重现完整的 AE 变化过程。

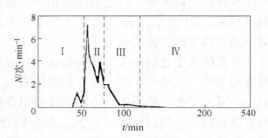

图 9.40　岩体破裂过程中 AE
事件-时间统计曲线

（Ⅰ）阶段，声发射信号稀少；随后进入活动期（Ⅱ），声发射频度逐渐达到峰值，渐次下降后形成次峰值；以后进入频度呈单调下降的下降期（Ⅲ），同期岩体的宏观破坏裂纹在本区出现；最后进入沉寂期（Ⅳ），可见到岩体的破坏裂纹贯通。

（3）李俊平、熊庆国等都在岩体中试验证明：高频（>3kHz）AE 信号在岩体中传播时衰减迅速；应用高频 AE 现场监测时，在离声源 3m 以外便基本不能接收到 AE 信号。邹银辉等从理论和实际中进一步证明了 AE 信号传播的衰减特征。他们推断 AE 波在传播过程中振幅 U 变化服从如下规律：

$$U = \exp\left[-\pi f d / (vQ) \right] \tag{9.11}$$

式中，U 为 AE 波形的振幅变化率，%；f 为 AE 频率，Hz；d 为 AE 波形传播的距离，m；v 为 AE 波传播的速度，m/s；Q 为材料品质因子。

由式（9.11）可知，声发射波形（信号）在传播过程中的衰减主要取决于声发射频率、传播速度、传播距离以及材料的品质因子等。

1）声发射传播速度越低，AE 振幅衰减越大。结构面的存在使岩体中波动过程变得复杂化，即使 AE 信号产生断层效应，如反射、折射、绕射、散射、吸收等现象，从而导致波速变慢。

2）AE 传播距离越远，AE 振幅衰减越大。400Hz 信号在较完整稳定的岩体中传播 80m 尚有较高的振幅值。

3）品质因子 Q 与 AE 频率无关，而与岩体本构方程有关。对金属材料，$Q > 1000$；完全弹性体 Q 为无穷大；不稳定的松散岩体，通常 $Q < 8$；较稳定、裂隙不太发育的岩体 $Q = 8 \sim 15$；裂隙不发育且较坚硬致密岩体，通常 $Q > 15$。

4）假定岩体传播速度、传播距离和品质因子为确定值，波的振幅随频率变化规律见

图9.41。可知，高频（>1kHz）AE信号在岩体中传播时衰减迅速。

（4）应用50kHz采样频率的SBQ处理系统研究岩体破裂全过程的AE频率统计特征，发现在岩体破裂的各个阶段，约1kHz的AE信号占同阶段总信号量的50%以上；又应用采样频率2MHz的AE21C声发射仪器自动采集和记录了岩石破裂全过程的声发射信号，发现主频为0.24～0.73kHz的AE信号至少占同阶段总信号量的60%，一般达到

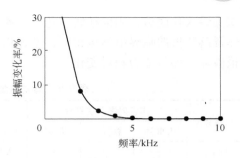

图9.41　振幅衰减与频率的关系

80%；有些岩石，如加渗流或长期浸泡的高含矿矽卡岩和坚硬大理岩，在破坏前、后其主频的最大值变化不很明显；有些岩石，如含矿矽卡岩、坚硬大理岩，在破坏前、后其主频最大值较破坏时刻发生突变。

因此，应用0.24～0.73kHz的低频探头采集岩体AE信号，一般情况下可能是确保主要AE信号不丢失、不失真的有力保障。工程开挖扰动后，及时布置AE监测点，是不丢失重要区段的AE信号的关键。清晰认识复杂地质环境中岩体的AE特征，是准确监测评价复杂岩体稳定性的基础。在AE监测仪器中增加频率参数，是复杂岩体稳定性监测预报（如岩爆）的有益补充。在增加有频率参数的高频宽频AE仪器监测中，要根据初期低频监测和定位分析的结果，尽可能将高频宽频探头布置在声源点附近，尽可能确保在传播中AE信号少被衰减。YSS等AE仪器的50Hz的信号采集频率可能偏低，有待改进。

9.4.2　声发射测试

武汉安全环保研究院研制的岩体声发射监测仪器如图9.42所示，它主要由信号采集系统（探头）和主机两部分组成。通过岩体声发射监测仪对孔底探头的监测信号实施随机抽样采集，记录大事件（单位时间内振幅较大的声发射事件次数）、总事件（单位时间内振幅达到一定量级的声发射事件总数）与能率（单位时间内声发射活动释放能量的累计值）等参数。

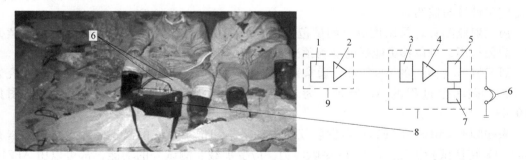

图9.42　YSSB型岩体声发射监测仪及结构简图
1—拾震器（换能器）；2—前置放大器；3—输入接口；4—主机放大器；5—滤波器；6—耳机；
7—显示窗口；8—主机；9—探头（传感器）

监测孔一般布置在完整岩体上，孔间距15～20m，钻孔倾角不超过15°，孔径36～42mm，孔深1.8～2.0m。钻孔后一般用压风清洗钻孔碎屑。为了避免噪声干扰，一般在

探头装入孔底后，用棉纱堵塞孔口。各类监测预报实例可参看文献 [5]，不同地区不同岩体冒落预报的临界值不尽相同，见表9.9和表9.10。应用AE技术可评价岩体稳定性、预报破坏、评价应力相对变化。

表9.9 鸡笼山金矿岩体冒落预报的AE临界值

顶板类型	声发射参数临界值			岩性特征	说 明
	大事件	总事件	能率		
1	—	—	—	大理岩及新鲜斑岩，裂隙较少，强度高	每2~3天监测一次
2	≥4	≥11	≥750	大块状矽卡岩及其含矿体，风化蚀变不严重，强度较高，整体性好	每1~2天监测一次，变化较大时加密
3	≥4	≥16	≥350	小块状矽卡岩及其含矿体，风化蚀变严重，强度中等，滴水严重，整体性差	每天监测一次
4	≥1~2	≥9	≥150	小块状斑岩及其含矿体，风化蚀变严重，强度中等，滴水严重，整体性差	每天监测一次
5	数值很小或无，微岩音一般均在10多次，有连音，频率高达3次/min			强风化大理岩、斑岩，强度低，成碎块状或松散状，受地下水的作用发生软化	每8h或每天监测一次

表9.10 三鑫公司鸡冠嘴金矿部分岩体发生局部冒落的声发射临界值

岩 性	大事件	总事件	能 率	备 注
白云质大理岩	≥3	≥5	≥200	长期暴露，岩体较破碎
含矿大理岩	≥9	≥9	≥237	完整、稳固
含矿大理岩	≥3	≥4	≥154	长期暴露，岩体较破碎

注：参数均为取每次监测中的最大值作为特征值。

现已研制出各种智能型便携式地音分析仪，可对监测网进行定点定期监测，有的可运用灰色理论和自适应神经网络方法对获得的声发射参数进行时序预测和分形分析，有的可实施定位计算与监测。

声发射监测具有灵敏度高、测试范围广、可实现远距离遥测、定时或全天候连续监测、简便适用、较位移更能提前准确预测岩体失稳等优点。

研究岩石（体）的AE特征，通常采集岩体应力、应变或波形特征，以便充分研究岩石（体）破坏全过程的AE特征，为现场监测评价提供依据。试验研究系统框图见图9.43。

采样频率2MHz的AE21C声发射仪器自动采集和记录系统的出现，大大方便了岩石（体）AE特征试验研究。图9.43中除应力、应变加载、测试外的功能，都可以由AE21C声发射仪器替代，如图9.44所示。

当前，应用岩体声发射技术预报冲击地压的成功率尚不高，"三高"（高地应力、高渗透压力、高地震烈度）环境中声发射成功预报与评价的实例还不多见，说明岩体破坏形态与声发射特性之间的关系还有待深入研究，尤其在复杂岩体环境中AE特征研究更要引起重视。

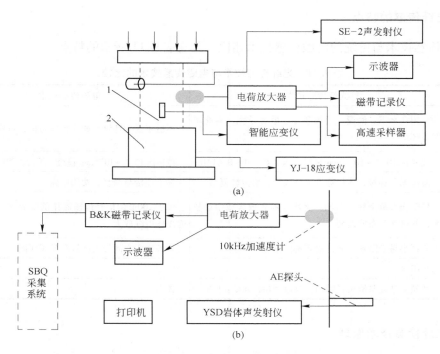

图 9.43　声发射特征研究的试验系统框图
（a）实验室试验；（b）现场岩体试验系统
1—试件；2—压力传感器

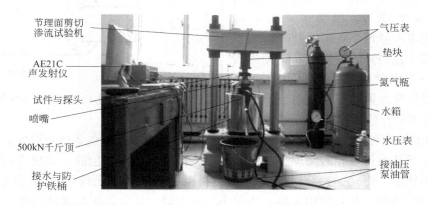

图 9.44　渗流应力耦合的岩石 AE 测试研究系统

9.5　光电技术在地下工程监测中的应用

随着现代测试技术的成熟，新的地下工程监测手段也层出不穷，如以计算机和电子技术为基础的各种远距离监测、数据传输到文字、数据或图像处理、激光测距与定位、探地雷达探测地层性质和状态（硐室围岩松动区范围、断层）等，此处仅介绍光纤传感技术在地下工程监测中的应用。

9.5.1　光纤传感的特点

光纤传感技术与传统的电磁传感技术相比，具有表 9.11 所示的特点。

表 9.11　光纤传感技术与电磁传感技术的比较

比较项目	光纤传感技术	电磁传感技术
监测环境	可用在水下、潮湿、易燃易爆、电磁干扰、高能辐射等环境	不适于复杂环境，如作特殊防护，可作短期监测
灵敏度	位移达 $10^{-4} \sim 10^{-2}$ mm 量级，压力 $0.001 \sim 0.01$ MPa	位移达 $10^{-4} \sim 10^{-2}$ mm 量级，压力 $0.001 \sim 0.01$ MPa
连接成网	需作无源连接，连接器件价格较贵，修复较复杂	易于连接与修复，费用低廉
区域控制	易于作大范围联网监测，无需作前置放大或中继放大，并可作分布式监测	大于 200m 的信号传输需作前置放大，远距离传输需作中继放大
施工干扰	体积小易于隐蔽，元件损坏难以修复	设备需要空间较大，故障易于排除
服务年限	>10 年	1～2 年
监测费用	在同一精度与测试量程内，为电磁法的 1/2～1/3	较高

9.5.2　光纤传感技术原理

当光入射到两种不同折射率的物质界面上时，将发生反射与折射现象。由于导光介质对光的吸收，通常光线在传输过程中会很快衰减。

光纤对光信号作低衰减传输主要是利用光的全反射原理。因为 $n_1 \sin\theta_1 = n_2 \sin\theta_2$，若传输入射光介质的折射率 n_1 大于第二种介质（包层）的折射率 n_2，则当入射角满足一定条件时，θ_2 达到 90°，光在界面 L 将发生全反射而不会透射到第二种介质。若将两种介质制作成如图 9.45 所示

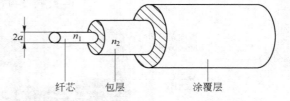

图 9.45　光纤芯内的光传递示意图

的同心环状的光纤结构，则光线折线式向前传递时，这种全反射的条件得以保证。

光纤在纤芯中传导光的物理参数，如振幅、相位、频率、色散、偏振方向等，具有良好的光敏感性，因此，光纤就可构成 M 类新型的传感器。光纤传感器可以探测的物理量已有 100 多种，具有结构简单、体积小、质量轻、抗电磁场和地球环流干扰的能力强、可靠性高、安全、可长距离传输等优点，并可使传感系统向网络化和智能化的方向发展。

9.5.3　光纤传感技术在岩体地下工程监测中的应用

9.5.3.1　光纤钢环式位移计

武汉理工大学研制的光纤钢环式位移计的变形传感器属于光强调剂型光纤传感器，采用控制光纤曲率变化的方法调剂光的强度，其工作框图见图 9.46。位移计外形尺寸 $\phi 19 \sim 200$mm，灵敏度已达 10^{-3} mm/nW 数量级，量程达 $10 \sim 20$mm，性能良好，结构牢固，已用

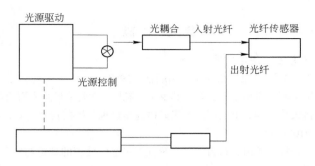

图 9.46　光纤传感器工作框图

于坝体内部位移监测。类似地，还可以制成光纤测力计。

9.5.3.2　光纤钢弦传感器

利用光纤的低衰减光导特性，可增大遥测距离。光纤钢弦传感器就是利用了光纤传输钢弦测力计信号的原理，用光纤向钢弦照射入射光，钢弦振动时，接收到的反射光为脉冲式的，由接收光纤传输到光脉冲计数器，计量脉冲次数（弦的振频），即可换算出钢弦承受的压力。

9.5.3.3　分布式光纤传感技术

沿光纤传输的光，在纤芯折射率不匹配或不连续等情况下会产生后向反射光；如局部受到扭剪损伤甚至断裂，会产生菲涅尔反射；纤芯折射率微观不均匀，产生瑞利散射。这些后向光有一部分可为纤芯俘获而返回光纤的入射端，并为时域反射计接收。因此，敷设在地下岩石工程监测区域内的分布光纤，就能获取因外场作用导致光纤产生这类缺陷的物理效应。这对控制岩体深部滑动等的监测是很有成效的。

了解各类矿压观测仪器的特点和功能，便于针对不同的地压研究问题和研究目的，合理设计现场监测系统及监测的具体参数，正确、经济、合理地选用现场地压观测仪器。

（1）岩体常规表面位移观测手段有哪些，怎样布置观测点，经纬仪和水准仪联合可以观测表面位移吗？

（2）怎样布置收敛观测点，如何分析计算巷道收敛量，收敛观测曲线的作用是什么？

（3）多点位移计的监测原理是什么，顶板离层仪、钻孔伸长计、深孔基点观测与多点位移计有何区别与联系？

（4）如何观测围岩的松动圈，如何观测分区破裂化现象？

（5）如何应用钻孔倾斜仪观测岩体深部移动？

（6）声波测试仪主要由哪些部件组成，用它观测围岩的松动圈与用钻孔电视观测有何差异？

（7）深孔基点观测主要应用在什么领域？

（8）荷载观测有哪些手段，如何安装测力计？

（9）如何观测岩体的相对应力，在观测岩体相对应力时怎样比较岩体相对应力的变化？

（10）光弹应力计和光弹应变计有何区别与联系，光弹应变片与光弹应力计有何联系？

（11）什么是岩体声发射，什么是岩体声发射技术，如何布置观测孔，岩体的主要声发射特征有哪些，声发射技术有哪些应用价值？

（12）简述光纤传感器的原理。

参 考 文 献

[1] 丁德馨. 岩体力学（讲义）. 南华大学，2006.

[2] 高磊. 矿山岩石力学 [M]. 北京：机械工业出版社，1987.

[3] 李兆权，张晶瑶，王维刚. 应用岩石力学（讲义）. 东北工学院采矿系岩石力学教研室，1990.

[4] 李俊平，彭家斌，吕天才，等. 丰山铜矿难采矿体地压显现与控制技术 [J]. 岩石力学与工程学报，2001，20（增1）：910~913.

[5] 李俊平，周创兵，冯长根. 矿山岩石力学——缓倾斜采空区处理的理论与实践 [M]. 哈尔滨：黑龙江教育出版社，2005.

[6] 郭奉贤，魏胜利. 矿山压力观测与控制 [M]. 北京：煤炭工业出版社，2005.

[7] 李术才，王汉鹏，钱七虎，等. 深部巷道围岩分区破裂化现象现场监测研究 [J]. 岩石力学与工程学报，2008，27（8）：1545~1553.

[8] 汤国起，周策. 采用钻孔倾斜仪监测滑坡深部水平位移方法和仪器的研究 [J]. 探矿工程（岩土钻掘工程），2008（12）：19~22.

[9] 李俊平，汪晓霖，刘炳扬，等. 凤须锚杆的研制 [J]. 有色金属（矿山部分），1996（5）：47~48.

[10] 李俊平. 岩体声发射特征综述 [J]. 科技导报，2009，27（7）：91~96.

[11] 李俊平，余志雄，周创兵，等. 水力耦合下岩石的声发射特征试验研究 [J]. 岩石力学与工程学报，2006，25（3）：492~498.

[12] http：//hi. baidu. com/wyxinfo/blog/item/13ca35e854386637b90e2d79. html（光信号在光纤中的传输原理）.

[13] http：//baike. baidu. com/view/3846782. htm（顶板破碎度）.